Aquatische Chemie

AQUATISCHE CHEMIE

Eine Einführung in die Chemie wässriger Lösungen
und natürlicher Gewässer

Laura SIGG
Professorin, Eidgenössische Technische Hochschule Zürich
(ETH, EAWAG)

Werner STUMM
Professor em., Eidgenössische Technische Hochschule Zürich
(ETH, EAWAG)

Verlag der Fachvereine Zürich   B. G. Teubner Verlag Stuttgart

Die Deutsche Bibliothek – CIP-Einheitsaufnahme

Sigg, Laura:
Aquatische Chemie: eine Einführung in die Chemie wässriger
Lösungen und natürlicher Gewässer / Laura Sigg;
Werner Stumm. – 3., vollst. überarb. und erw. Aufl. – Zürich:
Verl. der Fachvereine; Stuttgart: Teubner, 1994
ISBN 3–519–23651–6 (Teubner)
ISBN 3–7281–1931–8 (Verl. der Fachvereine)
NE: Stumm, Werner:

Gestaltung: Fred Gächter, Oberegg, Schweiz
Umschlagfoto: Liselotte Schwarz (EAWAG)
Druck: Druckhaus Beltz, Hemsbach/Bergstrasse

3., vollständig überarbeitete und erweiterte Auflage 1994

© 1989 vdf Verlag der Fachvereine an den schweizerischen
Hochschulen und Techniken AG, Zürich, und
B.G. Teubner, Stuttgart

 Der vdf dankt dem Schweizerischen Bankverein für die
Unterstützung zur Verwirklichung seiner Verlagsziele

Inhaltsverzeichnis

	Vorwort	XI
KAPITEL 1	**Die chemische Zusammensetzung natürlicher Gewässer**	**1**
1.1	Einleitung	1
1.2	Verwitterungsprozesse	3
1.3	Wechselwirkungen zwischen Organismen und Wasser	4
1.4	Das Puffersystem natürlicher Gewässer	6
1.5	Wasser und seine einzigartigen Eigenschaften	13
1.6	Eine kurze Übersicht über die hydrogeochemischen Kreisläufe	15
	Literatur	26
	Appendix	28
	Übungsaufgaben	34
KAPITEL 2	**Säuren und Basen**	**35**
2.1	Einleitung	35
2.2	Säure-Base-Theorie	36
2.3	Die Stärke einer Säure oder Base	39
2.4	"Zusammengesetzte" Aciditätskonstante	41
2.5	Gleichgewichtsrechnungen	43
2.6	pH als Mastervariable Doppelt-logarithmische graphische Auftragung zur Darstellung und Lösung von Gleichgewichtsproblemen	51
2.7	Konzentrationen der einzelnen Spezies als Funktion des pH	63
2.8	Säure-Base-Titrationskurven	65
2.9	Säure- und Basen-Neutralisierungskapazität	69
2.10	pH- und Aktivitätskonventionen	70
2.11	Saure atmosphärische Niederschläge	76
	Weitergehende Literatur	81
	Übungsaufgaben	82

KAPITEL 3 Carbonat-Gleichgewichte — 85

- 3.1 Einleitung — 85
- 3.2 Das offene System – Wasser im Gleichgewicht mit dem CO_2 der Gasphase — 86
- 3.3 Die Auflösung von $CaCO_3$ (Calcit) im offenen System — 93
- 3.4 Das "geschlossene Carbonatsystem" — 98
- 3.5 Alkalinität und Acidität — 104
- 3.6 Grundwasser — 110
- 3.7 Analytische Bestimmung der Alkalinität und der Acidität — 112
- 3.8 Bestimmung der Acidität — 116
- 3.9 Die Pufferintensität des Carbonatsystems — 119
- Weitergehende Literatur — 123
- Übungsaufgaben — 124

KAPITEL 4 Wechselwirkung Wasser – Atmosphäre — 127

- 4.1 Einleitung — 127
- 4.2 Einfache Gas/Wassergleichgewichte; Bedeutung in der Chemie des Wolkenwassers, des Regens und des Nebelwassers — 130
- 4.3 Die Genese eines Nebeltröpfchens — 149
- 4.4 Aerosole — 154
- 4.5 Saure Traufe – Saure Seen — 157
- Weitergehende Literatur — 160
- Übungsaufgaben — 161

KAPITEL 5 Zur Anwendung thermodynamischer Daten und der Kinetik — 163

- 5.1 Thermodynamische Daten – Einleitung — 163
- 5.2 Freie Reaktionsenthalpie, chemisches Potential und chemisches Gleichgewicht — 163
- 5.3 Umrechnung von Gleichgewichtskonstanten auf andere Temperaturen und Drucke — 170
- 5.4 Kinetik – Einleitung — 172
- 5.5 Die Reaktionsgeschwindigkeit — 175
- 5.6 Elementarreaktionen — 178

Inhaltsverzeichnis

5.7	Theorie des Übergangszustandes; der aktivierte Komplex	186
5.8	Fallbeispiel: Die Hydratisierung des CO_2	189
5.9	Fallbeispiel: Kinetik der Absorption von CO_2; Gas-Transfer Atmosphäre – Wasser	192
	Weitergehende Literatur	197
	Übungsaufgaben	198
	Appendix	200

KAPITEL 6 Metallionen in wässriger Lösung — 211

6.1	Einleitung	211
6.2	Koordinationschemie und ihre Bedeutung für die Speziierung der Metallionen in natürlichen Gewässern	212
6.3	Einfache Modelle der Speziierung von Metallen in natürlichen Gewässern	228
6.4	Metallpuffer und Wirkungen auf Organismen	237
6.5	Kinetik der Komplexbildung	239
6.6	Speziierung und analytische Bestimmung	243
	Weitergehende Literatur	245
	Übungsaufgaben	246

KAPITEL 7 Fällung und Auflösung fester Phasen — 249

7.1	Einleitung Fällung und Auflösung fester Phasen als Mechanismus zur Regulierung der Zusammensetzung natürlicher Gewässer	249
7.2	Löslichkeitsgleichgewichte von Hydroxiden und Carbonaten; Einfluss der Komplexbildung, pH-Abhängigkeit	252
7.3	Löslichkeit von SiO_2 und Silikaten	264
7.4	Welche feste Phase kontrolliert die Löslichkeit?	266
7.5	Sind feste Phasen im Löslichkeitsgleichgewicht?	278
7.6	Kinetik der Nukleierung und Auflösung einer festen Phase: Beispiel Calciumcarbonat	281
	Weitergehende Literatur	288
	Übungsaufgaben	289

KAPITEL 8	Redox-Prozesse	291
8.1	Einleitung	291
8.2	Definitionen – Oxidation und Reduktion	292
8.3	Der globale Elektronenkreislauf (Photosynthese, Respiration)	294
8.4	Redox-Gleichgewichte und Redox-Intensität	297
8.5	Einfache Berechnungen von Redoxgleichgewichten	303
8.6	Durch Mikroorganismen katalysierte Redoxprozesse	318
8.7	Kinetik von Redoxprozessen	323
8.8	Oxidation durch Sauerstoff	333
8.9	Photochemische Redox-Prozesse	340
8.10	Die Messung des Redox-Potential in natürlichen Gewässern	349
8.11	Glaselektrode; ionenselektive Elektroden	355
	Weitergehende Literatur	358
	Übungsaufgaben	359

KAPITEL 9	Grenzflächenchemie	363
9.1	Einleitung	363
9.2	Wechselwirkungen an der Grenzfläche Fest-Wasser	364
9.3	Adsorption aus der Lösung	366
9.4	Partikel in natürlichen Gewässern	370
9.5	Oxidoberflächen: Säure-Base-Reaktionen, Wechselwirkung mit Kationen und Anionen	372
9.6	Elektrische Ladung auf Oberflächen	379
9.7	Oberflächenchemie und Reaktivität; Kinetik der Auflösung	385
9.8	Tonmineralien; Ionenaustausch	398
9.9	Kolloidstabilität	405
9.10	Sorption hydrophober Verbindungen	409
	Weitergehende Literatur	412
	Übungsaufgaben	413

Inhaltsverzeichnis

KAPITEL 10 Wassertechnologie; Anwendung oberflächenchemischer Prozesse — 415

- 10.1 Einleitung — 415
- 10.2 Flockung, Koagulation — 416
- 10.3 Filtration — 428
- 10.4 Flotation — 432
- 10.5 Aktivkohleadsorption — 433
- 10.6 Korrosion der Metalle als elektrochemischer Prozess — 435
- Weitergehende Literatur — 441
- Übungsaufgaben — 442

KAPITEL 11 Einige biogeochemische Anwendungen — 445

- 11.1 Einleitung
- Verteilung von Stoffen in der Umwelt — 445
- 11.2 Kohlenstoffkreislauf in den Gewässern — 448
- 11.3 Stickstoffkreisläufe; Belastung der Umwelt durch Stickstoffverbindungen — 455
- 11.4 Seeneutrophierung und Redoxreihe im Hypolimnion von Seen — 462
- 11.5 Regulierung der Konzentration von Schwermetallen in Gewässern — 467
- 11.6 Transport adsorbierbarer Substanzen in Grundwasser und Bodensystemen — 476
- Weitergehende Literatur — 481
- Übungsaufgaben — 482

Lösungen zu den numerischen Übungsaufgaben — 485

Index — 489

Vorwort

Dieses Buch wurde in erster Linie als Skript für Vorlesungen in "Aquatische Chemie" ausgearbeitet, die im Rahmen des Studiengangs Umweltnaturwissenschaften an der Eidgenössischen Technischen Hochschule in Zürich gegeben werden. Es behandelt die Grundlagen zum Verständnis der Zusammensetzung natürlicher Gewässer sowie anderer aquatischer Systeme. Es richtet sich an alle, die sich mit der Limnologie und mit der Chemie der Gewässer und ihrer Beeinträchtigung durch die Zivilisation, sowie mit ihren Wechselbeziehungen mit Luft und Boden befassen. Es kann sowohl von Studierenden der Umweltwissenschaften, der Wassertechnologie, der Hydrobiologie und verwandter Disziplinen benützt werden, wie auch von denjenigen, die sich in der Praxis mit diesen Zusammenhängen beschäftigen. Das Buch ist so gestaltet, dass es auch von Lesern ohne umfangreiche chemische Vorbildung verstanden werden kann; eine einführende Vorlesung in allgemeiner und physikalischer Chemie wird allerdings vorausgesetzt.

Die aquatische Chemie baut auf den physikalisch-chemischen Gesetzmässigkeiten der Elektrolytchemie (Chemie wässriger Lösungen, Redox- und Koordinationschemie) und der Grenzflächenchemie, insbesondere der fest-flüssigen Grenzfläche auf. Diese Grundlagen werden auf verschiedene aquatische Systeme angewendet, wie natürliche Gewässer, Sedimente, Böden, Wassertröpfchen in der Atmosphäre. Die aquatische Chemie wird neben der Grundlagenchemie durch andere Wissenschaften – insbesondere die Geologie und die Biologie – beeinflusst. Die hier dargestellten Grundlagen sind für verschiedene verwandte Disziplinen wie die Geochemie, die Boden- und Atmosphärenchemie, die organische Umweltchemie, die Hydrobiologie und die Wassertechnologie wesentlich.

Wasser ist bekanntlich als Transportmittel und chemisches Reagens an den Kreisläufen der Elemente und der belebten Materie beteiligt. Verschiedene Kapitel gehen auf die Gleichgewichte und die Prozesse ein, die die chemischen Zustände gelöster und suspendierter Komponenten in natürlichen Gewässer bestimmen. Zusammenhänge mit biologischen Prozessen werden aufgezeigt. Das chemische Gleichgewicht dient als wichtiges Ordnungsprinzip, um die Variablen, welche die chemische Zusammensetzung aquatischer Systeme bestimmen, quantitativ zu erfassen. Die Gleichgewichtsmodelle definieren Randbedingungen, denen das System zustrebt. Die Gleichgewichtsbetrachtung muss natürlich durch kinetische Überlegungen ergänzt werden. Viele Gleichgewichtskonstanten sind angeführt, die zwar repräsentative Werte sind, aber nicht überall kritisch ausgewählt sind, so dass dieses Buch nicht als Referenzwerk für Gleichgewichtskonstanten verwendet werden sollte.

In der dritten, vollständig revidierten Auflage wurden die Erfahrungen aus dem Unterricht und neuere Entwicklungen berücksichtigt. Insbesondere illustriert ein Kapitel über biogeochemische Kreisläufe, wie die Wechselwirkungen zwischen chemischen, biologischen, geologischen und physikalischen Prozessen die Zusammensetzung natürlicher Systeme beeinflussen (Kapitel 11). Neu ist auch ein Kapitel über Anwendungen der Grenzflächenchemie in der Wassertechnologie (Kapitel 10). Die Kapitel über Redoxreaktionen (Kapitel 8) und über Grenzflächenchemie (Kapitel 9) wurden erweitert.

Neu werden am Schluss jedes Kapitels einige weiterführende Literaturhinweise angeführt, die als Anregung für eine vertiefte Beschäftigung mit dem jeweiligen Thema dienen sollen. Die Literaturhinweise im Text sind auf wichtige Arbeiten beschränkt, aus denen wir einzelne Informationen bezogen haben. Entsprechend dem Charakter eines einfachen Lehrbuchs sind die Literaturreferenzen nicht umfassend.

Verdankungen

Es kommt im Text zu wenig zum Ausdruck, wie viele der hier angegebenen Ideen durch andere Autoren beeinflusst worden sind. Obschon unser Buch in wesentlichen Teilen von W. Stumm und J.J. Morgan *"Aquatic Chemistry; an introduction emphasizing chemical equilibria in natural waters"*, 2nd edition, Wiley-Interscience, 1981, abweicht, ist die Beeinflussung durch dieses viel umfangreichere Werk unverkennbar. Wir sind James J. Morgan (California Institute of Technology) dankbar, dass er unsere Bemühungen um die "Aquatische Chemie" voll unterstützt und wesentliche Anregungen zur Verbesserung des Textes gemacht hat. Ebenfalls sind wir François M.M. Morel (Massachusetts Institute of Technology) zu Dank verpflichtet, dass er uns erlaubt hat, die in seinem Buch *"Principles of Aquatic Chemistry"*, Wiley-Interscience, 1983, entwickelten Tableaux zu verwenden.

Viele Kollegen haben zu den hier wiedergegebenen Ideen beigetragen. Wir sind insbesondere Philippe Behra, Rolf Grauer, Jürg Hoigné, Katia Knauer, Elke Kiefer, Beat Müller, Christoph Moor, Michael Ochs, Charles O'Melia, Barbara Sulzberger und Jürg Zobrist für Ideen und Anregungen, die in dieses Buch eingeflossen sind, zu grossem Dank verpflichtet. Annette Kuhn hat die Lösungen zu den Übungaufgaben ausgearbeitet. Dank den Studierenden, die die ersten beiden Auflagen aufmerksam gelesen haben, wurden viele Druckfehler und andere Unstimmigkeiten verbessert.

Vorwort

Liselotte Schwarz hat mit grossem Geschick die anspruchsvolle Textverarbeitung besorgt; wir danken ihr für ihre sorgfältige Arbeit und grosse Geduld in den verschiedenen Entwicklungsphasen dieses Buches. Ebenfalls danken wir Heidi Bolliger für die graphischen Darstellungen.

Eidgenössische Anstalt für
Wasserversorgung, Abwasserreinigung
und Gewässerschutz　　　　　　　　　　　Laura Sigg
CH–Dübendorf, November 1993　　　　　　Werner Stumm

KAPITEL 1

Die chemische Zusammensetzung natürlicher Gewässer

1.1 Einleitung

Welche Stoffe sind in natürlichen Gewässern enthalten? Welche Prozesse bestimmen ihre Konzentrationen? Welche sind die natürlichen und die anthropogen verursachten Quellen dieser Stoffe? Diese Fragen werden uns durch das ganze Buch hindurch begleiten. Chemische, phyikalische und biologische Prozesse sind in Gewässerökosystemen komplex miteinander verknüpft; daraus ergibt sich die chemische Zusammensetzung der Gewässer. Dieses erste Kapitel soll eine kurze Übersicht über diese verschiedenen Prozesse geben. Die wichtigsten (geo)chemischen Prozesse, nämlich die Auflösung von Gesteinen und die Ausfällung von Mineralien, sowie die Austauschprozesse zwischen Atmosphäre und Wasser werden kurz betrachtet. Gewässer sind aber natürlich auch Ökosysteme, in welchen durch Sonnenlicht Lebensgemeinschaften (Produzenten, Konsumenten und Zersetzungsorganismen) aufrechterhalten erhalten werden und dadurch Kreisläufe der lebensnotwendigen Substanzen ablaufen. Wasser greift als chemisches Reagens, als Lösemittel und als Transportmittel in alle Kreisläufe der Gesteine und des Lebens ein.

Menschliche Aktivitäten beeinträchtigen in vielfältiger Weise die Umweltsysteme. Wir versuchen hier aufzuzeigen, dass die Süsswasser (Seen, Flüsse, Grundwasser) sowie die Atmosphäre zu den besonders auf Störungen empfindlichen Systemen gehören, die zu Besorgnis Anlass geben.

Eine Übersicht über repräsentative Konzentrationen in Meer- und Süsswasser (in mol/Liter; ausgedrückt als $-\log M$) ist in der "abgekürzten" periodischen Tabelle Abbildung 1.1 enthalten. Diese enthält die wichtigsten im Wasser auftretenden Spezies. Elemente, deren Verteilung durch biologische Prozesse (Inkorporation in Biota, subsequente Sedimentation und spätere Mineralisation) beeinflusst werden, sind schraffiert.

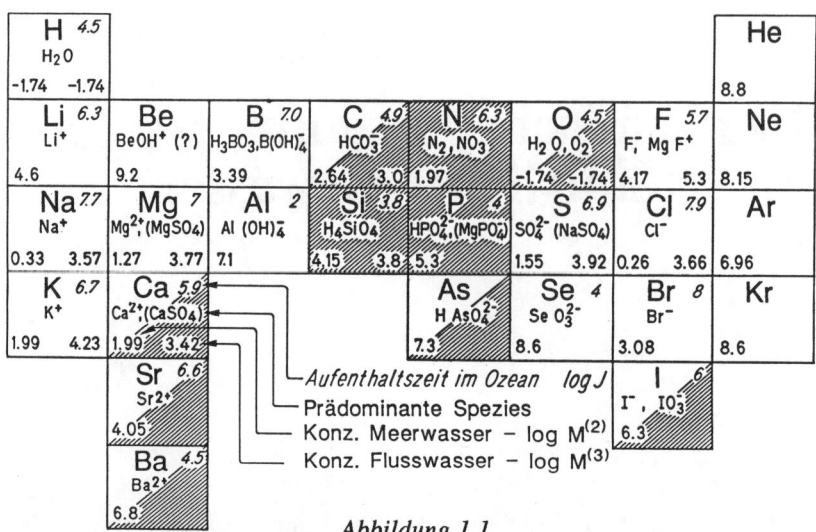

Abbildung 1.1

Einige der wichtigeren Elemente in natürlichen Gewässern und ihre Erscheinungsformen (Spezies) und Konzentrationen und Aufenthaltszeiten (log Jahre). Spezies in Klammern sind prädominante Spezies in Meerwasser (falls verschieden von Süsswasser).

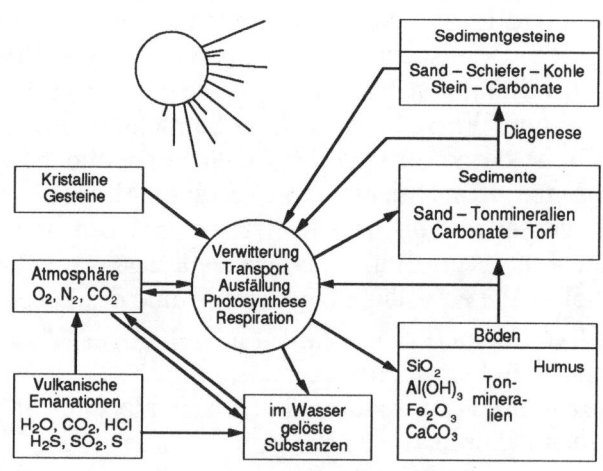

Abbildung 1.2

Wechselwirkung des Kreislaufs der Gesteine mit dem Kreislauf des Wassers
Das Wasser ist Transportmittel und chemisches Reagens zugleich. Durch die Wechselwirkung mit den Gesteinen (Auflösung und Ausfällung) entstehen Bodenmaterialien, Sedimente und Sedimentgesteine; dabei gelangen gelöste Substanzen ins Wasser (vgl. Tabelle 1.1).

Verwitterungsprozesse

Einige wichtige Prozesse, die die Zusammensetzung natürlicher Gewässer regulieren, sind in Abbildung 1.2 symbolisch dargestellt. Die O_2- und CO_2-Regulierung erfolgt in der Natur durch Photosynthese, Respiration und durch Verwitterungsprozesse. Wir illustrieren nachfolgend kurz, wie die chemische Zusammensetzung der Gewässer durch Verwitterungsprozesse und durch die Aktivität von Organismen beeinflusst wird.

1.2 Verwitterungsprozesse

Durch die Verwitterungsprozesse findet die Auflösung der wichtigsten Gesteine (Silikate, Oxide, Karbonate) statt (vgl. Tabelle 1.1). Die Entstehung der Zusammensetzung der gelösten Phase kann am einfachsten im Sinne eines Gleichgewichtsmodelles verstanden werden; z.B. werden für die Auflösung und Ausfällung des $CaCO_3$

$$CaCO_3 + CO_2 + H_2O = Ca^{2+} + 2\,HCO_3^- \qquad (1)$$

TABELLE 1.1 Beispiele typischer Verwitterungsreaktionen der Mineralien

Mineral	+ Wasser	+ gelöste Kohlensäure	⇌	Kationen	+ Anionen	+ Kieselsäure	+ Tonmineralien z.B. Kaolinit
Kalk							
$CaCO_3$	$+ H_2O$		⇌	Ca^{2+}	$+ HCO_3^- + OH^-$		
$CaCO_3$		$+ H_2CO_3$	⇌	Ca^{2+}	$+ 2\,HCO_3^-$		
Dolomit							
$CaMg(CO_3)_2$	$+ 2\,H_2O$		⇌	$Ca^{2+} + Mg^{2+}$	$+ 2\,HCO_3^- + 2\,OH^-$		
Quarz (Granit)							
SiO_2	$+ 2\,H_2O$		⇌			H_4SiO_4	
Anhydrit (Gips)							
$CaSO_4$			⇌	Ca^{2+}	$+ SO_4^{2-}$		
Feldspat							
$NaAlSi_3O_8$	$+ 5.5\,H_2O$		⇌	$Na^+ +$	$+ OH^-$	$+ 2\,H_4SiO_4$	$+ 0.5\,Al_2Si_2O_5(OH)_4$
$NaAlSi_3O_8$	$+ 4.5\,H_2O$	$+ H_2CO_3$	⇌	Na^+	$+ HCO_3^-$	$+ 2\,H_4SiO_4$	$+ 0.5\,Al_2Si_2O_5(OH)_4$
Steinsalz							
$NaCl$			⇌	Na^+	$+ Cl^-$		

aufgrund der Gleichgewichtskonstanten für eine Atmosphäre mit 0,03 % CO_2 folgende Konzentrationen errechnet: System: $(CaCO_3)_{(s)}$, $CO_{(g)}$ ($pCO_2 = 3 \times 10^{-4}$ atm) wässrige Lösung, 25 °C: [1]

$$pH = 8.3,\ [HCO_3^-] = 1.0 \times 10^{-3}\,M,\ [Ca^{2+}] = 5 \times 10^{-4}\,M$$

---

[1] Wir verwenden hier und im folgenden für die Zahlen die angelsächsische oder Computer-Schreibweise: 8.3 = 8,3. (Die Illustration, wie man solche Gleichgewichtsrechnungen löst, erfolgt später.)

1.3 Wechselwirkungen zwischen Organismen und Wasser

Die Photosynthese, P, und Respirationsprozesse, R, werden schematisch stark vereinfacht in Gleichung (2) wiedergegeben. Es braucht bei der Photosynthese zahlreiche andere Nährstoffe; die Stöchiometrie entspricht ungefähr der Gleichung (3).

$$CO_2 + H_2O + \text{Sonnenenergie} \underset{R}{\overset{P}{\rightleftharpoons}} \{CH_2O\} + O_2 \qquad (2)$$

$$106\,CO_2 + 16\,NO_3^- + HPO_4^{2-} + 122\,H_2O + 18\,H^+ \begin{pmatrix} +\text{ Spurenelemente} \\ +\text{ Sonnenergie} \end{pmatrix}$$

$$P \updownarrow R$$

$$\{C_{106}H_{263}O_{110}N_{16}P_1\} + 138\,O_2 \qquad (3)$$

Algen-Protoplasma

Der Fluss der Energie durch das System wird durch Kreisläufe von Düngstoffen und Spurenelementen begleitet. Obschon die Stöchiometrie der Reaktion (3) für jedes aquatische System und für jede Alge etwas verschieden ist, ist es erstaunlich, wie die komplizierte Photosynthese-Respirations-(P-R)-Dynamik, an der soviele verschiedene Organismen teilnehmen, sich durch so einfache Beziehungen $\Delta C : \Delta N : \Delta P \approx 106 : 16 : 1$ wiedergeben lässt.

Die vertikale Auftrennung der Nährstoffelemente im Meer oder im See erfolgt dadurch, dass die Elemente C, N, P bei der Photosynthese zusammen aufgenommen werden und später nach dem teilweisen Absinken bei der Respiration in gleichen Proportionen wieder freigesetzt werden (Abbildung 1.3); die Respiration ist charakterisiert durch den Respirationsquotienten $\Delta O_2 : \Delta C \approx 1.3$ oder $\Delta O_2 : \Delta N \approx -9$.

Abbildungen 1.4 und 1.5 exemplifizieren die Kovarianz der N-(Nitrat)- und P-(Phosphat)-Konzentration in Meer und See. In Seen ist meistens Phosphat der limitierende Nährstoff für die Algen.

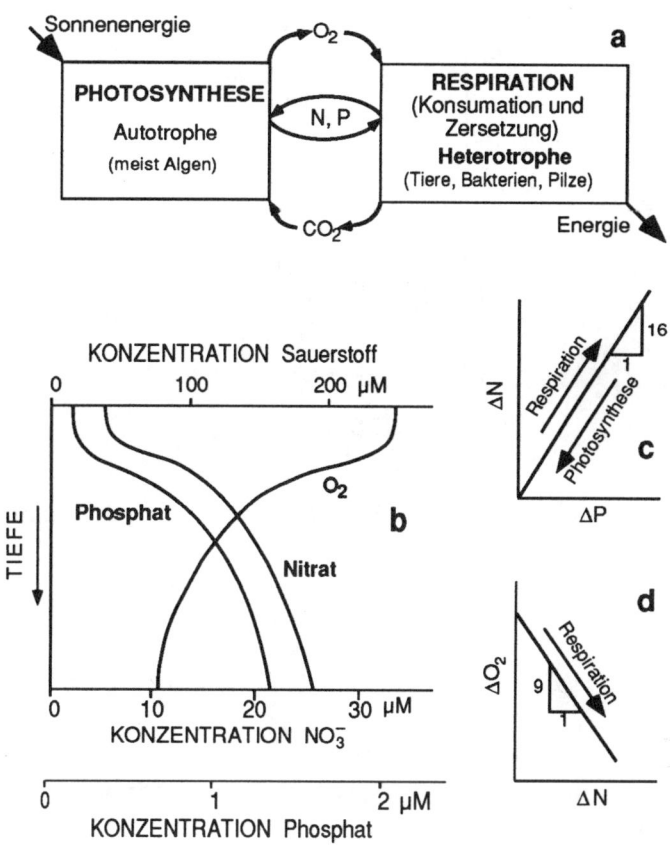

Abbildung 1.3
Ein balanciertes Ökosystem ist durch einen Stationärzustand zwischen P (Geschwindigkeit der photosynthetischen Produktion von Biomasse) und R (Geschwindigkeit der respiratorischen Mineralisierung des organischen Materials) charakterisiert.
a) Die vertikale Trennung der P- und R-Funktion im See oder im Meer.
b) Die Nährstoffe werden an der Oberfläche aufgezehrt und in der Tiefe wieder abgegeben.
c,d) Die ungefähre stöchiometrische Konstanz der elementaren Biomassenzusammensetzung führt zu einer Kovarianz in den Konzentrationen der Nährstoffkomponenten (vgl. Abbildung 1.4)

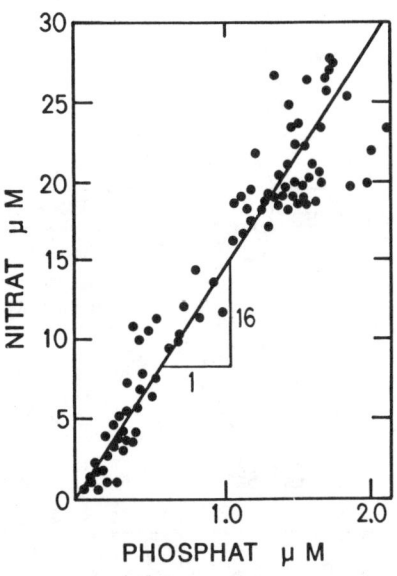

Abbildung 1.4
Stöchiometrische Korrelation zwischen Nitrat- und Phosphat-Konzentrationen (μM) im Atlantik (N : P = 16)

1.4 Das Puffersystem natürlicher Gewässer

Art und Menge der im Wasser auftretenden chemischen Stoffe mögen vorerst zufällig erscheinen, können aber, wie wir im vorigen Kapitel kurz demonstriert haben, bei näherer Betrachtung auf chemische Vorgänge an den Grenzflächen Gestein-Wasser und Atmosphäre-Wasser und biologische Prozesse (Photosynthese-Respiration) zurückgeführt werden. Wir können uns etwa vorstellen, dass Ca^{+2} und Mg^{+2} von Carbonaten, Na^+ und K^+ von Feldspat und Glimmerton, Sulfat von Gips oder Pyrit, sowie Phosphat und Fluorid von Apatit herrühren. Die Auflösungsprozesse sind weitgehend Säure-Basen-Reaktionen. So kann in allererster Annäherung die Zusammensetzung des Meeres als das Resultat der Titration von Säuren der Vulkane mit Basen der Gesteine (Silicate, Oxyde, Carbonate (Abbildung 1.2)) interpretiert werden. Die Zusammensetzung des Süsswassers kann in ähnlicher Weise als Folge der Einwirkung von CO_2 der Atmosphäre auf die Mineralien dargelegt werden. Tabelle 1.2 gibt eine Übersicht der wichtigen Bestandteile des Meerwassers und eines durchschnittlichen Süsswassers. Trotz Unterschieden in der chemischen Zusammensetzung sind sich viele natürliche Wässer in Bezug auf die

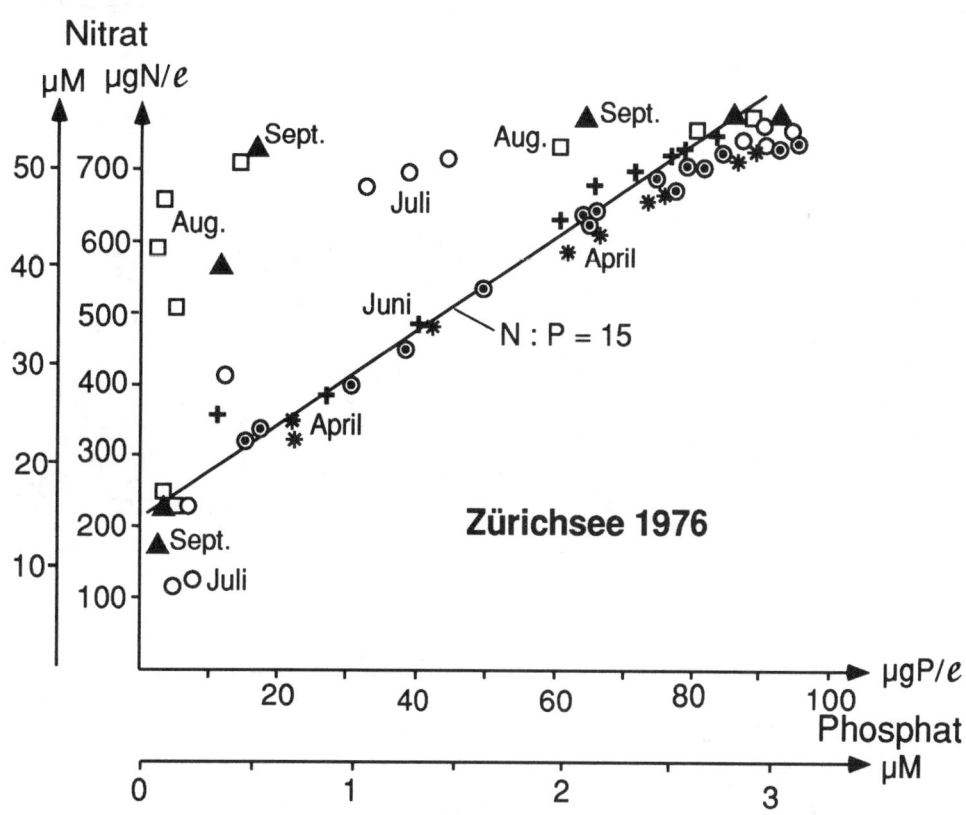

Abbildung 1.5
Konzentration von Nitrat vs Phosphat im Zürichsee
Das atomare Verhältnis der ausgezogenen Linie ist $\Delta N : \Delta P = 15$. Die Abweichungen im Juli – Sept. stehen in Zusammenhang mit dem Entstehen eines Sauerstoffminimums bei etwa 20 m Tiefe.

Konzentration bestimmter Bestandteile ähnlich. Die meisten natürlichen Süsswasser haben einen pH zwischen 6.5 und 8.5. Die Konzentrationen anderer Komponenten variieren ebenfalls nicht mehr als um etwa das Hundertfache (Tabelle 1.2). Die Zusammensetzung des Meerwassers ist erstaunlich konstant, und die Wasser verschiedener Meere unterscheiden sich nur wenig voneinander.

TABELLE 1.2   Chemische Zusammensetzung natürlicher Gewässer

	Süsswasser Durchschnittliches Oberflächenwasser	Zürichsee	Meerwasser
	$-\log M$	$-\log M$	$-\log M$
HCO_3^-	3.0 (± 0.6)	2.6	2.6
Ca^{+2}	3.4 (± 0.9)	2.9	2.0
H^+	6.5 – 8.5	7.6 – 8.4	8.1
H_4SiO_4	3.7 (± 0.5)	4.4	4.1
Mg^{+2}	3.8 (± 1.0)	3.6	1.3
Cl^-	3.7 (± 1.0)	4.1	0.3
Na^+	3.6 (± 1.0)	4.1	0.3

Austauschvorgänge zwischen der Atmosphäre und dem Wasser

Gase und andere flüchtige Stoffe werden an der Grenze zwischen Wasser und Atmosphäre ausgetauscht. An der Wasseroberfläche findet ein Ausgleich an das Absorptionsgleichgewicht statt. Die Löslichkeit von Gasen kann mit dem Henry'schen Gesetz berechnet werden. Bei konstanter Temperatur ist die Löslichkeit eines Gases proportional zum Partialdruck des Gases p_i, z.B.

$$[O_2(aq)] = K_H \, p_{O_2} \qquad (4)$$

wobei K_H = die Henry-Konstante [M atm^{-1}], p_{O_2} = der Partialdruck von O_2[atm], $[O_2(aq)]$ = Konzentration von O_2 [M].

Der Partialdruck kann aus der Zusammensetzung des Gases berechnet werden. Z.B. für O_2 (21 Volumen% in der trockenen Atmosphäre) berechnet sich:

$$p_{O_2} = x_{O_2} (P_T - w)$$

wobei x_{O_2} das mol-Verhältnis oder das Volumenverhältnis im trockenen Gas (für Atmosphäre x_{O_2} = 0.21) ist; P_T = total Druck in atm, w = Wasserdampfdruck in atm.

Tabelle 1.3 gibt die Henry-Koeffizienten:

TABELLE 1.3   Henry-Konstanten (25 °C)

Gas	K_H [M atm^{-1}]
CO_2	33.8 × 10^{-3}
CH_4	1.34 × 10^{-3}
N_2	0.642 × 10^{-3}
O_2	1.27 × 10^{-3}

Löslichkeit von O_2, N_2 und CO_2 in Wasser

Gas	Partialdruck		0 °C	10 °C	20 °C	30 °C	Einheiten
O_2	0.21	atm	14.58	11.27	9.08	7.53	mg · ℓ^{-1}
N_2	0.78	atm	22.46	17.63	14.51	12.40	mg · ℓ^{-1}
CO_2	0.0003	atm	1.00	0.70	0.51	0.38	mg · ℓ^{-1}

Adsorptions- und Desorptionsvorgänge

An Bodenmaterial oder an suspendierten Feststoffen können gelöste Stoffe adsorbieren und auch wieder desorbieren. Die Konzentrationen von Schwermetallionen werden beispielsweise durch solche Prozesse reguliert. Ausserdem können suspendierte Tonmineralien für adsorbierte Stoffe auch als Transportmittel und als Reservoir von Verunreinigungen dienen. Zur modellmässigen Behandlung solcher Adsorptionsprozesse werden in erster Näherung ebenfalls Gleichgewichtsreaktionen verwendet (Beispiele werden wir später genauer betrachten).

Beispiele für die chemische Zusammensetzung von Oberflächen- und Grundwasser.

Abbildungen 1.6 und 1.7 geben repräsentative Zusammensetzungen wieder. Die Wasserhärte (Ca^{2+} und Mg^{2+}) wird oft in der Praxis in Härtegraden, °H, ausgedrückt:

1 franz. °H entspricht 10 mg $CaCO_3$ in 1 Liter Wasser:
$[Ca^{2+}] + [Mg^{2+}]$ = 0.1 mM und / oder
$[HCO_3^-] + 2 [CO_3^{2-}]$ = 0.2 meq/ℓ

1 deutsch. °H entspricht 10 mg CaO in 1 Liter Wasser = 0.178 mM oder 0.357 meq/ℓ

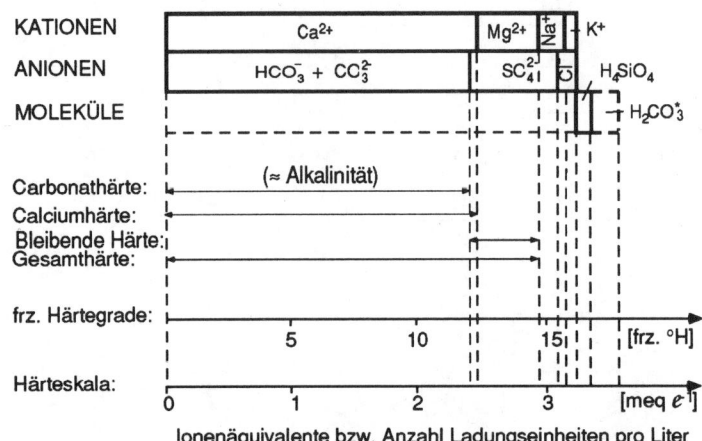

Abbildung 1.6
Zusammensetzung eines durchschnittlichen europäischen Gewässers und Härteskala
Die Gesamthärte ist die Summe der Konzentration von Ca^{2+} und Mg^{2+}. Die bleibende Härte ist die Gesamthärte minus die Karbonathärte, d.h. der Anteil an der Härte, der nach dem Kochen des Wassers (Ausfällung von $CaCO_3$; die Löslichkeit des $CaCO_3$ nimmt mit zunehmender Temperatur ab) verbleibt.

Dass ein Zusammenhang zwischen der geologischen Zusammensetzung des Einzugsgebietes und der Zusammensetzung der Gewässer besteht, geht aus Abbildung 1.7 und Tabelle 1.4 hervor, in welchen für einige Ionen die Konzentrationen aufgeführt sind. Während Magnesium, Calcium und Bicarbonat praktisch nur in Flüssen vorkommen, welche durch mesozoisches Sedimentgestein (Sedimente aus dem Erdmittelalter (Trias-, Jura- und Kreidezeit) fliessen, findet man höhere Konzentrationen an Kieselsäure und kleine Konzentrationen von Ca^{2+} und Mg^{2+} in Flüssen, welche durch kristallines Gestein fliessen. Hingegen korrelieren heutzutage die Sulfatkonzentrationen nur noch teilweise mit dem Vorkommen von sulfathaltigem Gestein. Zivilisatorische Quellen wie Industrie, Abgase aus der Verbrennung von Kohle und Heizöl und der sich daraus ergebende sulfathaltige Regen sind für den Sulfatgehalt mitverantwortlich. Beispiele typischer Konzentrationen in einigen Oberflächen- und Grundwasser sind in Tabelle 1.4 enthalten.

Das Puffersystem natürlicher Gewässer wird durch CO_2 der Atmosphäre, die gelösten $H_2CO_3^*$, HCO_3^- und CO_3^{2-} des Wassers, durch $CaCO_3$ und andere

Das Puffersystem natürlicher Gewässer

TABELLE 1.4 Typische Analysenwerte

Gewässertyp		Oberflächenwasser			Grundwasser		
		Seewasser	Flusswasser				
Probenahmestelle		Zürichsee (30 m Tiefe)	Rhein vor Bodensee Januar	Rhein nach Basel Juli	Kiessand aus Kalken Netstal	Kiessand aus Urgestein Andermatt	feinsandiger Kies mit Toneinschliessungen Dübendorf
Temperatur	°C	5.4	3.1	20.1	9.2	5.0	5.4
pH-Wert		7.7	7.9	8.0	8.0	5.9	7.1
Gesamthärte	meq · ℓ^{-1} (frz.H.)	2.70(13.8)	2.88(14.4)	3.16	3.26(16.3)	0.60(3.0)	9.60(48.0)
Carbonathärte (Alkalinität)	meq · ℓ^{-1} (frz.H.)	2.52(12.6)	1.88 (9.4)	2.58	4.67(14.0)	0.46(2.3)	6.40(32.0)
Calcium	mg/ℓ	45.6	43	53	50	12	158
Magnesium	mg/ℓ	6.0	8.7	6.6	9.1	0	20.6
Natrium	mg/ℓ		3.1	6.2			
Kalium	mg/ℓ		0.9	1.4			
Eisen	mg/ℓ	<0.02			0.02	0	
Mangan	mg/ℓ				<0.01	<0.01	0.25
Sulfat	mg/ℓ	15	53	27	15	8.5	133
Chlorid	mg/ℓ	2.5	2.8	8.6	1.6	0.5	12.4
Nitrit	mg N/ℓ	<0.01	0.005		<0.001	0	0.01
Nitrat	mg N/ℓ	0.77	0.5	1.3	0.9	0.5	1.3
Ammonium (Ammoniak)	mg N/ℓ	<0.1	0.065	0.09	<0.01	0.04	0.04
O-Phosphat	mg P/ℓ	0.08	0.01	0.04	<0.01	0.04	<0.01
Gesamtphosphat	mg P/ℓ		0.04	0.09			
Sauerstoff	mg/ℓ	7.8	12.6	10.1	8.4	4.0	2.0
Kieselsäure	mg/ℓ		6.5	3.6	4.0	5.5	5.5
DOC[1)]	mg/ℓ	1.4	0.8	2.1			

[1)] gelöster organischer Kohlenstoff

Mineralien (Dolomit, Aluminiumsilikat) dominiert, die auch deren anorganisch-chemische Zusammensetzung regulieren.

Tabelle 1.5 gibt die Verteilung des Kohlenstoffs in seinen verschiedenen Verbindungen in Atmosphäre, Land, Wasser und Biosphäre. Für jedes C-Atom in der Atmosphäre (als CO_2) gibt es ca. 50 C-Atome (hauptsächlich als HCO_3^-) in der Hydrosphäre und ca. 30'000 C-Atome in den Sedimenten (als Carbonat und organischer Kohlenstoff). Der Kohlenstoff in der Biosphäre ist von gleicher Grössenordnung wie der C in der Atmosphäre. Eine Einsicht in die chemischen Prozesse natürlicher Gewässer setzt voraus, dass das Carbonatsystem und die damit verbundenen Säure-Base-Beziehungen verstanden werden.

TABELLE 1.5 Verteilung von Kohlenstoff in Sedimenten, Hydrosphäre, Atmosphäre und Biosphäre

	Total auf der Erde 10^{18} mole C	In Bezug auf CO_2 in der Atmosphäre = A_o
Sedimente		
Carbonate	1530	24700
Organ. Kohlenstoff	572	9200
Land		
Organ. Kohlenstoff	0.065	1.05
Ozeane		
$CO_2 + H_2CO_3$	0.018	0.3
HCO_3^-	2.6	42
CO_3^{2-}	0.33	5.3
tot, organisch	0.23	3.7
lebend, organisch	0.0007	0.01
Atmosphärisch		
$CO_2(A_o)$ [1]	0.062	1.0

[1] Entspricht dem Wert (1992) von p_{CO_2} = 355 µatm (ppm)

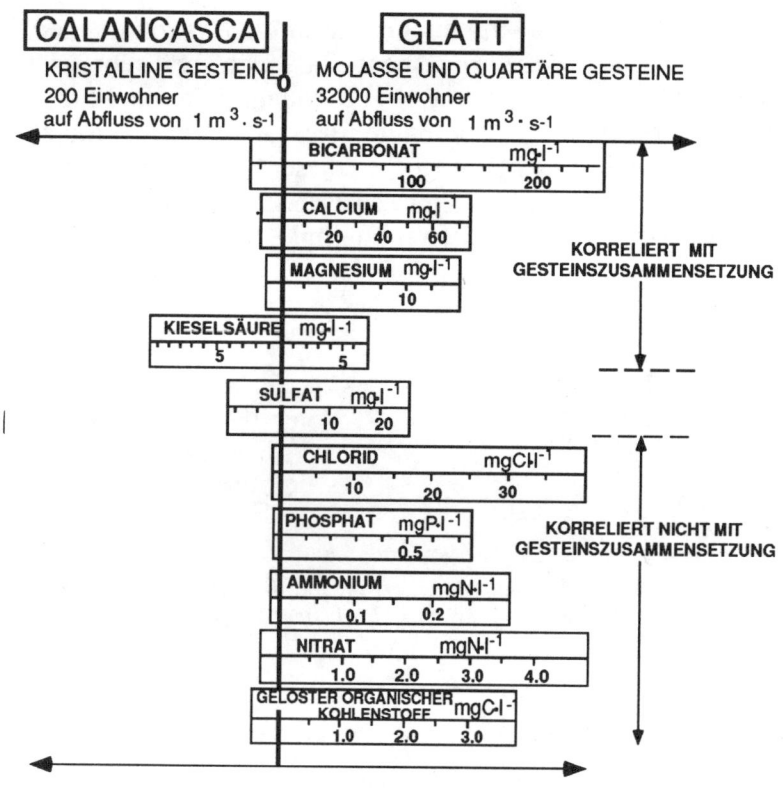

Abbildung 1.7
Vergleiche der chemischen Zusammensetzung des Flusses Calancasca (südliche Schweiz) in kristallinem Gestein mit der Glatt, einem schweizerischen Mittellandfluss, unter Einfluss von $CaCO_3$ (Calcit). Der Mittellandfluss ist auch anthropogen beeinflusst durch Salz, Düngemittel und häusliche Abwässer. Die Konzentrationen an Phosphat und Stickstoff können stark mit der Belastung variieren; in den letzten Jahren haben beispielsweise die Phosphatkonzentrationen in vielen schweizerischen Flüssen abgenommen.
(Aus: J. Zobrist und Joan Davis, 1983)

1.5 Wasser und seine einzigartigen Eigenschaften

Das isolierte Wassermolekül kann dreidimensional im Sinne eines verzerrten Tetraeders dargestellt werden. Der H-O-H-Winkel ist 104.5° (statt 109.5° für ein Tetraeder). Das Wassermolekül verhält sich wie ein Dipol; die Sauerstoffseite, die die nicht gebundenen Elektronen enthält, ist negativ geladen, während die Protonen die positive Seite des Dipols darstellen. Diese ungleiche Ladungsverteilung ist mit ein Grund für die Assoziation der Wassermoleküle durch *Wasserstoffbrücken*. Diese Wasserstoffbrückenbindung ist 10 – 50 mal schwächer als die kovalente O-H Bindung. Beim Eis ist die Assoziation genügend stark, dass eine geordnete Struktur der Wassermoleküle entsteht. Beim flüssigen Wasser bleibt ein Teil dieser Struktur erhalten. Die Wasserstoffbrücken und die teilweise tetraedrische Anordnung verhelfen dem Wasser zu seinen – gegenüber anderen Flüssigkeiten, die keine Wasserstoff-

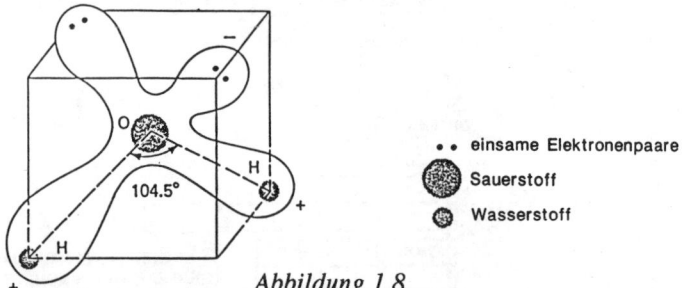

Abbildung 1.8
Isoliertes Wassermolekül und seine Elektronenwolke als verzerrtes Tetraeder (Modifiziert von R.A. Horne, "Marine Chemistry", Wiley & Sons, New York, 1969).

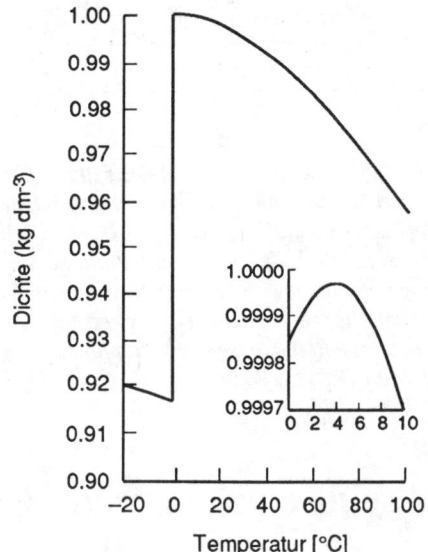

Abbildung 1.9
Die Dichte (bei 1 atm) von Eis und flüssigem Wasser in Abhängigkeit der Temperatur
(Daten von D. Eisenberg und W. Kauzmann, Oxford University Press, London, 1969).

brücken aufweisen – einzigartigen Eigenschaften (Tabelle 1.6). Bei der Verdampfung werden die Wasserstoffbrücken gebrochen.

Die Dichte des Wassers erreicht bei 4° ihr Maximum (Abbildung 1.9). Darum schichtet sich bei einem See das Wasser im Winter anders als im Sommer.

TABELLE 1.6 Physikalische Eigenschaften von flüssigem Wasser (Quelle: Modifiziert von Sverdrup, Johnson und Fleming, *The Oceans*, Prentice-Hall, 1942; und Berner und Berner, *The Global Water Cycle*, Prentice-Hall, 1987)

Eigenschaft	Vergleich mit anderen Flüssigkeiten	Bedeutung für die Umwelt
Dichte	Maximum bei 4 °C, expandiert beim Gefrieren	erschwert das Gefrieren und verursacht saisonale Stratifikation
Schmelz- und Siedepunkt	ausserordentlich hoch	ermöglicht Wasser als Flüssigkeit auf der Erdoberfläche
Wärmekapazität	Höchste Wärmekapazität aller Flüssigkeiten mit Ausnahme von NH_3	puffert gegen Extremtemperaturen
Verdampfungswärme	extrem hoch	puffert gegen Extremtemperaturen
Oberflächenspannung	hoch	wichtig für Tropfenbildung in Wolken und Regen
Lichtabsorption	hoch im Infrarot- und UV-Bereich, weniger hoch im Sichtbaren	wichtig für die Regulierung der biologischen Aktivitäten (Photosynthese) und die atmosphärische Temperatur
Eigenschaften als Lösungsmittel	wegen der dipolaren Eigenschaften eignet sich Wasser zur Auflösung von Salzen (Ionen) und polaren Molekülen	Transport gelöster Substanzen im hydrologischen Kreislauf und in Biota

1.6 Eine kurze Übersicht über die hydrogeochemischen Kreisläufe

Abbildung 1.10 vermittelt ein eindrückliches Bild über die komplizierten Vernetzungen zwischen den verschiedenen geochemischen Kreisläufen von Kohlenstoff (C), Schwefel (S) und Sauerstoff (O), die unsere Umwelt regulieren. Diese Abbildung (modifiziert nach Garrels und Perry, 1974) illustriert die wichtigsten globalen geochemischen Reservoire, die bei diesen Kreisläufen mindestens in den letzten 600 Millionen Jahren eine wichtige Rolle gespielt haben. Die Flächen der Kreise sind proportional zu den Grössen der Reservoire. (Wir vernachlässigen hier Vorgänge, die sich in der Tiefe der Erdkruste oder im Mantel der Erde abspielen.)

Die wichtigsten Querverbindungen zwischen den Reservoiren betreffen die verschiedenen Wechselwirkungen zwischen den Reservoiren der Sedimente und Kohlendioxid (CO_2), Wasser (H_2O) und Sauerstoff (O_2), also z.B. Reaktionen wie

① $CaSiO_3 + CO_2 \rightleftharpoons SiO_2 + CaCO_3$

② $CO_2 + H_2O \rightleftharpoons \{CH_2O\} + O_2$

③ $O_2 + 4\ FeSiO_3 \rightleftharpoons 2\ Fe_2O_3 + 4\ SiO_2$

④ $\frac{15}{8} O_2 + \frac{1}{2} FeS_2 + H_2O \rightleftharpoons H_2SO_4 + \frac{1}{4} Fe_2O_3$

Reaktion ①[1]	entspricht der Verwitterung der Silikate (vgl. Reaktion für Feldspatverwitterung in Tabelle 1.1)
Reaktion ②	ist die einfachste Formulierung für die Photosynthese–Respirationsreaktion.
Reaktionen ③ und ④	illustrieren die Oxidation von Fe(II) und von Schwefelverbindungen durch photosynthetisch gebildeten Sauerstoff zu Eisen(III)oxid und Sulfat.

Aus Abbildung 1.10 wird ersichtlich, dass die für unsere Ökosphäre besonders wichtigen Reservoirs von O_2 und CO_2 klein sind im Vergleich zu den

---

[1] Diese Zahlen beziehen sich auf die Materialflüsse in der Abbildung.

Reservoirs der Gesteine (das gasförmige CO_2-Reservoir erscheint in Abbildung 1.10 nur als Punkt); die O_2- und CO_2-Reservoirs sind vielseitig mit riesigen Reservoirs vernetzt. Um nochmals das Bild der ineinander verzahnten Räder zu gebrauchen: die kleinen, relativ schnell drehenden Räder von CO_2 und O_2 sind verzahnt mit riesigen, extrem langsam drehenden Rädern von Sedimentsbestandteilen. Die hydrogeochemischen Kreisläufe und die Art ihrer Synchronisation bestimmen die Zusammensetzung der Meere und sind weitgehend verantwortlich für die Konstanthaltung der Atmosphäre und des Klimas.

Die verschiedenen rückgekoppelten Regelkreise ergeben eine enorme Stabilität. Der Mensch kann zwar heute, wie wir gesehen haben, die Zusammen-

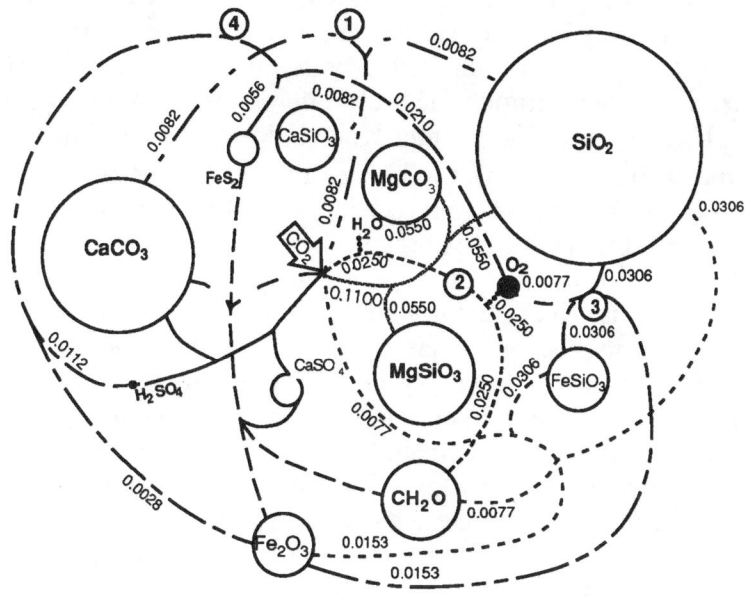

Abbildung 1.10
Kohlenstoff-, Schwefel- und Sauerstoff-Kreislauf
Die Vernetzung der globalen chemischen Kreisläufe wiederspiegelt den Stationärzustand, der für die letzten 600 Millionen Jahre unsere Umwelt reguliert hat. Die Kreisflächengrösse entspricht der Reservoirgrösse in Molen,
z.B. SiO_2 = 220 $\times 10^{20}$ mole (1.3 $\times 10^{24}$ g);
$CaCO_3$ = 50 $\times 10^{20}$ mole (5 $\times 10^{23}$ g),
O_2 = 0.38 $\times 10^{20}$ mole (1.2 $\times 10^{21}$ g).
Die Zahlenangaben bei den Querverbindungen entsprechen den Steady-state-Materieflüssen in 10^{14} mol pro Jahr. Die Nummern beziehen sich auf die im Text erwähnten Reaktionen.
(Modifiziert von R.M. Garrels und E.A. Perry Jr., 1974).

setzung der kleinen Reservoire beeinflussen, d.h. er kann die kleinen, nicht aber die grossen Räder beschleunigen; wenn die Bremswirkung der grossen auf die kleinen Räder nicht funktioniert, werden die verschiedenen Kreisläufe entkoppelt (z.B. Anstieg von CO_2 in der Atmosphäre).

Der Mikrokosmos als Modell der Biosphäre

Die Prozesse der Photosynthese und der Respiration, vereinfacht formuliert durch Reaktion ② (vgl. Abbildung 1.10), sind von zentraler Bedeutung für die Ökosphäre. Zur Veranschaulichung machen wir ein einfaches Gedankenexperiment: in einer Flasche mischen wir Wasser mit Gesteinen, impfen das Gemisch mit etwas Flora und Fauna aus einem Tümpel, verschliessen die Flasche und setzen sie dem Licht aus (Abbildung 1.11). Durch Auflösungsprozesse der Gesteine kommen die wesentlichen Bestandteile, (Ca^{2+}, Na^+, K^+, HCO_3^-, H_4SiO_4) ins Wasser und Kohlendioxid (CO_2) in die Gasphase (die der Atmosphäre entspricht). Ein kleiner Teil der Lichtenergie wird bei der Photosynthese der Pflanzen (Algen) fixiert und in Form von organischem Material gespeichert. Ein Teil dieses organischen Materials ermöglicht Lebensprozesse der heterotrophen Organismen (Bakterien und Tiere). Wegen des dauernden Flusses der Energie durch unsere Flasche (sie repräsentiert – dem Raumschiff Erde entsprechend – das, was der Chemieingenieur als geschlossenes System bezeichnet, d.h. ein System, welches hinsichtlich der Materieflüsse, nicht aber hinsichtlich Energieaustausch, geschlossen ist) ist ihr Inhalt nicht im Gleichgewicht, aber nach einiger Zeit wird sich ein stationärer – oft als Fliessgleichgewicht bezeichneter – Zustand einstellen, in dem sich Produktion und Zerfall organischer Materie die Waage halten (Abbildung 1.11). Dadurch erhält unser System einen konstanten Gehalt an Sauerstoff, der übrigens dem gebildeten organischen Material entspricht, und einen ebenso konstanten Kohlendioxid-Pegel.

Wir ersehen aus diesem Experiment, dass erstens ein System, das Organismen am Leben erhalten kann, aus dem kontinuierlich durchtretenden Sonnenlicht Energie aufnimmt und diese benützt, um das System zu organisieren; das heisst, der Einsatz von Lichtenergie ist für die Erhaltung des Lebens notwendig; und zweitens, dass der Energiefluss durch das System Kreisläufe bewirkt, Kreisläufe der Atome und der Elektronen, des Wassers, der Gesteine, der Nährstoffe (hydrogeochemische Kreisläufe) sowie Zyklen des Lebens, die durch verschiedene Stufen der Nahrungskette gehen.

Somit ist ein ökologisches System (Ökosystem) eine Einheit der Umwelt, in welcher durch Energiezufluss eine biologische Gemeinschaft (Produzenten,

Eine kurze Übersicht über die hydrogeochemischen Kreisläufe

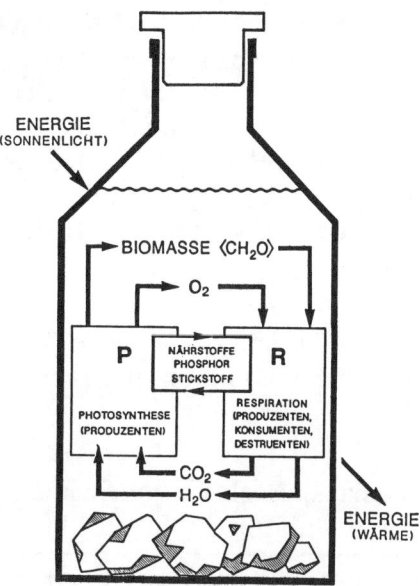

Abbildung 1.11
Ein Gedankenexperiment zur Umschreibung eines (globalen) Ökosystems
Wir füllen in eine Glasflasche Wasser, Sand und Steine und impfen mit einigen Tropfen aus einem Tümpel. Die Flasche, an die Sonne gestellt, wird zu einem Aquarium. Ein Teil des Lichtes wird von den grünen Pflanzen (oder Algen) absorbiert und für die Photosynthese verwendet. Was die Pflanzen produzieren, wird in der Respiration wieder konsumiert oder zersetzt. Im Innern der Flasche stellt sich ein Stationärzustand (Fliessgleichgewicht) ein. Dadurch erhält unser System neben einem konstanten Gehalt an Biomasse auch einen konstanten Gehalt an Sauerstoff, der der gebildeten Menge organischen Materials entspricht, sowie eine konstante Kohlendioxid (CO_2)-Konzentration (welche mit dem Kalkgestein verknüpft ist).

Konsumenten und Zerfallsorganismen) mit trophischer Struktur und Kreisläufe der lebensnotwendigen Substanzen aufrechterhalten werden.

Evolutionäre Entwicklung und heutiger Stationärzustand der Biosphäre

Bekanntlich war die erste Phase des Lebens auf der Erde anaerob. Durch die Sauerstoffherstellung bei der Photosynthese – sie geht nach neueren Auffassungen bis zu ca. 3,5 Milliarden Jahre zurück – wurde der Redoxzustand der Atmosphäre und der Erdoberfläche angehoben. Entsprechend der vereinfachten Gleichung ② entsteht bei der Photosynthese für jedes Molekül organischen Materials ($\{CH_2O\}$) ein Molekül Sauerstoff (O_2). Wie aber aus der Abbildung 1.10 hervorgeht, ist das Reservoir von $\{CH_2O\}$ in den Sedimenten ca. 50 mal grösser als das Reservoir von O_2. Das bedeutet, dass der grösste Teil des in der Photosynthese gebildeten Sauerstoffs verwendet wurde, um reduzierte Bestandteile der Erdkruste zu oxidieren. Besonders wichtig war (vgl. Abbildung 1.10) die Oxidation des Eisen(II)silikates (Reaktion ③) und des Pyrites (Reaktion ④).

Heute besteht aber ein globaler Stationärzustand zwischen der Geschwindigkeit der Oxidations- und Reduktionsprozesse (Verbrauch und Freisetzung von Elektronen, e^-) und der Produktion und Freisetzung von Wasserstoffionen, H^+ (Tabelle 1.7).

TABELLE 1.7 Schema der Reaktion von Säuren mit Basen der Gesteine (Goldschmidt, 1933; Sillén, 1961)

kristalline Gesteine	+	flüchtige Substanzen
Silikate		CO_2
Carbonate		H_2O
Oxide		SO_2
		HCl

$H^+ \quad \downarrow \quad e^-$

Atmosphäre	+	Meerwasser	+	Sedimente
21 % O_2		pH = 8		Carbonate
79 % N_2		pε = 12		Silikate
0.03 % CO_2				

Dieses Schema illustriert, dass in einer gigantischen Säure-Base-Reaktion (Säuren der Vulkane reagieren mit Basen der Gesteine) und als Konsequenz der Photosynthese eine Atmosphäre und ein Meer konstanter Zusammensetzung gebildet wurden. Es hat sich ein Fliessgleichgewicht eingestellt, so dass die Konzentration der Redox- und Säure-Base-Komponenten in diesen Reservoiren im globalen Durchschnitt konstant ist.

Demnach sind pH und pε (Parameter für die Aktivität der H^+-Ionen und der Elektronen, e^-; pH = $-\log \{H^+\}$ und pε = $-\log \{e^-\}$ (ein tiefer pε charakterisiert eine hohe Elektronen-Aktivität, d.h eine anaerobe-reduktive Umwelt)) unserer globalen Umwelt dadurch charakterisiert, dass die Oxidationszustände und H^+-Ionenreservoire der Verwitterungsquellen denjenigen der Sedimente entsprechen. Natürlich gibt es wesentliche lokale Unterschiede und Störungen dieser H^+-und e^--Balancen. Wie wir sehen werden, ist eine kleine Störung dieser Balancen durch den Menschen für die heute auftretenden Probleme des sauren Regens und seiner Einwirkungen auf die Ökosysteme verantwortlich.

Wald, Wasser und Atmosphäre – die gefährdeten Reservoire

In Abbildung 1.12 vergleichen wir einige der Reservoire, die für unsere Problemstellung besonders wichtig sind. Für jedes Reservoir geben wir die ungefähre durchschnittliche Aufenthaltszeit der Moleküle (Atome) an. Ein H_2O-Molekül, das durch einen Fluss ins Meer gebracht wird, verbleibt im Durchschnitt 40'000 Jahre dort, bis es durch Verdunstung wieder aus dem Meer austritt.

Den vergleichsweise grossen Reservoiren, H_2O im Meer, SiO_2 in den Sedimenten und organischer Kohlenstoff in den Sedimenten ($\{CH_2O\}$ in Reaktion ② und in Abbildung 1.10; all dieses organische Material ist in diesem Reservoir einmal durch die Photosynthese gegangen; ein kleiner Teil davon ist als fossiler Kohlenstoff ausbeutbar) stehen die grössenordnungsmässig kleineren und deshalb auch gefährdeteren Reservoirs – Atmosphäre, Oberflächensüsswasser – und lebende Biota gegenüber. Bei der letzteren ist der grösste Teil der Biomasse in den Wäldern enthalten.

Offensichtlich kann (vgl. Abbildung 1.10) die Verbrennung fossilen Kohlenstoffs aus dem Kohlenstoff-Reservoir der Sedimente zur Erhöhung des CO_2-Reservoirs der Atmosphäre führen. Ebenso muss eine Abholzung der Wälder (Tropenwälder) und Verbrennung des Holzes den CO_2-Gehalt der Atmosphäre erhöhen. Andererseits kann das CO_2-Reservoir der Atmosphäre, wenn seine Konzentration erhöht wird, einen Einfluss auf die Biomasse (Produktivitätserhöhung) haben. Die Beschleunigung der Phosphorkreisläufe (Phosphatdünger und Phosphate in Waschmitteln) wird sich in den kleineren Reservoiren, insbesondere in den Süssgewässern, auswirken.

Bei der Verbrennung fossiler Brennstoffe werden zudem zahlreiche Spurenstoffe (Schwefel, Schwermetalle, Halbmetalle, Kohlenwasserstoffe) freigesetzt, und je nach Art der Verbrennung werden auch Stickstoffverbindungen in Stickoxide umgewandelt.

Die Atmosphäre reagiert bezüglich ihrer Zusammensetzung auf anthropogene Einflüsse empfindlicher, weil sie – mengenmässig betrachtet – gegenüber den anderen Reservoiren klein ist. Dementsprechend hat sich in der Atmosphäre die Konzentration von CO_2 global und von CO, NO, HNO_2, HNO_3, SO_2 und H_2SO_4 regional erhöht. Die Aufenthaltszeiten für die Stickoxide, für Ammoniak und die S-Verbindungen in der Atmosphäre sind sehr kurz; schon nach wenigen Tagen werden sie wieder aus der Atmosphäre ausgeschieden. Die Atmosphäre, als Glied im geochemischen Kreislauf vieler Elemente, ist ein wichtiges Förderband für Schadstoffe, die die terrestrischen und aquatischen Ökosysteme beeinträchtigen können.

Die Emissionen

Globale und lokale Emissionsraten von CO_2 sowie S- und N-Verbindungen sind recht gut bekannt. Global werden pro Jahr ca. 5400 Mio. Tonnen (4.5×10^{14} mole) fossiler Kohlenstoff verbrannt; gesamthaft sind bis heute 216 Milliarden Tonnen (1.8×10^{16} mole C) verbrannt worden. Dies hätte das atmosphärische Reservoir an CO_2 um annähernd 30 % erhöht. Etwas weniger als die Hälfte dieses Kohlendioxides ist wieder aus der Atmosphäre verschwunden, der grösste Teil davon wurde durch das Meer absorbiert. Abbildung 1.13 zeigt – als Ergänzung zu den Informationen in Tabelle 1.5 und den Abbildungen 1.10 und 1.12 – in einfacher Weise die wichtigsten Zusammenhänge im globalen CO_2-Kreislauf. Das dieser Abbildung beigefügte anthropogene CO_2-Budget illustriert einmal mehr die globale Bedeutung der Anreicherung des CO_2 in der Atmosphäre aus der Verbrennung fossiler Brennstoffe. Das nicht-balancierte Budget zeigt aber auch, dass hier noch einige Fragen offen sind, insbesondere inwieweit der erhöhte CO_2-Gehalt die pflanzliche Produktivität fördert, oder inwieweit die Abnahme der Wälder – Abholzen der Tropenwälder – zur Erhöhung des CO_2-Reservoirs in der Atmosphäre beiträgt. Der CO_2-Gehalt wird sich im nächsten Jahrhundert verdoppeln. Dieser CO_2-Anstieg wird bekanntlich signifikante Veränderungen des Klimas (Temperaturanstieg und Veränderung in der Regenverteilung) verursachen. Der Stickstoffkreislauf wird im Kapitel 11 (Abbildung 11.7) behandelt. Wir besprechen den Kohlenstoffkreislauf im Wasser im Kapitel 11.

Abbildung 1.14 gibt eine vereinfachte Darstellung des S-Kreislaufes und illustriert den siginifikanten Einfluss der zivilisatorischen Emissionen.

Eine kurze Übersicht über die hydrogeochemischen Kreisläufe

VERGLEICH DER GLOBALEN RESERVOIRE

τ = Aufenthaltszeit (Jahre) der Moleküle (Atome) im entsprechenden Reservoir

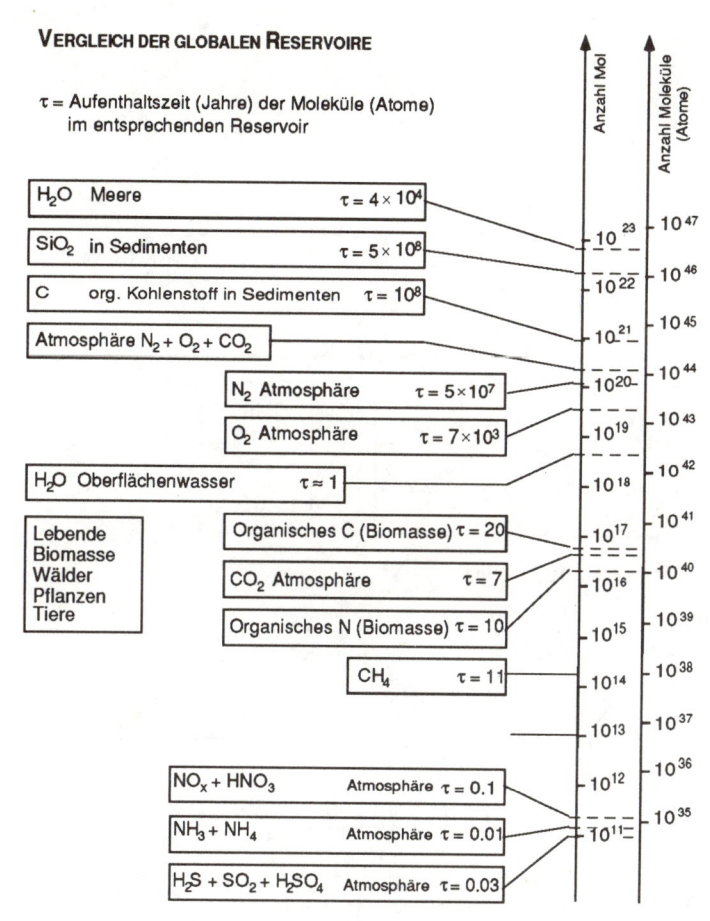

Reservoir	τ	Anzahl Mol	Anzahl Moleküle (Atome)
H_2O Meere	$\tau = 4 \times 10^4$	10^{23}	10^{47}
SiO_2 in Sedimenten	$\tau = 5 \times 10^8$	10^{22}	10^{46}
C org. Kohlenstoff in Sedimenten	$\tau = 10^8$		
Atmosphäre $N_2 + O_2 + CO_2$		10^{21}	10^{45}
N_2 Atmosphäre	$\tau = 5 \times 10^7$	10^{20}	10^{44}
O_2 Atmosphäre	$\tau = 7 \times 10^3$	10^{19}	10^{43}
H_2O Oberflächenwasser	$\tau \approx 1$	10^{18}	10^{42}
Lebende Biomasse Wälder Pflanzen Tiere			
Organisches C (Biomasse)	$\tau = 20$	10^{17}	10^{41}
CO_2 Atmosphäre	$\tau = 7$	10^{16}	10^{40}
Organisches N (Biomasse)	$\tau = 10$	10^{15}	10^{39}
CH_4	$\tau = 11$	10^{14}	10^{38}
		10^{13}	10^{37}
$NO_x + HNO_3$ Atmosphäre	$\tau = 0.1$	10^{12}	10^{36}
$NH_3 + NH_4^+$ Atmosphäre	$\tau = 0.01$	10^{11}	10^{35}
$H_2S + SO_2 + H_2SO_4$ Atmosphäre	$\tau = 0.03$		

Abbildung 1.12
Vergleich der globalen Reservoire

Ein Grössenvergleich einiger der wichtigeren Umwelt-Reservoire, gemessen in Anzahl der Moleküle (oder Atome) oder in Molen, illustriert, dass die drei Reservoire Atmosphäre, Oberflächensüsswasser und lebende Biomasse (den Hauptanteil stellen die Wälder dar) um Grössenordnungen kleiner sind als die sedimentären Reservoire oder das Meer. Deshalb sind Atmosphäre, Wald und Wasser besonders gefährdete Reservoire; sie können durch zivilisatorische Ausbeutung der grösseren Reservoire, z.B. des sedimentären Kohlenstoffs, beeinflusst werden. Nach neueren Schätzungen könnte das Inventar der lebenden Biomasse noch kleiner sein als die hier angegebene Menge (B. Bolin, 1984). Die ungefähre Aufenthaltszeit in Jahren, d. h. die Zeit, die ein Molekül durchschnittlich in diesen Reservoirs verbleibt, ist ein Mass für die Reaktivität; z.B. ist Stickstoff, N_2, in der Atmosphäre eher reaktionsträge, während ein atmosphärisches Kohlendioxidmolekül im Durchschnitt nach einer Aufenthaltszeit von ca. 7 Jahren wieder an der Photosynthese aktiv beteiligt ist. Die Stickoxide (NO_X und HNO_3), das Ammoniak (NH_3 und NH_4^+) und die Schwefelverbindungen (H_2S, SO_2 und H_2SO_4) sind in sehr kleinen Mengen in der Atmosphäre vorhanden; sie werden nach kurzer Zeit (Tage) wieder aus der Atmosphäre ausgeschieden.

Die chemische Zusammensetzung natürlicher Gewässer

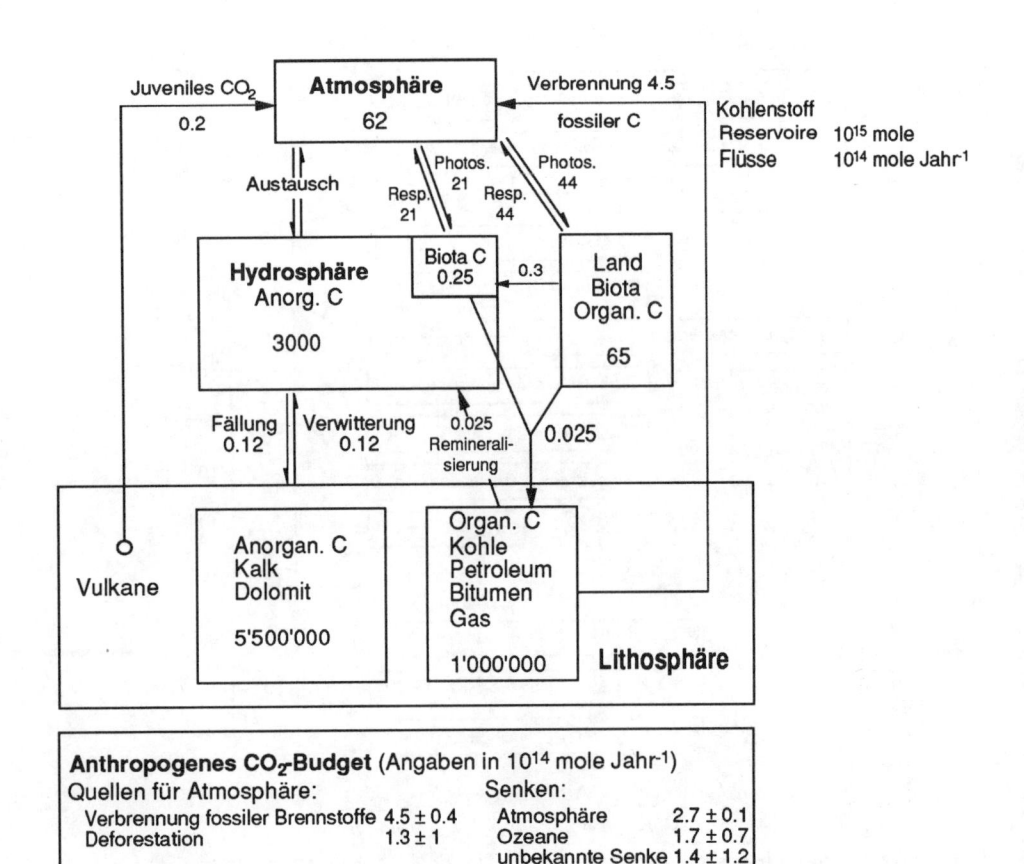

```
Juveniles CO₂    Atmosphäre    Verbrennung 4.5
     0.2            62         fossiler C          Kohlenstoff
                                                   Reservoire  10¹⁵ mole
              Austausch  Photos. Photos.           Flüsse      10¹⁴ mole Jahr⁻¹
                    Resp. 21   Resp. 44
                         21
                                Biota C   0.3    Land
          Hydrosphäre             0.25           Biota
            Anorg. C                             Organ. C
              3000                                  65

         Fällung Verwitterung  0.025
          0.12     0.12      Remineralisierung  0.025

                     Organ. C
  Vulkane  Anorgan. C  Kohle
           Kalk        Petroleum
           Dolomit     Bitumen
                       Gas
           5'500'000
                       1'000'000   Lithosphäre
```

Anthropogenes CO₂-Budget (Angaben in 10¹⁴ mole Jahr⁻¹)
Quellen für Atmosphäre: Senken:
Verbrennung fossiler Brennstoffe 4.5 ± 0.4   Atmosphäre   2.7 ± 0.1
Deforestation   1.3 ± 1   Ozeane   1.7 ± 0.7
                                              unbekannte Senke 1.4 ± 1.2

Abbildung 1.13
Vereinfachte Darstellung des globalen Kohlenstoffkreislaufs
Die Zahlen für Photosynthese (Respiration) von R.H. Whitacker und G.E. Likens, in: "Carbon and the Biosphere", G.M. Woodwell und E.V. Pecan, Hrsg., CONF 720510, Natl. Techn. Information Service, Washington, D.C. 1973.
Das anthropogene CO_2 ist vom Intergovernmental Panel, Climate Change (IPCC), J.T. Houghton et al. (Eds.), Cambridge Univ. Press (1992).

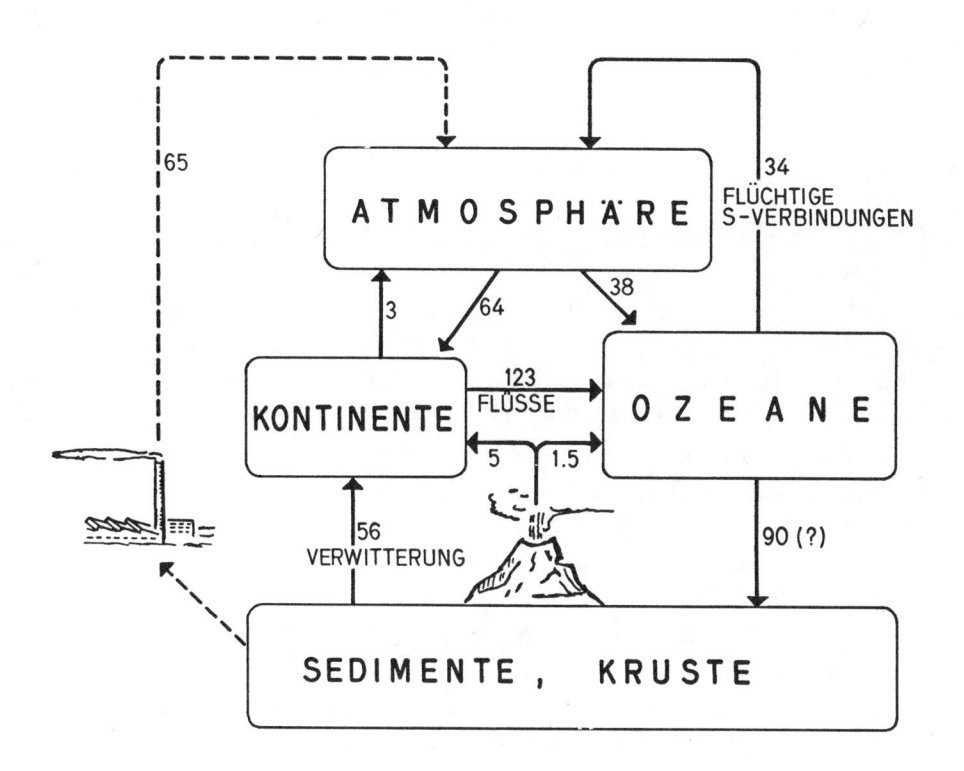

Eine kurze Übersicht über die hydrogeochemischen Kreisläufe

Abbildung 1.14
Der Schwefelkreislauf mit globalen Materieflüssen
(Millionen Tonnen pro Jahr)

Die Verwitterung von S-haltigen Mineralien, (vor allem Gips, $CaSO_4$ und Pyrit, FeS_2) und die Rezirkulation von flüchtigen S-Verbindungen (vor allem Schwefelwasserstoff und Dimethylschwefel) stellen die natürlichen Segmente der Kreisläufe dar. Die zivilisatorisch bedingten Emissionen übersteigen die natürlichen Einträge in der Atmosphäre.
Das Kreislaufschema wurde modifiziert von Berner übernommen, die Zahlen stammen hauptsächlich von Rodhe, 1983.

Literatur

Allgemein

APPELO, C.A.J. und POSTMA, D.; *Geochemistry, Groundwater and Pollution*, 536 Seiten, Balkema, Rotterdam, 1993
Ein Lehrbuch über die geochemischen Prozesse, welche die Zusammensetzung des Grundwassers regulieren, und über die Dynamik der Transportprozesse.

BERNER, E.K. und BERNER, R.A.; *Global Water Cycle Geochemistry and Environment*, Prentice Hall, 1987.
Ein ausgezeichneter, leicht verständlicher Überblick über die wichtigsten Prozess.

BROECKER, W.S. und PENG, T.H.; *Tracers in the Sea*, Columbia University, 1983.
Eine faszinierende, der Forschung nahestehende Lektüre über die Prozesse, die die Zusammensetzung der Meere regulieren.

BURGESS, J.; *Ions in Solution; basic principles of chemical interactions*, 191 Seiten, Ellis Horwood, Chichester, 1988.
Eine ausgezeichnete Einführung in die anorganische Lösungschemie.

BUTLER, J.N.; CO_2 *Equilibria and their Applications*, 259 Seiten, Addison Wesley Publ., 1982.

DREVER, J.I.; *Geochemistry of Natural Waters*, 2. Auflage, 437 Seiten, Prentice Hall, Englewood, 1988.
Eine einfache und gut verständliche Darstellung der Geochemie der Gewässer, insbesondere der Genese der Gewässer als Folge der chemischen Verwitterungsprozesse.

FABIAN, P.; *Atmosphäre und Umwelt*, 4. Auflage, 94 Seiten, Springer, 1992.
Leicht verständlicher Überblick über chemische Prozesse und menschliche Eingriffe.

FRAUSTO DA SILVA, J.J.R. und WILLIAMS, R.J.P.; *The Biological Chemistry of the Elements; the inorganic chemistry of life*, 561 Seiten, Clarendon, Oxford, 1991.
Chemische und physikalisch-chemische Eigenschaften der Elemente in Bezug auf ihre Rolle in biologischen Prozessen.

HAHN, H.H.; *Wassertechnologie; Fällung, Flockung, Separation*, 304 Seiten, Springer, Berlin, 1987.
Eine die chemischen Grundlagen berücksichtigende gut verständliche Einführung in die Wassertechnologie.

Literatur

MOREL, F.M.M. und HERING, J.G..; *Principles and Applications of Aquatic Chemistry*, 2. Auflage, 588 Seiten Wiley Interscience, New York, 1993.
Neue Auflage mit vielen Beispielen.

SCHWARZENBACH, R.P., GSCHWEND, P.M. und IMBODEN, D.M.; *Environmental Organic Chemistry*, 681 Seiten, Wiley Interscience, New York, 1993.
Eine stimulierende Behandlung der physikalisch-chemischen Eigenschaften und molekularen Wechselwirkungen organischer Verbindungen in der Umwelt.

SEINFELD, J.H.; *Atmospheric Chemistry and Physics of Air Pollution*, 740 Seiten, Wiley-Interscience, New York, 1985.
Ausführliches Lehrbuch.

SPOSITO, G.; *The Surface Chemistry of Soils*, 234 Seiten, Oxford University Press, New York, 1984.

STUMM, W. und MORGAN, J.J.; *Aquatic Chemistry*, 2. Auflage, 800 Seiten, Wiley-Interscience, New York, 1981.
Ausführliches Lehrbuch der Gewässerchemie.

STUMM, W. (ed.); *Chemical Processes in Lakes*, 425 Seiten, Wiley-Interscience, New York, 1985.
Kapitel über Transportmodelle chemischer Substanzen (organische und Metalle) in Seen; Kopplung der Kreisläufe reaktiver Elemente; Sedimentationsprozesse; Isotopen-Geochemie und Seenrestaurierung.

STUMM W. (ed.); *Aquatic Surface Chemistry; chemical processes at the particle water interface*, 520 Seiten, Wiley-Interscience, New York, 1987.
Beschreibung der Grenzflächenprozesse von Bedeutung in natürlichen Gewässern aus chemischer Sicht.

STUMM W. (ed.); *Aquatic Chemical Kinetics; reaction rates of processes in natural waters*, 545 Seiten, Wiley-Interscience, New York, 1990.
Neben einführenden Kapiteln in die Kinetik von Umweltreaktionen werden neuere Entwicklungen in der Geschwindigkeit von Redox, Photoredox und heterogener Prozesse in Gewässern und Böden diskutiert.

STUMM W.; *Chemistry of the Solid-Water Interface; processes at the mineral-water and particle-water interface*, 428 Seiten, Wiley-Interscience, New York, 1992.
Eine Einführung in die aquatische Oberflächen- und Kolloidchemie.

VOIGT, H.J.; *Hydrogeochemie – Eine Einführung in die Beschaffenheitsentwicklung des Grundwassers*, Springer, Berlin.
Behandelt die geochemischen Prozesse in der unterirdischen Hydrosphäre.

WEDLER, G.; *Lehrbuch der physikalischen Chemie*, dritte Auflage, 924

Seiten, VCH-Verlag, Weinheim,1987.
Erläutert die Grundbegriffe und Arbeitsweisen der physikalischen Chemie.

Appendix

Tabelle A.1   Konzentrationseinheiten
Tabelle A.2   Physikalische Quantitäten
Tabelle A.3   Nützliche Umrechnungsfaktoren
Tabelle A.4   Wichtige Konstanten
Tabelle A.5   Das Erde – Hydrosphäre-System
Tabelle A.6   Das Periodische System der Elemente

Appendix

TABELLE A.1 Konzentrationseinheiten

Bezeichnung	Symbole	Einheiten	Definition
Lösungen			
Molar	M, mM, µM	mol liter^{-1}	Anzahl Mole einer Spezies per Liter Lösung pX = −log[X] (neg. log$_{10}$ einer molaren Konzentration von X) Wir verwenden eine eckige Klammer [ ], um Konzentrationen und eine geschweifte Klammer { }, um Aktivitäten auszudrücken; in beiden Fällen ist die Einheit [M].
Molal	m, mm, µm	mol kg^{-1}	Anzahl Mole einer Spezies pro kg Lösungsmittel. Konzentrationen in der molalen Skala sind druck- und temperaturunabhängig. Ozeanographen benutzen häufig die Einheiten Mol kg^{-1} Meerwasser (welche ebenfalls druck- und temperaturunabhängig ist). (Bei 20° C und einem Salzgehalt von 3 % ist der Unterschied zwischen molarer und molaler Konzentration weniger als 1 %.)
Equivalent per Liter	eq Liter^{-1} µeq Liter^{-1}	equiv. liter^{-1}	Mol Ladungseinheiten per Liter Lösung (= 96'500 Coulombs Liter^{-1}), 1 M CO$_3^{2-}$ = 2 eq ℓ^{-1}. (Statt eq wird auch val als Abkürzung gebraucht.)
Mol Fraktion	x_i	—	Anzahl Mole einer Spezies pro totale Anzahl Mole im System (ausgezeichnete thermodynamische Skala).
Gase Atmosphäre			
Partialdruck	p_i	atm, bar, Pa	1 atm = 1.013 bar = 1.013 × 10^5 Pa (Pascal)
Parts per Million by volume		ppm(v) Luft	Konzentration der Spezies; in ppm = $\frac{c_i}{c}$ × 10^6, wobei c_i und c Mole Spezies i und Spezies Luft bei einem bestimmten Druck und einer bestimmten Temperatur sind. 1 ppm = 10^{-6} atm = 2.46 × 10^{13} Moleküle cm^{-3} = 40.9 × (MW) µg m^{-3} (für Luft bei 1 atm und 25° C). MW = Molekulargewicht.
Parts per Billion by volume		ppb(v)	= $\frac{c_i}{c}$ × 10^9

TABELLE A.2   Physikalische Quantitäten

	Einheit	Symbol
Internationale Einheiten		
Länge	meter	m
Masse	kilogramm	kg
Zeit	sekunde	s
Elektrischer Strom	ampère	A
Temperatur	Kelvin	K
Lichtintensität	Candela	Cd
Menge Material	mol	mol
Abgeleitete Einheiten		
Kraft	newton	$N = kg\ m\ s^{-2}$
Energie, Arbeit Wärme	joule	$J = N\ m$
Druck	pascal	$1\ Pa = N\ m^{-2}$
Leistung	watt	$W = J\ s^{-1}$
Elektrische Ladung	coulomb	$C = A\ s$
Elektrisches Potential	volt	$V = W\ A^{-1}$
Elektrische Kapazität	farad	$F = As\ V^{-1}$
Elektrischer Widerstand	ohm	$\Omega = V\ A^{-1}$
Frequenz	hertz	$Hz = s^{-1}$
Leitfähigkeit	siemens	$S = A\ V^{-1}$

Appendix

TABELLE A.3 Nützliche Umrechnungsfaktoren

Energie, Arbeit, Wärme

1 joule	= 1 Volt-Coulomb = 1 newton meter
	= 1 Watt-second = 2.7778×10^{-7} Kilowatt-Stunden
	= 10^7 erg
	= 9.9×10^{-3} Liter Atmosphäre
	= 0.239 Kalorie
	= 1.0365×10^{-5} volt-faraday
	= 6.242×10^{18} eV
	= 9.484×10^{-4} BTU (British thermal unit)
	≈ 3×10^{-8} kg Kohleäquivalente
1 watt	= 1 kg m^{2}s^{-3}
	= 2.39×10^{-4} kcal s^{-1} = 0.860 kcal h^{-1}

Entropie (S)

1 entropy Einheit, cal mol^{-1} K^{-1}	= 4.184 J mol^{-1} K^{-1}

Druck

1 atm	= 760 torr = 760 mm Hg
	= 1.013×10^5 N m^{-2} = 1.013×10^5 Pa (Pascal)
	= 1.013 bar

Coulombische Kraft

Das Coulomb'sche Gesetz der elektrostatischen Wechselwirkung wird in SI Einheiten geschrieben als:

$$F = \frac{q_1 \times q_2}{4\pi\varepsilon\varepsilon_o d^2} \qquad (1)$$

Die Ladungen q_1 und q_2 werden in Coulombs (C), die Distanz in Metern (m), die Kraft in Newtons (N) ausgedrückt, die dielektrische Konstante ε ist dimensionslos. Die Permittivität in Vakuum ist $\varepsilon_o = 8.854 \times 10^{-12}$ C^2 m^{-1} J^{-1}. Um eine coulomb'sche Energie E auszurechnen gilt:

$$E(\text{joules}) = \frac{q_1 \times q_2}{4\pi\varepsilon\varepsilon_o d} \qquad (2)$$

TABELLE A.4 Wichtige Konstanten

Avogadro's Zahl ($^{12}C = 12.000...$)N_A	$= 6.022 \times 10^{23}$ mol^{-1}
Elektronen-Ladung e	$= 4.803 \times 10^{-10}$ abs esu
(= Ladung eines Protons)	$= 1.602 \times 10^{-19}$ C
1 Faraday	$= 96'490$ C mol^{-1}
	(= elektr. Ladung von 1 mol (Elektron))
Masse eines Elektrons m	$= 9.1091 \times 10^{-31}$ kg
Permittivität im Vakuum, ε_o	$= 8.854 \times 10^{-12}$ C^2 m^{-1} J^{-1}
Gas-Konstante, R	$= 8.314$ J mol^{-1} K^{-1}
	$= 0.082057$ liter atm mol^{-1} K^{-1}
	$= 1.987$ cal mol^{-1} K^{-1}
Molar Volumen	
(ideales Gas 0° C, 1 atm)	$= 22.414 \times 10^3$ cm^3 mol^{-1}
Planck-Konstante, h	$= 6.626 \times 10^{-34}$ J s
Boltzmann-Konstante, k	$= 1.3805 \times 10^{-23}$ J K^{-1}
R ln 10	$= 19.14$ J mol^{-1} K^{-1}
$RT_{298.15}$ ln χ	$= 5706.6$ log χ J mol^{-1} oder
	1364.1 log χ cal mol^{-1}
RTF^{-1} ln 10	$= 59.16$ mV bei 298.15 K
RTF^{-1} ln χ	$= 0.05916$ log χ, volt bei 298.15 K

TABELLE A.5 Das Erde – Hydrosphäre-System

Erdoberfläche	5.1×10^{14} m^2
Oberfläche der Ozeane	3.6×10^{14} m^2
Landfläche	1.5×10^{14} m^2
atmosphärische Masse	52×10^{17} kg
ozeanische Masse	$13'700 \times 10^{17}$ kg
Grundwasser bis 750 m Tiefe	42×10^{17} kg
Grundwasser 750 – 4000 m Tiefe	53×10^{17} kg
Wasser in Form von Eis	165×10^{17} kg
Wasser in Seen und Flüssen	1.3×10^{17} kg
Wasser in der Atmosphäre	0.105×10^{17} kg
Wasser in Biosphäre	0.006×10^{17} kg
Ablauf aller Flüsse	0.32×10^{17} kg Jahr^{-1}
Verdampfung = Niederschlag	4.5×10^{17} kg Jahr^{-1}

Appendix

TABELLE A.6 Periodische Tabelle der Elemente

Atomzahl
Symbol
Atomgewicht

	IA	IIA	IIIB	IVB	VB	VIB	VIIB	VIII			IB	IIB	IIIA	IVA	VA	VIA	VIIA	O
1	+1 1 H 1.0079																	2 He 4.003
2	+1 3 Li 6.941	+2 4 Be 9.012											+3 5 B 10.81	+4 6 C 12.011	+5 7 +3 −3 N 14.007	+6 8 +4 −2 O 15.999	+7 9 +5 +1 −1 F 18.998	10 Ne 20.18
3	+1 11 Na 22.99	+2 12 Mg 24.30											+3 13 Al 26.98	+4 14 Si 28.08	+5 15 +3 −3 P 30.97	+6 16 +4 −2 S 32.06	+7 17 +5 +3 +1 −1 Cl 35.45	18 Ar 39.95
4	+1 19 K 39.10	+2 20 Ca 40.08	21 Sc 44.96	22 Ti 47.90	23 V 50.94	+6 24 +3 Cr 52.00	+7 25 +2 Mn 54.94	+3 26 +2 Fe 55.85	+3 27 +2 Co 58.93	+3 28 +2 Ni 58.71	+2 29 +1 Cu 63.55	+2 30 Zn 65.38	+3 31 Ga 69.72	+4 32 +2 Ge 72.59	+5 33 +3 As 74.92	+6 34 +4 Se −2 78.96	+7 35 +5 +3 +1 −1 Br 79.90	36 Kr 83.80
5	+1 37 Rb 85.47	+2 38 Sr 87.62	39 Y 88.91	40 Zr 91.22	41 Nb 92.91	42 Mo 95.94	43 Tc 98.91	44 Ru 101.07	45 Rh 102.91	46 Pd 106.4	+1 47 Ag 107.87	+2 48 Cd 112.40	+3 49 In 114.82	+4 50 +2 Sn 118.69	+5 51 +3 Sb 121.75	+6 52 +4 Te −2 127.60	+7 53 +5 +3 +1 −1 I 126.90	54 Xe 131.30
6	+1 55 Cs 132.91	+2 56 Ba 137.34	57 La 138.91	72 Hf 178.49	73 Ta 180.95	74 W 183.85	75 Re 186.2	76 Os 190.2	77 Ir 192.22	78 Pt 195.09	79 Au 196.97	+2 80 +1 Hg 200.6	+3 81 +1 Tl 204.4	+4 82 +2 Pb 207.2	+5 83 +3 Bi 209.0	+6 84 +4 Po (210)	85 At (210)	86 Rn (222)
7	+1 87 Fr (223)	+2 88 Ra 226.0	89 Ac (227)	104 Ku*	105 Ha*													

Lanthanum Serie

58 Ce 140.12	59 Pr 140.9	60 Nd 144.24	61 Pm (147)	62 Sm 150.4	63 Eu 151.96	64 Gd 157.2	65 Tb 158.93	66 Dy 162.50	67 Ho 164.93	68 Er 167.26	69 Tm 168.93	70 Yb 173.04	71 Lu 174.97

Actinium Serie

90 Th 232.0	91 Pa 231.0	92 U 238.0	93 Np 237.0	94 Pu (242)	95 Am (243)	96 Cm (247)	97 Bk (247)	98 Cf (247)	99 Es (254)	100 Fm (253)	101 Md (256)	102 No (254)	103 Lr (257)

Übungsaufgaben

1) *Berechne auf Grund der Zusammensetzung unserer Atmosphäre 0.03 % per Volumen CO_2, 21 % O_2, 78 % N_2 die globale Menge (mole) von CO_2, N_2, O_2 und vgl. das Resultat mit dem der Abbildung 1.12. (Lösungshinweis: Die Erdoberfläche steht unter einem Druck von ca. 1 atm ($\cong$ 1 kg cm^{-2})). Die Zusammensetzung der Atmosphäre in mol cm^{-2} ergibt sich, wenn man berücksichtigt, dass das Molekulargewicht der "Luft" (4 Volumenteile N_2 und 1 Volumenteil O_2) ca. 29 g mol^{-1} beträgt. Aus den Molfraktionen der Gasbestandteile und der Oberfläche der Erde (Tabelle A.5) lässt sich die globale Menge der einzelnen Gase berechnen.*

2) *Wenn wir Menschen bis jetzt 2×10^{16} mole fossile Brennstoffe (durchschnittliche Zusammensetzung "CH_2") verbrannt haben, wie verändert sich die Zusammensetzung der Atmosphäre (wenn man zuerst annimmt, dass keine weiteren Rückkopplungsreaktionen vorkommen)?* (In Wirklichkeit wurde etwa 50 % des produzierten CO_2 im Meer absorbiert.)

3) Die Atmosphäre enthält ca. 0.2 % (Gewicht) Wasserdampf. *Wenn es im Durchschnitt 100 cm pro Jahr regnet, welches ist die Aufenthaltszeit des Wassers in der Atmosphäre?*

4) *Wieviel O_2 ist im Zürichsee bei 10 °C im Gleichgewicht mit der Luft löslich?* Berücksichtige, dass der See 400 m über Meer liegt (Druckkorrektur mit Barometerformel).

5) *Leite eine Gleichung ab, die es ermöglicht, aus der Zusammensetzung eines Flusswassers und der jährlichen Abflussmenge, die Erosionsrate im Einzugsgebiet des Flusses zu berechnen.*

6) *Warum verläuft die Linie für die Korrelation zwischen NO_3^- und Phosphat-Konzentrationen im Atlantik durch den Nullpunkt und im Zürichsee durch einen positiven Ordinatenabschnitt?*

7) *Warum ist das O_2-Reservoir in Abbildung 1.10 so viel kleiner als das $\{CH_2O\}$-Reservoir?*

8) *Wieso führt die Oxidation einer Substanz in der Regel zu einer potentiellen Säure?*

KAPITEL 2

Säuren und Basen

2.1 Einleitung

Wie wir im vorhergehenden Kapitel gesehen haben, ist die Zusammensetzung natürlicher Gewässer zu einem guten Teil auf die Wechselwirkung zwischen Säuren und Basen zurückzuführen. Die H^+-Ionenkonzentration, $[H^+]$, wird durch das Puffersystem der Gewässer, das Carbonatsystem, insbesondere durch CO_3^{2-}, HCO_3^- und CO_2 reguliert und konstant (pH 6 – 9) gehalten. Der pH wird ebenfalls durch biologische Prozesse (Photosynthese, Respiration) beeinflusst; der pH andererseits ist ein wichtiger physiologischer Parameter, welcher das Wachstum vieler (Mikro)organismen beeinflusst. Da die Löslichkeit der Carbonat-, Oxid- und Silikatmineralien von der H^+-Ionenkonzentration abhängt, sind auch diese festen Phasen an der (langzeitlichen) pH-Regulierung und dementsprechend auch an der Regulierung der Konzentrationen wichtiger gelöster Kationen und Anionen in den natürlichen Gewässern beteiligt. Ebenfalls in Lösung vorhanden sind kleinere Konzentrationen anderer Säuren und Basen, wie z.B. Borsäure, Kieselsäure, Ammonium-, Phosphat- und Arsenat-Ionen sowie verschiedene organische Säuren. Starke Säuren werden durch Vulkane und heisse Quellen (HCl, SO_2) sowie durch industrielle Verunreinigungen in die Gewässersysteme eingetragen. Von besonderer Bedeutung sind in vielen Regionen die atmosphärischen Depositionen ("saurer Regen"); die starken Säuren (H_2SO_4, HNO_3, HCl) können in vielen Wasser- und Bodensystemen die delikate Protonen-Balance stören.

Wir diskutieren in diesem Kapitel relativ ausführlich und grundsätzlich die Säure-Base-Reaktionen. Da die Protonen-Übertragungen in der Regel sehr schnell sind, eignen sich diese Reaktionen, um uns mit relativ einfachen chemischen Gleichgewichten auseinanderzusetzen. Dementsprechend diskutieren wir verschiedene graphische und numerische Methoden, um die Gleichgewichtszusammensetzung einfacher Säure-Base-Systeme auszurechnen. Die graphische Methode ermöglicht recht anschaulich die Interdependenz der verschiedenen Spezies vom pH als "Meistervariable" darzustellen und daraus die Säure-Base-Titrationskurve abzuleiten.

Die Auseinandersetzung mit diesen Methoden ist hier relativ ausführlich, weil in späteren Kapiteln dieses Verständnis für die Gleichgewichtszusammenhänge, auch für die etwas weniger einfachen Carbonat- und heterogenen Systeme (Gas-Lösung und feste Phase-Lösung), vorausgesetzt wird. Wir benutzen am Ende des Kapitels die Gelegenheit, die wichtigsten Aktivitäts- und pH-Konventionen einzuführen.

2.2 Säure-Base-Theorie

Das Proton H^+ hat unter den Kationen eine Sonderstellung. Es besteht aus einem Nucleus und hat dementsprechend eine sehr grosse positive Ladungsdichte. Dementsprechend werden Protonen durch negative Elektronenwolken der Orbitale anderer Atome angezogen. Verschiedene solche Orbitale stehen in gegenseitigem Wettbewerb für die Bindung des Protons. Proton-Transfer-Reaktionen sind von besonderer Bedeutung in wässriger Lösung; aber sie erfolgen auch in vielen nichtwässrigen Lösungen. Proton-Übertragungen, vor allem in wässriger Lösung, sind sehr schnell.

Entsprechend der *Brønsted-Theorie* werden bekanntlich Säuren als Protonenspender und Basen als Protonenakzeptoren betrachtet:

$$\text{Säure}_1 \rightleftharpoons \text{Base}_1 + \text{Proton}$$
$$\underline{\text{Proton} + \text{Base}_2 \rightleftharpoons \text{Säure}_2} \qquad (1)$$
$$\text{Säure}_1 + \text{Base}_2 \rightleftharpoons \text{Säure}_2 + \text{Base}_1 \qquad (2)$$

Allgemein erfolgt der Protonentransfer (Protolyse) zwischen konjugierten Säure-Base-Paaren:

Gleichung (1g) (Tabelle 2.1) illustriert die Selbstionisation des Wassers – sie wird oft als Dissoziation des Wassers bezeichnet,

$$H_2O + H_2O \rightleftharpoons H_3O^+ + OH^- \qquad (3)$$

Das Proton liegt in wässriger Lösung immer hydratisiert vor; die Assoziation mit einem oder mehreren Molekülen erfolgt durch Wasserstoffbrückenbildung. Man schreibt H_3O^+ oder abgekürzt H^+ für das hydratisierte Proton.

Säure-Base-Theorie

Auch das OH⁻ ist im Wasser immer hydratisiert; ebenso treten Metallionen in wässriger Lösung immer als Aquokomplexe auf.

TABELLE 2.1 Brønsted Säure – Base

	Säure$_1$(A$_1$)	+ Base$_2$(B$_2$) (Lösung)	= Säure$_2$(A$_2$)	+ Base$_1$(B$_1$)	
Perchlorsäure	$HClO_4$	+ H_2O	= H_3O^+	+ ClO_4^-	1a
Kohlensäure	H_2CO_3	+ H_2O	= H_3O^+	+ HCO_3^-	1b
Bicarbonat	HCO_3^-	+ H_2O	= H_3O^+	+ CO_3^{2-}	1c
Ammonium	NH_4^+	+ H_2O	= H_3O^+	+ NH_3	1d
Ammonium	NH_4^+	+ C_2H_5OH	= $C_2H_5OH_2^+$	+ NH_3	1e
Essigsäure *	HAc	+ NH_3	= NH_4^+	+ Ac⁻	1f
Wasser	H_2O	+ H_2O	= H_3O^+	+ OH⁻	1g
Wasser	H_2O	+ NH_3	= NH_4^+	+ OH⁻	1h

* HAc und Ac⁻ sind Abkürzungen für Essigsäure und Acetat-Ion.

Für die Reaktion der Basen gilt:

	B$_1$	+ A$_2$ (Lösung)	= B$_2$	+ A$_1$	
Ammoniak	NH_3	+ H_2O	= OH⁻	+ NH_4^+	2a
Cyanid	CN⁻	+ H_2O	= OH⁻	+ HCN	2b
Bicarbonat	HCO_3^-	+ H_2O	= OH⁻	+ H_2CO_3	2c
Carbonat	CO_3^{2-}	+ H_2O	= OH⁻	+ HCO_3^-	2d
Ammoniak	NH_3	+ C_2H_5OH	= $C_2H_5O^-$	+ NH_4^+	2e
Amin	RNH_2	+ HAc	= Ac⁻	+ RNH_3^+	2f
Hydroxid	OH⁻	+ NH_3	= NH_2^-	+ H_2O	2g

Reaktionen von Salzbestandteilen mit Wasser (1d, 2b, 2c, 2d, Tabelle 2.1) werden oft auch als *Hydrolyse* bezeichnet. Dieser Begriff ist im Rahmen der Brønsted-Theorie nicht notwendig, da grundsätzlich kein Unterschied besteht zwischen der Protolyse eines Moleküls und derjenigen eines Ions. Dies gilt auch für die sogenannte Hydrolyse der Aquo-Metallionen. Hydratisierte Metallionen sind Säuren, z.B.

$[Al(H_2O)_6]^{3+} + H_2O \rightleftharpoons H_3O^+ + [Al\,OH(H_2O)_5]^{2+}$ (4)

Die Acidität (Tendenz Protonen abzugeben) des koordinierten H_2O ist grösser als die des H_2O als Lösungsmittel, weil – entsprechend einem vereinfachten Modell – Protonen der gebundenen Aquoionen durch das positiv geladene Zentralion (Immobilisierung der einsamen Elektronenpaare der koordinierten H_2O-Moleküle) abgestossen werden; dementsprechend nimmt die Acidität des koordinierten Wassers mit zunehmender Ladung und abnehmendem Radius des Zentralions zu.

Viele Säuren können mehr als ein Proton abgeben (H_2CO_3, H_3PO_4, $[Al(H_2O)_6]^{3+}$) und viele Basen mehr als ein Proton aufnehmen (OH^-, CO_3^{2-}). Man spricht von *polyprotischen* Säuren und Basen. Viele wichtige Säuren-Basen der Systeme sind polymer; z.B. Proteine sind *polyelektrolytische Säuren* oder Basen und enthalten eine grosse Anzahl von Säure- oder Basegruppen.

Das *Lewis-Konzept* interpretiert die Kombination von Säuren mit Basen im Sinne der Bildung einer koordinativen kovalenten Bindung (der Strich in diesen Bindungen bedeutet ein Elektronenpaar):

$H^+ + \overline{\underline{O}} - H^- \rightleftharpoons H - \overline{O} - H$ (5)

Leeres   Einsames
Orbital   Elektronenpaar   Elektronenpaar

Eine Lewis-Säure kann mit einem einsamen Elektronenpaar einer Lewis-Base eine Elektronenpaarbindung eingehen. Lewis-Basen sind auch Brønsted-Basen. Zusätzlich zu Protonenspendern sind Metallionen, saure Oxide oder Atome Lewis-Säuren:

$BF_3 + -NH_3 \rightleftharpoons NH_3 - BF_3$ (6)

Bei der Besprechung der Koordinationschemie der Metalle werden wir auf das Lewis-Konzept zurückkommen.

2.3 Die Stärke einer Säure oder Base

Ein rationelles Mass für die Stärke einer Säure HA relativ zu H$_2$O als Protonakzeptor ist gegeben durch die Gleichgewichtskonstante des Protonentransfers:

$$HA + H_2O = H_3O^+ + A^-; \quad K_1 \qquad (7)^{1)}$$

Gleichung (7) kann in zwei Reaktionen aufgeteilt werden:

$$HA = H^+ + A^-; \quad K_{HA} \qquad (8)$$

$$H_2O + H^+ = H_3O^+; \quad K_2 = 1 \qquad (9)$$

Dementsprechend gilt für die Definition der Stärke einer Säure (Aciditätskonstante):

$$K_{HA} = K_1 = K_{HA} \cdot K_2 = \frac{\{H^+\}\{A^-\}}{\{HA\}} \qquad (10)$$

Nach Umformung ergibt sich die bekannte Formel:

$$pH = pK_{HA} + \log \frac{\{A^-\}}{\{HA\}} \qquad (11)$$

woraus sofort ersichtlich ist, dass $\{A^-\} > \{HA\}$ für pH $>$ pK$_{HA}$ und umgekehrt.

Die Konzentrationen [A] und Aktivitäten {A} der gelösten Spezies, wobei $\{A\} = f_A \times [A]$, f_A = Aktivitätskoeffizient, werden auf der molaren Skala angegeben. Für verdünnte Lösungen verwenden wir die Näherung $f_A \approx 1$, d.h. $\{A\} \approx [A]$. Wir werden später illustrieren, wie Aktivitätskorrekturen für genaue Berechnungen vorgenommen werden.

Für H$_2$O als Lösungsmittel wird der Referenzzustand des reinen Wassers verwendet, d.h. die Aktivität des Wassers wird als $\{H_2O\} = 1$ gesetzt; auch in verdünnten Lösungen gilt näherungsweise $\{H_2O\} = 1$. Hingegen ist die molare Konzentration des Wassers in reinem Wasser oder in verdünnten Lösungen 55.5 M.

---

[1] Wir verwenden hier und nachfolgend häufig das Gleichheitszeichen anstelle des Zeichens für die Vorwärts- und Rückwärtsreaktion $\rightleftharpoons$.

(Für eine kurze Diskussion der Konzentrations- und Aktivitätsskalen und der thermodynamischen Referenzzustände s. Kapitel 2.10 und 5.2.)

Selbstionisation des Wassers

Die Autoprotolyse des Wassers,

$$H_2O + H_2O = H_3O^+ + OH^- \qquad (3)$$

muss in allen wässrigen Lösungen berücksichtigt werden. Das Massenwirkungsgesetz von (3) – man spricht vom Ionenprodukt des Wassers – ist definiert als (mit $\{H_2O\} = 1$):

$$K_W = \{H_3O^+\} \cdot \{OH^-\} \equiv \{H^+\}\{OH^-\} \qquad (12)$$

pH

Bekanntlich ist der pH definiert als

$$pH = -\log\{H_3O^+\} = -\log\{H^+\}$$

Wir kommen auf die Definition des pH in Kapitel 2.10 zurück. In logarithmischer Form lautet Gleichung (12)

$$pH + pOH = pK_W$$

Bei 25 °C und 1 atm ist $K_W = 1.008 \times 10^{-14}$, und pH = 7.00 entspricht der Neutralität $\{H^+\} = \{OH^-\}$ in reinem Wasser (Tabelle 2.2).

Die Gleichung (12) definiert auch die Beziehung zwischen der Aciditäts- und Basizitätskonstante eines konjugierten Säure-Base-Paares; z.B. für das HCN-CN⁻-Paar ist die Basizitätskonstante gegeben durch

$$CN^- + H_2O = OH^- + HCN\,; \quad K_B = \frac{\{OH^-\}\{HCN\}}{\{CN^-\}} \qquad (13)$$

und die Aciditätskonstante definiert als

$$HCN + H_2O = H_3O^+ + CN^-;\quad K_A = \frac{\{H^+\}\{CN^-\}}{\{HCN\}} \qquad (14)$$

"Zusammengesetzte" Aciditätskonstante

$$K_A = \frac{\{H^+\}\{CN^-\}}{\{HCN\}} = \frac{\{H^+\}\{OH^-\}}{K_B} \quad \text{oder } K_W = K_A \cdot K_B \qquad (15)$$

TABELLE 2.2 Ionenprodukt des Wassers

°C	K_W	pK_W
0	0.12×10^{-14}	14.93
15	0.45×10^{-14}	14.35
20	0.68×10^{-14}	14.17
25	1.01×10^{-14}	14.00
30	1.47×10^{-14}	13.83
50	5.48×10^{-14}	13.26

Für Meerwasser (34.82 % Salinität, 25 °C) haben C. Culberson und R.M. Pytkowicz (Mar. Chem. **1**, 309, 1973) bestimmt:

log [H$^+$] [OH$^-$] = –13.199.

Die Druckabhängigkeit (bei 15 °C und einer ionalen Stärke I = 0.1) ist $K_{W(p)}/K_{W(1)}$ (J. Solution Chem. **1**, 309, 1972):

für   200 atm = 1.2,
für   600 atm = 1.62, und
für 1000 atm = 2.19

2.4 "Zusammengesetzte" Aciditätskonstante

Es ist nicht immer möglich, eine Protolysereaktion rigoros zu definieren. Beispielsweise ist es schwierig, zwischen $CO_{2(aq)}$ und H_2CO_3 zu unterscheiden. Die Gleichgewichte sind:

$$H_2CO_3 = CO_{2(aq)} + H_2O \qquad K = \frac{\{CO_{2(aq)}\}}{\{H_2CO_3\}} \qquad (16)$$

TABELLE 2.3 Aciditätskonstanten und Basizitätskonstanten
(in wässriger Lösung 25 °C) [1]

Säure		–Log Aciditätskonstante pK (annähernd)		–Log Basizitätskonstante pK (annähernd)
$HClO_4$	Perchlorsäure	–7	ClO_4^-	21
HCl	Salzsäure	~ –3	Cl^-	17
H_2SO_4	Schwefelsäure	~ –3	HSO_4^-	17
HNO_3	Salpetersäure	–1	NO_3^-	15
HSO_4^-	Bisulfat	1.9	SO_4^{2-}	12.1
H_3O^+	Hydronium-Ion	0	H_2O	14
H_3PO_4	Phosphorsäure	2.1	$H_2PO_4^-$	11.9
$[Fe(H_2O)_6]^{3+}$	Aquo-Eisen(III)ion	2.2	$[Fe(H_2O)_5(OH)]^{2+}$	11.8
CH_3COOH	Essigsäure	4.7	CH_3COO^-	9.3
$[Al(H_2O)_6]^{3+}$	Aquo-Aluminiumion	4.9	$[Al(H_2O)_5(OH)]^{2+}$	9.1
$H_2CO_3^*$	Kohlensäure [2]	6.3	HCO_3^-	7.7
H_2S	Schwefelwasserstoff	7.1	HS^-	6.9
$H_2PO_4^-$	Dihydrogen-Phosphat	7.2	HPO_4^{2-}	6.8
$HOCl$	Unterchlorige Säure	7.6	OCl^-	6.4
HCN	Blausäure	9.2	CN^-	4.8
H_3BO_3	Borsäure	9.3	$B(OH)_4^-$	4.7
NH_4^+	Ammonium-Ion	9.3	NH_3	4.7
$Si(OH)_4$	O-Kieselsäure	9.5	$SiO(OH)_3^-$	4.5
HCO_3^-	Bicarbonat	10.3	CO_3^{2-}	3.7
H_2O_2	Wasserstoffperoxid	11.7	HO_2^-	2.3
$SiO(OH)_3^-$	Silicat	12.6	$SiO_2(OH)_2^{2-}$	1.4
H_2O	Wasser [3]	14	OH^-	0
HS^-	Hydrogensulfid [4]	19	S^{2-}	~ –5
NH_3	Ammoniak	~ 23	NH_2^-	–9
OH^-	Hydroxid-Ion	~ 24	O^{2-}	~ –10
CH_4	Methan	~ 34	CH_3^-	~ –20

[1] Für die Umrechnung auf andere Temperaturen s. Kapitel 5.3.
[2] Dies ist die zusammengesetzte Aciditätskonstante für die analytische Summe von: $CO_2 \cdot aq$ und H_2CO_3 ($[H_2CO_3^*] = [CO_2 \cdot aq] + [H_2CO_3]$).
[3] Die hier angegebene "Aciditätskonstante" beruht auf der Konvention $\{H_2O\} = 1$. Damit die Konstante die gleiche Dimension [M] erhält wie die anderen Konstanten, muss die angegebene Konstante durch $[H_2O] = 55.5$ dividiert werden. Daraus ergibt sich pK' (Wasser) = 15.74.
[4] Der pK von HS^- ist sehr unsicher, nach neueren Ergebnissen pK ≈ 17 – 19.

$$H_2CO_3 = H^+ + HCO_3^- \qquad K_{H_2CO_3} = \frac{\{H^+\}\{HCO_3^-\}}{\{H_2CO_3\}} \qquad (17)$$

und die Kombination von (16) und (17) ergibt:

$$\frac{\{H^+\}\{HCO_3^-\}}{\{H_2CO_3\} + \{CO_2 \cdot (aq)\}} = \frac{K_{H_2CO_3}}{1+K} = K_{H_2CO_3^*} \qquad (18)$$

wobei $K_{H_2CO_3^*}$ die "zusammengesetzte" (composite) Aciditätskonstante ist. Wir definieren für die analytische Summe von

$$[H_2CO_3] + [CO_2 \cdot (aq)] = [H_2CO_3^*]$$

$H_2CO_3^*$ ist das, was man landläufig als Kohlensäure bezeichnet. Die "wahre" Kohlensäure H_2CO_3 ist eine viel stärkere Säure ($pK_{H_2CO_3}$ = 3.8) als die "zusammengesetzte" $H_2CO_3^*$ ($pK_{H_2CO_3^*}$ = 6.3), weil nur etwa 0.3 % des gelösten CO_2 in Form von H_2CO_3 vorliegt (25 °C).

2.5 Gleichgewichtsrechnungen

Die Berechnung der Gleichgewichtsbeziehungen der Konzentrationen oder Aktivitäten eines Säure-Basesystems ist ein mathematisches Problem, das exakt und systematisch lösbar ist. Jedes Säure-Base-Gleichgewichtssystem kann anhand einer Anzahl von grundlegenden Gleichungen beschrieben werden. Wir werden hier zunächst illustrieren, wie der pH einer Lösung bekannter Zusammensetzung berechnet wird.

Vorgehen beim Lösen von Gleichgewichtsproblemen

Das systematische Vorgehen zur Lösung eines Säure-Base-Systems wird am Beispiel der Borsäure erklärt.

Welches ist der pH einer 5×10^{-4} M-Lösung von Borsäure (Borsäure: H_3BO_3 oder $B(OH)_3$)?

Wir brauchen:
1. Ein *Rezept*, wie die Lösung zusammengesetzt ist (5×10^{-4} mol Borsäure pro Liter Lösung); ein kleiner Teil davon protolysiert in Borat $B(OH)_4^-$. Um die Schreibweise zu vereinfachen, setzen wir HB = H_3BO_3, B^- = $B(OH)_4^-$.

Daraus können wir ableiten:

a) Eine Konzentrationsbedingung (Mol-Balance):

$$[HB]_T = C_T = [HB] + [B^-] = 5 \times 10^{-4} \, M \qquad (i)$$

b) Eine Ladungsbalance (Elektroneutralität) Equivalentsumme der Kationen = Equivalentsumme der Anionen:

$$[H^+] = [B^-] + [OH^-] \qquad (ii)$$

2. Eine Liste der *Spezies in Lösung*:

$$(H_2O), \; H^+, OH^-, HB, B^-$$

Neben H_2O haben wir vier Spezies.

3. Eine Liste von *unabhängigen Gleichgewichtsreaktionen* mit ihren Gleichgewichtskonstanten

$$H_2O = H^+ + OH^-; \qquad K_W = [H^+][OH^-] = 10^{-14} \; (25\,°C) \qquad (iii)$$

$$HB = H^+ + B^-; \qquad K_1 = \frac{[H^+][B^-]}{[HB]} = 5 \times 10^{-10} \qquad (iv)$$

Es sind in diesem Gleichgewichtsproblem vier Unbekannte (die Konzentration der vier Spezies). Es liegen vier Gleichungen vor. Das Problem kann exakt gelöst werden. Dazu wird nach der $[H^+]$-Konzentration aufgelöst. Z.B. können wir $[OH^-]$ in Gleichungen (ii) und (iii) eliminieren und bekommen nach dieser Substitution:

$$[H^+] = K_W/([H^+] - [B^-]) \qquad (v)$$

Wir lösen Gleichung (i) für [HB] und substituieren in Gleichung (iv), dabei eliminieren wir [HB]:

$$[H^+][B^-] = K_1(C_T - [B^-]) \qquad (vi)$$

Jetzt lösen wir Gleichung (v) für $[B^-]$ und setzen das Resultat in Gleichung (vi) ein, um eine Gleichung in $[H^+]$ zu erhalten (vgl. Gleichung 6 in Tabelle 2.4):

$$[H^+]^3 + K_1[H^+]^2 - [H^+](C_T K_1 + K_W) - K_1 K_W = 0 \qquad (vii)$$

Gleichgewichtsrechnungen

TABELLE 2.4 [H$^+$] von reinen wässrigen Säuren, Basen oder Ampholyten

I. Monoprotische Spezies[1]

	HA	A	H$^+$	OH$^-$	
Gleichgewichtskonstante[2]		[H$^+$][A]/[HA]	= K		(1)
		[H$^+$][OH$^-$]	= K$_W$		(2)
Konzentrationsbedingung	[HA] + [A]		= C		(3)

Säure	Base
Protonenbalance[3] [H$^+$] = [A] + [OH$^-$] (4)	[HA] + [H$^+$] = [OH$^-$] (5)
Exakte Lösung [H$^+$]^3 + [H$^+$]^{2}K − [H$^+$](CK + K$_W$) − KK$_W$ = 0 (6)	[H$^+$]^3 + [H$^+$]^2(C + K) − [H$^+$]K$_W$ − KK$_W$ = 0 (7)

II. Diprotische Spezies[1]

	H$_2$X	HX	X	H$^+$	OH$^-$	
Gleichgewichtskonstante[2]		[H$^+$][HX]/[H$_2$X]		= K$_1$		(8)
		[H$^+$][X]/[HX]		= K$_2$		(9)
		[H$^+$][OH$^-$]		= K$_W$		(2)
Konzentrationsbedingung	[H$_2$X] + [HX] + [X]			= C		(10)

Säure (H$_2$X)	Ampholyt (NaHX)	Base (Na$_2$X)
Protonenbalance[3] [H$^+$] = [HX] + 2 [X] + [OH$^-$] (11)	[H$_2$X] + [H$^+$] = [X] + [OH$^-$] (12)	2 [H$_2$X] + [HX] + [H$^+$] = [OH$^-$] (13)
Exakte Lösung [H$^+$]^4 + [H$^+$]^{3}K$_1$ + [H$^+$]^2× (K$_1$K$_2$ − CK$_1$ − K$_W$) − [H$^+$]K$_1$ (2 CK$_2$ + K$_W$) − K$_1$K$_2$K$_W$ = 0 (14)	[H$^+$]^4 + [H$^+$]^3(C + K$_1$) + [H$^+$]^2× (K$_1$K$_2$ − K$_W$) − [H$^+$]K$_1$(CK$_2$ + K$_W$) − K$_1$K$_2$K$_W$ = 0 (15)	[H$^+$]^4 + [H$^+$]^3(2 C + K$_1$) + [H$^+$]^2× (CK$_1$ + K$_1$K$_2$ − K$_W$) − K$_1$K$_W$[H$^+$] − K$_1$K$_2$K$_W$ = 0 (16)

[1] Ladungen der Spezies werden einfachheitshalber weggelassen. Die angegebenen Gleichungen sind unabhängig vom Ladungstyp der Säure.
[2] Gleichgewichtskonstanten sind entweder als °K oder im Sinne des konstanten ionischen Mediums definiert (vgl. Kapitel 2.10).
[3] Anstelle der Protonenbalance kann auch die Elektroneutralität benutzt werden. Na in NaHX oder Na$_2$X symbolisiert ein nicht-protolysierbares Kation.

Die Methode des bequemen Rechners ist, eine polynomische Gleichung durch Probieren (Trial and Error) zu lösen. Ein Näherungswert wird eingesetzt und durch sukzessive Iteration verbessert. Programmierbare Taschenrechner sind dazu nützlich. Die Newton-Raphson-Methode wird häufig für solche Probleme verwendet.

Durch Ausprobieren erhält man $[H^+] = 6.1 \times 10^{-7}$ M (pH = 6.21); aus Gleichung (iii) $[OH^-] = 1.64 \times 10^{-8}$ M; Gleichung (v) ergibt $[B^-] = 5.94 \times 10^{-7}$ M; und dann aus Gleichung (i) $[HB] = 4.99 \times 10^{-4}$ M.

Protonen-Balance anstelle der Ladungsbalance

Die Zusammensetzung der Lösung kann auch – anstelle der Ladungsbalance – durch eine Protonenbalance ausgedrückt werden. Ein Überschuss von (gebundenen oder freien) Protonen, gegenüber einem Referenzzustand, ist gleich dem Defizit an Protonen. Der Referenzzustand ist HB, H_2O. Dementsprechend gilt:

$$[H^+] = [B^-] + [OH^-] \tag{iia}$$

Oder die Summe der Protonen in Bezug auf diesen Referenzzustand:

$$[H^+] - [B^-] - [OH^-] = 0 \tag{iib}$$

Andererseits kann man auch eine Molbalance für totale (gebundene und freie) Protonen angeben:

$$TOTH = [H^+] - [OH^-] + [HB] = 5 \times 10^{-4} \, M \tag{iic}$$

Da $[HB] + [B^-] = 5 \times 10^{-4}$ M, sind die Gleichungen (iib) und (iic) äquivalent.

Tableaux

Um Gleichgewichtsprobleme (Säure-Base- wie auch später Löslichkeits-, Komplexbildungs- und Redoxprobleme) systematisch zu lösen, können Tableaux aufgestellt werden, in denen die Spezies des jeweiligen Systems durch einen Satz geeigneter Komponenten ausgedrückt werden. Das Tableau enthält in kompakter und übersichtlicher Form alle nützlichen Informationen, um die Konzentration der einzelnen Spezies zu berechnen; Tableaux sind bei der Computerberechnung von Gleichgewichten sehr praktisch. Die Idee der Tableaux stammt von F.M.M. Morel (*Principles of Aquatic Chemistry*, Wiley-Interscience New York, 1983).

Die Komponenten des Systems liefern ihre stöchiometrische Zusammensetzung:

– Die Massenbilanzen der Komponenten ergeben das Zusammensetzungs-"rezept" der Lösung. Diese Bedingung entspricht dem grundsätzlichen Prinzip der Massenerhaltung im System.
– Jede Spezies wird durch eine stöchiometrische Reaktion aus den Komponenten gebildet. Für jede dieser Reaktionen kann eine Gleichgewichtskonstante angegeben werden.

Die Anzahl Komponenten ist die minimale Anzahl, die zu einer vollständigen Beschreibung des Systems nötig ist; diese Anzahl entspricht der Anzahl Spezies minus der Anzahl unabhängiger Reaktionen. Ein System kann durch verschiedene Komponentensätze beschrieben werden; die stöchiometrischen Reaktionen müssen entsprechend formuliert werden.

Die Aufstellung des Tableaus wird wieder anhand des Beispiels der Borsäure demonstriert: Das "Rezept" der Lösung ist gegeben durch die Bedingung:

$$[HB]_T = 5 \times 10^{-4} \text{ M}$$

Die Spezies in Lösung sind: H_2O, H^+, OH^-, HB, B^-, d.h. mit H_2O 5 Spezies.

Mögliche unabhängige Reaktionen sind:

$$H^+ + OH^- = H_2O \qquad \text{(i)}$$

$$HB = H^+ + B^- \qquad \text{(ii)}$$

Weitere Reaktionen wie zum Beispiel

$$HB + OH^- = H_2O + B^- \qquad \text{(iii)}$$

können offensichtlich durch eine lineare Kombination aus den Gleichungen (i) und (ii) erhalten werden.

D.h. es werden hier insgesamt 3 Komponenten benötigt (5 Spezies – 2 unabhängige Reaktionen).

Als geeignete Komponenten können H_2O, H^+ und B^- gewählt werden, die auch Spezies sind. Die übrigen Spezies können in Funktion dieser Komponenten ausgedrückt werden, nämlich

$$HB = H^+ + B^- \quad \text{(ii)}$$

$$OH^- = H_2O - H^+ \quad \text{(iv)}$$

Im Tableau werden nun zuerst für jede Spezies die entsprechenden stöchiometrischen Koeffizienten eingesetzt:

TABLEAU 2.1a)

Komponenten:	B^-	H^+	H_2O
Spezies: B^-	1	0	0
HB	1	1	0
H_2O	0	0	1
OH^-	0	–1	1
H^+	0	1	0

Die Massenbilanzen (Summe jeder Kolonne) jeder Komponente ergeben:

$$\text{Tot B} = [B^-] + [HB] = 5 \times 10^{-4} \, M \quad \text{(v)}$$
$$\text{Tot H} = [HB] + [H^+] - [OH^-] = 5 \times 10^{-4} \, M \quad \text{(vi)}$$
$$\text{tot } H_2O = [H_2O] + [OH^-] = 55.5 \, M \quad \text{(vii)}$$

Tot H_2O ist in einer verdünnten wässrigen Lösung immer 55.5 M, so dass die Angabe von H_2O als Komponente und Spezies überflüssig ist. H_2O ist implizit in den Reaktionen enthalten; dementsprechend setzen wir entsprechend den thermodynamischen Konventionen die Aktivität von H_2O $\{H_2O\} \equiv 1$.

Für jede Reaktion kann eine Gleichgewichtskonstante eingesetzt werden, nämlich: die Reaktion (ii) entspricht der Säurekonstante

$$K = \frac{[H^+][B^-]}{[HB]} \quad \text{(viii)}$$

und

$$[HB] = [H^+][B^-] K^{-1}$$

Für OH^- gilt:

$$K_W = [H^+][OH^-]$$

Gleichgewichtsrechnungen

und

$[OH^-] = K_W [H^+]^{-1}$

Für Spezies, die gleichzeitig Komponenten sind, ist die Gleichgewichtskonstante = 1.

Das vereinfachte Tableau mit den Konstanten sieht nun folgendermassen aus:

TABLEAU 2.1b)

Komponenten:		B^-	H^+	log K
Spezies:	B^-	1	0	0
	HB	1	1	9.3
	OH^-	0	−1	−14.0
	H^+	0	1	0
Zusammensetzung (M):		5×10^{-4}	5×10^{-4}	

Aus jeder Zeile lässt sich der entsprechende Ausdruck für die Konzentration der Spezies ablesen:

$[B^-] = [B^-]$ (ix)

$[HB] = 10^{9.3} [B^-] \cdot [H^+]$ (x)

$[OH^-] = 10^{-14} [H^+]^{-1}$ (xi)

$[H^+] = [H^+]$ (xii)

Das gleiche System kann auch durch einen anderen Satz von Komponenten dargestellt werden, z.B.: HB, H^+

TABLEAU 2.1c)

Komponenten:		HB	H^+	log K
Spezies:	B^-	1	−1	−9.3
	HB	1	0	0
	OH^-	0	−1	−14.0
	H^+	0	1	0
Zusammensetzung (M):		5×10^{-4}	0	

Die Massenbilanzen sind dann:

$$\text{Tot HB} = [\text{B}^-] + [\text{HB}^-] \qquad = 5 \times 10^{-4} \qquad \text{(xiii)}$$

$$\text{Tot H} = [\text{H}^+] - [\text{OH}^-] - [\text{B}^-] = 0 \qquad \text{(xiv)}$$

Man beachte, dass in diesem Fall Tot H = 0 gesetzt wird, weil die zugegebenen H^+ in HB enthalten sind (vgl. Gleichung (ii)).

Beispiel 2.1
pH einer starken Säure

Welches ist die Zusammensetzung einer wässrigen Lösung von 2×10^{-4} M HCl (25 °C)? Üblicherweise würde man hier voraussetzen, dass HCl eine starke Säure ist (annähernd vollständig protolysiert) und dass demnach $[\text{H}^+] = 2 \times 10^{-4}$ M und $[\text{Cl}^-] = 2 \times 10^{-4}$ M. Wir möchten aber zeigen, dass das Problem systematisch gelöst werden kann (wie das etwa der Computer routinemässig tun würde). Das Tableau lautet:

TABLEAU 2.2 Starke Säure HCl

Komponenten:		H^+	Cl^-	log K
Spezies:	H^+	1	0	0
	OH^-	–1	0	–14
	HCl	1	1	–3
	Cl^-	0	1	0
Zusammensetzung (M):		2×10^{-4}	2×10^{-4}	

Die vier Gleichungen sind:

$$\text{TOTH} = [\text{H}^+] - [\text{OH}^-] + [\text{HCl}] = 2 \times 10^{-4} \text{ M} \qquad \text{(i)}$$

$$\text{TOTCl} = [\text{HCl}] + [\text{Cl}^-] \qquad = 2 \times 10^{-4} \text{ M} \qquad \text{(ii)}$$

$$[\text{OH}^-] = 10^{-14} [\text{H}^+]^{-1} \qquad \text{(iii)}$$

$$[\text{HCl}] = 10^{-3} [\text{H}^+] [\text{Cl}^-] \qquad \text{(iv)}$$

Gleichung (i) kann auch aus der Kombination der Ladungsbalance:

pH als Mastervariable

$$[H^+] = [Cl^-] + [OH^-] \tag{v}$$

und Gleichung (ii) erhalten werden.

Die genaue numerische Lösung für $[H^+]$ entspricht Gleichung (6) aus Tabelle 2.4.

Lösungen:

$[H^+]$ = 2.0×10^{-4} M, $[HCl]$ = 4×10^{-11} M

$[Cl^-]$ = 2.0×10^{-4} M,   pH = 3.7

Offensichtlich ist $[H^+] \gg [OH^-]$ und $[Cl^-] \gg [HCl]$. Dementsprechend reduziert sich die Ladungsbalance (v) zu $[H^+] = [Cl^-]$. Dieses Beispiel illustriert, dass eine starke Säure (K > 1) als vollständig protolysiert betrachtet werden kann.

2.6 pH als Mastervariable
Doppelt-logarithmische graphische Auftragung zur Darstellung und Lösung von Gleichgewichtsproblemen

Gleichgewichtsprobleme können auf bequeme Weise graphisch gelöst werden. Die graphische Darstellung von Gleichgewichtsbeziehungen wurde von Bjerrum 1914 eingeführt und später von Sillén popularisiert. Graphische Darstellungen geben eine rasche Übersicht über die Konzentrationen aller vorkommenden Spezies. Daraus können auch zulässige Vereinfachungen der vollständigen Gleichungen abgeleitet werden. Aus einer Graphik wird nämlich sofort ersichtlich, in welchem Verhältnis die verschiedenen Spezies zueinander stehen.

Zur Einführung ein einfaches Beispiel der Darstellung eines monoprotischen Säure-Base-Systems. Für die Säure HA gelte eine Gleichgewichtskonstante, gültig für Konzentrationen:

$$K = \frac{[H^+][A^-]}{[HA]} \tag{19}$$

Wir berechnen für eine totale Konzentration von 10^{-3} M, oder

$$C_T = 10^{-3} \text{ M} = [HA] + [A^-] \tag{20}$$

Ebenfalls gilt das Ionenprodukt von H_2O:

$$[H^+][OH^-] = K_W = 10^{-14} \text{ (25 °C)} \tag{21}$$

Für die graphische Darstellung tragen wir entsprechend den drei Gleichungen (19) – (21) die Logarithmen der Gleichgewichtskonzentrationen der einzelnen Spezies, H^+, OH^-, HA und A^- als Funktion des pH als wichtigste Kontrollvariable auf.

Die Kombination von (19) und (20) ergibt:

$$[HA] = \frac{C_T[H^+]}{K + [H^+]} \tag{22a}$$

und

$$[A^-] = \frac{C_T K}{K + [H^+]} \tag{22b}$$

Wir betrachten zuerst die Asymptoten der logarithmischen Konzentration der einzelnen Spezies gegen pH und die Neigung der einzelnen Kurven. Wir illustrieren hier vorerst für $K = 10^{-6}$ (siehe Abbildung 2.1).

Wir berechnen aus (22a) und (22b) zuerst die Asymptoten für die Beziehung pH < pK (oder $[H^+] \gg K$):

$$\log[HA] = \log C_T \tag{23}$$

$$\log[A^-] = \log C_T - pK + pH \tag{24}$$

Daraus folgt $d\log[A^-]/dpH = 1$; d.h. die Neigung der Kurve der $\log[A^-]$-Linie bezüglich pH ist im Bereich pH < pK gleich +1. Für den Bereich pH > pK (oder $K \gg [H^+]$) gelten:

$$\log[A^-] = \log C_T \tag{25}$$

$$\log[HA] = \log C_T - pH + pK \tag{26}$$

d.h. $d\log[HA]/dpH = -1$.

pH als Mastervariable

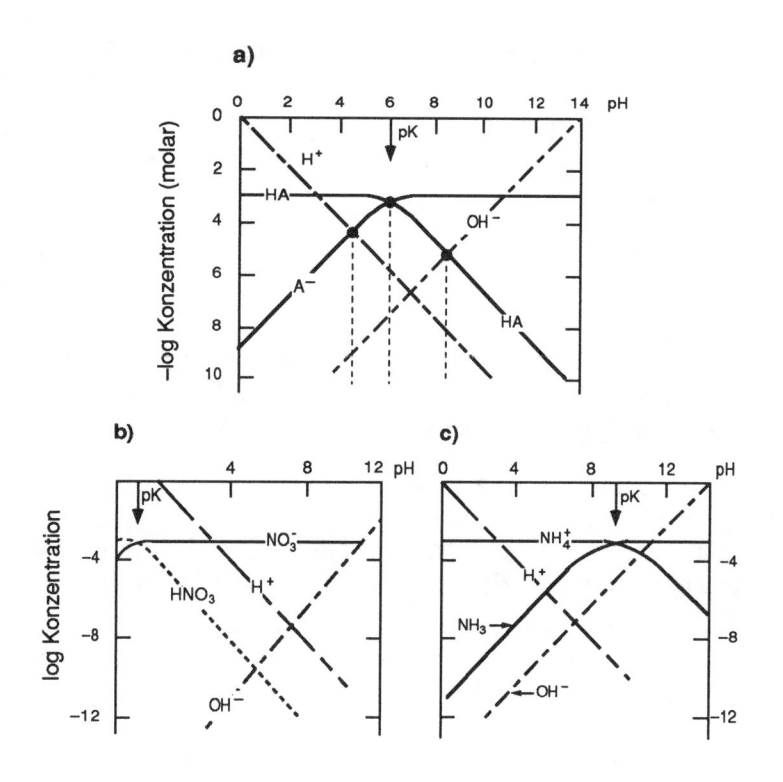

Abbildung 2.1

a) Konstruktion des doppeltlogarithmischen Diagramms eines monoprotischen Säure-Base-Systems
$([HA] + [A^-] = 10^{-3}$ M; $pK = 6)$.
Eine 10^{-3} M HA-Lösung ist charakterisiert durch die Ladungsneutralität $[H^+] = [A^-] + [OH^-]$, oder $[H^+] \cong [A^-]$.
Eine 10^{-3} M NaA-Lösung wäre charakterisiert durch die Bedingung $[Na^+] + [H^+] = [A^-] + [OH^-]$. Da $[Na^+] = [HA] + [A^-]$ ergibt sich für diese Lösung die Bedingung $[HA] + [H^+] = [OH^-]$, oder $[HA] \cong [OH^-]$.

b), c) Zum Vergleich doppeltlogarithmische Gleichgewichtsdiagramme für eine starke Säure (HNO_3) und eine schwache Säure (NH_4^+); in beiden Fällen liegt eine totale Konzentration von 10^{-3} M vor.

Die beiden asymptotischen Geraden von log [A] und log [HA] schneiden die (horizontale) log C_T-Gerade am Punkt pH = pK. Die so gezeichneten Kurven stimmen nicht genau im Bereich pH ≅ pK. In diesem Punkt sind log [HA] = log [A⁻] = log C_T / 2. Die beiden Kurven überschneiden sich auf der Ordinate an einem Punkt, der (log C_T − log 2) oder 0.3 Einheiten unter der Linie von log C_T liegt. Das Diagramm wird vervollständigt durch die Eintragung der Linien von log [H$^+$] und log [OH$^-$], entsprechend dem Ionenprodukt des Wassers.

Die Gleichgewichtszusammensetzung kann aus dem Diagramm abgelesen werden; sie erfolgt unter Berücksichtigung, dass für die Säure HA die Protonenbedingung (Elektroneutralität) gilt:

[H$^+$] = [A$^-$] + [OH$^-$] (27)

(27) ist erfüllt bei der Kreuzung der Linien für [A$^-$] und [H$^+$]; an diesem Punkt ist offensichtlich [A$^-$] >> [OH$^-$]; und [OH$^-$] kann vernachlässigt werden. Dort wo Gleichung (27) oder [H$^+$] = [A$^-$] gilt, können die Gleichgewichtskonzentrationen aller Spezies abgelesen werden:

$-$log [H$^+$] = $-$log [A$^-$] = 4.5; $-$log [HA] = 3.0

Das Resultat kann mit einer Genauigkeit von ca. 0.05 logarithmischen Einheiten abgelesen werden; d.h. der relative Fehler ist kleiner als 10 %.

Die gleiche graphische Darstellung kann gebraucht werden, um die Gleichgewichtszusammensetzung einer 10^{-3}-M-Lösung von NaA zu berechnen. In diesem Fall ist die Protonenbalance:

[HA] + [H$^+$] = [OH$^-$] (28)

Gleichung (28) kann auch aus der Elektroneutralität abgeleitet werden:

[Na$^+$] + [H$^+$] = [A$^-$] + [OH$^-$] (28a)

Da in einer 10^{-3} M NaA-Lösung

[Na$^+$] = [HA] + [A$^-$] = 10^{-3} M (28b)

kann [Na$^+$] in (28a) substituiert werden durch [HA] + [A$^-$].

Diese Bedingung ist erfüllt bei der Kreuzung von [HA] = [OH$^-$] ([H$^+$] ist ca. 1000 mal kleiner als [HA] und kann neben [HA] vernachlässigt werden.) Die Gleichgewichtszusammensetzung ist $-$log [H$^+$] = 8.5; $-$log [HA] = 5.5 und $-$log [A$^-$] = 3.0.

Wie wir nachher noch sehen werden, sind die Bedingungen der Protonenbalance der Gleichung (27) (einer reinen HA-Lösung) und der Protonenbalance der Gleichung (28) (einer NaA-Lösung) für die Konstruktion einer Titrationskurve (alkalimetrische Titration einer HA-Lösung mit starker Base oder acidimetrische Titration einer Na-Lösung mit starker Säure) anwendbar.

Zweiprotonige Säure

Die graphische Methode hat besonders Vorteile für kompliziertere Gleichgewichte. Abbildung 2.2 illustriert ein logarithmisches Gleichgewichtsdiagramm für die zweiprotonige Säure Schwefelwasserstoff, H_2S ($pK_1 = 7.0$, $pK_2 = 19$, 25 °C). Die zweite Säurekonstante, pK_2 ist sehr unsicher; nach neueren Ergebnissen liegt sie bei $pK_2 = 17 - 19$, im Gegensatz zu älterer Literatur, in der $pK_2 = 13 - 15$ angegeben wurde. pK_2 17 – 19 bedeutet, dass S^{2-} (ähnlich wie O^{2-}) in wässriger Lösung kaum vorkommt; S^{2-} kommt aber in festen Phasen vor. H_2S kann rechnerisch als zweiprotonige Säure behandelt werden, z.B. um die Zusammensetzung einer Na_2S-Lösung zu berechnen. In diesem Beispiel wird mit konstanter totaler Konzentration gerechnet, d.h. die Flüchtigkeit von H_2S wird nicht berücksichtigt.

$$[H_2S] = \frac{S_T}{1 + K_1 / [H^+] + K_1 K_2 / [H^+]^2} \tag{29}$$

$$[HS^-] = \frac{S_T}{[H^+] / K_1 + 1 + K_2 / [H^+]} \tag{30}$$

$$[S^{2-}] = \frac{S_T}{[H^+]^2 / K_1 K_2 + [H^+] / K_2 + 1} \tag{31}$$

Gleichung (29) kann als Sequenz von drei linearen Asymptoten doppeltlogarthmisch aufgetragen werden; für die drei pH-Bereiche gelten:

I: $pH < pK_1 < pK_2$; $\log [H_2S] = \log S_T$

$$\frac{d \log [H_2S]}{d\, pH} = 0 \tag{32}$$

II: $pK_1 < pH < pK_2$; $\log [H_2S] = pK_1 + \log S_T - pH$

$$\frac{d \log [H_2S]}{d\, pH} = -1 \tag{33}$$

III: $pK_1 < pK_2 < pH$; $\log [H_2S] = pK_1 + pK_2 + \log S_T - 2\, pH$

$$\frac{d \log [H_2S]}{d\, pH} = -2 \tag{34}$$

Diese drei logarithmischen linearen Asymptoten haben Neigungen von 0, –1 und –2. Ähnlich können die Geraden für die Gleichungen (30) und (31) konstruiert werden. Die unteren Segmente mit Neigungen von –2 oder +2 sind meistens nicht mehr sehr wichtig, da sie bei sehr tiefen Konzentrationen vorkommen. Diagramme, wie z.B. dasjenige von Abbildung 2.2, geben eine Übersicht der Gleichgewichtszusammensetzung als Funktion des pH. Resultate für spezifische Protonenbedingungen sind in Abbildung 2.2 angegeben.

Starke Säure

Zur Illustration des Beispiels 2.1 (pH einer starken Säure, HCl) sind in Abbildung 2.3 die Gleichgewichtsbedingungen für HCl und ihr Salz (NaCl) dargestellt.

Weitere Rechnungsbeispiele

Beispiel 2.2
Natriumacetat

Welches ist die Gleichgewichtszusammensetzung einer $10^{-4.5}$ M Natriumacetatlösung, NaAc? (CH_3COOH = HAc).

1. Die Konzentrationsbedingungen:

$$TOTAc = C_0 = 10^{-4.5} M = [HAc] + [Ac^-] = [Na^+] \qquad (i)$$

2. Die Spezies in Lösung:

$$(H_2O), \; HAc, \; Ac^-, \; OH^-, \; H^+, \; Na^+ \qquad (ii)$$

Davon sind bekannt: $[H_2O]$ und $[Na^+]$.

3. Die Gleichgewichtskonstanten:

$$\frac{[H^+][Ac^-]}{[HAc]} = K = 10^{-4.7} \text{ oder:}$$

$$\frac{[HAc][OH^-]}{[Ac^-]} = K_B = 10^{-9.3} \qquad (iii)$$

$$[H^+][OH^-] = K_w = 10^{-14} \qquad (iv)$$

4. Die Protonenbalance oder Elektroneutralität: Der Referenzzustand ist H_2O und NaAc. Demnach:

pH als Mastervariable

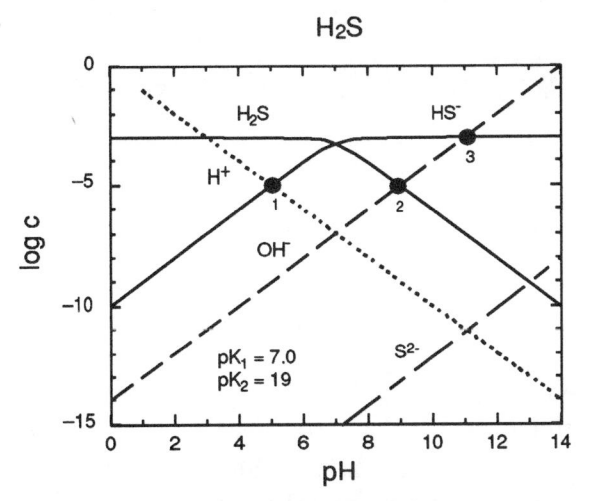

Abbildung 2.2

Gleichgewichtsdiagramm für das System einer zweiprotonigen Säure
Bedingungen ($S_T = 1 \times 10^{-3}$ M):
1) Lösung von H_2S: $[H^+] = [HS^-] + 2\,[S^{2-}] + [OH^-]$
2) Lösung von NaHS: $[H_2S] + [H^+] = [S^{2-}] + [OH^-]$
3) Lösung von Na_2S: $2\,[H_2S] + [HS^-] + [H^+] = [OH^-]$

Gleichgewichtszusammensetzung:
1) $pH = pHS^- = 5.0$; $pH_2S = 3.0$; $pS^{2-} = 19.0$
2) $pH = 9.0$; $pH_2S = 5.0$; $pS^{2-} = 13.0$; $pHS^- = 3.0$
3) $pH = 11.0$; $pS^{2-} = 11$; $pH_2S = 7$; $pHS^- = 3.0$

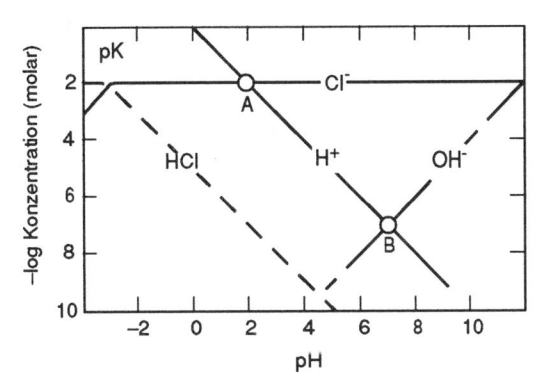

Abbildung 2.3

Gleichgewichtsdiagramm für starke Säure, HCl ($K = 10^3$) / 25 °C
A: 10^{-2} M HCl; $[H^+] = [Cl^-] = 10^{-2}$ M, $[HCl] = 10^{-7}$ M
B: 10^{-2} M NaCl; $[H^+] = [OH^-] = 10^{-7}$ M, $[Cl^-] = 10^{-2}$ M, $[HCl] = 10^{-12}$ M
Punkt A entspricht der Elektroneutralität einer 10^{-2} M HCl-Lösung;
Punkt B entspricht der Elektroneutralität einer 10^{-2} M NaCl-Lösung.

$[HAc] + [H^+] = [OH^-]$ (v)

Gleichung (v) lässt sich auch ableiten aus der Elektroneutralität:

$[Na^+] + [H^+] = [Ac^-] + [OH^-]$ (vb)

Da entsprechend (i) $[Na^+] = [HAc] + [Ac^-]$, kann daraus Gleichung (v) erhalten werden.

Wir haben vier Gleichungen für die Konzentration der vier unbekannten Spezies. Numerisch ergibt sich (entsprechend Gleichung (7) von Tabelle 2.4) $[H^+] = 10^{-7.2}$. Daraus folgt $[HAc] = 10^{-7.01}$ und $[Ac^-] = 10^{-4.51}$. Dieses Resultat kann auch durch Vereinfachung erhalten werden, wenn man berücksichtigt, dass $[Ac^-] > [HAc]$ und demnach $[Ac^-] \approx C_0$.

Zur Illustration sei auch noch das Tableau aufgeführt. Als Komponenten wählen wir H^+ und Ac^-. Die graphische Darstellung ist in Abbildung 2.4 wiedergegeben.

TABLEAU 2.3

Komponenten:		H^+	Ac^-	log K
Spezies:	H^+	1		0
	OH^-	−1		−14
	HAc	1	1	4.7
	Ac^-		1	0
Zusammensetzung (M):		0	$10^{-4.5}$	

Aus dem Tableau können wir ablesen:

TOTH $= [H^+] - [OH^-] + [HAc] = 0$

TOTAc $= [Ac^-] + [HAc] = 10^{-4.5}$ M

$[OH^-] = 10^{-14} [H^+]^{-1}$

$[HAc] = 10^{4.7} [H^+] [Ac^-]$

pH als Mastervariable

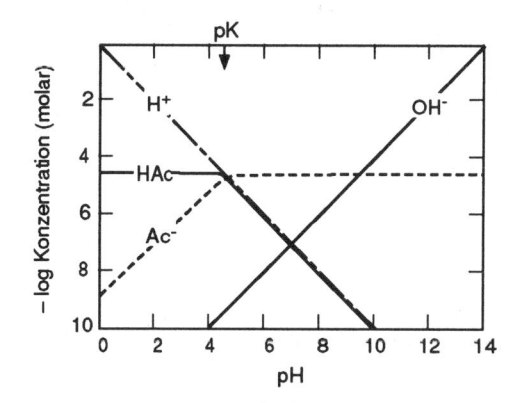

Abbildung 2.4
Gleichgewichtszusammensetzung von $10^{-4.5}$ M Natriumacetat
Protonenbedingung: $[HAc] + [H^+] = [OH^-]$ $[H^+] = 10^{-7.2}$ M; $[HAc] = 10^{-4.5}$ M.
In diesem Fall kann in der Protonenbedingung keine Vereinfachung vorgenommen werden. Man muss vom Schnittpunkt der $[OH^-]$- und $[H^+]$-Linie etwas nach rechts gehen, um die Protonenbedingung zu erfüllen und um den pH einer $10^{-4.5}$ M NaAc-Lösung zu erhalten.

Beispiel 2.3
Ampholyt als Puffersystem: Hydrogenphtalat

Kaliumhydrogenphtalat wird als Puffersubstanz verwendet:

HP^- wirkt sowohl als Säure wie als Base, d.h. es ist ein Ampholyt:

$HP^- + H^+ \rightleftharpoons H_2P$ $K_1^{-1} = 10^{2.86}$

$HP^- \rightleftharpoons P^{2-} + H^+$ $K_2 = 10^{-5.14}$

Was ist der pH einer 0.05 M Lösung von Kaliumhydrogenphtalat?
Spezies in Lösung sind: H_2P, HP^-, P^{2-}, H^+, OH^-, K^+.
Folgende Gleichungen stehen zur Verfügung:

1. Konzentrationsbedingung:

$$\text{TOT P} = [H_2P] + [HP^-] + [P^{2-}] = [K^+] = 0.05 \tag{i}$$

2. Gleichgewichtskonstanten:

$$[H^+][HP^-]/[H_2P] = K_1 = 10^{-2.86} \tag{ii}$$

$$[H^+][P^{2-}]/[HP^-] = K_2 = 10^{-5.14} \tag{iii}$$

$$[H^+][OH^-] = K_w = 10^{-14} \tag{iv}$$

3. Protonenbilanz (Referenz: H_2O, HP^-)

$$[H_2P] + [H^+] = [P^{2-}] + [OH^-] \tag{v}$$

Gleichung (v) kann durch sukzessive Näherungen gelöst werden. Oder ein log-log-Diagramm kann zur Lösung verwendet werden. Daraus oder aus der Lösung der exakten Gleichung (Gleichung (15), Tabelle 2.4.) ergibt sich pH = 4.00.
Die Konzentration der einzelnen Spezies berechnet sich aus (vgl. Gleichungen (29) – (31)):

$$[HP^-] = \frac{\text{TOT P}}{(1 + [H^+]K_1^{-1} + K_2 \cdot [H^+]^{-1})} = 0.044 \text{ M} \tag{vi}$$

$$[H_2P] = [HP^-] \cdot [H^+] \cdot K_1^{-1} = 0.0031 \text{ M} \tag{vii}$$

$$[P^{2-}] = [HP^-] \cdot K_2 \cdot [H^+]^{-1} = 0.0032 \text{ M} \tag{viii}$$

Die Protonenbilanz (v) kann daraus verifiziert werden:

$$3.1 \times 10^{-3} + 1 \times 10^{-4} = 3.2 \times 10^{-3} + 1 \times 10^{-10}$$

Aus Hydrogenphtalat kann auch eine Pufferlösung mit pH = 5.0 hergestellt werden; dazu muss Base (z.B. NaOH) zugegeben werden.
Die Konzentration der einzelnen Spezies bei pH 5.0 berechnet sich wie oben mit den Gleichungen (vi) – (viii):

$[HP^-] = 0.029$

$[P^{2-}] = 0.021$

$[H_2P] = 2.1 \times 10^{-4}$

Die Protonenbilanz ergibt dann:

$$\text{TOT H} = [H^+] + [H_2P] - [P^{2-}] - [OH^-] = -2.08 \times 10^{-2}\, M$$

Die entsprechende Basenkonzentration (2.08×10^{-2} M) muss zu KHP zugegeben werden, um pH 5.0 zu erhalten.

Beispiel 2.4
Flüchtige Base; heterogenes Gas-Wasser-Gleichgewicht

Schätze den pH einer Lösung, die im Gleichgewicht ist mit der Gasphase, deren Zusammensetzung durch einen Partialdruck $p_{NH_3} = 10^{-4}$ atm charakterisiert ist.

Die Konzentrationsbedingung ist gegeben durch:

$$p_{NH_3} = 10^{-4}\, \text{atm} \qquad \text{(i)}$$

Die Spezies sind: $NH_{3(g)}$, $NH_{3(aq)}$, NH_4^+, H^+, OH^- \qquad (ii)

Die Gleichgewichtskonstanten (25 °C):

$$NH_{3(g)} = NH_{3(aq)}; \quad \frac{[NH_{3(aq)}]}{p_{NH_3}} = K_H = 10^{1.75} \qquad \text{(iii)}$$

$$NH_4^+ = NH_{3(aq)} + H^+; \quad \frac{[NH_{3(aq)}][H^+]}{[NH_4^+]} = 10^{-9.3} \qquad \text{(iv)}$$

$$[H^+][OH^-] = 10^{-14} \qquad \text{(v)}$$

Die Protonenbalance ist (Referenz $NH_3(aq)$, H_2O):

$$[H^+] + [NH_4^+] = [OH^-]$$

Gleichungen (ii) – (v) erlauben die Berechnung der Konzentration der vier Spezies. Der pH der Lösung berechnet sich als pH ≅ 10.5.

TABLEAU 2.5 Ammoniak (g) – Wasser

Komponenten:		H^+	$NH_{3\,(g)}$	log K
Spezies:	H^+	1		0
	OH^-	–1		–14
	NH_4^+	1	1	11.05
	$NH_{3(g)}$		1	0
	$NH_{3(aq)}$		1	1.75
Zusammensetzung:		0	$p_{NH_3} = 10^{-4}$ atm	

$$\text{TOTH} = [H^+] - [OH^-] + [NH_4^+] = 0 \tag{vi}$$

$$\text{TOTNH}_3 = [NH_{3(g)}] + [NH_{3(aq)}] + [NH_4^+] = ? \tag{vii}$$

$$[OH^-] = 10^{-14}\,[H^+]^{-1} \tag{viii}$$

$$[NH_{3(aq)}] = 10^{1.75}\,p_{NH_3} \tag{x}$$

$$[NH_4^+] = [H^+] \times p_{NH_3} \times 10^{1.75} \times 10^{9.3} \tag{ix}$$

Gleichung (vii) kann nicht verwendet werden, da die totale Menge im System nicht bekannt ist. Die Konzentrationsangabe, die die Zusammensetzung des "offenen" Systems bestimmt, ist die Angabe von p_{NH_3}, respektive von $[NH_{3(g)}]$.

Beispiel 2.5
Mischung von Säure und konjugierter Base

Welches ist der pH einer Lösung, zu der ursprünglich Konzentrationen von 10^{-3} M NH_4Cl und 2×10^{-4} M NH_3 per Liter zugegeben wurden?
Konzentrationsbedingung:

$$[NH_4^+] + [NH_3] = C_{o_{[NH_4^+\,Cl]}} + C_{o_{[NH_3]}} = 1.2 \times 10^{-3}\ M \tag{i}$$

Spezies: NH_4^+, NH_3, H^+, OH^-, Cl^- \hfill (ii)

Elektroneutralität: $[NH_4^+] = [Cl^-] + [OH^-] - [H^+]$ \hfill (iii) oder:

Protonenbalance (Referenz: H_2O, NH_3):

$$[NH_4^+] + [H^+] - [OH^-] = C_{o_{NH_4Cl}} \qquad \text{(iv)}$$

Massenwirkungsgesetz:

$$[H^+] = K\frac{[NH_4^+]}{[NH_3]}; \quad K = 10^{-9.3} \qquad \text{(v)}$$

Da

$[Cl^-] = C_{o_{[NH_4Cl]}}$, folgt aus (i) und (ii):

$$[NH_3] = C_{o_{[NH_3]}} - [OH^-] + [H^+]; \quad \text{und aus (v):} \qquad \text{(vi)}$$

$$[H^+] = K\frac{C_{o_{[NH_4Cl]}} + [OH^-] - [H^+]}{C_{o_{[NH_3]}} - [OH^-] + [H^+]} \qquad \text{(vii)}$$

In diesem Fall können $[OH^-]$ und $[H^+]$ in Zähler und Nenner vernachlässigt werden. Man erhält $H^+ = 2.5 \times 10^{-9}$; pH = 8.6, $[NH_4^+] \approx 10^{-3}$ M, $[NH_3] \approx 2 \times 10^{-4}$ M.

2.7 Konzentrationen der einzelnen Spezies als Funktion des pH

In vielen praktischen Fällen ist es nötig, die Konzentration der einzelnen Spezies eines Säure-Base-Systems bei vorgegebenem pH zu berechnen. Bei vielen Reaktionen ist die Reaktivität der protonierten und deprotonierten Spezies verschieden. Biologische Wirkungen (z.B. Giftigkeit von Ammoniak) sind ebenfalls pH-abhängig (s. Beispiel 2.6).

Bei vorgegebenem pH-Wert kann der Anteil der einzelnen Spezies an der Gesamtkonzentration sofort berechnet werden. Für eine einprotonige Säure (HA) entsprechen die Anteile an Säure und an konjugierter Base den schon vorgestellten Gleichungen (22a) und (22b):

$$\frac{[HA]}{C_T} = \frac{[H^+]}{K + [H^+]} = \alpha_0 \qquad (35)$$

$$\frac{[A^-]}{C_T} = \frac{K}{K + [H^+]} = \alpha_1 \qquad (36)$$

Diese Ausdrücke, häufig als α_0 und α_1 bezeichnet, sind nur vom pH und der Säurekonstante des Systems abhängig.

Für eine zweiprotonige Säure ergeben sich die folgenden Ausdrücke aus der Massenbilanz und den Säurekonstanten K_1 und K_2:

$$\frac{[H_2X]}{C_T} = \frac{[H^+]^2}{[H^+]^2 + K_1[H^+] + K_1 \cdot K_2} = \alpha_0 \qquad (37)$$

$$\frac{[HX^-]}{C_T} = \frac{K_1[H^+]}{[H^+]^2 + K_1[H^+] + K_1 K_2} = \alpha_1 \qquad (38)$$

$$\frac{[X^{2-}]}{C_T} = \frac{K_1 \cdot K_2}{[H^+]^2 + K_1[H^+] + K_1 K_2} = \alpha_2 \qquad (39)$$

Beispiel 2.6
Ammoniak-Konzentration in Gewässern

Freies Ammoniak (NH_3) ist eine toxische Spezies für Fische. In Gewässern wird üblicherweise die Summe des Ammoniumstickstoffs ($[NH_4^+]$ + $[NH_3]$) analytisch bestimmt; mit Hilfe des pH-Wertes kann die Konzentration an NH_3 bestimmt werden. Beispielsweise werden 3×10^{-5} M (0.42 mg N/ℓ) Ammoniumstickstoff gemessen; der pH-Wert beträgt 8.5, die Temperatur 15 °C. Wieviel NH_3 ist hier vorhanden?

pK (NH_4^+) = 9.57 (15 °C)

$C_T = [NH_4^+] + [NH_3] = 3 \times 10^{-5}$ M

$[NH_3] = \alpha_1 \times C_T = \dfrac{10^{-9.57}}{10^{-9.57} + 10^{-8.5}} \times C_T = 2.4 \times 10^{-6}$ M

Abbildung 2.5 illustriert die pH-Abhängigkeit der NH_3-Konzentration im pH-Bereich 7 – 9. Häufig schwankt in Gewässern der pH-Wert als Folge der Photosynthese- und Respirationsaktivitäten. Die NH_3-Konzentration kann infolge dieser pH-Änderungen stark variieren.

Säure-Base-Titrationskurven

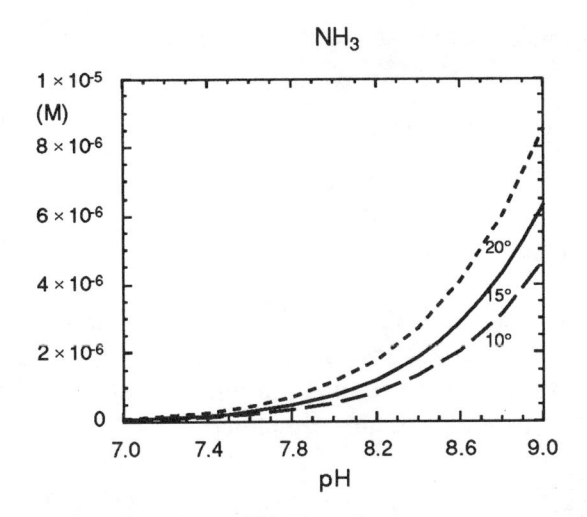

Abbildung 2.5
NH_3-Konzentration als Funktion von pH für $C_T = 3 \times 10^{-5}$ M und verschiedene Temperaturen.

Die Temperaturabhängigkeit der Säurekonstante muss hier für genaue Berechnungen auch berücksichtigt werden.

T °C	pK (NH_4^+)
5	9.90
10	9.73
15	9.57
20	9.40
25	9.26

2.8 Säure-Base-Titrationskurven

Titrationskurven sind sowohl für die Bestimmung der Konzentration einer Säure (oder Base) wie für die Charakterisierung eines Säure-Base-Systems (pK-Werte, Pufferung) nützlich.

Bei der Titration einer wässrigen Lösung einer Säure HA, der Konzentration C mol pro Liter mit einer starken Base, z.B. NaOH, der Konzentration C_B ergibt sich die Titrationskurve – die Beziehung zwischen pH und der Konzentration der zugegebenen Base – aus der Elektroneutralität (oder der Protonenbedingung):

$$[Na^+] + [H^+] = [A^-] + [OH^-] \tag{40}$$

oder

$$C_B = [A^-] + [OH^-] - [H^+] = [Na^+]$$

Mit dieser Gleichung und den logarithmischen Konzentrations-pH-Diagrammen kann die Titrationskurve konstruiert werden. Eine Aciditätskonstante $pK_a = 6$ wird angenommen. In Abbildung 2.6 ist der pH als eine Funktion des Neutralisationsgrades, f, aufgezeichnet:

$$f = \frac{C_B}{C} = \frac{[Na^+]}{C} \tag{41}$$

Gleichung (40) kann rearrangiert werden zu:

$$C_B = C\alpha_1 + [OH^-] - [H^+] \tag{42}$$

wobei $\alpha_1 = [A^-] / C = K / (K + [H^+])$,

$$f = \frac{C_B}{C} = \alpha_1 + \frac{[OH^-] - [H^+]}{C} \tag{43}$$

Beim Äquivalenzpunkt ist $C_B = C$ und $f = 1$. Durch Zugabe von V ml Base zu V_0 ml der Lösung der Konzentration C_0 (Anfangskonzentration) muss C in obiger Gleichung ersetzt werden durch:

$$C = C_0 V_0 / (V + V_0) \tag{44}$$

Für die Titration einer C-molaren Lösung einer konjugierten Base, z.B. KA, mit einer starken Säure, z.B. HCl der Konzentration C_A, ergibt sich die Titrationskurve ebenfalls aus der Elektroneutralitätsbedingung oder der Protonenbalance:

$$[K^+] + [H^+] = [A^-] + [OH^-] + [Cl^-] \tag{45}$$

$$C + [H^+] = [A^-] + [OH^-] + C_A \tag{46}$$

$$C_A = [HA] + [H^+] - [OH^-] \tag{47}$$

$$C_A = C\alpha_0 + [H^+] - [OH^-] \tag{48}$$

Säure-Base-Titrationskurven

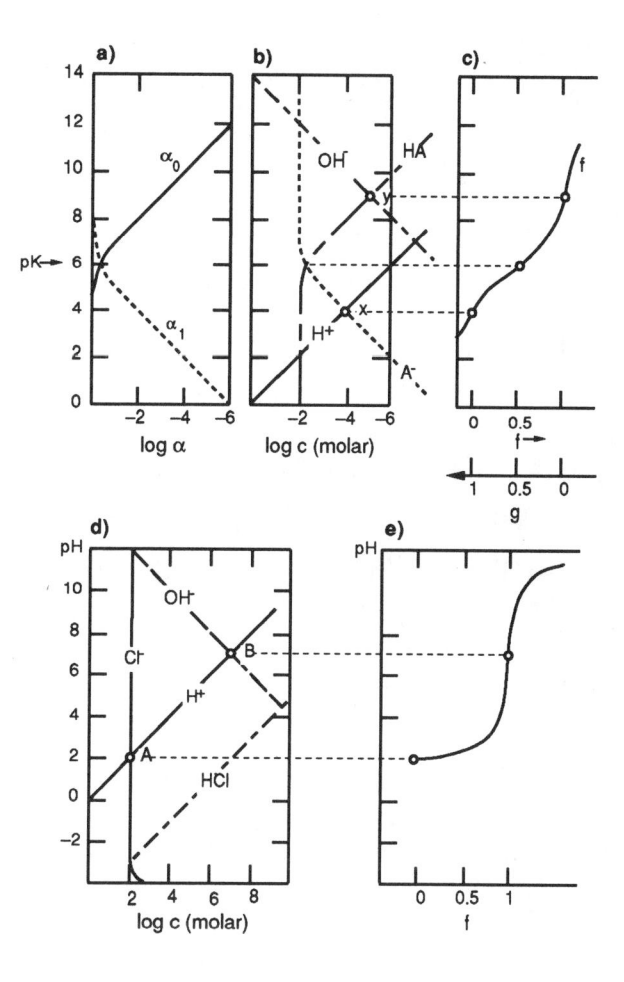

Abbildung 2.6

a, b, c Die Titrationskurve der Säure HA mit einer starken Base (z.B. NaOH) oder die Titration von der Base A^- (z.B. NaA) mit einer starken Säure steht in Beziehung zur Gleichgewichtsverteilung der Säure-Base-Spezies. α_0 und α_1 sind die Molfraktionen von HA und A^-;
$\alpha_0 = [HA] / ([HA] + [A^-])$;
$\alpha_1 = [A^-] / ([HA] + [A^-])$.
Die Punkte x und y entsprechen den Äquivalenzpunkten der alkalimetrischen oder acidimetrischen Titrationskurve. Die Titrationskurve, Abbildung c, kann halbquantitativ mit Hilfe der Punkte x und y und pK = pH konstruiert werden. Die genaue Titrationskurve folgt anhand Gleichung (42) oder (49).

d, e Die Titrationskurve einer starken Säure (Beispiel 10^{-2} M HCl; vgl. Abbildung 2.3) mit einer starken Base.

wobei $\alpha_0 = [HA] / C = [H^+] / (K + [H^+])$.

Der Neutralisationsgrad, $g = C_A/C$, ergibt sich als:

$$g = \frac{C_A}{C} = \alpha_0 + \frac{[H^+] - [OH^-]}{C} \tag{49}$$

Die Kombination von (43) mit (49) ergibt $g = 1 - f$.

Die Gleichungen (42) und (48) können verallgemeinert werden zu:

$$C_B - C_A = C\alpha_1 + [OH^-] - [H^+] \tag{50}$$

oder:

$$C_A - C_B = C\alpha_0 + [H^+] - [OH^-]$$

Multiprotonige Säuren und Basen

Die gleichen Prinzipien gelten auch:

$$C_B = C(\alpha_1 + 2\alpha_2) + [OH^-] - [H^+] \tag{51}$$

$$f = \frac{C_B}{C} = \alpha_1 + 2\alpha_2 + \frac{[OH^-] - [H^+]}{C} \tag{52}$$

wobei die α-Werte definiert sind als $\alpha_0 = [H_2A] / C$;

$\alpha_1 = [HA^-] / C$ und $\alpha_2 = [A^{2-}] / C$

Ebenfalls gilt:

$$g = 2 - f = \frac{C_A}{C} = 2\alpha_0 + \alpha_1 + \frac{[H^+] - [OH^-]}{C} \tag{53}$$

Die Pufferintensität ist definiert als:

$$\beta = \frac{dC_B}{dpH} = -\frac{dC_A}{dpH} \tag{54}$$

wobei dC_B und dC_A die Anzahl mole pro Liter von zugegebener starker Säure oder Base sind, die notwendig sind, um eine pH-Veränderung von dpH hervorzurufen. Dementsprechend ist die Pufferintensität gegeben durch die jeweilige reziproke Neigung der Titrationskurve (pH vs. C_B) (vgl. Kapitel 3.9).

2.9 Säure- und Basen-Neutralisierungskapazität

Operationell können wir eine *Basen-Neutralisierungskapazität* (auf Englisch: BNC = Base Neutralizing Capacity) definieren; sie entspricht der Äquivalentsumme aller in der Lösung vorhandenen Säuren, die bis zu einem Äquivalenzpunkt titriert werden. Ähnlich wird die *Säuren-Neutralisierungskapazität* – man spricht bei natürlichen Gewässern von Säurebindungsvermögen oder Alkalinität (oder auf Englisch: ANC = Acid Neutralizing Capacity) – durch Titration mit einer starken Säure bis zu einem ausgewählten Äquivalenzpunkt bestimmt.

Die Basen- und Säuren-Neutralisierungskapazität kann konzeptuell rigoros durch eine Protonensumme TOTH definiert werden bezüglich eines Referenzzustandes. Der Protonen-Referenzzustand entspricht demjenigen an einem der Äquivalenzpunkte. Die BNC misst die Konzentration aller Spezies, welche Protonen in Überschuss zum Referenzzustand besitzen, minus die Konzentration der Spezies, die weniger Protonen als der Referenzzustand aufweisen. Beispielsweise gilt für das HA-A-System der Abbildung 2.6a, b, c für den Referenzzustand (H_2O, A^- entsprechend Punkt y):

$$BNC = [HA] + [H^+] - [OH^-] \qquad (55)$$

oder für die Säuren-Neutralisierungskapazität (ANC) bezüglich des Referenzzustandes (HA, H_2O):

$$ANC = [A^-] + [OH^-] - [H^+] \qquad (56)$$

Oder, bei einem Carbonatsystem mit den Spezies $H_2CO_3^*$, HCO_3^- und

$$ANC = \text{Alkalinität} = [HCO_3^-] + 2[CO_3^{2-}] + [OH^-] - [H^+] \qquad (57)$$

Wir wollen im Kapitel 3 zu diesen Definitionen zurückkehren.

ANC (Alkalinität) und BNC (Acidität) sind in allen wässrigen Lösungen wertvolle Kapazitätsfaktoren, die meist experimentell leicht messbar (acidimetrische und alkalimetrische Titrationen) sind. Es sind Parameter, die im Unterschied zu den Aktivitäten von Einzelspezies unabhängig von der ionalen Stärke der Lösung und temperatur- und druckunabhängig sind.

2.10 pH- und Aktivitätskonventionen

In der Theorie der idealen Lösungen wird vorausgesetzt, dass keine Wechselwirkungen zwischen den einzelnen gelösten Spezies auftreten. Elektrolytlösungen entsprechen meistens nicht diesem idealen Verhalten. Verschiedene Wechselwirkungen treten zwischen gelösten Spezies auf, nämlich elektrostatische Effekte (Anziehung von Ionen bei ungleicher Ladung und Abtossung bei gleicher Ladung), kovalente Bindung, London-Van-der Waals-Wechselwirkungen, und bei hohen Konzentrationen Volumenexklusionseffekte. Diese nicht-idealen Effekte (in verdünnten Elektrolytlösungen vor allem elektrostatische Wechselwirkungen) werden mit Hilfe von Aktivitätskoeffizienten berücksichtigt.

Die chemische Aktivität einer gelösten Spezies A, $\{A\}$, steht in folgender Beziehung zur Konzentration $[A]$:

$$\mu_A = \mu_A^o + RT \ln \{A\} = \mu_A^o + RT \ln [A] + RT \ln f_A \tag{58}$$

wobei μ_A das chemische Potential der gelösten Spezies A, und μ_A^o eine Konstante darstellt, welche der verwendeten Konzentrationsskala (mol Liter^{-1} oder mol Kilogramm^{-1}) entspricht; wenn $\{A\} = 1$, ist $\mu_A = \mu_A^o$ (vgl. Kapitel 5.2).

Jede Aktivität kann als Produkt einer Konzentration und eines Aktivitätskoeffizienten geschrieben werden. Zwei Aktivitätskonventionen sind besonders nützlich:

1. *Die Aktivitätsskala für unendliche Verdünnung*

   Diese Konvention beruht darauf, dass der Aktivitätskoeffizient
   $f_A = \{A\} / [A]$ eins wird bei unendlicher Verdünnung:

   $$f_A \longrightarrow 1 \quad \text{wenn} \quad (C_A + \Sigma_i \, C_i) \longrightarrow 0 \tag{59}$$

   wobei C die Konzentration in molaren oder molalen Einheiten ist.

2. *Die Aktivitätsskala für ein konstantes Ionenmedium*

   Diese Konvention kann angewendet werden für Lösungen, die eine überwältigende ("swamping") Konzentration inerter Elektrolyte enthalten, um ein Medium konstanter Zusammensetzung aufrechtzuerhalten. Die Ionenstärke wird definiert als:

   $$I = \frac{1}{2} \Sigma \, C_i \, Z_i^2$$

pH- und Aktivitätskonventionen

wobei

C_i = Konzentration des Ions i (M) und
Z_i = Ladung des Ions i

Der Aktivitätskoeffizient $f'_A = \{A\} / [A]$ wird eins, falls die Lösung die Zusammensetzung des konstanten Ionenmediums erreicht:

$$f'_A \longrightarrow 1 \quad \text{wenn } C_A \longrightarrow 0 \text{ und } \sum_i C_i = \text{konstant} \tag{60}$$

Wenn die Konzentration der Elektrolyte im Ionenmedium etwa 10 Mal grösser ist, als die der Spezies A, dann weicht der Aktivitätskoeffizient f'_A nicht wesentlich von 1 ab. Wie Gleichung (58) zeigt, verändert sich bei der Konvention des konstanten Ionenmediums lediglich μ^o_A:

$$\mu_A = \mu^{o'}_A + RT \ln [A] \tag{61}$$

Beide Aktivitätsskalen sind thermodynamisch gleichwertig.

Referenz- und Standardzustände

Da wir keine absoluten Werte für ein chemisches Potential definieren können, müssen wir uns darauf beschränken, Veränderungen im chemischen Potential (als Folge der Veränderung in der chemischen Zusammensetzung oder der Temperatur oder des Druckes) anzugeben. Durch die Wahl eines geeigneten Referenzzustandes können wir das chemische Potential definieren (üblicherweise bei T = 298.15 K und p = 1 atm Druck). In den Gleichungen (58) – (61) haben wir als Referenzzustand entweder die unendliche Verdünnung oder das konstante ionale Medium festgelegt.

Der Standardzustand ist dadurch gegeben, dass die Aktivität der gelösten Spezies A, $\{A\}_o = 1$ ist. Für die Aktivität $\{A\}$ gilt

$$\mu_A - \mu^o_A = RT \ln (\{A\}/\{A\}_o)$$

wobei $\{A\}_o = 1$, und das chemische Potential kann als Gleichung (58) (oder im Falle des konstanten ionalen Mediums als Gleichung (61)) geschrieben werden. Durch diese Konvention wird die jeweilige Aktivität dimensionslos, obschon man sich der verwendeten Konzentrationsskala (molar oder molal) bewusst sein muss. In diesem Buch werden wir die molare Konzentrationsskala benützen, da fast alle Gleichgewichtskonstanten in dieser Skala bestimmt wurden. Bei verdünnten Lösungen (Süsswasser) sind die Unterschiede zwischen molal und molar vernachlässigbar.

Für Wasser als Lösungsmittel wird beim Referenzzustand "unendliche Verdünnung" als Standardzustand das reine flüssige Wasser verwendet; die Aktivität des Wassers ist dann als Molenbruch zu reinem Wasser definiert:

$$\mu_{H_2O(\ell)} = \mu^o_{H_2O(\ell)} + RT \ln \frac{m_{H_2O}}{m^o_{H_2O}}$$

wobei $m^o_{H_2O}$ = 55.5 mol ℓ^{-1} ist. Für verdünnte Lösungen ist $m_{H_2O}/m^o_{H_2O} \approx 1$ und die Aktivität des Wassers wird als $\{H_2O\} = 1$ eingesetzt.

Da sich die Aktivität des Wassers bei konstantem ionalen Medium kaum verändert, wird auch bei diesem Referenzzustand $\{H_2O\} = 1$ gesetzt.

Auch bei einem Massenwirkungsausdruck, z.B. einem Säure-Base-Gleichgewicht, $HA = A^- + H^+$, gilt, dass die Aktivitäten der gelösten Spezies, also HA, A^-, H^+, in Bezug auf den Standardzustand einer 1-molaren Konzentration definiert sind. Diese Aktivitäten sind, im Prinzip, Verhältnisse zu $\{A^-\}_o$, $\{HA\}_o$ und $\{H^+\}_o$ und werden demnach in molaren Einheiten eingesetzt. Die Einheiten sind implizit durch die verwendeten Grössen für μ^o gegeben, und die Gleichgewichtskonstanten sind demnach, im Prinzip, dimensionslos.

In einer idealen Lösung können die Aktivitäten den Konzentrationen gleichgesetzt werden. In realen Lösungen aber müssen Aktivitätskoeffizienten eingeführt werden, um die nicht-idealen Effekte zwischen gelösten Stoffen zu korrigieren.

pH-Skalen

Folgende Definitionen werden verwendet:
i) Skala unendlicher Verdünnung:

$$p^aH = -\log \{H^+\} = -\log [H^+] \; -\log f_{H^+} \tag{62}$$

ii) Konstantes ionales Medium:

$$p^cH = -\log [H^+] \tag{63}$$

p^cH wird in bezug auf die Konzentration einer verdünnten starken Säure (H^+-Konzentration) in Gegenwart eines Inertelektrolyten geeicht; p^cH wird am pH-Meter gleich $-\log [H^+]$ gesetzt; z.B. pH = 3.00 für eine 1.00×10^{-3} M-Lösung von $HClO_4$ in Gegenwart eines Inert-Elektrolyten.

pH- und Aktivitätskonventionen

TABELLE 2.5 Aktivitätskoeffizient individueller Ionen

Annäherung	Gleichung[1]		Anwendbarkeit (Ionenstärke) [M]
Debye-Hückel (vereinfacht)	$\log f = -AZ^2 \sqrt{I}$	(1)	$< 10^{-2.3}$
Debye-Hückel	$= -AZ^2 \dfrac{\sqrt{I}}{1 + Ba\sqrt{I}}$	(2)	< 0.1
Güntelberg	$= -AZ^2 \dfrac{\sqrt{I}}{1 + \sqrt{I}}$	(3)	< 0.1 nützlich in Lösungen mehrerer Elektrolyten
Davies	$= -AZ^2 \left(\dfrac{\sqrt{I}}{1 + \sqrt{I}} - 0.2 I \right)$	(4)[2]	< 0.5

[1] I (Ionenstärke) $= \frac{1}{2} \sum c_i Z_i^2$;
 $A = 1.82 \times 10^6 \, (\varepsilon T)^{-3/2}$, (wobei ε = dielektrische Konstante);
 $A \approx 0.5$ für Wasser 25 °C;
 Z = Ladung des Ions;
 $B = 50.3 \, (\varepsilon T)^{-1/2}$;
 $B \approx 0.33$ in Wasser bei 25 °C;
 a = ajustierbarer Parameter (Ångström Einheit) abhängig von der Grösse des Ions (siehe Tabelle 2.6).

[2] Davies hat später 0.3 (anstelle von 0.2) als Korrekturfaktor verwendet.

Die Konzentration der Säure kann mit Hilfe einer alkalimetrischen Titration genau bestimmt werden.

iii) Eine operationelle Definition. Der gemessene pH wird mit einem Standard (ursprünglich National Bureau of Standards, NBS, USA) verglichen. Dieses Verfahren wird von der International Union of Pure and Applied Chemistry (IUPAC) empfohlen. Dieser pH entspricht eher dem p^{a}H (62); die {H^+} kann aber nicht rigoros gemessen werden, wegen des Diffusionspotentials (liquid junction) und weil ohne nicht-thermodynamische Annahmen die Aktivität eines Einzelions nicht gemessen werden kann.

Aktivitätskoeffizienten

Die verschiedenen Gleichungen zur Abschätzung individueller Aktivitätskoeffizienten sind in Tabelle 2.5 zusammengefasst.

TABELLE 2.6 Parameter a und Aktivitätskoeffizient individueller Ionen

Ionendurchmesser Parameter, a, Ångströms = 10^{-8} cm[1)]		Aktivitätskoeffizient berechnet mit Gleichung (2) der Tabelle 2.5 für				
	Ion I =	10^{-4}	10^{-3}	10^{-2}	0.05	10^{-1}
9	H^+	0.99	0.97	0.91	0.86	0.83
	Al^{3+}, Fe^{3+}, La^{3+}, Ce^{3+}	0.90	0.74	0.44	0.24	0.18
8	Mg^{2+}, Be^{2+}	0.96	0.87	0.69	0.52	0.45
6	Ca^{2+}, Zn^{2+}, Cu^{2+}, Sn^{2+}, Mn^{2+} Fe^{2+}	0.96	0.87	0.68	0.48	0.40
5	Ba^{2+}, Sr^{2+}, Pb^{2+}, CO_3^{2-}	0.96	0.87	0.67	0.46	0.38
4	Na^+, HCO_3^-, $H_2PO_4^-$, CH_3COO^-	0.99	0.96	0.90	0.81	0.77
	SO_4^{2-}, HPO_4^{2-}	0.96	0.87	0.66	0.44	0.36
	PO_4^{3-}	0.90	0.72	0.40	0.16	0.10
3	K^+, Ag^+, NH_4^+, OH^-, Cl^- ClO_4^-, NO_3^-, I^-, HS^-	0.99	0.96	0.90	0.80	0.76

[1)] Nach J. Kielland, J. Am. Chem. Soc. **59**, 1675 (1937)

Aciditätskonstanten, Gleichgewichtskonstanten

Drei Konventionen sind in Gebrauch:
1. Basierend auf der Skala der unendlichen Verdünnung:

$$K = \frac{\{H^+\}\{B\}}{\{HB\}} \tag{64}$$

In dieser und der nachfolgenden Gleichung werden die Ladungen weggelassen; B kann eine Base irgendeiner Ladung sein.

2. Basierend auf der Skala des konstanten ionalen Mediums:

$$^cK = \frac{[H^+][B]}{[HB]} \tag{65}$$

3. Eine "gemischte" Konstante. Diese Skala

$$K' = \frac{\{H^+\}[B]}{[HB]} \tag{66}$$

ist nützlich, wenn der pH entsprechend der IUPAC-Konvention (pH ≈ p^aH) gemessen wird, während die andern Spezies in Konzentration angegeben werden.

Tabellarische Kompilationen geben häufig die Konstanten im Sinne der Gleichung (64) (extrapoliert zu I = 0) oder im Sinne von Gleichung (66) wieder. Für die Gleichgewichtsrechnungen ist es häufig praktisch, wenn in der Rechnung Konzentrationen verwendet werden; dann werden die zu benützenden K-Werte auf die gegebene ionale Stärke umgerechnet. Zum Beispiel kann K' (im Sinne von Gleichung (66)) aus K (Gleichung (64)) für eine bestimmte ionale Stärke berechnet werden. Mit Hilfe der Güntelberg Aktivitätskorrektur (Gleichung (3), Tabelle 2.5):

$$pK' = pK + \frac{0.5\,(Z_{HB}^2 - Z_B^2)\sqrt{I}}{1 + \sqrt{I}} \tag{67}$$

z.B. ergibt sich für die erste Aciditätskonstante der Phosphorsäure H_3PO_4, bei einer ionalen Stärke von 0.03, eine Korrektur von −0.07 logarithmischen Einheiten:

$$pK_1' = pK_1 - 0.07$$

2.11 Saure atmosphärische Niederschläge

Die Atmosphäre ist ein effizientes Förderband für den Transport von Schadstoffen – insbesondere von sauren Komponenten – welche die aquatischen und terrestrischen Ökosysteme beeinträchtigen können.

Die Entstehung des sauren Regens ist schematisch in Abbildung 2.7 wiedergegeben. Einige Wechselwirkungen mit der terrestrischen und aquatischen Umwelt sind in der Abbildung illustriert.

Die in die Luft eingetragenen Schadstoffe, insbesondere die bei der Verbrennung fossiler Brennstoffe entstehenden Schwefeldioxide und Stickoxide, werden im unteren Teil der Atmosphäre durch verschiedene Prozesse (hauptsächlich Oxidations- und photochemische Prozesse) umgewandelt. Dabei entstehen, z.T. weit weg von den Emissionsquellen, Schwefelsäure und Salpetersäure. Photochemisch werden, insbesondere beeinflusst durch Stickoxide und Kohlenwasserstoffe (Autoabgase), Ozon, andere Photooxidantien (z.B. organische Peroxide) und Aerosole (Smog-Partikel) gebildet.

Die Zusammensetzung des Regenwassers (oder auch des Nebels) wird hauptsächlich durch die Konzentration der starken Säuren HNO_3, H_2SO_4, HCl und der basischen Komponenten Ammoniak und Carbonate bestimmt. Das natürliche Gleichgewicht mit CO_2 in der Luft und die Anwesenheit kleinerer Konzentrationen anderer Säuren (z.B. organische Säuren) tragen ebenfalls zur Säure-Base-Balance bei. Die Zusammensetzung des Regenwassers und der resultierende pH-Wert können anhand eines einfachen Beispiels gezeigt werden:

Beispiel 2.7
pH im Regenwasser

Die Zusammensetzung eines Regenwassers wird durch die Auflösung folgender Komponenten bestimmt:

2×10^{-5} M HNO_3

3×10^{-5} M H_2SO_4

1×10^{-5} M HCl

2×10^{-5} M NH_3

Welches ist der resultierende pH? (In erster Näherung werden hier die Carbonatspezies vernachlässigt.)

Saure atmosphärische Niederschläge

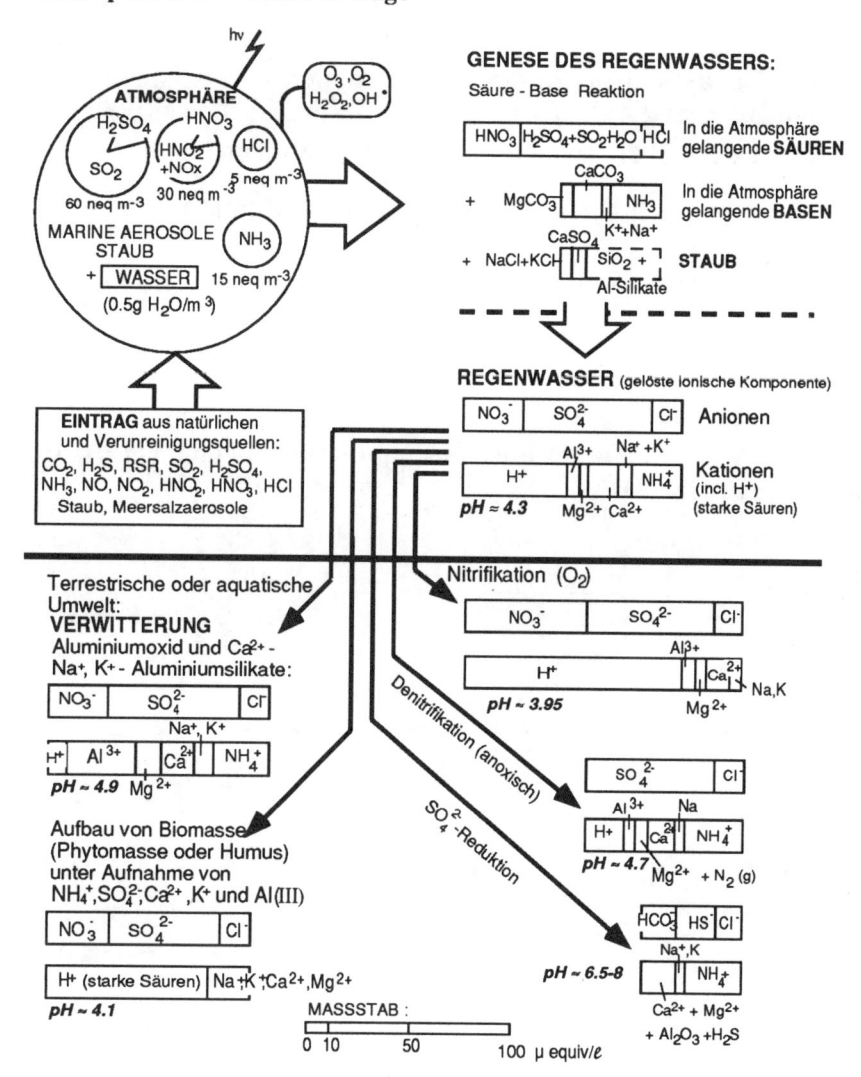

Abbildung 2.7

Durch die Oxidation von S und N, hauptsächlich aus fossilen Brennstoffen, entstehen in der Atmosphäre (Gasphase, Aerosole, Wassertröpfchen der Wolken und des Nebels) neben CO_2, S- und N-Oxide, welche nach teilweiser Oxidation zu Säure-Base-Wechselwirkungen führen. Das Ausmass der Aufnahme der verschiedenen gasförmigen Aerosolkomponenten im atmosphärischen Wasser hängt von vielen Faktoren ab (für unsere Darstellung haben wir eine Ausbeute von 50 % für SO_4^{2-} und NO_3^-, von 80 % für NH_3 und 100 % für HCl angenommen). Die Entstehung des sauren Regenwassers ist oben rechts als Säure-Base-Titration dargestellt. Verschiedene Wechselwirkungen, insbesondere Veränderungen in der Acidität des Regenwassers bei Reaktionen in der terrestrischen und aquatischen Umwelt sind im unteren Teil der Abbildung wiedergegeben.

Dieses Beispiel entspricht einer Kombination von Beispiel 2.1 (starker Säure) und Beispiel 2.4 (NH_3).

Die Elektroneutralität ist in dieser Lösung gegeben durch:

$$[H^+] + [NH_4^+] = [NO_3^-] + 2\,[SO_4^{2-}] + [Cl^-] + [OH^-]$$

Da HNO_3, H_2SO_4 und HCl alle sehr starke Säuren sind, wird die Summe

$$[NO_3^-] + 2\,[SO_4^{2-}] + [Cl^-] = \Sigma\,An^-$$

dargestellt (Abbildung 2.8).

Der pH ergibt sich aus der Elektroneutralitätsbedingung: pH = 4.19. Ohne NH_4^+ wäre der pH = 4.05.

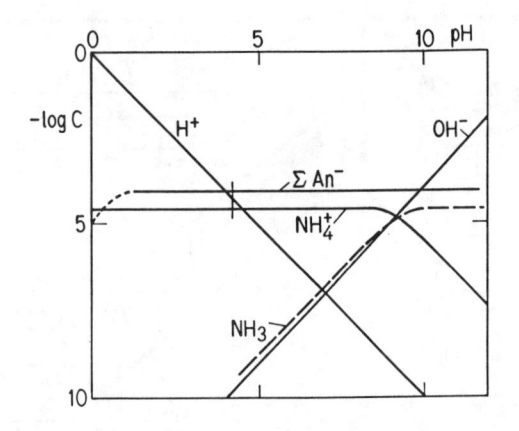

Abbildung 2.8
Beispiel für Zusammensetzung und pH eines Regenwassers
Die Elektroneutralität $[H^+] + [NH_4^+] = \Sigma\,An^-$ definiert die Zusammensetzung (vertikaler Strich).

Ähnlich wie in diesem Beispiel wird in vielen Fällen der pH des Regenwassers (oder des Nebels) durch das Ausmass der Neutralisierung der starken Säuren durch Ammoniak bestimmt (Abbildung 2.9). In den meisten Fällen besteht der überwiegende Anteil der Kationen im Regenwasser aus Protonen und Ammoniumionen; nicht dargestellt sind die übrigen Kationen (Ca^{2+}, Mg^{2+}, Na^+, K^+ etc.), welche die Ionenbalance ergänzen würden.

Nebel

Bei der Bildung des Nebels kondensieren aus wassergesättigter Luft Wassertröpfchen an vorhandenen Aerosolteilchen; dabei können sich Aerosolkomponenten in den Nebeltröpfchen lösen. Die Nebeltröpfchen (ca. 10 – 50 μm Durchmesser) sind viel kleiner als Regentropfen, und der Flüssigkeitsgehalt des Nebels beträgt grössenordnungsmässig ca. 0.1 g/m^3, so dass im Nebel grössere Konzentrationen zu erwarten sind als im Regen. Im Gegensatz zu Regenwolken, die oft über Hunderte von Kilometern transportiert werden und dabei aus weiten Gebieten Gase und Aerosole aufnehmen können, wiederspiegelt die Nebelzusammensetzung eher die lokalen Verhältnisse, da der Nebel meist in tieferen Luftschichten gebildet wird. Die Konzentrationen im Nebel sind 10 – 100 Mal grösser als im Regenwasser (Abbildung 2.9). Das Ausmass der Neutralisierung der starken Säuren hängt auch hier wesentlich von der Ammoniakkonzentration ab.

Saure atmosphärische Depositionen und Auswirkungen der Luftschadstoffe auf terrestrische und aquatische Ökosysteme

Verschiedene Prozesse tragen zur Deposition saurer Komponenten aus der Atmosphäre bei:
- Die *nasse Deposition* erfolgt durch Regen- und Schneefall; dadurch werden gelöste Gase und suspendierte Aerosole an die Vegetationsoberflächen gebracht.
- Nebel- und Wolkentröpfchen, die meistens viel höhere Konzentrationen von Schadstoffen als Regenwasser enthalten, werden durch Nadeln und Blätter eingefangen. Durch teilweise nachträgliche Verdunstung können die Schadstoffe noch aufkonzentriert werden. Die Einträge von Schadstoffen auf die Vegetation durch diese Vorgänge können je nach Standort wesentlich sein.
- *Trockendeposition* erfolgt durch die direkte Absorption von Gasen (SO_2, HNO_3, HCl, NH_3, flüchtige organische Verbindungen etc.) und durch die Impaktion und Interzeption von Aerosolen. Es wurde geschätzt, dass bei Wäldern etwa die Hälfte der Depositionen von SO_4^{2-}, NO_3^-, H^+ als Trockendeposition erfolgt. Die Messung der Trockendeposition ist aber mit grossen Schwierigkeiten verbunden, weil das Ausmass der Deposition sehr stark von den Eigenschaften der Rezeptoroberfläche (Vegetationsoberfläche, Wasser, Kunststoffoberfläche etc.) abhängt.
- Die sauren Depositionen können vor allem in kalkarmen Böden den Boden versauern und die Auswaschung der Basenkationen (Ca^{2+}, K^+) bewirken.

Das bei tiefem pH freiwerdende Aluminium kann die Baumwurzeln beschädigen.
- Atmosphärische Depositionen bringen grössere Mengen von Schadstoffen, insbesondere Schwermetalle und organische Verunreinigungen, in die Gewässer.

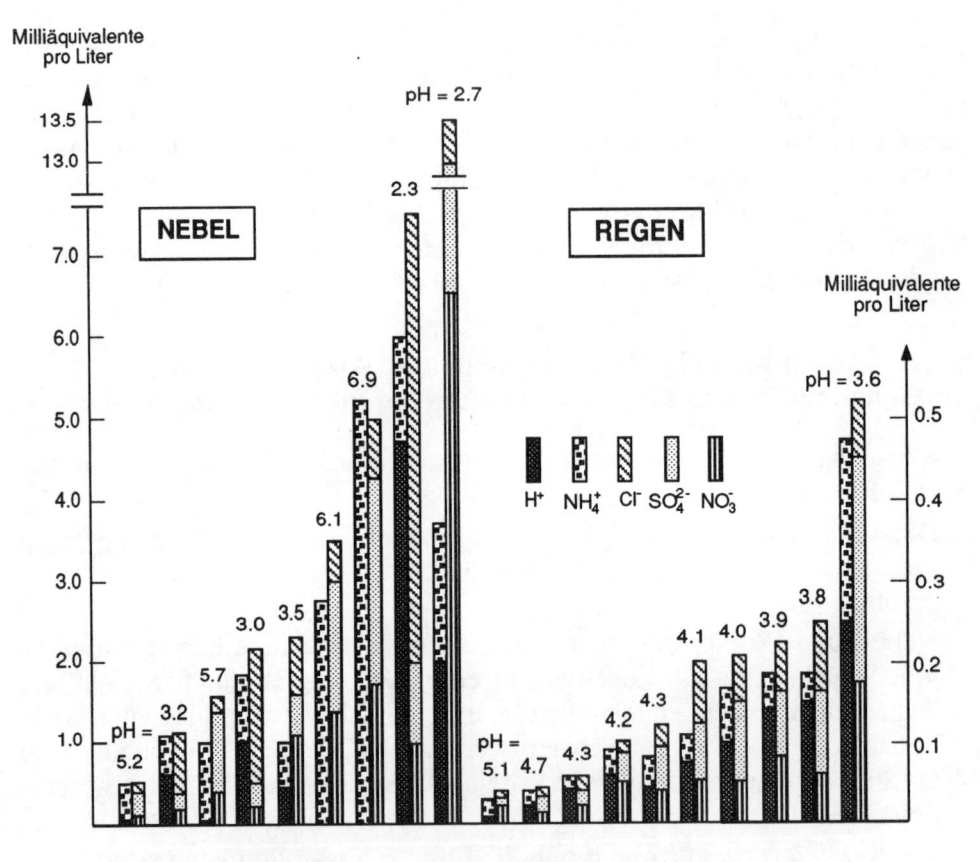

Abbildung 2.9
Vergleich einiger Regen- und Nebelanalysen (1984) bei Zürich
Die Regenanalysen stammen aus Dübendorf. Die Nebelproben wurden in Dübendorf oder in der weiteren Umgebung von Zürich erhoben:
    D = Dübendorf,
    H = Hochnebel,
    B = Bodennebel.
Man beachte die Unterschiede für Nebel und Regen im Ordinatenmassstab. Bei Regen beträgt die Äquivalentsumme der Ionen 0,05 – 0,5 Milliäquivalente pro Liter, beim Nebel wird die Konzentration der Schadstoffe um ein bis zwei Grössenordnungen grösser.

Weitergehende Literatur

BATES, R.G.; *Determination of pH. Theory and Practice,* Wiley Interscience, New York, 1973.

BELL, R.P.; *Säuren und Basen und ihr quantitatives Verhältnis,* Verlag Chemie, Weinheim, 1974

HAMANN, C.H. und VIELSTICH, W.; *Elektrochemie; Elektrolytische Leitfähigkeit, Potentiale, Phasen-Gruppen,* zweite Auflage, VCH Verlag, Weinheim, 1985.

MOHNEN, V.A.; *The Challenge of Acid Rain,* Scientific American **259**, 2, 14-23, 1988.

Übungsaufgaben

1) Ein Regenwasser enthält folgende Verunreinigungen:
   NO_3^- : 2 mg/ℓ (als Nitrat); Cl^- : 0.7 mg/ℓ
   SO_4^{2-} : 3.1 mg/ℓ (als Sulfat); Ca^{2+} : 0.65 mg/ℓ
   Mg^{2+} : 0.1 mg/ℓ; NH_4^+ : 0.6 mg/ℓ (als NH_4^+)
   Na^+ : 0.1 mg/ℓ; K^+ : 0.05 mg/ℓ
   Der gemessene pH beträgt 4.3 ([H^+] = 5 × 10^{-5} M).
   a) *Erstelle eine Kationen-Anionen Balance des Regenwassers (Kationen vs Anionen als Mikroäquivalente/ ℓ [Mikromole Ladungseinheiten/ ℓ).*
   b) Bis jetzt ist nicht berücksichtigt worden, dass das Regenwasser auch 0.44 mg/ℓ CO_2 (als CO_2) enthält. *Hat dieses CO_2 einen Einfluss auf die Ionenbalance?*

2) Ein Liter Regenwasser enthält 10^{-5} mol HCl, 5 × 10^{-6} mol H_2SO_4 und 10^{-5} mol HNO_3, und zusätzlich 10 μmol (1 μmol = 10^{-6} mol) einer flüchtigen organischen Säure, die eine Aciditätskonstante K_a = 10^{-6} aufweist.
   a) *Berechne zuerst den pH-Wert, den das Regenwasser haben würde, wenn es nur diese starken Säuren enthielte.*
   b) *Inwiefern beeinflusst die Gegenwart der organischen Säure den pH des Regenwassers (graphische Lösung oder Berechnung)?*
   c) *Wie könnte man die starken (anorganischen) und die schwachen Säuren analytisch unterscheiden?*

3) In Fisch-Toxizitätsuntersuchungen hat man bestimmt, dass 0.1 mg NH_3/ℓ (als N) innert einer Stunde zu einer Fischvergiftung führt.
   Welches ist der maximal mögliche pH-Wert, den ein Gewässer aufweisen darf, das 2 mg/ ℓ Ammonium-Stickstoff (N_T = [NH_4^+] + [NH_3]) enthält, ohne eine Fischvergiftung hervorzurufen?

4) Ordne die folgenden reinen Lösungen mit steigendem pH (Konstanten in Tabelle 2.3):
   10^{-6} M HCl
   10^{-4} M NH_4Cl
   10^{-3} M H_3BO_3
   H_2O

10^{-4} M NH$_3$
10^{-5} M NaCl
10^{-4} M NaCN

5) *Konstruiere ein doppelt-logarithmisches Diagramm, um die Gleichgewichtsbeziehungen einer $10^{-3.7}$ M Lösung von Natriumhydrogenphthalat (Beispiel 2.3) darzustellen.*

6) Die dreiprotonige Phosphorsäure (H$_3$PO$_4$) hat pK$_a$-Werte 2.1, 7.2 und 12.3.
Wie kann man vorgehen, um daraus Pufferlösungen für pH 2.5 und 7.0 herzustellen?

7) *Skizziere die Titrationskurve folgender Systeme qualitativ:*
   - alkalimetrische Titration von NH$_4^+$ (K = 10^{-9})
   - acidimetrische Titration von OCl$^-$ (K$_B$ = $10^{-6.4}$)
   - alkalimetrische Titration von H$_2$S (K$_1$ = 10^{-7}, K$_2$ = 10^{-19})

8) *Welches ist die Gleichgewichtszusammensetzung einer 10^{-5} M NH$_4$Cl-Lösung?*

9) *Welches ist die Zusammensetzung einer 10^{-4} M wässrigen Lösung von Natriumhydrogensulfid, NaHS, (25 °C)?*
Konstruiere ein Gleichgewichtsdiagramm für dieses System. (Konstanten in Tabelle 2.3.)

10) Unterchlorige Säure hat eine Aciditätskonstante von 3×10^{-8}. Da HOCl im Gegensatz zu OCl$^-$ die Bakterien effizient abtötet, ist die Desinfektion bei verschiedenen pH-Werten verschieden effizient.
   a) *Skizziere wie die Desinfektionswirkung einer Chlorlösung vom pH abhängt.* Chlor wird als Cl$_2$ dem Wasser zugegeben und disproportioniert zu unterchloriger Säure und Cl$^-$-Ionen:
   $$Cl_2 + H_2O = HOCl + H^+ + Cl^-$$
   b) *Skizziere qualitativ wie eine Titrationskurve von reiner unterchloriger Säure mit einer starken Base aussehen würde.*

11) Ein Regenwasser enthält ca. 30 µM HNO$_3$, 50 µM H$_2$SO$_4$ und 50 µM NH$_4^+$. *Skizziere die Titrationskurve mit NaOH (CO$_2$ wird vor der Titration ausgeblasen). In welchem pH-Bereich ist dieses Wasser bei der Titration mit Base gepuffert?*

12) *Wie verändert sich der pH einer 10^{-4} M NH_4Cl Lösung, wenn 10^{-2} mol pro Liter Na_2SO_4 als inerter Elektrolyt zugegeben wird? (Die Güntelberg-Annäherung kann für die Korrektur der Aktivitäten verwendet werden.)*

KAPITEL 3

Carbonat-Gleichgewichte

3.1 Einleitung

Kohlendioxid stand in Abbildung 1.10 im Zentrum der geochemischen Kreisläufe. Obschon es in der Atmosphäre ein sehr kleines Reservoir darstellt (Tabelle 1.5), spielt es, wie wir gesehen haben, eine zentrale Rolle in der Biosphäre und in vielen geochemischen Prozessen, welche Gesteine auflösen und Mineralien bilden. Bei der Photosynthese wird CO_2 aus der Atmosphäre aufgenommen und in Biomasse umgewandelt. Respiration durch aquatische und terrestrische Organismen führt zur Rückführung des CO_2. In der Hydrosphäre wird ein wesentlicher Teil des Kohlenstoffs durch $CaCO_3$ transportiert. Das $CaCO_3$ wird in den Seen und Meeren ausgefällt. Die Verbrennung von Kohlenstoff aus dem Kohlenstoffreservoir der Sedimente führt zur Erhöhung des CO_2-Gehaltes der Atmosphäre (Kapitel 1.6).

Wir werden uns in diesem Kapitel systematisch mit dem aquatischen Carbonatsystem auseinandersetzen, wobei vorerst die Behandlung von Gleichgewichten im Vordergrund steht und wir an die Säure-Base-Gleichgewichte – H_2CO_3 als wichtigste Säure und HCO_3^- und CO_3^{2-} als wichtigste Basen – in natürlichen Gewässern anknüpfen können. Wie wir sehen werden, ist es besonders wichtig, Überlegungen über die acidimetrischen und alkalimetrischen Titrationskurven natürlicher Gewässer anzustellen und das Säurebindungsvermögen (Alkalinität) und die Basenneutralisierungskapazität (Acidität) als quantitative Parameter zu definieren.

Auch in diesem Kapitel gehen wir davon aus, dass sich die Gleichgewichte relativ schnell einstellen. Wir werden später (Kapitel 5) auf die Geschwindigkeit der Reaktion $CO_2 \cdot aq \rightleftharpoons H_2CO_3^*$ eingehen und Überlegungen über den Gastransfer Wasser-Atmosphäre anstellen. Ebenfalls werden wir uns dann über die Geschwindigkeit der Bildung und Auflösung von $CaCO_3$ äussern.

Die Kohlensäure ist eine flüchtige Säure, und es ist wichtig zu unterscheiden zwischen sogenannten *offenen Systemen* (Systemen, die den Austausch von Materie mit der Umwelt zulassen, z.B. Wasser im Kontakt und Gleichgewicht mit der Gasphase) und dem *geschlossenen System* (das keinen Austausch von Materie mit der Umwelt zulässt, z.B. $H_2CO_3^*$ wird als nicht flüchtig betrachtet).

Bei den nachfolgend aufgeführten Betrachtungen geht es zuerst darum, einfache chemische Modelle in mathematisch lösbare Probleme umzuwandeln. Gleichgewichtskonstanten für das Carbonatsystem sind in Tabelle 3.1 zusammengestellt.

TABELLE 3.1   Gleichgewichtskonstanten für Carbonat-Gleichgewichte und $CaCO_3$-Auflösung

		\-log K					
		5 °C	10 °C	15 °C	20 °C	25 °C	40 °C
$CaCO_3(s)$	$= Ca^{2+} + CO_3^{2-}$	8.35	8.36	8.37	8.39	8.42	8.53
$CaCO_3(s) + H^+$	$= HCO_3^- + Ca^{2+}$	−2.22	−2.13	−2.06	−1.99	−1.91	−1.69
$H_2CO_3^*$	$= H^+ + HCO_3^-$	6.52	6.46	6.42	6.38	6.35	6.30
$CO_2(g) + H_2O$	$= H_2CO_3^*$	1.20	1.27	1.34	1.41	1.47	1.64
HCO_3^-	$= H^+ + CO_3^{2-}$	10.56	10.49	10.43	10.38	10.33	10.22

3.2   Das offene System – Wasser im Gleichgewicht mit dem CO_2 der Gasphase

1. "Pristines Regenwasser"

Unter pristinem Regenwasser verstehen wir Regenwasser in einer reinen Atmosphäre, in welcher seine Zusammensetzung nur durch das Gleichgewicht mit Kohlendioxid bestimmt wird (keine zusätzliche Säure oder Base).

Wir setzen Wasser zuerst ins Gleichgewicht mit dem CO_2 der Atmosphäre und fragen uns: Wie ist die Zusammensetzung eines Wassers im Gleichgewicht mit dem CO_2 der Atmosphäre (3×10^{-2} Vol%)?

Folgende Spezies stehen im Gleichgewicht in Lösung: H^+, HCO_3^-, CO_3^{2-}, $H_2CO_3^*$, OH^-. Um die Konzentration dieser 5 Spezies auszurechnen, müssen folgende 5 Gleichungen gelöst werden:

Das offene System

$$[H_2CO_3^*] = K_H p_{CO_2} \qquad K_H = 3 \times 10^{-2} \text{ M atm}^{-1} \qquad (1)$$

$$[H^+][HCO_3^-]/[H_2CO_3^*] = K_1; \qquad K_1 = 5 \times 10^{-7} \qquad (2)$$

$$[H^+][CO_3^{2-}]/[HCO_3^-] = K_2 \qquad K_2 = 5 \times 10^{-11} \qquad (3)$$

$$[H^+][OH^-] = K_W; \qquad K_W = 10^{-14} \qquad (4)$$

plus die Ladungsbalance (Protonenbalance)

$$[H^+] = [HCO_3^-] + 2[CO_3^{2-}] + [OH^-] \qquad (5)$$

(die Gleichgewichtskonstanten gelten für 25 °C; sie sind nicht aktivitätskorrigiert.)

Anmerkung: $[H_2CO_3^*]$ ist die analytische Summe von $[CO_2 \cdot aq]$ und der "wahren" Kohlensäure $[H_2CO_3]$:

$$[H_2CO_3^*] = [CO_2 \cdot aq] + [H_2CO_3] \text{ (vgl. Kapitel 2.4).}$$

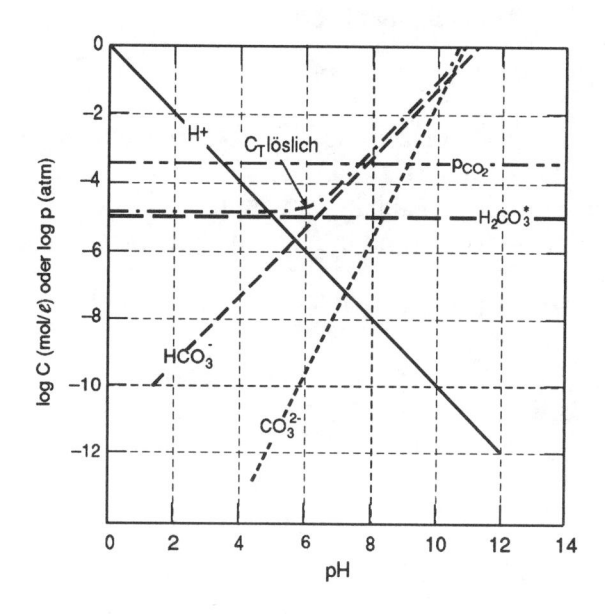

Abbildung 3.1
Carbonatspezies im Gleichgewicht mit dem CO_2 der Atmosphäre
Falls keine Säure oder Base zugegeben wird, ist das System, z.B. ein pristines Regenwasser, durch die Elektroneutralitätsbedingung oder die Protonenbalance $[H^+] \cong [HCO_3^-]$ (vgl. Gleichung (5)) definiert. Ausgezogene dicke Linie $C_T = [H_2CO_3^*] + [HCO_3^-] + [CO_3^{2-}]$.

In Abbildung 3.1 sind die Gleichungen (1) – (4) doppelt-logarithmisch aufgetragen; sie zeigen, wie die Zusammensetzung eines Wassers vom pH (bei konstantem Partialdruck von CO_2 [= 3×10^{-4} atm]) abhängt. Die Beziehung (5), die Ladungsbalance oder Protonenbalance, gibt die Zusammensetzung des Wassers, falls keine andere Säure oder Base zugegeben wurde.

Das Resultat kann aus dem Diagramm abgelesen werden oder wird durch die simultane Lösung der Gleichungen (1) – (5) erhalten:

pH = 5.7

$[H_2CO_3^*]$ = 10^{-5} M,

$[HCO_3^-]$ = 2×10^{-6} M,

$[CO_3^{2-}]$ = 6×10^{-11} M.

Konstruktion der Abbildung 3.1

Logarithmieren der Gleichung (1) ergibt:

$$\log [H_2CO_3^*] = \log K_H + \log p_{CO_2} = -1.5 + (-3.5) = -5.0 \tag{6}$$

Diese Linie kann als "horizontale" Linie eingezeichnet werden. Die Konstanz des $[H_2CO_3^*]$ bedeutet, dass *bei Gleichgewicht* mit der Atmosphäre, die Kohlensäurekonzentration unabhängig vom pH ist. Die HCO_3^--Konzentration ergibt sich aus Gleichung (2) (und in Kombination mit Gleichung (1)):

$$[HCO_3^-] = (K_1/[H^+]) [H_2CO_3^*] \tag{7a}$$

$$\log [HCO_3^-] = \log K_1 + pH + \log [H_2CO_3^*] \tag{7b}$$

$$= -6.3 + pH - 5.0 \tag{7c}$$

Aus Gleichung (7) folgt, dass d log $[HCO_3^-]$ / d pH = +1 und dass log $[HCO_3^-]$ = log $[H_2CO_3^*]$ wenn pH = –log K_1 = pK_1 ist. Das heisst, dass die Linie für log $[HCO_3^-]$ im doppelt logarithmischen Diagramm (mit gleichen Abszissen- und Ordinatenskalen) vs pH eine Steigung von +1 hat und die Linie für log $[H_2CO_3^*]$ bei pH = pK_1 schneidet. Ähnlich ergibt sich für $[CO_3^{2-}]$ aus Gleichung (3) (in Kombination mit (1) und (2))

$$\log [CO_3^{2-}] = \log (K_2 / [H^+]) + \log [HCO_3^-] \tag{8}$$

und in Kombination mit (7b):

Das offene System

$$\log [CO_3^{2-}] = \log (K_2 K_1 / [H^+]^2) + \log [H_2CO_3^*] \qquad (9)$$
$$= \log K_2 + \log K_1 + 2\,pH + \log [H_2CO_3^*]$$
$$= -10.3 - 6.3 + 2\,pH - 5.0$$

d.h. die Linie für $\log [CO_3^{2-}]$ vs pH ist gegeben durch eine Gerade mit Neigung +2 und einem Schnittpunkt mit der $\log [H_2CO_3^*]$-Linie wenn $2\,pH = pK_1 + pK_2$ oder $pH = 8.3$ ist.

Mit Gleichung (4) definieren wir auch die Linien für $\log [H^+]$ und $\log [OH^-]$. Die Linien im doppelt-logarithmischen Diagramm (entsprechend Gleichungen (1) – (4)) entsprechen jedem natürlichen Wasser im Gleichgewicht mit dem CO_2 der Atmosphäre. Falls keine Säure oder Base dem System zugefügt sind (z.B. "pristines" Regenwasser), gelten die Bedingungen der Ladungsneutralität (Gleichung (5)). Bei Zugabe von Säure (z.B. HNO_3 oder H_2SO_4 aus atmosphärischen Verunreinigungen oder von Base z.B. NH_3) ergeben sich andere pH-Werte und entsprechende Konzentrationen der übrigen Spezies.

Tableau

Die Beziehungen des offenen CO_2-Gleichgewichtssystems können auch übersichtlich mit Hilfe eines Tableaus dargestellt werden, wobei H^+ und $CO_2(g)$ als Komponenten gewählt werden.

TABLEAU 3.1   Offenes CO_2-System

Komponenten:		H^+	$CO_2(g)$	log K (25 °C)
Spezies:	H^+	1		
	OH^-	–1		–14.0
	$H_2CO_3^*$		1	– 1.5
	HCO_3^-	–1	1	–7.8
	CO_3^{2-}	–2	1	–18.1
	$CO_2(g)$		1	
Zusammensetzung:		0	$p_{CO_2} = 10^{-3.5}$ atm	

Mol-Balance:

TOTH = $[H^+] - [OH^-] - [HCO_3^-] - 2[CO_3^{2-}] = 0$ (i)

Da p_{CO_2}, der Partialdruck von CO_2, konstant ist, ist die totale Carbonatkonzentration TOT CO_2 vorerst unbekannt.
Gleichgewichte:

$[OH^-]$ = $10^{-14} [H^+]^{-1}$ (ii)

$[H_2CO_3^*]$ = $10^{-1.5} p_{CO_2}$ (iii)

$[HCO_3^-]$ = $10^{-7.8} [H^+]^{-1} p_{CO_2}$ (iv)*

$[CO_3^{2-}]$ = $10^{-18.1} [H^+]^{-2} p_{CO_2}$ (v)**

* Gleichung (iv) ergibt sich aus der Summierung der Gleichgewichte:

$HCO_3^- + H^+ = H_2CO_3^*$; $K_1^{-1} = 10^{6.3}$ (iv a)

$H_2CO_3^* = CO_2(g) + H_2O$; $K_H^{-1} = 10^{1.5}$ (iv b)

$HCO_3^- + H^+ = CO_2(g) + H_2O$; $(K_1 \cdot K_H)^{-1} = 10^{7.8}$ (iv)

** Gleichung (v) ergibt aus der Summierung der Gleichgewichte:

$HCO_3^- + H^+ = H_2CO_3^*$; $K_1^{-1} = 10^{6.3}$ (iv a)

$H_2CO_3^* = CO_2(g) + H_2O$; $K_H^{-1} = 10^{1.5}$ (iv b)

$CO_3^{2-} + H^+ = HCO_3^-$; $K_2^{-1} = 10^{10.3}$ (v b)

$CO_3^{2-} + 2 H^+ = CO_2(g) + H_2O$; $(K_1 K_H K_2)^{-1} = 10^{18.1}$ (v)

2. Wasser im Gleichgewicht mit der Atmosphäre – "Regenwasser" plus Säure und Base

Die Beziehungen in Abbildung 3.1 gelten natürlich auch wenn Säure oder Base zugegeben werden. Dann gilt allerdings eine andere Ladungsbalance (Protonenbalance), aber für jeden pH kann die Zusammensetzung abgelesen werden; das Tableau muss durch eine Komponente für die Base oder Säure (z.B. Na^+ für NaOH oder Cl^- für HCl) ergänzt werden. Die Elektroneutralitätsbedingung entsprechend der Mol-Protonenbalance lautet dann:

Das offene System

$$\text{TOTH} = [H^+] - [OH^-] - [HCO_3^-] - 2[CO_3^{2-}]$$
$$= -[Na^+] + [Cl^-] \tag{10}$$

$$\text{TOTH} = [H^+] - [OH^-] - [HCO_3^-] - 2[CO_3^{2-}]$$
$$= -C_B + C_A \tag{11}$$

wenn C_B äquivalent der Konzentration eines "Basen"-Kations und C_A äquivalent der Konzentration eines "Säure"-Anions (Anion einer starken Säure) ist. Die Gleichungen (10) und (11) definieren die Basenneutralisierungskapazität (BNC) (vgl. Kapitel 2.8 und 3.5). Entsprechend gilt hier die Säureneutralisierungskapazität (ANC):

$$[\text{Alkalinität}] = [\text{ANC}] = -\text{TOTH} = C_B - C_A$$
$$= [HCO_3^-] + 2[CO_3^{2-}] + [OH^-] - [H^+] \tag{12}$$

Jedes natürliche Wasser im Gleichgewicht mit dem CO_2 der Atmosphäre kann im Sinne der Abbildung 3.1 verstanden werden als ein Wasser, das mit dem CO_2 im Gleichgewicht steht und das sowohl mit Basen (den Basen der Gesteine) und mit Säuren (HCl, HNO_3, H_2SO_4) reagiert hat. Typischerweise enthält Regenwasser zusätzliche Säuren und Süsswasser zusätzliche Basen.

Beispiel 3.1
Carbonat-Spezies im Meerwasser

Wie sieht die Abhängigkeit von $[H_2CO_3^*]$, $[HCO_3^-]$ und $[CO_3^{2-}]$ vom pH in einem Meerwasser im Gleichgewicht mit der Atmosphäre (20 °C) aus? Die Gleichungen (1) – (5) können verwendet werden. Wir brauchen hingegen aktivitätskorrigierte Konstanten. Für Meerwasser (35 ‰ Salinität, Ionenstärke = 0.7 M) und für 20 °C gelten:

$$\frac{[H_2CO_3^*]}{p_{CO_2}} = 10^{-1.47} = {}^cK_H \tag{13}$$

$$\frac{\{H^+\}[HCO_3^-_T]}{[H_2CO_3^*]} = 10^{-6.03} = K_1' \tag{14}$$

$$\frac{\{H^+\}[CO_3^{2-}_T]}{[HCO_3^-_T]} = 10^{-9.18} = K_2' \tag{15}$$

Die hier verwendeten Konstanten berücksichtigen, dass bei den hohen Salzkonzentrationen im Meerwasser Komplexbildung von HCO_3^- und CO_3^{2-} mit Ionen des Mediums, z.B. $MgCO_3$, $NaCO_3^-$, stattfindet. Dementsprechend sind die mit einer Suffix T versehenen Konzentrationen (in Gleichung (14) und (15)) definiert als:

$$[HCO_{3_T}^-] = [HCO_3^-] + [MgHCO_3^+] + [CaHCO_3^+] + \ldots \tag{16a}$$

$$[CO_{3_T}^{2-}] = [CO_3^{2-}] + [MgCO_3] + [CaCO_3] + [NaCO_3^-] \tag{16b}$$

Die Gleichgewichtsbeziehungen sind in Abbildung 3.2 aufgezeichnet.

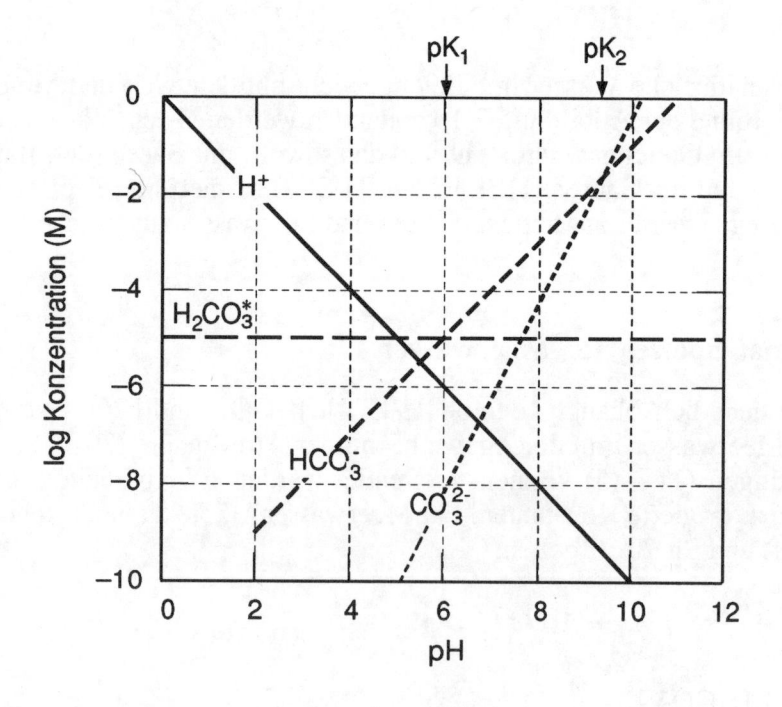

Abbildung 3.2
Die Gleichgewichtsverteilung der Carbonat-Spezies im Meerwasser (20 °C) im Gleichgewicht mit der Atmosphäre ($P_{CO_2} = 10^{-3.5}$ atm)
Ein Vergleich mit Abbildung 3.1 illustriert den Einfluss der Meerwasserionen (35 ‰ Salinität entspricht ungefähr 35 g Salz pro kg Meerwasser) auf die Gleichgewichtsverteilung.

3.3 Die Auflösung von CaCO₃ (Calcit) im offenen System

Mehr als 80% der gelösten Bestandteile eines typischen Sees in kalkhaltiger Umgebung lassen sich durch die Carbonat-Gleichgewichte und die Auflösung des Kalks ($CaCO_3$, Calcit) erklären:

$$CaCO_3 + CO_2(g) + H_2O \rightleftharpoons Ca^{2+} + 2\,HCO_3^- \qquad (17)$$

Wir stellen uns folgendes Problem: Wie löslich ist Calcit im Gleichgewicht mit der Atmosphäre (CO_2-Gehalt von 3×10^{-2} %) und was ist die Zusammensetzung des Wassers nach der Auflösung von Calcit?

Lösungsweg

Folgende Spezies stehen im Gleichgewicht: Ca^{2+}, H^+, HCO_3^-, CO_3^{2-}, OH^-, $H_2CO_3^*$ und $CO_2(g)$. Um die Konzentration der 6 Spezies in Lösung auszurechnen, müssen wir zusätzlich zu den vier Gleichungen (1) – (4) das Löslichkeitsprodukt von $CaCO_3$ und die Ladungsbalance berücksichtigen:

$$[Ca^{2+}]\,[CO_3^{2-}] = K_{s0}; \quad K_{s0} = 5 \times 10^{-9}\ (25°C) \qquad (18)$$

Ladungsbalance (oder Protonenbalance):

$$[H^+] + 2\,[Ca^{2+}] = [HCO_3^-] + 2\,[CO_3^{2-}] + [OH^-] \qquad (19)$$

Das Resultat ablesbar aus Abbildung 3.3 (oder berechnet via Computer, der simultan die Gleichungen (1) – (4) und (18), (19) löst), lautet:

pH $\quad\quad = 8.3$
$[H_2CO_3^*] = 10^{-5}$ M,
$[HCO_3^-] \;\; = 1.0 \times 10^{-3}$ M,
$[Ca^{2+}] \quad\; = 5.0 \times 10^{-4}$ M,
$[CO_3^{2-}] \quad = 1.6 \times 10^{-5}$ M.

Abbildung 3.3 besteht aus der Superponierung der Abbildung 3.1 mit den Linien der Gleichungen (18) und (19). Die Linie für log $[Ca^{2+}]$ muss die Linie log $[CO_3^{2-}]$ schneiden bei $[Ca^{2+}] = [CO_3^{2-}] = (K_{s0})^{1/2}$. Da das Produkt von $[Ca^{2+}]$ und von $[CO_3^{2-}]$ konstant sein muss, ergibt sich für die Linie von log $[Ca^{2+}]$ eine Gerade mit der Neigung d log $[Ca^{2+}]$ / d pH = –2.

Die 6 Geraden ergeben die Gleichgewichts-Zusammensetzung für jedes Wasser, das mit der Atmosphäre und festem Calcit ($CaCO_3$) in Kontakt ist; die Veränderung des pH wird durch Zugabe von Säure oder Base hervorgerufen. Die Ladungsbalance der Gleichung (19) entspricht der Zusammensetzung eines Gleichgewichtssystems, das nur aus CO_2 (Gas), H_2O, und $CaCO_3$ besteht. Die Ladungsbalance ist vereinfacht: $2[Ca^{2+}] \cong [HCO_3^-]$ oder $\log[Ca^{2+}] = \log[HCO_3^-] - 0.3$. Abbildung 3.3 illustriert die starke pH-Abhängigkeit des löslichen Ca^{2+}.

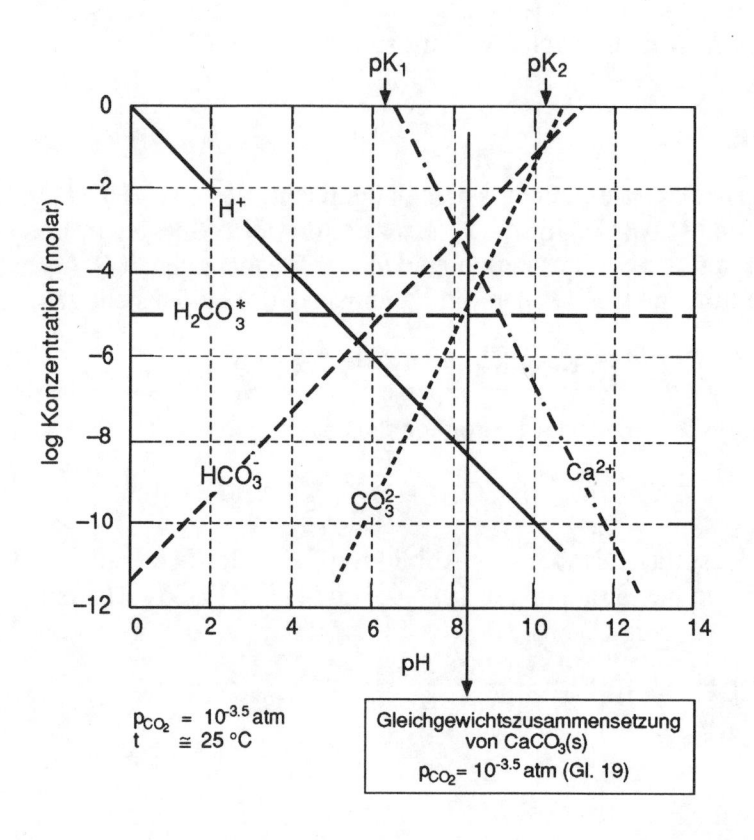

Abbildung 3.3

Die pH-Abhängigkeit der Konzentration der Carbonatspezies in einem offenen Gleichgewichtssystem $CO_2(g)$ ($p_{CO_2} = 10^{-3.5}$ atm), $H_2O(\ell)$ und $CaCO_3(s)$ (Calcit). Falls keine Säure oder Base zugegeben wird, ist die Gleichgewichtszusammensetzung entlang dem eingezeichneten Pfeil.

Die Auflösung von $CaCO_3$ (Calcit) im offenen System

TABLEAU 3.2   Offenes CO_2–System mit $CaCO_3(s)$

Komponenten:		H^+	$CO_2(g)$	$CaCO_3(s)$	log K
Spezies:	H^+	1			0
	OH^-	−1			−14.0
	$H_2CO_3^*$		1		−1.5
	HCO_3^-	−1	1		−7.8
	CO_3^{2-}	−2	1		−18.1
	Ca^{2+}	2	−1	1	9.8
Zusammensetzung:		0	$p_{CO_2} = 10^{-3.5}$	$\{CaCO_3\} = 1$	

Die Mol-Balancegleichungen sind:

$$TOTH = [H^+] - [OH^-] - [HCO_3^-] - 2[CO_3^{2-}] + 2[Ca^{2+}] = 0 \quad (20)$$

$$p_{CO_2} = 10^{-3.5} \text{ atm} \quad (21)$$

Gleichung (20) entspricht auch der Ladungsneutralität. Die in den horizontalen Linien des Tableaus wiedergegebenen Gleichgewichte entsprechen den Gleichungen (1 – 4) und (18) oder Kombination davon:

$$[H_2CO_3^*] = K_H \cdot p_{CO_2} = 10^{-1.5} \, p_{CO_2} \quad (22)$$

$$[HCO_3^-] = K_1 K_H \, p_{CO_2} \, [H^+]^{-1} = 10^{-7.8} \, p_{CO_2} \, [H^+]^{-1} \quad (23)$$

Gleichung (23) ergibt sich aus der Summierung von:

$$HCO_3^- + H^+ = H_2CO_3^*; \quad K_1^{-1} \text{ und:}$$

$$H_2CO_3^* = CO_2(g) + H_2O; \quad K_H^{-1}$$

Die Gleichung für CO_3^{2-} ist:

$$[CO_3^{2-}] = K_1 K_2 K_H \, [H^+]^{-2} \, p_{CO_2} = 10^{-18.1} \, [H^+]^{-2} \, p_{CO_2} \quad (24)$$

Die Gleichung für Ca^{2+} ergibt sich aus der Summierung folgender Gleichungen:

$$\begin{aligned}
CaCO_3(s) &= Ca^{2+} + CO_3^{2-}; & K_{s0} &= 10^{-8.3} \\
CO_3^{2-} + 2\,H^+ &= CO_2(g) + H_2O; & (K_1 K_2 K_H)^{-1} &= 10^{18.1}
\end{aligned}$$

$$CaCO_3(s) + 2\,H^+ = CO_2(g) + H_2O + Ca^{2+} \quad K = 10^{9.8}$$

$$\frac{[Ca^{2+}]\,p_{CO_2}}{[H^+]^2} = 10^{9.8}$$

oder:

$$[Ca^{2+}] = 10^{9.8}\,[H^+]^2\,(p_{CO_2})^{-1} \tag{25}$$

Die Löslichkeit von $CaCO_3$ wird im Kapitel 7 ausführlicher behandelt.

Anwendung auf natürliche Systeme

Das hier vorgestellte Gleichgewichtsmodell für die drei Phasen $CO_2(g)$, $H_2O(\ell)$ und $CaCO_3(s)$ (Calcit) ist eines der wichtigsten Modelle zur Illustration der Zusammensetzung natürlicher Gewässer (inkl. Meer).

In Abbildung 3.4 sind die HCO_3^-- und Ca^{2+}-Konzentrationen verschiedener Flüsse der Welt gegeneinander aufgetragen. Die ausgezogenen Linien entsprechen (1) der Elektroneutralität der wichtigsten Spezies in diesen Flüssen:

$$2\,[Ca^{2+}] = [HCO_3^-] \tag{26}$$

und (2) der Löslichkeit des $CaCO_3$ (Calcit):

$$CaCO_{3(s)} + CO_{2(g)} + H_2O \rightleftharpoons Ca^{2+} + 2\,HCO_3^- \tag{27}$$

Die Gleichgewichtsbeziehung (27) ergibt sich aus der Summierung folgender Reaktionen:

$$\begin{aligned}
CaCO_{3(s)} &= Ca^{2+} + CO_3^{2-}; & K_{s0} &= 10^{-8.3}\ (25\,°C) \\
CO_3^{2-} + H^+ &= HCO_3^-; & K_2^{-1} &= 10^{10.3} \\
CO_2(g) + H_2O &= H_2CO_3^*; & K_H &= 10^{-1.5} \\
H_2CO_3^* &= H^+ + HCO_3^-; & K_1 &= 10^{-6.3}
\end{aligned}$$

als:

Die Auflösung von CaCO₃ (Calcit) im offenen System

$$[Ca^{2+}] [HCO_3^-]^2 / p_{CO_2} = K_{s0} K_H K_1 K_2^{-1} = 10^{-5.8} \tag{28}$$

In einem log [HCO$_3^-$] vs. log [Ca^{2+}]-Diagramm ergibt sich für jeden p$_{CO_2}$ eine Gerade mit einer Neigung von d log [HCO$_3^-$] / d log [Ca^{2+}] = –0.5.

Offensichtlich sind viele salzarme Flüsse gegenüber CaCO₃ untersättigt; viele andere Flüsse erreichen aber eine Sättigung bei CO₂-Partialdrücken zwischen 10$^{-3.5}$ und 10^{-2} atm. Wegen der organischen Belastung der Flüsse (Respiration organischen Materials zu CO₂) und des Zutritts von Grundwasser mit höherem p$_{CO_2}$ sind viele Flüsse durch einen höheren p$_{CO_2}$-Druck als in der Atmosphäre charakterisiert.

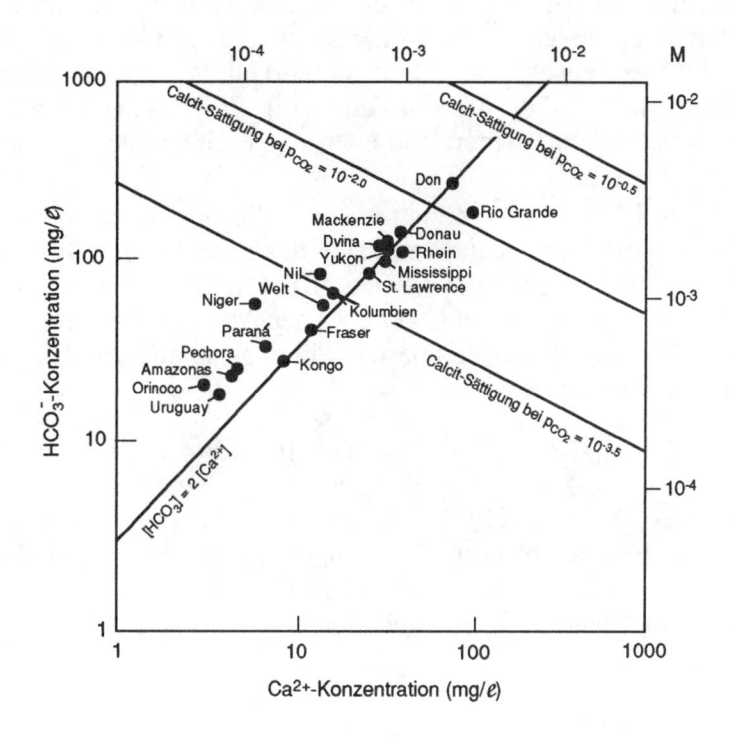

Abbildung 3.4
Die Beziehungen zwischen den Konzentrationen von HCO$_3^-$ und Ca^{2+} für verschiedene Flüsse der Welt
Viele Flüsse sind einerseits durch die Elektroneutralität 2 [Ca^{2+}] ≅ [HCO$_3^-$] und andererseits durch die Sättigung mit CaCO$_3$ (Calcit) charakterisiert; der damit im Gleichgewicht stehende Partialdruck von CO$_2$ [atm] ist aber häufig höher als in der Atmosphäre.
(Modifiziert von H.D. Holland, "The Chemistry of the Atmosphere and Oceans", Wiley-Interscience, New York, 1978)

3.4 Das "geschlossene Carbonatsystem"

Abbildung 3.5 illustriert schematisch die Begriffe "offene" und "geschlossene" Systeme.

"Geschlossene" und "offene" Systeme sind ideale Modelle, mit denen reale Systeme näherungsweise beschrieben werden. Ein Fluss im Austausch mit der Atmosphäre wird eher als offenes System modelliert, während ein Grundwasser oder ein Wasser in einem Leitungsnetz in erster Annäherung behandelt werden kann, wie wenn es geschlossen wäre. In einem See sind die obersten Wasserschichten im Austausch mit der Atmosphäre (offen); tiefe Wasserschichten können hingegen während der Stagnationszeit kaum mit der Atmosphäre austauschen (geschlossen). Ebenso wird ein Wasser, das wir im Labor titrieren, häufig während der kurzen Zeit wenig CO_2 mit der Umgebung austauschen und wird dementsprechend eher als geschlossenes System modelliert.

In einem geschlossenen Carbonatsystem ist die Gesamtsumme des anorganischen Kohlenstoffs konstant. Wenn sich das geschlossene System auf die wässrige Phase bezieht, bedeutet das, dass das $H_2CO_3^*$ als eine nicht-flüchtige Säure betrachtet wird, und dass gegenüber der Atmosphäre kein CO_2 ausgetauscht wird (Abbildung 3.5b). Es besteht eine konstante Mol-Balance für die Carbonatspezies in Lösung:

$$\text{TOTC} = C_T = [H_2CO_3^*] + [HCO_3^-] + [CO_3^{2-}] \tag{29}$$

Fünf Spezies, $H_2CO_3^*$, HCO_3^-, CO_3^{2-}, H^+ und OH^- stehen miteinander im Gleichgewicht. Es braucht fünf Gleichungen um das System zu definieren. Wir behalten die Konvention, $H_2CO_3^*$ als analytische Summe von $CO_2 \cdot aq$ und wahrer Kohlensäure H_2CO_3 zu betrachten.

Konstruktion eines doppelt-logarithmischen Gleichgewichts-Diagramm für ein 10^{-3} M-Carbonatsystem

Spezies: $H_2CO_3^*$, HCO_3^-, CO_3^{2-}, H^+, OH^-.
Gleichgewichtskonstanten:

$$\frac{[H^+][HCO_3^-]}{[H_2CO_3^*]} = K_1 = 10^{-6.3} \; (25\,°C, I = 0) \tag{30}$$

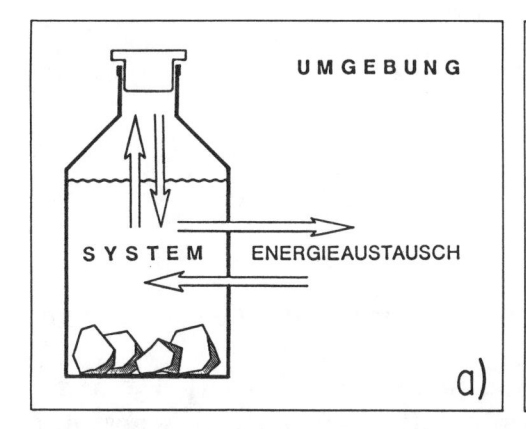

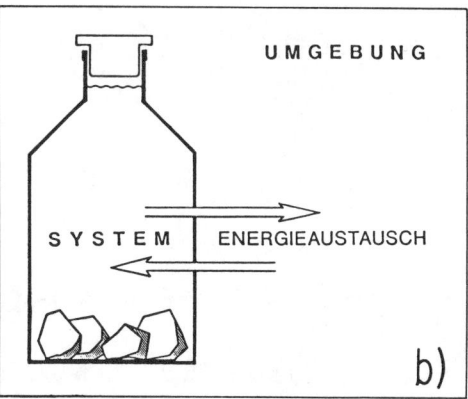

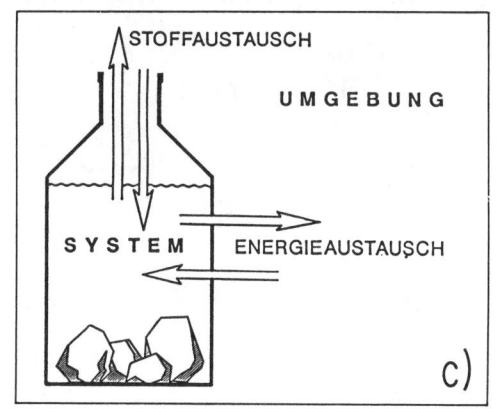

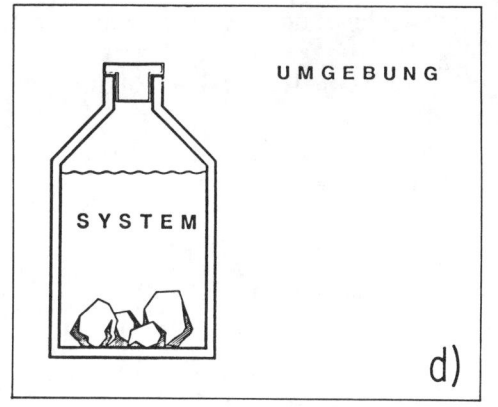

Das "geschlossene Carbonatsystem" 99

Abbildung 3.5
Zur Definition offener und geschlossener Systeme
a), b) geschlossene Systeme
Innerhalb des geschlossenen Systems kann ein Stoffaustausch, z.B. zwischen Wasser und Gasphase (Beispiel a), stattfinden. Die totale Konzentration innerhalb des Systems bleibt konstant. Häufig wird ein aquatisches System als geschlossen betrachtet, wenn die Wasserphase gegenüber der Gasphase abgeschlossen ist oder als abgeschlossen betrachtet wird, d.h. es findet kein Austausch mit der Gasphase statt (Beispiel b); man behandelt z.B. das $H_2CO_3^*$ oder das NH_3 wie wenn es nicht-flüchtig wäre.
Das offene System ermöglicht den Stoffaustausch mit der Umgebung (Beispiel c) So ist z.B. ein Wasser im Gleichgewicht mit der Atmosphäre charakterisiert durch einen konstanten Partialdruck von CO_2, pCO_2. Ein isoliertes System (Beispiel d) besitzt weder Stoff- noch Energieaustausch mit der Umwelt. Eine Thermosflasche symbolisiert ein solches System.

$$\frac{[H^+][CO_3^{2-}]}{[HCO_3^-]} = K_2 = 10^{-10.3} \tag{31}$$

$$[H^+] \cdot [OH^-] = K_W = 10^{-14.0} \tag{32}$$

Mol-Balance

$$TOTC = C_T = [H_2CO_3^*] + [HCO_3^-] + [CO_3^{2-}] = 10^{-3}\, M \tag{33}$$

Ladungsbalance oder Protonenbalance (Referenz: $H_2CO_3^*$, H_2O) je nachdem, wie das System zusammengesetzt ist. Z.B. gilt für die Protonenbalance (entsprechend der Elektroneutralität):

$$-TOTH = [HCO_3^-] + 2[CO_3^{2-}] + [OH^-] - [H^+] = C_B - C_A \tag{34}$$

Wir können Gleichung (33) im Sinne der Gleichgewichtskonstanten (30) – (32) umformen in:

$$C_T = [H_2CO_3^*]\left[1 + \frac{K_1}{[H^+]} + \frac{K_1 K_2}{[H^+]^2}\right] = [H_2CO_3^*]\, \alpha_0^{-1} \tag{35}$$

$$C_T = [HCO_3^-]\left[\frac{[H^+]}{K_1} + 1 + \frac{[K_2]}{[H^+]}\right] = [HCO_3^-]\, \alpha_1^{-1} \tag{36}$$

$$C_T = [CO_3^{2-}]\left[\frac{[H^+]^2}{K_1 K_2} + \frac{[H^+]}{K_2} + 1\right] = [CO_3^{2-}]\, \alpha_2^{-1} \tag{37}$$

Der Ausdruck in der eckigen Klammer auf der rechten Seite der Gleichungen (35) – (37) wurde jeweils α_0^{-1}, α_1^{-1} und α_2^{-1} gleichgesetzt (vgl. Kapitel 2, Gleichungen (37) – (39)). Diese α-Werte geben die pH-Abhängigkeit der Carbonatspezies wieder, so dass:

$$[H_2CO_3^*] = C_T \alpha_0 \tag{38}$$

$$[HCO_3^-] = C_T \alpha_1 \tag{39}$$

$$[CO_3^{2-}] = C_T \alpha_2 \tag{40}$$

Die Gleichungen (35) – (37) und (38) – (40) können wiederum in einem doppelt-logarithmischen Graph als lineare Asymptoten in verschiedenen Bereichen des pH aufgetragen werden. Z.B. gelten für die Gleichung (35) innerhalb folgender pH-Bereiche die Beziehungen:

I: $pH < pK_1 < pK_2$; $\log [H_2CO_3^*] = \log C_T$

$d (\log [H_2CO_3^*]) / d\, pH = 0$ (41)

II: $pK_1 < pH < pK_2$; $\log [H_2CO_3^*] = pK_1 + \log C_T - pH$

$d (\log [H_2CO_3^*]) / d\, pH = -1$ (42)

III: $pK_1 < pK_2 < pH$; $\log [H_2CO_3^*] = pK_1 + pK_2 + \log C_T - 2\, pH$

$d (\log [H_2CO_3^*]) / d\, pH = -2$ (43)

Diese linearen Asymptoten können einfach aufgetragen werden; sie wechseln ihre Neigung von 0 zu –1 und von –1 zu –2 bei den Werten $pH = pK_1$ und $pH = pK_2$.

Ähnliche Überlegungen gelten für die Darstellung von $\log [HCO_3^-]$ vs. pH (Gleichung 36) und von $\log [CO_3^{2-}]$ vs. pH (Gleichung 37) (vgl. Abbildung 3.6b). Ebenfalls können die α-Werte als Funktion des pH aufgetragen werden (Abbildung 3.6a). Mit Hilfe der α-Werte kann für jedes C_T relativ schnell ein Diagramm gezeichnet werden (Abbildung 3.6b).

Die Sektionen mit den jeweiligen Neigungen +2 oder –2 sind meist nicht wichtig, da sie nur bei kleinen Konzentrationen auftreten. Das Diagramm in Abbildung 3.6b ist sehr nützlich, weil es die Gleichgewichtsverteilung der Carbonatspezies als Funktion vom pH darstellt. Man kann auch die Elektroneutralitäts- oder Protonenbedingung ablesen, die den Bedingungen einer Kohlensäurelösung (Punkt x, Abbildung 3.6b; Gleichung (34)), einer NaHCO$_3$-Lösung (Referenz: HCO_3^-, H_2O) (Punkt y in Abbildung 3.6b)

$$[H_2CO_3^*] + [H^+] = [CO_3^{2-}] + [OH^-] \quad (44)$$

und einer Na$_2$CO$_3$- oder CaCO$_3$- Lösung (Punkt z) (Referenz: CO_3^{2-}, H_2O) entspricht:

$$2 [H_2CO_3^*] + [HCO_3^-] + [H^+] = OH^- \quad (45)$$

Die Punkte x, y und z (Abbildung 3.6b) entsprechen den Endpunkten bei alkalimetrischen und acidimetrischen Titrationskurven.

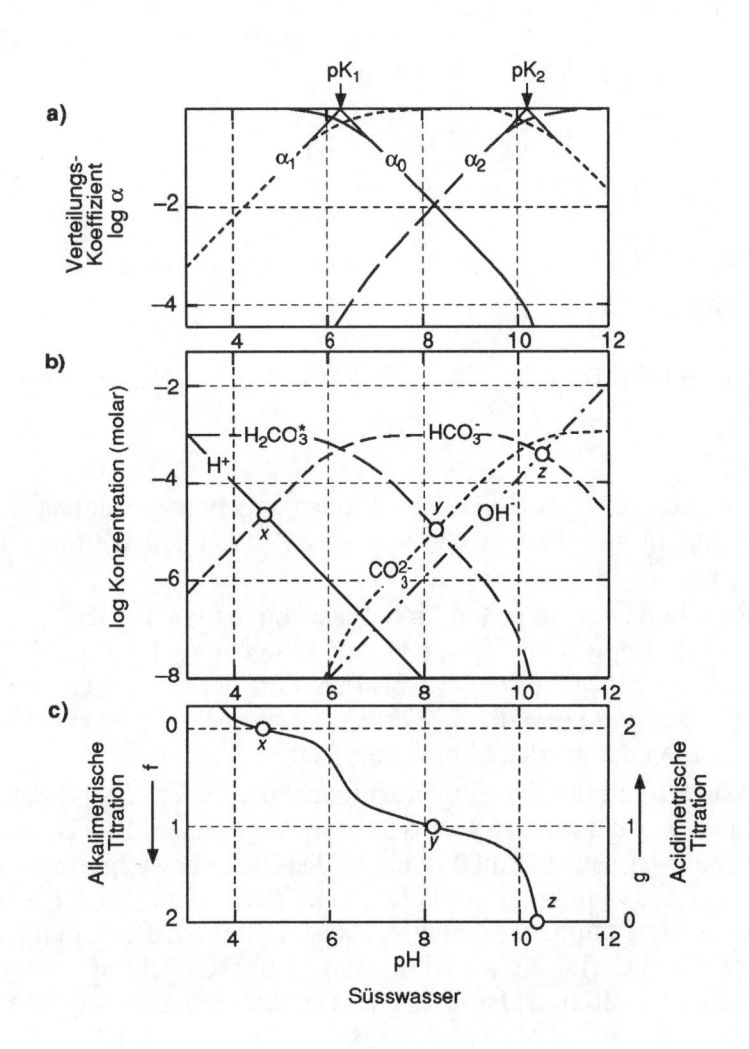

Abbildung 3.6
Verteilung der löslichen Spezies in einer Carbonatlösung
a) $\log \alpha$ (vgl. Gleichungen (35) – (37))
b) Gleichgewichtsdiagramm für 10^{-3} molare Carbonatlösung ($C_T = [H_2CO_3^*]$ + $[HCO_3^-] + [CO_3^{2-}] = 10^{-3}$ M).
Die Äquivalenzpunkte einer 10^{-3} M Lösung von $H_2CO_3^*$ (= x), $NaHCO_3$ (= y) und Na_2CO_3 (= z) sind markiert.
c) Alkalimetrische oder acidimetrische Titrationskurve

Das "geschlossene Carbonatsystem"

Beispiel 3.2
NaHCO$_3$-Lösung

Stelle ein Tableau für eine 10^{-4} M NaHCO$_3$ -Lösung auf:

TABLEAU 3.3   NaHCO$_3$–Lösung (geschlossenes System)

Komponenten:		H$^+$	HCO$_3^-$	Na$^+$	log K
Spezies:	H$^+$	1			0
	OH$^-$	-1			-14.0
	Na$^+$			1	0
	H$_2$CO$_3^*$	1	1		6.3
	HCO$_3^-$		1		0
	CO$_3^{2-}$	-1	1		-10.3
Zusammensetzung (M):		0	1×10^{-4}	1×10^{-4}	

$$\text{TOTH} = [\text{H}^+] - [\text{OH}^-] + [\text{H}_2\text{CO}_3^*] - [\text{CO}_3^{2-}] = 0 \qquad (i)$$

$$\text{TOTC} = C_T = [\text{H}_2\text{CO}_3^*] + [\text{HCO}_3^-] + [\text{CO}_3^{2-}] \qquad (ii)$$

$$= 10^{-4} \text{ M} = [\text{Na}^+] \qquad (iii)$$

Gleichungen:

$$[\text{OH}^-] = 10^{-14} [\text{H}^+]^{-1} \qquad (iv)$$

$$[\text{H}_2\text{CO}_3^*] = 10^{6.3} [\text{H}^+] [\text{HCO}_3^-] \qquad (v)$$

$$[\text{CO}_3^{2-}] = 10^{-10.3} [\text{H}^+]^{-1} [\text{HCO}_3^-] \qquad (vi)$$

Meerwasser

Abbildung 3.7 gibt ein Gleichgewichtsdiagramm für Meerwasser, das zusätzlich zu 2.3×10^{-3} M Carbonatspezies 4.1×10^{-4} M Borsäure (H$_3$BO$_3$ + B(OH)$_4^-$) enthält. Die angegebenen pK-Werte (10 °C) gelten für Meerwasser $pK_1' = 6.1$, $pK_2' = 9.3$, $pK'_{\text{H}_3\text{BO}_3} = 8.8$.

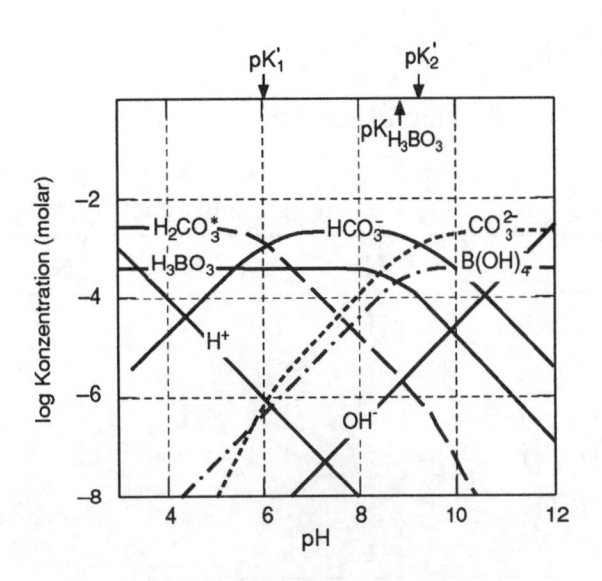

Abbildung 3.7
Gleichgewichtsdiagramm für Carbonat und Borat gültig für Meerwasser (10 °C)

3.5 Alkalinität und Acidität

Konservative Parameter

Die acidimetrische oder alkalimetrische Titration eines Wassers zu einem vorgewählten Endpunkt gibt die Säure- oder Basenneutralisierungskapazität (Abbildung 3.8).

Man spricht in der Wasserchemie von *Alkalinität* [Alk] (Carbonathärte), der Säureneutralisierungskapazität (ANC = Acid Neutralizing Capacity) und *Acidität* (BNC = Base Neutralizing Capacity). Diese konservativen Parameter können konzeptuell durch die Protonenbalance eines Carbonatsystems definiert werden (vgl. Kapitel 2.8):

$$[Alk] = [HCO_3^-] + 2\,[CO_3^{2-}] + [OH^-] - [H^+] \qquad (46)$$

Die Alkalinität entspricht der Summe der Basen in Bezug auf den Referenzpunkt von $H_2CO_3^*$ und H_2O.

Alkalinität und Acidität

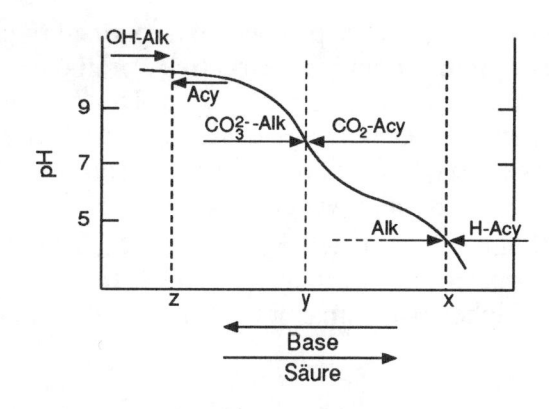

Abbildung 3.8
Die alkalimetrische und acidimetrische Titrationskurve
Je nach Endpunkt spricht man von Alkalinität und H-Acidität (H-Acy), von der CO_2-Acidität oder der CO_3^{2-}-Alkalinität oder der Acidität (Acy), oder der OH-Alkalinität. Die Äquivalenzpunkte x, y und z entsprechen den jeweiligen Protonenbedingungen (Abbildung 3.6) einer Lösung von Kohlensäure (x), von $NaHCO_3$ (y) oder von Na_2CO_3 (z).
Diese Darstellung entspricht derjenigen von Abbildung 3.6c (um 90° gedreht).

Wenn $H_2CO_3^*$ und H_2O als Referenzzustand gewählt werden, enthält die rechte Seite von Gleichung (46), die äquivalente Konzentration der Spezies, die ein Proton weniger enthalten als die Referenzspezies minus die Konzentration von H^+ (das ein Proton mehr enthält als die Referenzspezies). In Gegenwart anderer Basen kann die Gleichung erweitert werden, z.B. in Gegenwart von Ammoniak und Borat (Referenz: NH_4^+ und $B(OH)_3$).

$$[\text{Alk}] = [HCO_3^-] + 2\,[CO_3^{2-}] + [OH^-] + [B(OH)_4^-] + [NH_3] - [H^+] \qquad (47)$$

Die H-Acidität entspricht der Summe der Säure in Bezug auf den gleichen Referenzpunkt von $H_2CO_3^*$ und H_2O:

$$[\text{H-Acy}] = -[\text{Alk}] = [H^+] - [HCO_3^-] - 2[CO_3^{2-}] - [OH^-] \qquad (48)$$

Die Acidität [Acy] (Referenzzustand: CO_3^{2-}, H_2O) wird definiert als:

$$[\text{Acy}] = 2\,[H_2CO_3^*] + [HCO_3^-] + [H^+] - [OH^-] \qquad (49)$$

Wie bei Abbildung 3.8 illustriert, können je nach Referenzzustand auch andere Endpunkte gewählt werden.

Die Gleichungen (46) – (49) entsprechen konzeptionell rigorosen Definitionen. Alkalinität und Acidität sind konservative Parameter, die unabhängig vom Druck, Temperatur und ionaler Stärke sind. Die Alkalinität wird durch Zugabe einer Referenzspezies (CO_2, $H_2CO_3^*$) nicht verändert. Das ist praktisch bei Rechnungen, wo CO_2 durch Gasaustausch oder Photosynthese-Respiration dem Wasser zu- oder weggeführt wird.

Die CO_3^{2-}-Alk (Säure-Neutralisierungskapazität bis zum y-Endpunkt, Abbildung 3.8) darf nicht mit der Carbonatalkalinität (= $[HCO_3^-] + 2\,[CO_3^{2-}]$), welche die Ozeanographen manchmal brauchen, verwechselt werden.

Beispiel 3.3
Einfluss von Photosynthese und Respiration auf pH und Alkalinität

In erster Näherung werden Photosynthese und Respiration durch die einfache Gleichung:

$$CO_2 + H_2O \rightleftharpoons \{CH_2O\} + O_2$$

beschrieben.

Durch Photosynthese in Gewässern wird CO_2 aufgenommen, so dass $[H_2CO_3^*]$ abnimmt; umgekehrt wird bei der Respiration (Abbau organischen Materials) CO_2 abgegeben, so dass $[H_2CO_3^*]$ zunimmt. Dabei verändert sich die Alkalinität nicht, sofern keine anderen Prozesse stattfinden.

In einem Gewässer werden am Tag Alkalinität = 2×10^{-3} M und pH = 8.3 gemessen; während der Nacht erhöht sich durch Respiration die $H_2CO_3^*$-Konzentration auf $[H_2CO_3^*] = 1 \times 10^{-4}$ M. Wie verändert sich dabei der pH?

$$\text{Alk} = \text{konstant} = [HCO_3^-] + 2\,[CO_3^{2-}] + [OH^-] - [H^+] = 2 \times 10^{-3}\ \text{M}$$

Mit pH = 8.3 ergibt sich:

$$[HCO_3^-] = \frac{2 \times 10^{-3} - 2 \times 10^{-6} + 5 \times 10^{-9}}{\left(1 + 2 \cdot \dfrac{K_2}{[H^+]}\right)} = 1.96 \times 10^{-3}$$

oder die Abschätzung $[HCO_3^-] \approx 2 \times 10^{-3}$ M ist hier zulässig. Unter der Annahme, dass sich $[HCO_3^-]$ nicht wesentlich verändert, wird der neue pH aus K_1 berechnet:

Alkalinität und Acidität

$$[H^+] = K_1 \cdot \frac{[H_2CO_3^*]}{[HCO_3^-]} = 2.5 \times 10^{-8}$$

$$pH = 7.6$$

Man beachte, dass die Alkalinität in diesem Fall konstant ist, nicht aber die totale Carbonatkonzentration:

$$C_T = \alpha_1^{-1} [HCO_3^-]$$

pH 8.3 $C_T = 2.0 \times 10^{-3}$ M

pH 7.6 $C_T = 2.1 \times 10^{-3}$ M

Aus diesem Effekt ergeben sich Tag-Nacht-Schwankungen im pH-Wert in Gewässern sowie pH-Unterschiede in verschiedenen Seeschichten.

Eine vollständigere Gleichung für die Photosynthese lautet aber (vgl. Kapitel 1.3), mit Nitrat als N-Quelle:

$$106\ CO_2 + 16\ NO_3^- + HPO_4^{2-} + 122\ H_2O + 18\ H^+$$

$$\updownarrow$$

$$\{C_{106}H_{263}O_{110}N_{16}P_1\} + 138\ O_2$$

In diesem Fall werden Protonen bei der Photosynthese aufgenommen bzw. bei der Respiration wieder freigegeben. Die Änderung der Alkalinität beträgt:

ΔAlk = +0.17 mol/mol C (bei Photosynthese) und

–0.17 mol/mol C (bei Respiration)

Für den obigen Fall ergibt sich also die Änderung der Alkalinität um ca. -1.7×10^{-5} mol; der berechnete pH-Wert änder sich dadurch kaum. Wenn Ammonium als N-Quelle dient, werden umgekehrt Protonen bei der Photosynthese freigesetzt, d.h. die Alkalinität wird erniedrigt.

Alternative Definition der Alkalinität

Bei Berücksichtigung der Ladungsbalance eines typischen Wassers

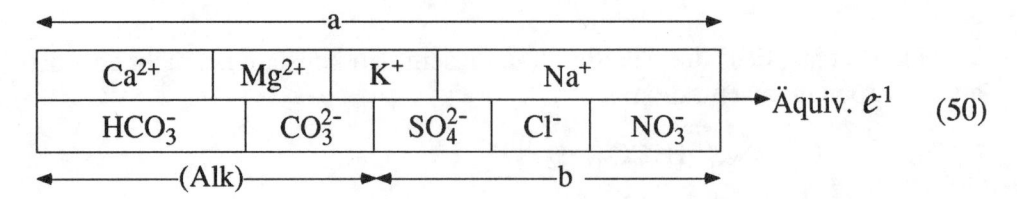

← a →				
Ca^{2+}	Mg^{2+}	K^+	Na^+	
HCO_3^-	CO_3^{2-}	SO_4^{2-}	Cl^-	NO_3^-
←(Alk)→		← b →		

→ Äquiv. e^1 (50)

sieht man, dass [Alk] auch definiert werden kann als [Alk] = a − b (vgl. Gleichung (50)) oder:

$$[Alk] = [HCO_3^-] + 2[CO_3^{2-}] + [OH^-] - [H^+]$$
$$= [Na^+] + [K^+] + 2[Ca^{2+}] + 2[Mg^{2+}] - [Cl^-] - \quad (51)$$
$$2[SO_4^{2-}] - [NO_3^-]$$

Wie Gleichung (51) illustriert, erhöht jede Erhöhung der Konzentration eines "Basen-Kations", C_B, wie $[Na^+]$ oder $[K^+]$ oder $[Ca^{2+}]$ die Alkalinität, während die Zugabe eines "Säure-Anions", C_A, (das Anion einer starken Säure, wie z.B. Cl^-, SO_4^{2-}, NO_3^-) die Alkalinität vermindert.

Wie Abbildung 3.9 illustriert, führt die Aufnahme von mehr Kationen (K^+, Ca^{2+}) als Anionen (NO_3^-, SO_4^{2-}) durch Bäume (und Pflanzen) zu einer Verminderung der Alkalinität des Bodenwassers (oder zur Freisetzung von H^+-Ionen) und einer Erhöhung seiner Acidität. (Die Aufnahme von mehr Kationen als Anionen durch die Bäume und Pflanzen während ihres Wachstums führt zu einer Erhöhung ihrer "Alkalinität". Darum ist die Asche des Holzes alkalisch (Potasche)).

Die Pufferintensität − (man spricht häufig auch von Pufferkapazität)

Die Neigung einer Titrationskurve (z.B. pH vs. Base) gibt an, wie sensitiv der pH der Lösung auf Zugabe einer Base reagiert:

$$\beta_{pH} = dC_B / dpH = -dC_A / dpH \quad (52)$$

wobei

Alkalinität und Acidität

β = die Pufferintensität [Equiv pro pH-Einheit],

C_B und C_A = Konzentration einer starken Base oder Säure

Die Pufferintensität entspricht an jedem Punkt der reziproken Neigung der Titrationskurve (pH vs. C_B); für ein Carbonatsystem ist sie bei pH = 8.3 am kleinsten (vgl. Abbildung 3.6). Wir werden in Kapitel 3.9 die Pufferintensität des Carbonatsystems ausführlicher besprechen. Das Prinzip der Pufferintensität kann auch auf andere Parameter als pH ausgedehnt werden, z.B. für Metalle

$$\beta_{pMe} = d\,C_L\,/\,d\,pMe \qquad (53)$$

wobei

C_L = Konzentration eines Liganden.

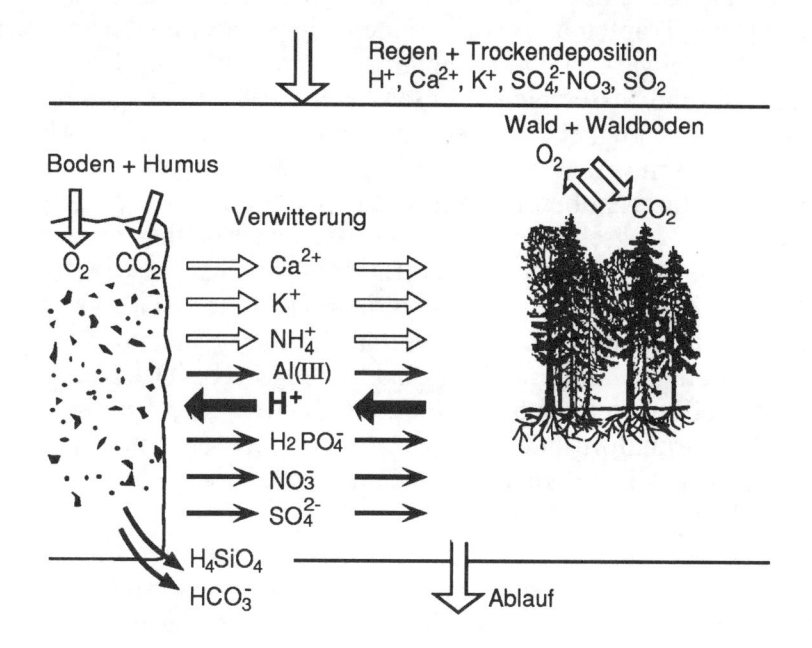

Abbildung 3.9

Freisetzung von H^+-Ionen bei den Wurzeln durch ein wachsendes Waldsystem

Durch die Aufnahme von Nährstoff-Kationen (im Überschuss von Anionen) werden H^+-Ionen freigesetzt. Diese H^+-Ionen beeinflussen die Verwitterung der Gesteine. Ein dynamisches Gleichgewicht zwischen den H^+-Ionen-Produktion und H-Ionen Verbrauch kann durch saure atmosphärische Depositionen empfindlich gestört werden.

3.6 Grundwasser

"Grundwasser ist frei bewegliches Wasser, welches die Hohlräume im Untergrund zusammenhängend ausfüllt". So lautet die Definition gemäss DIN-Norm. Es entsteht durch Versickern von Niederschlagwasser oder durch Infiltration oberirdischer Gewässer. Nach mehr oder weniger langem Fliessweg tritt es wieder als Quelle oder durch Exfiltration zutage und speist oberirdische Gewässer.

Die grössten Grundwasserströme in der Schweiz z.B. befinden sich in den eiszeitlichen Schottern der Flusstäler des Mittellandes. Diese Ströme sind nicht zusammenhängend, sind nur unbedeutenden zeitlichen Wasserstands-, Konzentrations- und Temperaturschwankungen unterworfen und besitzen durch ihre Abschirmung durch den Bodenfilter meist Trinkwasserqualität.

Das Sickerwasser entsteht im allgemeinen durch die Versickerung von Niederschlägen. Als Tropfen oder Wasserfaden versinkt es im wasserungesättigten Boden (Bodenwasser) und erreicht nach unterschiedlich langer Aufenthaltszeit den Grundwasserspiegel. In sandigen Verwitterungsgesteinen misst man Sickergeschwindigkeiten in der Grössenordnung von einigen Metern pro Tag, in sandig-lehmigem Material von einigen Metern pro Jahr. Der wasserungesättigte Untergrundbereich umfasst den Boden sowie gegebenenfalls darunterliegende Deckschichten und den wasserungesättigten Teil des Grundwasserleiters bis zur Grundwasseroberfläche. Gemeinsam ist in diesem Bereich das Vorkommen von festen Untergrundmaterialien, Haft- und Kapillarwasser und von Grundluft. Letztere enthält weniger Sauerstoff, dafür mehr Kohlendioxid als die Atmosphäre (s. Abbildung 3.10). Der Kohlendioxidgehalt der Grundluft steigt auf das Zehn- bis Hundertfache der Aussenluft an. Zwischen der Grundluft und dem Grundwasser und den im Grundwasserträger enthaltenen Mineralien, insbesondere Calcit, herrscht oft annähernd ein Gleichgewicht.

Die chemische Zusammensetzung des Grundwassers wird durch die beschriebene mikrobielle Mineralisation organischer Wasserinhaltsstoffe bestimmt. Durch den erhöhten Kohlendioxidgehalt werden die chemischen Auflösungsprozesse des Calcites und anderer Gesteine erhöht und beschleunigt. Je grösser der Kohlendioxidgehalt, je "aggressiver" das Sicker- und Grundwasser, desto mehr Gestein wird aufgelöst, bis sich ein Lösungsgleichgewicht einstellt; dabei entsteht "härteres" Wasser mit erhöhter Alkalinität.

Grundwasser

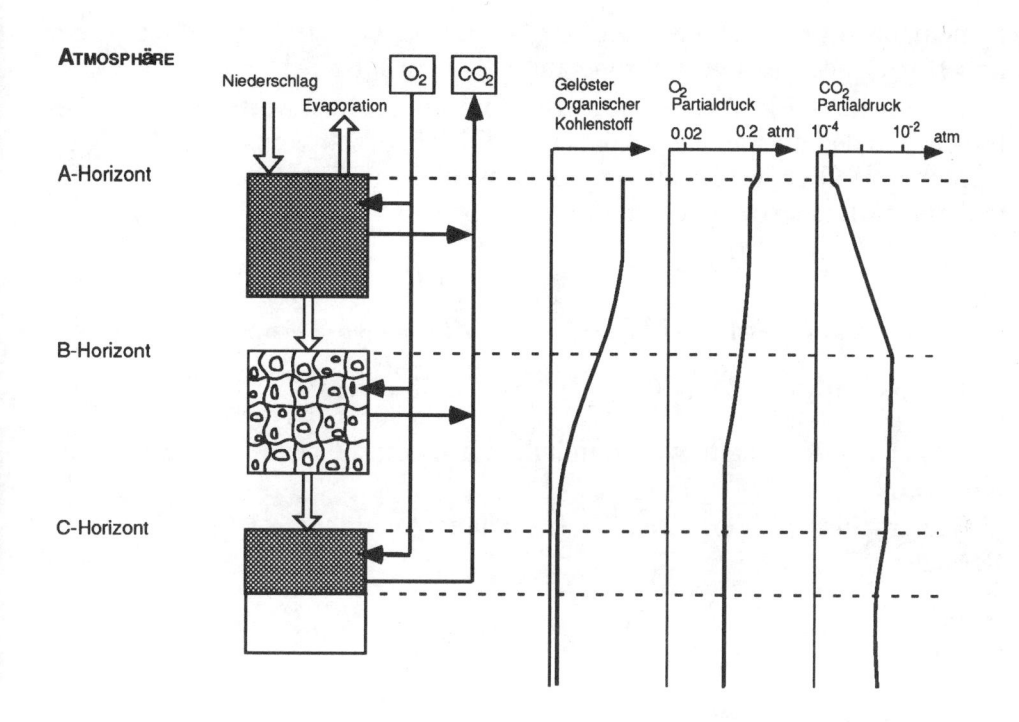

Abbildung 3.10
Konzentrationsverlauf einiger Komponenten bei der Versickerung ins Grundwasser

A-Horizont: *Mineralisches und organisches Material. Anreicherung und Ausfällung von Salzen. Intensive Verwitterung. Anreicherung und Infiltration organischen Materials.*
B-Horizont: *Anreicherung der Produkte aus dem A-Horizont. Mittelstarke Verwitterung. Oxidation von organischem Material. Fällung von Eisen(III) und Mangan(IV).*
C-Horizont: *Schwache Verwitterung von Muttergestein. Löslichkeitsgleichgewicht.*

Beispiel 3.4
Zusammensetzung Grundwasser

Welches ist die Zusammensetzung eines mit Calcit im Gleichgewicht stehenden Grundwassers (10 °C), wenn durch Respiration organischen Materials ein CO_2-Partialdruck hundert mal grösser als derjenige der Atmosphäre (Stationärzustand) aufrechterhalten wird. Das Beispiel entspricht dem offenen

System, das in Kapitel 3.3 diskutiert wurde. Der einzige Unterschied ist der höhere p_{CO_2} und die tiefere Temperatur.

Die ionale Stärke des Grundwassers wird schätzungsweise etwa 0.01 betragen, und dementsprechend können die Gleichgewichtskonstanten korrigiert werden. Die Gleichgewichtskonstanten werden aus Tabelle 3.1 entnommen und mit Aktivitätskoeffizienten (Tabelle 2.5) für $I = 10^{-2}$ korrigiert.

$p^cK_1 = pK_1' - 0.5 \sqrt{I} / (1 + \sqrt{I}) = 6.46 - 0.05 = 6.41$ und

$p^cK_2' = pK_2' - 1.5 \sqrt{I} / (1 + \sqrt{I}) = 10.49 - 0.14 = 10.35$

$p^cK_{s0} = pK_{s0} - 2 \sqrt{I} / (1 + \sqrt{I}) = 8.36 - 0.18 = 8.18$

Die Henry-Konstante wird durch die ionale Stärke wenig beeinflusst: $\log K_H = -1.27$.

Ein graphisches Verfahren, ähnlich wie in Abbildung 3.3 liefert folgende Resultate:

pH $= 6.94$

$[HCO_3^-] = 5.8 \times 10^{-3}$ M

$[Ca^{2+}] = 2.9 \times 10^{-3}$ M

$[CO_3^{2-}] = 2.3 \times 10^{-6}$ M

$[Alk] = 5.8 \times 10^{-3}$ M

$I = 8.7 \times 10^{-3}$ M

Eine hundertfache Erhöhung des CO_2-Partialdruckes führt zu einer signifikanten Erhöhung der Härte und der Alkalinität. (Ohne Berücksichtigung von Effekten der ionalen Stärke und der Temperatur würde durch eine Verhundertfachung des CO_2-Partialdruckes eine Erhöhung von $[Ca^{2+}]$ und $[HCO_3]$ um das zehnfache erfolgen).

3.7 Analytische Bestimmung der Alkalinität und der Acidität

Bestimmungen der Alkalinität bzw. der Acidität in einer natürlichen Wasserprobe sollen durch analytische Vorgänge möglichst richtig den theoretisch definierten Wert wiedergeben. Zu diesem Zweck werden Säure- oder Base-

Analytische Bestimmung der Alkalinität und der Acidität

Titrationen verwendet, bei denen der Endpunkt auf verschiedene Arten bestimmt werden kann, nämlich durch einen vorgegebenen pH-Wert, durch eine Auswertung der Titrationskurve, durch einen Farbindikator, durch eine Linearisierung der Titrationskurve. Linearisierungsmethoden können sehr genaue Resultate ergeben; diese als Gran-plot bezeichneten Methoden werden im Folgenden ausführlich beschrieben.

Bestimmung der Alkalinität

Der theoretische Endpunkt der Alkalinitätstitration ist gegeben durch:

$$[H^+] = [HCO_3^-] + 2[CO_3^{2-}] + [OH^-] \tag{54}$$

Der pH dieses theoretischen Endpunktes hängt von der Konzentration C_T der Carbonatspezies ab (Abbildung 3.11). D.h. die Titration auf einen vorgegebenen pH-Wert ergibt je nach C_T einen Fehler. Eine Titration auf einen End-pH 4.3 oder 4.5, wie häufig in der Praxis vorgenommen, ist nur für Alk $\approx 1 - 8 \times 10^{-3}$ M richtig.

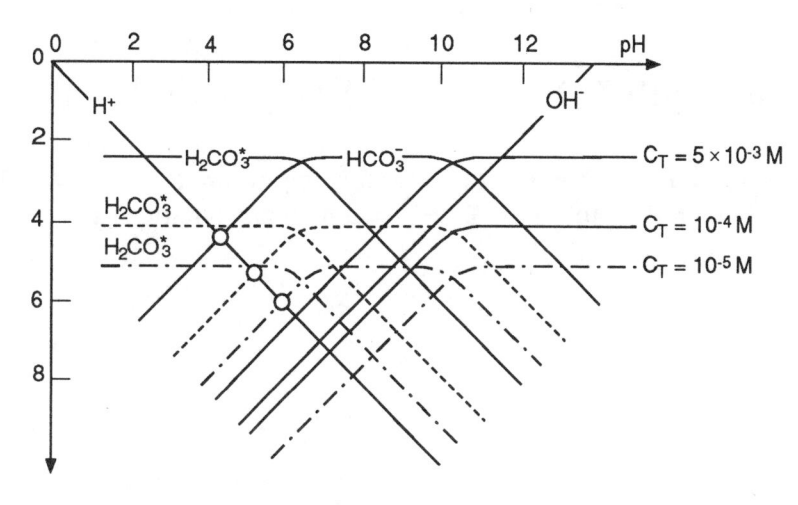

Abbildung 3.11
Abhängigkeit des pH-Wertes beim theoretischen Endpunkt der Alkalinitätstitration von der totalen Carbonatkonzentration C_T (berechnet unter der Voraussetzung C_T = konstant).

Besonders für kleine Alk (Alk < 10^{-3} M) kann der Fehler durch Titration auf einen festen Endpunkt bedeutend sein. Man erhält eine genauere Endpunktbestimmung durch eine Linearisierung der Titrationskurve (Gran-plot). Allerdings ist zu berücksichtigen, dass jede Linearisierung eine Näherung darstellt, die nur unter bestimmten Bedingungen (pH-Bereich, vernachlässigbare Spezies) gilt.

Bei der Titration mit einer starken Säure (HCl) mit Konzentration c_a^* gilt für den Äquivalenzpunkt:

$$v_0 c_0 = v_2 \times c_a^* \tag{55}$$

mit

c_a^* = Konzentration der zugegebenen Säure [mol/ℓ]
v_0 = Anfangsvolumen [ℓ]
v_2 = Volumen zugegebener Säure beim Äquivalenzpunkt
v = Volumen zugegebener Säure [ℓ]
c_0 = Alkalinität bei Anfang der Titration [mol/ℓ]

Die Punkte nach dem Äquivalenzpunkt der Titration ($v > v_2$) werden zur Berechnung der Alkalinität verwendet.

Für jeden Punkt der Titrationskurve gilt:

$$c_0 + [H^+] = [HCO_3^-] + 2[CO_3^{2-}] + [OH^-] + [Cl^-] \tag{56}$$

Unter der Voraussetzung, dass C_T in Lösung während der Titration gleich bleibt, (d.h. kein Austausch mit $CO_{2(g)}$ während der Titration) gilt

$$[HCO_3^-] = \alpha_1 \times C_T$$

$$[CO_3^{2-}] = \alpha_2 \times C_T \tag{57}$$

$$c_0 - c_a^* \times \frac{v}{v_0} = C_T (\alpha_1 + 2\alpha_2) + [OH^-] - [H^+]$$

C_T = totale Konzentration der Carbonatspezies

Eine Korrektur für die Volumenänderung durch die Säurezugabe muss gemacht werden:

$$\frac{c_0 \cdot v_0}{(v_0 + v)} - \frac{c_a^* \cdot v}{(v_0 + v)} = \frac{C_T \cdot v_0}{(v_0 + v)} \cdot (\alpha_1 + 2\alpha_2) + [OH^-] - [H^+] \tag{58}$$

Analytische Bestimmung der Alkalinität und der Acidität

Nach dem Äquivalenzpunkt, d.h. bei $v > v_2$ werden die HCO_3^-- und CO_3^{2-}-Konzentrationen vernachlässigbar und es gilt dann: $\Delta_{C_A} \cong \Delta H^+$; aus Gleichung (58) wird

$$\frac{c_a^* \cdot v}{(v_0 + v)} - \frac{c_0 v_0}{(v_0 + v)} = \frac{c_a^* \cdot v}{(v_0 + v)} - \frac{c_a^* \cdot v_2}{(v_0 + v)} \cong [H^+] \quad (59)$$

Nach Umformung:

$$10^{-pH}(v_0 + v) = c_a^* \cdot v - c_a^* \cdot v_2 \quad (60)$$

$F_1 = 10^{-pH}(v_0 + v)$ ist eine lineare Funktion des zugegebenen Volumens. Durch Auftragung dieser Funktion gegen v und Extrapolation auf $F_1 = 0$ wird v_2, der Äquivalenzpunkt für die Alkalinität erhalten (Abbildung 3.12).

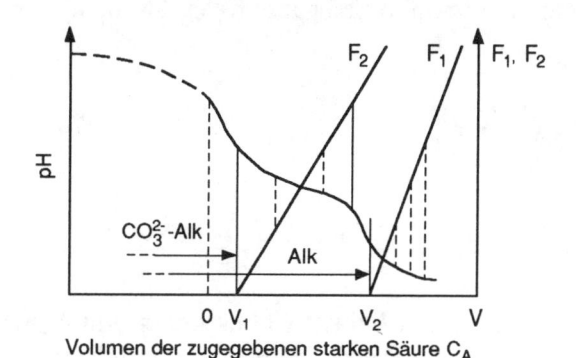

Abbildung 3.12
Titrationskurve des Carbonatsystems und entsprechende Gran-Funktionen
v_1 entspricht dem Endpunkt der CO_3-Alkalinität,
v_2 demjenigen der Alkalinität.

Aus der Titrationskurve kann auch die CO_3^{2-}-Alkalinität bestimmt werden, für welche der theoretische Äquivalenzpunkt (der Referenzpunkt einer $NaHCO_3$-Lösung entspricht Gleichung (44)) gilt:

$$[H_2CO_3^*] + [H^+] = [CO_3^{2-}] + [OH^-] \quad (61)$$

und bei der Titration:

$$v_0 \cdot c_0' = v_1 \cdot c_a^* \quad (62)$$

mit v_1 = Volumen zugegebener Säure beim Äquivalenzpunkt der CO_3-Alkalinität

Zur Bestimmung des Äquivalenzpunktes v_1 werden die Punkte der Titrationskurve im pH-Bereich ca. 4.5 – 8 verwendet; in diesem Teil der Titrationskurve gilt: $\Delta C_A \cong -\Delta HCO_3^- \cong \Delta H_2CO_3$

$$[HCO_3^-] \cong \frac{(c_o \cdot v_o - c_a^* \cdot v)}{(v_o + v)} = \frac{c_a^*(v_2 - v)}{(v_o + v)} \tag{63}$$

und

$$[H_2CO_3^*] \cong \frac{(v - v_1) \cdot c_a^*}{(v_o + v)} \tag{64}$$

Durch Einsetzen in die Säurekonstante K_1 erhält man:

$$K_1 = \frac{c_a^*(v_2 - v) \cdot [H^+]}{(v - v_1) \cdot c_a^*} \tag{65}$$

und

$$10^{-pH}(v_2 - v) = K_1(v - v_1)$$

Nachdem in einem ersten Schritt v_2 berechnet wurde, wird die Funktion $F_2 = 10^{-pH}(v_2 - v)$ gegen v aufgetragen und v_1 durch Extrapolation auf $F_2 = 0$ bestimmt. Die Steigung dieser Geraden ergibt K_1 (Abbildung 3.12).

3.8 Bestimmung der Acidität

Bei Regenwasser und anderen atmosphärischen Depositionen muss die *H-Acidität* (Summe der starken Säuren) in Gegenwart schwacher Säuren (H_2CO_3, organische Säuren) bestimmt werden. Wegen der kleinen Konzentrationen (im Regenwasser typischerweise 10 – 100 μ mol H-Aci/ℓ) und des vorliegenden Gemisches starker und schwacher Säuren sind hier Gran-plots besonders geeignet, um die H-Acidität sowie auch die *totale Acidität* (Summe

Bestimmung der Acidität

der starken und schwachen Säuren) zu bestimmen.[1]

Die H-Acidität (man spricht auch von der "mineralischen" Acidität) wird vereinfacht ausgedrückt als:

$$\text{H-Aci} = [H^+] - [HCO_3^-] - 2[CO_3^{2-}] - [OH^-] - \Sigma n[Org^{n-}] \qquad (66)$$

und der theoretische Endpunkt:

$$[H^+] = [HCO_3^-] + 2[CO_3^{2-}] + [OH^-] + \Sigma n[Org^{n-}] \qquad (67)$$

D.h. es handelt sich um den gleichen Bezugspunkt wie beim Endpunkt der Alkalinitätstitration, der aber bei der Titration der H-Acidität von der sauren Seite her angenähert wird. Bei der Titration z.B. eines Regenwassers wird der erste Abschnitt der Titrationskurve (pH < 5) zur Berechnung der H-Acidität verwendet. Die Linearisierung der Titrationskurve in diesem Abschnitt setzt voraus, dass nur H^+ titriert wird, d.h. dass keine anderen Säuren in diesem pH-Bereich dissoziieren; $\Delta c_B = \Delta H^+$.

$$v_o \cdot c_o = v_1 \cdot c_b^* \qquad (68)$$

mit v_o = Anfangsvolumen der Wasserprobe
c_o = Anfangskonzentration der H-Aci
v_1 = Volumen zugegebener Base beim Äquivalenzpunkt

---

[1] Exakte konzeptuelle Definitionen der Acidität und Vorschriften der analytischen Bestimmung wurden von C.A. Johnson und L. Sigg (Chimia **39**, 59–61, 1985) gegeben.
Als Referenzbedingungen für die H-Acy gelten: H_2O, H_2CO_3, SO_4^{2-}, NO_3^-, Cl^-, NO_2^-, F^-, HSO_3^-, NH_4^+, H_4SiO_4 und ΣH_nOrg (organische Säuren mit pKa < 10). Die mineralische Acidität ist dann definiert als:
$$[\text{H-Aci}] = [H^+] + [HSO_4^-] + [HNO_2] + [HF] + [H_2SO_3] - [OH^-] - [HCO_3^-] - 2[CO_3^{2-}] - [NH_3] - [H_3SiO_4^-] - \Sigma n[Org^{n-}]$$
Häufig gilt in Regenproben $[\text{H-Aci}] \approx [H^+]$, in sauren Nebelproben können andere Komponenten wie HSO_4^- und H_2SO_3 wesentlich dazu beitragen. OH^-, CO_3^{2-}, NH_3 und $H_3SiO_4^-$ sind in sauren Proben üblicherweise vernachlässigbar.
Die totale Acidität umfasst alle Säuren mit pKa < ca.9.5. Sie wird in Bezug auf folgende Referenzbedingungen definiert: H_2O, CO_3^{2-}, SO_4^{2-}, NO_2^-, Cl^-, NO_3^-, F^-, SO_3^{2-}, NH_3, $H_3SiO_4^-$ und ΣOrg^{n-}.
$$[\text{Aci}_T] = [H^+] + [HSO_4^-] + [HNO_2] + [HF] + 2[H_2SO_3] + [HSO_3^-] + 2[H_2CO_3] + [HCO_3^-] + [NH_4^+] + [H_4SiO_4] + \Sigma n[HnOrg] - [OH^-]$$
Die Differenz $[\text{Aci}_T] - [\text{H-Aci}]$ ergibt die Summe der schwachen Säuren: NH_4^+ und die organischen Säuren sind neben dem CO_2-System die wichtigsten schwachen Säuren in Regenproben.

c_b^* = Konzentration der zugegebenen Base [mol/ℓ]

Für jeden Punkt der Titrationskurve gilt in diesem Abschnitt unter Berücksichtigung der Volumenkorrektur:

$$[H^+] = \frac{c_o \cdot v_o - v \cdot c_b^*}{(v_o + v)} = \frac{v_1 \cdot c_b^* - v \cdot c_b^*}{(v_o + v)} \qquad (69)$$

und

$$10^{-pH}(v_o + v) = (v_1 - v) \cdot c_b^* \qquad (70)$$

v = Volumen zugegebener Base

Man trägt $F_1 = 10^{-pH}(v_o + v)$ gegen v auf; die Extrapolation auf $F_1 = 0$ ergibt v_1 (Abbildung 3.13).

Bei dieser Bestimmung können Schwierigkeiten auftreten, wenn zum Beispiel grössere Konzentrationen einer Säure wie z.B. Ameisensäure mit einem pK_a-Wert im Bereich der Titration vorhanden sind.

Der Vergleich der erhaltenen Acidität mit dem Anfangs-pH-Wert sowie die Linearität der Gran-plots geben hier Hinweise auf mögliche Fehler.

Die totale Acidität umfasst alle starken und schwachen Säuren mit $pK_a \leq$ ca. 9.5. Dabei wird meistens die Probe mit einem Inertgas ausgeblasen, um CO_2 aus der Lösung zu entfernen und die Auflösung von CO_2 aus der Luft zu verhindern; bei Anwesenheit von CO_2 ergeben sich Schwierigkeiten wegen des hohen pK_a–Wertes von HCO_3^-. Nach dem entsprechenden Endpunkt nimmt die OH^--Konzentration in der Lösung proportional zur Basenzugabe zu; $\Delta c_B \cong \Delta [OH^-]$

$$[OH^-] = \frac{v \cdot c_b^* - v_2 \cdot c_b^*}{(v_o + v)} \qquad (71)$$

Mit

$$[OH^-] = \frac{K_w}{[H^+]}$$

ergibt sich:

$$(v_o + v) \cdot 10^{pH} = \frac{1}{K_w} \cdot c_b^*(v - v_2)$$

Man trägt F_2 gegen v auf und erhält v_2 als Schnittpunkt mit der x-Achse.

Die Pufferintensität des Carbonatsystems 119

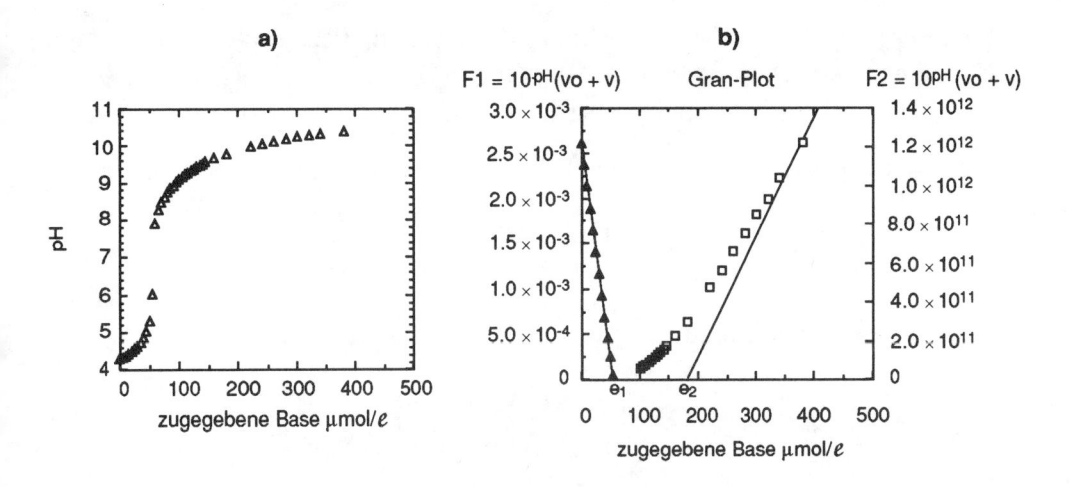

Abbildung 3.13
Titration einer Regenwasserprobe mit:
[H-Aci] = 52 µmol/ℓ
[Aci$_T$] = 141 µmol/ℓ
schwache Acidität: 89 µmol/ℓ, davon sind Essigsäure 5 µmol/ℓ und Ammonium 84 µmol/ℓ. Vorgängig der Titration wurde CO_2 aus der Lösung mit N_2 ausgeblasen.
a) Titrationskurve: pH als Funktion zugegebener Base
b) Gran-Titrationen F_1 und F_2, aus denen durch Extrapolation die Äquivalenzpunkte e_1 und e_2 bestimmt werden. $F_1 = 10^{-pH}(v_o + v)$ wird aus dem ersten Teil der Titrationskurve berechnet und ergibt den Äquivalenzpunkt e_1 der freien Acidität. $F_2 = 10^{pH}(v_o + v)$ wird aus dem letzten Teil der Titrationskurve (pH > 10) berechnet und ergibt den Äquivalenzpunkt e_2 der totalen Acidität. Die Differenz [Aci$_T$] – [H-Aci] entspricht der Summe der schwachen Säuren.

3.9 Die Pufferintensität des Carbonatsystems

Wir haben (Gleichung (52)) die Pufferintensität eines Säure-Base-Systems

$$\beta_{pH} = dC_B/dpH = -dC_A/dpH \tag{72}$$

als die reziproke Neigung der Titrationskurve (pH vs C_B) kennengelernt. Die Pufferintensität kann demnach auch numerisch aus der Differenzierung der

Gleichung, welche die Titrationskurve des Systems bezüglich pH definiert, ausgerechnet werden (Gleichung (40), Kapitel 2).

Für ein Ein-Protonen-Säure-Base-System HA/A⁻ gilt:

$$C_B = [A^-] + [OH^-] - [H^+] \tag{73}$$

$$\beta_{pH} = \frac{dC_B}{dpH} = \frac{d[A^-]}{dpH} + \frac{d[OH^-]}{dpH} - \frac{d[H^+]}{dpH} \tag{74}$$

Die Ableitung[1] führt zu

$$\beta_{pH} = 2.3 \left([H^+] + [OH^-] + \frac{[HA][A^-]}{[HA]+[A^-]} \right) \tag{75}$$

Das Maximum der Pufferintensität wird bei pH = pK erreicht.

Die Pufferintensität des geschlossenen (C_T = const) Carbonatsystems kann in guter Annäherung gegeben werden durch:

$$\beta_{pH} \cong 2.3 \left([H^+] + [OH^-] + \frac{[H_2CO_3^*][HCO_3^-]}{[H_2CO_3^*]+[HCO_3^-]} + \frac{[HCO_3^-][CO_3^{2-}]}{[HCO_3^-]+[CO_3^{2-}]} \right) \tag{76}$$

Im Nenner des letzten Summanden von Gleichung (75) kann je nachdem, ob pH < pK oder pH > pK, [HA] oder [A⁻] vernachlässigt werden. Das gleiche gilt auch für die beiden letzten Summanden in Gleichung (76). Die Berechnung der Pufferintensität ist besonders einfach, wenn man die doppeltlogarithmischen Diagramme beizieht. Man braucht zur Berechnung der Puffer-

---

[1] Für Details siehe Stumm und Morgan, *Aquatic Chemistry*, 2nd ed., 160-163 (1981). Die Differenzierung der einzelnen Glieder der rechten Seite von Gleichung (74) ergeben:

$$\frac{d[A^-]}{dpH} = C_T \frac{d\alpha_1}{dpH} = C_T \frac{d[H^+]}{dpH} \frac{d\alpha_1}{d[H^+]} = 2.3\, \alpha_1 \alpha_0 C_T = 2.3\, \frac{[HA][A^-]}{C_T} \quad \text{(i)}$$

$$\frac{d[A^-]}{dpH} = 2.3\, \frac{K[H^+]}{(K+[H^+])^2} C_T \quad \text{(ii)}$$

$$\frac{d[OH^-]}{dpH} = \frac{-d[OH^-]}{-(1/2.3)\, d\ln[OH^-]} = 2.3\, [OH^-] \quad \text{(iii)}$$

$$-\frac{d[H^+]}{dpH} = \frac{-d[H^+]}{-(1/2.3)\, d\ln[H^+]} = 2.3\, [H^+] \quad \text{(iv)}$$

Die Pufferintensität des Carbonatsystems

intensität nur die Konzentration der Spezies, die im Diagramm mit der Neigung +1 oder −1 vorliegen, zu berücksichtigen. Also für das Ein-Protonen-Säure-Base-System ist für pH < pK

$$\log \beta_{pH} \cong \log 2.3 + \log ([H^+] + [A^-]) \tag{77a}$$

und für pH > pK

$$\log \beta_{pH} \cong \log 2.3 + \log ([OH^-] + [HA]) \tag{77b}$$

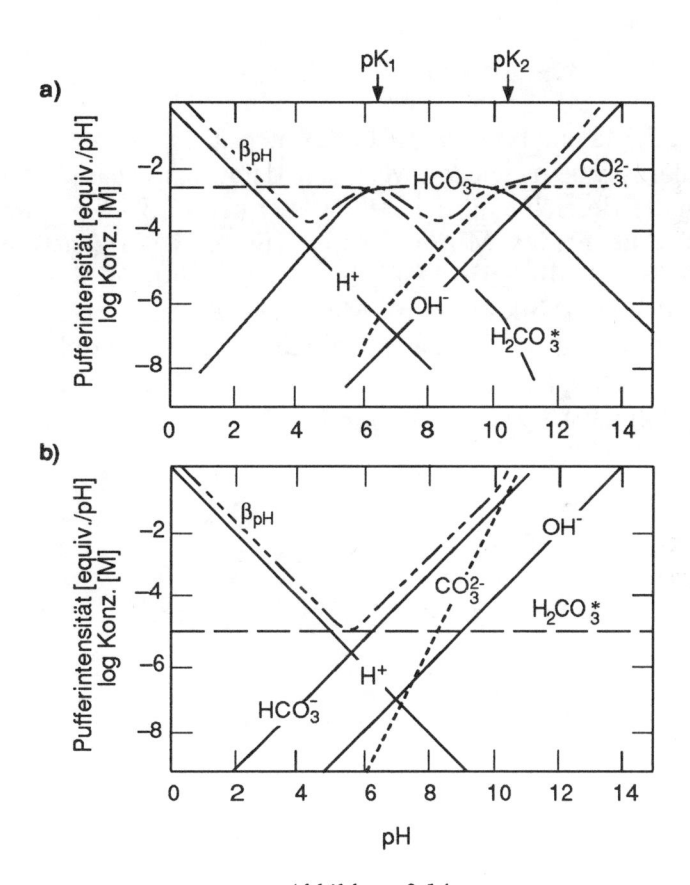

Abbildung 3.14

Pufferintensität des Carbonatsystems

a) *geschlossenes System* $C_T = 10^{-2.5}$ M (25 °C)
b) *offenes System* $p_{CO_2} = 10^{-3.5}$ atm (25 °C)

Die Pufferintensität β_{pH} ist proportional der Summe der Konzentration derjenigen Spezies, welche im doppelt-logarithmischen Diagramm mit der Neigung +1 und −1 auftreten.

Für das Carbonatsystem ist in den jeweiligen pH-Bereichen

$pH < pK_1$

$$\log \beta_{pH} \approx \log 2.3 + \log ([H^+] + [HCO_3^-]) \tag{78a}$$

$pK_1 < pH < pK_2$

$$\log \beta_{pH} \approx \log 2.3 + \log ([H_2CO_3^*] + [CO_3^{2-}]) \tag{78b}$$

$pH > pK_2$

$$\log \beta_{pH} \approx \log 2.3 + \log ([OH^-] + [HCO_3^-]) \tag{78c}$$

Abbildung 3.14a und b geben die Pufferintensitäten des geschlossenen und offenen Carbonatsystems wieder. Man sieht daraus, dass das Carbonatsystem im typischen pH-Bereich natürlicher Gewässer pH = 7.5 – 8.5 relativ schlecht gepuffert ist. Die beiden Minima in β_{pH} (Figur 3.14a) entsprechen den Endpunkten der alkalimetrischen oder acidimetrischen Titrationskurven (Punkte x und y in Abbildung 3.6). Man sieht ferner, dass im Äquivalenzpunkt z (entsprechend der Protonenbedingung einer äquimolaren Na_2CO_3-Lösung) die Pufferkapazität so hoch ist, dass in der Titrationskurve kein pH-Sprung auftreten kann.

Weitergehende Literatur

BUTLER, J.N.; *CO_2-Equilibria and their Applications*, 259 Seiten, 1982. Neu gedruckt durch Lewis Publishers, Chelsea, Mich.
Eine ausgezeichnete und vielseitige Darstellung der CO_2-Gleichgewichte und der Alkalinität.

HEM, J.D.; *Study and Interpretation of the Chemical Characteristics of Natural Water,* 263 Seiten, U.S. Geological Survey Water Supply Paper **2254**, 1985.
Viele Beispiele natürlicher Oberflächen- und Grundwasser.

MATTHESS, G.; *Die Beschaffenheit des Grundwassers,* 314 Seiten, Borntraeger, Berlin, 1973.

Übungsaufgaben

1) Welches ist die ungefähre Zusammensetzung ($[H_2CO_3^*]$, $[HCO_3^-]$, $[CO_3^{2-}]$) und die Alkalinität eines Leitungswassers, dessen Analyse wie folgt lautet?:
   C_T = $[H_2CO_3^*]$ + $[HCO_3^-]$ + $[CO_3^{2-}]$ = 2.6×10^{-3} M,
   pH = 7.5,
   Temperatur = 5 °C
   Bei 5 °C können folgende Aciditätskonstanten der Kohlensäure benützt werden:
   $K_1 = 4 \times 10^{-7}$,
   $K_2 = 4 \times 10^{-11}$
   Das Ionenprodukt des Wassers ist $K_W = 4 \times 10^{-15}$.

2) Eine Lösung von H_2O, $CaCO_3$(s) im Gleichgewicht mit CO_2 der Atmosphäre wird unter Beibehaltung dieses Gleichgewichtes isotherm (25 °C) verdampft.
   a) Nehmen pH und Alkalinität zu oder ab, oder bleiben sie konstant?
   b) Nimmt in dieser Lösung die Alkalinität zu oder ab, oder bleibt sie konstant, wenn man kleinere Mengen folgender Substanzen zugibt?:
      i) NaOH;
      ii) NaCl;
      iii) HCl;
      iv) Na_2CO_3;
      v) $Ca(OH)_2$

3) Bei einem Grundwasser misst man im Feld pH 7.2; die Alkalinität wird als 4×10^{-3} M bestimmt (T = 10 °C).
   a) Mit welchem CO_2-Partialdruck ist dieses Wasser im Gleichgewicht?
   b) Eine Probe dieses Wassers wird ins Labor genommen; der pH dieser Probe ist nach einigen Stunden 7.5. Wie ist dieser Unterschied zu erklären? Hat sich dabei die Alkalinität verändert?

4) Bodenchemiker benützen folgende Gleichung für Bodenwasser:
   $$\log [Ca^{2+}] + 2 \, pH = K - \log p_{CO_2}$$
   Unter welchen Bedingungen ist diese Gleichung gültig? Wie kann die Konstante K durch bekannte Gleichgewichtskonstanten ausgedrückt werden?

Übungsaufgaben

5) Bachwasser, pH 8.3, wird mit HCl titriert. Bis pH 6.3 werden 1.0 mmol/ℓ HCl benötigt. *Wie gross ist etwa die Alkalinität dieses Wassers?*

6) *Wie gross ist die Alkalinität folgender Lösungen?*:
   i) 10^{-3} M NaOH
   ii) 10^{-3} M Na_2CO_3
   iii) pH $= 7.3$, $p_{CO_2} = 10^{-3.5}$ atm
   iv) pH $= 5.0$, $[HCO_3^-] = 10^{-5}$
   v) destilliertes Wasser, pH $= 7$, pOH $= 7$

7) Seewasser aus einem kristallinen Gebiet hat 20 µmol/ℓ Alkalinität und pH 6.6.
   a) *Wie verändern sich Alkalinität und pH, wenn dieses Wasser im Verhältnis 1 : 1 mit Regenwasser (pH 4.5, Acidität = 30 µmol/ℓ) vermischt wird?*
   b) *Wie verändert sich die Konzentration der Al^{3+}-Ionen, wenn dieses Wasser im Gleichgewicht mit festem Aluminiumhydroxid steht (Löslichkeitsprodukt $[Al^{3+}] [H^+]^{-3} = 10^{8.1}$)?*

8) Ein kleiner Weiher hat am Nachmittag einen pH von 8.2, am Morgen einen pH von 7.5. Wenn man Luft durchbläst, erhält man einen pH von 7.7.
   a) *Warum diese pH-Unterschiede?*
   b) *Wie gross ist ungefähr die Alkalinität des Wassers?*

9) In einer Wasserversorgung werden ein hartes und ein weiches Wasser aus zwei verschiedenen Quellen miteinander gemischt. (Hartes Wasser bedeutet höhere Alkalinität und Ca^{2+} als das weiche Wasser.) Beide Wasser sind ursprünglich mit $CaCO_3$ im Gleichgewicht.
   Wie könnte man die Zusammensetzung des Mischwassers ausrechnen? Welche Grössen sind konservativ, d.h. lassen sich einfach durch das Mischungsverhältnis berechnen? Ist das Mischwasser auch im Gleichgewicht oder ist es bezüglich $CaCO_3$ übersättigt oder untersättigt? Warum?

10) Ein saures Industrieabwasser, welches 3×10^{-4} M H_2SO_4 enthält, soll mit Leitungswasser (Alk $= 2 \times 10^{-3}$ M) verdünnt werden, um den pH auf ca. 4.3 anzuheben.
    Welches ist das notwendige Mischungsverhältnis?

11) Eine starke Säure wird mit 2×10^{-2} M NaOH titriert. Die Natronlauge hat an der Luft gestanden und hat nun wegen CO_2-Aufnahme einen pH um 9.5.
    a) *Wieviel CO_2 hat die Natronlauge aufgenommen?*
    b) *Wie gross ist der ungefähre Fehler bei der alkalimetrischen Titration (gegenüber einer CO_2-freien Natronlauge), wenn auf einen Endpunkt von pH = 7 titriert wird?*

12) Skizziere den Verlauf der Konzentrationen von CO_3^{2-}, HCO_3^- und $H_2CO_3^*$ während der acidimetrischen Titration einer 2×10^{-3} M Na_2CO_3-Lösung (Annahme: geschlossenes System).

13) Im Kapitel 3.5 haben wir die Acidität (Referenzzustand: CO_3^{2-}, H_2O) definiert (vgl. Abbildung 3.8) als:

    $$Acy = 2 [H_2CO_3^*] + [HCO_3^-] + [H^+] - [OH^-]$$

    Zeige, dass es sich dabei um einen konservativen Parameter handelt, der sich bei Ausfällung des $CaCO_3(s)$ (z.B. aus einer übersättigten Lösung) oder bei Zugabe von Na_2CO_3 (z.B. bei pH-Erhöhung zur Korrosionskontrolle) nicht verändert.

14) Wir haben gezeigt, dass sich die Alkalinität als Folge der CO_2-Zugabe (oder Wegnahme) nicht verändert. In der Literatur findet man auch folgende Argumentation: Wenn sich CO_2 in einem Wasser auflöst, dann reagiert das CO_2 mit CO_3^{2-}-Ionen:

    $$CO_2 + CO_3^{2-} + H_2O = 2 HCO_3^- \qquad (i)$$

    Thermodynamisch ergibt sich folgendes Gleichgewicht:

    $$[HCO_3^-]^2 / [CO_3^{2-}][H_2CO_3^*] = K \qquad (ii)$$

    Wie gut ist diese Argumentation? Unter welchen Bedingungen gelten Gleichungen (i) und (ii)?

KAPITEL 4

Wechselwirkung Wasser – Atmosphäre

4.1 Einleitung

Die hydrogeochemischen Kreisläufe koppeln in komplexer Weise Boden, Wasser und Luft. Die Atmosphäre ist ein wichtiges Förderband für zahlreiche Schadstoffe. Die Atmosphäre reagiert bezüglich ihrer Zusammensetzung empfindlicher auf anthropogene Einflüsse als der Boden und die Gewässer (Ozeane), weil sie mengenmässig gegenüber den anderen Reservoiren viel kleiner ist. Ferner sind die Zeitkonstanten für atmosphärische Veränderungen relativ klein.

Wasser und Atmosphäre sind interdependente Systeme. Ein wesentlicher Anteil der Vorläufer potentieller Säuren und Photooxidantien stammt aus der Oxidation fossiler Brennstoffe und der Emission von Verbindungen, die auf der Stickstoffixierung beruhen. Synergistische photochemische Reaktionen, bei uns vor allem durch Inhaltsstoffe der Autoabgase eingeleitet (Kohlenmonoxid, Kohlenwasserstoffe und Stickoxide), führen zur Bildung von Ozon und von Photooxidantien. Direkt und indirekt können die atmosphärischen Schadstoffe ökologisch nachhaltige Wirkungen auf Vegetation und Gewässer ausüben.

Hier soll ein besseres Verständnis aus der Sicht der Aquatischen Chemie für die Entstehung der Zusammensetzung von Regen, Nebel, Schnee, Aerosolen etc. entwickelt werden. Bedeutende chemische Reaktionen laufen in der Wasserphase der Atmosphäre ab. Insbesondere interessieren Transfer-Mechanismen aus der Gasphase, Neutralisations-Reaktionen der starken Säuren, Oxidationen (auch photoinduzierte Oxidationen) von Stickoxid, Schwefeloxid und ausgewählten organischen Substanzen durch O_2, H_2O_2, O_3 und $OH^\bullet$.

In diesem Kapitel werden wir uns auf einige wichtige Vorgänge in der atmosphärischen Wasserphase und an der Grenzfläche Gas/Wasser beschränken. Obschon selbst in einer Wolke nur der millionste Volumenteil aus Wasser besteht, laufen wichtige Prozesse in dieser Phase und ihrer Grenzfläche ab. In diesem Kapitel konzentrieren wir uns vor allem auf die Gas/Wasser-Gleichgewichte und versuchen, anhand einfacher Vorstellungen die chemische Genese eines Nebeltröpfchens gedanklich nachzuvollziehen. In diesen Zusammenhang gehört auch die Behandlung der Aerosole, die aus der Gasphase direkt entstehen können und die bei der Nukleation der wässrigen Phase eine zentrale Rolle spielen. Das Kapitel schliesst mit einer kurzen Diskussion über saure Seen.

Abbildung 4.1 fasst einige der wichtigen Prozesse zusammen, die in einem Wassertröpfchen der Atmosphäre vorkommen.

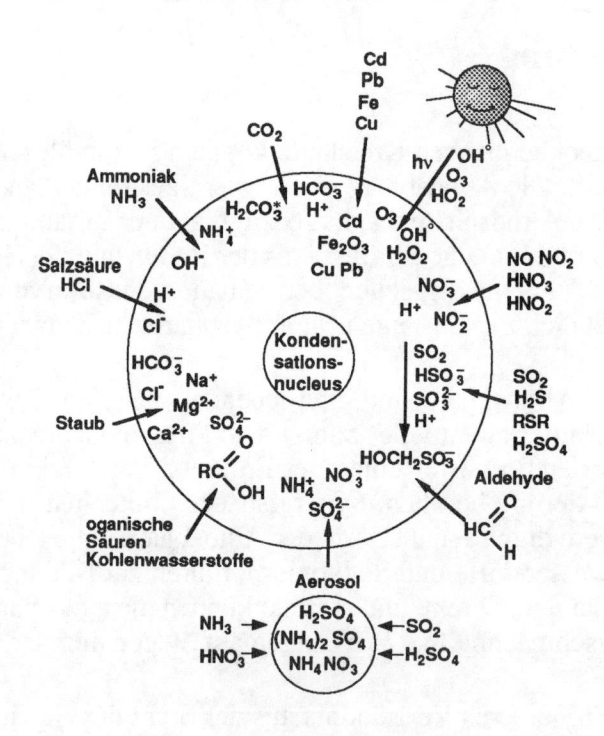

Abbildung 4.1
Verschiedene Wechselwirkungen, die die chemische Zusammensetzung eines Wassertröpfchens in der Atmosphäre, z.B. eines Nebeltröpfchens, beeinflussen.
Aerosolpartikel, welche zu einem guten Teil aus $(NH_4)_2SO_4$ und NH_4NO_3 bestehen, bilden die Nuclei für die Kondensation des flüssigen Wassers. Verschiedene Gase werden in die wässrige Phase absorbiert; die letztere fördert verschiedene Oxidationsprozesse, insbesondere die Oxidation des SO_2 zu H_2SO_4; Ammoniak neutralisiert die Säuren (H_2SO_4, HNO_3, HCl und organische Säuren) und ist an der pH-Pufferung beteiligt.

Einleitung

TABELLE 4.1   Konstanten von Bedeutung für Gas/Wasser-Gleichgewichte

			$K_{25°C}$ [1]
1.	$CO_2(g) + H_2O(\ell)$	$= H_2CO_3^*(aq)$	3.39×10^{-2}
2.	$H_2CO_3^*$	$= H^+ + HCO_3^-$	4.45×10^{-7}
3.	HCO_3^-	$= H^+ + CO_3^{2-}$	4.69×10^{-11}
4.	$SO_2(g) + H_2O(\ell)$	$= SO_2 \cdot H_2O(aq)$	1.25
5.	$SO_2 \cdot H_2O$	$= H^+ + HSO_3^-$	1.29×10^{-2}
6.	HSO_3^-	$= H^+ + SO_3^{2-}$	6.24×10^{-8}
7.	$NH_3(g)$	$= NH_3(aq)$	57
8.	$NH_3(aq) + H_2O$	$= NH_4^+ + OH^-$	1.77×10^{-5}
9.	$HNO_3(g)$	$= H^+ + NO_3^-$	3.46×10^6
10.	$HCl(g)$	$= H^+ + Cl^-$	2.00×10^6
11.	$HNO_2(g)$	$= HNO_2(aq)$	49
12.	HNO_2	$= H^+ + NO_2^-$	5.13×10^{-4}
13.	$H_2S(g)$	$= H_2S(aq)$	1.05×10^{-1}
14.	H_2S	$= H^+ + HS^-$	9.77×10^{-8}
15.	HS^-	$= H^+ + S^{2-}$	1.00×10^{-19}
16.	$NO(g) + NO_2(g) + H_2O(\ell)$	$= 2\,HNO_2(aq)$	1.24×10^2
17.	$CH_3COOH(g)$	$= CH_3COOH(aq)$	7.66×10^2
18.	CH_3COOH	$= H^+ + CH_3COO^-$	1.75×10^{-5}
19.	$CH_2O(g)$	$= CH_2O(aq)$	6.3×10^3
20.	$N_2(g)$	$= N_2(aq)$	6.61×10^{-4}
21.	$O_2(g)$	$= O_2(aq)$	1.26×10^{-3}
22.	$CO(g)$	$= CO(aq)$	9.55×10^{-4}
23.	$CH_4(g)$	$= CH_4(aq)$	1.29×10^{-3}
24.	$NO_2(g)$	$= NO_2(aq)$	1.00×10^{-2}
25.	$NO(g)$	$= NO(aq)$	1.9×10^{-3}
26.	$N_2O(g)$	$= N_2O(aq)$	2.57×10^{-2}
27.	$H_2O_2(g)$	$= H_2O_2(aq)$	1.0×10^5
28.	$O_3(g)$	$= O_3(aq)$	9.4×10^{-3}

[1] Die Henry-Koeffizienten sind in M atm^{-1} gegeben.

4.2 Einfache Gas/Wassergleichgewichte; Bedeutung in der Chemie des Wolkenwassers, des Regens und des Nebelwassers

Die Austauschvorgänge zwischen Gasphase (Atmosphäre) und Wasser im Sinne des Henry'schen Gesetzes wurden für die wichtigsten Atmosphärenkomponenten bereits in Kapitel 1.4 besprochen. Tabelle 1.3 gab die Henry-Koeffizienten für die Verteilung von N_2, O_2, CO_2 und CH_4.

Das Gleichgewicht einer Verbindung A zwischen der Gas- und Wasserphase wird durch den Henry-Koeffizienten (K_H) beschrieben:

$$K_H = \frac{[A_{(aq)}]}{p_A} \quad [M \text{ atm}^{-1}] \tag{1}$$

mit

$[A_{(aq)}]$ = Konzentration in der Wasserphase [mol ℓ^{-1}] und

p_A = Partialdruck [atm]

Die Konzentration eines Gases kann auch in mol m^{-3} (oder mol ℓ^{-1}) gegeben werden: $(A)_g$ [mol m^{-3}] = p_A / RT. In diesem Fall ist

$$\frac{[A_{(aq)}]}{(A)_{(g)}} = K_H \cdot RT \left[\frac{\text{mol } \ell^{-1}}{\text{mol m}^{-3}}\right] \text{ oder "dimensionslos"} \left[\frac{\text{mol } \ell^{-1}{}_{(Wasser)}}{\text{mol } \ell^{-1}{}_{(Gas)}}\right]$$

mit

R = Gaskonstante
  = 8.2057 × 10^{-5} m^3 atm Kelvin^{-1} mol^{-1} oder
    0.082057 ℓ atm Kelvin^{-1} mol^{-1}

T = Temperatur K

Tabelle 4.1 gibt Henry-Koeffizienten wieder für die Verbindungen, die in der Chemie des Wolkenwassers, des Regens und des Nebelwassers von Bedeutung sind. Die Henry-Koeffizienten sind von der Temperatur abhängig.

Einfache Rechenbeispiele für die Lösung von Gas/Wasser-Verteilungsgleichgewichten wurden in Kapitel 1.4 (O_2), 2.5 (Beispiel 2.4 für NH_3), 3.2 (CO_2) und 3.6 (Beispiel 3.4) diskutiert.

Einfache Gas/Wassergleichgewichte

Bei der Behandlung von Gas-Wasser-Gleichgewichten muss grundsätzlich zwischen zwei verschiedenen Systemen unterschieden werden, die je einen idealen Extremfall darstellen (vgl. Abbildung 3.5):

– Im *offenen System* ist Wasser im Kontakt mit einer unbeschränkten Gasmenge, d.h. der Partialdruck des Gases ist konstant und wird auch durch die Menge, die im Wasser aufgenommen wird, nicht verändert. Dieses System wurde schon bei der Behandlung der Carbonatgleichgewichte für CO_2 vorgestellt. Dieses System kann beispielsweise für das Gleichgewicht von Oberflächenwässern mit der Atmosphäre, für Regenwasser in Kontakt mit grösseren Luftmassen verwendet werden.

– Im *geschlossenen System* verteilt sich eine beschränkte Menge eines flüchtigen Stoffes zwischen der Gas- und der Wasserphase. Die Gleichgewichtskonzentrationen entsprechen immer den Henry-Konstanten; aber die relativen Anteile in der Gas- und in der Wasserphase sind vom Volumenverhältnis Wasser/Gas abhängig. Im Extremfall sind in einem geschlossenen Behälter eine bestimmte Menge Wasser und ein bestimmtes Gasvolumen enthalten; flüchtige Stoffe werden sich zwischen diesen beiden Phasen verteilen. Dieses System kann beispielsweise für die Gleichgewichte im Nebel angenommen werden, wenn unter stagnierenden Luftverhältnissen die Wassertröpfchen mit einer beschränkten Gasmenge im Kontakt sind.

Die Annahme des geschlossenen Systems ist dort sinnvoll, wo ein beträchtlicher Anteil der Gesamtmenge des flüchtigen Stoffes in die Wasserphase übergeht.

Im geschlossenen System gilt:

$(A)_{tot}$ = konstant,

d.h. die gesamte Konzentration von A, beispielsweise in mol m^{-3}, bleibt im gesamten Volumen des Systems, das Gas und Wasser einschliesst, konstant.

Um die Konzentrationen in der Gas- und in der Wasserphase in diesem System zu vergleichen, müssen sie in gleichen Einheiten (z.B. mol m^{-3} des gesamten Systems) berechnet werden. Die Gaskonzentration ist gegeben durch:

$$(A)_g \, [\text{mol m}^{-3}] = p_A / RT \qquad (2)$$

mit

p_A = Partialdruck in atm,
R = Gaskonstante = $8.2057 \cdot 10^{-5}$ m^3 atm Kelvin^{-1} mol^{-1}
T = absolute Temperatur °K

und die Konzentration in der Wasserphase, bezogen auf das gesamte System:

$$(A)_W \, [\text{mol m}^{-3}] = [A] \cdot q \tag{3}$$

mit

[A] = Konzentration im Wasser [mol/ℓ Wasser]
q = Wasseranteil in Liter Wasser pro m^3 des Systems [ℓ m^{-3}]

Typische Wasseranteile sind beispielsweise
$5 \times 10^{-5} - 5 \times 10^{-4}$ ℓ m^{-3} für Nebel,
$1 \times 10^{-4} - 1 \times 10^{-3}$ ℓ m^{-3} für Wolken.
Die gesamte Konzentration ist dann:

$$(A)_{tot} = (A)_g + (A)_W = p_A / RT + [A] \cdot q \, [\text{mol m}^{-3}] \tag{4}$$

oder

$$(A)_{tot} = (A)_g + K_H \cdot RT \cdot (A)_g \cdot q \tag{5}$$

Bei vielen Stoffen von Interesse in der Atmosphäre ist [A] vom pH in der Wasserphase abhängig.

Beispiel 4.1
Geschlossenes System: Auflösung von Wasserstoffperoxid und von Ozon

Wasserstoffperoxid (H_2O_2) und Ozon (O_3) sind wichtige Oxidantien in der Atmosphäre. Ihre Löslichkeit im Wasser ist vom pH unabhängig und gegeben durch:

$$K_H(H_2O_2) = 1.0 \times 10^5 \text{ M atm}^{-1}$$

$$K_H(O_3) = 9.4 \times 10^{-3} \text{ M atm}^{-1}$$

Der Anteil dieser Gase, die im Wasser gelöst werden, kann im geschlossenen System als Funktion des Wasseranteils berechnet werden (Abbildung 4.2):

Aus den Gleichungen (4) und (5) folgt:

$$\frac{(A)_W}{(A)_{tot}} = \frac{K_H \cdot RT \cdot (A)_{(g)} \cdot q}{(A)_g + K_H \cdot RT \cdot (A)_g \cdot q} \tag{6}$$

Einfache Gas/Wassergleichgewichte 133

und

$$f_{(Wasser)} = \frac{(A)_w}{(A)_{tot}} = \frac{K_H \cdot RT \cdot q}{1 + K_H \cdot RT \cdot q} \qquad (7)$$

$$f_{(Gas)} = \frac{(A)_g}{(A)_{tot}} = \frac{1}{1 + K_H \cdot RT \cdot q} \qquad (7a)$$

Wegen des grossen Unterschiedes in den Henry-Konstanten dieser beiden Gase ist H_2O_2 bei $q > 1.10^{-4}$ $\ell\,m^{-3}$ zum grösseren Anteil in der Wasserphase, währenddem der Anteil des O_3 im Wasser nur 2.10^{-8} für $q = 1.10^{-4}$ $\ell\,m^{-3}$ beträgt.

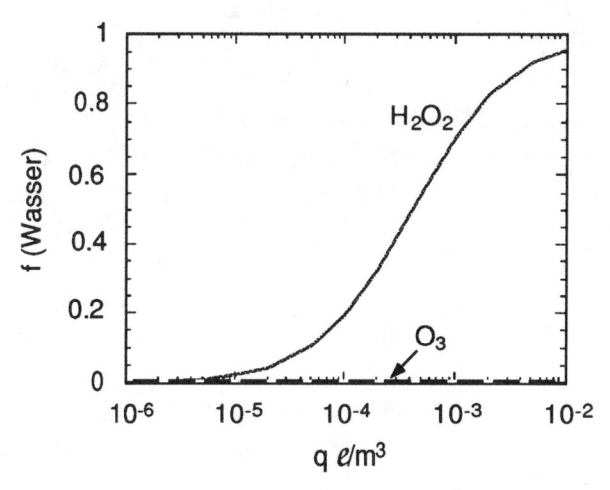

Abbildung 4.2
Im Wasser gelöster Anteil von H_2O_2 und O_3 in Funktion des Wassergehaltes $q\,(\ell\,m^{-3})$

Beispiel 4.2
Geschlossenes System: Auflösung von HCl

$$HCl_{(g)} \rightleftharpoons H^+ + Cl^- \qquad K = 2.10^6 \qquad (8)$$

In diesem Fall wird eine kombinierte Konstante aus Henry-Konstante und Säurekonstante angegeben, weil HCl(aq) kaum vorkommt (pKa = –3).

$$(HCl)_{tot} = (HCl)_g + [Cl^-] \cdot q \qquad (9)$$

aus (8) ist:

$$\frac{[Cl^-][H^+]}{(HCl)_g} = K \cdot RT$$

$$(HCl)_{(g)} = \frac{[Cl^-][H^+]}{K \cdot RT} \qquad (10)$$

$$(HCl)_{tot} = \frac{[Cl^-] \cdot [H^+]}{K \cdot RT} + [Cl^-] \cdot q$$

In diesem Fall ist der Anteil im Wasser $f_{(Wasser)}$:

$$f_{(Wasser)} = \frac{[Cl^-] \cdot q}{(HCl)_{tot}} = \frac{K \cdot RT \cdot q}{[H^+] + K \cdot RT \cdot q} \qquad (11)$$

Für t = 5 °C ist $K \cdot RT = 4.6 \times 10^4$ mol ℓ^{-2} m^3

Mit beispielsweise q = 1·10^{-4} ℓ m^{-3} ist $K \cdot RT \cdot q$ = 4.6 (mol ℓ^{-1}). D.h. für pH > 1 ist $K \cdot RT \cdot q \gg [H^+]$ und $f_{(Wasser)} \approx 1$; dies bedeutet, dass HCl über den ganzen pH-Bereich (> pH 1) vollständig im Wasser gelöst ist. Die Konzentration im Wasser ist dann

$$[Cl^-] \cong \frac{(HCl)_{tot}}{q}$$

Wenn keine weiteren Säuren oder Basen vorhanden sind, ist $[H^+] = [Cl^-]$. Für beispielsweise $(HCl)_{tot} = 2 \cdot 10^{-8}$ mol m^{-3} und q = 1·10^{-4} ℓ m^{-3} ergibt sich

$$[Cl^-] = [H^+] = \frac{(HCl)_{tot}}{q} = 2 \cdot 10^{-4} \frac{mol}{\ell} \text{ und pH = 3.7.}$$

Verteilung von SO$_2$ zwischen Gasphase und Wasser

Die Oxidation von SO$_2$ in der wässrigen Phase der Atmosphäre ist eine wesentliche Reaktion für die Bildung von Schwefelsäure (vgl. Kapitel 8.7 für die Oxidationsreaktionen). Die Löslichkeit von SO$_2$ wird deshalb für verschiedene Fälle ausführlich behandelt.

Analog zu CO$_2$ löst sich SO$_2$ unter Bildung von SO$_2 \cdot$ H$_2$O, HSO$_3^-$ und SO$_3^{2-}$ (siehe Konstanten in Tabelle 4.1); die Löslichkeit von SO$_2$ ist demnach stark pH-abhängig.

Einfache Gas/Wassergleichgewichte

a) Offenes System

In Gegenwart eines konstanten Partialdrucks von SO_2, lässt sich die Löslichkeit in der Wasserphase als Funktion des pH analog zur Löslichkeit des CO_2 berechnen, unter Berücksichtigung der Henry-Konstanten und der Säurekonstanten.

Die einzelnen Spezies werden als Funktion von p_{SO_2} dargestellt:

$$[SO_2 \cdot H_2O] = K_H p_{SO_2} \tag{12}$$

$$[HSO_3^-] = \frac{K_1}{[H^+]}[SO_2 \cdot H_2O] = \frac{K_1 K_H}{[H^+]} p_{SO_2} \tag{13}$$

$$[SO_3^{2-}] = \frac{K_1 K_2}{[H^+]^2}[SO_2 \cdot H_2O] = \frac{K_1 K_2 K_H}{[H^+]^2} p_{SO_2} \tag{14}$$

Die Konzentrationen der einzelnen Spezies sind graphisch in Abbildung 4.3 dargestellt; Tableau 4.1 entspricht dem Tableau 3.1 für CO_2.

TABLEAU 4.1 SO_2–Wasser; offenes System

Komponenten:		H^+	$SO_2(g)$	log K (25 °C)
Spezies:	H^+	1		
	OH^-	–1		–14
	$SO_2 \cdot H_2O$		1	0.097
	HSO_3^-	–1	1	–1.79
	SO_3^{2-}	–2	1	–9.00
Zusammensetzung:	$SO_2(g)$	0	$p_{SO_2} = 2 \cdot 10^{-8}$ atm	

Der pH eines Wassers, das ohne Zugabe weiterer Basen oder Säuren im Gleichgewicht mit diesem Partialdruck von SO_2 ist, wird aus der Protonenbedingung berechnet:

$$[H^+] = [HSO_3^-] + 2 \cdot [SO_3^{2-}] + [OH^-] \tag{15}$$

bzw. $[H^+] \approx [HSO_3^-]$ (In diesem Fall ist pH ≈ 4.8)

Bei hohem pH, d.h. bei Zugabe einer gewissen Menge Base, wird hier die Löslichkeit sehr gross, während sie im sauren pH-Bereich beschränkt ist.

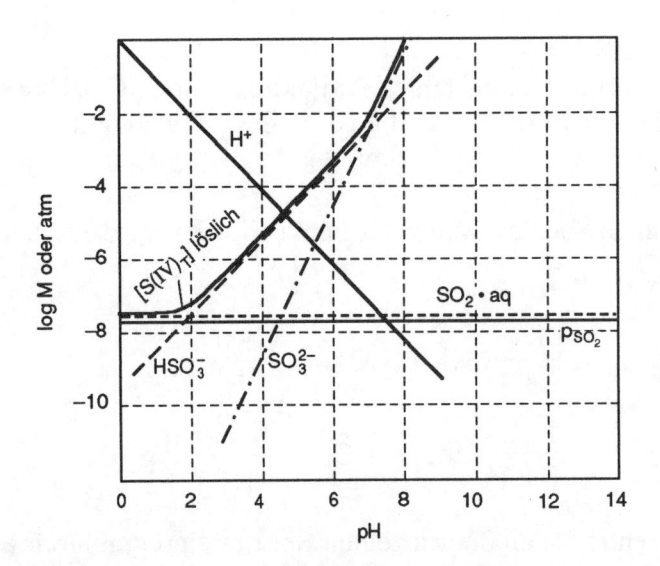

Abbildung 4.3
S(IV)-Spezies in einem offenen System mit p_{SO_2} = konstant = 2×10^{-8} atm
Wenn keine andere Säure oder Base zugegeben wird, ist das System definiert durch die Protonenbalance $[H^+] \approx [HSO_3^-]$.

b) Geschlossenes System

Es wird angenommen, dass das System hier gesamthaft 9×10^{-7} mol m^{-3} SO_2 (entsprechend 2.10^{-8} atm) und 5×10^{-4} ℓ m^{-3} Wasser enthält.

Wie in Gleichung (4) angegeben, kann hier die Massenbilanz in mol m^{-3} über Wasser- und Gasphase formuliert werden:

$$(SO_2)_{tot} = (SO_2)_g + q \left([SO_2 \cdot H_2O] + [HSO_3^-] + [SO_3^{2-}] \right) \qquad (16)$$

Die Konzentration in der Wasserphase und entsprechend die relativen Anteile in der Gas- und Wasserphase sind hier sowohl vom pH wie vom Wassergehalt q abhängig.

Nach Einsetzen von

$[SO_2]\ \ \ \ = K_H RT \cdot (SO_2)_{(g)}$

$[HSO_3^-]\ \ = K_H RT K_1 [H^+]^{-1} \cdot (SO_2)_g$

$[SO_3^{2-}]\ \ = K_H RT K_1 K_2 [H^+]^{-2} \cdot (SO_2)_g$

erhält man:

Einfache Gas/Wassergleichgewichte

$$(SO_2)_{tot} = (SO_2)_g + q\,(SO_2)_g\,K_H\,RT\left(1+K_1[H^+]^{-1}+K_1 K_2[H^+]^{-2}\right) \quad (17)$$

$$\Sigma\,S(IV)_{(aq)} = [SO_2 \cdot H_2O] + [HSO_3^-] + [SO_3^{2-}] =$$

$$(SO_2)_g\,K_H\,RT\left(1+K_1[H^+]^{-1}+K_1 K_2[H^+]^{-2}\right) \quad (18)$$

und

$$\frac{(SO_2)_{(g)}}{(SO_2)_{tot}} = \frac{1}{1 + K_H\,RT\,q\left(1 + K_1[H^+]^{-1} + K_1 K_2[H^+]^{-2}\right)} \quad (19)$$

Die Anteile von SO_2 in der Gas- und in der Wasserphase als Funktion des pH sind für die angegebenen Verhältnisse in Abbildung 4.4a dargestellt. Für pH < 5 ist SO_2 hauptsächlich in der Gasphase vorhanden, für pH > 7 hauptsächlich in der Wasserphase; d.h. in diesem Fall ist p_{SO_2} nicht konstant, sondern hängt vom pH in der Wasserphase und vom Volumenverhältnis Wasser/Gas ab. Der Anteil von SO_2 in der Wasserphase ist in Abbildung 4.4b als Funktion des Wasseranteils q für verschiedene pH dargestellt.

Die Konzentration von S(IV) in der Wasserphase erreicht ein Maximum, wenn SO_2 praktisch vollständig (> 99 %) in die Wasserphase übergeht.

Die Verteilung der Spezies in der Wasserphase und die gelöste Konzentration ($\Sigma\,S(IV)_{aq}$) lassen sich auch durch die graphische Methode ermitteln. (Abbildung 4.4c)). Dazu muss zunächst die maximale Konzentration in der Wasserphase ermittelt werden; sie ist durch die vollständige Auflösung des SO_2 gegeben:

$$\left(\Sigma\,S(IV)_{aq}\right)_{max} = \frac{(SO_2)_{tot}}{q}$$

Diese maximale Konzentration wird als obere Grenze im Diagramm eingezeichnet; aus Abbildung 4.3 und aus den vorhergehenden Überlegungen ist es klar, dass diese Konzentration nur im oberen pH-Bereich erreicht wird. Im sauren pH-Bereich hingegen ist die minimale Löslichkeit durch die Henry-Konstante gegeben. Die Linien für HSO_3^- und SO_3^{2-} werden zunächst wie in Abbildung 4.3 eingezeichnet; ihre Konzentrationen sind aber durch den Wert

$\dfrac{(SO_2)_{tot}}{q}$ begrenzt.

Beim Aufstellen des Tableaus muss beim geschlossenen System besonders darauf geachtet werden, dass die Massenbilanzen richtig berücksichtigt werden. Am einfachsten ist es, die Massenbilanz (16) durch q zu teilen und alle Konzentrationen in mol/ℓ anzugeben (für die Gasphase fiktiv):

$$\frac{(SO_2)_{tot}}{q} = \frac{(SO_2)_g}{q} + [SO_2 \cdot H_2O] + [HSO_3^-] + [SO_3^{2-}] \; [mol \; \ell^{-1}] \quad (20)$$

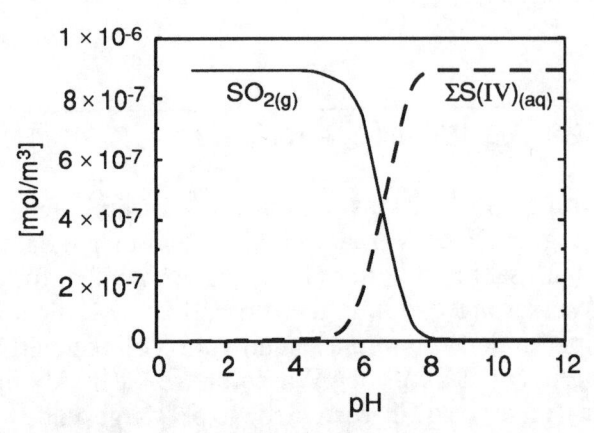

Abbildung 4.4a

Verteilung von SO_2 zwischen Gas- und Wasserphase als Funktion von pH für $(SO_2)_{tot} = 9 \cdot 10^{-7}$ mol m^{-3} und $q = 5 \cdot 10^{-4}$ ℓ m^{-3}. Bei tiefem pH (< 5) ist SO_2 überwiegend in der Gasphase, bei hohem pH (> 7) überwiegend in der Wasserphase.

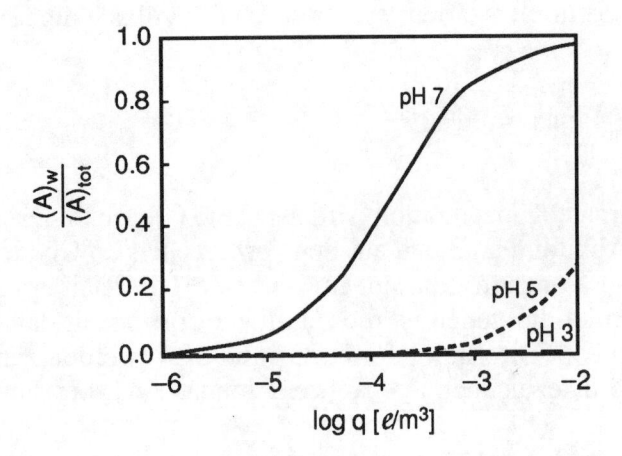

Abbildung 4.4b

Anteil von S(IV) in der Wasserphase $\left(\dfrac{(A)_w}{(A)_{tot}}\right)$ als Funktion des Wasseranteils q für verschiedene pH.

Einfache Gas/Wassergleichgewichte

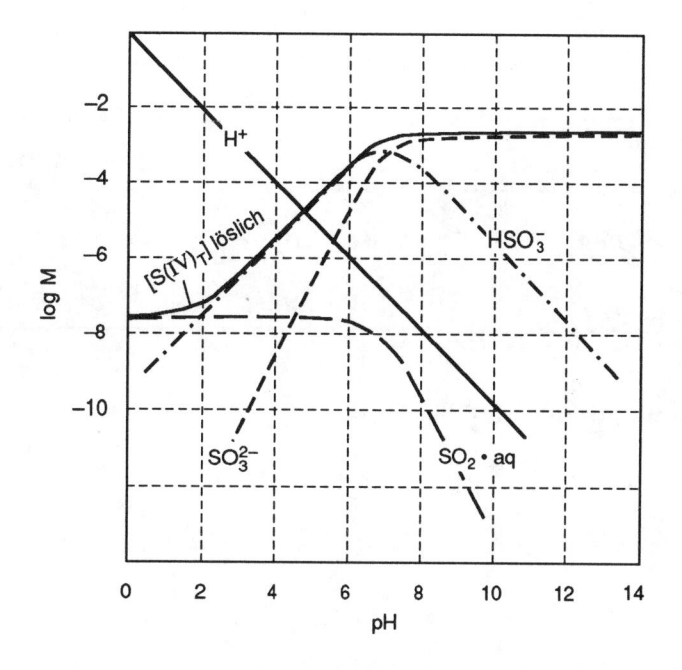

Abbildung 4.4c
Verteilung der S(IV)-Spezies in der Wasserphase
pH für das Gleichgewicht mit SO_2 ohne zusätzliche Säure oder Base ist gegeben durch die Protonenbedingung (gleiche Konzentration wie in Abbildung 4.4a)
$$[H^+] = [HSO_3^-] + 2\,[SO_3^{2-}] + [OH^-] \text{ oder } [H^+] \approx [HSO_3^-]$$

Im Tableau 4.2 sind $SO_2 \cdot H_2O$ und H^+ als Komponenten eingesetzt. Die Konzentration in der Gasphase ist gegeben durch:

$$\frac{(SO_2)_g}{q} = [SO_2 \cdot H_2O] \cdot \frac{1}{K_H \cdot RT} \cdot \frac{1}{q} \quad [\text{mol } \ell^{-1}]$$

und muss dann auf mol m^{-3} umgerechnet werden. Die entsprechende Konstante wird im Tableau als $K = -\log(K_H \cdot RT) - \log q$ eingesetzt.

TABLEAU 4.2   Geschlossenes System SO_2-Wasser

Komponenten:		$SO_2 \cdot H_2O$	H^+	log K
Spezies:	$SO_2 \cdot H_2O$	1		0
	HSO_3^-	1	-1	-1.89
	SO_3^{2-}	1	-2	-9.09
	$(SO_2)_g/q$	1		$1.51 - \log q$
	OH^-		-1	-14.0
	H^+		1	0
Zusammensetzung:		$\dfrac{(SO_2)_{tot}}{q} = 9 \cdot 10^{-7} \times \dfrac{1}{q}$ $= 1.8 \times 10^{-3}$ mol/ℓ	0	

In diesem Fall (nur SO_2, H_2O) ist:

$$\text{Tot H} = [H^+] - [HSO_3^-] - 2[SO_3^{2-}] - [OH^-] = 0 \qquad (21)$$

Bei Zugabe von Base oder Säure ist Tot H ≠ 0, der pH variiert dementsprechend.

Reaktionen von SO_2 mit Aldehyden

Aldehyde (z.B. Formaldehyd, H_2CO, Acetaldehyd CH_3CHO, Glyoxal CHOCHO) sind in der Atmosphäre vorhanden, wo sie als Oxidationsprodukte von Kohlenwasserstoffen gebildet werden. Diese Aldehyde sind recht gut wasserlöslich. SO_2 reagiert mit Aldehyden, entsprechend der folgenden Reaktion (z.B. mit Formaldehyd):

$$\begin{array}{c} H \\ \diagdown \\ C = O \\ \diagup \\ H \end{array} + HSO_3^- \rightleftharpoons \begin{array}{c} OH \\ | \\ H_2C - SO_3^- \end{array} \qquad (22)$$

Die gebildeten Addukte sind recht stabil; die Kinetik ihrer Bildung ist allerdings von verschiedenen Faktoren in der Lösung abhängig und kann vor allem in saurer Lösung langsam sein.

Einfache Gas/Wassergleichgewichte

Die S(IV)-Aldehydverbindungen, insbesondere Hydroxymethansulfonat ($CH_2OHSO_3^-$), können einen wesentlichen Anteil des gelösten S(IV) in atmosphärischen Wassertröpfchen darstellen. Dadurch wird die Löslichkeit von S(IV) vor allem im sauren pH-Bereich erhöht (Beispiel 4.3). Diese Verbindungen sind gegenüber Oxidantien weniger reaktiv als freie HSO_3^-- und SO_3^{2-}-Ionen, so dass die Anwesenheit dieser Spezies die Reaktivität von S(IV) beeinflusst.

Beispiel 4.3
Löslichkeit von SO_2 in Gegenwart von Formaldehyd

Formaldehyd löst sich im Wasser entsprechend der Gleichung

$$CH_2O_{(g)} \rightleftharpoons CH_2O_{(aq)} \qquad \log K_H = 3.8 \qquad (i)$$

$CH_2O_{(aq)}$ enthält zwei verschiedene Spezies, nämlich feies CH_2O und das Hydrat $CH_2(OH)_2$:

$$CH_2O + H_2O \rightleftharpoons CH_2(OH)_2 \qquad \log K_{Hyd} = 3.26 \qquad (ii)$$

Freies CH_2O bildet mit HSO_3^--Hydroxymethansulfonat:

$$CH_2O + HSO_3^- \rightleftharpoons CH_2OHSO_3^- \qquad \log K_{HMSA} = 9.82 \qquad (iii)$$

Kombiniert mit der Konstante für die Reaktion (ii) ergibt sich die Konstante:

$$\frac{[CH_2OHSO_3^-]}{[CH_2O_{(aq)}][HSO_3^-]} = K'_{HMSA} \qquad \log K'_{HMSA} = 6.56 \qquad (iv)$$

Abbildung 4.5 zeigt die Löslichkeit von $SO_{2(g)}$ im offenen System, für Bedingungen entsprechend Abbildung 4.3, zusätzlich in Gegenwart von gelöstem Formaldehyd:

Total $CH_2O_{(aq)}$ = 1×10^{-4} M

p_{SO_2} = 2×10^{-8} atm

Die löslichen Spezies sind dann:

$$\Sigma S(IV)_{(aq)} = [SO_2 \cdot H_2O] + [HSO_3^-] + [SO_3^{2-}] + [CH_2OHSO_3^-]$$

Für pH < 5 wird die Löslichkeit stark erhöht; $CH_2OHSO_3^-$ ist in diesem pH-Bereich die vorherrschende Spezies.

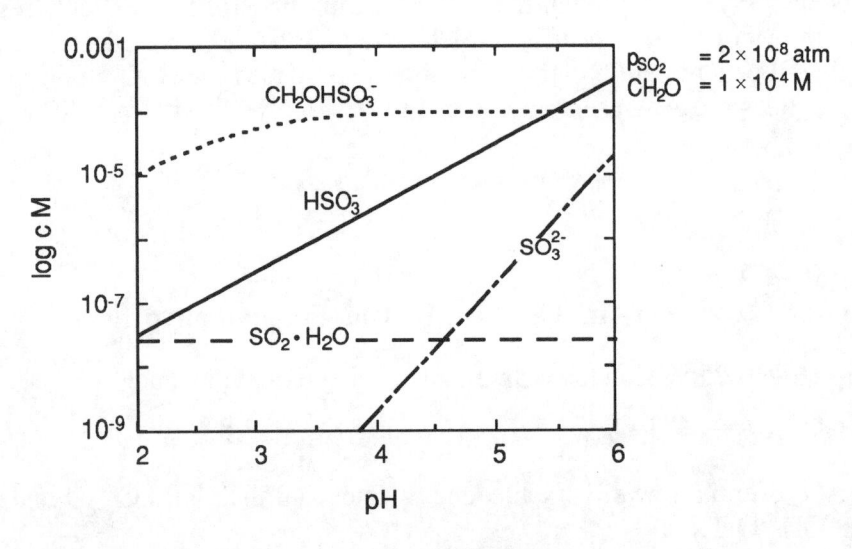

Abbildung 4.5
Löslichkeit von SO_2 bei Bildung von Hydroxymethansulfonat in der Wasserphase. Offenes System, $p_{SO_2} = 2 \times 10^{-8}$ atm; total gelöstes $CH_2O = 1 \times 10^{-4}$ M.

Verteilung von NH_3 zwischen Gasphase und Wasser

Ammoniak ist die wichtigste basische Komponente in der Atmosphäre. Die vorhandenen Konzentrationen von gasförmigem Ammoniak und ihre pH-abhängige Auflösung sind für die Säure/Base-Balancen im atmosphärischen Wasser entscheidend.

Die Grundgleichungen sind hier:

$$NH_3(g) \rightleftharpoons NH_3(aq) \qquad K_H$$

$$NH_4^+ \rightleftharpoons NH_3(aq) + H^+ \qquad K_a$$

d.h., dass die Auflösung von $NH_3(g)$ durch die Protonierung zu NH_4^+ im sauren Bereich begünstigt ist.

a) Offenes System (vgl. Beispiel 2.4)

Bei einem konstanten Partialdruck $p_{NH_3} = 5 \cdot 10^{-9}$ atm ($2 \cdot 10^{-7}$ mol m^{-3}) ist die Löslichkeit gegeben durch (Abbildung 4.6):

Einfache Gas/Wassergleichgewichte

$$[NH_3]_{aq} = K_H \cdot p_{NH_3} = K_H RT \cdot (NH_3)_g \qquad (23)$$

$$[NH_4^+] = [NH_3] \cdot [H^+] \cdot K_a^{-1} = K_H K_a^{-1} [H^+] \cdot p_{NH_3}$$

$$= K_H RT K_a^{-1} [H^+] (NH_3)_g \qquad (24)$$

b) Geschlossenes System

Es wird angenommen, dass das System gesamthaft $2 \cdot 10^{-7}$ mol m^{-3} NH$_3$ (entsprechend $5 \cdot 10^{-9}$ atm) und $5 \cdot 10^{-4}$ ℓ m^{-3} Wasser enthält. Die Massenbilanz ist:

$$(NH_3)_{tot} = (NH_3)_g + q\left([NH_3] + [NH_4^+]\right) \text{ mol m}^{-3} \qquad (25)$$

$$(NH_3)_{tot} = (NH_3)_g + q K_H RT \cdot (NH_3)_g \left(1 + K_a^{-1} [H^+]\right) \qquad (26)$$

Der Anteil in der Gasphase ist gegeben durch:

$$\frac{(NH_3)_g}{(NH_3)_{tot}} = \frac{1}{1 + q K_H RT \left(1 + K_a^{-1} [H^+]\right)} \qquad (27)$$

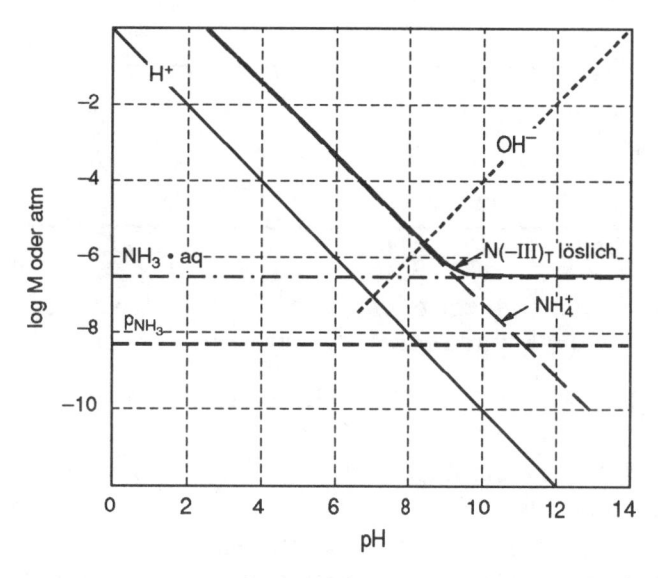

Abbildung 4.6

NH$_3$-Spezies in einem offenen System mit p_{NH_3} = konstant = 5×10^{-9} atm (25 °C)

Die Protonenbedingung $[NH_4^+] + [H^+] = [OH^-]$ ist annähernd erfüllt bei $[NH_4^+] \cong [OH^-]$.

Die Anteile in der Gas- und Wasserphase sind in Abbildung 4.7a) als Funktion des pH dargestellt. $NH_{3(tot)}$ ist hauptsächlich in der Gasphase bei pH > 7, hauptsächlich in der Wasserphase bei pH < 5 für $q = 5 \times 10^{-4}$ $\ell\, m^{-3}$ (berechnet für 25 °C).

Im Tableau 4.3 wird wiederum die Massenbilanz

$$\frac{(NH_3)_{tot}}{q} = \frac{(NH_3)_g}{q} + [NH_3] + [NH_4^+] \quad [mol\ \ell^{-1}] \tag{28}$$

eingesetzt.

TABLEAU 4.3   Geschlossenes System NH_3 – Wasser

Komponenten:		$NH_{3(aq)}$	H^+	log K
Spezies:	$NH_{3(aq)}$	1		0
	NH_4^+	1	1	9.2
	$(NH_3)_g/q$	1		-0.14 $-\log q$
	OH^-		-1	-14
	H^+		1	0
Zusammensetzung:	$\dfrac{(NH_3)_{tot}}{q} = 2 \cdot 10^{-7} \times \dfrac{1}{q}$		0	
	$= 4 \cdot 10^{-4}$ mol/ℓ			

Die Massenbilanz (28) entspricht der Summe der Kolonne für NH_3. Tot H ist gegeben durch die Summe der H^+-Kolonne:

$$Tot\ H = [NH_4^+] + [H^+] - [OH^-] = 0 \tag{29}$$

Der pH ergibt sich ohne Zugabe zusätzlicher Säuren oder Basen aus dieser Protonenbedingung: pH = 8.2.

Die Verteilung der Spezies in der wässrigen Phase ist in Abbildung 4.7b) dargestellt. Die maximale Konzentration von NH_4^+ im sauren Bereich ergibt sich aus

$$[NH_4^+]_{max} = \frac{(NH_3)_{tot}}{q} \quad [mol\ \ell^{-1}]$$

Einfache Gas/Wassergleichgewichte

die minimale Löslichkeit im alkalischen Bereich ist durch die Henry-Konstante (23) gegeben.

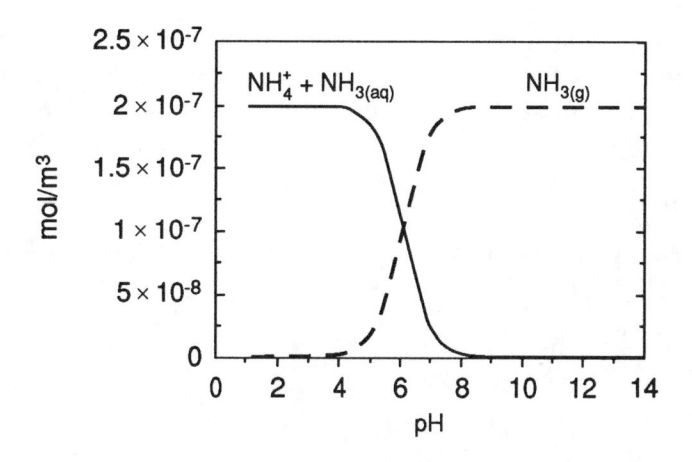

Abbildung 4.7a)
Verteilung von NH_3 zwischen Gas- und Wasserphase (mol/m^3 des gesamten Systems) im geschlossenen System für $(NH_3)_{tot} = 2 \cdot 10^{-7}$ mol m^{-3} und $q = 5 \cdot 10^{-4} \ell \, m^{-3}$.

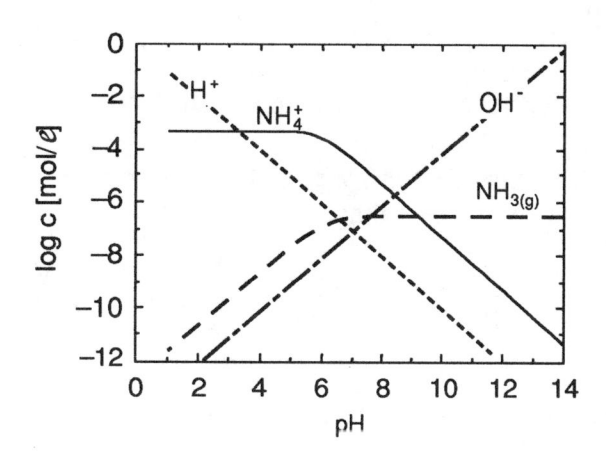

Abbildung 4.7b)
Verteilung der Spezies in der Wasserphase (mol/ℓ der Wasserphase) im geschlossenen System ($(NH_3)_{tot} = 2 \cdot 10^{-7}$ mol m^{-3}; $q = 5 \cdot 10^{-4} \ell \, m^{-3}$). Ohne weitere Basen oder Säuren ist der pH gegeben durch:
$[NH_4^+] + [H^+] = [OH^-]$.

Auswaschung von Schadstoffen aus der Atmosphäre

In welchem Ausmass werden gasförmige Schadstoffe aus der Atmosphäre durch Regen ausgewaschen?

Eine Abschätzung aufgrund der Gleichgewichte zwischen Gas- und Wasserphase (Henry-Konstanten) für verschiedene Stoffe kann hier gemacht werden. Dazu wird eine Luftsäule (unterhalb einer Wolke) mit der entsprechenden Regenwassermenge als geschlossenes System betrachtet. Zum Beispiel nimmt man an, dass die Luftsäule $5 \cdot 10^3$ m hoch ist und dass 25 mm Regen (entsprechend 25 ℓ/m^2) fallen.

Die totale Menge eines Schadstoffs in der Luftsäule über 1 m² wäre dann (entsprechend Gleichung (5)):

$$(A)_{tot} = (A)_g \times V_g + (A)_{(w)} \times V_w \tag{30}$$

mit

V_g = Gasvolumen = $5 \cdot 10^3$ m³ und
V_w = Wasservolumen = 0.025 m³

Das Volumenverhältnis von Gas zu Wasser ist:

$$\frac{V_g}{V_w} = 2 \cdot 10^5$$

(oder in den bisher verwendeten Einheiten ist der Wassergehalt 5×10^{-3} ℓ m⁻³).

Der Anteil des Schadstoffs im Wasser kann aufgrund der Henry-Konstante berechnet werden. (vgl. Gleichung (7)):

$$f_{(Wasser)} = \frac{(A)_w \cdot V_w}{(A)_g \cdot V_g + (A)_w \cdot V_w} = \frac{K_H \cdot RT \cdot V_w}{V_g + K_H \cdot RT \cdot V_w}$$

$$= \frac{1}{\frac{1}{K_H \cdot RT} \cdot \frac{V_g}{V_w} + 1} \tag{31}$$

Die Fraktionen im Wasser für verschiedene Schadstoffe sind in Abbildung 4.8 dargestellt.

Einfache Gas/Wassergleichgewichte

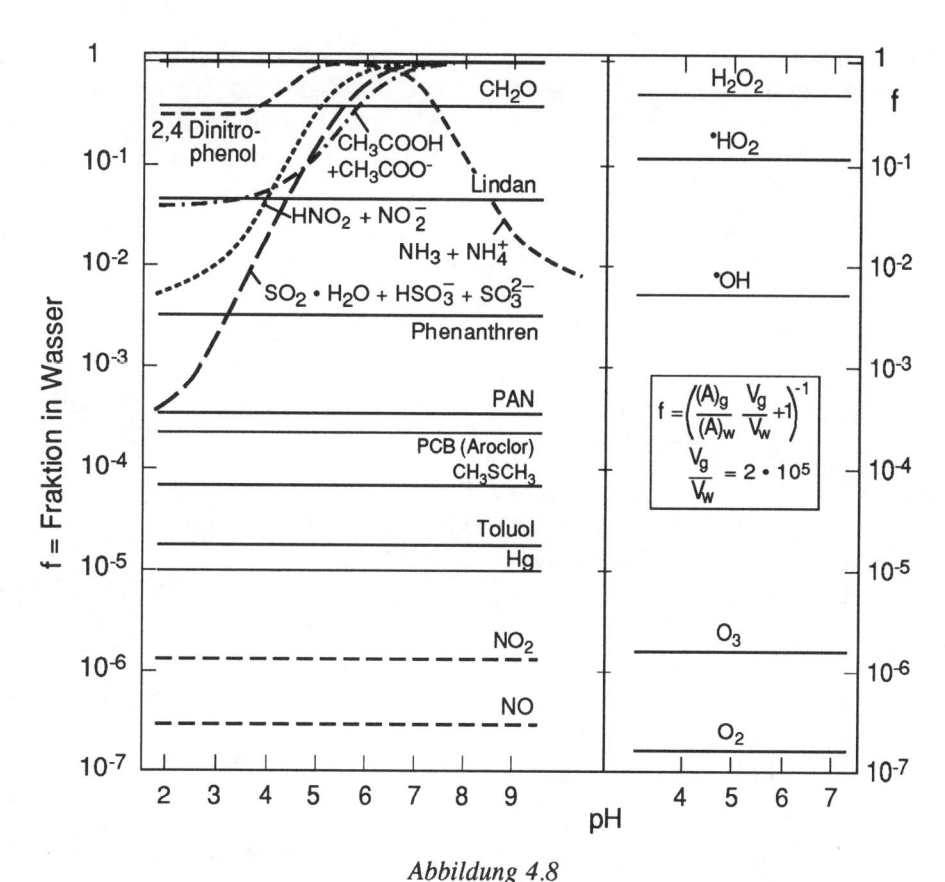

Abbildung 4.8
Verteilung verschiedener Verbindungen zwischen Gas- und Wasserphase in Abhängigkeit vom pH
Ein Volumenverhältnis von Gas zu Wasser von 2×10^5 wurde angenommen.

Neben den schon besprochenen SO_2, NH_3, Formaldehyd sind hier auch die Stickoxide NO_2 und NO dargestellt, die eine sehr viel geringere Wasserlöslichkeit als SO_2 aufweisen. Hingegen sind die Säuren HNO_2 und HNO_3 (f = 1.0) gut wasserlöslich. PAN (Peroxyacetylnitrat) ist ein Produkt photochemischer Reaktionen in der Atmosphäre. Als Beispiele für organische Schadstoffe sind hier angeführt: 2,4-Dinitrophenol, Lindan (ein chloriertes Pestizid), Phenanthren (ein polyzyklischer aromatischer Kohlenwasserstoff), PCB (ein polychloriertes Biphenyl) und Toluol (Lösungsmittel). Rechts sind die wichtigsten Oxidantien der Atmosphäre dargestellt. Die Verteilung protolysierbarer Substanzen (z.B. SO_2, HNO_2, Phenole) ist stark pH-abhängig. Sehr grosse Unterschiede in den Henry-Konstanten verschiedener Substanzen wiederspiegeln sich hier in den unterschiedlichen Fraktionen im Wasser. Für viele

Schadstoffe ist die Wasserlöslichkeit gering, und dementsprechend die Auswaschung durch Absorption in der wässrigen Phase des Regens gering. Viele dieser Stoffe werden aber an Partikel adsorbiert (z.B. polyzyklische aromatische Kohlenwasserstoffe) und werden mit den Partikeln in der Atmosphäre und auf die Erdoberfläche transportiert.

Entsprechend der unterschiedlichen Löslichkeit werden organische Verbindungsgruppen in verschiedenen Konzentrationen im Regenwasser gemessen (Abbildung 4.9).

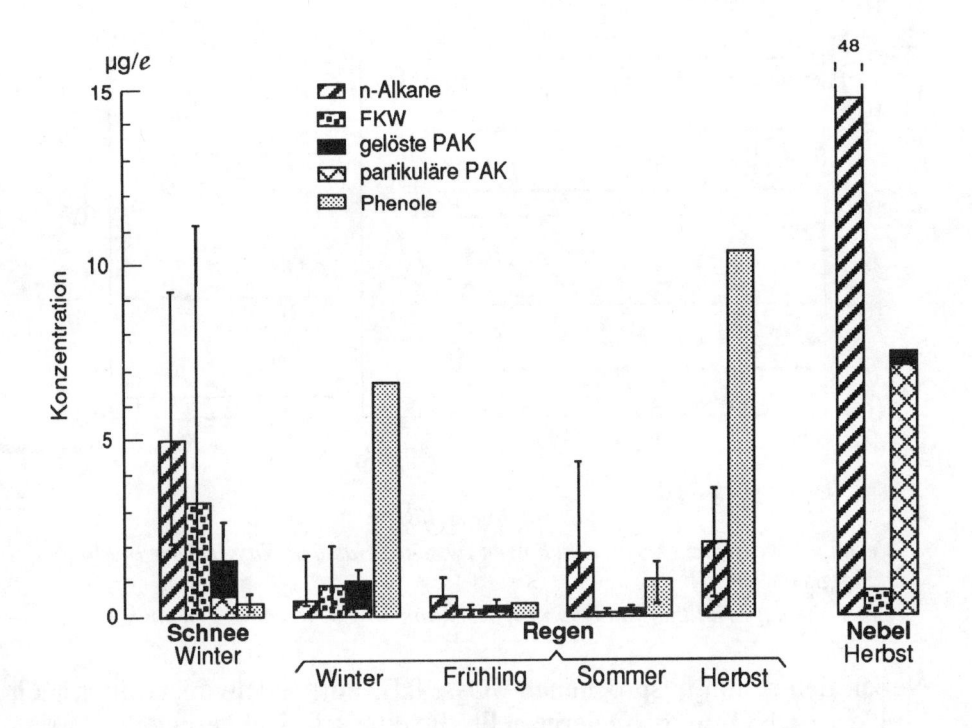

Abbildung 4.9
Mittelwerte und Spannweiten der Konzentrationen organischer Verbindungsklassen in Regen, Schnee und Nebel
   FKW = flüchtige Kohlenwasserstoffe
   PAK = polyzyklische aromatische Kohlenwasserstoffe
Die Konzentrationen beziehen sich auf das Wasservolumen; Spannweiten sind nur bei mindestens drei Messwerten angegeben.
(Modifiziert nach Giger, Leuenberger, Czuzwa und Tremp, EAWAG-Mitteilungen 23, 1987)

4.3 Die Genese eines Nebeltröpfchens

Die Atmosphäre ist eine oxidierende Umwelt. Viele Bestandteile werden durch oxidative chemische Prozesse mit O_2, H_2O_2, $OH^•$ und O_3 gebildet, insbesondere die Oxide SO_2, SO_3, H_2SO_4, NO, NO_2 HNO_2, HNO_3. Viele der Prozesse werden durch Katalyse beschleunigt und photochemisch induziert. Während die Oxidation von NO_x zu HNO_3 vor allem in der Gasphase stattfindet, erfolgt ein siginifikanter Teil der Oxidation von SO_2 in der Wasserphase.

Nebeltröpfchen (10 – 50 μm Durchmesser) werden in mit Wasser gesättigter Atmosphäre (relative Feuchtigkeit 100 %) gebildet durch Kondensation an Aerosolpartikel (Abbildung 4.1). Die Nebeltröpfchen absorbieren Gase wie NO_x, SO_2, NH_3, HCl. Die Wassertröpfchen sind ein besonders günstiges Milieu für die Oxidation des SO_2 zu H_2SO_4. Der Flüssigwassergehalt eines typischen Nebels ist oft in der Grössenordnung von 10^{-4} Liter Wasser pro m³ Luft, so dass die Konzentration der Ionen und Säuren oft 10 – 50 Mal grösser sind als diejenigen des Regens (Abbildung 2.11). Während Wolken substantielle Luftvolumina umsetzen und Gase und Aerosole über grössere Distanzen aufnehmen, sind Nebeltröpfchen wichtige Kollektoren von lokalen Verunreinigungssubstanzen in der Nähe der Erdoberfläche.

SO_2- und NH_3-Absorption

Wir werden nun einen typischen Nebel "synthetisieren", indem wir in einer Gasphase zuerst equimolare Mengen von NH_3 und SO_2 (je 5×10^{-7} mol m⁻³) zugeben. Ebenso wird dann pro m³ Luft 10^{-4} ℓ Wasser zugegeben und der Nebel auskondensiert. Wir betrachten das System als geschlossen und gemischt, d.h. die Nebeltröpfchen können höchstens die ursprünglich vorhandene Gasmenge in die Wasserphase aufnehmen. Wir werden dann die Zusammensetzung des Nebels durch Zugabe von Säuren, z.B. HNO_3(g) (aus der Gasphase, wo es durch Oxidation des NO_x entstanden ist) und HCl(g) (aus der Emission einer Kehrichtverbrennungsanlage) und Basen (Alkalinität von Staub oder Flugasche) verändern. Unser Gassystem (hypothetisch geschlossen bezüglich SO_2 und NH_3) steht unter dem Einfluss des CO_2, wobei wir wegen der Grösse des CO_2-Reservoirs $p_{CO_2} = 10^{-3.5}$ atm = konstant (also bezüglich CO_2 ein offenes System) annehmen.

Die Aufgabe entspricht der Kombination der Auflösung von NH_3 und SO_2. Das Tableau 4.4 fasst die Aufgabe zusammen. NH_3 und SO_2 sind entsprechend den Tableaux 4.2 und 4.3 angegeben; die Summe der starken Base

TABLEAU 4.4 Genese eines Nebeltröpfchens: Auflösung von $SO_{2(g)}$, $NH_{3(g)}$, CO_2, starker Säuren und Basen

Komponenten:	$SO_2 \cdot H_2O$	$NH_{3(aq)}$	$CO_{2(g)}$	H^+	C_B^+	C_A^-	log K
Spezies:							
$SO_2 \cdot H_2O$	1						0
HSO_3^-	1			-1			-1.89
SO_3^{2-}	1			-2			-9.09
$(SO_2)g/q$	1						1.51 −log q
$NH_{3(aq)}$		1					0
NH_4^+		1		1			9.2
$(NH_3)g/q$		1					-0.14 −log q
$H_2CO_3^*$			1				-1.47
HCO_3^-			1	-1			-7.77
CO_3^{2-}			1	-2			-18.1
$CO_{2(g)}$			1				0
C_B^+					1		0
C_A^-						1	0
OH^-				-1			-14
H^+				1			0

Zusammensetzung:

$$\frac{SO_{2(tot)}}{q} = 5 \times 10^{-3} \text{ mol } \ell^{-1}$$

$$\frac{NH_{3(tot)}}{q} = 5 \times 10^{-3} \text{ mol } \ell^{-1}$$

$$p_{CO_2} = 10^{-3.5} \text{ atm}$$

	C_B^+	C_A^-
a)	0	0
b)	5×10^{-3} M	5×10^{-3} M

Tot SO_2 = $[SO_2 \cdot H_2O] + [HSO_3^-] + [SO_3^{2-}] + (SO_2)g/q$ = 5×10^{-3} mol ℓ^{-1}

Tot NH_3 = $[NH_{3(aq)}] + [NH_4^+] + (NH_3)g/q$ = 5×10^{-3} mol ℓ^{-1}

Tot H = $[H^+] + [NH_4^+] - [HSO_3^-] - 2[SO_3^{2-}] - [HCO_3^-] - 2[CO_3^{2-}] - [OH^-]$ = $C_A^- - C_B^+$

a) Tot H = 0

b) Tot H = 5×10^{-3} mol ℓ^{-1}

ist durch die zusätzliche Komponente C_B^+ angegeben, die den Kationen (z.B. Ca^{2+} für $CaCO_3$) der basischen Komponenten entspricht und die Summe der starken Säuren C_A^-, die den Anionen der starken Säuren (z.B. Cl^- für HCl) entspricht. Die Konstruktion des Gleichgewichts-Diagramms ist die Superposition der entsprechenden Diagramme der Abbildungen. 4.4c, 4.7b und 3.1. Abbildung 4.10 gibt die Gleichgewichtszusammensetzung als Funktion des pH und die Titrationskurve des Systems. Wie in Abbildung 4.10 dargestellt wird, ist die Pufferung des heterogenen Gas-Wassersystems vor allem auf die Komponenten der Gasphase (NH_3 oberhalb pH 5 und SO_2 unterhalb pH 5) zurückzuführen. Im ersten Fall, mit Tot H = 0 ergibt sich der pH aus dem Punkt mit $[NH_4^+] \approx [HSO_3^-]$, d.h. pH = 6.3. Im zweiten Fall mit Tot H = 5 × 10^{-3} mol/ℓ (z.B. durch Einwirkung von $(HCl)_g$ = 5 × 10^{-7} mol/m³) ergibt sich pH = 3.8. (Vgl. Abbildung 4.10).

Die "Synthese des Nebeltröpfchens" kann nun weitergeführt werden, indem das SO_2 durch ein Oxidationsmittel "O" zu H_2SO_4 oxidiert wird

$$SO_2 + \text{"O"} + H_2O = SO_4^{2-} + 2H^+ \tag{32}$$

O_2, H_2O_2, und O_3 kommen als Oxidationsmittel in Frage (vgl. Kapitel 8.7). Beim Nebel wird das H_2O_2 sehr schnell aufgezehrt und in Abwesenheit von Sonnenlicht (Winter) nur langsam neu gebildet. Es ist wahrscheinlich, dass im Nebel das SO_2 durch Ozon oxidiert wird. Die Reaktionsgeschwindigkeit ist abhängig von der Konzentration der einzelnen S(IV)–Spezies, d.h. stark pH-abhängig:

$$-\frac{d[S(IV)]}{dt} = \frac{d[SO_4^{2-}]}{dt} = \left(k_0[SO_2 \cdot H_2O] + k_1[HSO_3^-] + k_2[SO_3^{2-}]\right) \cdot [O_3(aq)] \tag{33}$$

Die Oxidationsgeschwindigkeit mit Ozon nimmt mit zunehmendem pH stark zu. (Vgl. Kapitel 8.7 für eine quantitative Behandlung der Oxidationskinetik.)

Wie aus Gleichung (32) hervorgeht, werden für jedes SO_2, das oxidiert wird, zwei Protonen freigesetzt. Dies ist äquivalent einer starken Säure. Mit jedem SO_4^{2-}, das gebildet wird, verschiebt sich wegen der dabei gebildeten Protonen die Gleichgewichts-Zusammensetzung entlang der ausgezogenen Titrationskurve. Das NH_3 ist hier von grösster Bedeutung:

1. es reguliert den pH in der wässrigen Phase;
2. das NH_3 in der Gasphase puffert die wässrige Lösung gegen die schnelle Absenkung des pH (je tiefer der pH, desto langsamer die Oxidationsrate

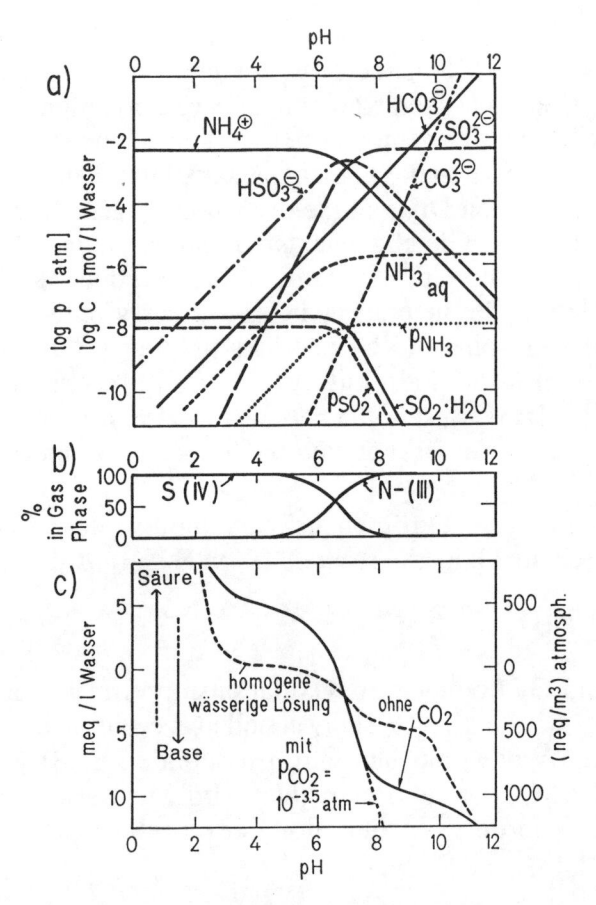

Abbildung 4.10

a) *Gleichgewichtsdiagramm eines Nebel-Luft-Systems (vgl. Tableau 4.4). Das System ist bezüglich SO_2 (TOTHSO$_3$ = 5×10^{-7} mol S(IV) pro m^3) und bezüglich NH_3 (TOTNH$_4$) = 5×10^{-7} mol N(–III) pro m^3) geschlossen, aber in Bezug auf CO_2 (p_{CO_2}) = $10^{-3.5}$ atm = konstant) offen. Der Flüssigwassergehalt ist 10^{-4} ℓ Wasser m^{-3}.*

b) *Der Prozentsatz von TOTNH$_4$ als $NH_3(g)$ und von TOTHSO$_3$ als $SO_2(g)$.*

c) *Die Titrationskurve mit starker Säure oder Base. (Es ist übersichtlicher, wenn das Bild c) um $90°$ gedreht wird.) Die ausgezogene Kurve entspricht der Gleichung für Tot H von Tableau 4.4, wobei die Carbonatspezies die Titrationskurve nur oberhalb pH = 8 beeinflussen. Die gestrichelte Kurve ist die Titrationskurve für eine homogene wässrige NH_4HSO_3-Lösung ($SO_2 \cdot H_2O$ und NH_3 werden als nicht-flüchtig behandelt):*

$$TOT\ H = C_{Acid} - C_{Base} = [SO_2 \cdot H_2O] + [H^+] - [NH_3 \times aq] - [OH^-]$$

Der Unterschied in der Pufferung (dC_{Base}/dpH) des heterogenen Systems gegenüber dem wässrigen System ist beachtlich. Offensichtlich puffert das NH_3 in der Gasphase oberhalb pH = 5 und das SO_2 in der Gasphase unterhalb pH = 5.

Die Genese eines Nebeltröpfchens 153

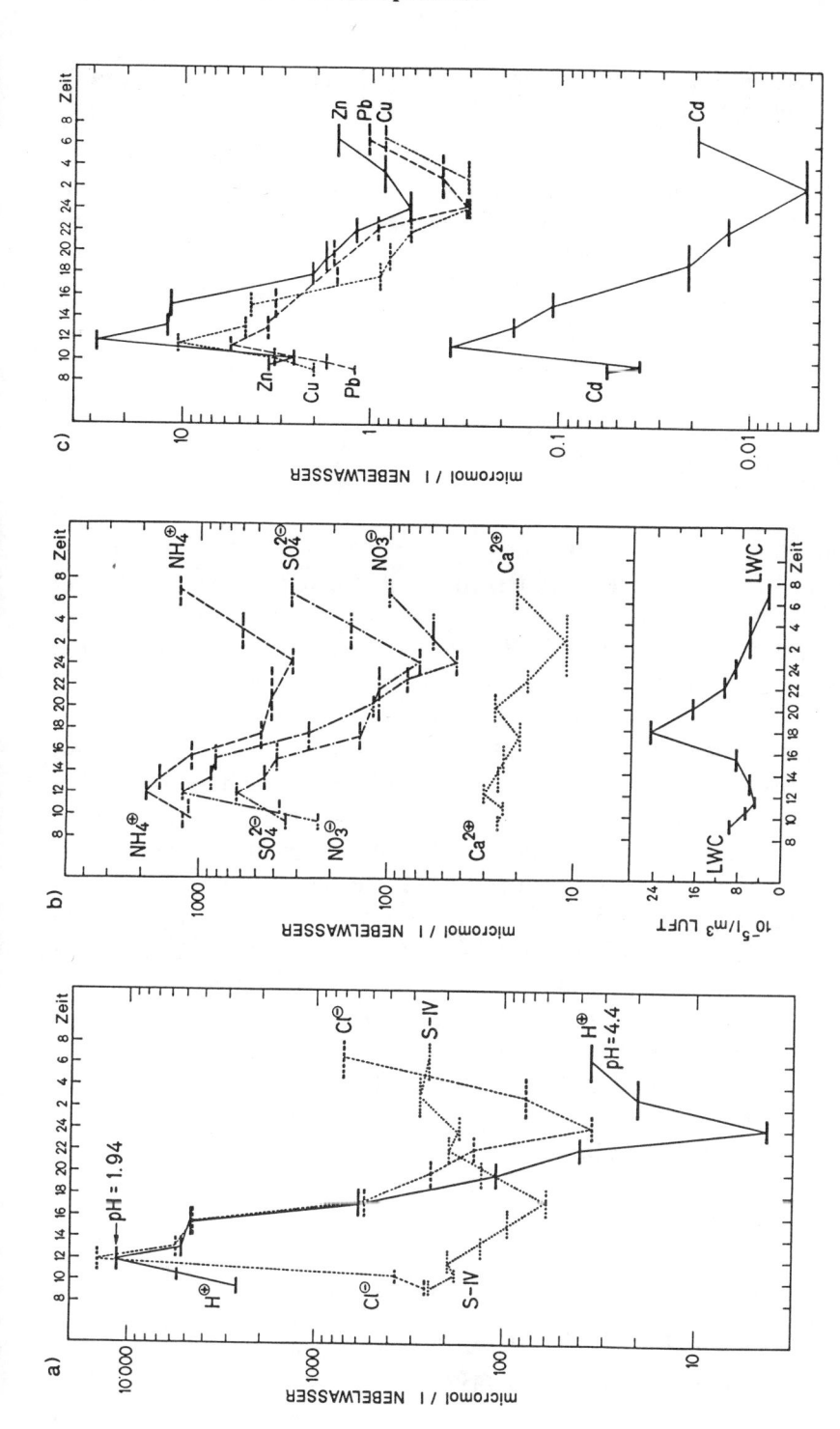

Abbildung 4.11
Beispiel für die Zusammensetzung des Nebelwassers in einem Strahlungsnebel in Dübendorf, in Funktion der Zeit (LWC = Flüssigwassergehalt) (Sigg et al., Chimia **41**, 159-165, 1987)

mit O_3: unterhalb pH ≈ 5 ist die Oxidation so langsam, dass sie innerhalb der Nebeldauer nicht mehr auftritt): und

3. das $NH_3(g)$ bestimmt die Säurenneutralisierungskapazität des Systems.

Ein Beispiel der chemischen Zusammensetzung eines Kondensationsnebels in Dübendorf ist in Abbildung 4.11 wiedergegeben. In diesem Fall hat die Einwirkung von HCl(g) – wahrscheinlich aus einer Kehrichtverbrennungsanlage ca. 3 km nördlich – zu einer vorübergehenden Absenkung des pH im Nebelwasser bis hinunter zu pH 1.94 geführt.

4.4 Aerosole

Atmosphärische Aerosole sind wichtige Nuclei für die Kondensation von Wassertropfen (Wolken, Regen, Nebel) in der Atmosphäre. Die Auflösung der wasserlöslichen Aerosolkomponenten trägt zur Zusammensetzung der Wasserphase bei (z.B. NH_4NO_3, $(NH_4)_2SO_4$). Aus diesem Grunde gehen wir – allerdings sehr kurz – auf die Chemie der Aerosole ein. Aerosole können, zusätzlich zu den Schadstoff-Gasen, einen substantiellen Teil der atmosphärischen Komponenten enthalten, die ultimativ in Form von Nass- und Trockendepositionen (vgl. Kapitel 2.11) auf die Erdoberfläche zurückkommen. Sie treten auf mit Partikelgrössen von ca. 0.01 µm bis hinauf zu wenigen 100 µm. Primäre Aerosole bestehen aus Staub- oder Rauchteilchen, während sekundäre Aerosole in der Atmosphäre aus Bestandteilen der Gasphase gebildet werden. Abbildung 4.12 gibt ein vereinfachtes Schema über die Grössenverteilung der Aerosole wieder. Die sauren und "neutralen" Komponenten, insbesondere die Ammoniumsulfat- und Ammoniumnitrataerosole kommen in den feinen Aerosolen vor, während die Aerosole mit grösserem Durchmesser wegen ihrem Anteil an Staub und Flugasche eher neutral bis alkalisch sind. Schwermetalle und viele organische Komponenten, u.a. auch polyzyklische aromatische Kohlenwasserstoffe und andere toxische Verbindungen wie Nitrophenole, sind in den Aerosolen enthalten.

Die Bildung von Sulfat- und Nitrataerosolen

Folgende Reaktionen von Gasphasekomponenten führen zu Aerosolen:

$$H_2SO_4(g) + 2\,NH_3(g) \rightleftharpoons \{(NH_4)_2SO_4\}_{aerosol} \qquad (34)$$

$$H_2SO_4(g) + NH_3(g) \rightleftharpoons \{NH_4HSO_4\}_{aerosol} \qquad (35)$$

Aerosole

$$HNO_3(g) + NH_3(g) \rightleftharpoons \{NH_4NO_3\}_{aerosol} \qquad (36)$$

$$HCl(g) + NH_3(g) \rightleftharpoons \{NH_4Cl\}_{aerosol} \qquad (37)$$

oder:

$$H_2SO_4(g) + 2\,HNO_3(g) + 4\,NH_3(g) \rightleftharpoons$$
$$\{(NH_4)_2SO_4 \cdot 2\,NH_4NO_3\}_{aerosol} \qquad (38)$$

$$H_2SO_4(g) \rightleftharpoons \{H_2SO_4(\ell)\}_{aerosol} \qquad (39)$$

Gemischte Aerosole werden auch erhalten, z.B.

$$\{(NH_4)_2SO_4 \cdot 2\,NH_4NO_3\}_{aerosol} \rightleftharpoons$$
$$\{(NH_4)_2SO_4\}_{aerosol} + 2\,HNO_3(g) + 2\,NH_3(g) \qquad (40)$$

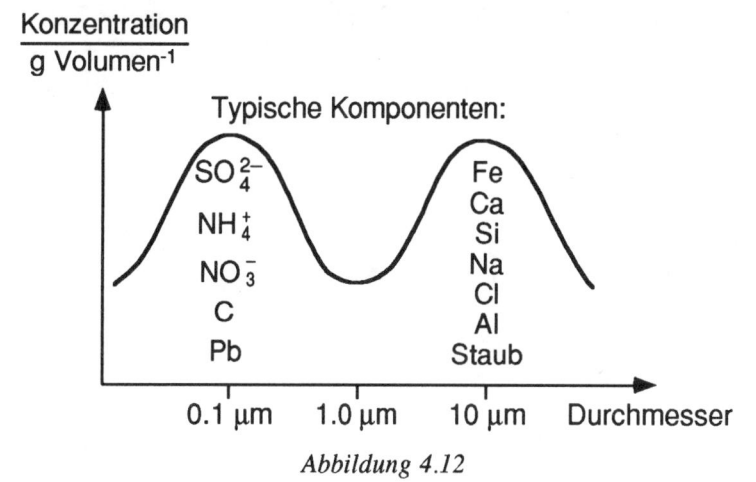

Abbildung 4.12
Schematische Grössenverteilung der Aerosole
Die typischen Sekundäraerosole, die aus NH_3 und den Säuren H_2SO_4 und HNO_3 gebildet werden, gehören zu den feinen ($d < 1$ μm) Aerosolen.

Diese atmosphärischen Ammoniumaerosole (d = 0.3 – 1 μm) sind bei tiefer Feuchtigkeit als Feststoffe vorhanden. Die Reaktionen (34) – (38) sind den Fällungsvorgängen vergleichbar. Die Gleichgewichte können im Sinne von Gleichgewichtskonstanten formuliert werden, z.B. für die Reaktion (34) oder (36) gelten:

$$K_p\,(34) = p_{NH_3}^2 \cdot p_{H_2SO_4} = 2.33 \times 10^{-38}\ \text{atm}^3\ (25\,°C) \qquad (41)$$

$$K_p(36) = p_{NH_3} \cdot p_{HNO_3} = 3.03 \times 10^{-17} \text{ atm}^2 \text{ (25 °C)} \tag{42}$$

Die Aerosole werden relativ schnell gebildet, sobald das Produkt der Partialdrucke überschritten wird. Die Konstanten sind stark temperaturabhängig.

In feuchter Luft werden die in den Reaktionen (34) – (39) aufgeführten Aerosole in Tröpfchen umgewandelt (Deliqueszenz); z.B. oberhalb 75 % relative Feuchtigkeit (5 °C). Für flüssige Aerosole können ebenfalls Gleichgewichtskonstanten wie (41), (42) definiert werden; sie sind aber stark von der relativen Feuchtigkeit abhängig. Die flüssigen Aerosole sind äusserst konzentriert (Salzlösungen bis zu 26 M).

Die Ammoniumsulfat- und Ammoniumnitrat-Aerosolbildung ist eine Säure/Base-Reaktion der Atmosphäre. Das Ammoniak neutralisiert die Säuren. Die Schwefelsäure hat einen sehr tiefen Dampfdruck ($< 10^{-7}$ atm) und besteht deshalb in der Atmosphäre als feine flüssige Partikel, die mit NH_3 und H_2O reagieren (Reaktion (34)).

Falls in der Atmosphäre $NH_3 < 2$ (SO_4^{2-}), werden die sauren Aerosole NH_4HSO_4 und H_2SO_4 vorherrschen. Wenn andererseits $NH_3 > 2$ (SO_4^{2-}), wird H_2SO_4 neutralisiert (Bildung von $(NH_4)_2SO_4$). Bei der Bildung von Wassertröpfchen tragen dann die NH_4HSO_4 und H_2SO_4-Aerosole zur H-Acidität in der Wasserphase bei.

Beispiel 4.4
Auflösung von Aerosolen im Nebelwasser

Es werden folgende Aerosolkonzentrationen vor der Nebelbildung gemessen:

NH_4NO_3 2×10^{-8} mol/m^3

$(NH_4)_2SO_4$ 5×10^{-8} mol/m^3

Welche Konzentrationen ergeben sich daraus im Nebelwasser (Flüssigwassergehalt = 1×10^{-4} ℓ m^3), wenn diese Aerosole zu 80 % in den Nebeltröpfchen gelöst werden?

$$[NO_3^-] = \frac{2 \times 10^{-8} \times 0.8}{1 \times 10^{-4}} = 1.6 \times 10^{-4} \text{ M}$$

$[SO_4^{2-}] = 4 \times 10^{-4}$ M

$[NH_4^+] = 9.6 \times 10^{-4}$ M

Dieses Beispiel illustriert, dass hohe Konzentrationen von NH_4^+, NO_3^-, SO_4^{2-} aus der Auflösung der Aerosole im Nebel resultieren. Gelöstes NH_4^+ setzt sich ins Gleichgewicht mit NH_3 in der Gasphase.

4.5 Saure Traufe – Saure Seen

Die Konzentrationen an überschüssiger Säure in atmosphärischen Niederschlägen sind in Mitteleuropa ähnlich hoch wie in Skandinavien. Die Konsequenzen saurer Niederschläge sind in Mitteleuropa im Vergleich zu Skandinavien und Teilen Nordamerikas eher gering, da unsere Böden und Sedimente fast überall hohe Anteile an Carbonaten enthalten, die eine rasche Neutralisierung der überschüssigen Säuren bewirken. In der Schweiz gibt es nur wenige Gebiete mit ausschliesslich kristallinem Gestein, vor allem auf der Südseite der Alpen, im Tessin. Die Konsequenzen saurer Niederschläge zeigen sich dort in einigen Bergseen, vor allem im Bereich der Wasserscheiden im oberen Maggiatal und im Verzascatal.

Die Verwitterung der kristallinen Gesteine (Granite, Gneise, Glimmerschiefer), d.h. die Reaktion von überschüssiger Säure (H^+-Ionen) mit den Basen dieser Gesteine erfolgt viel langsamer als die Auflösung von Carbonaten. Deshalb kommen in diesen Berggebieten saure Seen vor. Solche Bergseen sind vor allem dann sauer, wenn die Aufenthaltszeit des sauren Regen- oder Schneewassers im Einzugsgebiet relativ kurz ist. Da auch die Bodenbedeckung vor allem aus Felsbrocken und Festgesteinen, und kaum aus feinverteiltem Bodenmaterial besteht, hat das Wasser wenig Zeit, mit den Gesteinen zu reagieren.

Abbildung 4.13 zeigt als Beispiel die Zusammensetzung einiger Tessiner Bergseen im oberen Teil des Maggiatals. Das Einzugsgebiet der Seen Zota und Cristallina besteht ausschliesslich aus kristallinem Gestein (Granit, Gneiss), während im Einzugsgebiet des Sees Val Sabbia auch Bündner Schiefer und Dolomit vorkommen; der See Piccolo Naret befindet sich dazwischen und ist wahrscheinlich durch Dolomit beeinflusst. Die Seen Cristallina und Zota sind durch fehlende Alkalinität, pH < 5.3, und mineralische Acidität gekennzeichnet. Die Seen Val Sabbia und Piccolo Naret haben hingegen Alkalinitäten von 130 µeq/ℓ bzw. 50 µeq/ℓ.

Durch die Verschiebung zu tieferen pH-Werten werden Löslichkeits- und Adsorptionsgleichgewichte verschiedener Elemente beeinflusst. Insbesondere ist die pH-abhängige Veränderung der Löslichkeit von Aluminium von Bedeutung (Abbildung 4.14). Die Konzentration des freien Al^{3+} nimmt mit abnehmendem pH entsprechend dem Gleichgewicht mit Aluminiumhydroxid (Gibbsit) zu. In empfindlichen Gewässern wird mit der pH-Abnahme eine Zunahme der gelösten Aluminiumkonzentration beobachtet, die toxische Effekte auf verschiedene Organismen (insbesondere Fische) hat. Auch die gelösten Konzentrationen von Schwermetallen wie Cadmium, Kupfer nehmen mit abnehmendem pH zu.

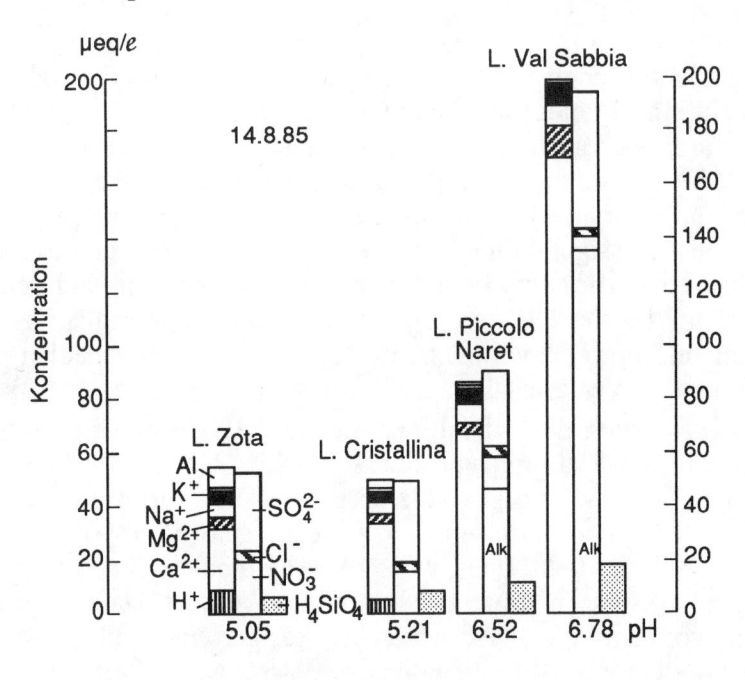

Abbildung 4.13
Zusammensetzung einiger Tessiner Bergseen im kistallinen Einzugsgebiet

Ökologische Auswirkungen

In Gebieten mit empfindlichen Gewässern (insbesondere in Skandinavien) wurden die Versauerung der Gewässer und die damit zusammenhängenden ökologischen Schäden (Verschwinden empfindlicher Fischspezies, Störung der Nahrungskette) schon längere Zeit beobachtet.

Eine experimentelle Studie in Kanada (Schindler et al., 1985) zeigt folgende biologische Effekte der sukzessiven Ansäuerung eines Sees, wobei der pH von 6.8 auf 5.1 innerhalb von 8 Jahren gesenkt wurde:
- Verschiebung der Speziesverteilung von Phytoplankton und Zooplankton;

- Beeinträchtigung der Nahrungskette;
- Beeinträchtigung der Reproduktion der Fische;
- Schäden an den verbleibenden Fischen.

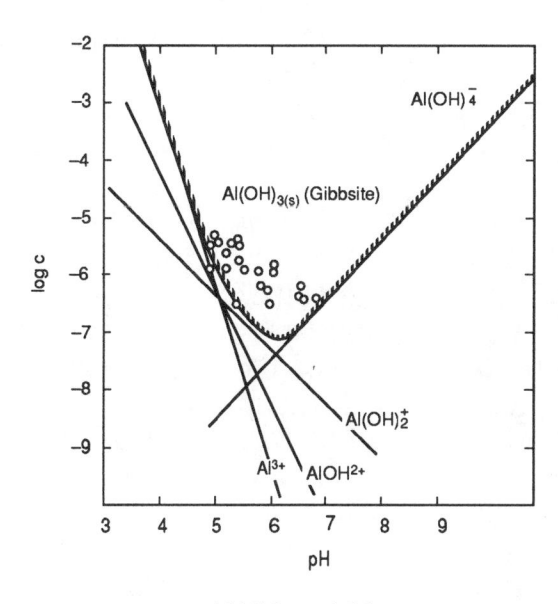

Abbildung 4.14
Löslichkeit von Aluminium als Funktion des pH; die ausgezogenen Linien sind aufgrund der thermodynamischen Konstanten berechnet, die Punkte wurden in verschiedenen Tessiner Bergseen gemessen.

Frühwarnsysteme der Natur

Die Atmosphäre ist ein wichtiges Förderband nicht nur für die potentiellen starken Säuren, sondern auch für viele Substanzen, die die aquatischen und terrestrischen Ökosysteme gefährden. Regenwasser enthält in dicht besiedelten Gebieten in der Regel höhere Konzentrationen an gelösten Schwermetallen als unsere Oberflächengewässer. Die atmosphärische Belastung des Bodensees mit Schwermetallen ist um ein bis zwei Grössenordnungen grösser als diejenige der Ozeane. Saure Seen und schlecht wachsende Bäume sind Indikatoren für die Verunreinigung der Atmosphäre. Sie sind Warnsysteme, die uns anthropogene Störungen wichtiger hydrogeochemischer Kreisläufe anzeigen.

Weitergehende Literatur

BARD, J. und JUTZI, W. (Hrsg.) *Luftschadstoffe und ihre Erfassung,* Band 2: E. SCHÜPBACH und H. WANNER, "Luftschadstoffe und Lufthaushalt", Verlag der Fachvereine, Zürich, 1992.

CRUTZEN, P.J.; "Menschliche Einflüsse auf das Klima und die Chemie der globalen Atmosphäre, in: *Das Ende des blauen Planeten?,* (P.J. Crutzen und M. Müller, Hrsg.), Beck, München, 1989.

GRAEDEL, T.E. und CRUTZEN, P.J.; *Atmospheric Change, an earth system perspective,* W.H. Freeman, New York, 1993.

JACOB, D.J., MUNGER, J.W., WALDMAN, J.M., und HOFFMANN, M.R.; *The H_2SO_4-HNO_3-NH_3 system at high humidities and in fogs,* J. Geophys. Res. **91**/D1, 1073-1088 und 1089-1096, 1986.

SCHINDLER, D.W., MILLS, K.H., MALLEY, D.F., FINDLAY, D.L., SHEARER, J.A., DAVIES, I.J., TURNER, M.A., LINSEY, G.A. UND CRUIKSHANK, D.R.; *Long-term ecosystem stress: the effects of years of experimental acidification on a small lake,* Science **228**, 1395-1401, 1985.

SCHLESINGER, W.H.; *The Atmosphere* (Kapitel 3) in: *Biogeochemistry, an Analysis of Global Change,* S. 40-71, Academic Press, San Diego, 1991.

SIGG, L., W. STUMM, J. ZOBRIST UND F. ZÜRCHER; *The Chemistry of Fog; Factors regulating its Composition,* Chimia **41**, 159-165, 1987.

ZOBRIST, J., JACQUES, C.; "Probenahme und Analytik atmosphärischer Depositionen", in: *Luftschadstoffe und ihre Erfassung* (W. Jutzi, Hrsg.) Verlag der Fachvereine, 17-24, 1991.

Übungsaufgaben

1) Ein Liter Wasser (pH = 5) in einer geschlossenen Zehnliterflasche enthält anfänglich 1 µg/ℓ der folgenden Substanzen:
   Toluol (log K_H = –0.83)
   Essigsäure (log K_H = 2.88)
   2,4-Dinitrolphenol (log K_H = 3.5)
   elementares Quecksilber (log K_H = –1.09)
   Welche Anteile dieser Substanzen bleiben bei Gleichgewicht mit der Gasphase im Wasser?

2) *Welches ist der pH und wie ist die Zusammensetzung von Regentropfen, die im Gleichgewicht mit dem CO_2-Gehalt der Atmosphäre p_{CO_2} = 3.4×10^{-4} atm und einem NH_3-Partialdruck von p_{NH_3} = 10^{-8} atm sind?*
   Die Temperatur ist 10 °C. Die Konstanten für 10 °C sind:
   $K_H (CO_2)$ = 5.37×10^{-2} M atm^{-1},
   $K_H (NH_3)$ = 120 M atm^{-1},
   Aciditätskonstanten $K_{NH_4^+}$ = 1.9×10^{-10},
   $K_{H_2CO_3^*}$ = 3.5×10^{-7},
   $K_{HCO_3^-}$ = 3.2×10^{-11},
   K_W = 0.4×10^{-14}

3) Ein Kanalisationssystem enthält 10 Liter anoxisches Wasser pro m³ Volumen (es wird als geschlossenes System betrachtet). Die totale Konzentration an Sulfid ($H_2S + HS^- + S^{2-}$) ist $S(-II)_T = 1 \times 10^{-4}$ mol m^{-3}. *Welcher Anteil davon wird in der Gasphase als $H_2S(g)$, in Funktion des pH-Wertes des Wassers, zu finden sein? Konstanten siehe Tabelle 4.1.)*

4) Atmosphärische Wassertröpfchen (10^{-4} ℓ/m³ Atmosphäre) enthalten total 10^{-8} mol/m³ NH_4^+ und 5×10^{-9} mol/m³ SO_2.
   i) *Welches ist der pH des atmosphärischen Wassers vor und nach der Oxidation des SO_2 durch H_2O_2?*
   ii) *Welches ist die Acidität der Wassertröpfchen vor und nach der Oxidation des SO_2?* (dabei ist der Referenzzustand für die Acidität anzugeben).
   iii) *Nach Deposition der Wassertröpfchen auf dem Boden wird das NH_4^+ zu NO_3^- nitrifiziert. Welches ist die gesamte Acidität, die aus der Deposition der Schadstoffe aus einem m³ Atmosphäre stammt?*

5) *Welches ist die ungefähre Alkalinität, (Null, positiv, negativ) des Wolkenwassers unter oxischen Bedingungen (d.h. wenn SO_2 oxidiert ist zu SO_4^{2-}), wenn in einem geschlossenen System anfänglich (mit einem Flüssigwassergehalt von 10 cm³ Wasser pro m³ Atmosphäre) 10^{-7} mol NH_3 pro m³ und 2×10^{-7} mol SO_2 pro m³ vorliegt?*

6) In einem geschlossenen Gassystem (25 °C) sind anfänglich vorhanden $NH_3(g)$ ($p_{NH_3} = 10^{-6}$ atm) und $HNO_3(g)$ ($p_{HNO_3} = 5 \times 10^{-7}$ atm).
Wieviel NH_3 und HNO_3 bleibt nach Bildung der Aerosole ($K_p = 3 \times 10^{-17}$ atm²) in der Gasphase zurück?

7) In der nachstehenden Abbildung sind die Konzentrationen von NH_4^+ und SO_4^{2-}, die jeweils in verschiedenen Nebelproben gefunden wurden, aufgetragen. (aus Sigg L. et al., Chimia **41**, 159-165, 1987).
Welche Erklärungsmöglichkeiten gibt es für die Korrelation zwischen $[NH_4^+]$ und $[SO_4^{2-}]$?

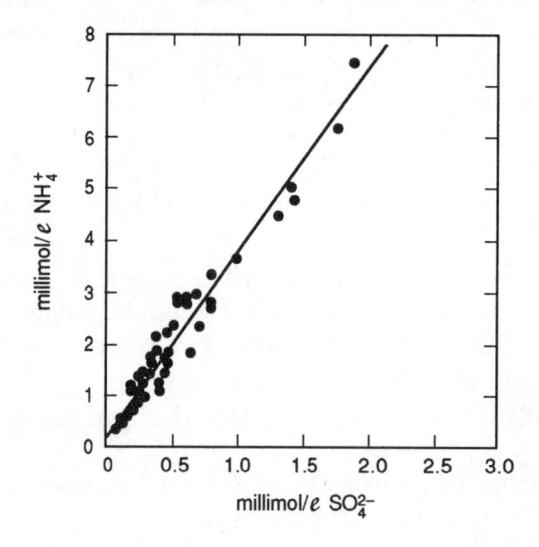

KAPITEL 5

Zur Anwendung thermodynamischer Daten und der Kinetik

5.1 Thermodynamische Daten – Einleitung

Für eine Darstellung der Thermodynamik verweisen wir auf Lehrbücher. Wir beschränken uns hier darauf, vorerst zu illustrieren, wie thermodynamische Daten, z.B. Daten über die molare freie Bildungsenthalpie (Gibbs, partial molar free energy of formation), über die molare Bildungs-enthalpie (= Reaktionswärme bei konstantem Druck und Temperatur; standard partial molar enthalpy of formation) verwendet werden können, um Gleichgewichtskonstanten zu berechnen und um abzuleiten, welche Reaktion unter vorgegebenen Bedingungen "spontan" ablaufen. Eine "spontane" Reaktion ist eine, die thermodynamisch möglich ist; ob die Reaktion in einem gewissen Zeitabschnitt abläuft, lässt sich daraus aber nicht ableiten.

5.2 Freie Reaktionsenthalpie, chemisches Potential und chemisches Gleichgewicht

Die von Gibbs eingeführte *totale freie Energie* des Systems, G, ist die Summe der freien Energien seiner Bestandteile. Uns interessieren vor allem die verschiedenen chemischen Spezies des Systems. Z.B. gilt für eine Kohlensäurelösung:

$$G = n_{H_2O} \mu_{H_2O} + n_{H_2CO_3^*} \mu_{H_2CO_3^*} + n_{H^+} \mu_{H^+} + n_{OH^-} \mu_{OH^-} +$$

$$n_{HCO_3^-} \mu_{HCO_3^-} + n_{CO_3^{2-}} \mu_{CO_3^{2-}}$$

wobei

n = Anzahl Mole jeder Spezies und
μ_i = entsprechende molare freie Energie oder entsprechendes *chemisches Potential*

Allgemein gilt:

$$G = \sum_i n_i \mu_i \tag{1a}$$

Dementsprechend ist das chemische Potential der Spezies i definiert durch

$$\mu_i = \left(\frac{\partial G}{\partial n_i}\right)_{T,P,n_j \neq n_i} \tag{1b}$$

d.h. die infinitesimale Zunahme der totalen freien Energie des Systems durch die Zugabe einer infinitesimalen Menge der Spezies i, wobei Druck und Temperatur und die Zusammensetzung (ausser Spezies i) konstant gehalten werden.

Die Abhängigkeit des chemischen Potentials μ_A einer Spezies A von der Aktivität {A} (bei gegebenem P, und T) ist gegeben durch:

$$\mu_A = \mu_A^o + RT \ln \frac{\{A\}}{\{A\}_o} \tag{2}$$

wobei μ_A^o das chemische Potential beim Standardzustand für $\{A\}_o = 1$ ist. Der Standardzustand für $\{A\}_o$ ist wählbar (z.B. 1 mol ℓ^{-1}, 1 mol kg^{-1}, Molenbruch = 1, 1 atm); er setzt fest, welches die Aktivität {A} ist, damit $\mu_A = \mu_A^o$ (vgl. Anwendung im Kapitel 2.9).

Bei *Gleichgewicht* gilt für alle möglichen chemischen Reaktionen

$$\Delta G = \sum_i n_i \mu_i = 0 \tag{3}$$

Der Gleichgewichtszustand gibt gewissermassen die Randbedingungen, denen das System (schnell, langsam oder unendlich langsam) zustrebt. Bekanntlich gilt:

$$\Delta G = \Delta H - T\Delta S$$

d.h., etwas vereinfacht ausgedrückt, dass bei konstantem Druck und Temperatur ΔG die Veränderung in der freien Reaktionsenthalpie (Gibbs free energy)

– entsprechend der maximalen Nutzarbeit des Systems – gleich ist der Tendenz, die Enthalpie (ΔH) zu vermindern minus die Tendenz, die Entropie des Systems zu vergrössern ($T\Delta S$). Chemische Reaktionen in einem System laufen bei konstanter Temperatur und bei konstantem Druck nur in Richtung verminderter freier Reaktionsenthalpie ab ($\Delta G < 0$).

Die Theorie des thermodynamischen Gleichgewichts ist sehr geeignet, um die verschiedenen Variablen zu identifizieren, welche die Zusammensetzung chemisch natürlicher Systeme umschreiben; sie ist ein Ordnungsprinzip, das häufig ermöglicht, von der Komplexität der Natur zu abstrahieren. Der Vergleich zwischen einem Gleichgewichtsmodell und dem realen System ermöglicht festzustellen, inwieweit Nicht-Gleichgewichtsbedingungen vorliegen, oder ob analytische Daten mangelhaft oder nicht genügend spezifisch sind. Der Unterschied zwischen Gleichgewichtsmodell und realem System ermöglicht dann bessere Modelle, z.B. "steady state"-Modelle zu entwickeln.

Selbstverständlich sind natürliche *Gewässer offene und dynamische Systeme* mit verschiedenen Inputs und Outputs von Energie (man denke an die Sonnenenergie oder die Photosynthese) für die der Gleichgewichtszustand eine "Konstruktion" darstellt. Aber das Konzept der freien Reaktionsenthalpie ist auch im dynamischen System von grosser Bedeutung.

Zusätzlich müssen wir berücksichtigen, dass auch in einem dynamischen System gewisse Bestandteile des Systems – z.B. Säure-Base und andere Koordinationsreaktionen oder ein lokaler Bereich (man spricht in der Geochemie vom "lokalen" Gleichgewicht) – im Gleichgewicht stehen.

Metastabiles Gleichgewicht

Aus der Mechanik kennen wir die Begriffe der Stabilität, Instabilität und Metastabilität: Eine Kugel in der energetisch tiefsten Lage, in einem Tal, ist im stabilen Gleichgewicht. Wird sie durch eine Kraft aus dieser Lage entfernt, kehrt sie von selbst wieder in die Position des stabilen Gleichgewichts zurück. Eine Kugel in einem Zwischenminimum – aber nicht in der energetisch tiefsten Lage – ist in einem metastabilen Gleichgewicht. Wird sie nur wenig aus ihrer Ruhelage entfernt, so geht sie von selbst in diese zurück. Bei einer stärkeren Auslenkung geht sie aber in den Zustand des stabilen Gleichgewichtes zurück.

Bei chemischen Reaktionen müssen wir oft metastabile Gleichgewichte betrachten. Z.B. sind bei festem $CaCO_3$ verschiedene Kristallarten möglich. In einem natürlichen Wasser bei 25 °C ist das Aragonit thermodynamisch weniger stabil als Calcit. Unter bestimmten Bedingungen kann Aragonit gegenüber Calcit sich metastabil verhalten.

Die Gleichgewichtskonstante

Die Beziehung zwischen ΔG und der Zusammensetzung des Systems ergibt sich für die Reaktion

$$aA + bB \rightleftharpoons cC + dD \qquad (4a)$$

$$\Delta G = \Delta G^0 + RT \ln \frac{\{C\}^c \{D\}^d}{\{A\}^a \{B\}^b} \qquad (4b)$$

oder

$$\Delta G = \Delta G^0 + RT \ln Q$$

wobei ΔG^0 *Standard* freie Gibbs Energie (Reaktionsenthalpie) der Reaktion ist. ($\Delta G = \Delta G^0$ wenn $Q = 1$).

Bei Gleichgewicht ist $\Delta G = 0$, und der numerische Wert von Q wird gleich der Gleichgewichtskonstante

$$K \equiv Q_{eq} = \left(\frac{\{C\}^c \{D\}^d}{\{A\}^a \{B\}^b}\right)_{eq} \qquad (5)$$

Dann ist

$$\Delta G^0 = -RT \ln K \qquad (6a)$$

und

$$\Delta G = RT \ln \frac{Q}{K} \qquad (6b)$$

Die Gleichungen (5) und (6) sind von zentraler Bedeutung. Der Vergleich von Q (effektive Zusammensetzung) mit dem Wert von K (Gleichgewichtszusammensetzung) ermöglicht abzuklären, ob das System im Gleichgewicht ist ($\Delta G = 0$), ob die Reaktion spontan ist ($\Delta G < 0$) oder nicht möglich ($\Delta G > 0$).

ΔG^0 ergibt sich aus der Summe der freien Bildungsenthalpien der Produkte minus der Summe der freien Bildungsenthalpien der Edukte.

Freie Reaktionsenthalpie

$$\Delta G^\circ = \sum_i \nu_i \, G^\circ_{f\,\text{Produkte}} - \sum_i \nu_i \, G^\circ_{f\,\text{Edukte}} =$$

$$\sum_i \nu_i \, \mu^\circ_{i\,\text{Produkte}} - \sum_i \nu_i \, \mu^\circ_{i\,\text{Edukte}} \qquad (7)$$

wobei ν_i die stöchiometrischen Koeffizienten sind.

Die freien Bildungsenthalpien G°_f sowie die Daten für H°_f und $\overline{S}^\circ$ für wichtige Spezies sind im Appendix am Schluss des Kapitels enthalten.

Konventionen

Gleichgewichtskonstanten, K, und *Reaktionsquotienten*, Q sind so definiert, dass
- gelöste Bestandteile mit ihren Aktivitäten oder Konzentrationen (in der Regel mol/ℓ oder mol/kg Lösungsmittel);
- reine feste Phasen und Lösungsmittel mit der Aktivität =1; und
- Gaskomponenten mit ihrem Partialdruck (oder exakter mit ihrer Fugazität) in die Gleichungen eingesetzt werden.

Z.B. ist die *Gleichgewichtskonstante* für

$$SO_2\,(g) + H_2O(\ell) \rightleftharpoons SO_2 \cdot H_2O$$

definiert als

$$\{SO_2 \cdot H_2O\} / (p_{SO_2} \{H_2O\})$$

wobei

$\{H_2O\} = 1$ und p_{SO_2} = Partialdruck von SO_2 in atm;

oder der *Reaktionsquotient* für die Reaktion (der Suffix eff macht deutlich, dass es sich um effektive Konzentrationen handelt).

$$CaCO_3(s) + CO_2(g) + H_2O(\ell) \rightleftharpoons Ca^{2+} + 2\,HCO_3^-$$

$$Q = \frac{\{Ca^{2+}\}_{\text{eff}}\,\{HCO_3^-\}^2_{\text{eff}}}{p_{CO_2\,\text{eff}}\,\{CaCO_3(s)\}\,\{H_2O(\ell)\}}$$

wobei

{CaCO$_3$(s)} = 1, und

{H$_2$O} = 1

oder das *Gesetz von Henry* für die Löslichkeit von O$_2$ in Wasser:

O$_2$(g) ⇌ O$_2$(aq); K_H = {O$_2$(aq)} / p_{O_2} oder

O$_2$ (aq) = $K_H p_{O_2}$, wobei p_{O_2} = Partialdruck von O$_2$ (atm).

Beispiel 5.1
ΔG^0 und Gleichgewichtskonstante

i) Was ist ΔG^0 und die Gleichgewichtskonstante K für die Reaktion

$\frac{1}{2}$ O$_2$(g) + Mn^{2+} + H$_2$O (ℓ) = MnO$_2$(s) (Pyrolysit) + 2 H$^+$

Aus der Tabelle (siehe Anhang) sind folgende G_f^o-Werte (kJ mol^{-1}) erhältlich:

H$^+$: 0; MnO$_2$ (s) : –465.1; H$_2$O(ℓ) : –237.18; Mn^{2+}: –228.0; O$_2$(g) = 0

Dementsprechend ist

ΔG^0 = –465.1 – [(–237.18) + (–228.0)] = +0.08 kJ mol^{-1}

–log K = ΔG^0 / 2.3 RT = –0.08/5.7066 = 0.01;   K ≈ 1.0

ii) Berechne die Gleichgewichtskonstante (Löslichkeitsprodukt) von MnCO$_3$(s) (25 °C)

MnCO$_3$(s) = Mn^{2+} + CO$_3^{2-}$; K_{s0}

Die entsprechenden G_f^o-Werte sind:

MnCO$_3$ = –816.0 kJ mol^{-1}
Mn^{2+} = –228.0 kJ mol^{-1}
CO$_3^{2-}$ = –527.9 kJ mol^{-1}
ΔG^0 = –228.0 + (–527.9) – (–816.0) = 60.1 kJ mol^{-1}
–log K_{s0} = ΔG^0/2.3 RT

Dementsprechend ist

Freie Reaktionsenthalpie

$\log K_{s0} = -10.53$ oder $K_{s0} = 3 \times 10^{-11}$ (25 °C)

iii) Berechne die Gleichgewichtskonstante für die Reaktion (25 °C)

$$SO_4^{2-} + 9\,H^+ + 8\,e^- \rightleftharpoons HS^- + 4\,H_2O\,(\ell): K$$

folgende G_f^o-Werte in kJ mol^{-1}

SO_4^{2-} : –742.0, HS^- : 12.6, $H_2O(\ell)$: –237.2

H^+ : 0 e^- : 0

$\Delta G^o = 4(-237.2) + 12.6 - (-742.0) = -194.2$ kJ mol^{-1}

$$K = \frac{\{HS^-\}}{\{SO_4^{2-}\}\{H^+\}^9\{e^-\}^8} = 10^{34}$$

Beispiel 5.2
Q/K

Wenn Q < K oder Q/K < 1, ist die Reaktion (wie geschrieben von links nach rechts) aus thermodynamischer Sicht möglich (vgl. Gleichung (6)).

i) Eine wässrige Lösung (konstante ionale Stärke) enthält 10^{-4} M CO_3^{2-} und 10^{-3} M Ca^{2+}.
Wird die Reaktion $Ca^{2+} + CO_3^{2-} = CaCO_3(s)$, deren $K = 10^{8.1}$ ist, stattfinden?

$Q = 1/(10^{-3} \cdot 10^{-4}) = 10^7$, $K = 10^{8.1}$

Q < K oder Q/K < 1,

demnach wird $CaCO_3$ ausfallen.

ii) Ist eine 10^{-6} molare Lösung von atomarem Hg in Bezug auf ihr Gleichgewicht mit löslichem Quecksilber [Hg(ℓ)] über- oder untersättigt?
Die Gleichgewichtskonstante für

$Hg(\ell) = Hg(aq)$ ist $K = 10^{-6.5}$ (25 °C),

Dementsprechend ist die Löslichkeit von Hg(ℓ) bei 25 °C gleich

$10^{-6.5}$ M (3×10^{-7} M oder 0.06 mg/ℓ)

Q/K = $10^{-6}/10^{-6.5}$ = $10^{0.5}$

d.h. die Lösung ist übersättigt und Hg(ℓ) sollte sich abscheiden.

5.3 Umrechnung von Gleichgewichtskonstanten auf andere Temperaturen und Drucke

Temperaturabhängigkeit

Aufgrund der thermodynamischen Beziehung (bei konstantem Druck)

$$\left(\frac{\partial \ln K}{\partial T}\right)_p = \frac{\Delta H^\circ}{RT^2} \qquad (8)$$

(wobei ΔH° = Veränderung der Standard Enthalpie, T = absolute Temperatur, R = 8.314 J mol^{-1} K^{-1}) ergibt sich (falls ΔH° unabhängig von Temperatur ist, was im Bereich 5 – 35 °C häufig in erster Annäherung angenommen werden kann)

$$\ln \frac{K_{T_2}}{K_{T_1}} = \frac{\Delta H^\circ}{R} \left(\frac{1}{T_1} - \frac{1}{T_2}\right) \qquad (9)$$

Für den Fall, dass ΔH° nicht unabhängig von der Temperatur ist, siehe W. Stumm und J.J. Morgan, *Aquatic Chemistry*, Kapitel 2, Wiley Interscience, New York, 1981.

Beispiel 5.3
K_{s0} von Calcit

Berechne das Löslichkeitsprodukt von CaCO$_3$(s) (Calcit) bei 15 °C. Für die Reaktion CaCO$_3$(s) = Ca^{2+} + CO$_3^{2-}$; K_{s0} ist das Löslichkeitsprodukt bei 25 °C, log K_{s0} = –8.42. Aus den Tabellen im Appendix dieses Kapitels berechnen wir für die Auflösungsreaktion ein ΔH° (bei 25 °C) = –12.53 kJ mol^{-1}. Daraus berechnet sich:

$$\ln K_{s0}(15\,°C) = \ln K_{s0}(25\,°C) + \frac{\Delta H°}{R}\left(\frac{1}{298.15} - \frac{1}{288.15}\right) = -19.20$$

oder $\log K_{s0}(15\,°C) \cong -8.34$. Das stimmt nicht genau mit dem experimentell bestimmten Wert in Tabelle 3.1 (-8.37) überein.

R.L. Jacobson und D. Langmuir (Geochim. Cosmochim. Acta **38**, 301 (1974)) geben folgende zusammenfassende Gleichung für die Temperaturabhängigkeit des Löslichkeitsproduktes:

$$-\log K_{s0} = 13.870 - 3059\,T^{-1} - 0.04035\,T.$$

Druckabhängigkeit

Der Einfluss des Druckes auf die Gleichgewichtskonstante ist durch die thermodynamische Beziehung

$$\left(\frac{\partial \ln K}{\partial P}\right)_T = -\frac{\Delta V°}{RT} \qquad (10)$$

gegeben, wobei $V°$ das partielle molale Volumen [cm^3 mol^{-1}] (Standardbedingungen) ist.

Falls $\Delta V°$ unabhängig vom Druck ist, gilt:

$$\ln \frac{K_P}{K_1} = -\frac{\Delta V°\,(P-1)}{RT} \qquad (11)$$

wobei K_1 die Gleichgewichtskonstante bei $P = 1$ atm ist. Für CaCO$_3$(s) (Calcit) ist $\Delta V° = -58.3$ cm^3 mol^{-1}. Bei einem Druck von 1000 atm ($\sim$ 10'000 Meter Wasser) ist $K_P/K_1 = 8.1$.

Für eine genaue Ableitung – auch für den Fall, dass $\Delta V°$ nicht unabhängig vom Druck ist – siehe W. Stumm und J.J. Morgan, *Aquatic Chemistry*, S. 74, Wiley-Interscience, New York, 1981. Für die Druckabhängigkeit der CaCO$_3$-Löslichkeit im Meerwasser siehe J.M. Gieskes in *The Sea*, Wiley Interscience, New York, 1974.

Allgemeine Lehrbücher

G. WEDLER; *Lehrbuch der physikalischen Chemie*, Dritte Auflage, Verlag Chemie VCH, Weinheim, 1987.

W.J. MOORE; Physikalische Chemie, W. de Gruyter Verlag, Berlin, 1978.

R. REICH; *Thermodynamik*, Verlag Chemie VCH, Weinheim, 1978.

K. DENBIGH; *Prinzipien des chemischen Gleichgewichts*, Zweite Auflage, Steinkopf Verlag, Darmstadt, 1974.

R.M. GARRELS und C. CHRIST; *Minerals, Solutions and Equilibria*, Harper and Row, New York, 1965.

G. SPOSITO; *The Thermodynamics of Soil Solutions*, Clarendon Press, Oxford, 1981.

5.4 Kinetik – Einleitung

Die Thermodynamik beschäftigt sich mit der chemischen Zusammensetzung eines Systems im Gleichgewicht – unabhängig von der Zeit, nach der sich das Gleichgewicht einstellt. Die Thermodynamik gibt gewissermassen die *Richtung* und das mögliche Ausmass der chemischen Veränderung. Andererseits untersucht die Kinetik die Frage, wie schnell sich ein Gleichgewicht einstellt (Reaktionsgeschwindigkeit), und auf welchem Weg sich das System zum Gleichgewicht entwickelt (Reaktionsmechanismus). Die Fragen der chemischen Kinetik sind also:
1. Wie gross ist die Geschwindigkeit der Reaktion?
2. Wie kann die Geschwindigkeit beeinflusst werden?
3. Was ist der Reaktionsweg oder der Mechanismus?

Wir können hier die Grundlagen der chemischen Reaktionskinetik und der molekularstatistischen Basis nicht behandeln. Wir verweisen auf Lehrbücher:

W.J. MOORE und R.G. PEARSON; *Kinetics and Mechanisms*, Wiley Interscience, New York, 1981.

K. LAIDLER; *Reaktionskinetik* I und II, McGraw-Hill, New York, 1970/73.

M. QUACK und S. JANS-BÜRLI; *Molekulare Thermodynamik und Kinetik*, Teil 1 und 2, Verlag der Fachvereine, Zürich, 1986/1987.

A.C. LASAGA und R.J. KIRKPATRICK (Eds.); *Kinetics of Geochemical Processes*, Mineral Soc. of America, Washington, 1981.

Abbildung 5.1 illustriert anhand einer Zeitskala über mehr als 20 Grössenordnungen, wie verschieden schnell verschiedene biologische, chemische, physikalische und geologische Prozesse ablaufen können.

Kinetik – Einleitung 173

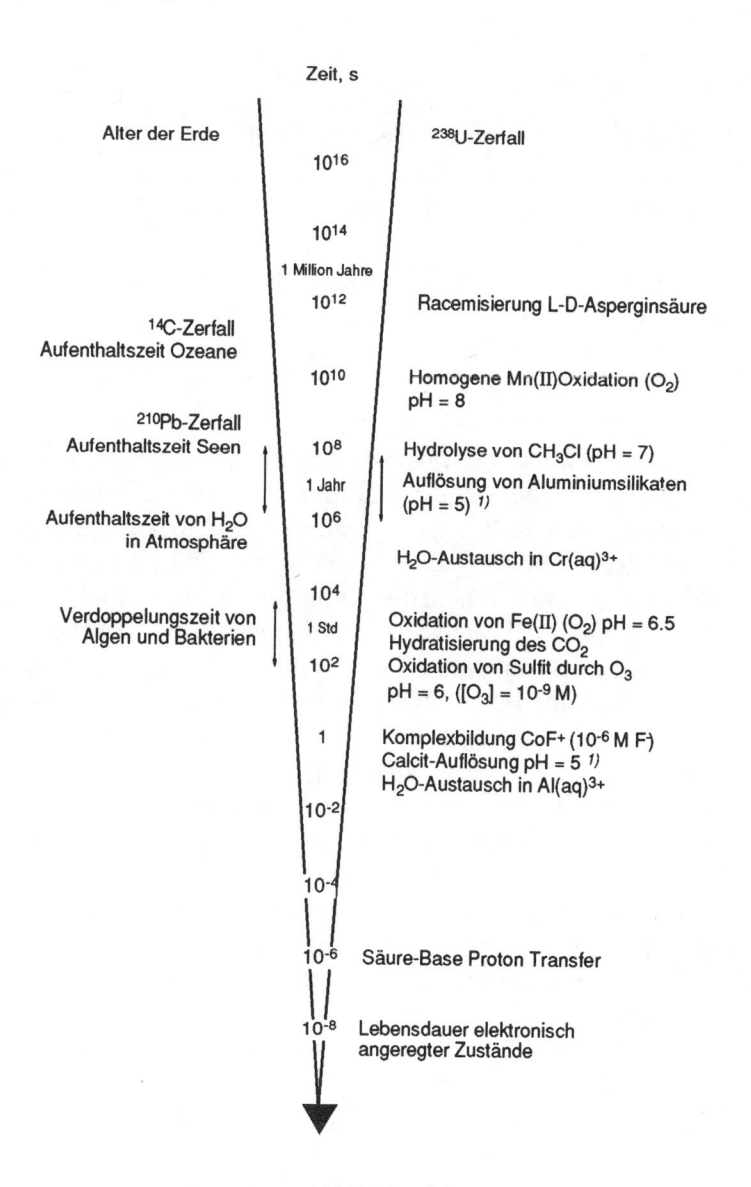

Zeit, s

Zeit	Prozess (links)	Prozess (rechts)
10^{16}	Alter der Erde	^{238}U-Zerfall
10^{14}		
10^{12} (1 Million Jahre)	^{14}C-Zerfall / Aufenthaltszeit Ozeane	Racemisierung L-D-Asperginsäure
10^{10}		Homogene Mn(II)Oxidation (O_2) pH = 8
10^{8}	^{210}Pb-Zerfall / Aufenthaltszeit Seen	Hydrolyse von CH_3Cl (pH = 7)
10^{6} (1 Jahr)	Aufenthaltszeit von H_2O in Atmosphäre	Auflösung von Aluminiumsilikaten (pH = 5) [1]
10^{4}		H_2O-Austausch in $Cr(aq)^{3+}$
10^{2} (1 Std)	Verdoppelungszeit von Algen und Bakterien	Oxidation von Fe(II) (O_2) pH = 6.5 / Hydratisierung des CO_2 / Oxidation von Sulfit durch O_3 pH = 6, ($[O_3] = 10^{-9}$ M)
1		Komplexbildung CoF^+ (10^{-6} M F^-) / Calcit-Auflösung pH = 5 [1] / H_2O-Austausch in $Al(aq)^{3+}$
10^{-2}		
10^{-4}		
10^{-6}		Säure-Base Proton Transfer
10^{-8}		Lebensdauer elektronisch angeregter Zustände

Abbildung 5.1
Zeitskalen für einige physikalische, biologische, chemische und geologische Prozesse
Wo nichts anderes angegeben ist, wird die Zeit als Halbwertszeit angegeben.
[1] Die Auflösung von Aluminiumsilikaten und von Calcit wird durch die Halbwertszeit der oberflächenständigen Gruppen ($\equiv$Al-OH und $CaCO_3H$) angegeben (die Auflösungsrate in mol cm^{-2} s^{-1} wurde durch die Anzahl der oberflächenständigen Gruppen, $\sim 2 \times 10^{-9}$ mol cm^{-2}, dividiert (vgl. Abbildung 9.16)).

Anwendungsbeispiele

Wir beschränken uns hier darauf, die propädeutischen Unterlagen und einige Grundbegriffe kurz zusammenzustellen, um bei der Anwendung reaktionskinetischer Probleme in wässriger Lösung und in natürlichen Gewässern behilflich zu sein.

Die reaktionskinetische Darstellung von CO_2-Reaktionen, die Kinetik der Hydratisierung, des Gas-Wasser-Transfers von CO_2 und die Gesetzmässigkeiten beim radioaktiven Zerfall werden in diesem Kapitel illustriert. Ebenfalls geben wir nachstehend (Kapitel 5.6) eine Einführung in die Prinzipien der Enzymkatalyse.

Im nächsten Kapitel illustrieren wir die geschwindigkeitsbestimmende Rolle des *Wasseraustausches* der Aquometallionen bei der Kinetik der Komplexbildung. Dass Fällungsprozesse nicht spontan ablaufen, sondern von der Geschwindigkeit der Keimbildung und des *Kristallwachstums* abhängen, wird anhand der Bildung und des Wachstums von Calcit im Kapitel 7.9 erläutert. Da die Gleichgewichtseinstellung vieler Oxidations- und Reduktionsprozesse, im Vergleich zu Säure-Base- und vieler Komplexbildungsprozesse, äusserst langsam ist, spielt die Kinetik der *Redox- (Elektronenübertragungs-)Prozesse* eine wichtige Rolle. Wir zeigen im Kapitel 8.7 vorerst, dass geeignete Mikroorganismen viele der in der Natur vorkommende Redox-Prozesse katalysieren. Im Kapitel 8.7 erläutern wir ausführlich die Mechanismen der (abiotischen) *Oxidation von Fe(II) und Mn(II)* durch O_2 und die in atmosphärischen Wassertröpfchen wichtige *Oxidation von Sulfit* durch O_3 und H_2O_2. In den letzten Jahren wurden grosse Fortschritte erzielt im Verständnis von Redoxprozessen, die in Ein-Elektronen-Übertragungen ablaufen und bei denen Radikale beteiligt sind. Eine Einführung in solche Reaktionen mit Sauerstoff und seinen z.T. als Radikale auftretenden Reduktionsprodukten, die auch bei den *photochemischen Prozessen* in natürlichen Gewässern eine wichtige Rolle spielen, wird im Kapitel 8.8 gegeben.

In der Diskussion über die *Auflösung von Mineralien* (Kapitel 9.7) illustrieren wir die Bedeutung der Oberflächenvorgänge (Wechselwirkung von Protonen und Liganden mit den Oberflächen der Mineralien) als geschwindigkeitsbestimmende Faktoren für die Auflösung. Auch zeigen wir, dass die Geschwindigkeit der Sauerstoffoxidation von Übergangsmetallionen (Fe(II), Mn(II), V(IV)) durch *Adsorption* dieser Ionen an *Partikeloberflächen* katalysiert wird. Schliesslich kann die Geschwindigkeit photochemischer Prozesse durch die Adsorption geeigneter Reaktanden an Oxide und Halbleiteroberflächen beeinflusst werden. Im Kapitel 10 erläutern wir, dass Adsorptionsvorgänge an Oberflächen der Kolloide deren Wechselwirkung miteinander *(Koagulation)* beeinflussen.

Schliesslich illustrieren wir in vereinfachender Weise im Kapitel 11, dass zum Verständnis der verschiedenen biogeochemischen Kreisläufe, kinetische Einsichten und Vorstellungen über Aufenthaltszeiten, komplementär zu den Gleichgewichtsüberlegungen, notwendig sind.

5.5 Die Reaktionsgeschwindigkeit

Die Geschwindigkeit einer Reaktion wird umschrieben durch die Anzahl Moleküle oder Ionen, die sich in einer Zeitperiode umsetzen: die Umsatzgeschwindigkeit (rate of conversion)

$$v_\xi(t) = \frac{d\xi}{dt} = v_i^{-1} \frac{dn_i}{dt} \tag{12}$$

wobei
- n_i = Stoffmenge [mol] in einem geschlossenem System;
- ξ = Reaktionslauf = $v^{-1} \cdot dn_i$

wobei
- v = stöchiometrischer Koeffizient (positiv für Produkte, negativ für Reaktanden (Edukte)).

Konventionell wird dies meistens als Reaktionsgeschwindigkeit pro Volumeneinheit (V) in Konzentrationen definiert:

$$c_i = \frac{n_i}{V} \tag{13}$$

$$v_c(t) = \frac{v_\xi}{V}(t) = v_i^{-1} \frac{dc_i}{dt} \tag{14}$$

Die Konzentrationsabhängigkeit der Reaktionsgeschwindigkeit homogener Reaktionen

In einer allgemeinen Reaktion

$$aA + bB \overset{k}{\rightleftharpoons} cC + dD \tag{15}$$

kann die Reaktionsgeschwindigkeit umgeschrieben werden als

$$v_c(t) = -\frac{1}{a}\frac{d[A]}{dt} = k\,([A]^\alpha \times [B]^\beta \times ...) \tag{16}$$

wo k die Geschwindigkeitskonstante ist mit den Einheiten [conc^{1-n} Zeit^{-1}], wobei n = $\alpha + \beta + ... $ = Reaktionsordnung. Der einzelne Exponent α, β etc. wird Reaktionsordnung bezüglich der entsprechenden Spezies genannt. Eine Reaktionsordnung ist nur bei Gültigkeit des Ansatzes (16) definierbar. Die einfachsten Zeitgesetze sind in Abbildung 5.2 zusammengefasst.

Ordnung	Differentialgleichung integriertes Zeitgesetz	Halbwertszeit $t_{1/2}$	Graphik
Nullte	$-d[A]/dt = k$ $[A] = [A]_0 - kt$ $k[Mt^{-1}]$	$[A]_0/2k$	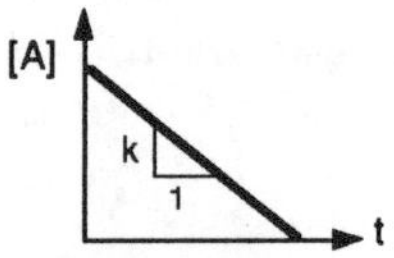 [A] vs t, Steigung $-k$
Erste	$-d[A]/dt = k[A]$ $[A] = [A]_0 \exp(-kt)$ $k[t^{-1}]$	$\ln 2/k$ $= 0.693/k$	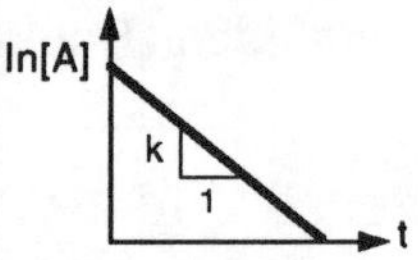 $\ln[A]$ vs t, Steigung $-k$
Zweite	$-d[A]/dt = k[A]^2$ $\dfrac{1}{[A]} = \dfrac{1}{[A_0]} + kt$ $k[M^{-1}t^{-1}]$	$\dfrac{1}{k[A]_0}$	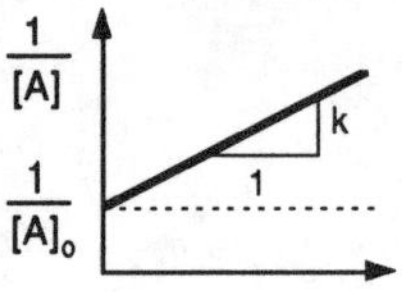 $1/[A]$ vs t, Steigung k, Achsenabschnitt $1/[A]_0$

Abbildung 5.2
Einfache Zeitgesetze

Die Reaktionsgeschwindigkeit 177

Prozesse in der Umwelt

Wie Abbildung 5.3 (von J. Hoigné) illustriert, können in Wasser eingetragene Stoffe P (P = Pollutant) durch verschiedene physikalische, chemische und mikrobiologische Prozesse mehr oder weniger rasch transformiert werden. Dadurch werden sie bezüglich dem physikalischen, chemischen, ökologischen oder physiologischen Verhalten verändert.

Etwas vereinfacht kann man verallgemeinern, dass in der Regel die Umwandlungsrate jedes Prozesses, r_i, von der Konzentration der Substanz P und von einem vom Reaktionstyp relevanten Umweltfaktor (siehe Gleichung in Abbildung 5.3) abhängt. Die totale Umwandlungsgeschwindigkeit, r_{tot}, wird – wie in Parallelreaktionen – durch die schnellsten Reaktionen bestimmt; meistens dominieren nur einer oder zwei der Prozesse und nur diese müssen quantifiziert werden.Die Geschwindigkeit der Umwandlung von P, r_{tot}, entspricht der Summe der Geschwindigkeiten aller Prozesse, $\Sigma\ r_i$; aber in der Regel dominieren nur einer oder zwei der schnellsten Prozesse für eine gegebene Umweltbedingung. Bleibt nur der Umweltfaktor, E, während der Beobachtungszeit konstant, so kann er in die Geschwindigkeitskonstante mit einbezogen werden. Die Kinetik erscheint dann pseudo-erster Ordnung:

$$-\frac{d[P]}{dt} = k'_{p,i} \cdot [P]$$

(wobei $k'_{p,i} = k_{p,i} \cdot E$)

Die Halbwertszeit ist die Zeit, die notwendig ist, um die ursprüngliche Konzentration, A_o, zu halbieren (Abbildung 5.2). Bei einer Kinetik pseudo-erster Ordnung setzen sich die Geschwindigkeitskonstanten aus den stoffspezifischen Geschwindigkeitskonstanten und den Umweltfaktoren zusammen.

Zur Charakterisierung der Umweltfaktoren, E, sind alle für die Reaktion relevanten Parameter des Wassers zu berücksichtigen. Z.B. ist

– bei der *alkalischen Hydrolyse eines Esters*

$k = k_o [OH^-]$ der Umweltfaktor $E = [OH^-]$,

– bei der *Oxidation von Fe(II) durch Sauerstoff*

$k = k_{oxid}\ p_{O_2}\ [OH^-]^2$ der Umweltfaktor $E = p_{O_2} [OH^-]^2$

Speziierung

Die Speziierung von P ist zu berücksichtigen (Säure-Base-Gleichgewichte, Komplexbildung, Adsorption von P) und zur Beurteilung der Gesamtkinetik sind die Beiträge aller Spezies entsprechend den Gleichgewichtskonstanten zu gewichten. Die Gleichung in Abbildung 5.3 gilt für Einzelsubstanzen. Sie kann nicht auf Kollektivparameter (summenmässig erfasste Mischung von Substanzen wie z. B. Phenole, gelöster organischer Kohlenstoff etc.) angewandt werden.

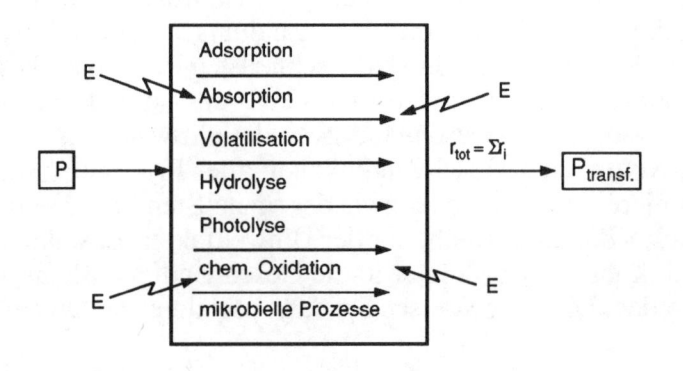

Abbildung 5.3
Die Umwandlung einer Substanz, P, in der Umwelt. (Von J. Hoigné)

$$\Sigma r_i = -\frac{d[P]}{dt} = \Sigma(k_{i,p} \cdot [P] \cdot E)$$

Verschiedene Prozesse können im Wasser eingetragene Stoffe, P, umwandeln. Die Geschwindigkeit der Transformation, r, hängt in der Regel von der vorhandenen Stoffkonzentration, [P], und von einem für den Reaktionstyp relevanten Umweltfaktor, E, ab. $k_{i,p}$ ist die für den Prozess, i, stoffspezifische Geschwindigkeitskonstante.

5.6 Elementarreaktionen

Elementarreaktionen

Die Molekularität einer Reaktion wird definiert als die Anzahl Moleküle eines Reaktanden, welche in einem Elementarschritt teilnehmen. Die Molekularität ist nicht identisch mit der oben umschriebenen Reaktionsordnung. Der

Elementarreaktionen

letztere ist ein phänomenologischer Parameter. Die Totalreaktion besteht in der Regel aus einer Anzahl von Elementarschritten, die zusammen den Reaktionsmechanismus erklären.

Nachfolgend geben wir einige einfache Zeitgesetze für Elementarreaktionen;

$$A \xrightarrow{k} \text{Produkt} \quad ; \quad -d[A]/dt = k[A] \tag{17}$$

$$A + B \longrightarrow \text{Produkt} \quad ; \quad -\frac{d[A]}{dt} = k[A][B] \tag{18}$$

$$A + A \longrightarrow \text{Produkt} \quad ; \quad -\frac{1}{2}\frac{dA}{dt} = k[A]^2 \tag{19}$$

$$A \underset{k_{-1}}{\overset{k_1}{\rightleftharpoons}} B \quad ; \quad -\frac{d[A]}{dt} = k_1[A] - k_{-1}[B] \tag{20a}$$

wobei bei Gleichgewicht

$d[A]/dt = d[B]/dt = 0$,

und

$[B]/[A] = k_1/k_{-1} = K$

(20b)

$$A + B \underset{k_{-1}}{\overset{k_1}{\rightleftharpoons}} C + D; \quad -\frac{d[A]}{dt} = k_1[A][B] - k_{-1}[C][D] \tag{21a}$$

wobei bei Fliessgleichgewicht

$d[A]/dt = d[B]/dt \ldots = 0$

und

$$\frac{[C][D]}{[A][B]} = \frac{k_1}{k_{-1}} = K \tag{21b}$$

Die konsekutiven reversiblen Reaktionen:

$$A + B \underset{k_{-1}}{\overset{k_1}{\rightleftharpoons}} C \tag{22a}$$

$$C \underset{k_{-2}}{\overset{k_2}{\rightleftharpoons}} D \tag{22b}$$

ergeben für die Konzentrationsänderung von [A]

$$-\frac{d[A]}{dt} = k_1[A][B] - k_{-1}[C] \tag{22c}$$

wobei als Konsequenz der mikroskopischen Reversibilität

$$\frac{[C]}{[A][B]} = \frac{k_1}{k_{-1}} = K_1 \tag{22d}$$

und

$$\frac{[D]}{[C]} = \frac{k_2}{k_{-2}} = K_2 \tag{22e}$$

oder

$$\frac{[D]}{[A][B]} = \frac{k_1 k_2}{k_{-1} k_{-2}} = K_1 \cdot K_2 \tag{22f}$$

Die konsekutive irreversible Reaktion:

$$A \xrightarrow{k_1} B \xrightarrow{k_2} C \tag{23a}$$

ist kinetisch umschrieben durch

$$\frac{d[A]}{dt} = -k_1[A] \tag{23b}$$

$$\frac{d[B]}{dt} = k_1[A] - k_2[B] \tag{23c}$$

Elementarreaktionen

$$\frac{d[C]}{dt} = k_2[B] \tag{23d}$$

Die Steady-State-Annahme

Die reversible Reaktion

$$A \underset{k_{-1}}{\overset{k_1}{\rightleftharpoons}} B \tag{24a}$$

gefolgt von der irreversiblen Reaktion

$$B \xrightarrow{k_2} C \tag{24b}$$

ist ein bei vielen Reaktionen auftretender Mechanismus.

Wenn die reversiblen Reaktion (24a) gegenüber (13b) relativ schnell ist, ergibt sich ein einfaches Resultat durch die Annäherung

$$\frac{d[B]}{dt} \cong 0 \tag{24c}$$

d.h. das Zwischenprodukt B ändert seine Konzentration während des Fortschreitens der Reaktion nur langsam. Die Stationärszustands-"steady-state"-Annahme ist dann:

$$\frac{d[B]}{dt} = k_1[A] - k_{-1}[B] - k_2[B] = 0 \tag{24d}$$

und

$$[B] = \frac{k_1[A]}{k_{-1} + k_2} \tag{24e}$$

Die Reaktionsgeschwindigkeit ist dann

$$\frac{d[C]}{dt} = k_2[B] = \frac{k_2 k_1}{k_{-1} + k_2} [A] \tag{25b}$$

wenn $k_{-1} \gg k_2$

$$\frac{d[C]}{dt} = \frac{k_2 k_1}{k_{-1}} [A] = k_2 K_1[A] \tag{25c}$$

wobei $K_1 = k_1/k_{-1}$.

Enzym-Katalyse

Bei der von Michaelis und Menten vorgeschlagenen Enzymkatalyse wird zwischen dem Enzym, E, (häufig ein Protein) und dem Substrat, S, der Enzym-Substratkomplex, ES, gebildet (26a), der dann in der subsequenten Reaktion in ein Produkt, P, verwandelt wird.

$$E + S \underset{k_{-1}}{\overset{k_1}{\rightleftharpoons}} ES \tag{26a}$$

$$ES \underset{k_{-2}}{\overset{k_2}{\rightleftharpoons}} P + E \tag{26b}$$

Die Stationärzustandsnahme gilt für den Enzym-Substratkomplex

$$\frac{d[ES]}{dt} = k_1[E][S] - (k_{-1} + k_2)[ES] + k_{-2}[E][P] = 0 \tag{26c}$$

Der letzte Term in (26c) ist in der Regel vernachlässigbar, da [P] sehr klein ist. Dann gilt:

$$[ES] = \frac{k_1}{k_{-1} + k_2} \cdot [E][S] \tag{26d}$$

Der Quotient $\dfrac{k_{-1} + k_2}{k_1} = K_m$ (= Michaelis-Konstante)

$$K_M \cong \frac{[E][S]}{[ES]} \tag{26f}$$

Wenn man berücksichtigt, dass $[E_T] = [E] + [ES]$ ergibt sich für [ES]

$$[ES] = \frac{[E_T][S]}{K_m + [S]} \tag{26g}$$

Die Anfangsgeschwindigkeit der Produktebildung ist

$$v = \frac{d[P]}{dt} = k_2[ES] \tag{26h}$$

Elementarreaktionen 183

Die maximale Geschwindigkeit, v_{max} erhält man, wenn $[S] \gg K_m$

$$v_{max} = k_2[E_T] \tag{26i}$$

ist. Die Michaelis-Menten-Gleichung folgt daraus (vgl. Abbildung 5.4):

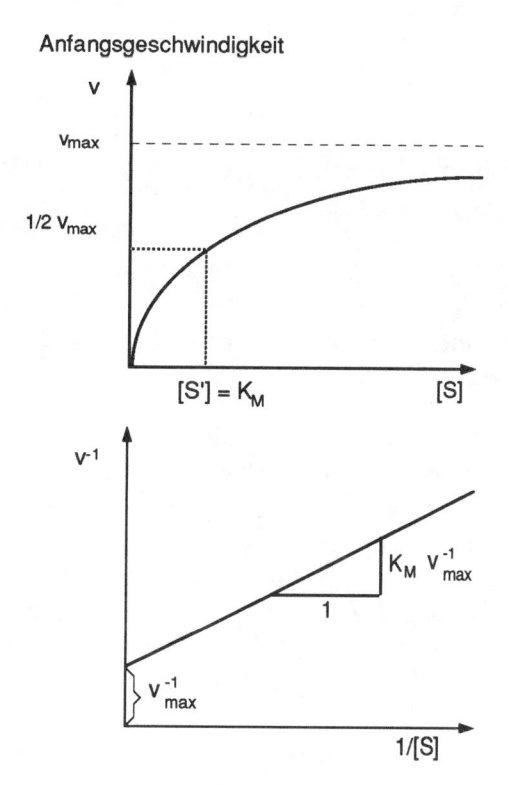

$$v = \frac{v_{max}[S]}{K_m + [S]} \tag{26k}$$

Abbildung 5.4
Die Michaelis-Menten-Enzym-Katalyse
a) *Die Anfangsgeschwindigkeit als Funktion von [S]*
b) *zur Interpretation der gemessenen Werte entsprechend der Gleichung (vgl. 26k)*

$$\frac{1}{v} = \frac{K_M}{v_{max}[S]} + \frac{1}{v_{max}}$$

Die Enzymkinetik ist ein Beispiel für katalysierte Reaktionen. Für die Ableitung siehe Gleichung (26) K_M, die Michaelis-Menten-Konstante ist ein Mass für die Empfindlichkeit, d.h. K_M entspricht der Substratkonzentration bei halber Maximalgeschwindigkeit (vgl. Abbildung a) und Gleichung (26k)).

Temperaturabhängigkeit

Die Temperaturabhängigkeit einer Reaktions-Geschwindigkeitskonstante, k, wird bekanntlich durch die Arrhenius-Gleichung

$$k = A \cdot e^{-\Delta E_a/RT} \tag{27}$$

wiedergegeben, wobei ΔE_a die Aktivierungsenergie darstellt; wenn diese bekannt ist, kann die Temperaturabhängigkeit abgeschätzt werden aus

$$\ln \frac{k_1}{k_2} = \frac{\Delta E_a}{R}\left(\frac{1}{T_2} - \frac{1}{T_1}\right)$$

oder aus einer graphischen Darstellung von log k vs T^{-1}. Wir verweisen auch hier auf die kinetischen Lehrbücher.

Beispiel 5.4
Radioaktive Elemente als kinetisches Hilfsmittel bei der Altersbestimmung

Radioaktive Elemente (Tabelle 5.1) können zur Datierung von Sedimenten, Muschelschalen, Mineralien etc. und als Tracer eingesetzt werden. Als einfaches Beispiel für eine Altersbestimmung von marinen Muschelschalen nehmen wir C-14. Welches ist das Alter der Muscheln, wenn ihr C-14/C-12-Verhältnis 78.7 % des C-14/C-12-Verhältnisses der Tiefsee beträgt? Vereinfachende Annahmen: Das C-14/C-12-Verhältnis der Meere ist zeitlich konstant geblieben; vernachlässigbare Isotopenfraktionierung bei der Bildung der Schalen; das Verhältnis (C-14/C-12)$_{Tiefsee}$ hat demjenigen der Schale zur Zeit der Bildung entsprochen.

Kohlenstoff hat zwei stabile Isotope C-12 (98.89 %) und C-13 (1.11 %) sowie ein radioaktives Isotop C-14 (10^{-10} %). Die Hauptquelle, das C-14, in der oberen Atmosphäre ist die Neutronenbestrahlung (durch kosmische Strahlen) von N-14. Ungefähr 100 C-14-Atome werden pro cm^2 Erdoberfläche pro Minute produziert.[1]

---

[1] Früher wurde die atmosphärische Zusammensetzung bezüglich C-14 als konstant angenommen. Dies trifft nicht mehr vollumfänglich zu, da wegen der Verbrennung des fossilen Brennstoffes (kein C-14) eine Verdünnung der C-14-Konzentration und wegen der Atombombentests in den Sechzigerjahren eine Kontamination mit C-14 stattfand.

Elementarreaktionen

TABELLE 5.1 Einige radioaktive Elemente und ihre Halbwertszeiten

Isotop	Halbwertszeit	Isotop	Halbwertszeit
^{238}U	4.50×10^9 Jahre	^{210}Pb	22 Jahre
^{239}Pu	2.44×10^4 Jahre	^{3}H	12.3 Jahre
^{14}C	5720 Jahre	^{89}Sr	52 Tage
^{137}Cs	30 Jahre	^{131}I	8.1 Tage
^{90}Sr	28 Jahre	^{222}Rn	3.8 Tage

Die radioaktive Zerfallskonstante des C-14 ist charakterisiert durch

$$-\frac{dN}{dt} = \lambda N, \quad \text{oder} \quad \ln N/N_0 = -\lambda t \tag{i}$$

wobei

N = Anzahl der C-14-Atome und
λ = Zerfallskonstante (Zeit^{-1})

$\lambda = 1.2 \times 10^{-4}$ Jahre^{-1}. Diese Zerfallskonstante entspricht einer Halbwertszeit von 5720 Jahren:

$$t_{1/2} = \frac{1}{\lambda} \ln \frac{N_0}{\frac{1}{2} N_0} = \frac{\ln 2}{\lambda} \tag{ii}$$

Für das Alter der Muschelschale berechnen wir nach Gleichung (i)

$$t = \frac{1}{\lambda} \ln \frac{(C\text{-}14/C\text{-}12)_{\text{Tiefsee}}}{(C\text{-}14/C\text{-}12)_{\text{Schale}}} \tag{iii}$$

$t \cong 2000$ Jahre

5.7 Theorie des Übergangszustandes; der aktivierte Komplex

In der Theorie des Übergangszustandes (Transition State Theory) werden die Energieanforderungen einer Reaktion betrachtet. Eine Darstellung des energetischen Verlaufs der Reaktion

$$A + BC \longrightarrow AC + B \tag{28}$$

die wie folgt abläuft

$$A + BC \rightleftharpoons ABC^{\neq}; \; K^{\neq} \tag{28a}$$

$$ABC^{\neq} \longrightarrow AC + B \; (Produkte) \tag{28b}$$

ist in Abbildung 5.5 zwei-dimensional dargestellt. (Drei-dimensional entspricht die Darstellung der Verbindung zweier Täler durch einen Bergpass.)

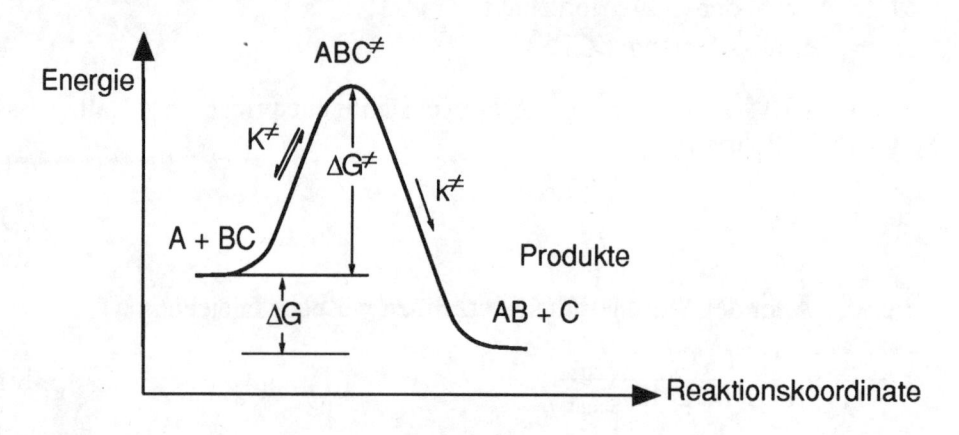

Abbildung 5.5
Diagramm der Energie für die Reaktion (28)
Die freie Aktivierungsenthalpie, $\Delta G^{\neq}$, wird benötigt, um den aktivierten Komplex zu bilden, der im Gleichgewicht mit den Reaktanden steht, und aus dem die Produkte entstehen.

Je höher die freie Standard-Aktivierungsenthalpie (standard free energy of activation), $\Delta G^{\neq}$, desto geringer ist die Wahrscheinlichkeit, dass die Reaktion stattfindet, und desto kleiner ist die Geschwindigkeit der Reaktion, d[Produkte]/dt:

Theorie des Übergangszustandes

$$\frac{d[\text{Produkte}]}{dt} = k^{\neq} \{ABC^{\neq}\} \qquad (29)$$

wobei $k^{\neq}$ ausgedrückt werden kann als $k^{\neq} = k_B T/h$, wobei k_B = Boltzmann'sche Konstante (1.38×10^{-23} J K^{-1}) und h = Planck'sche Konstante (6.63×10^{-34} J s).

Der aktivierte Komplex, $ABC^{\neq}$, steht im Gleichgewicht mit den Reaktanden A und BC

$$\frac{\{ABC^{\neq}\}}{\{A\}\{BC\}} = K^{\neq} \qquad (30)$$

wobei $ABC^{\neq}$ in die Produkte AC und B zerfällt.

Dementsprechend können wir Gleichung (29) für die Reaktionsgeschwindigkeit schreiben:

$$\frac{d[\text{Produkte}]}{dt} = k^{\neq} K^{\neq} \{A\} \{BC\} \qquad (31)$$

Die freie Standard-Aktivierungsenthalpie kann definiert werden:

$$\Delta G^{\neq} = -RT \ln K^{\neq} \qquad (32)$$

wobei

$$\Delta G^{\neq} = \Delta H^{\neq} - T\Delta S^{\neq} \qquad (33)$$

wobei $\Delta H^{\neq}$ und $\Delta S^{\neq}$ der Standard-Aktivierungsenthalpie und der Standard-Aktivierungsentropie entsprechen. Damit besteht eine Beziehung zwischen der Kinetik der Reaktion mit den thermodynamischen Eigenschaften des aktivierten Komplexes. Diese Beziehung ist nützlich, weil sie es ermöglicht, Abschätzungen von $\Delta G^{\neq}$ aus anderen Überlegungen (z.B. der Temperaturabhängigkeit der Reaktion) zu machen. Die Geschwindigkeitskonstante der Reaktion ist gegeben durch (vgl. Gleichungen (31) – (33))

$$k = k^{\neq} e^{-\Delta G^{\neq}/RT} = k^{\neq} (e^{-\Delta H^{\neq}/RT} \cdot e^{+\Delta S^{\neq}/R}) \qquad (34)$$

Diese Formulierung ist ähnlich wie die der Arrheniusgleichung (27)

$$k = A\, e^{-\Delta E_a/RT} \qquad (27)$$

Der Unterschied zwischen ΔE_a einer "potentiellen" Energie der Aktivierung und $\Delta H^{\neq}$ ist relativ klein. Für eine bimolekulare Reaktion gilt $\Delta E_a = \Delta H^{\neq} +$

RT. Da RT klein ist gegenüber $\Delta H^{\neq}$, gilt $\Delta E_a \approx \Delta H^{\neq 1)}$. Die theoretische Interpretation dieser Gleichungen beschränkt sich auf Elementarschritte.

Es ist die Aufgabe der Kinetik, die stöchiometrische Reaktion im Sinne der Elementarschritte, die Energetik der elementaren Schritte, das Brechen von Bindungen und die Bildung neuer Bindungen darzustellen sowie die Charakterisierung der aktivierten Komplexe abzuklären.

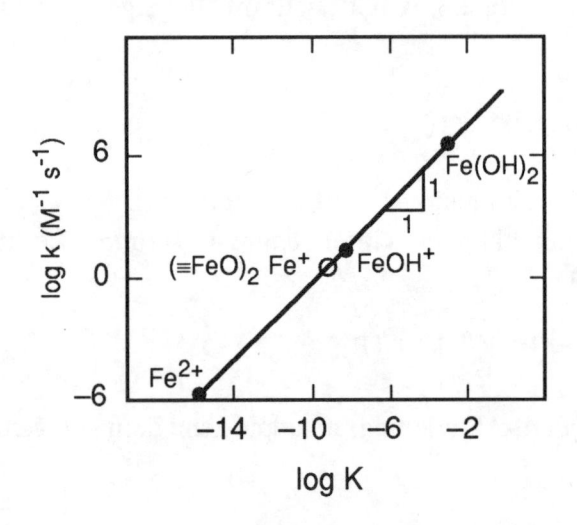

Abbildung 5.6
Beziehung zwischen der Geschwindigkeitskonstante der Oxidation von verschiedenen Fe(II)-Spezies mit O_2
$Fe^{II}(OH)_i^{(2-i)} + O_2 \rightleftharpoons Fe^{III}(OH)_i^{(3-i)} + O_2^-$ *und der Gleichgewichtskonstante dieser Reaktion. ($\equiv FeO)_2 Fe^+$ ist ein an einem Goethit adsorbiertes Fe(II), das ähnlich schnell oxidiert wird wie $FeOH^+$.*
(Modifiziert von Wehrli in "Aquatic Chemical Kinetics", 1990)

Oft ist es möglich, wenn wir für eine Reihe verwandter Reaktionen die geschwindigkeitsbestimmenden Reaktionsschritte kennen, empirische Beziehungen zwischen der Geschwindigkeitskonstante der Reaktion oder der freien Aktivierungsenthalpie, $\Delta G^{\neq}$, und der Gleichgewichtskonstante der Reaktion oder der freien Reaktionsenthalpie der Reaktion, ΔG^0, zu erhalten. Für zwei verwandte Reaktionen gilt dann

$$\ln k_2 - \ln k_1 = \alpha (\ln K_2 - \ln K_1) \tag{35}$$

---

[1]) Für eine exakte Ableitung dieser Beziehung siehe Helgeson et al., Geochim. Cosmochim. Acta **48**, 2405 (1984).

$$\frac{-\Delta G_2^{\neq} + \Delta G_1^{\neq}}{RT} = \alpha \left(\frac{-\Delta G_2^0 + \Delta G_1^0}{RT} \right) \qquad (36)$$

Für eine Serie von i Reaktanden gilt dann allgemein:

$$\ln k_i = \alpha \ln K_i + C \qquad (37)$$

oder

$$\Delta G_i^{\neq} = \alpha \Delta G_i^0 + C \qquad (38)$$

Man spricht von linearen freien Energiebeziehungen (linear Free Energy Relationships (LFER)). Man trägt log k_i vs log K_i (oder ΔG_i^0) auf und bestimmt α und C empirisch. Wir werden auf solche Beziehungen in Kapitel 8 zurückkommen. Ein einfaches Beispiel für den Zusammenhang zwischen Geschwindigkeits- und Gleichgewichtskonstante ist in Abbildung 5.6 gegeben.

5.8 Fallbeispiel: Die Hydratisierung des CO_2

Die Hydratisierung von CO_2 kann durch folgendes Reaktionsschema charakterisiert werden:

$$\begin{array}{c} \text{(1)} \; H^+ + HCO_3^- \underset{k_{21}}{\overset{k_{12}}{\rightleftarrows}} H_2CO_3 \; \text{(2)} \\ k_{13} \nwarrow k_{31} \quad k_{23} \nearrow k_{32} \\ CO_2 + H_2O \\ \text{(3)} \end{array} \qquad (39)$$

Die H_2CO_3 ist die "wahre" Kohlensäure, deren Protolysekonstante $K_{H_2CO_3} = [H^+][HCO_3^-] / [H_2CO_3] \approx 10^{-3.8}$; CO_2 ist das gelöste CO_2 (aq).

Das Verschwinden des CO_2 können wir formell ausdrücken durch

$$-\frac{d[CO_2]}{dt} = (k_{31} + k_{32})[CO_2] - k_{13}[H^+][HCO_3^-] - k_{23}[H_2CO_3] \quad (40)$$

Ferner ist zu beachten, dass k_{21} und k_{12} viel grösser sind als die andern vier Geschwindigkeitskonstanten (25 °C):

$k_{12} = 4.7 \times 10^{10}$ M^{-1} sec^{-1}
$k_{21} = 8 \times 10^{6}$ sec^{-1}

$K_{H_2CO_3}$ ist deshalb gegeben durch k_{21}/k_{12}.
Wir können Gleichung (40) umformen, indem wir $[H^+][HCO_3^-]$ ersetzen durch $K_{H_2CO_3}[H_2CO_3]$:

$$-\frac{d[CO_2]}{dt} = (k_{31} + k_{32})[CO_2] - (k_{13} K_{H_2CO_3} + k_{23})[H_2CO_3] \quad (41)$$

In Gleichung (41) definieren wir:

$$k_{CO_2} = k_{31} + k_{32} \quad (42)$$
$$k_{H_2CO_3} = k_{13} K_{H_2CO_3} + k_{23} \quad (43)$$

und schreiben dann Gleichung (44) als:

$$-\frac{d[CO_2]}{dt} = k_{CO_2}[CO_2] - k_{H_2CO_3}[H_2CO_3] \quad (44)$$

oder

$$-\frac{d[CO_2]}{dt} = k_{CO_2}[CO_2] - \frac{k_{H_2CO_3}}{K_{H_2CO_3}}[H^+][HCO_3^-] \quad (45)$$

Die Gleichung (45b) kann nun als Geschwindigkeitsgesetz für das vereinfachte Schema (46) angewandt werden.

$$CO_2 + H_2O \underset{k_{H_2CO_3}}{\overset{k_{CO_2}}{\rightleftharpoons}} H_2CO_3 \overset{schnell}{\rightleftharpoons} H^+ + HCO_3^- \quad (46)$$

wobei (bei 25 °C) $k_{CO_2} \approx 3 \times 10^{-2}$ sec^{-1} und $k_{H_2CO_3} \approx 12$ sec^{-1} und $\frac{k_{CO_2}}{k_{H_2CO_3}}$ die

Konstante $K = \frac{[H_2CO_3]}{[CO_2 \cdot H_2O]} = 2.5 \times 10^{-3}$ ergibt.

Fallbeispiel: Die Hydratisierung des CO_2

Abbildung 5.7 gibt ein numerisches Beispiel. Die Einstellung des Hydratationsgleichgewichtes braucht demnach 1 – 2 Minuten.

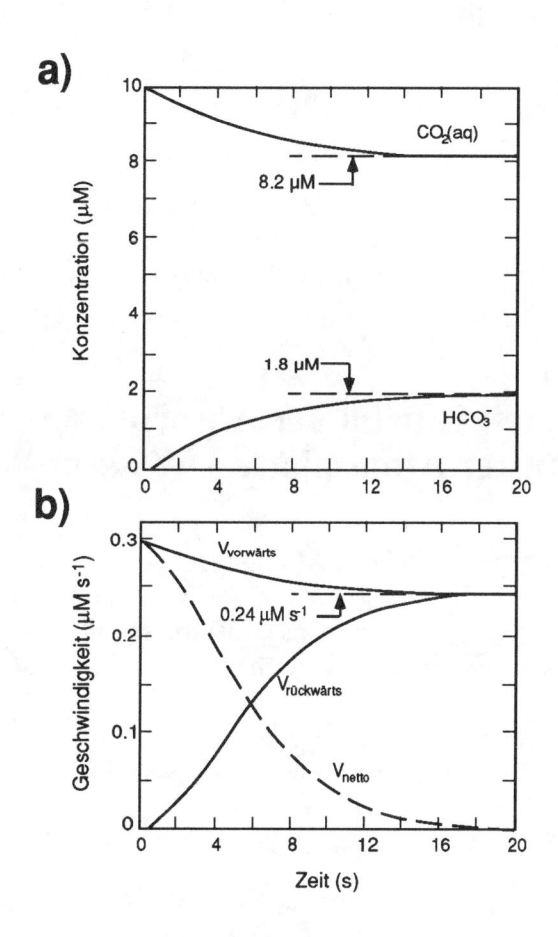

Abbildung 5.7

a) *Berechnete Konzentration von CO_2 und HCO_3^- als Funktion der Zeit für die Reaktion (25 °C) $CO_2 \longrightarrow H_2CO_3 \overset{schnell}{\longrightarrow} H^+ + HCO_3^-$ in einem geschlossenem System (CO_2 wird als nicht-flüchtig betrachtet). Die anfängliche Konzentration von CO_2 ist 10^{-5} M ($C_T = [CO_2] + [HCO_3^-] = 10^{-5}$ M)*

b) *Die berechnete Geschwindigkeit der Hin- und Rückreaktion ist $CO_2 \cdot aq + H_2O \rightleftharpoons H_2CO_3 \rightleftharpoons H^+ + HCO_3^-$. Bei Gleichgewicht ist die Geschwindigkeit in beiden Richtungen 0.24 μM sec^{-1}.*

(Aus Stumm und Morgan, 1981)

Bei höherem pH oberhalb pH = 9 kann CO_2 direkt mit OH^- reagieren.

$$CO_2 + OH^- \underset{k_{41}}{\overset{k_{14}}{\rightleftharpoons}} HCO_3^- \qquad (47)$$

wobei

$k_{14} = 8.5 \times 10^{-3} \, M^{-1} \, sec^{-1}$ (25 °C) und

$k_{41} = 2 \times 10^{-4} \, sec^{-1}$ (25 °C).

Das Reaktionsschema (39) gilt auch für die Hydration des SO_2.

5.9 Fallbeispiel: Kinetik der Absorption von CO_2; Gas-Transfer Atmosphäre – Wasser

Wie wir bereits gesehen haben (Abbildung 3.4), sind manche Gewässer bezüglich CO_2 nicht im Gleichgewicht mit der Atmosphäre, weil Prozesse im Wasser CO_2 schneller produzieren oder konsumieren als der Ausgleich zum Gleichgewicht durch CO_2-Transfer zwischen der Atmosphäre und dem Wasser erfolgt.

Das allgemeine Geschwindigkeitsgesetz für den Austausch einer Verbindung zwischen der Gas-Phase und der Wasser-Phase ist

$$J_g = k_g (C_g^s - C_g) \qquad (48)$$

wobei J_g = die Austausch- oder Transfer-Geschwindigkeit (Anzahl Mole pro Oberfläche) [$mol \, cm^{-2} \, s^{-1}$], k_g ist der Transfer-Koeffizient [$cm \, s^{-1}$], C_g^s ist die Sättigungs-Konzentration der Verbindung (im Gleichgewicht mit der Gasphase) und C_g, die Konzentration der Verbindung in der flüssigen Bulkphase ($mol \, cm^{-3}$ um die richtigen Einheiten zu erhalten).

Ein empirisches Geschwindigkeitsgesetz, das sogenannte Zwei-Filmmodell, interpretiert den Gasdurchtritt als molekulare Diffusion durch einen Wasserfilm (Grenzschicht) an der Oberfläche der Dicke Z. (Für einige extrem flüchtige Verbindungen kann der Durchtritt durch den Gasfilm an der Wasser/Gas-Grenzfläche geschwindigkeitslimitierend sein.) Der Transferkoeffizient k_g wird interpretiert als:

Fallbeispiel: Kinetik der Absorption von CO_2

$$k_g = \frac{D_g}{Z} \; [\text{cm s}^{-1}] \tag{49}$$

wobei D_g der molekulare Diffusionskoeffizient der Verbindung ist.

Gleichungen (48) und (49) gelten für Verbindungen, die im Wasser nicht, oder nur langsam (langsamer als der Transfer) eine chemische Reaktion eingehen. Für Gase, die im Wasser reagieren, H_2S, CO_2 etc. muss allenfalls ein chemischer Beschleunigungsfaktor E_g mitberücksichtigt werden.

$$J_g = E_g k_g \, (C_g^s - C_g) \tag{50}$$

Die meisten Gase haben ähnliche Diffusionskoeffizienten ($D = 2 - 5 \times 10^{-5}$ cm^2 s^{-1}), so dass die Geschwindigkeit des Austausches eines Gases durch die Hydrodynamik des Wassers (Turbulenz), also durch Z (Gleichung (49)) beeinflusst wird.

Je nach Turbulenz variiert k_g zwischen 10^{-4} und 10^{-2} cm s^{-1}. Das bedeutet für Oberflächenwassertiefen von 1 – 10 m charakteristische Austauschzeiten von 10^4 bis 10^6 s oder 2 Stunden bis 100 Tage. (F. Morel, *Principles of Aquatic Chemistry*, Wiley-Interscience, New York, 1983.)

Beispiel 5.5
Gasaustausch mit Oberflächenwasser

Ein ca. 10 m tiefer See enthält ein Grundwasserinfiltrat folgender Zusammensetzung: pH = 6.7, Alk = 3×10^{-3} M. Wie schnell findet der CO_2-Austausch mit der Atmosphäre (25 °C) statt?

Wir können von folgenden Annahmen ausgehen: Die Wasserschicht ist genügend gut durchmischt; ein typisches $Z = 40 \times 10^{-6}$ m wird angenommen. (Z variiert je nach Turbulenz zwischen 20 - 1000 μm.) Durch die CO_2-Abgabe wird die Alkalinität nicht verändert.

Ferner gilt:

[Alk] $\cong$ [HCO_3^-];

C_T = [$H_2CO_3^*$] + [HCO_3^-];

[$H_2CO_3^*$] $\cong$ [$CO_2 \cdot$ aq];

D = 2×10^{-5} cm^2 s^{-1}.

Die C_g^s-Konzentration des CO_2 ist (vgl. Abbildung 3.3) $[CO_2]^s = 10^{-5}$ M. Die anfängliche Bulk-Konzentration C_g von CO_2 ist auf Grund des Gleichgewichtes

$$H_2CO_3^* = H^+ + HCO_3^-; \quad K_1 = 10^{-6.3} \, (25\,°C)$$
$$C_g = [CO_2] = [H_2CO_3^*] = 1.2 \times 10^{-3}$$

Für eine durchmischte Wassersäule wird die Austauschgeschwindigkeit J_g der Konzentrationsänderung von $H_2CO_3^*$ gleichgesetzt:

$$J_{CO_2} = \frac{dn_{CO_2}}{dt} \cdot \frac{1}{A} = \frac{d[H_2CO_3^*]}{dt} \cdot \frac{V}{A} \quad \text{(i)}$$

wobei

n_{CO_2} = Anzahl Mole
A = Oberfläche
V = Volumen

V/A entspricht der mittleren Tiefe. Die Änderung von $[H_2CO_3^*]$ wird der Änderung von C_T gleichgesetzt, da die Alkalinität konstant bleibt:

$$\frac{d[H_2CO_3^*]}{dt} = \frac{dC_T}{dt} = \frac{A}{V} \times \frac{D}{Z} ([H_2CO_3^*]^s - [H_2CO_3^*]) \quad \text{(ii)}$$

Nach Einsetzen von $A/V = 10^{-2}$ dm^{-1}, $D = 2 \times 10^{-7}$ dm^2 s^{-1} oder $D = 7.2 \times 10^{-4}$ dm^2 h^{-1} (alle Einheiten in dm, Konzentrationen in mol dm^{-3}), ergibt sich:

$$\frac{dC_T}{dt} = 1.8 \times 10^{-2} (10^{-5} - [H_2CO_3^*]) \, [\text{M h}^{-1}] \quad \text{(iii)}$$

Wir setzen in Gleichung (iii): $[H_2CO_3^*] = C_T - \text{Alk}$.

$$\frac{dC_T}{dt} = 1.8 \times 10^{-2} (3 \times 10^{-3} - C_T)$$

Die Lösung dieser Differentialgleichung ergibt für C_T^o (für t = 0)

$C_T^o = \text{Alk} + [H_2CO_3^*]^o = 4.2 \times 10^{-3}$ M, und

$C_T = 3 \times 10^{-3} + 1.2 \times 10^{-3} \times e^{-0.0175 \, t}$ \hfill (iv)

Fallbeispiel: Kinetik der Absorption von CO_2

Die nachfolgende Tabelle zeigt mit welcher Zeitabhängigkeit sich die Zusammensetzung des Wassers dem Gleichgewicht mit der Atmosphäre nähert:

Zeit (h)	C_T (M)
0	4.2×10^{-3}
20	3.8×10^{-3}
50	3.5×10^{-3}
100	3.2×10^{-3}
∞	3.01×10^{-3}

Chemische Beschleunigung des CO_2-Transfers

Wie wir gesehen haben, nimmt bei höherem pH die Reaktion des CO_2 zu HCO_3^- zu (Gleichung (47)).

$$CO_2(aq) + OH^- \rightleftharpoons HCO_3^- \tag{v}$$

Deshalb kann durch Gleichung (iv) die Absorption des CO_2 bei hohem pH beschleunigt werden. Für die Absorptionsgeschwindigkeit müssen wir jetzt alle Carbonatspezies berücksichtigen.

$$J_T = \sum_i J_i = \frac{D}{Z}(C_T^s - C_T) \tag{vi}$$

Wir können die Absorption von C_T vergleichen mit derjenigen von CO_2

$$J_{CO_2} = \frac{D}{Z}([CO_2]^s - [CO_2]) \tag{vii}$$

um den chemischen Beschleunigungsfaktor $E_g = \frac{J_T}{J_{CO_2}}$ (vgl. Gleichung (50)) zu erhalten.

Beispiel 5.6
CO_2-Transfer bei der pH-Erhöhung durch Photosynthese

Bei starker photosynthetischer Intensität erreicht ein See bei einer Alk = $10^{-3.5}$ M einen pH von 9.0.

Wir berechnen $[CO_2]^s$, $[HCO_3^-]^s$, $[CO_3^{2-}]^s$ und $[H^+]^s$ für das Gleichgewicht mit der Atmosphäre ($p_{CO_2} = 10^{-3.5}$ atm.):

$[CO_2]^s = 10^{-5}$ M

$[HCO_3^-]^s = 10^{-3.5}$ M; $[H^+]^s = 10^{-7.8}$ M; $[CO_3^{2-}]^s = 10^{-6}$ M

Auf der Bulkseite haben wir $[H^+] = 10^{-9}$ M; Alk $= [HCO_3^-]\left[1 + \dfrac{2\,K_2}{[H^+]}\right]$ $= 10^{-3.5}$ M; $[HCO_3^-] = 10^{-3.54}$ M

$[CO_3^{2-}] = 10^{-4.86}$ M; $[CO_2] = 5.7 \times 10^{-7}$

Daraus ergibt sich ein Gradient

$C_T^s - C_T = 2.4 \times 10^{-5}$ M

gegenüber

$[CO_2]^s - [CO_2] = 1 \times 10^{-5}$ M

und ein Beschleunigungsfaktor von ca. 3.

Weitergehende Literatur

BARD, A.J. et al.; *Standard Potentials in Aqueous Solution*, (prepared under the auspices of IUPAC), Marcel Dekker, New York, 1985.
Eine Zusammenstellung thermodynamischer Daten.

HOFFMANN, M.R.; "Catalysis in Aquatic Environments", Kapitel 3 (Seiten 71-112), in: *Aquatic Chemical Kinetics* (W. Stumm, Hrsg.), Wiley Interscience, New York, 1990.

STONE, A.T., und MORGAN, J.J., "Kinetics of Chemical Transformation in the Environment", Kapitel 1 (Seiten 1-42), in: *Aquatic Chemical Kinetics* (W. Stumm, Hrsg.), Wiley Interscience, New York, 1990.
Eine Einführung in die Reaktionstheorie chemischer Reaktionen in der Umwelt.

Siehe auch diejenigen Bücher, welche in Kapitel 5.3 und 5.4 aufgeführt sind.

Übungsaufgaben

1) *Bestimme aufgrund der thermodynamischen Daten im Anhang, welche Phase thermodynamisch stabil ist:*
   i) bei 25 °C: Al_2O_3 (Corund),
   $AlOOH$ (Boehmit),
   $Al(OH)_3$ (Gibbsite);
   ii) bei 5 °C: $CaSO_4$ (Anhydrit),
   $CaSO_4 \cdot 2\,H_2O$ (Gips)

2) *Vergleiche die Temperaturabhängigkeit von Gips und von Calcit. Gibt es eine einfache Erklärung für die unterschiedliche Temperaturabhängigkeit?*

3) *Kann bei pH 7, Nitrat durch Fe^{2+} zu NO_2^- reduziert werden (25 °C)?*

4) *Kann bei 25 °C Fe_2SiO_4, SO_4^{2-} zu elementarem S oder HS^- bei pH 8 reduzieren?*

5) *Muss bei der Löslichkeit des $CaCO_3$ in den Sedimenten des Zürichsees (5 °C) die Druckabhängigkeit (Tiefe $\cong$ 100 m) berücksichtigt werden?*

6) *Berechne das Löslichkeitsprodukt von $CaCO_3$ (Calcit) bei 25 °C und bei 15 °C und bestimme, ob ein Grundwasser (T = 15°C, Ca^{2+} = 4 × 10^{-3} M, HCO_3^- = 2 × 10^{-3} M, pH = 6.6) bezüglich $CaCO_3$ über- oder untersättigt ist.*

7) In einer biologischen Kläranlage ist die Wachstumsrate der Bakterien (d[B]/dt = μ[B]) charakterisiert durch μ = 5 h^{-1}. *Welches ist die Generationszeit (Verdoppelungszeit) der Bakterien?*

8) *Welches ist die durchschnittliche Lebensdauer (= Zeit, nach welcher Anzahl Atome auf 1/e gefallen ist) eines Radionuklides, z.B. Sr-90, dessen Halbwertszeit 28 Jahre beträgt?*

9) *Kann eine Reaktion durch Verdünnung bei gleicher Temperatur verlangsamt werden? Für welche Reaktionsordnung gilt die Antwort?*

Übungsaufgaben

10) a) *Unter welchen Voraussetzungen entspricht die Kinetik der Eliminaion (Abnahme seiner Konzentration als Folge von chemischen Reaktionen) eines Spurenstoffes in einem Gewässer einem Geschwindigkeitsgesetz erster Ordnung betr. der Konzentration des Spurenstoffes?*
    b) *Warum nimmt der totale organische Kohlenstoff (TOC) (z.B. von organischen Belastungen eines Gewässers) nicht nach einem Zeitgesetz erster Ordnung betr. TOC ab?*

11) Acetoessigsäure zerfällt in wässrige Lösung in einer Reaktion erster Ordnung in Aceton und CO_2. Die Geschwindigkeitskonstante für verschiedene Temperaturen ist für

    $0\,°C$: k = 2.46×10^{-5} min^{-1};
    $20\,°C$: = 43.5×10^{-5} min^{-1};
    $40\,°C$: = 576×10^{-5} min^{-1};
    $60\,°C$: = 5480×10^{-5} min^{-1}.

    Welches ist die Aktivierungsenergie und wie gross ist k bei 30 °C?

12) Messungen in einem Bohrkern eines See-Sedimentes an (Pb-210/Pb) ergeben – wenn aufgetragen als ln (Pb-210/Pb) versus Sedimenttiefe (m) – eine Gerade mit der Neigung -1.6 m^{-1}. Die Halbwertszeit des Pb-210 ist 22 Jahre.
    Welches ist die Sedimentationsrate (m Jahr^{-1})?
    (Annahme: i) gleichmässige Sedimentationsrate,
    ii) vernachlässigbare Diffusion des Pb im Sedimentkern)

13) In der Tabelle des Appendix von Kapitel 5 fehlt die Angabe über G_f^o von O_3(aq), während G_f^o für O_3(g) aufgeführt ist. Offenbar ist die Löslichkeit des O_3 in Wasser (Henry-Koeffizient) nicht mit genügender Genauigkeit bekannt. K_H für Ozon ist in Tabelle 4.1 als 9.4×10^{-3} M atm^{-1} angegeben. *Was ist demnach G_f^o für O_3(aq)?*

14) Im Kapitel 8 wird die Kinetik der Fe(II)-Oxidation durch Sauerstoff abgeleitet als

$$-\frac{d\,Fe(II)}{dt} = k\,[Fe(II)]\,[OH^-]^2\,p_{O_2}$$

mit k = 8×10^{13} min^{-1} M^{-2} atm^{-1} angegeben. *Wie schnell (Halbwertszeit des Fe(II)) ist demnach die Oxidation bei pH = 6, falls die Sauerstoffkonzentration durch Sättigung mit Luft gegeben ist?*

Appendix

Thermodynamische Daten; Tabelle der G_f^o-, H_f^o- und $\bar{S}^o$-Werte für häufige chemische Spezies in aquatischen Systemen [a]

Werte gültig für 25° C, 1 atm Druck und Standard-Bedingungen [b]

Spezies	Bildung aus den Elementen		Entropie	
	G_f^o (kJ mol^{-1})	H_f^o (kJ mol^{-1})	$\bar{S}^o$ (J mol^{-1} K^{-1})	Referenz [c]
Ag (Silber)				
Ag (Metall)	0	0	42.6	NBS
Ag$^+$(aq)	77.12	105.6	73.4	NBS
AgBr	−96.9	−100.6	107	NBS
AgCl	−109.8	−127.1	96	NBS
AgI	−66.2	−61.84	115	NBS
Ag$_2$S(α)	−40.7	−29.4	14	NBS
AgOH(aq)	−92			NBS
Ag(OH)$_2^-$(aq)	−260.2			NBS
AgCl(aq)	−72.8	−72.8	154	NBS
AgCl$_2^-$(aq)	−215.5	−245.2	231	NBS
Al (Aluminium)				
Al	0	0	28.3	R
Al^{3+}(aq)	−489.4	−531.0	−308	R
AlOH^{2+}(aq)	−698			S
Al(OH)$_2^+$(aq)	−911			S
Al(OH)$_3$(aq)	−1115			S
Al(OH)$_4^-$(aq)	−1325			S
Al(OH)$_3$ (amorph)	−1139			R
Al$_2$O$_3$ (Corund)	−1582	−1676	50.9	R
AlOOH (Boehmit)	−922	−1000	17.8	R
Al(OH)$_3$ (Gibbsit)	−1155	−1293	68.4	R
Al$_2$Si$_2$O$_5$(OH)$_4$ (Kaolinit)	−3799	−4120	203	R
KAl$_3$Si$_3$O$_{10}$(OH)$_2$ (Muscovit)	−1341			G
Mg$_5$Al$_2$Si$_3$O$_{10}$(OH)$_8$ (Chlorit)	−1962			R
CaAl$_2$Si$_2$O$_8$ (Anorthit)	−4017.3	−4243.0	199	R
NaAlSi$_3$O$_8$ (Albit)	−3711.7	−3935.1		R
As (Arsen)				
As (α Metall)	0	0	35.1	NBS

Appendix

Spezies	Bildung aus den Elementen		Entropie	
	G_f^o (kJ mol^{-1})	H_f^o (kJ mol^{-1})	$\bar{S}^o$ J mol^{-1} K^{-1}	Referenz ^{c}
H_3AsO_4(aq)	−766.0	−898.7	206	NBS
$H_2AsO_4^-$(aq)	−748.5	−904.5	117	NBS
$HAsO_4^{2-}$(aq)	−707.1	−898.7	3.8	NBS
AsO_4^{3-}(aq)	−636.0	−870.3	−145	NBS
$H_2AsO_3^-$(aq)	−587.4			NBS
Ba (Barium)				
Ba^{2+}(aq)	−560.7	−537.6	9.6	R
$BaSO_4$ (Barit)	−1362	−1473	132	R
$BaCO_3$ (Witherit)	−1132	−1211	112	R
Be (Beryllium)				
Be^{2+}(aq)	−380	−382	−130	NBS
$Be(OH)_2(\alpha)$	−815.0	−902	51.9	NBS
$Be_3(OH)_3^{3+}$	−1802			NBS
B (Bor)				
H_3BO_3(aq)	−968.7	−1072	162	NBS
$B(OH)_4^-$(aq)	−1153.3	−1344	102	NBS
Br (Bromid)				
$Br_2(\ell)$	0	0	152	NBS
Br_2(aq)	3.93	−259	130.5	NBS
Br^-(aq)	−104.0	−121.5	82.4	NBS
$HBrO$(aq)	−82.2	−113.0	147	NBS
BrO^-(aq)	−33.5	−94.1	42	NBS
C (Kohlenstoff)				
C (Graphit)	0	0	152	NBS
C (Diamant)	3.93	−2.59	130.5	NBS
CO_2(g)	−394.37	−393.5	213.6	NBS
$H_2CO_3^*$(aq)	−623.2	−699.6	200.8	NBS^d
H_2CO_3(aq) ("wahre")	~ −607.1			S
HCO_3^-(aq)	−586.8	−692.0	91.2	S
CO_3^{2-}(aq)	−527.9	−677.1	−56.9	NBS
CH_4(g)	−50.79	−74.80	186	NBS
CH_4(aq)	−34.39	−89.04	83.7	NBS
CH_3OH(aq)	−175.4	−245.9	133	NBS
$HCOOH$(aq)	−372.3	−425.4	163	NBS

Spezies	Bildung aus den Elementen G^o_f (kJ mol⁻¹)	H^o_f (kJ mol⁻¹)	Entropie $\bar{S}^o$ J mol⁻¹ K⁻¹	Referenz [c]
HCOO⁻(aq)	–351.0	–425.6	92	NBS
CH₂O(aq)	–129.7			
CH₂O(g)	–110.0	–116.0	218.6	S
CH₃COOH(aq)	–396.6	–485.8	179	NBS
CH₃COO⁻(aq)	–369.4	–486.0	86.6	NBS
C₂H₅OH(aq)	–177.0	–288.1	149	NBS
NH₂CH₂COOH(aq)	–370.8	–514.0	158	NBS
NH₂CH₂COO⁻(aq)	–315.0	–469.8	119	NBS
HCN(aq)	112.0	105.0	129	NBS
CN⁻(aq)	166.0	151.0	118	NBS
COS(g)	–169.2	–137.2	234.5	NBS
CNS⁻(aq)	88.7	72.0		S
H₂C₂O₄(aq)	–697.0	–818.26		S
HC₂O₄⁻(aq)	–690.86	–818.8		S
C₂O₄²⁻(aq)	–674.04	–818.8	45.6	S
Ca (Calcium)				
Ca²⁺(aq)	–553.54	–542.83	–53	R
CaOH⁺(aq)	–718.4			NBS
Ca(OH)₂(aq)	–868.1	–1003	–74.5	NBS
Ca(OH)₂ (Portlandit)	–898.4	–986.0	83	R
CaCO₃ (Calcit)	–1128.8	–1207.4	91.7	R
CaCO₃ (Aragonit)	–1127.8	–1207.4	88.0	R
CaMg(CO₃)₂ (Dolomit)	–2161.7	–2324.5	155.2	R
CaSiO₃ (Wollastonit)	–1549.9	–1635.2	82.0	R
CaSO₄ (Anhydrit)	–1321.7	–1434.1	106.7	R
CaSO₄ · 2 H₂O (Gips)	–1797.2	–2022.6	194.1	R
Ca₅(PO₄)₃OH (Hydroxyapatit)	–6338.4	–6721.6	390.4	R
Cd (Cadmium)				
Cd (γ Metall)				
Cd²⁺(aq)	–77.58	–75.90	–73.2	R
CdOH⁺(aq)	–284.5			R
Cd(OH)₃⁻(aq)	–600.8			R
Cd(OH)₄²⁻(aq)	–758.5			R
Cd(OH)₂(aq)	–392.2			R
CdO (s)	–228.4	–258.1	54.8	
Cd(OH)₂ (gefällt)	–473.6	–560.6	96.2	R
CdCl⁺(aq)	–224.4	–240.6	43.5	R

Appendix

Spezies	Bildung aus den Elementen G_f^0 (kJ mol^{-1})	H_f^0 (kJ mol^{-1})	Entropie $\bar{S}^0$ J mol^{-1} K^{-1}	Referenz [c]
CdCl$_2$(aq)	−340.1	−410.2	39.8	R
CdCl$_3^-$(aq)	−487.0	−561.0	203	R
CdCO$_3$ (s)	−669.4	−750.6	92.5	R
Cl (Chlor)				
Cl$^-$(aq)	−131.3	−167.2	56.5	NBS
Cl$_2$(g)	0	0	223.0	NBS
Cl$_2$(aq)	6.90	−23.4	121	NBS
HClO(aq)	−79.9	−120.9	142	NBS
ClO$^-$(aq)	−36.8	−107.1	42	NBS
ClO$_2$(aq)	117.6	74.9	173	NBS
ClO$_2^-$(aq)	17.1	−66.5	101	NBS
ClO$_3^-$(aq)	−3.35	−99.2	162	NBS
ClO$_4^-$(aq)	−8.62	−129.3	182	NBS
Co (Cobalt)				
Co (Metall)	0	0	30.04	R
Co^{2+}(aq)	−54.4	−58.2	−113	R
Co^{3+}(aq)	−134	−92	−305	R
HCoO$_2^-$(aq)	−407.5			NBS
Co(OH)$_2$(aq)	−369	−518	134	NBS
Co(OH)$_2$ (s, blau)	−450			NBS
CoO(s)	−214.2	−237.9	53.0	R
Co$_3$O$_4$ (Cobalt Spinel)	−725.5	−891.2	102.5	R
Cr (Chrom)				
Cr (Metall)	0	0	23.8	NBS
Cr^{2+}(aq)		−143.5		NBS
Cr^{3+}(aq)	−215.5	−256.0	308	NBS
Cr$_2$O$_3$ (Eskolait)	−1053	−1135	81	R
HCrO$_4^-$(aq)	−764.8	−878.2	184	R
CrO$_4^{2-}$(aq)	−727.9	−881.1	50	R
Cr$_2$O$_7^{2-}$(aq)	−1301	−1490	262	R
Cu (Kupfer)				
Cu (Metall)	0	0	33.1	NBS
Cu$^+$(aq)	50.0	71.7	40.6	NBS
Cu^{2+}(aq)	65.5	64.8	−99.6	NBS
Cu(OH)$_2$(aq)	−249.1	−395.2	−121	NBS

Spezies	Bildung aus den Elementen		Entropie	Referenz c
	G_f^o (kJ mol⁻¹)	H_f^o (kJ mol⁻¹)	$\bar{S}^o$ J mol⁻¹ K⁻¹	
$HCuO_2^-$(aq)	−258			
CuS (Covellit)	−53.6	−53.1	66.5	NBS
Cu_2S (α)	−86.2	−79.5	121	NBS
CuO (Tenorit)	−129.7	−157.3	43	NBS
$CuCO_3 \cdot Cu(OH)_2$ (Malachit)	−893.7	−1051.4	186	NBS
$2 CuCO_3 \cdot Cu(OH)_2$ (Azurit)		−1632		NBS
e⁻ (Elektron)				
e⁻ (Elektron)	0	0	0	
F (Fluor)				
F_2(g)	0	0	202	NBS
F⁻(aq)	−278.8	−332.6	−13.8	NBS
HF(aq)	−296.8	320.0	88.7	NBS
HF_2^-(aq)	−578.1	−650	92.5	NBS
Fe (Eisen)				
Fe (Metall)	0	0	27.3	NBS
Fe^{2+}(aq)	−78.87	−89.10	−138	NBS
$FeOH^+$(aq)	−277.4	324.7	29	NBS
$Fe(OH)_2$(aq)	−441.0	—	—	NBS
Fe^{3+}(aq)	−4.60	−48.5	−316	NBS
$FeOH^{2+}$(aq)	−229.4	−324.7	−29.2	NBS
$Fe(OH)_2^+$(aq)	−438	250.8	142.0	NBS
$Fe(OH)_3$(aq)	−659.4	—	—	NBS
$Fe(OH)_4^-$(aq)	−842.2	—	34.5	NBS
$Fe_2(OH)_2^{4+}$(aq)	−467.27	612.1	356.0	NBS
FeS_2 (Pyrit)	−160.2	−171.5	52.9	R
FeS_2 (Marcasit)	−158.4	−169.4	53.9	R
FeO(s)	−251.1	−272.0	59.8	R
$Fe(OH)_2$ (gefällt)	−486.6	−569	87.9	NBS
α-Fe_2O_3 (Hämatit)e	−742.7	−824.6	87.4	R
Fe_3O_4 (Magnetit)	−1012.6	−1115.7	146	R
α-FeOOH (Goethit)e	−488.6	−559.3	60.5	R
FeOOH (amorph)e	−462			S
$Fe(OH)_3$ (amorph)e	−699(−712)			S
$FeCO_3$ (Siderit)	−666.7	−737.0	105	R
Fe_2SiO_4 (Fayalit)	−1379.4	−1479.3	148	R

Appendix

Spezies	Bildung aus den Elementen G_f^o (kJ mol⁻¹)	H_f^o (kJ mol⁻¹)	Entropie $\bar{S}^o$ J mol⁻¹ K⁻¹	Referenz c
H (Wasserstoff)				
H_2(g)	0	0	130.6	NBS
H_2(aq)	17.57	−4.18	57.7	NBS
H^+(aq)	0	0	0	NBS
$H_2O(\ell)$	−237.18	−285.83	69.91	NBS
H_2O_2(aq)	−134.1	−191.17	143.9	NBS
HO_2^-(aq)	−67.4	−160.33	23.8	NBS
Hg (Quecksilber)				
$Hg(\ell)$	0	0	76.0	NBS
Hg_2^{2+}(aq)	153.6	172.4	84.5	NBS
Hg^{2+}(aq)	164.4	171.0	−32.2	NBS
Hg_2Cl_2 (Calomel)	−210.8	265.2	192.4	NBS
HgO(rot)	−58.5	−90.8	70.3	NBS
HgS (Metacinnabar)	−43.3	−46.7	96.2	NBS
HgI_2 (rot)	−101.7	−105.4	180	NBS
$HgCl^+$(aq)	−5.44	−18.8	75.3	NBS
$HgCl_2$(aq)	−173.2	−216.3	155	NBS
$HgCl_3^-$(aq)	−309.2	−388.7	209	NBS
$HgCl_4^{2-}$(aq)	−446.8	−554.0	293	NBS
$HgOH^+$(aq)	−52.3	−84.5	71	NBS
$Hg(OH)_2$(aq)	−274.9	−355.2	142	NBS
HgO_2^-(aq)	−190.3			NBS
I (Iod)				
I_2 (Kristall)	0	0	116	NBS
I_2(aq)	16.4	22.6	137	NBS
I^-(aq)	−51.59	−55.19	111	NBS
I_3^-(aq)	−51.5	−51.5	239	NBS
HIO(aq)	−99.2	−138	95.4	NBS
IO^-(aq)	−38.5	−107.5	−5.4	NBS
HIO_3(aq)	−132.6	−211.3	167	NBS
IO_3^-	−128.0	−221.3	118	NBS
Mg (Magnesium)				
Mg (Metall)	0	0	32.7	R
Mg^{2+}(aq)	−454.8	−466.8	−138	R
$MgOH^+$(aq)	−626.8			S
$Mg(OH)_2$(aq)	−769.4	−926.8	−149	NBS

Spezies	Bildung aus den Elementen G_f^o (kJ mol⁻¹)	H_f^o (kJ mol⁻¹)	Entropie $\bar{S}^o$ J mol⁻¹ K⁻¹	Referenz c
Mg(OH)₂ (Brucit)	−833.5	−924.5	63.2	R
Mn (Mangan)				
Mn (Metall)	0	0	32.0	R
Mn²⁺(aq)	−228.0	−220.7	−73.6	R
Mn(OH)₂ (gefällt)	−616			S
Mn₃O₄ (Hausmannit)	−1281			S
MnOOH (α Manganit)	−557.7			S
MnO₂ (Manganat) (IV) (MnO₁.₇ – MnO₂)	−453.1			S
MnO₂ (Pyrolusit)	−465.1	−520.0	53	R
MnCO₃ (Rhodochrosit)	−816.0	−889.3	100	R
MnS (Albandit)	−218.1	−213.8	87	R
MnSiO₃ (Rhodonit)	−1243	−1319	131	R
N (Stickstoff)				
N₂(g)	0	0	191.5	NBS
NO(g)	86.57	90.25	210.6	S
NO₂(g)	51.3	33.2	240.0	S
N₂O(g)	104.2	82.0	220	NBS
NH₃(g)	−16.48	−46.1	192	NBS
NH₃(aq)	−26.57	−80.29	111	NBS
NH₄⁺(aq)	−79.37	−132.5	113.4	NBS
HNO₂(aq)	−42.97	−119.2	153	NBS
NO₂⁻(aq)	−37.2	−104.6	140	NBS
HNO₃(aq)	−111.3	−207.3	146	NBS
NO₃⁻(aq)	−111.3	−207.3	146.4	NBS
Ni (Nickel)				
Ni²⁺(aq)	−45.6	−54.0	−129	R
NiO (Bunsenit)	−211.6	−239.7	38	R
NiS (Millerit)	−86.2	−84.9	66	R
O (Sauerstoff)				
O₂(g)	0	0	205	NBS
O₂(aq)	16.32	−11.71	111	NBS
O₃(g)	163.2	142.7	239	NBS
O₃(aq)		125.9		NBS
O₂·⁻	31.84			NBS

Appendix

Spezies	Bildung aus den Elementen		Entropie	
	G_f^o (kJ mol^{-1})	H_f^o (kJ mol^{-1})	$\bar{S}^o$ J mol^{-1} K^{-1}	Referenz c
HO_2^-(aq)	4.44			NBS
H_2O_2(g)	−105.6	−136.31	232.6	NBS
H_2O_2(aq)	−134.1	−191.17	143.9	NBS
HO_2^-(aq)	−67.4	−160.33	23.8	NBS
$OH^{\bullet}$(g)	34.22	38.95	183.64	NBS
$OH^{\bullet}$(aq)	7.74			NBS
OH^-(aq)	−157.29	−230	−10.75	NBS

P (Phosphor)

P (α, weiss)	0	0	41.1	
PO_4^{3-}(aq)	−1018.8	−1277.4	−222	NBS
HPO_4^{2-}(aq)	−1089.3	−1292.1	−33.4	NBS
$H_2PO_4^-$(aq)	−1130.4	−1296.3	90.4	NBS
H_3PO_4(aq)	−1142.6	−1288.3	158	NBS

Pb (Blei)

Pb (Metall)	0	0	64.8	NBS
Pb^{2+}(aq)	−24.39	−1.67	10.5	NBS
$PbOH^+$(aq)	−226.3			NBS
$Pb(OH)_3^-$(aq)	−575.7			NBS
$Pb(OH)_2$ (gefällt)	−452.2			NBS
PbO (gelb)	−187.9	−217.3	68.7	NBS
PbO_2	−217.4	−277.4	68.6	NBS
Pb_3O_4	−601.2	−718.4	211	NBS
PbS	−98.7	−100.4	91.2	NBS
$PbSO_4$	−813.2	−920.0	149	NBS
$PbCO_3$ (Cerussit)	−625.5	−699.1	131	NBS

S (Schwefel)

S (rhombisch)	0	0	31.8	NBS
SO_2(g)	−300.2	−296.8	248	NBS
SO_3(g)	−371.1	−395.7	257	NBS
H_2S(g)	−33.56	−20.63	205.7	NBS
H_2S(aq)	−27.87	−39.75	121.3	NBS
S^{2-}(aq)	85.8	33.0	−14.6	NBS
HS^-(aq)	12.05	−17.6	62.8	NBS
SO_3^{2-}(aq)	−486.6	−635.5	−29	NBS
HSO_3^-(aq)	−527.8	−626.2	140	NBS
$SO_2 \cdot H_2O$(aq)	−537.9	−608.8	232	NBS

Spezies	Bildung aus den Elementen G_f^o (kJ mol⁻¹)	H_f^o (kJ mol⁻¹)	Entropie $\bar{S}^o$ J mol⁻¹ K⁻¹	Referenz c
H₂SO₃(aq) ("wahre")	~ –534.5			S
SO₄²⁻(aq)	–744.6	–909.2	20.1	NBS
HSO₄⁻(aq)	–756.0	–887.3	132	NBS
Se (Selen)				
Se (schwarz)	0	0	42.4	NBS
SeO₃²⁻(aq)	–369.9	–509.2	12.6	NBS
HSeO₃⁻(aq)	–431.5	–514.5	135	NBS
H₂SeO₃(aq)	–426.2	–507.5	208	NBS
SeO₄²⁻(aq)	–441.4	–599.1	54.0	NBS
HSeO₄⁻(aq)	–452.3	–581.6	149	NBS
Si (Silizium)				
Si (Metall)	0	0	18.8	NBS
SiO₂ (α, Quartz)	–856.67	–910.94	41.8	NBS
SiO₂ (α, Cristobalit)	–855.88	–909.48	42.7	NBS
SiO₂ (α, Tridymit)	–855.29	–909.06	43.5	NBS
SiO₂ (amorph)	–850.73	–903.49	46.9	NBS
H₄SiO₄(aq)	–1316.7	–1468.6	180	NBS
Sr (Strontium)				
Sr²⁺(aq)	–559.4	–545.8	–33	R
SrOH⁺(aq)	–721			NBS
SrCO₃ (Strontianit)	–1137.6	–1218.7	97	R
SrSO₄ (Celestit)	–1341.0	–1453.2	118	R
Zn (Zink)				
Zn (Metall)	0	0	29.3	NBS
Zn²⁺(aq)	–147.0	–153.9	112	NBS
ZnOH⁺(aq)	–330.1			NBS
Zn(OH)₂(aq)	–522.3			NBS
Zn(OH)₃⁻(aq)	–694.3			NBS
Zn(OH)₄²⁻(aq)	–858.7			NBS
Zn(OH)₂ (s,β)	–553.2	–641.9	81.2	R
ZnCl⁺(aq)	–275.3			NBS
ZnCl₂(aq)	–403.8			NBS
ZnCl₃⁻(aq)	–540.6			NBS
ZnCl₄²⁻(aq)	–666.1			S

Appendix

Spezies	Bildung aus den Elementen		Entropie	
	G_f^0 (kJ mol^{-1})	H_f^0 (kJ mol^{-1})	$\bar{S}^0$ J mol^{-1} K^{-1}	Referenz [c]
ZnCO$_3$ (Smithsonit)	–731.6	–812.8	82.4	NBS

[a] Die Qualität der Daten ist variabel.

[b] Thermodynamische Daten aus Robie, Hemingway, und Fisher basieren auf einem Referenzzustand der Elemente in ihrem Standardzustand bei 1 bar = 10^5 Pascal = 0.987 atm. Dieser veränderte Referenzzustand hat einen vernachlässigbaren Einfluss auf die angegebenen Daten für kondensierte Phasen. (Für Gasphasen werden nur Daten des National Bureau of Standard – NBS –, gültig für Referenzzustand = 1 atm, gegeben.)

[c] NBS: D.D. Wagman et al., Selected Values of Chemical Thermodynamic Properties, U.S. National Bureau of Standards, Technical Notes 270–3 (1968), 270–4 (1969), 270–5 (1971). R: R.A. Robie, B.S. Hemingway, und J.R. Fisher, *Thermodynamic Properties of Minerals and Related Substances at 298.15 K and 1 Bar (10^5 Pascals) Pressure and at Higher Temperatures*, Geological Survey Bulletin No. 1452, Washington D.C., 1978. S: andere Quellen.

[d] [H$_2$CO$_3^*$] = [CO$_2$(aq)] + "wahre" [H$_2$CO$_3$].

[e] Die thermodynamischen Stabilitäten der Eisen(III)(hydr)oxide sind von der Art der Entstehung oder Herstellung, vom Alter und der molaren Oberfläche abhängig. Werte für K_{s0} = {Fe^{3+}}{OH$^-$}^{3} variieren zwischen 10$^{-37.3}$ bis zu 10$^{-43.7}$. Entsprechende Werte für G_f^0 von FeOOH(s) variieren zwischen –452 kJ mol^{-1} und –489 kJ mol^{-1}: Werte für G_f^0 von Fe(OH)$_3$(s) variieren zwischen –692 kJ mol^{-1} und –729 kJ mol^{-1}.

[f] berücksichtigt die neuen Daten für K_{HS^-} noch nicht.

KAPITEL 6

Metallionen in wässriger Lösung

6.1 Einleitung

Ein grosser Teil der Elemente im periodischen System hat metallischen Charakter; davon kommt eine grosse Anzahl in der Erdkruste und in den Gesteinen nur in Spuren (< 100 ppm) vor. Durch die zivilisatorischen Aktivitäten sind die Kreisläufe einer Anzahl Elemente beschleunigt. Die anthropogenen Fluxe verschiedener Elemente übersteigen die natürlichen Fluxe, (Verwitterung der Gesteine, vulkanische Emissionen, Verbreitung natürlicher Aerosole aus Böden und Meerwasser). Die wichtigsten anthropogenen Quellen für Schwermetalle sind metallverarbeitende Industrien und Erzgewinnung, die Verbrennung fossiler Brennstoffe, die Zementproduktion. Besonders stark beeinflusst sind die Elemente, die relativ flüchtig sind oder die in flüchtiger Form emittiert werden. Insbesondere durch die Verbrennung fossiler Brennstoffe wurden die Fluxe von z.B. Arsen, Cadmium, Selen, Quecksilber, Zink in die Atmosphäre stark beeinflusst. Dadurch wurden die Konzentrationen dieser Elemente sowohl in der Atmosphäre wie im Wasser und in den Böden verändert.

Eine Anzahl metallischer Elemente ist in Spuren für die Organismen essentiell (dazu gehören Cu, Zn, Co, Fe, Mn, Ni, Cr, V, Mo, Se). Sie werden in bestimmten geringsten Mengen benötigt; die Erhöhung der Konzentrationen dieser Elemente in der Umwelt kann zu Toxizitätserscheinungen führen. Andere Elemente werden nicht benötigt und können nur toxische Auswirkungen ausüben. Zu den letzteren gehören verschiedene Elemente, die stark durch anthropogene Aktivitäten in der Umwelt erhöht sind, wie Blei, Quecksilber, Cadmium.

Speziierung

Unter Speziierung versteht man die Unterscheidung zwischen den verschiedenen möglichen Bindungsformen (Spezies) eines Elements; man unterscheidet zum Beispiel zwischen gelösten und an festen Phasen gebundenen

Spezies, zwischen den Komplexen mit verschiedenen Liganden in Lösung, zwischen verschiedenen Redoxzuständen. Die Auswirkungen von Spurenelementen auf Organismen sind grundsätzlich sehr stark von der jeweiligen chemischen Spezies (Bindungsform) abhängig. Auch im Hinblick auf das Schicksal von Spurenmetallen in den Gewässern (z.B. Transport in die Sedimente, Infiltration ins Grundwasser usw.) ist die Speziierung von grundlegender Bedeutung. In diesem Kapitel soll vorwiegend die Rolle der Komplexbildung in Lösung für verschiedene Metallionen behandelt werden.

6.2 Koordinationschemie und ihre Bedeutung für die Speziierung der Metallionen in natürlichen Gewässern

Das Verständnis des Verhaltens der Metallionen in den natürlichen Gewässern beruht auf der Anwendung koordinationschemischer Prinzipien, die eine Einsicht in die Wechselwirkungen zwischen Metallen und Liganden geben. Angesichts der grossen Vielfalt möglicher Reaktionen in den natürlichen Gewässern geben verschiedene Einteilungen der Elemente nach ihren koordinationschemischen Eigenschaften Hinweise auf die wichtigsten Reaktionen. Abbildung 6.1 gibt ein Beispiel einer solchen Einteilung (nach Turner et al. 1981). Metallische Elemente können demnach in verschiedene Kategorien eingeteilt werden:

– A-Kationen haben die Elektronenkonfiguration eines Edelgases; sie werden als "harte" Kationen bezeichnet ; ihre Wechselwirkungen mit Liganden sind vorwiegend elektrostatischer Art; sie werden bevorzugt an "harten" Liganden gebunden z.B. an Fluorid und an Liganden mit Sauerstoffdonoratomen. Zu diesen gehören z.B. Al^{3+}, Ca^{2+}.

– B-Kationen haben eine Elektronenkonfiguration mit 10 oder 12 äusseren Elektronen; sie werden als "weiche" Kationen bezeichnet; ihre Wechselwirkungen mit Liganden haben zum Teil kovalenten Charakter; sie werden bevorzugt an S- oder N-Liganden gebunden. Dazu gehören zum Beispiel Cd^{2+}, Ag^+, Hg^{2+}.

– Alkali- und Erdalkali-Ionen können zu den A-Kationen gezählt werden; sie kommen meistens als freie Aquoionen vor; ihre Tendenz zur Komplexbildung ist gering.

– Elemente mit hohen Oxidationszahlen (z.B. As(V), Cr(VI) usw.) kommen überwiegend in hydrolysierten Spezies vor.

Aus dieser Einteilung folgt zum Beispiel, dass B-Kationen wie Cd^{2+}, Hg^{2+} besonders stark an S-haltigen Liganden gebunden werden, zum Beispiel in biologischen Molekülen; diese Tendenz ist im Hinblick auf die Toxizität dieser Elemente von Bedeutung.

Hydrolyse und die Bildung schwerlöslicher Oxide und Hydroxide

Kationen sind in wässriger Lösung hydratisiert, d.h. sie sind von einer Anzahl Wassermolekülen umgeben; üblicherweise sind 6 oder 4 Wassermoleküle an ein Metallkation gebunden (Aquokomplexe).

Bei der Hydrolyse findet eine Deprotonierung dieser Wassermoleküle statt; die Metallkationen wirken als schwache Säuren:

Also z.B. bei $Zn \cdot aq^{2+}$:

$$Zn(H_2O)_6^{2+} \rightleftharpoons Zn(H_2O)_5OH^+ + H^+; \quad K_1$$

$$K_1 = \frac{[Zn(OH)^+][H^+]}{[Zn^{2+}]} \qquad (1a)$$

bzw.

$$Zn(H_2O)_5OH^+ \rightleftharpoons Zn(H_2O)_4(OH)_2 + H^+; \quad K_2$$

$$K_2 = \frac{[Zn(OH)_2][H^+]}{[ZnOH^+]} \qquad (1b)$$

wobei $K_1 \cdot K_2 = \beta_2$

$$\beta_2 = \frac{[Zn(OH)_2][H^+]^2}{[Zn^{2+}]} \qquad (1c)$$

Für eine Spezies mit m Hydroxogruppen ist:

$$\beta_m = \frac{[Mc(OH)_m^{(n-m)+}][H^+]^m}{[Me^{n+}]} \qquad (2)$$

Die Tendenz zur Deprotonierung nimmt für verschiedene Aquokomplexe mit zunehmender Ladung des Zentralions und abnehmendem Radius zu (elektrostatische Abstossung des Protons). Die deprotonierten Spezies können auch als Komplexe mit dem OH^--Ion betrachtet werden (Hydroxokomplexe).

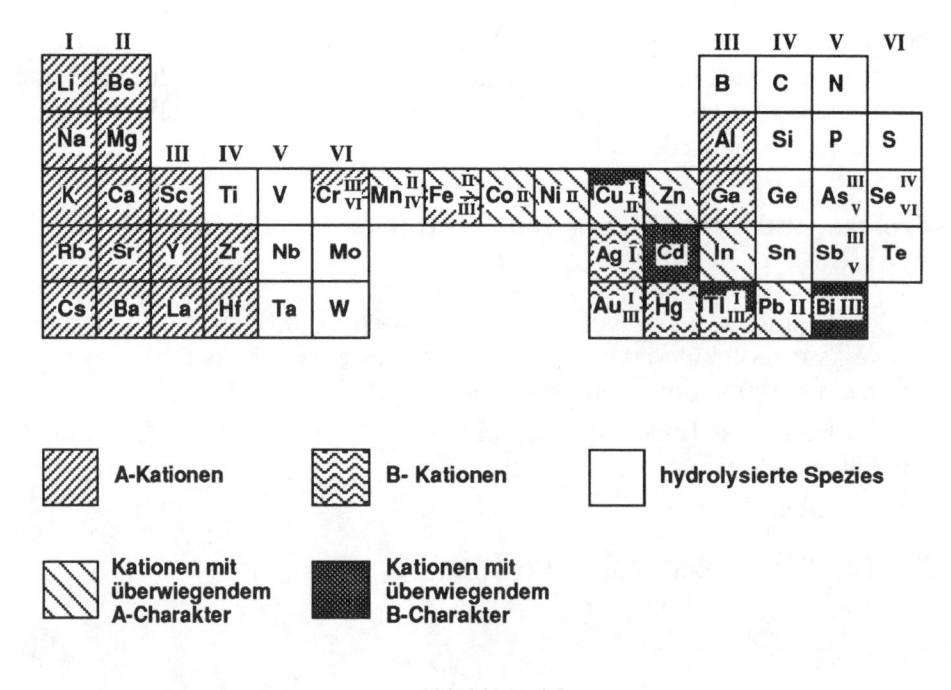

Abbildung 6.1
Einteilung der Elemente nach ihren koordinationschemischen Eigenschaften
Die Einteilung gilt für die oben an den Kolonnen angegebenen Oxidationszahlen; abweichende Oxidationszahlen sind jeweils angegeben.
(Nach Turner et al., Geochim. Cosmochim. Acta 45, 855, 1981)

Kationen mit mehrfachen Ladungen sind in wässriger Lösung häufig mehrfach deprotoniert oder bilden anionische Oxokomplexe wie z.B. Cr(VI)O_4^{2-}. Abbildung 6.2 zeigt die erste Hydrolysekonstante einiger Kationen; Abbildung 6.3 gibt einen Überblick über die Existenzbereiche der Aquoionen, Hydroxo- und Oxokomplexe als Funktion des pH. Daraus folgt, dass im pH-Bereich der natürlichen Gewässer (7 – 9) die meisten Metallionen als Hydroxo- oder Oxokomplexe vorliegen. Bei vielen Kationen ist diese Tendenz so stark, dass nicht nur mononukleare Hydroxokomplexe, sondern polynukleare gebildet werden. Daraus entstehen schliesslich feste Hydroxide beim Überschreiten des Löslichkeitsprodukts; die gelöste Konzentration im Gleichgewicht mit einem festen Hydroxid schliesst alle Hydroxospezies ein:

$$Me(OH)_{n(s)} \rightleftharpoons Me^{n+} + n\,OH^- \quad K_{s0} = [Me^{n+}][OH^-]^n \tag{3}$$

$$[Me]_{gelöst} = [Me^{n+}] + \Sigma\,[Me(OH)_m^{(n-m)+}] \tag{4}$$

Koordinationschemie

wo Me(OH)$_{n(s)}$ ein festes Hydroxid und Me(OH)$_m^{(n-m)+}$ eine beliebige Hydroxospezies sind.

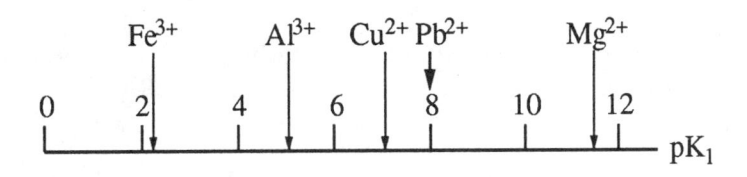

Abbildung 6.2
Erste Hydrolysekonstanten verschiedener Kationen

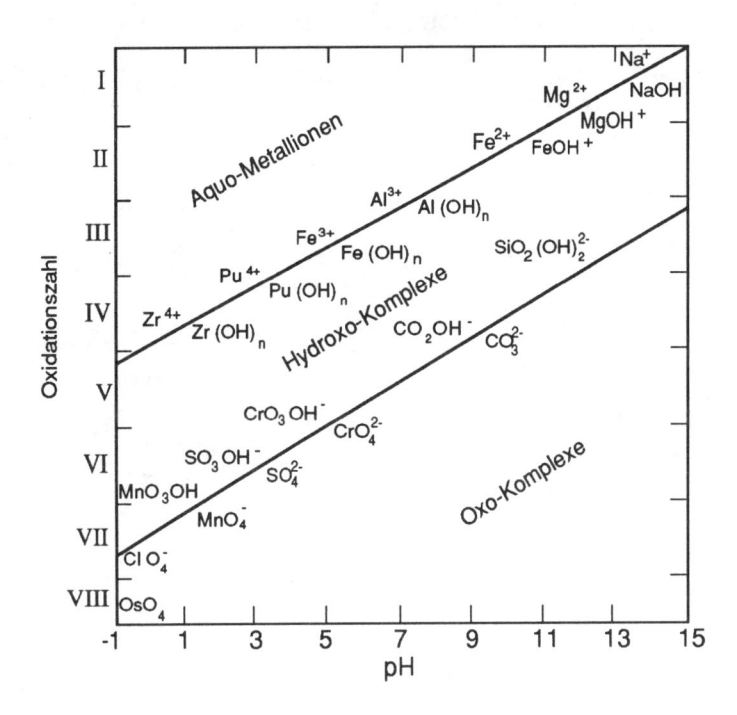

Abbildung 6.3
Existenzbereiche von Aquo-, Hydroxo- und Oxokomplexen für Kationen mit verschiedenen Oxidationszahlen.

Diese Zusammenhänge sollen anhand einiger Beispiele veranschaulicht werden:

Beispiel 6.1
Hydrolyse von Al^{3+} ohne Bildung eines festen Hydroxids

Die bei einem bestimmten pH vorherrschenden Spezies können aufgrund der Hydrolysekonstanten berechnet werden; dieser Fall entspricht dem einer mehrprotonigen schwachen Säure. Es wird in diesem Beispiel vorausgesetzt, dass im betreffenden pH-Bereich kein Hydroxid ausfällt, d.h. für Al muss die totale Konzentration Al(tot) < ~ $5 \cdot 10^{-8}$ M sein. (s. Beispiel 6.2).

$$\beta_m = \frac{[Al(OH)_m^{(3-m)+}] [H^+]^m}{[Al^{3+}]} \quad \text{(i)}$$

TABLEAU 6.1   Hydrolyse von Al^{3+}

Komponenten:		Al^{3+}	H^+	log K
Spezies:	Al^{3+}	1	0	0.0
	$Al(OH)^{2+}$	1	–1	–4.99
	$Al(OH)_2^+$	1	–2	–10.13
	$Al(OH)_4^-$	1	–4	–22.20
	H^+	0	1	0.0
Zusammensetzung (M):		5×10^{-8} M	pH gegeben, d.h. TOT H = variabel	

$$Al_T = [Al^{3+}] + [Al(OH)^{2+}] + [Al(OH)_2^+] + [Al(OH)_4^-] \quad \text{(ii)}$$

$$Al_T = [Al^{3+}] + \beta_1 [Al^{3+}] [H^+]^{-1} + \beta_2 [Al^{3+}] [H^+]^{-2} + \beta_4 [Al^{3+}] [H^+]^{-4} \quad \text{(iii)}$$

Die Konzentration der einzelnen Spezies kann bei vorgegebenem pH direkt berechnet werden (Abbildung 6.4). Daraus folgt, dass bei pH > 5 Al vorwiegend als Hydroxospezies vorliegt.

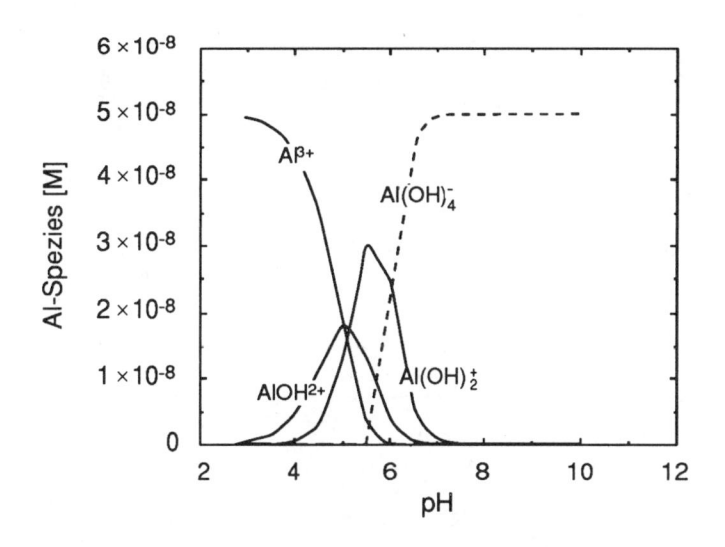

Koordinationschemie

Abbildung 6.4
Speziesverteilung für Al-Hydroxokomplexe als Funktion des pH.
Al_T (gelöst) = konstant, z.B. $Al_T = 5 \times 10^{-8}$ M.

Beispiel 6.2
Hydrolyse und Löslichkeit von Al^{3+} in Gegenwart von festem Aluminiumhydroxid $Al(OH)_{3(s)}$

In diesem Fall ist die Konzentration von Al^{3+} durch das Löslichkeitsprodukt bestimmt:

$$[Al^{3+}] [OH^-]^3 = K_{s0} = 10^{-33.9}$$

Die Konzentration der Al^{3+}-Aquoionen ist gegeben durch:

$$[Al^{3+}] = K_{s0} [OH^-]^{-3} = K_{s0} K_W^{-3} [H^+]^3 \qquad \text{(iv)}$$

Die gesamte lösliche Konzentration ergibt sich aus der Summe der Hydroxospezies:

$$Al_{T\text{gelöst}} = [Al^{3+}] + [Al(OH)^{2+}] + [Al(OH)_2^+] + [Al(OH)_4^-] \qquad \text{(v)}$$

Jede dieser Spezies wird als Funktion des pH ausgedrückt:

$$[Al^{3+}] = K_{s0} K_W^{-3} [H^+]^3$$
$$[Al(OH)^{2+}] = K_{s0} K_W^{-3} \beta_1 [H^+]^2 \qquad \text{(vi)}$$

$[Al(OH)_2^+] = K_{s0} K_W^{-3} \beta_2 [H^+]$

$[Al(OH)_4^-] = K_{s0} K_W^{-3} \beta_4 [H^+]^{-1}$

Daraus wird ein Diagramm log (Konz.) vs pH konstruiert, in dem die Konzentrationen der verschiedenen Spezies als lineare Funktionen des pH erscheinen (Abbildung 6.5) (vgl. 7.1).

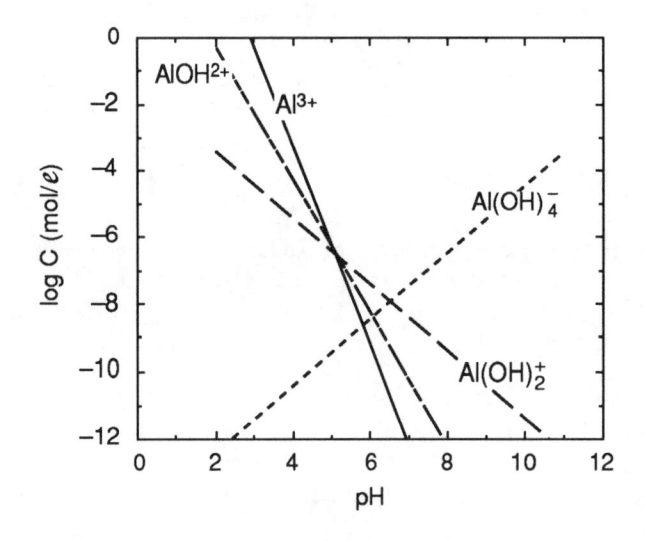

Abbildung 6.5
Löslichkeit von Al^{3+} als Funktion des pH im Gleichgewicht mit $Al(OH)_{3(s)}$

Dieser Fall ist für das Verhalten von Aluminium in den natürlichen Gewässern von Bedeutung, da $Al(OH)_{3(s)}$ häufig vorhanden ist und lösliches Al(III) auch bei der Verwitterung der Al-Silikate entsteht. Die Löslichkeit von Al ändert gerade im pH-Bereich 5 – 7 sehr stark; dieser pH-Bereich entspricht demjenigen säureempfindlicher Gewässer (s. Kapitel 4.4). Lösliches Al^{3+} entsteht auch bei der Verwitterung der Al-Silikate. Die Ansäuerung schwach gepufferter Gewässer durch saure Niederschläge bedeutet meistens auch eine Zunahme der gelösten Aluminiumspezies, die für verschiedene Organismen (z.B. Fische) toxisch sind.

Komplexbildung mit anorganischen und organischen Liganden in Lösung

In natürlichen Gewässern ist eine Anzahl verschiedener Liganden vorhanden; die Bindung von Metallionen mit anderen Liganden steht in Konkurrenz zur Hydrolyse. Anorganische Liganden sind zum Beispiel CO_3^{2-}, Cl^-, SO_4^{2-}, F^-, S^{2-}; typische Konzentrationen anorganischer Liganden sind in Tabelle 6.1. zusammengestellt. Daneben sind sehr viele verschiedene organische Liganden vorhanden, die meist durch biologische Prozesse gebildet werden und nur ungenügend bekannt sind. Dazu gehören zum Beispiel kleine organische Säuren wie Aminosäuren, Essigsäure, Phenole usw., aber auch makromolekulare Liganden wie Kohlenhydrate, Proteine usw. Wichtige organische Liganden stellen auch die Humin- und Fulvinsäuren dar, für welche keine einfachen Strukturen angegeben werden können. Sie sind komplizierte makromolekulare Gebilde, die eine grosse Anzahl funktioneller Gruppen enthalten. Abbildung 6.6 gibt einige Beispiele möglicher Strukturen dieser Komponenten. Funktionelle Gruppen, die hier als Liganden wirken können, sind Carboxylgruppen, phenolische OH-Gruppen, sowie in kleineren Mengen N- und S-Gruppen. Diese verschiedenen Ligandgruppen haben unterschiedliche Affinitäten zu Metallionen, d.h. die Huminsäuren wirken wie ein Gemisch verschiedener Liganden.

TABELLE 6.1   Wichtige Liganden in natürlichen Gewässern

	Konzentrationsbereiche in Süsswasser und Meerwasser (log Konz. (mol/ℓ))	
	Süsswasser	Meerwasser
HCO_3^-	–4 – –2.3	–2.6
CO_3^{2-}	–6 – –4	–4.5
Cl^-	–5 – –3	–0.26
SO_4^{2-}	–5 – –3	–1.55
F^-	–6 – –4	–4.2
HS^-/S^{2-} [1)]	–6 – –3	–
Aminosäuren	–7 – –5	–7 – –6
org. Säuren	–6 – –4	–6 – –5

[1)] nur in anoxischem Medium

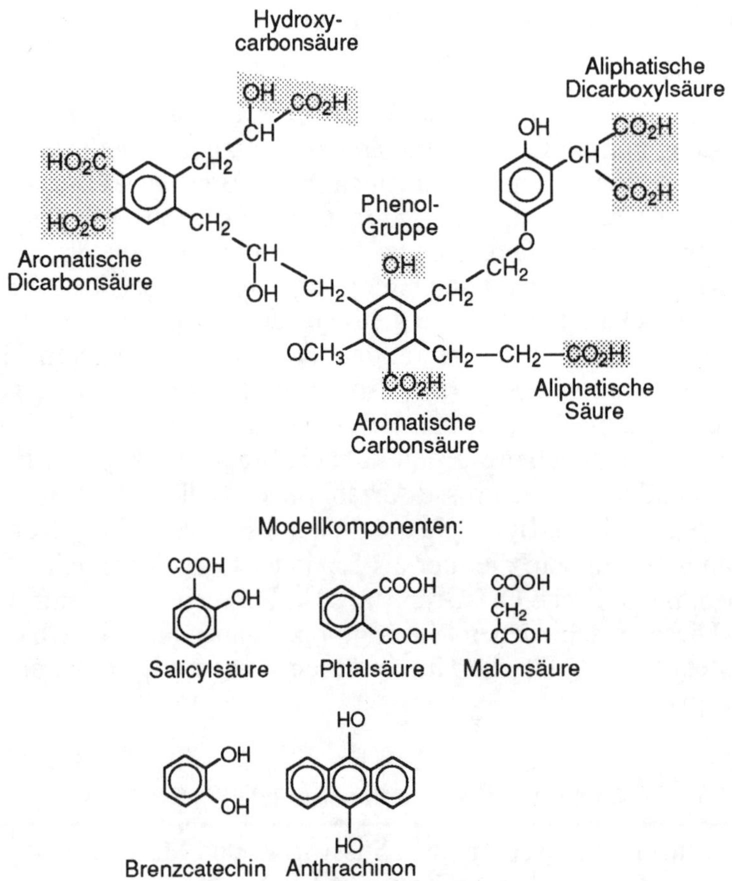

220   Metallionen in wässriger Lösung

Abbildung 6.6
Mögliche Strukturen von Humin- und Fulvinsäuren mit verschiedenen funktionellen Gruppen und Modellkomponenten mit entsprechenden Komplexbildungseigenschaften.
(Aus E.M. Thurmann, 1985 und F. Morel, 1983)

Während die Konzentrationen und Arten der anorganischen Liganden meist recht gut bekannt sind, sind für die organischen Liganden meist nur summarische und ungenaue Angaben möglich; deshalb werden hier Konzentrationsangaben für gesamte Aminosäuren und für die Summe der Säuregruppen gemacht (nach Buffle, 1988). In abwasserbelasteten Gewässern sind wahrscheinlich auch synthetische Liganden wie NTA und EDTA für die Speziierung von Bedeutung (z.B. wurden 1987 in verschiedenen Schweizer Flüssen

Koordinationschemie 221

NTA = $10^{-8} - 10^{-7}$ M und EDTA = $10^{-8} - 10^{-7}$ M gemessen (Jahresbericht EAWAG 1987)).

Die durch verschiedene Kationen bevorzugten Liganden können qualitativ aus der Einteilung in A- und B-Kationen abgeleitet werden. Für die Übergangsmetalle (Elektronenkonfiguration 0 – 10 d-Elektronen, zweiwertige Kationen) ist die Stabilität der Komplexe von der Anzahl d-Elektronen abhängig; dies wird durch die Irving-Williams-Reihe beschrieben, die in Abbildung 6.7 durch die Stabilitätskonstanten mit verschiedenen Liganden dargestellt ist. Daraus kann zum Beispiel abgeleitet werden, dass Cu besonders stark an organischen Liganden gebunden wird.

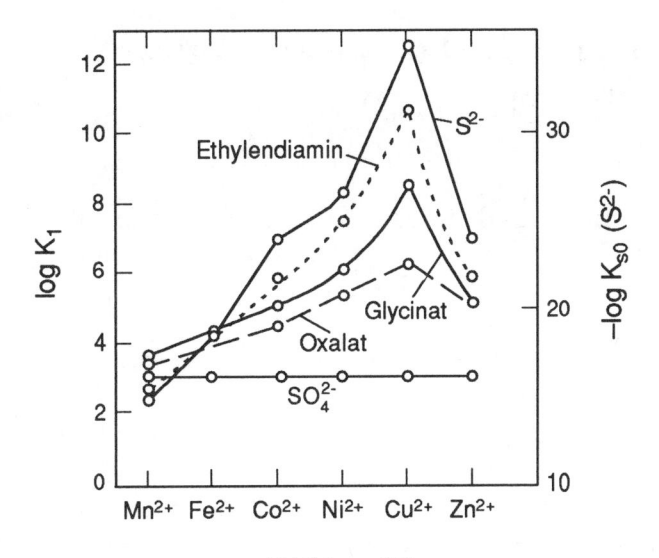

Abbildung 6.7
Stabilitätskonstanten von 1 : 1–Komplexen der Übergangsmetalle und Löslichkeitsprodukte ihrer Sulfide (Irving-Williams-Reihe).

Die Speziierung der Metallionen kann aufgrund der totalen Konzentrationen der Metalle und Liganden in Lösungen bekannter Zusammensetzung vorausgesagt werden.

Das Prinzip der Berechnung von Komplexbildungsgleichgewichten wird im Folgenden kurz dargestellt:

Ein System mit einem Metallion M und einem Liganden L wird angenommen, in dem sich komplexe Spezies ML_1, ML_2, ...ML_n bilden. (Zur Vereinfachung werden hier keine Ladungen von Metallionen und Liganden angegeben).

Spezies in Lösung sind: M, L, ML_1, ML_2, ...ML_n, HL, H^+, OH^-.
Komplexbildungskonstanten werden formuliert als:

$$\beta_n = \frac{[ML_n]}{[M][L]^n} \tag{5}$$

Eine Säurekonstante, K, für die Protonierung des Liganden, L, wird angenommen.
Daraus wird die Konzentration jeder Spezies ausgedrückt als:

$$[ML_n] = \beta_n \cdot [M][L]^n \tag{6}$$

Die Massenbilanzen für Metallion und Liganden lauten:

$$[M]_T = [M] + [ML_1] + ...[ML_n] \tag{7}$$

$$[L]_T = [L] + [HL] + [ML_1] + ... n[ML_n] \tag{8}$$

Zusammen mit einer Bedingung für den pH oder eine Protonenbedingung ergeben diese Gleichungen eine vollständige Defintion des Systems. Nach Einsetzen der Ausdrücke (5) – (8) ergibt sich:

$$[M]_T = [M](1 + \beta_1[L] + ...\beta_n[L]^n) \tag{9}$$

$$[L]_T = [L] + \frac{[H^+]}{K} \cdot [L] + \beta_1[M][L] + ...n\beta_n[M][L]^n \tag{10}$$

D. h. diese Ausdrücke enthalten nur noch die freien Konzentrationen von Metallionen und Liganden. Wegen der Komplexe mit mehreren Liganden (oder mit mehreren Metallen) sind die exakten Lösungen etwas schwierig. Häufig wird das System vereinfacht, z. B. dadurch dass die Liganden in grossem Ueberschuss gegenüber den Metallionen vorhanden sind. Wenn $[L_T] \gg [M_T]$ ist, sind die Komplexe ML...ML_n in der Massenbilanz für L vernachlässigbar, und $[L_T] \approx [L] + [HL]$. Damit kann sofort [M] aus Gleichung (9) berechnet werden.

Beispiele für Berechnungen

Einige Beispiele sollen die Speziierung von Metallionen unter verschiedenen Bedingungen illustrieren.

Beispiel 6.3
Anorganische Speziierung von Cu^{2+}: nur OH^-, CO_3^{2-} als Liganden

Spezies: Cu^{2+}, $CuOH^+$, $Cu(OH)_2^0$, $Cu(OH)_3^-$, $Cu(OH)_4^{2-}$, $CuCO_3^0$, $Cu(CO_3)_2^{2-}$
H_2CO_3, HCO_3^-, CO_3^{2-}, OH^-, H^+

$C_T = 2 \times 10^{-3}$ M; $[Cu]_T = 5 \times 10^{-8}$ M.

TABLEAU 6.2 Komplexbildung von Cu^{2+} mit OH^- und CO_3^{2-}

Komponenten:		Cu^{2+}	CO_3^{2-}	H^+	log K
Spezies:	Cu^{2+}	1	0	0	0
	$Cu(OH)^+$	1	0	−1	−8.0
	$Cu(OH)_2^0$	1	0	−2	−14.3
	$Cu(OH)_3^-$	1	0	−3	−26.8
	$Cu(OH)_4^{2-}$	1	0	−4	−39.9
	$CuCO_3^0$	1	1	0	6.77
	$Cu(CO_3)_2^{2-}$	1	2	0	10.01
	H_2CO_3	0	1	2	16.6
	HCO_3^-	0	1	1	10.3
	CO_3^{2-}	0	1	0	0
	OH^-	0	0	−1	−14
	H^+	0	0	1	0
Zusammensetzung (M):		5×10^{-8}	2×10^{-3}	pH = 8	

In diesem Fall ist die Cu-Konzentration viel kleiner als die Carbonatkonzentration, d.h. in der Gleichung für C_T:

$$C_T = [H_2CO_3] + [HCO_3^-] + [CO_3^{2-}] + [CuCO_3^0] + 2\,[Cu(CO_3)_2^{2-}] \qquad (i)$$

sind die Konzentrationen von $CuCO_3^0$ und $Cu(CO_3)_2^{2-}$ gegenüber den anderen Spezies vernachlässigbar, bei bekanntem pH wird dadurch die Berechnung stark vereinfacht.

Deshalb wird zunächst die CO_3^{2-}-Konzentration berechnet:

$$C_T \cong [CO_3^{2-}] \left(\frac{[H^+]^2}{K_1 K_2} + \frac{[H^+]}{K_2} + 1 \right) \tag{ii}$$

$[CO_3^{2-}] = 9.8 \times 10^{-6}$ M

Daraus können nun die einzelnen Cu-Spezies berechnet werden:

$$[Cu]_T = [Cu^{2+}] + [CuOH^+] + [Cu(OH)_2^o] + [Cu(OH)_3^-] + [Cu(OH)_4^{2-}] + [CuCO_3^o] + [Cu(CO_3)_2^{2-}] \tag{iii}$$

$$[Cu]_T = [Cu^{2+}] (1 + \beta_1[H^+]^{-1} + \beta_2[H^+]^{-2} + \beta_3[H^+]^{-3} + \beta_4[H^+]^{-4} + \beta_{1CO_3}[CO_3^{2-}] + \beta_{2CO_3}[CO_3^{2-}]^2) \tag{iv}$$

Daraus folgen zunächst die $[Cu^{2+}]$-Konzentration sowie die Konzentrationen der einzelnen anderen Spezies.

In diesem Fall resultiert die folgende Verteilung (pH 8):

	mol/ℓ	% Cu_T
Cu^{2+}	4.5×10^{-10}	0.9
$CuOH^+$	4.5×10^{-10}	0.9
$Cu(OH)_2^o$	2.3×10^{-8}	45
$Cu(OH)_3^-$	7×10^{-13}	1×10^{-3}
$Cu(OH)_4^{2-}$	6×10^{-18}	1×10^{-6}
$CuCO_3^o$	2.6×10^{-8}	52
$Cu(CO_3)_2^{2-}$	4.4×10^{-10}	0.9

Die Speziierung des Cu in diesem Medium (bei konstantem C_T für die Carbonatspezies) sieht als Funktion des pH folgendermassen aus:

D.h. bei tiefem pH (pH < 6) überwiegt das freie Cu^{2+}-Aquoion, während bei höherem pH $CuCO_3^o$ und $Cu(OH)_2^o$ überwiegen.

Koordinationschemie

Beispiel 6.4
Speziierung von Cu in Gegenwart eines organischen Komplexbildners.

Für diesen Fall werden die gleichen Konzentrationen von Cu und C_T wie bei Beispiel.6.3. angenommen. Zusätzlich wird die Gegenwart eines organischen Komplexbildners ($L = 2 \times 10^{-7}$ M) mit den Huminsäuren entspechenden komplexbildenden Eigenschaften angenommen.

$$Cu^{2+} + L \rightleftharpoons CuL \quad K = 1 \times 10^{10} \tag{i}$$

Die angegebene Konstante ist für pH 8 repräsentativ; die pH-Abhängigkeit dieser Reaktion wird hier nicht explizit berücksichtigt.

Das Tableau 6.3 wird entsprechend modifiziert:

TABLEAU 6.3 Speziierung von Cu, OH^-, CO_3^{2-} und org. Ligand L

Komponenten:		Cu^{2+}	CO_3^{2-}	L	H^+	log K
Spezies:	Cu^{2+}	1	0	0	0	0.00
	$CuOH^+$	1	0	0	−1	−8.00
	$Cu(OH)_2^0$	1	0	0	−2	−14.30
	$Cu(OH)_3^-$	1	0	0	−3	−26.80
	$Cu(OH)_4^{2-}$	1	0	0	−4	−39.90
	$CuCO_3^0$	1	1	0	0	6.77
	$Cu(CO_3)_2^{2-}$	1	2	0	0	10.01
neu:	Cu L	1	0	1	0	10.00
	H_2CO_3	0	1	0	2	16.60
	HCO_3^-	0	1	0	1	10.30
	CO_3^{2-}	0	1	0	0	0.00
	L	0	0	1	0	0.00
	OH^-	0	0	0	−1	−14.00
	H^+	0	0	0	1	0.00
Zusammensetzung (M)		5×10^{-8}	2×10^{-3}	2×10^{-7}	pH = 8	

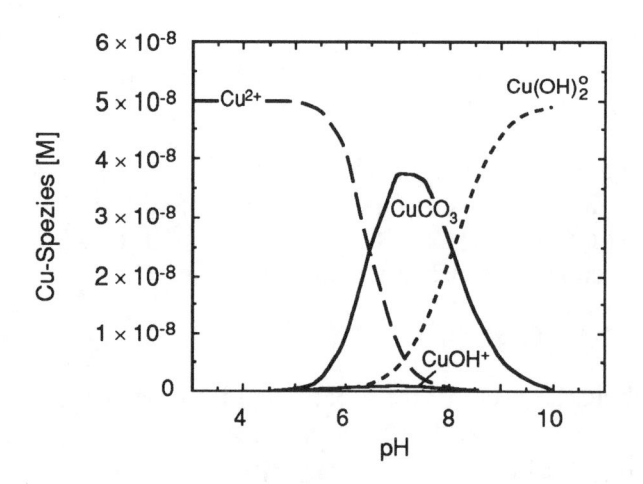

Abbildung 6.8
Cu-Spezies als Funktion des pH; $C_T = 2 \times 10^{-3}$ M

Um dieses Beispiel auf einfache Art zu berechnen, trifft man zuerst die Annahme:

[CuL] ≈ Cu_T und $[L]_{(frei)}$ = L_T − Cu_T

In einer ersten Näherung wird mit diesen Werten gerechnet und in weiteren Näherungen entsprechend korrigiert.In diesem Fall wird CuL zu einer vorherrschenden Spezies; man beachte auch, wie die Konzentration des freien Cu-Aquoions durch die Anwesenheit des starken organischen Komplexbildners erniedrigt wird.

In diesem Fall resultiert die folgende neue Verteilung:

Spezies	mol/ℓ
Cu^{2+}	3.0×10^{-11}
$CuOH^+$	3.0×10^{-11}
$Cu(OH)_2^0$	1.5×10^{-9}
$CuCO_3^0$	1.8×10^{-9}
CuL	4.66×10^{-8}

(Die anderen Spezies sind vernachlässigbar)

Koordinationschemie

Beispiel 6.5 demonstriert, wie Hauptionen (z.B. Ca^{2+}) und Spurenmetalle für die Bindung organischer Liganden in Konkurrenz zueinander stehen.

Beispiel 6.5
Bindung von Ca^{2+} und Cd^{2+} durch NTA

Folgende repräsentative Konzentrationen werden für ein Flusswasser angenommen:

$NTA_T = 1 \times 10^{-7}$ M
$Ca(II)_T = 1.3 \times 10^{-3}$ M
$Cd(II)_T = 1 \times 10^{-9}$ M

Folgende Konstanten sind für die Bindung an NTA gegeben:

$Ca^{2+} + NTA^{3-} \rightleftharpoons CaNTA^- \quad K = 4 \times 10^7$
$Cd^{2+} + NTA^{3-} \rightleftharpoons CdNTA^- \quad K = 1 \times 10^{10}$

Das Verhältnis von $CaNTA^-$ zu $CdNTA^-$ kann direkt berechnet werden.

$$\frac{[CaNTA^-]}{[CdNTA^-]} = \frac{K_{Ca}[Ca^{2+}]}{K_{Cd}[Cd^{2+}]} \quad (i)$$

Daraus folgt, dass wegen der Konzentrationsverhältnisse in diesem Fall NTA vorwiegend als CaNTA vorliegt, obwohl die Komplexbildungskonstante mit Cd viel grösser ist.

Bei der Berechnung der einzelnen Spezies muss in diesem Fall die Massenbilanz des NTA berücksichtigt werden (der Ligand ist hier nicht im Überschuss vorhanden):

$[NTA]_T = [NTA^{3-}] + [HNTA^{2-}] + [H_2NTA^-] + [CaNTA^-] + [CdNTA^-] \quad (ii)$

TABLEAU 6.4 Ca^{2+} und Cd^{2+} in Gegenwart von NTA

Komponenten:		Ca^{2+}	Cd^{2+}	NTA^{3-}	H^+	log K
Spezies:	Ca^{2+}	1	0	0	0	0.00
	CaNTA⁻	1	0	1	0	7.60
	Cd^{2+}	0	1	0	0	0.00
	CdNTA⁻	0	1	1	0	10.00
	NTA^{3-}	0	0	1	0	0.00
	$HNTA^{2-}$	0	0	1	1	10.30
	H_2NTA^-	0	0	1	2	13.30
	H^+	0	0	0	1	0.00
Zusammensetzung (M):		1.3×10^{-3}	1×10^{-9}	1×10^{-7}	pH = 8	

Aus der Berechnung resultieren:

CaNTA⁻ = 9.96×10^{-8} M

CdNTA⁻ = 1.88×10^{-11} M

(Die Carbonat- und Hydroxokomplexe wurden hier zur besseren Übersicht vernachlässigt).

Um die Speziierung von NTA in einem natürlichen Gewässer zu berechnen, müsste eine grosse Anzahl von Spezies berücksichtigt werden, so dass der Einsatz eines Computerprogramms für die Berechnung hier notwendig wird.

6.3 Einfache Modelle der Speziierung von Metallen in natürlichen Gewässern

Die Speziierung von Metallen kann unter gegebenen Bedingungen (Totalkonzentrationen, pH) aufgrund thermodynamischer Berechnungen mit Hilfe der entsprechenden Komplexbildungskonstanten vorausgesagt werden. Für die wichtigsten anorganischen Komplexbildner in natürlichen Gewässern sind die Komplexbildungskonstanten mit vielen Kationen bekannt; es bestehen aber noch viele Unsicherheiten, insbesondere bei Carbonatkomplexen. Noch viel schwieriger zu definieren ist die Komplexbildung mit organischen Liganden.

Einfaches anorganisches Modell

Wir illustrieren hier zunächst die anorganische Speziierung in Lösung unter typischen Süsswasserbedingungen. Aus der anorganischen Speziierung können Reaktionstendenzen der verschiedenen Kationen abgelesen werden. Die wichtigsten anorganischen Liganden im Süsswasser sind OH^-, CO_3^{2-} und HCO_3^-, SO_4^{2-} und Cl^-. Diese Liganden sind üblicherweise in viel höheren Konzentrationen ($10^{-4} - 10^{-3}$ M) als die Spurenelemente ($10^{-10} - 10^{-6}$ M) vorhanden, so dass ähnlich wie in Beispiel 6.3 mit konstanten totalen Konzentrationen der Liganden gerechnet werden kann und die Speziierung unabhängig von der Totalkonzentration der Spurenelemente ist.

Die benötigten Komplexbildungskonstanten (für anorganische und einfache organische Liganden) sind in Tabellensamlungen zu finden (z.B. R.M. Smith, A. E. Martell, *Critical stability constants*, 6 Bände 1971–1989, Plenum Press). Beim Vergleich der Komplexbildungskonstanten für verschiedene Kationen fällt auf, dass die Konstanten für die Komplexbildung mit Sulfat (vor allem elektrostatisch bedingt) in einen relativ engen Bereich fallen (M + SO_4^{2-} = MSO_4, log K = 1 – 3). Grössere Unterschiede zwischen einzelnen Kationen sind hingegen in den Hydrolysekonstaten (s. oben), in der Komplexbildung mit Chlorid (B-Kationen > A-Kationen) und mit Carbonat vorhanden.

Folgende Konzentrationen der Hauptkomponenten werden für dieses Süsswassermodell angenommen (entsprechend z.B. Wasser aus dem Rhein bei Basel):

Alkalinität	= 2.0×10^{-3} M		
$[SO_4^{2-}]_T$	= 3×10^{-4} M	$[Ca]_T$	= 1.0×10^{-3} M
$[Cl^-]_T$	= 2.5×10^{-4} M	$[Mg]_T$	= 0.3×10^{-3} M
		$[Na]_T$	= 2.5×10^{-4} M
pH	= 8.0, mit O_2 gesättigt	Ionenstärke I	= 0.004

Aufgrund dieser Konzentrationen und der Komplexbildungskonstanten werden für die angeführten Elemente die vorherrschenden Spezies im Gleichgewicht berechnet. In diesem einfachen Modell werden nur die anorganischen Spezies in Lösung einbezogen; für einige Elemente sind schwerlösliche feste Phasen angegeben. Für kationische Spezies sind auch die Verhältnisse Me^{n+}/Me_T angegeben, wobei mit Me(total) in Lösung gerechnet wird. Dieses Verhältnis entspricht der reziproken Summe der Produkte von Komplexbildungskonstanten x freie Ligandkonzentration:

$$\frac{[Me^{n+}]}{[Me]_T} = \frac{1}{1+\Sigma\beta_{nOH}[OH^-]^n+\Sigma\beta_{nCO_3}[CO_3^{2-}]^n+\Sigma\beta_{nCl}[Cl^-]^n+\Sigma\beta_{nSO_4}[SO_4^{2-}]^n} \quad (11)$$

Tabelle 6.2 und Abbildung 6.9 illustrieren, dass unter Süsswasserbedingungen die Hydroxo- und Carbonatspezies für die meisten Elemente überwiegen. Die Chloridkomplexe sind ausser für Ag bei diesen Chloridkonzentrationen kaum von Bedeutung, im Gegensatz zum Meerwasser. Durch die Komplexbildung mit diesen anorganischen Liganden wird die Konzentration an freien Metallionen beispielsweise für Cu(II), Pb(II), Hg(II) und für voll hydrolysierte Metallionen wie Al(III), Fe(III) tief gehalten.

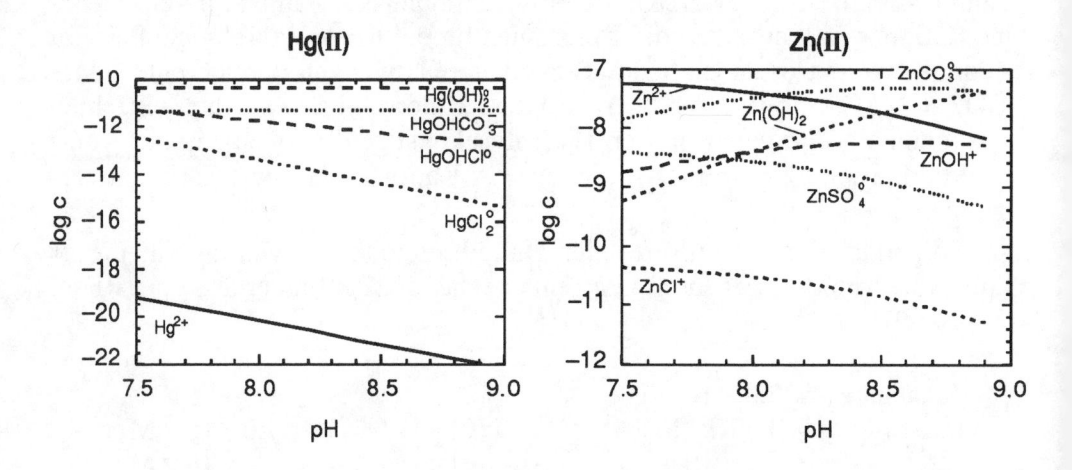

Abbildung 6.9
Anorganische Speziierung von Zn(II) (Zn(II)$_T$ = 10^{-7} M) und Hg(II) (Hg(II)$_T$ = 5 × 10^{-11} M) im pH-Bereich 7.5 – 9, mit Alkalinität = 2.0 × 10^{-3} M, Cl$^-$ = 2.5 × 10^{-4} M. Zn(II) wird nur schwach komplexiert; Zn^{2+} ist eine vorherrschende Spezies unterhalb von pH 8. Hg(II) wird stark hydrolysiert und bildet mit Cl$^-$ recht stabile Komplexe; Hg^{2+} ist nur in sehr tiefen Konzentrationen vorhanden. Für die Komplexbildung von Hg(II) mit Carbonat werden unterschiedliche Angaben in der Literatur gefunden; die hier verwendete Konstante wurde aus S. Hietanen, E. Högfeldt, Chem. Scripta 9, 24 (1976) entnommen.

TABELLE 6.2 Unter Süsswasserbedingungen hauptsächlich vorkommende anorganische Spezies (s. Text) und Verhältnisse von freien Me^{n+} zu totalen Me in Lösung

	Element	Hauptspezies	$[Me^{n+}]/[Me]_T$
Hydrolysiert, anionisch	B(III)	H_3BO_3, $B(OH)_4^-$	
	V(V)	HVO_4^{2-}, $H_2VO_4^-$	
	Cr(VI)	CrO_4^{2-}	
	As(V)	$HAsO_4^{2-}$	
	Se(VI)	SeO_4^{2-}	
	Mo(VI)	MoO_4^{2-}	
Überwiegend freie Metallionen	Li	Li^+	1.00
	Na	Na^+	1.00
	Mg	Mg^{2+}	0.94
	K	K^+	1.00
	Ca	Ca^{2+}	0.94
	Sr	Sr^{2+}	0.94
	Cs	Cs^+	1.00
	Ba	Ba^{2+}	0.95
Komplexbildung mit OH^-, CO_3^{2-}, HCO_3^-, Cl^-	Be(II)	$BeOH^+$, $Be(OH)_2^0$	1.5×10^{-3}
	Al(III)	$Al(OH)_{3(s)}$, $Al(OH)_2^+$, $Al(OH)_4^-$	1×10^{-9}
	Ti(IV)	$TiO_{2(s)}$, $Ti(OH)_4^0$	
	Mn(IV)	$MnO_{2(s)}$	
	Fe(III)	$Fe(OH)_{3(s)}$, $Fe(OH)_2^+$, $Fe(OH)_4^-$	2×10^{-11}
	Co(II)	Co^{2+}, $CoCO_3^0$	0.5
	Ni(II)	Ni^{2+}, $NiCO_3^0$	0.4
	Cu(II)	$CuCO_3^0$, $Cu(OH)_2^0$	0.01
	Zn(II)	Zn^{2+}, $ZnCO_3^0$	0.4
	Ag(I)	Ag^+, $AgCl^0$	0.6
	Cd(II)	Cd^{2+}, $CdCO_3^0$	0.5
	La(III) [a]	$LaCO_3^+$, $La(CO_3)_2^-$	8×10^{-3}
	Hg(II)	$Hg(OH)_2^0$	1×10^{-10}
	Tl(I), (III)	Tl^+, $Tl(OH)_3$, $Tl(OH)_4^-$	2×10^{-21} [b]
	Pb(II)	$PbCO_3^0$	5×10^{-3}
	Bi(III)	$Bi(OH)_3^0$	7×10^{-16}
	Th(IV)	$Th(OH)_4^0$	
	U(VI)	$UO_2(CO_3)_2^{2-}$, $UO_2(CO_3)_3^{4-}$	1×10^{-7} [c]

Konstanten sind aus Smith und Martell 1974-1989, Turner et al., Geochim. Cosmochim. Acta **45**, 855 (1981), Fouillac und Criaud, Geochem. J. **18**, 297 (1984), Millero, Geochim. Cosmochim. Acta **56**, 3123 (1992).

[a] La(III) ist für Lanthanide repräsentativ
[b] Redoxzustand unter natürl. Bedingungen unsicher, Verhältnis für Tl(III)
[c] als UO_2^{2+}

Dieses anorganische Modell ergibt aber nur ein unvollständiges Bild der Speziierung unter natürlichen Bedingungen, da organische Komplexbildner von grosser Bedeutung sind. Durch verschiedene experimentelle Untersuchungen werden Hinweise auf organische Komplexbildung gefunden, insbesondere für Cu, aber auch für Zn, Cd, Al usw. Es ist aber sehr viel schwieriger, sowohl die Konzentrationen der vorkommenden organischen Liganden wie auch die Komplexbildungskonstanten zu definieren.

Komplexbildung mit Humin- und Fulvinsäuren

Wichtige Komplexbildner in natürlichen Gewässern sind die Humin- und Fulvinsäuren (Abbildung 6.6); dabei handelt es sich um natürliche Makromoleküle, die sich nicht mit einfachen Strukturformeln wiedergeben lassen. Sie kommen als komplexe Mischungen verschiedener Moleküle vor. Sie entstehen durch Umwandlungen des biogenen organischen Materials (s. Kapitel 11.2).

Huminstoffe werden operationell wie folgt definiert: *Huminstoffe aus Böden* sind diejenigen polymeren gelben Substanzen, die mit 0.1 M NaOH aus einem Boden extrahiert werden. *Aquatische Huminstoffe* sind die polymeren Säuren, die mit einem nicht-ionischen XAD-Harz[1] oder einem schwachbasischen Ionenaustauscher aus Wasser isoliert werden; sie sind nicht flüchtig und haben Molekulargewichte im Bereich von 500 – 5000. *Die Huminsäuren* sind diejenigen Huminstoffe, die bei pH = 1 ausgefällt werden. Die Fulvinsäuren sind löslicher, weil sie mehr –COOH- und OH-Gruppen enthalten als die Huminsäuren; sie bleiben bei pH = 1 in Lösung.

Molekulargewichte und Strukturen variieren je nach Herkunft der Humin- und Fulvinsäuren (z.B. aus Böden oder aus Gewässern) (Tabelle 6.3). Carboxylgruppen und phenolische OH-Gruppen sind die wichtigsten funktionellen Gruppen, die für Säure-Base-Reaktionen und für die Komplexbildung von Bedeutung sind.

---

[1] XAD-Harze sind makroporös und nicht-ionogen; sie bestehen aus Polyacryl-Säureestern $CH_3(CH_2)_n$ COOR, sie adsorbieren Humin- und Fulvinsäuren aufgrund ihrer hydrophoben Eigenschaften (vgl. Kapitel 9.2). Die Adsorption dieser Verbindungen erfolgt nur bei tiefem pH, wenn die Carboxylgruppen protoniert sind; üblicherweise wird bei pH = 2 extrahiert.

TABELLE 6.3 Typische Molekulargewichte und Anzahl funktioneller Gruppen für Humin- und Fulvinsäuren (nach Buffle, 1988)

	Molekulargewichte	Carboxylgruppen mmol/g	Phenolische OH-Gruppen mmol/g
Fulvinsäuren	500 – 2000	6 – 11	1 – 6
Huminsäuren	2000 – 5000 (aus Böden bis 50'000)	2 – 6	2 – 6

Durch Säure-Base-Titrationen und Komplexbildungsreaktionen mit Metallionen können die Eigenschaften dieser funktionellen Gruppen untersucht werden. Im Gegensatz zu einfachen Liganden und Säuren können aber die Eigenschaften der Humin- und Fulvinsäuren nicht durch einfache Säure- und Komplexbildungskonstanten beschrieben werden. Komplexe Effekte ergeben sich aus mehreren Gründen:
– eine Vielzahl chemisch unterschiedlicher Gruppen mit je unterschiedlichen Konstanten ist im gleichen Molekül vorhanden;
– elektrostatische Wechselwirkungen zwischen den verschiedenen geladenen Gruppen beeinflussen die Konstanten; die Ionenstärke wirkt sich ebenfalls auf diese elektrostatischen Wechselwirkungen aus.

Dadurch ergibt sich eine Vielzahl unterschiedlicher Säure- und Komplexbildungskonstanten, die bei der experimentellen Untersuchung eine kontinuierliche Veränderung der Eigenschaften über einen gewissen Bereich von pH oder Metallkonzentrationen zur Folge haben. Bei Säure-Base-Titrationen verhalten sich die Humin- und Fulvinsäuren wie ein Gemisch von schwachen Säuren mit verschiedenen pK-Werten; es werden bei der Titration keine eindeutigen Äquivalenzpunkte beobachtet (Abbildung 6.10). Es lassen sich zwar unterschiedliche Bereiche der pK-Werte und damit der Titrationskurve für die Carboxyl- und die Phenolgruppen unterscheiden; im Gegensatz zu einem einfachen Gemisch von Essigsäure und Phenol sind die pK-Werte über einen weiten Bereich verteilt. Ähnlich werden Metallionen von einer Vielzahl unterschiedlicher Liganden gebunden; d.h. die Bindung von Metallionen erfolgt je nach Konzentrationsverhältnis von Metallionen zu funktionellen Gruppen unterschiedlich stark. Bei der Titration einer Huminsäure mit Metallionen werden bei tiefen Metallkonzentrationen die funktionellen Gruppen mit der grössten Komplexbildungskonstante besetzt, und mit zunehmender Konzentration an Metallionen die schwächeren Ligandgruppen.

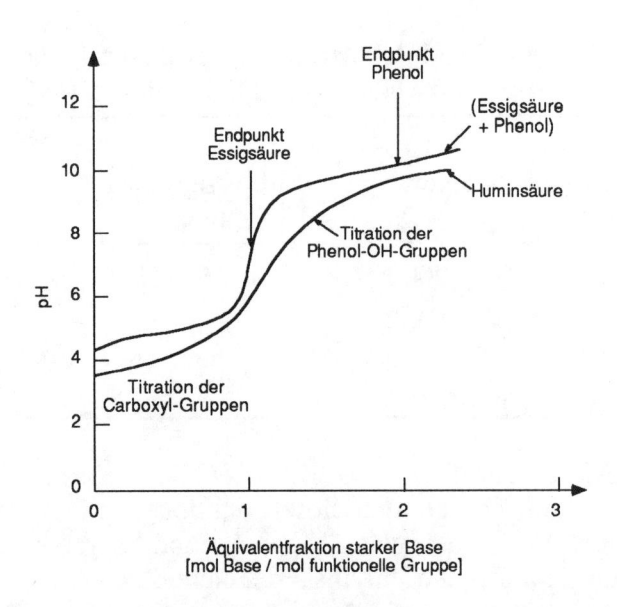

Abbildung 6.10
Vergleich der alkalimetrischen Titrationskurve einer äquimolaren Lösung (10^{-4} M) von Essigsäure (pK = 4.8) und Phenol (pK = 10) mit einer Huminsäure, die etwa 10^{-4} M Carboxylgruppen enthält.
Man beachte, dass die Titration der Huminsäure wegen der Polyfunktionalität der Säuregruppen weniger steil ist als die Kurve für die Titration der Essigsäure-Phenolmischung.

Die Komplexbildungseigenschaften von Humin- und Fulvinsäuren werden untersucht, indem Titrationen von Humin- und Fulvinsäuren mit Metallionen durchgeführt werden und die freien Metallionen oder die komplexierten Metallionen selektiv bestimmt werden (Abbildung 6.11, aus E. Cabaniss, M. S. Shuman, Geochim. Cosmochim. Acta **52**, 185-200, 1988). Methoden, die hier zur Anwendung gelangen, sind beispielsweise ionenselektive Elektroden zur Bestimmung der freien Metallionen, Dialyse oder Ultrafiltration zur Abtrennung der Makromoleküle, Fluoreszenzspektrometrie (Veränderung der Fluoreszenz bei der Komplexbildung).

Daten über freie Metallionen als Funktion der totalen Metallkonzentration und freie Metallionen als Funktion des pH (Abbildung 6.11) können mit verschiedenen Modellen interpretiert werden, die eine Annäherung an das komplexe Verhalten erlauben. Verschiedene Typen von Modellen werden dazu verwendet:

a) eine Kombination einer beschränkten Anzahl verschiedener Liganden (typischerweise 2 – 5) wird benützt; zu jedem Liganden gehört eine Konzentration (in mol/g C), eine Komplexbildungskonstante und eine pH-Abhängigkeit (z.B. Cabaniss und Shuman, 1988). Damit lässt sich die Komplexbildung über einen weiten Bereich von Konzentrationen und pH-Werten beschreiben. Um aber die Abhängigkeit von der Ionenstärke zu beschreiben, müssen zusätzlich elektrostatische Effekte einbezogen werden, die die Polyelektrolyteigenschaften der Humin- und Fulvinsäuren berücksichtigen. Ein Modell zur Beschreibung der elektrostatischen Effekte findet sich beispielsweise in B.M. Bartschat, S.E. Cabaniss, F.M.M. Morel, Env. Sci. Technol. **26**, 284-294 (1992).

b) Eine kontinuierliche Verteilung von Liganden unterschiedlicher Affinität wird verwendet. Zum Beispiel wird aus den experimentellen Daten ein Affinitätsspektrum hergeleitet, das die Wahrscheinlichkeit von Liganden in einem bestimmten Bereich der Komplexbildungskonstanten ergibt (siehe z.B. J. Buffle und R.S. Altmann, Kapitel 13 in *Aquatic Surface Chemistry*, W. Stumm (Hrsg.), 1987).

Der Ansatz einer Kombination einzelner Liganden hat den Vorteil, dass diese leichter in Speziierungsmodellen einbezogen werden können, um beispielsweise den Effekt der Humin- und Fulvinsäuren auf die Speziierung von Metallionen abzuschätzen. Auf diese Art abgeleitete Liganden entsprechen aber nicht unbedingt der physikalischen Wirklichkeit. Die in Abbildung 6.11 dargestellten Daten wurden durch ein Modell mit 5 Liganden beschrieben (für I = 0.1):

	mol/mg C	log K	Reaktion
L_a	5×10^{-6}	3.9	$Cu^{2+} + L_a \rightleftharpoons CuL_a$
L_b	1.9×10^{-7}	1.5	$Cu^{2+} + HL_b \rightleftharpoons CuL_b + H^+$
L_c	1.1×10^{-6}	–0.36	$Cu^{2+} + HL_c \rightleftharpoons CuL_c + H^+$
L_d	1.4×10^{-7}	–7.48	$Cu^{2+} + H_2L_d \rightleftharpoons CuL_d + 2\,H^+$
L_e	9.6×10^{-6}	–10.05	$Cu^{2+} + H_2L_e \rightleftharpoons CuL_e + 2\,H^+$

Die totale Anzahl komplexbildender Gruppen beträgt demnach hier 16×10^{-6} mole pro mg C.

Zusätzliche Schwierigkeiten ergeben sich aus der Konkurrenz zwischen Spurenmetallen und Calcium und Magnesium für die Bindung an Humin- und Fulvinsäuren. Die Affinität der Humin- und Fulvinsäuren für verschiedene Metalle entspricht im allgemeinen der Irving-Williams-Serie:

Cu(II) > Ni(II) > Zn(II) > Co(II) > Cd(II) > Ca(II) > Mg(II)

Sehr stabile Komplexe werden auch mit Fe(III) und mit Hg(II) gebildet. Wegen der komplexen Vielfalt an funktionellen Gruppen ist es aber sehr schwierig, Konkurrenzeffekte abzuschätzen, da verschiedene Ionen verschiedene funktionelle Gruppen bevorzugen.

Komplexbildung mit Partikeloberflächen

Bis hierher wurde nur die Komplexbildung mit Liganden in Lösung betrachtet. Von grosser Bedeutung ist aber auch die Komplexbildung an Partikeloberflächen, die zu einer Bindung der Metallionen an der festen Phase führt. Oxide besitzen an ihren Oberflächen OH-Gruppen, an denen Metallionen gebunden werden können; organische Partikel weisen verschiedene Arten von komplexbildenden funktionellen Gruppen auf ihren Oberflächen auf. Die Bindung an Oberflächen wird im Kapitel 9, Grenzflächenchemie ausführlich behandelt.

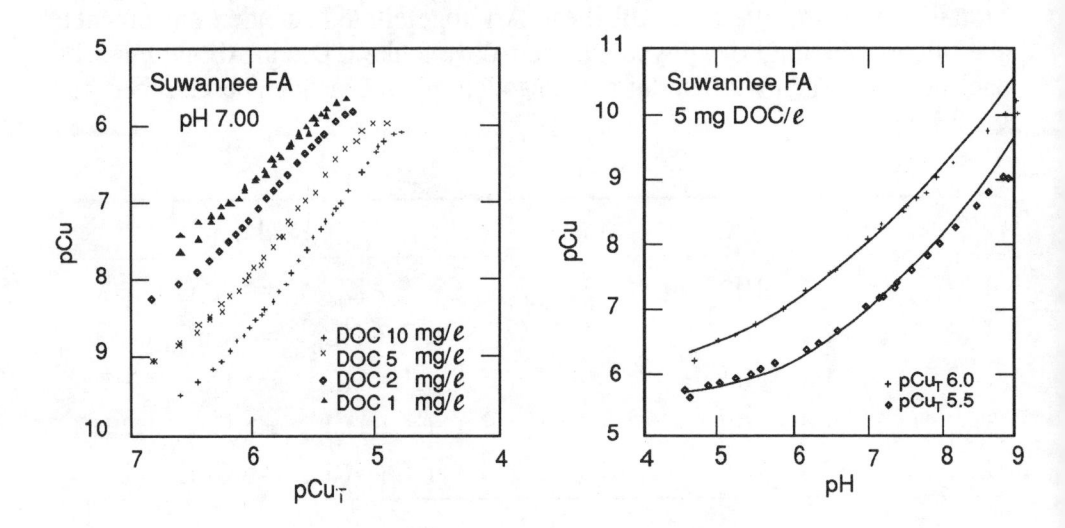

Abbildung 6.11
Titrationen von Fulvinsäure mit Cu
(aus Cabaniss und Shuman, Geochim. Cosmochim. Acta 52, 185, 1988)
a) *pCu in Funktion von Cu total für verschiedene Fulvinsäurekonzentrationen bei pH 7*
b) *pCu als Funktion von pH für verschiedene totale Cu-Konzentrationen*

6.4 Metallpuffer und Wirkungen auf Organismen

Für die Wechselwirkung von Metallionen mit Organismen ist die Speziierung sehr bedeutsam. Insbesondere wurde in verschiedenen experimentellen Untersuchungen gezeigt, dass einfache Organismen wie Algen vorwiegend auf die Konzentration der freien Metallaquoionen empfindlich sind, weshalb dieser Konzentration besondere Bedeutung zukommt. Wie Beispiel 6.4 demonstriert, wird die Konzentration der freien Aquometallionen in Gegenwart eines starken Komplexbildners stark herabgesetzt. D.h. in einer Lösung, die einen starken Komplexbildner im Überschuss und ein Metallion enthält, wird die Konzentration der freien Metallionen viel kleiner als die Gesamtkonzentration. Man kann eine solche Lösung als einen Metallpuffer bezeichnen, da ähnlich wie bei einem pH-Puffer ein bestimmter Wert der freien Metallionen (der auch als pMe bezeichnet werden kann) durch die Zusammensetzung der Lösung gegeben ist und auch bei Änderungen der Gesamtkonzentrationen nur geringfügig verändert wird. Solche Metallpuffer sind für die Untersuchung der Auswirkungen von Metallionen auf Organismen von Bedeutung, da sie es erlauben, mit sehr tiefen und gut definierten Konzentrationen freier Metallionen zu arbeiten, die kaum durch Verdünnung (wegen Kontamination, Adsorption usw.) erreicht werden könnten. Abbildung 6.12 gibt ein Beispiel einer solchen Untersuchung, das die biologische Wirkung einer tiefen Konzentration freier Metallionen illustriert. In diesem Beispiel wurde die toxische Wirkung von Cu auf eine Alge in Gegenwart der Komplexbildner EDTA und Tris untersucht, welche die Konzentration der freien Metallionen auf tiefe Werte puffern (Abbildung 6.12a). Der toxische Effekt ist für beide Medien als Funktion des freien Cu^{2+} identisch (Abbildung 6.12b)

Die Rolle der freien Aquoionen kann dadurch erklärt werden, dass zur Aufnahme von Metallionen durch eine Alge eine Bindung an biologische Liganden notwendig ist, die von der Konzentration an freien Aquoionen abhängig ist; bzw. die Bindung an biologische Liganden steht in Konkurrenz zur Bindung an Komplexbildnern in Lösung, und die Konzentration an freien Aquoionen ist ein Mass für die Komplexbildung in Lösung.

Inwiefern wirkt nun ein natürliches Gewässer als ein Metallpuffer für die Spurenmetalle?

Als Liganden kommen in Frage, wie oben erwähnt, neben Carbonat, Hydroxid, Chlorid usw. auch organische Komplexbildner wie die Huminsäuren sowie komplexbildende Exudate des Phytoplanktons. Es sind vor allem die organischen Liganden, die so starke Komplexe bilden, dass die Konzentration der freien Metallionen sehr viel kleiner als die Totalkonzentration wird; auch

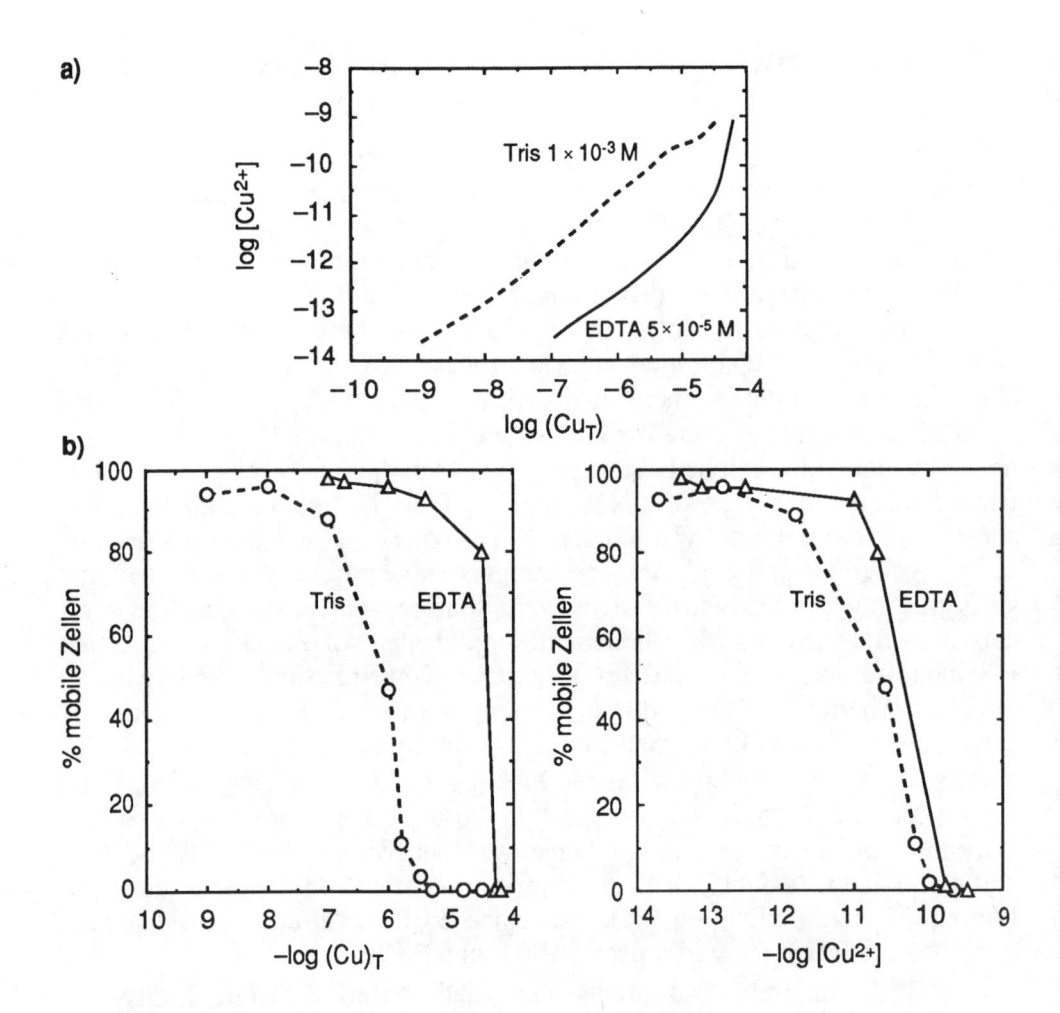

Abbildung 6.12
Effekt der freien und totalen Metallkonzentrationen in einer Toxizitätsstudie (D.M. Anderson und F.M.M. Morel, Limnol. Oceanogr. 23, 283, 1978)
a) Freies [Cu^{2+}] als Funktion von Cu(total) in Gegenwart der Komplexbildner EDTA und Tris.
b) Mobilität von Gonyaulax tamarensis als Funktion des totalen und des freien Cu; die Abnahme des Anteils an mobilen Zellen ist ein Mass für den toxischen Effekt.

die Partikeloberflächen können als starke Liganden wirken. D.h. bei einer Zunahme der Gesamtmetallkonzentration wird ein Teil der Metallionen an Partikeloberflächen und an organischen Liganden gebunden, so dass die freie

Metallkonzentration nur in geringem Ausmass zunimmt. In einem natürlichen Gewässer ist eine grosse Anzahl von Kationen und Liganden vorhanden, die über die verschiedenen Gleichgewichte miteinander verknüpft sind. Die Änderung einer freien Metallkonzentratioin als Funktion der Totalkonzentration ist somit mit den Konzentrationen der übrigen Metallionen und Liganden verknüpft, insbesondere der Hauptionen wie Calcium.

6.5 Kinetik der Komplexbildung

Die bisherigen Betrachtungen beruhen auf der Annahme des Gleichgewichtszustandes. Sind nun die betrachteten Reaktionen genügend schnell, um dieses Gleichgewicht zu erreichen?

Die Kinetik der Ligandenaustauschreaktionen an Metallionen soll hier kurz betrachtet werden. Ligandenaustauschreaktionen an Aquoionen können generell formuliert werden:

$$(Me(H_2O)_m)^{n+} + L \rightleftharpoons (Me(H_2O)_{m-1}L)^{n+} + H_2O$$

wobei L H_2O oder einen beliebigen anderen Liganden darstellen kann. Diese Gleichung stellt nur die Gesamtreaktion dar; für die Kinetik der Reaktion sind aber die einzelnen mechanistischen Schritte entscheidend. Für die meisten Ligandenaustauschreaktionen wird angenommen, dass sie über zwei Schritte verlaufen, nämlich der Bildung eines Ionenpaars mit dem Liganden mit der Stabilitätskonstante K_{OS} und der anschliessenden Abspaltung eines Wassermoleküls:

$$(Me(H_2O)_m)^{n+} + L \rightleftharpoons (Me(H_2O)_m)^{n+} \cdot L \qquad K_{OS}$$

$$(Me(H_2O)_m)^{n+} \cdot L \rightleftharpoons (Me(H_2O)_{m-1}L)^{n+} + H_2O \qquad k_{-w}$$

Diese Reaktionen werden mit einer Reaktionsgeschwindigkeitsgleichung zweiter Ordnung beschrieben (wobei zur Vereinfachung die an Me gebundenen H_2O nicht geschrieben werden):

$$\frac{d\,[MeL]}{dt} = k\,[Me]\,[L] \qquad (12)$$

und

$$k = K_{OS} \cdot k_{-w} \qquad (13)$$

Die Abspaltung des Wassermoleküls (k_{-w}) ist geschwindigkeitsbestimmend. Die Geschwindigkeitskonstante k_{-w} (s^{-1}) entspricht dem Wasseraustausch eines Aquokomplexes (Tabelle 6.4). Dieser Wasseraustausch ist für die meisten Kationen sehr schnell, mit einigen Ausnahmen, wobei Cr^{3+} extrem langsam ist.

Als allgemeine Regel gilt: Die Geschwindigkeit des Austausches mit anderen Liganden für ein gegebenes Metallion ist ähnlich wie die Wasseraustauschgeschwindigkeit und hängt wenig von der Art des Liganden ab. D.h. in den meisten Fällen wird erwartet, dass der Austausch Ligand-Wasser schnell verläuft. Umgekehrt hängt die Geschwindigkeit der Dissoziation von Komplexen mit der Stabilität der Komplexe zusammen (Linear Free Energy Relations) und kann bei stabilen Komplexen langsam sein.

TABELLE 6.4 Geschwindigkeitskonstanten für den Wasseraustausch in Aquoionen
(nach F.M.M.Morel und J.G. Hering, *Principles and Applications of Aquatic Chemistry*, Wiley, 1993)

	k_w (s^{-1})
Cr^{3+}	5×10^{-7}
Al^{3+}	1
Fe^{3+}	2×10^2
Ni^{2+}	3×10^4
Co^{2+}	2×10^6
Fe^{2+}	4×10^6
Mn^{2+}	3×10^7
Zn^{2+}	7×10^7
Cd^{2+}	3×10^8
Ca^{2+}	6×10^8
Cu^{2+}	1×10^9
Hg^{2+}	2×10^9

Bei der Anwendung dieser Grundsätze auf natürliche Gewässer müssen verschiedene andere Faktoren berücksichtigt werden:

Kinetik der Komplexbildung

- Viele Reaktionen wurden nur in einem engen pH-Bereich untersucht, der nicht demjenigen natürlicher Gewässer entspricht; die effektiven Reaktionsgeschwindigkeiten sind häufig stark pH-abhängig (z.B. Unterschiede in den Reaktionsgeschwindigkeiten von Hydroxo- und Aquospezies).
- Die Konzentrationen vieler Spurenmetalle und Liganden sind sehr tief, so dass trotz hohen Geschwindigkeitskonstanten relativ kleine Reaktionsraten resultieren können.
- Katalytische Effekte durch die verschiedenen in einem natürlichen Gewässer anwesenden Komponenten sind möglich.
- Häufig besteht eine Konkurrenz zwischen Hauptionen wie Ca^{2+} und Spurenmetallen für die Bindung an Liganden; wegen des grossen Konzentrationsunterschieds ($Ca^{2+} \approx 1 \cdot 10^{-3}$ M, z.B. Cu $\approx 1 \cdot 10^{-8}$ M) kann die Komplexbildung der Spurenmetalle durch Austausch z.B. von Ca-Komplexen langsam sein.

Beispiel 6.6
Kinetik der Komplexbildung von Co(II) mit F^-

Schätze die Geschwindigkeit der inner-spärischen Komplexbildung einer Lösung mit 10^{-7} M F^- mit $Co(H_2O)_n^{2+}$.

$$Co(H_2O)_n^{2+} + F^- = Co(H_2O)_{n-1} F^+ + H_2O \qquad (i)$$

Folgende Bedingungen gelten: [Co(II)] > [F^-] (Bildung von Monofluoro-Komplexen); k_{-w} für $Co(H_2O)_n^{2+} = 2 \times 10^6$ s^{-1}. Die Komplexbildungskonstante für den Ionenpaar-Komplex ist gegeben:

$$Co(H_2O)_n^{2+} + F^- = Co(H_2O)_n F^+ \; ; \quad K_{IP} = 10^{1.2} \; (25\,°C)$$
$$\text{für } I = 10^{-3} \text{ M} \qquad (ii)$$

Wir können annehmen, dass folgende Reaktionssequenz stattfindet:

$$Co(H_2O)_n^{2+} + F^- \underset{k_{-1}}{\overset{k_1}{\rightleftharpoons}} Co(H_2O)_n F^+ \; ; \quad K_{IP} = \frac{k_1}{k_{-1}} \qquad (iii)$$

$$Co(H_2O)_n F^+ \underset{\text{langsam}}{\overset{k_{-w}}{\longrightarrow}} Co(H_2O)_{n-1} F^+ + H_2O \qquad (iv)$$

Die Rate der Reaktion (iv) ist gegeben durch:

$$\frac{d[Co(H_2O)_{n-1} F^+]}{dt} = k_{-w} [Co(H_2O)_n F^+] \qquad (v)$$

wobei k_{-w} der Reaktion (iv) als gleich gross angenommen werden kann wie k_{-w} für $Co(H_2O)_n^{2+}$.

Wir nehmen für die Reaktionssequenzen (iii) – (iv) einen Stationärzustand für $Co(H_2O)_n F^+$ an:

$$\frac{d[Co(H_2O)_n F^+]}{dt} = k_1 [Co(H_2O)_n^{2+}] [F^-] - (k_{-1}+k_{-w}) [Co(H_2O)_n F^+] = 0 \quad (vi)$$

$$[Co(H_2O)_n F^+]_{Stationärzustand} = \frac{k_1 [Co(H_2O)_n^{2+}] [F^-]}{k_{-1} + k_{-w}} \qquad (vii)$$

falls in (vii)

$$k_{-1} \gg k_{-w}$$

kann Gleichung (vii) vereinfacht werden zu

$$[Co(H_2O)_n F^+]_{ss} = K_{IP} [Co(H_2O)_n^{2+}] [F^-] \qquad (viii)$$

wobei
$$K_{IP} = k_1/k_{-1}$$

Formell ist die Rate der Reaktion (iv) gegeben

$$\frac{d[Co(H_2O)_{n-1} F^+]}{dt} = k_{-w} [Co(H_2O)_n F^+] \qquad (ix)$$

und aus (ix) mit Hilfe von (viii)

$$-\frac{d[Co(H_2O)_n^{2+}]}{dt} = \frac{d[Co(H_2O)_{n-1} F^+]}{dt} = K_{IP} k_{-w} [Co(H_2O)_n^{2+}] [F^-] \quad (x)$$

Wenn wir die gegebenen Werte für k_{-w} und K_{IP} einsetzen, und die Reaktion (x) als Reaktion erster Ordnung bezüglich $Co(H_2O)_n^{2+}$ schreiben, erhalten wir:

$$-\frac{d[Co(H_2O)_n^{2+}]}{dt} = k [Co(H_2O)_n^{2+}]$$

$k = 16 \times 2 \times 10^6 \times 10^{-7} = 3.2 \text{ s}^{-1}$

Die Halbwertszeit ist dann gegeben durch:

$\tau_{1/2} = \ln 2 / 3.2 \text{ s}^{-1} = 0.22 \text{ s}$

6.6 Speziierung und analytische Bestimmung

Bei der Analytik von Spurenmetallen in den natürlichen Gewässern stellt sich das Problem, dass eine sehr grosse Anzahl verschiedener chemischer Spezies vorliegen, für welche aber nur in seltenen Fällen spezifische analytische Methoden vorhanden sind. Es existiert keine Methode, die eine direkte Bestimmung der Vielfalt der Metallspezies erlaubt. Vielmehr muss eine Kombination verschiedener Methoden angewendet werden, die eine Annäherung an die tatsächliche Speziierung erlaubt. Nur in einzelnen Spezialfällen ist eine direkte Bestimmung ausgewählter Spezies möglich (z.B. Methylquecksilber). Insbesondere ist die analytische Bestimmung der freien Aquoionen kaum möglich; theoretisch messen zwar die ionenselektiven Elektroden freie Aquoionen, aber sie sind meistens nicht genügend empfindlich und spezifisch, um in den tiefen Konzentrationsbereichen natürlicher Gewässer angewendet zu werden. Die Konzentration der freien Aquoionen ist vor allem über thermodynamische Berechnungen bei bekannter Wasserzusammensetzung zugänglich.

Mit Hilfe indirekter experimenteller Methoden, insbesondere Ligandenaustauschreaktionen, können Konzentrationen der freien Aquoionen ebenfalls bestimmt werden. Bei Ligandenaustauschmethoden wird zu einer Probe ein bekannter Ligand in definierter Konzentration zugegeben, der in Konkurrenz zu den natürlichen Komplexbildnern Metallionen bindet. Mit Hilfe einer spezifischen Bestimmung der gebildeten bekannten Komplexe ist die Konzentration der freien Aquoionen über die Berechnung zugänglich.

Eine weitere Schwierigkeit ist, dass Metallspezies in natürlichen Gewässern in allen Grössenklassen vorkommen, von einzelnen Ionen über Makromoleküle bis zu grösseren Partikeln. Schon die Unterscheidung zwischen gelösten und partikulären Spezies ist analytisch problematisch, da sie meistens über eine willkürliche Abtrennung bei einer bestimmten Grösse erfolgt. So ist die übliche Filtration über 0.45 μm eine willkürliche operationelle Grenze;

Partikeln mit Durchmesser <0.45 µm werden dabei zu der gelösten Phase gerechnet.

Durch die Anwendung verschiedener Methoden können verschiedene Kategorien von Metallspezies und die zugehörigen Konzentrationen bestimmt werden, z.B. labile Komplexe mit einer elektrochemischen Methode, Spezies kleiner als eine bestimmte Grösse durch Filtrationen usw. Tabelle 6.5 gibt eine Übersicht über Methoden, die zur Speziierung von Metallionen in natürlichen Gewässern verwendet werden können.

TABELLE 6.5 Analytische Methoden zur Speziierung

Trennung nach Grösse	Trennung nach Reaktivität	Spezifische Bestimmung einzelner Verbindungen
Filtration	Elektrochemische Methoden: ionenselektive Elektroden; voltammetrische Methoden	Gaschromatographie Flüssigchromatographie
Ultrafiltration		
Gelchromatographie	Ionenaustauscher	Spektroskopische Methoden
Dialyse	Ligandenaustausch, Bindung an einer festen Phase	

Weitergehende Literatur

CONSTABLE, E.C.; *Metals and Ligand Reactivity*, 246 Seiten, Ellis Horwood, New York, 1990.

MOREL, F.M.M. et al.; *Limitation of Productivity by Trace Metals in the Sea*, Limnol. Oceanogr. **36**, 1742-1755, 1991.

SIGG, L.; "Metal Transfer Mechanisms in Lakes", Kapitel 13, S. 383-310, in: *Chemical Processes in Lakes*, (W. Stumm, Hrsg.) Wiley-Interscience, New York, 1985.

SUNDA, W.G.; *Trace Metal Interactions with Marine Phytoplankton*, Biological Oceanography **6**, 411-442, 1990.

Übungsaufgaben

1) Eine Lösung mit $Pb_T = 10^{-6}$ M wird auf pH 8 gebracht. *Welcher Anteil des Pb ist als Pb^{2+}-Aquoion vorhanden?* Folgende Konstanten sind für die Hydrolyse von Pb gültig:

    $Pb^{2+} \rightleftharpoons PbOH^+ + H^+$ $\log \beta_1 = -7.7$

    $Pb^{2+} \rightleftharpoons Pb(OH)_2^0 + 2H^+$ $\log \beta_2 = -17.1$

2) a) *In welcher Form liegt Cd(II) in einem Wasser folgender Zusammensetzung hauptsächlich vor?*

    pH = 7.8   Alkalinität = 1.3×10^{-3} mol/ℓ

    $Cd_T = 1 \times 10^{-9}$ mol/ℓ $Ca_T = 1.0 \times 10^{-3}$ mol/ℓ

   b) *Besteht die Möglichkeit, dass $CdCO_{3(s)}$ oder $Cd(OH)_{2(s)}$ ausfällt?*

   c) *Wie verändert sich die Speziierung von Cd^{2+}, wenn 10^{-7} mol/ℓ EDTA zu diesem Wasser zugegeben wird?*

   Folgende Konstanten sind gegeben:

Cd^{2+}	$\rightleftharpoons CdOH^+ + H^+$	$\log \beta_1$	$= -10.1$
$Cd^{2+} + CO_3^{2-}$	$\rightleftharpoons CdCO_3^0$	$\log K$	$= 4.5$
$CdCO_{3(s)}$	$\rightleftharpoons Cd^{2+} + CO_3^{2-}$	$\log K_{S0}$	$= -13.7$
$Cd(OH)_{2(s)}$	$\rightleftharpoons Cd^{2+} + 2OH^-$	$\log K_{S0}$	$= -14.3$
$Cd^{2+} + EDTA^{4-}$	$\rightleftharpoons CdEDTA^{2-}$	$\log K$	$= 16.5$
$Ca^{2+} + EDTA^{4-}$	$\rightleftharpoons CaEDTA^{2-}$	$\log K$	$= 10.7$
$HEDTA^{3-}$	$\rightleftharpoons EDTA^{4-} + H^+$	$\log K$	$= -10.2$

3) Cu^{2+}-Puffer

   Um den Einfluss der Cu^{2+}-Konzentration auf das Wachstum einer Algenkultur zu untersuchen, wird eine Nährlösung verwendet, der 10^{-5} M Cu_{Total} und 5×10^{-3} M Tris* zugegeben werden. Tris dient sowohl als pH-Puffer wie als Cu-Komplexbildner. *Welches ist die $[Cu^{2+}]$-Konzentration in dieser Lösung bei pH = 8.1? Inwiefern kann man diese Lösung als Cu-Puffer bezeichnen?*

   Hinweis: die Änderung in der Tris-Konzentration durch die Bildung von Cu-Komplexen kann vernachlässigt werden.

* Tris = Tris(hydroxymethyl)-aminomethan:

$$HOCH_2 - \underset{\underset{CH_2OH}{|}}{\overset{\overset{CH_2OH}{|}}{C}} - NH_2$$

(W. Sunda, R.L. Guillard, J. Mar. Res. **34**, 511 (1976): *The relationship between cupric ion activity and the toxicity of copper to phytoplankton.*)

Folgende Konstanten sind gegeben:

Cu^{2+} + Tris $\rightleftharpoons$ Cu Tris^{2+}	$\log \beta_1$	= 3.5
Cu^{2+} + 2 Tris $\rightleftharpoons$ Cu (Tris)$_2^{2+}$	$\log \beta_2$	= 7.6
Cu^{2+} + 3 Tris $\rightleftharpoons$ Cu (Tris)$_3^{2+}$	$\log \beta_3$	= 11.1
Cu^{2+} + 4 Tris $\rightleftharpoons$ Cu (Tris)$_4^{2+}$	$\log \beta_4$	= 14.1
H Tris$^+$ $\rightleftharpoons$ Tris + H$^+$	$\log K$	= –8.1

4) *Wieviel Hg(II) ist im Gleichgewicht mit $HgS_{(s)}$ löslich, wenn Sulfidkomplexe mit den folgenden Bedingungen gebildet werden (z.B. im Porenwasser von Sedimenten):*

S(–II)total = 10^{-5} M, pH 8

Hg^{2+} + 2 HS$^-$ $\rightleftharpoons$ Hg(HS)$_2^0$	$\log K$	= 37.7
Hg^{2+} + 2 HS$^-$ $\rightleftharpoons$ HgHS$_2^-$ + H$^+$	$\log K$	= 31.5
Hg^{2+} + 2 HS$^-$ $\rightleftharpoons$ HgS$_2^{2-}$ + 2 H$^+$	$\log K$	= 23.2
H$_2$S $\rightleftharpoons$ HS$^-$ + H$^+$	$\log K$	= –7.0
HS$^-$ $\rightleftharpoons$ S^{2-} + H$^+$	$\log K$	= –19
Hg S$_{(s)}$ + H$^+$ $\rightleftharpoons$ Hg^{2+} + HS$^-$	$\log K'_{s0}$	= –37.11

KAPITEL 7

Fällung und Auflösung fester Phasen

7.1 Einleitung
Fällung und Auflösung fester Phasen als Mechanismus zur Regulierung der Zusammensetzung natürlicher Gewässer

Die Verwitterung der Gesteine, d. h. die Auflösung fester mineralischer Phasen, reguliert die Zusammensetzung der Gewässer inbezug auf die Konzentrationen der Hauptelemente, z. B. Calcium, Magnesium, Silikat, Sulfat. Der geochemische Hintergrund im Einzugsgebiet eines Gewässers widerspiegelt sich in der chemischen Zusammensetzung des Wassers. Gewässer in Einzugsgebieten, in denen beispielsweise Kalk (Calciumcarbonat) oder Granitgesteine (Aluminiumsilikate) vorherrschen, unterscheiden sich stark in ihrer Zusammensetzung (s. Abbildung 1.7). Wie im Kapitel 1 angedeutet, entsprechen die Verwitterungsreaktionen Säure-Base-Reaktionen; sie spielen deshalb für die Neutralisation saurer Niederschläge eine wichtige Rolle (vgl. Kapitel 4.5). Umgekehrt bilden sich mineralische Phasen in Gewässern, z. B. bei der biogenen Entkalkung, durch Bildung fester Sulfide in anoxischen Sedimenten usw. Diese Prozesse werden durch die Löslichkeit der einzelnen festen Phasen reguliert; einige Mineralien von Bedeutung für die Zusammensetzung natürlicher Gewässer sind in Tabelle 7.1 angeführt. Wir werden uns deshalb in diesem Kapitel mit den folgenden Fragen beschäftigen:
– Welche sind die entscheidenden Löslichkeitsgleichgewichte und wie wirken sie sich unter verschiedenen Bedingungen aus?
– Welche festen Phasen regulieren die Konzentrationen der einzelnen Elemente?
– Wie schnell sind Auflösungs- bzw. Fällungsreaktionen?

TABELLE 7.1   Beispiele für Mineralien, die für die Zusammensetzung natürlicher Gewässer von Bedeutung sind [1]

Carbonate	Calcit ($CaCO_{3(s)}$), Dolomit ($CaMgCO_{3(s)}$), Siderit ($FeCO_{3(s)}$), Rhodocrosit ($MnCO_{3(s)}$)
Hydroxide und Oxide	Gibbsit ($Al(OH)_{3(s)}$), Eisenhydroxid ($Fe(OH)_{3(s)}$), Manganoxide (Pyrolusit, Birnessit, $MnO_{2(s)}$)
Phosphate	Hydroxyapatit ($Ca_5(PO_4)_3OH_{(s)}$)
Sulfide	Pyrrhotit ($FeS_{(s)}$), Pyrit ($FeS_{2(s)}$), Covellit ($CuS_{(s)}$)
Silikate	Quarz ($SiO_{2(s)}$), K-Feldspat ($KAl\,Si_3O_{8(s)}$), Kaolinit ($Al_2\,Si_2O_5\,(OH)_{4(s)}$), Albit ($NaAlSi_3O_{8(s)}$)

[1] Die Löslichkeitsprodukte dieser festen Phasen können aus den thermodynamischen Daten (Appendix Kapitel 5) berechnet werden.

Beispiel 7.1
Chemische Verwitterungsrate und Gewässerzusammensetzung

Der Rhein oberhalb des Bodensees hat folgende Zusammensetzung:

$[Ca^{2+}]$ = 1.07 mM;
$[Mg^{2+}]$ = 0.4 mM;
$[Na^+]$ = 0.13 mM;
$[Cl^-]$ = 0.08 mM;
$[HCO_3^-]$ = 1.9 mM;
$[SO_4^{2-}]$ = 0.55 mM;
$[H_4SiO_4]$ = 0.07 mM.

Wie gross ist die chemische Verwitterungsrate im Einzugsgebiet des Rheins, wenn wir berücksichtigen, dass der jährliche Niederschlag 140 cm Jahr^{-1}, und die Wiederverdunstung inkl. Evapotransporation ca. 30 % betragen?

Der jährliche Wasserablauf beträgt ca. 1 m^3 pro m^2 (das entspricht 70 % des Niederschlages) und 1 m^3 Wasser enthält demnach 1.07 mol Ca^{2+}, 0.4 mol Mg^{2+}, 0.13 mol Na^+, 0.08 mol Cl^-, 1.9 mol HCO_3^-, 0.55 mol SO_4^{2-} und

Einleitung

0.07 mol H_4SiO_4. Das sind zusammen ca. 3.1 Aequivalente pro m^2 und pro Jahr.

Wir können versuchen, einen Anhaltspunkt über die einzelnen Mineralien, die sich aufgelöst haben, zu gewinnen. Z.B. können wir annehmen, dass alles Sulfat, mit Ausnahme des SO_4^{2-}, das mit dem sauren Regen eingebracht wurde (ca. 0.05 mol SO_4^{2-} pro m^3), aus der Auflösung von Gips ($CaSO_4(s)$) stammt. Das Mg ist der Auflösung von Dolomit ($CaMg(CO_3)_2(s)$) zuzuschreiben. Das noch verbleibende Ca^{2+} stammt aus der Auflösung von $CaCO_3(s)$. Das Chlorid kann mit dem Na^+ zu NaCl kombiniert werden. Die Kieselsäure stammt aus der Auflösung von Quarz oder einem Aluminium-Silikat wie z.B. dem Feldspat Albit $NaAlSi_3O_8$. Das ergibt:

	mol m^{-2} $Jahr^{-1}$	g m^{-2} $Jahr^{-1}$	
$CaSO_4$	0.5	68	
$MgCa(CO_3)_2$	0.4	73	
$CaCO_3$	0.2	20	
NaCl	0.08	4.7	
SiO_2 oder	0.07	4.2	oder
$NaAlSi_3O_8$	0.023	5.5	
Total	3.1 Äquiv. m^{-2} $Jahr^{-1}$	~ 170 g m^{-2} $Jahr^{-1}$	

Die Abtragung der Gesteine durch chemische Prozesse ist relativ gering. Für das gleiche Einzugsgebiet wurden mechanische Erosionsraten (mechanische Erosion ist die Desintegration der Gesteine durch physikalische Kräfte; sie bringt suspendierte Teilchen in die Flüsse) von 1150 g m^{-2} $Jahr^{-1}$ geschätzt.

Die Kinetik der Verwitterungsprozesse werden im Kapitel 10 behandelt.

Löslichkeitsgleichgewicht

Das Löslichkeitsgleichgewicht einer festen Phase (M_nX_m) kann allgemein durch die Gleichung (1) dargestellt werden:

$$M_nX_{m(s)} \rightleftharpoons n\, M_{(aq)} + m\, X_{(aq)}$$

$$K_{s0} = \frac{\{M_{(aq)}\}^n \cdot \{X_{(aq)}\}^m}{\{M_nX_{m(s)}\}} \tag{1}$$

Die Aktivität der festen Phase wird $\{M_nX_{m(s)}\} = 1$ gesetzt, sofern es sich um eine reine feste Phase handelt, so dass das Löslichkeitsprodukt meistens vereinfacht geschrieben wird:

$$K_{s0} = \{M_{(aq)}\}^n \cdot \{X_{(aq)}\}^m \tag{2}$$

Zur Überprüfung, ob ein Wasser in Bezug auf eine bestimmte feste Phase über- oder untersättigt ist, kann im Prinzip ein experimentell bestimmtes Produkt der Aktivitäten (oder der effektiv gefundenen Aktivitäten) mit dem Löslichkeitsprodukt verglichen werden:

$$Q = \{M_{(aq)}\}^n_{exp} \cdot \{X_{(aq)}\}^m_{exp} \tag{3}$$

Es gilt dann:

$Q = K_{s0}$ im Gleichgewicht
$Q > K_{s0}$ übersättigt
$Q < K_{s0}$ untersättigt.

7.2 Löslichkeitsgleichgewichte von Hydroxiden und Carbonaten; Einfluss der Komplexbildung, pH-Abhängigkeit

Wichtige feste Phasen in den natürlichen Gewässern sind Hydroxide und Carbonate, da diese Anionen fällungswichtige Partner sind. Die pH-Abhängigkeit der Löslichkeit ist gerade bei Hydroxiden und Carbonaten naturgemäss ausgeprägt und muss hier näher betrachtet werden.

Hydroxide und Oxide

Das Löslichkeitsgleichgewicht eines Hydroxids (oder analog eines Oxids, da dieses im Wasser hydratisiert würde) wird allgemein formuliert als:

$$M(OH)_{m(s)} \rightleftharpoons M^{m+}_{(aq)} + m\, OH^-_{(aq)} \tag{4}$$

Löslichkeitsgleichgewichte von Hydroxiden und Carbonaten

$$K_{s0} = \{M^{m+}{}_{(aq)}\} \cdot \{OH^-\}^m \tag{5}$$

oder:

$$M(OH)_{m(s)} + m\,H^+ \rightleftharpoons M^{m+}_{(aq)} + m\,H_2O \tag{6}$$

$${}^*K_{s0} = \{M^{m+}{}_{(aq)}\} \cdot \{H^+\}^{-m} \tag{7}$$

Die beiden Löslichkeitsprodukte sind durch die Beziehung

$$K_{s0} / {}^*K_{s0} = (K_w)^m$$

miteineinander verbunden.

Die Konzentration des freien Metallions im Gleichgewicht mit einer festen Hydroxidphase kann direkt in Funktion des pH berechnet werden.

$$[M^{m+}] = {}^*K_{s0} \cdot [H^+]^m \tag{8}$$

Die gesamte Löslichkeit in Funktion des pH ergibt sich aber aus der Summe der verschiedenen Hydroxospezies, die auch polymere Spezies umfassen kann: (vgl. Gleichung (4) Kapitel 6 und Beispiel 6.2)

$$[M]_{\text{gelöst}} = [M^{m+}] + \sum [M_y(OH)_n{}^{(m-n)+}] \tag{6.4}$$

Beispiel 7.2
Löslichkeit von $Fe(OH)_{3(s)}$ (amorphes Eisenhydroxid) als Funktion des pH

Die folgenden Gleichungen gelten für die Löslichkeit und Bildung von Hydroxokomplexen:

$(am)Fe(OH)_3(s)$	$= Fe^{3+} + 3\,OH^-$	K_{s0}	-38.7
$(am)Fe(OH)_3(s)$	$= FeOH^{2+} + 2\,OH^-$	K_{s1}	-27.5
$(am)Fe(OH)_3(s)$	$= Fe(OH)_2^+ + OH^-$	K_{s2}	-16.6
$(am)Fe(OH)_3(s) + OH^-$	$= Fe(OH)_4^-$	K_{s4}	-4.5
$2\,(am)Fe(OH)_3(s)$	$= Fe_2(OH)_2^{4+} + 4\,OH^-$	K_{s22}	-51.9

$$[Fe(III)]_T = [Fe^{3+}] + [FeOH^{2+}] + [Fe(OH)_2^+] + [Fe(OH)_4^-] + 2\,[Fe_2(OH)_2^{4+}]$$

Die Konzentration jedes Hydroxokomplexes wird in Funktion des pH-Wertes im log(Konz.)- vs. pH-Diagramm aufgetragen. Die entsprechenden Geraden grenzen den Existenzbereich der festen Phase ab.

Die einzelnen Spezies lassen sich als Funktion des pH darstellen (Abbildung 7.1).

Aus solchen Diagrammen wird ersichtlich, dass Hydroxide und Oxide ein Löslichkeitsminimum in einem bestimmten pH-Bereich aufweisen.

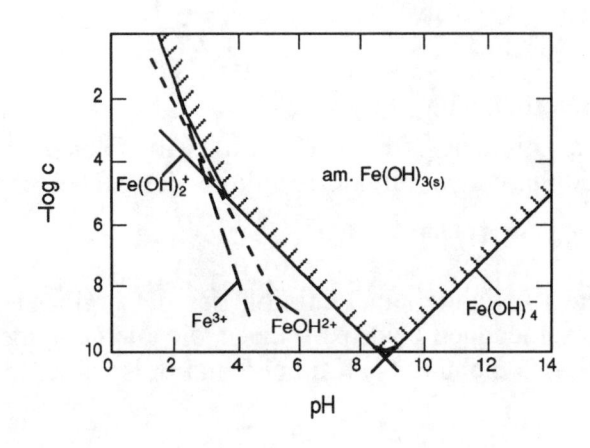

Abbildung 7.1
pH-Abhängigkeit der Löslichkeit von Fe(OH)$_3$
Das schraffierte Gebiet gibt den Existenzbereich der festen Phase an, der durch die Summe der löslichen Spezies begrenzt wird. Die Spezies $Fe_2(OH)_2^{4+}$ wurde hier vernachlässigt.

Carbonate

Je nach Konzentrationsverhältnissen im System $M^{n+}-CO_2-H_2O$ sind entweder die Hydroxide (bzw. Oxide) oder die Carbonate löslichkeitsbestimmend. Die Löslichkeitsverhältnisse bei den Carbonaten sind etwas komplexer, da hier sowohl die Löslichkeitsprodukte wie die Säure/Base-Reaktionen des Carbonatsystems und in offenen Systemen die Gas/Wassergleichgewichte gleichzeitig berücksichtigt werden müssen (vgl. Kapitel 3).

Die verschiedenen möglichen Fälle werden hier am Beispiel des Calciumcarbonats behandelt, da dieses von grosser Bedeutung in natürlichen Gewässern ist; Calcit ist meistens die stabilste Phase, für die hier die Löslichkeit betrachtet wird. Für andere Carbonate gelten analoge Überlegungen,

Löslichkeitsgleichgewichte von Hydroxiden und Carbonaten

wobei auch zu berücksichtigen ist, dass die Carbonatgleichgewichte in einem Gewässer meistens durch das Calciumcarbonatsystem kontrolliert werden, so dass die Löslichkeit anderer Carbonate damit verknüpft ist.

Wir haben bereits im Kapitel 3 bei der Behandlung der Carbonatgleichgewichte den Einfluss des festen $CaCO_3$ auf die Lösungszusammensetzung im offenen System behandelt (Abbildung 3.3). Wir kommen hier auf das Problem zurück und diskutieren systematisch die $CaCO_3$-Löslichkeit. Wie wir im Kapitel 3 gesehen haben, muss man grundsätzlich zwischen zwei verschiedenen Systemen unterscheiden, nämlich einem geschlossenen System, bei dem kein Austausch mit der Gasphase (Atmosphäre) stattfindet und einem offenen System, bei dem Gleichgewicht mit der Gasphase herrscht, d.h. mit dem CO_2-Partialdruck der Atmosphäre oder mit einem anderen CO_2-Partialdruck (zum Beispiel in Grundwässern). Diese Unterscheidung muss auch bei der Behandlung der Löslichkeit gemacht werden.

Es gilt in allen Fällen das Löslichkeitsprodukt:

$$K_{s0} = \{Ca^{2+}\} \cdot \{CO_3^{2-}\} \tag{9}$$

mit $\log K_{s0} = -8.42$ für $t = 25°C$ und $I = 0$.

a) Löslichkeit von $CaCO_3$ im geschlossenen System ohne Gasphase

Im einfachsten Fall liegt nur (reines) Wasser im Gleichgewicht mit festem Calciumcarbonat vor. Welcher pH und welche Calcium- und Carbonatkonzentrationen ergeben sich?

In diesem Fall gilt die Massenbilanz:

$$[Ca^{2+}] = C_T = [HCO_3^-] + [CO_3^{2-}] + [H_2CO_3] \tag{10}$$

und die Ladungsbilanz:

$$2[Ca^{2+}] + [H^+] = [HCO_3^-] + 2[CO_3^{2-}] + [OH^-] \tag{11}$$

Mit Hilfe der Säurekonstanten K_1 und K_2 des Carbonatssystems und des Löslichkeitsprodukts K_{s0} sowie von K_w lassen sich die 6 Unbekannten dieses Systems, nämlich Ca^{2+}, HCO_3^-, CO_3^{2-}, H_2CO_3, H^+, OH^- ausrechnen, zum Beispiel durch ein Näherungsverfahren oder durch das graphische Verfahren.

Die verschiedenen Spezies sind in Tableau 7.1 als Funktion der Komponenten CO_3^{2-}, H^+ und $CaCO_{3(s)}$ dargestellt. Die Bedingung $C_T - Ca^{2+} = 0$ entspricht der Massenbilanz (10), nämlich:

$$[HCO_3^-] + [CO_3^{2-}] + [H_2CO_3] - [Ca^{2+}] = 0$$

Die berechnete Konzentration der einzelnen Spezies ist rechts angegeben.

TABLEAU 7.1 Löslichkeit von $CaCO_{3(s)}$ in reinem Wasser

		CO_3^{2-}	H^+	$CaCO_3(s)$	log K	berechnete Konz. [M]
Spezies:	Ca^{2+}	−1	0	1	−8.42	1.146×10^{-4}
	CO_3^{2-}	1	0	0	0.00	3.319×10^{-5}
	HCO_3^-	1	1	0	10.30	8.135×10^{-5}
	H_2CO_3	1	2	0	16.60	1.994×10^{-8}
	OH^-	0	−1	0	−14.00	8.139×10^{-5}
	H^+	0	1	0	0.00	1.229×10^{-10}
						(pH = 9.91)
Zusammensetzung:		0	0	$\{CaCO_{3(s)}\} = 1$		

In diesem Fall, ohne Zugabe von Säure oder Lauge und ohne Kontakt mit CO_2 in der Gasphase ergibt sich pH = 9.9.

Für das graphische Verfahren (Abbildung 7.2) wird von der Gleichung ausgegangen:

$$[Ca^{2+}] = \frac{K_{s0}}{[CO_3^{2-}]} = \frac{K_{s0}}{\alpha_2 \times C_T} \tag{12}$$

wo $\alpha_2 = \dfrac{[CO_3^{2-}]}{C_T}$, wie im Kapitel 3, Gleichung (37), definiert ist

Mit $[Ca^{2+}] = C_T$ ergibt sich:

$$C_T = \left(\frac{K_{s0}}{\alpha_2}\right)^{1/2} = [Ca^{2+}] \tag{13}$$

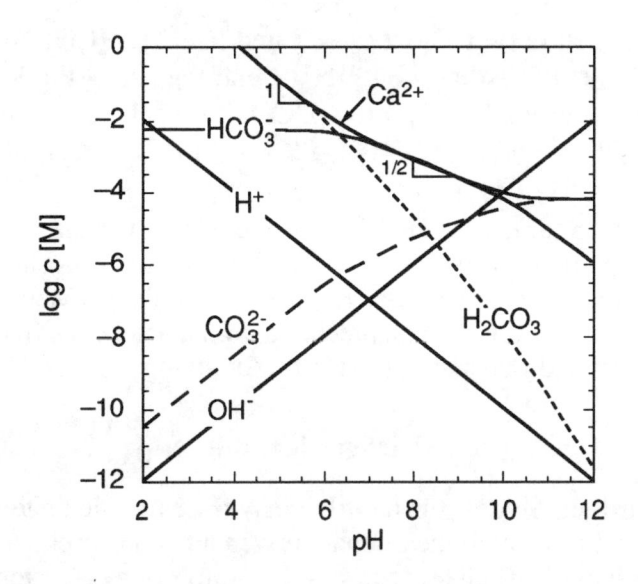

Löslichkeitsgleichgewichte von Hydroxiden und Carbonaten 257

Abbildung 7.2
Löslichkeit von $CaCO_3$ im geschlossenen System ohne Gasphase:
$$[Ca^{2+}] = C_T$$

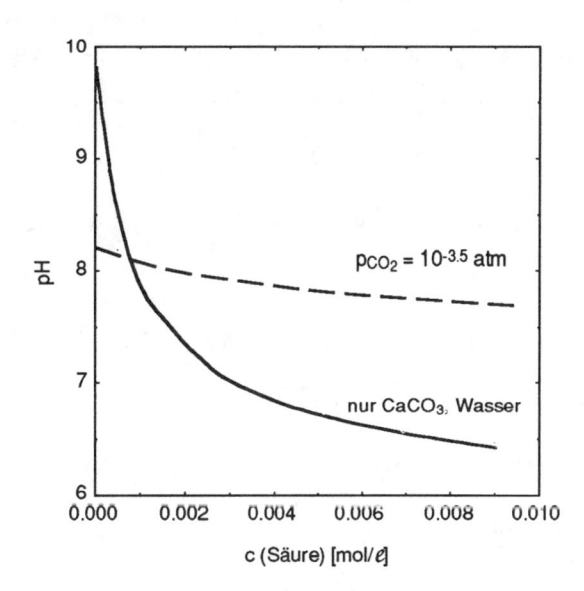

Abbildung 7.3
pH als Funktion der zugegebenen Säure im System $CaCO_3$-Wasser-CO_2:
a) nur $CaCO_3$-Wasser im geschlossenen System;
b) $CaCO_3$-Wasser-CO_2 mit $p_{CO_2} = 10^{-3.5}$ atm im offenen System.

Für den pH-Bereich pH > pK_2 ist $\alpha_2 \approx 1$ und $[Ca^{2+}] \cong [CO_3^{2-}] = (K_{s0})^{1/2}$; im pH-Bereich p$K_1$ < pK_2 ist $\alpha_2 \approx K_2 \cdot [H^+]^{-1}$ und $\log C_T \approx \frac{1}{2} \log K_{s0} - \frac{1}{2} \log K_2 - \frac{1}{2}$ pH und $\log C_T = \log [Ca^{2+}] \approx \log [HCO_3^-]$; im pH-Bereich pH < p$K_1$ ist $\alpha_2 \approx K_1 \cdot K_2 \cdot [H^+]^{-2}$ und $\log C_T = \frac{1}{2} \log K_{s0} - \frac{1}{2} \log K_1 \cdot K_2 -$ pH und $\log C_T = \log [Ca^{2+}] \approx \log [H_2CO_3]$.

Bei Zugabe von Säure, z.B. HCl, bleibt die Massenbilanz (10) gleich, während das Säureanion zusätzlich in die Ladungsbilanz eingeht. Wird zu diesem System Säure zugegeben, d.h. zu einer unendlichen Menge von festem $CaCO_3$, so löst sich $CaCO_3$ entsprechend der zugegebenen Säuremenge auf und der pH wird dadurch stark gepuffert (Abbildung 7.3).

b) Löslichkeit von $CaCO_3$ im Gleichgewicht mit p_{CO_2}

Dieser Fall wird als Modell für natürliche Wässer im Gleichgewicht mit der Atmosphäre und mit Calciumcarbonat verwendet. Wie bereits im Kapitel 3.3 illustriert, kann die Löslichkeit von $CaCO_{3(s)}$ im offenen System aus der Superponierung des $CO_{2(gas)}$-Wasser-Gleichgewichtes und des $CaCO_3$-Löslichkeitsgleichgewichtes verstanden werden.

Zunächst sollen pH, Carbonat- und Calciumkonzentrationen für den Fall einer festen Calciumcarbonatphase im Gleichgewicht mit Wasser und dem CO_2-Partialdruck der Atmosphäre berechnet werden. In diesem Fall ist C_T nicht mehr durch Ca^{2+} gegeben, sondern ergibt sich aus p_{CO_2}:

$$C_T = [H_2CO_3] + [HCO_3^-] + [CO_3^{2-}]$$

$$C_T = K_H \cdot p_{CO_2} + K_H \cdot p_{CO_2} \cdot K_1 \cdot [H^+]^{-1} + K_H \cdot p_{CO_2} \cdot K_1 \cdot K_2 \cdot H^+]^{-2} \quad (14)$$

Die Löslichkeit von $CaCO_3$ kann durch die Reaktion dargestellt werden:

$$CaCO_3(s) + 2 H^+ \rightleftharpoons Ca^{2+} + CO_2(g) + H_2O$$

Ca^{2+} in Abhängigkeit von p_{CO_2} und pH gegeben durch:

$$[Ca^{2+}] = \frac{K_{s0} \cdot [H^+]^2}{K_H K_1 K_2 \cdot p_{CO_2}} \quad (15)$$

und ist bei gegebenem p_{CO_2} nur vom pH abhängig.

Auch dieses Problem kann mit Hilfe eines doppelt-logarithmischen Diagramms gelöst werden (Abbildung 7.4, vgl. Abbildung 3.3). Wiederum ist

Löslichkeitsgleichgewichte von Hydroxiden und Carbonaten 259

die Ca^{2+}-Konzentration umgekehrt proportional der CO_3^{2-}-Konzentration. Aus der Ladungsbilanz:

$$2[Ca^{2+}] + [H^+] = [HCO_3^-] + 2[CO_3^{2-}] + [OH^-] \tag{16}$$

die vereinfacht wird zu:

$$2[Ca^{2+}] \approx [HCO_3^-] \tag{17}$$

wird der Punkt mit der entsprechenden Zusammensetzung im Gleichgewicht mit reinem $CaCO_3$ definiert (ohne Zugabe von Säure oder Base).

pH für diese Zusammensetzung wird näherungsweise aus der vereinfachten Gleichung (17) berechnet, indem für $[Ca^{2+}]$ der Ausdruck (15) und für $[HCO_3^-] = K_H \cdot p_{CO_2} \cdot K_1 [H^+]^{-1}$ eingesetzt wird:

$$2 \frac{K_{s0}[H^+]^2}{K_H \cdot K_1 \cdot K_2 \cdot p_{CO_2}} \approx K_H \cdot p_{CO_2} \cdot K_1 \cdot [H^+]^{-1} \tag{18}$$

$$[H^+] \approx (p_{CO_2})^{2/3} \cdot \left(\frac{1}{2} K_H^2 \cdot K_1^2 \cdot K_2 \cdot K_{s0}^{-1}\right)^{1/3} \tag{19}$$

Für genaue Berechnungen werden auch die Ionenpaarspezies $CaHCO_3^+$, $CaOH^+$ und $CaCO_3^0$ einbezogen, die aber nur einen geringen Anteil der gesamten Löslichkeit darstellen.

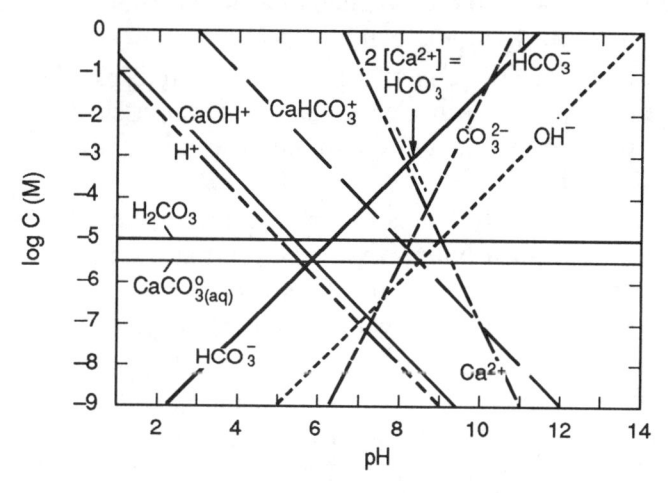

Abbildung 7.4
$[Ca^{2+}]$ als Funktion des pH im offenen System mit $CO_2 = 10^{-3.5}$ atm.
Die Ionenpaarspezies sind ebenfalls angegeben.

Das entsprechende Tableau kann mit den Komponenten p_{CO_2}, H^+ und $CaCO_{3(s)}$ aufgestellt werden (hier ohne die Ionenpaarspezies $CaHCO_3^+$, $CaOH^+$ und $CaCO_3^0$):

TABLEAU 7.2 Löslichkeit von $CaCO_{3(s)}$ im Gleichgewicht mit $CO_{2(g)}$

		$CO_{2(g)}$	H^+	$CaCO_{3(s)}$	log K	berechnete Konz. [M]
Spezies:	Ca^{2+}	−1	2	1	9.68	4.624×10^{-4}
	CO_3^{2-}	1	−2	0	−18.10	8.223×10^{-6}
	HCO_3^-	1	−1	0	−7.80	9.065×10^{-4}
	H_2CO_3	1	0	0	−1.50	9.993×10^{-6}
	$CO_2(g)$	1	0	0	0.00	3.160×10^{-4}
	OH^-	0	−1	0	−14.00	1.810×10^{-6}
	H^+	0	1	0	0.00	5.525×10^{-9} (pH = 8.26)
Zusammensetzung:		0		$\{CaCO_{3(s)}\} = 1$		
	$p_{CO_2} = 10^{-3.5}$ atm					

Hier wird anstelle der totalen Konzentration die freie Konzentration des CO_2 ($p_{CO_2} = 10^{-3.5}$ atm) vorgegeben.

Die angegebene Zusammensetzung kann als einfaches Modell für natürliche Gewässer in Kontakt mit Calciumcarbonat angesehen werden (Abbildung 3.4); viele Gewässer haben annähernd diese Zusammensetzung (pH ≈ 8.3; $HCO_3^- \approx 1 \times 10^{-3}$ M; $Ca^{2+} \approx 5 \times 10^{-4}$ M).

Bei Zugabe von Säure (oder Lauge) in diesem System (d.h. eine unendliche Menge von Calciumcarbonat im Kontakt mit atmosphärischem CO_2 und Wasser) wird eine noch stärkere Pufferung erreicht (Abbildung 7.2), da hier das gebildete H_2CO_3 im Gleichgewicht mit dem CO_2 aus der Luft ist.

Von Interesse für viele natürliche Gewässer, insbesondere für Grundwässer, ist die Abhängigkeit der Calciumcarbonatlöslichkeit vom CO_2-Partialdruck. Im Boden ist der CO_2-Partialdruck gegenüber dem atmosphärischen p_{CO_2} meist erhöht, so dass sich auch eine erhöhte $CaCO_3$-Löslichkeit ergibt. Die entsprechende Gleichgewichtszusammensetzung für einen beliebigen p_{CO_2} kann aus einem doppelt-logarithmischen Diagramm (Abbildung 7.4) oder rechnerisch ermittelt werden. Ein Beispiel dazu wurde schon in Beispiel 3.3 gegeben. Die resultierenden pH- und Ca-Konzentrationen in Abhängigkeit des CO_2-Partialdrucks sind in Abbildung 7.5 dargestellt (vgl. Gleichung (19)), wobei hier die Korrektur für die Ionenstärke vernachlässigt wird. Für exakte Berechnungen muss der Einfluss der Ionenstärke auf die Aktivitätskoeffizienten berücksichtigt werden.

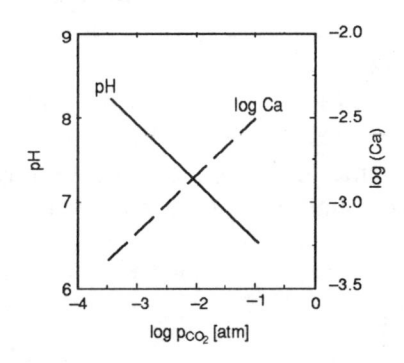

Abbildung 7.5
pH und log Ca im Gleichgewicht mit $CaCO_{3(s)}$ bei verschiedenen p_{CO_2}

c) Löslichkeit von Carbonaten im geschlossenen System mit C_T = konstant

In diesem Fall stellen wir uns die Frage: wieviel Ca^{2+} kann für ein gegebenes C_T und pH im hypothetischen $CaCO_{3(s)}$-Sättigungsgleichgewicht in Lösung sein? Dieser Fall ist für die Überprüfung der Unter- bzw. Übersättigung von Calciumcarbonat wichtig. Dabei wird ein geschlossenes System angenommen, in dem C_T = konstant und $H_2CO_3^*$ als nicht-flüchtige Spezies behandelt wird; die Carbonatkonzentration wird in diesem Fall unabhängig von der Auflösung von Calciumcarbonat kontrolliert.

Mit C_T = konstant ist:

$$[Ca^{2+}] = \frac{K_{s0}}{[CO_3^{2-}]} = \frac{K_{s0}}{C_T \times \alpha_2} \qquad (20)$$

mit

$$\alpha_2 = \frac{[CO_3^{2-}]}{C_T}$$

Dieser Fall lässt sich am einfachsten im doppelt-logarithmischen Diagramm darstellen (Abbildung 7.6), mit:

$$\log [Ca^{2+}] = \log K_{s0} - \log [CO_3^{2-}] \tag{21}$$

Die Abbildung zeigt, wie die in Lösung maximal vorhandene Ca^{2+}-Konzentration mit abnehmendem pH stark zunimmt und bei höheren pH-Werten (pH > pK_2, $[CO_3^{2-}] \approx C_T$) konstant wird.

Dieser Fall ist auch von Interesse für die Löslichkeit der Carbonate von Spurenelementen, wie z.B. $Fe(II)CO_{3(s)}$, $Mn(II)CO_{3(s)}$, $SrCO_{3(s)}$. Die Konzentration anderer Elemente im Gleichgewicht mit ihren Carbonaten wird in Funktion der totalen Carbonatkonzentration berechnet, z.B. für $FeCO_{3(s)}$:

$$FeCO_{3(s)} \rightleftharpoons Fe^{2+} + CO_3^{2-} \qquad \log K_{s0} = -10.7$$

Mit C_T = konstant gilt:

$$[Fe^{2+}] = \frac{K_{s0}}{[CO_3^{2-}]} = \frac{K_{s0}}{\alpha_2 \cdot C_T} \tag{20a}$$

Fe^{2+} in Funktion des pH-Wertes für $C_T = 5 \times 10^{-3}$ M ist in Abbildung 7.6 dargestellt.

Analog zu den Carbonatlöslichkeiten können auch die Löslichkeiten von z.B. Sulfiden, Phosphaten usw. behandelt werden. Auch bei diesen ergibt sich die pH-Abhängigkeit der Löslichkeit aus den Säure/Base-Reaktionen der entsprechenden Anionen. In jedem Fall muss auch die Komplexbildung in Lösung mit den Anionen aus der festen Phase und mit eventuell vorhandenen anderen Liganden einbezogen werden.

Abhängigkeit der Löslichkeit von Temperatur, Ionenstärke, Druck, Grösse der Partikel

Löslichkeitsprodukte sind meistens stark temperaturabhängig. Für genaue Berechnungen muss das Löslichkeitsprodukt für die jeweilige Temperatur verwendet werden, das aus Messungen für verschiedene Temperaturen oder aus Berechnungen mit ΔH erhalten wird. Als Beispiel ist die Temperaturabhängigkeit des Löslichkeitsprodukts von Calciumcarbonat (Calcit) in Tabelle 3.1 angegeben.

Die Druckabhängigkeit ist für die Löslichkeitsverhältnisse in den Ozeanen von Bedeutung (vgl. Kapitel 5.3).

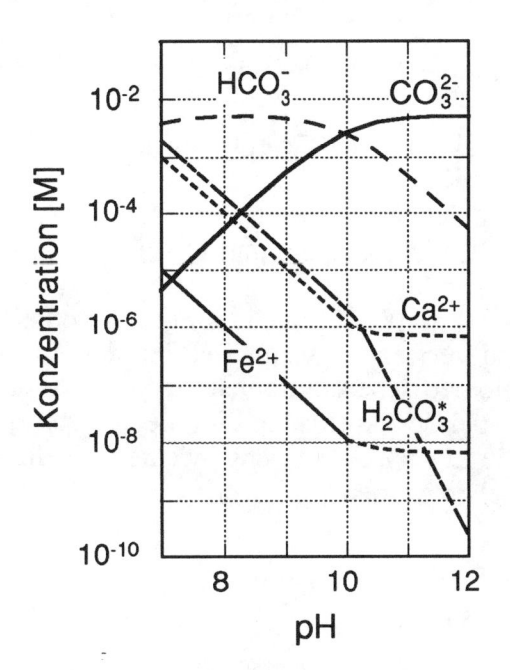

Löslichkeitsgleichgewichte von Hydroxiden und Carbonaten

Abbildung 7.6
Löslichkeit von Ca^{2+} und Fe^{2+} für C_T = konstant im geschlossenen System; die Löslichkeit wird durch die festen Phasen $CaCO_{3(s)}$ und $Fe(II)CO_{3(s)}$ kontrolliert. $C_T = 5 \times 10^{-3}$ M, 10 °C.

In den Löslichkeitsprodukten gehen eigentlich Aktivitäten ein; häufig sind die Löslichkeitsprodukte für I ⟶ 0 angegeben. Der Einfluss der Ionenstärke muss bei der Berechnung für andere Ionenstärken über die Aktivitätskoeffizienten berücksichtigt werden.

Dazu kann beispielsweise die Formel nach Davies verwendet werden (s. Kapitel 2.9).

Ein weiterer Faktor, der die Löslichkeit beeinflusst, ist die Grösse der Partikeln. Bei sehr kleinen Partikelgrössen wird die spezifische Oberfläche sehr gross, und die Grenzflächenenergie trägt zur freien Energie der festen Phase bei. Dadurch wird die Löslichkeit einer festen Phase mit sehr kleinen Partikeln und sehr grosser Oberfläche grösser als diejenige der gleichen festen Phase mit gröberen Partikeln.

7.3 Löslichkeit von SiO_2 und Silikaten

Die Beschreibung der Löslichkeit der Silikate ist nicht ohne Schwierigkeiten, weil
1. die Auflösungsreaktionen häufig sehr langsam sind und Gleichgewichte kaum erreicht werden,
2. wir die genaue Zusammensetzung der festen Phase und ihre freie Bildungsenthalpie oft nicht kennen, und weil häufig metastabile Phasen (s. 5.2) vorkommen, und
3. die Auflösungsreaktion häufig nicht kongruent verläuft. Der Begriff "inkongruent" wird verwendet, wenn sich bei der Auflösung einer festen Phase die stöchiometrische Zusammensetzung der festen Phase verändert, also z.B. wenn bei der Auflösung eine neue feste Phase entsteht. Z.B. können folgende Löslichkeitsgleichgewichte für "einfache" Aluminium-Silikate geschrieben werden:

Kaolinit (Struktur s. Abbildung 9.22)

$Al_2Si_2O_5(OH)_4(s) + 5\,H_2O = Al_2O_3 \cdot 3\,H_2O(s) + 2\,H_4SiO_4$; $\log K = -9.4$ (22)

$\frac{1}{2} Al_2Si_2O_5(OH)_4(s) + 2\frac{1}{2}\,H_2O = Al^{3+} + H_4SiO_4 + 3\,OH^-$; $\log K = -38.7$ (23)

$\frac{1}{2} Al_2Si_2O_5(OH)_4(s) + 2\frac{1}{2}\,H_2O + OH^- = Al(OH)_4^- + H_4SiO_4$; $\log K = -5.7$ (24)

Wenn Kaolinit sich in Wasser auflöst, ist die Auflösung anfänglich inkongruent (Gleichung (22)).

Albit (Na-Feldspat)

$NaAlSi_3O_8(s) + H^+ = Na^+ + 2\,H_4SiO_4 + \frac{1}{2} Al_2Si_2O_5(OH)_4(s)$ (Kaolinit); $\log K = -1.9$ (25)

Beispiel 7.3
Löslichkeit von amorphem $SiO_2(s)$

Berechne die Löslichkeit von $SiO_2(s)$ als eine Funktion des pH. Die Löslichkeit von Quartz und von amorphem $SiO_2(s)$ können durch folgende Gleichgewichte charakterisiert werden:

$SiO_2(s, Quartz) + 2\,H_2O = Si(OH)_4$; $\log K = -3.7\ (25\ °C)$ (i)

$SiO_2(s, amorph) + 2\,H_2O = Si(OH)_4$; $\log K = -2.7$ (ii)

Löslichkeit von SiO₂ und Silikaten

$$Si(OH)_4 = SiO(OH)_3^- + H^+; \quad \log K = -9.5 \quad \text{(iii)}$$

$$SiO(OH)_3^- = SiO(OH)_2^{2-} + H^+; \quad \log K = -12.6 \quad \text{(iv)}$$

Wie die Gleichgewichtskonstanten illustrieren, ist amorphes SiO_2 gegenüber Quartz metastabil; es ist 10 mal besser löslich als Quartz.

Das doppelt logarithmische Diagramm der Abbildung 7.7 ist selbsterklärend. Die Löslichkeit ist bis hinauf zu pH = 9 unabhängig vom pH.

Beispiel 7.4
Löslichkeit von Albit als Funktion des p_{CO_2}

Die Gleichgewichte (25 °C), die diese Fragestellung beantworten, sind:

$$NaAlSi_3O_8(s) + H^+ + 4\tfrac{1}{2} H_2O = Na^+ + 2\, H_4SiO_4 + \tfrac{1}{2} Al_2Si_2O_5(OH)_4(s)\ \text{(Kaolinit);}$$
(Albit) $\log K = -1.9$ \quad (i)

$$CO_2(g) + H_2O = HCO_3^- + H^+ \quad \log K = -7.8 \quad \text{(ii)}$$

(i) und (ii) ergeben:

$$\text{Albit(s)} + CO_2(g) + 5\tfrac{1}{2} H_2O = Na^+ + HCO_3^- + 2\, H_4SiO_4 + \tfrac{1}{2}\, \text{Kaolinit(s);}$$
$$\log K = -9.7 \quad \text{(iii)}$$

Falls sich Albit unter dem Einfluss des CO_2 in H_2O auflöst, entstehen primär die Spezies HCO_3^-, Na^+ und H_4SiO_4. Die Lösungen sind in der Nähe von pH = 7 – 8, so dass CO_3^{2-} und $SiO_2(OH)^-$ und $SiO_2(OH)_2^{2-}$ vernachlässigt werden können.

Die Ladungsbalance ist:

$$[Na^+] \approx [HCO_3^-] \quad \text{(iv)}$$

Ferner gilt:

$$[Na^+] = \tfrac{1}{2}[H_4SiO_4] \quad \text{(v)}$$

Die Kombination von (iv) und (v) ergibt:

$$4\,[HCO_3^-]^4 \approx 10^{-9.7}\, p_{CO_2} \quad \text{(vi)}$$

Z.B. für $p_{CO_2} = 10^{-2}$ atm. ist $[H_4SiO_4] \approx 10^{-2.8}$ M und der pH kann mit Hilfe der Gleichung (iii) als pH = 6.7 berechnet werden.

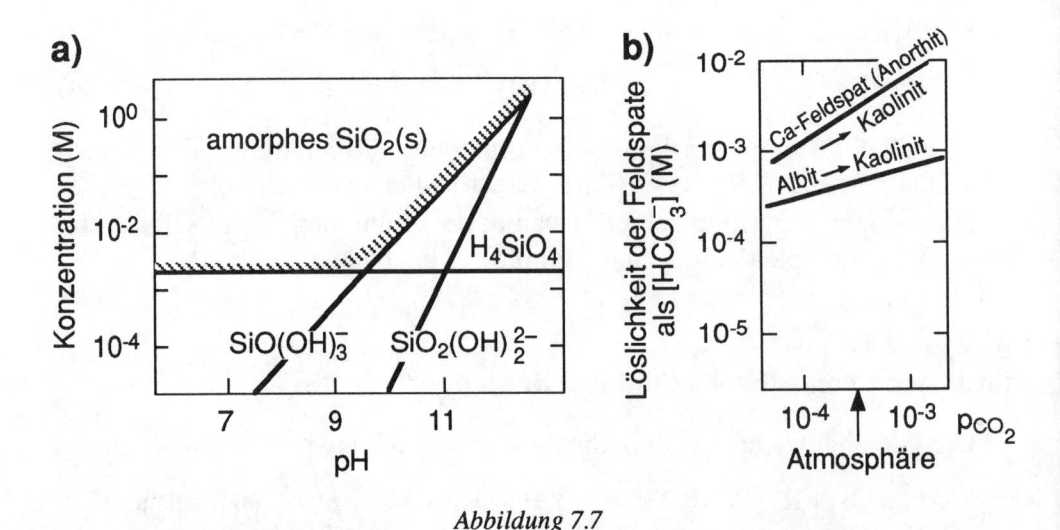

Abbildung 7.7
Löslichkeit von amorphem $SiO_2(s)$ als Funktion des pH (a) und von Albit (Na-Feldspat) als Funktion des p_{CO_2} (b). Im pH-Bereich pH < 9 ist Quartz 10 mal weniger löslich als amorphes SiO_2. Die Löslichkeit des Albites is inkongruent, mit Gleichgewicht $Albit(s) + CO_2(g) + 5\frac{1}{2} H_2O = Na^+ + HCO_3^- + 2 H_4SiO_4 + \frac{1}{2} Kaolinit(s)$. Zum Vergleich ist auch die entsprechende Löslichkeit von Anorthit (Ca-Feldspat) aufgetragen.

7.4 Welche feste Phase kontrolliert die Löslichkeit?

Zum Verständnis der Zusammensetzung natürlicher Gewässer stellt sich häufig die Frage, welche feste Phase die Löslichkeit eines bestimmten Elements kontrolliert, z.B. bei Fällungsvorgängen in Sedimenten, bei Transportvorgängen im Grundwasser. Auch in der Abwasserbehandlung, wenn die Ausfällung unerwünschter Stoffe (z.B. Schwermetalle) angestrebt wird, oder bei der Beurteilung von Abfallstoffen stellt sich die gleiche Frage.

Prinzipiell strebt ein System im Gleichgewicht zu der thermodynamisch stabilsten Phase. Die thermodynamisch stabilste Phase ist diejenige mit der geringsten Löslichkeit; diese Phase kontrolliert die Löslichkeit eines Elements. Bei mehreren möglichen festen Phasen gleicher chemischer Zusammensetzung, aber unterschiedlicher Struktur ist ebenfalls die Phase mit der geringsten Löslichkeit die stabilste. Im allgemeinen haben bei gleicher Zusammensetzung amorphe Phasen eine höhere Löslichkeit als kristallin ausgebildete Phasen. Für die Eisenhydroxide und -oxide ist beispielsweise

Welche feste Phase kontrolliert die Löslichkeit?

amorphes $Fe(OH)_{3(s)}$ löslicher als die kristallinen Phasen α-FeOOH (Goethit) oder Fe_2O_3 (Hämatit):

$Fe(OH)_{3(s)} \rightleftharpoons Fe^{3+} + 3\,OH^- \quad \log K_{s0} = -38.7$ (26)

$\alpha\text{-FeOOH}_{(s)} + H_2O \rightleftharpoons Fe^{3+} + 3\,OH^- \quad \log K_{s0} = -40.4$ (27)

$0.5\,Fe_2O_{3(s)} + 1.5\,H_2O \rightleftharpoons Fe^{3+} + 3\,OH^- \quad \log K_{s0} = -42.7$ (28)

Im zeitlichen Verlauf der Ausfällung einer festen Phase fällt häufig, aus kinetischen Gründen, zuerst nicht die stabilste Phase aus, sondern die kinetisch günstigste Phase, häufig ein amorphes Produkt, die sich langsam in eine stabilere Phase umwandelt. Durch die kinetisch bedingte Bildung einer weniger stabilen Phase sind die gelösten Konzentrationen gegenüber der Gleichgewichtszusammensetzung erhöht.

Die löslichkeitsbestimmende Phase hängt für ein bestimmtes Element von den Bedingungen ab. Beispielsweise kann je nach Bedingungen ein Hydroxid oder ein Carbonat eines Kations ausfallen; ob das Hydroxid oder das Carbonat stabiler ist, hängt von p_{CO_2} ab (bei konstanter Temperatur und Druck):

$Me(OH)_{2(s)} + CO_{2(g)} \rightleftharpoons MeCO_{3(s)} + H_2O$ (29)

Daraus kann p_{CO_2} berechnet werden, bei dem die Umwandlung stattfindet, bzw. die p_{CO_2}-Bereiche definiert werden, in welchen entweder $Me(OH)_{2(s)}$ oder $MeCO_{3(s)}$ ausfallen wird.

Verschiedene Methoden können angewendet werden, um die Existenzbereiche verschiedener fester Phasen zu definieren. Es können im Prinzip Löslichkeitsdiagramme wie Abbildungen 7.1 und 7.3 miteinander verglichen werden. Es können auch Diagramme konstruiert werden, die in Abhängigkeit verschiedener Variablen (z.B. p_{CO_2}, pH) die Stabilitätsgrenzen der verschiedenen festen Phasen angeben. Diese verschiedenen Möglichkeiten sollen anhand einiger Beispiele gezeigt werden. Die Löslichkeit der Fe(II)-Phasen ist für Verhältnisse in anoxischen Sedimenten repräsentativ.

Beispiel 7.5
Stabilität von $FeS_{(s)}$ oder $FeCO_{3(s)}$ in Gegenwart von Sulfid

Folgende Löslichkeitsprodukte werden angegeben:

$FeS_{(s)} + H^+ \rightleftharpoons Fe^{2+} + HS^- \quad \log K'_{s0} = -4.2$ (i)

$$FeCO_{3(s)} \rightleftharpoons Fe^{2+} + CO_3^{2-} \qquad \log K_{s0} = -10.7 \qquad \text{(ii)}$$

Für $FeS_{(s)}$ wird das Löslichkeitsprodukt mit HS^- angegeben, um das Problem der 2. Säurekonstante von H_2S zu umgehen.
Für Sulfid gelten die Säurekonstanten:

$$H_2S \rightleftharpoons H^+ + HS^- \qquad \log K = -7.0 \qquad \text{(iii)}$$

$$HS^- \rightleftharpoons H^+ + S^{2-} \qquad \log K = -19 \qquad \text{(iv)}$$

In welchem Bereich von pH, Alkalinität, und Sulfidkonzentrationen wird $FeS_{(s)}$ bzw. $FeCO_{3(s)}$ gebildet ?

Zunächst wird von den folgenden effektiv vorhandenen Bedingungen ausgegangen:

$[Alk]_{eff} = 5 \times 10^{-3}$ M
$[S(-II)]_{T\,eff} = 1 \times 10^{-5}$ M
$[Fe(II)]_{T\,eff} = 1 \times 10^{-6}$ M
pH $= 7.5$

Wird unter diesen Bedingungen $FeS_{(s)}$ oder $FeCO_{3(s)}$ ausfallen?
In einem ersten einfachen Ansatz können hier die Bedingungen für Q vs. K_{s0} geprüft werden:

$$[HS^-] = \alpha_1 \cdot [S(-II)]_T = 7.6 \times 10^{-6} \qquad \text{(v)}$$

$$[CO_3^{2-}] = [Alk] \cdot \left(\frac{[H^+]}{K_2} + 2\right)^{-1} = 8.0 \times 10^{-6} \qquad \text{(vi)}$$

$$\log ([Fe^{2+}]_{eff} \cdot [CO_3^{2-}]_{eff}) = -11.1 \qquad \text{(vii)}$$

$$\log ([Fe^{2+}]_{eff} [HS^-]_{eff} [H^+]_{eff}^{-1}) = -3.62 \qquad \text{(viii)}$$

In diesem Fall ist $Q < K_{s0}$ für $FeCO_{3(s)}$, aber $Q > K_{s0}$ für $FeS_{(s)}$, d.h. es wird unter diesen Bedingungen $FeS_{(s)}$ ausfällen.
Die Löslichkeit kann als Funktion des pH für C_T = konstant und S_T = konstant dargestellt werden (Abbildung 7.8). Die Löslichkeit von $Fe(OH)_{2(s)}$ kann ebenfalls einbezogen werden :

$$Fe(OH)_{2(s)} \rightleftharpoons Fe^{2+} + 2\,OH^- \qquad \log K_{s0} = -15.1 \qquad \text{(ix)}$$

Welche feste Phase kontrolliert die Löslichkeit?

Der Vergleich der [Fe^{2+}]-Kurven ergibt, dass für FeS die Löslichkeit tiefer ist; d.h. bei diesem Verhältnis von Carbonat und Sulfid wird im ganzen pH-Bereich FeS$_{(s)}$ gebildet. Fe(OH)$_{2(s)}$ könnte nur bei sehr hohem pH in Abwesenheit von Sulfid gebildet werden.

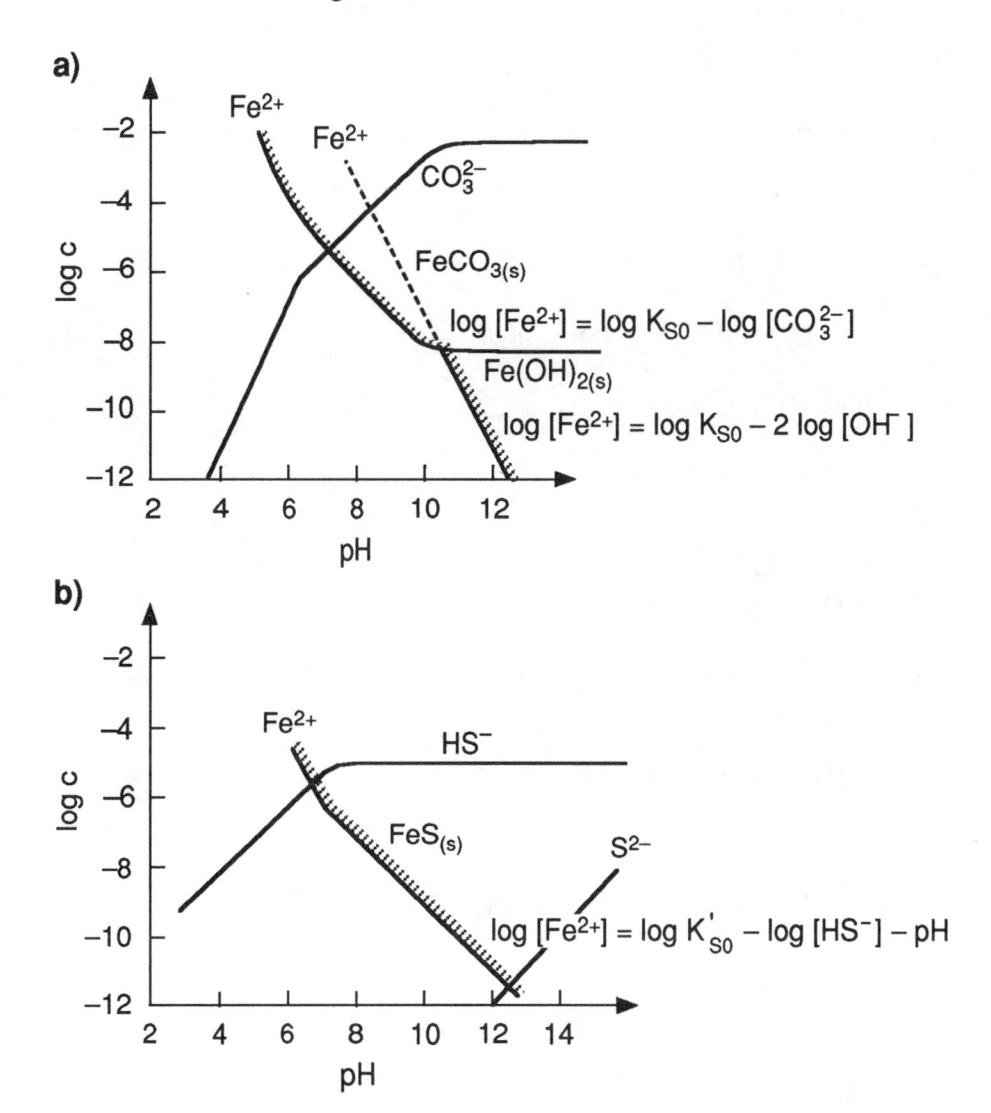

Abbildung 7.8
Löslichkeitsdiagramme für $FeCO_{3(s)}$ ($C_T = 5 \times 10^{-3}$ M) und $FeS_{(s)}$ ($S_T = 1 \times 10^{-5}$ M)

Schliesslich können die Existenzbereiche von FeS und $FeCO_3$ in Funktion von log S_T und pH dargestellt werden, wobei bestimmte Annahmen für Fe^{2+}(tot) und C_T getroffen werden:

Fe^{2+}(tot) $= 1 \times 10^{-6}$ M

$C_T \quad\quad = 5 \times 10^{-3}$ M

Die Grenzen der verschiedenen Existenzbereiche können berechnet werden:
Für $Fe^{2+}/FeS_{(s)}$:

$$[HS^-] = K'_{s0} [Fe^{2+}]^{-1} [H^+] \tag{x}$$

$$S(-II)_T = \alpha_1^{-1} \cdot [H^+] K'_{s0} [Fe^{2+}]^{-1} \tag{xi}$$

für $Fe^{2+}/FeCO_{3(s)}$:

$$[CO_3^{2-}] = K_{s0} \cdot [Fe^{2+}]^{-1} \tag{xii}$$

Daraus kann der pH berechnet werden, bei dem für das betreffende C_T $FeCO_{3(s)}$ ausfallen kann.
für $FeCO_{3(s)}/FeS_{(s)}$ gilt:

$$FeS_{(s)} + H^+ + CO_3^{2-} \rightleftharpoons FeCO_{3(s)} + HS^-$$

$$K = \frac{[HS^-]}{[H^+][CO_3^{2-}]} = \frac{K'_{s0} (FeS)}{K_{s0} (FeCO_3)} = 10^{6.5} \tag{xiii}$$

und analog für $FeS_{(s)}/Fe(OH)_{2(s)}$:

$$FeS_{(s)} + OH^- + H_2O \rightleftharpoons Fe(OH)_{2(s)} + HS^- \tag{xv}$$

$$K = \frac{[HS^-]}{[OH^-]} = \frac{K'_{s0} (FeS) \cdot K_W}{K_{s0} (Fe(OH)_2)} \tag{xvi}$$

Aus diesen Beziehungen kann das Diagramm (Abbildung 7.9) konstruiert werden.

Die Verhältnisse im System Eisen-Sulfid-Carbonat wurden hier vereinfacht dargestellt. Für genaue Berechnungen müssen auch die Sulfidkomplexe mit Eisen in Lösung berücksichtigt werden; zudem sind verschiedene feste Phasen als Eisensulfide möglich.

Welche feste Phase kontrolliert die Löslichkeit? 271

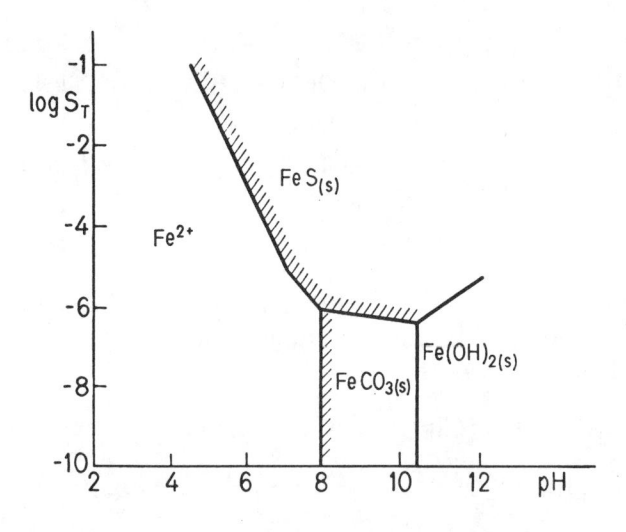

Abbildung 7.9
Existenzbereiche von $FeS_{(s)}$ und $FeCO_{3(s)}$ für $Fe(II)_T = 1 \times 10^{-6}$ M und $C_T = 5 \times 10^{-3}$ M (Carbonat).

Im nächsten Beispiel soll zur Illustration der Löslichkeitsverhältnisse bei Spurenmetallen die Löslichkeit von Cu in Gegenwart von Carbonat sowie unter Berücksichtigung anderer Komplexbildner berechnet werden.

Beispiel 7.6
Löslichkeit von Cu in Gegenwart von Carbonat

Die Löslichkeit von Kupfer in einem Wasser mit $C_T = 2 \times 10^{-3}$ M soll als Funktion des pH (mit C_T = konstant) berechnet werden; zusätzlich soll der Einfluss eines organischen Komplexbildners auf die Löslichkeit betrachtet werden, da für ein realistisches Modell eines natürlichen Wassers organische Kupferkomplexe von Wichtigkeit sind.

Zunächst stellt sich die Frage, welche feste Phase für Cu löslichkeitsbestimmend ist. Es kommen Hydroxide und gemischte Hydroxocarbonate in Frage, nämlich $CuO_{(s)}$ (Tenorit), $Cu_2(OH)_2CO_{3(s)}$ (Malachit) und $Cu_3(OH)_2(CO_3)_{2(s)}$ (Azurit).

Folgende Löslichkeitsprodukte und Komplexbildungskonstanten gelten:

$$CuO_{(s)} + 2\,H^+ \rightleftharpoons Cu^{2+} + H_2O \qquad \log K = 7.65 \quad (i)$$
$$Cu_2(OH)_2\,CO_{3(s)} + 2\,H^+ \rightleftharpoons 2\,Cu^{2+} + CO_3^{2-} + 2\,H_2O \qquad \log K = -5.8 \quad (ii)$$
$$Cu_3(OH)_2\,(CO_3)_{2(s)} + 2\,H^+ \rightleftharpoons 3\,Cu^{2+} + 2\,CO_3^{2-} + 2\,H_2O \qquad \log K = -18.0 \quad (iii)$$

$$Cu^{2+} + H_2O \rightleftharpoons CuOH^+ + H^+ \qquad \log K = -8.0 \qquad (iv)$$

$$2\,Cu^{2+} + 2\,H_2O \rightleftharpoons Cu_2(OH)_2^{2+} + 2\,H^+ \qquad \log K = -10.95 \quad (v)$$

$$Cu^{2+} + 3\,H_2O \rightleftharpoons Cu(OH)_3^- + 3\,H^+ \qquad \log K = -26.3 \qquad (vi)$$

$$Cu^{2+} + 4\,H_2O \rightleftharpoons Cu(OH)_4^{2-} + 4\,H^+ \qquad \log K = -39.4 \qquad (vii)$$

$$Cu^{2+} + CO_3^{2-} \rightleftharpoons CuCO_{3(aq)}^o \qquad \log K = 6.77 \quad (viii)$$

$$Cu^{2+} + 2\,CO_3^{2-} \rightleftharpoons Cu(CO_3)_2^{2-} \qquad \log K = 10.01 \quad (ix)$$

Um die stabile Phase zu bestimmen, können zunächst die Löslichkeiten für die einzelnen festen Phasen als Funktion des pH für die entsprechenden Bedingungen bestimmt werden:

für Tenorit gilt: $\quad \log [Cu^{2+}] = 7.65 - 2\,pH \qquad$ (x)

für Malachit gilt: $\quad \log [Cu^{2+}] = -2.9 - pH - 0.5 \log [CO_3^{2-}] \qquad$ (xi)

für Azurit gilt: $\quad \log [Cu^{2+}] = -6.0 - 2/3\,pH - 2/3 \log [CO_3^{2-}] \qquad$ (xii)

Aus $\log [Cu^{2+}]$ ergibt sich die gesamte Löslichkeit für bestimmte pH und C_T, so dass die tiefste Cu^{2+}-Konzentration auch die tiefste Löslichkeit ergibt und die stabilste Phase anzeigt.

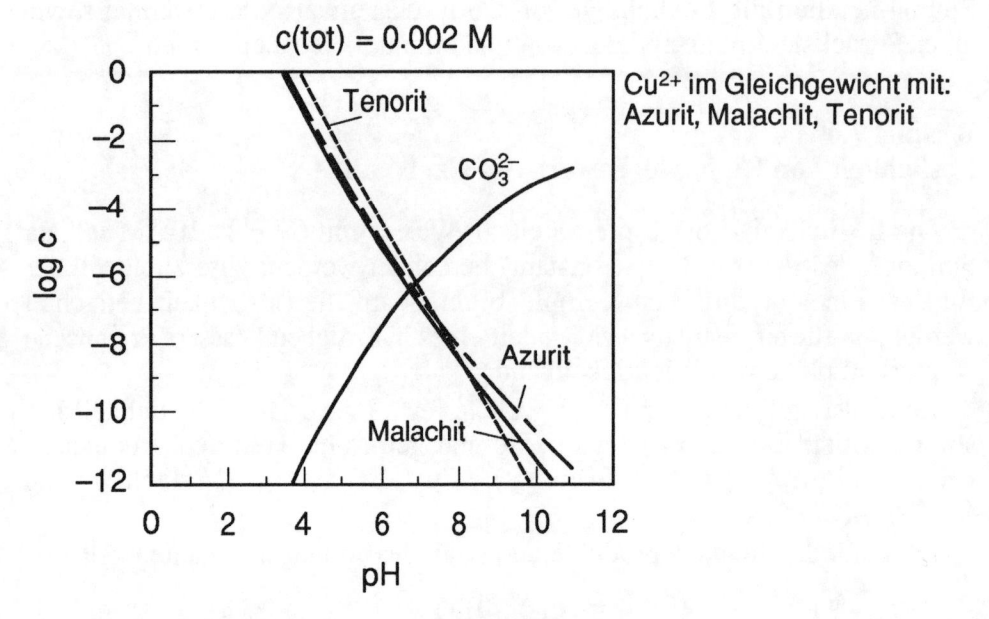

Abbildung 7.10
Vergleich der Cu^{2+}-Konzentrationen im Gleichgewicht mit Malachit, Azurit und Tenorit.

Welche feste Phase kontrolliert die Löslichkeit?

Aus Abbildung 7.10 ist ersichtlich, dass die Löslichkeiten von Malachit und Azurit beinahe zusammenfallen und dass diese Phasen für pH < 8.0 stabiler sind, während bei pH > 8.0 Tenorit stabiler wird. Die nachfolgenden Berechnungen werden demnach für Malachit im pH-Bereich < 8 durchgeführt.

Man kann auch berechnen, dass die Umwandlung von Malachit in Tenorit nach folgender Gleichung stattfindet:

$$Cu_2(OH)_2CO_{3(s)} \rightleftharpoons 2\,CuO_{(s)} + H_2CO_3 \quad \log K = 4.5 \quad \text{(xiii)}$$

Bei $C_T = 2 \cdot 10^{-3}$ M entspricht diese H_2CO_3-Konzentration pH = 8.

Die gelösten Konzentrationen ergeben sich aus der Summe der verschiedenen Hydroxo- und Carbonatokomplexe:

$$[Cu]_{gelöst} = [Cu^{2+}] + [CuOH^+] + 2\,[Cu_2(OH)_2^{2+}] +$$
$$[Cu(OH)_3^-] + [Cu(OH)_4^-] + [CuCO_3] + [Cu(CO_3)_2^{2-}] \quad \text{(xiv)}$$

Die einzelnen Spezies werden als Funktion des pH im Gleichgewicht mit der jeweils stabileren Phase berechnet (Abbildung 7.11).

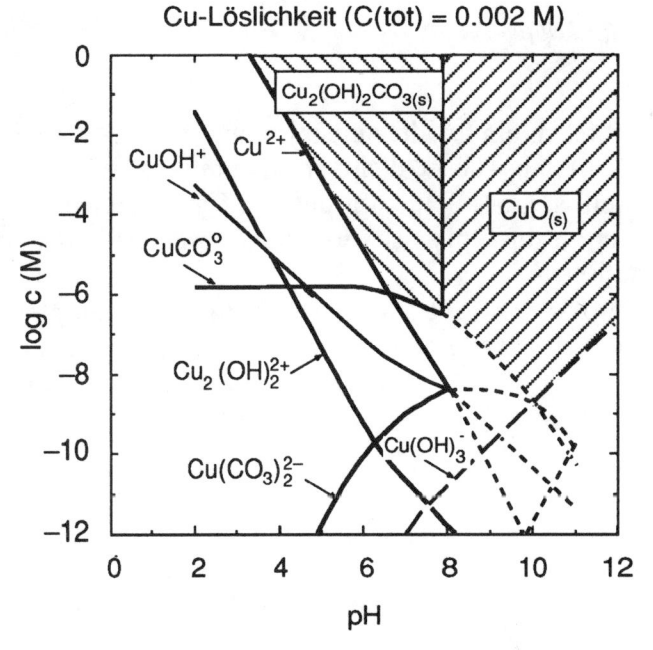

Abbildung 7.11
Cu -Löslichkeit als Funktion des pH für $C_T = 2 \cdot 10^{-3}$ M

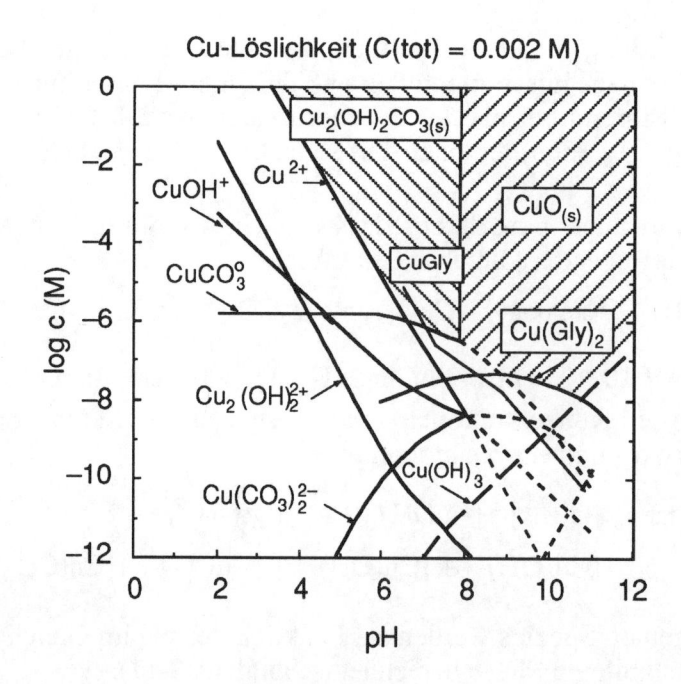

Abbildung 7.12
Cu-Löslichkeit für $C_T = 2.10^{-3}$ M in Gegenwart von Glycin $= 1.10^{-6}$ M

Daraus ergibt sich ein Löslichkeitsminimum im pH-Bereich um 9.5 – 10; im Bereich 7.5 – 8.5 ist die Löslichkeit immerhin ca. $1.10^{-7} - 1.10^{-6}$ M. D.h. diese Löslichkeit ist hier allein aufgrund der Carbonatgleichgewichte in vielen Fällen höher als die typischerweise in natürlichen Gewässern angetroffenen Konzentrationen.

Als Beispiel für den Einfluss eines organischen Komplexbildners wird nun die Löslichkeit im gleichen System in Gegenwart einer Aminosäure, nämlich Glycin $= 1.10^{-6}$ M berechnet. Folgende Komplexe sind mit Cu möglich (gly = glycin = $CH_2NH_2-COO^-$):

$Cu^{2+} + gly^- \rightleftharpoons Cugly^+$ $\qquad$ log K = 8.6 $\qquad$ (xv)

$Cu^{2+} + 2\,gly^- \rightleftharpoons Cu(gly)_2$ $\qquad$ log K = 15.6 $\qquad$ (xvi)

Zusätzlich müssen die Säure-Basen-Gleichgewichte berücksichtigt werden:

$H_2gly^+ \rightleftharpoons Hgly + H^+$ $\qquad$ log K = –2.35 $\qquad$ (xvii)

Welche feste Phase kontrolliert die Löslichkeit?

$$\text{Hgly} \rightleftharpoons \text{gly}^- + \text{H}^+ \qquad \log K = -9.78 \qquad \text{(xviii)}$$

Die Konzentrationen der Cu-Komplexe Cugly$^+$ und Cu(gly)$_2$ können aufgrund der durch das Gleichgewicht mit der festen Phase gegebenen Cu^{2+}-Konzentrationen berechnet werden. Die gesamte Löslichkeit ist dann gegeben durch:

$$[\text{Cu}]_\text{gelöst} = [\text{Cu}^{2+}] + [\text{CuOH}^+] + 2[\text{Cu}_2(\text{OH})_2^{2+}] + [\text{Cu(OH)}_3^-] +$$
$$[\text{Cu(OH)}_4^-] + [\text{CuCO}_3] + [\text{Cu(CO}_3)_2^{2-}] + [\text{Cugly}^+] +$$
$$[\text{Cu(gly)}_2] \qquad \text{(xix)}$$

Daraus ergibt sich eine Zunahme der Löslichkeit vor allem im pH-Bereich 8 – 10 (Abbildung 7.12).

Komponenten, Phasen und Freiheitsgrade

In den Beispielen 7.5 und 7.6 stellt sich – zusätzlich zur Frage, welche Phase kontrolliert die Löslichkeit – das Problem der Koexistenz der Phasen. Wie viele Phasen können für die gegebenen Bedingungen koexistieren?

Die von Gibbs aus der Thermodynamik abgeleitete *Phasenregel* ist ein wichtiges Ordnungsprinzip, das in Gleichgewichtsmodellen die Beziehung zwischen der Anzahl Komponenten, der Anzahl Phasen und den Freiheitsgraden festlegt:

$$F = C + 2 - P \qquad \text{(a)}$$

wobei

F = Anzahl Freiheitsgrade (unabhängige Variablen wie z.B. Konzentrationsbedingungen sowie Druck und Temperatur)

C = Anzahl Komponenten, d.h. die minimale Anzahl von chemischen Verbindungen, die zur vollständigen Beschreibung des Systems notwendig sind (wobei ein System durch verschiedene Komponentenansätze beschrieben werden kann)

P = Anzahl Phasen (eine Phase ist eine Domäne mit einheitlicher Zusammensetzung und einheitlichen Eigenschaften)

Wir haben in den Beispielen 7.5 und 7.6 und beim Lösen der Gleichgewichtsprobleme in den früheren Kapiteln die Phasenregel (etwas intuitiv) berücksichtigt. Z.B. sind wir beim Lösen von Gleichgewichtsmodellen vom selbstverständlichen Prinzip ausgegangen, dass wir zum Lösen von n Unbekannten (die Aktivitäten oder Konzentrationen von n Spezies) n Gleichungen brauchen. Z.B. in einem löslichen geschlossenen Karbonatsystem brauchen wir zur vollständigen Definition des Systems ($H_2CO_3^*$, HCO_3^-, CO_3^{2-}, H^+, OH^-), neben Druck und Temperatur, 2 Konzentrationsbedingungen (z.B. C_T und pH; oder [Alk] und [$H_2CO_3^*$]), da die 5 Spezies durch 3 Massenwirkungsgesetze (2 Säure-Basegleichgewichte von $H_2CO_3^*$ und HCO_3^-, und das Ionenprodukt von H_2O) verbunden sind.

Eine, im Prinzip gleichbedeutende, Aussage haben wir auch bei der Einführung der Tableaux (Kapitel 2.5) gemacht, wo wir sagen, dass die Anzahl Komponenten der Anzahl Spezies minus die Anzahl unabhängiger Reaktionen entspricht. Eine gleichwertige Aussage ist, dass in jeder Phase C – 1 Konzentrationsbedingungen (inkl. Bedingungen über Elektroneutralität oder Protonenbedingungen) notwendig sind, um das System zu beschreiben. (Es ist zu berücksichtigen, dass wir zur Anzahl der in den Tableaux aufgeführten Komponenten immer noch die Komponente H_2O zuzählen müssen.)

Die Anwendung der Phasenregel kann beim Beispiel 7.5 illustriert weren. Die Komponenten des Systems sind z.B. HCO_3^-, Fe^{2+}, HS^-, H^+, H_2O. Dementsprechend ist, falls keine feste Phase vorhanden, F = 5 + 2 – 1 = 6. Das heisst, wir brauchen, neben T und p, 4 Konzentrationsangaben, z.B. S_T, Fe_T, C_T und pH, um das System eindeutig zu beschreiben. Falls eine feste Phase, z.B. $FeS_{(s)}$ dazu kommt, genügen drei Konzentrationsangaben, z.B. Fe_T, C_T und pH, um das System zu beschreiben (vgl. z.B. Abbildung 7.7: für gegebene Fe_T und C_T ist S_T eine Funktion des pH). Kommt noch eine dritte Phase wie $FeCO_{3(s)}$ dazu, dann nehmen die Freiheitsgrade neben T und p auf 2 ab. In Abbildung 7.9 definiert der Punkt, bei dem die drei Phasen koexistieren (für die 2 Konzentrationsbedingungen Fe_T und C_T), sowohl den pH als auch S_T. Diese einfache Anwendung illustriert, dass für eine gegebene Anzahl Komponenten, für jede zusätzliche Phase im System ein Freiheitsgrad eingebüsst wird, oder, in anderen Worten, die Zahl der möglichen koexistierenden Phasen wird begrenzt.

Beispiel 7.7
Koexistenz verschiedener Phasen

Illustriere anhand des drei-phasigen offenen $CaCO_{3(s)}$ (Calcit)-CO_2-Systems (siehe Tableau 3.2) die Anwendung der Phasenregel.

Wie die nachstehende Tabelle veranschaulicht, ist in diesem Fall (3-Phasen) die Zusammensetzung durch die Protonenbedingung und zwei unabhängige Variablen, z.B. der Temperatur und des Partialdruckes von CO_2, p_{CO_2} festgesetzt. Wenn TOTH = 0, ist dieses System bezüglich Verdünnung oder Konzentrierung, oder Zugabe oder Wegnahme einer Komponente, in der Zusammensetzung konstant, solange alle drei Phasen miteinander im Gleichgewicht bleiben.

Bei der Zugabe einer weiteren festen Phase, z.B. $Ca(OH)_{2(s)}$ zum System (die gleichen Komponenten werden beibehalten) bleibt bei Gleichgewichtskoexistenz aller vier Phasen neben der Protonenbedingung nur eine unabhängige Variable: Wenn die Temperatur festgelegt ist, und wenn TOTH = 0, ist die Zusammensetzung gegeben, d.h. der p_{CO_2} ist festgelegt. Wir haben hier ein Beispiel eines "Monostaten", ein System konstanter Zusammensetzung und festgelegtem p_{CO_2}.

In komplizierten natürlichen Systemen erhöht die Vielfalt der Phasen bei einer beschränkten Anzahl Komponenten die Resistenz des Gleichgewichtssystems gegenüber Veränderungen.

TABELLE 7.2   Offenes $CO_{2(g)}$-$CaCO_{3(s)}$-H_2O-H^+-System

Typ	Anzahl Phasen	Anzahl Komponenten [1]	Anzahl Freiheitsgrade	Beispiele von Freiheitsgraden
1. Calcit(s) wässrige Lösung $CO_{2(g)}$	P = 3	C = 4 z.B.: H^+, $CO_{2(g)}$, H_2O, $CaCO_{3(s)}$	F = 3	TOTH und [2] T und p, oder T und p_{CO_2} [3]
2. Calcit(s) $Ca(OH)_{2(s)}$ wässrige Lösung $CO_{2(g)}$	P = 4	C = 4 z.B.: H^+, $CO_{2(g)}$, H_2O, $CaCO_{3(s)}$	F = 2	TOTH und T

[1] Alle im System vorkommenden Spezies, H^+, HCO_3^-, CO_3^{2-}, $H_2CO_3^*$, OH^-, $CO_{2(g)}$, $CaCO_{3(s)}$, $Ca(OH)_{2(s)}$, H_2O können aus diesen Komponenten zusammengesetzt werden, z.B., $Ca(OH)_{2(s)} = CaCO_3 - CO_{2(g)} + H_2O$

[2] Protonenbedingung. Wenn TOTH = 0 (entsprechend Gleichung (20) im Kapitel 3) entspricht das System einem $CaCO_{3(s)}$-H_2O-$CO_{2(g)}$-System, dem weder Säure noch Base zugegeben wurde (Tableau 3.2)

[3] Durch die Angabe eines Partialdruckes wird implizit auch der Gesamtdruck, p, festgelegt.

7.5 Sind feste Phasen im Löslichkeitsgleichgewicht?

Aus der thermodynamischen Betrachtung wird hergeleitet, welche die jeweils stabilste Phase ist. Man muss aber beachten, dass Ausfällung und Auflösung einer festen Phase langsame Prozesse sind, und dass die entsprechenden Gleichgewichte unter natürlichen Bedingungen häufig nicht eingestellt sind.

Gleichgewichtskohlensäure, Sättigungs-pH und Sättigungs-Indices

Wegen der teilweise langsamen Kinetik der Auflösung und Ausfällung wird nicht in jedem Fall das theoretische Gleichgewicht erreicht. Ob das Löslichkeitsgleichgewicht von Calciumcarbonat in einem Wasser erreicht ist, ist von grosser praktischer Bedeutung, zum Beispiel bei der Trinkwasseraufbereitung, bei Fragen der Korrosion usw. Dazu muss häufig aufgrund der analytisch ermittelten Zusammensetzung überprüft werden, ob die Sättigung mit Calciumcarbonat in einem Wasser erreicht ist. Ein Wasser, das in Bezug auf Calciumcarbonat untersättigt ist, enthält Kohlensäure, die noch nicht mit der festen Phase reagiert hat. Bei Übersättigung sind Calcium- und Carbonat-Ionen im Überschuss; die feste Phase wird langsam ausfallen.

Die Kalklöslichkeit kann durch eine der drei Gleichungen charakterisiert werden:

$$CaCO_3(s) = Ca^{2+} + CO_3^{2-} \tag{30}$$

$$CaCO_3(s) + H^+ = Ca^{2+} + HCO_3^- \tag{31}$$

$$CaCO_3(s) + H_2CO_3^* = Ca^{2+} + 2\,HCO_3^- \tag{32}$$

Aufgrund der Thermodynamik wird überprüft, ob ein Wasser (z.B. im Wasserversorgungsnetz) $CaCO_3$ abscheiden oder auflösen wird.

$$\Delta G = RT \ln Q/K \tag{33}$$

wobei

ΔG = die freie Reaktionsenthalpie des jeweiligen Auflösungsvorgangs (Gleichungen (30) – (32));
Q = der Reaktionsquotient und

Sind feste Phasen im Löslichkeitsgleichgewicht? 279

K = die Gleichgewichtskonstante der betrachteten Gleichgewichtsreaktion;
R = Gaskonstante,
T = absolute Temperatur (2.3 RT = 5.7066 kJ mol^{-1} (für 25 °C))

Demnach gilt für die obenstehenden Löslichkeitsgleichgewichte:

$$\Delta G_i = 1.364 \log \ ([Ca^{2+}][CO_3^{2-}]/K_{s0}) \qquad (34)$$

$$\Delta G_{ii} = 1.364 \log \frac{[Ca^{2+}][HCO_3^-]/[H^+]}{[Ca^{2+}]_s [HCO_3^-]_s/[H^+]_s} =$$

$$\frac{[Ca^{2+}][HCO_3^-]/[H^+]}{K_{s0} K_2^{-1}} \qquad (35)$$

$$\Delta G_{iii} = 1.364 \log \frac{[Ca^{2+}][HCO_3^-]^2/[H_2CO_3^*]}{[Ca^{2+}]_s [HCO_3^-]_s^2/[H_2CO_3^*]_s} =$$

$$\frac{[Ca^{2+}][HCO_3^-]^2/[H_2CO_3^*]}{K_{s0} K_2^{-1}} \qquad (36)$$

wobei die in [ ] aufgeführten Werte die aktuellen (effektiven) Konzentrationen (M) und die in [ ]$_s$ aufgeführten Konzentrationen die Sättigungskonzentrationen darstellen, die man beim (hypothetischen) Löslichkeitsgleichgewicht feststellen würde.

Wenn also

$[Ca] \times [CO_3] > K_{s0}$, oder wenn
$[H^+] < [H^+]_s$, d.h. pH > pH$_s$, oder wenn
$[H_2CO_3^*] < [H_2CO_3^*]_s$, d.h. $\log [H_2CO_3^*] < \log [H_2CO_3^*]_s$

ist, dann ist ΔG positiv und die Reaktion findet in umgekehrter Richtung als geschrieben statt: CaCO$_3$ wird abgeschieden; analog vice versa.

Dementsprechend kann man Über- oder Untersättigung prüfen, indem man die gefundene $[H_2CO_3^*]$ mit der gleichgewichts-("zugehörigen") $[H_2CO_3^*]_s$ vergleicht; oder man kann die gemessene $[H^+]$ mit dem Sättigungs-$[H^+]$ (siehe Gleichung (35)) vergleichen. Da durch die Sättigungsreaktion $[Ca^{2+}]$ und $[HCO_3^-]$ nicht wesentlich verschoben werden, d.h. in Gleichung (36) gilt $[Ca^{2+}] = [Ca^{2+}]_s$ und $[HCO_3^-] = [HCO_3^-]_s$, entspricht der log der Quotienten der entsprechenden freien Reaktionsenthalpie der Auflösungsreaktion.

$$\log ([H^+]_S / [H^+]) = \text{prop } \Delta G_{ii} \qquad (37)$$

$$\log ([H_2CO_3^*]_S / [H_2CO_3^*]) = \text{prop } \Delta G_{iii} \qquad (38)$$

Verschiedene Grössen sind für die Überprüfung der Über- oder Untersättigung gebräuchlich, nämlich:
1. der Sättigungsindex (S_i), pH – pH_S = S_i, das in den USA gebraucht wird;
2. die "überschüssige" oder "unterschüssige" Kohlensäure = $[H_2CO_3^*]$ – $[H_2CO_3^*]_S$, die vor allem in Deutschland gebraucht wird (Tillmans);
3. der Quotient log ($[Ca^{2+}] [CO_3^{2-}] / K_{s0}$), den die Ozeanographen und die Geochemiker häufig brauchen, Diese Grössen sind gleichwertige Massstäbe für die freie Reaktionsenthalpie der Auflösungsreaktion. Die analytischen Messdaten, die dazu gebraucht werden, sind allerdings verschieden und mit unterschiedlicher Genauigkeit messbar. In einem harten Wasser (tiefer pH) ist es operationsmässig einfacher, die Kohlensäuredifferenz zu bestimmen als in weichem Wasser (hoher pH).

Beispiel 7.8
Überprüfung der Sättigung mit Calciumcarbonat in einem Grundwasser

Dazu muss entsprechend der Reaktion (32) die Gleichung:

$$Q' = \frac{[Ca^{2+}] [HCO_3^-]^2}{p_{CO_2}} = K_{s0} \cdot K_1 \cdot K_H \cdot K_2^{-1}$$

die Sättigung überprüft werden.
Gemessene Grössen können im Prinzip sein:

$[Ca^{2+}]$, Alkalinität, C_T, p_{CO_2}, pH.

Zur vollständigen Definition des Systems genügen die Angaben von entweder $[Ca^{2+}]$, Alkalinität, pH oder $[Ca^{2+}]$, Alkalinität, p_{CO_2}, oder $[Ca^{2+}]$, C_T, pH, da sich alle anderen Grössen daraus berechnen lassen. Es wird angenommen, dass sich alle Säure/Basen-Gleichgewichte genügend schnell einstellen und dass nur die Reaktionen mit der festen Phase allenfalls nicht im Gleichgewicht sind.

In einem Grundwasser wurden gemessen:

[Ca^{2+}] = 2.3×10^{-3} M
Alkalinität = 5.7×10^{-3} M
p_{CO_2} = 1.5×10^{-2} M (berechnet aus dem gemessenen H_2CO_3)
Temp = 12° C

Bei dieser Temperatur ist $\log (K_{s0} \cdot K_1 \cdot K_H \cdot K_2^{-1}) = -5.68$
und $\log Q'$ (gemessen) = $\log \dfrac{[Ca^{2+}][HCO_3^-]^2}{p_{CO_2}} = -5.57$

D.h. Calciumcarbonat ist in diesem Wasser etwas übersättigt.

Für eine genaue Berechnung muss die Temperaturabhängigkeit der Konstanten berücksichtigt werden, sowie eine Korrektur für die Aktivitätskoeffizienten bei der entsprechenden Ionenstärke gemacht werden.

7.6 Kinetik der Nukleierung und Auflösung einer festen Phase: Beispiel Calciumcarbonat

Die Kinetik des Kristallwachstums und der Auflösung soll wiederum am Beispiel des Calciumcarbonats behandelt werden.

Zur Theorie des Kristallwachstums.

Das Wachstum des Calcitkristalls besteht aus folgenden Schritten:
1. Transport von Ionen oder Molekülen an die Kristalloberfläche,
2. verschiedene Prozesse an der Oberfläche (Adsorption, Dehydratation, Oberflächennukleierung, Ionenaustausch etc.), welche die Inkorporierung der Ca^{2+}- und CO_3^{2-}-Ionen in den Calcitkristall bewirken, und allenfalls
3. Wegtransport von Reaktionsprodukten (z.B. von H^+, das aus HCO_3^- bei der CO_3^{2-}-Inkorporation freigesetzt wurde).

Die Geschwindigkeit des Kristallwachstums kann deshalb durch den Transportschritt oder durch einen Prozess an der Oberfläche kontrolliert werden. Bei einem transportkontrollierten Wachstum besteht an der Kristalloberfläche ein Sättigungsgleichgewicht. Das Wachstum wird dann durch die Transportgeschwindigkeit der Ionen oder Moleküle (proportional dem Konzentrationsgradienten an der Grenzfläche) an die Kristalloberfläche bestimmt; es ist demnach vom hydrodynamischen Zustand (z.B. Rührgeschwindigkeit) der Lösung abhängig.

Nur oberflächenkontrolliertes Wachstum erhält man, wenn der Einbau ins Kristallgitter so langsam vor sich geht, dass die Konzentration an der Kristalloberfläche derjenigen der Bulkphase entspricht. Entgegen früher häufig vertretenen Auffassungen sind viele der Geschwindigkeiten der in natürlichen Gewässern vorkommenden Wachstum- und Auflösungsprozesse oberflächenkontrolliert. Die Übersättigung, Ω, kann mit Hilfe eines der folgenden Löslichkeitsgleichgewichte (30) – (32) quantifiziert werden:

$$\Omega = \frac{Q}{K_{s0}} \text{, z.B.}$$

$$\Omega = \frac{(Ca^{2+})_t (CO_3^{2-})_t}{K_{s0}} \tag{39}$$

wobei

$K_{s0} = (Ca^{2+})(CO_3^{2-})$ = Löslichkeitsprodukt des $CaCO_3$
$(\ )_t$ = effektiv vorhandene Aktivitäten zur Zeit t [M]

Die durch Prozesse an der Oberfläche geschwindigkeitskontrollierte Kristallwachstumsrate ist in der Regel abhängig

1. von der verfügbaren Oberfläche und
2. der Konzentration der für die Kristallbildung verantwortlichen Spezies.

Es gibt verschiedene Mechanismen für oberflächenkontrolliertes Kristallwachstum. Ohne auf Einzelheiten einzugehen, sollen hier lediglich die wichtigsten Auffassungen summarisch erwähnt werden. Bei kleinen Übersättigungen kann das Kristallwachstum durch eine mononukleare Schichtbildung (Abbildung 7.17) stattfinden. Polynukleare Schichtbildung kann vorkommen, wenn neue Oberflächennuclei gebildet werden, bevor die vorher gebildeten sich über die ganze Oberfläche ausbreiten konnten. Alle Kristalle weisen kleine Defekte auf. Bei jedem Defekt, z.B. bei einem Treppenabsatz (step) oder einem Kink (Ecke des Treppenabsatzes), wird das Kristallwachstum vorrangig stattfinden, da dort mehr potentielle Bindungen für die Anlagerung eines Ions vorhanden sind. Das Spiralwachstum beruht auf einer Schraubenversetzung (screw dislocation) (Abbildung 7.13). Der Treppenabsatz hat atomare Dimensionen und wirkt als dauernder Katalysator, so dass auch bei relativ kleiner Übersättigung noch Wachstum stattfinden kann. Da jede Stelle am "Treppenabsatz" mit derselben Geschwindigkeit wächst, entsteht eine Spirale. Die Defekte an der Kristalloberfläche, die Steps und

Kinetik der Nukleierung

Kinks sind die Stellen, an denen präferentiell organische Substanzen und Fremdionen adsorbiert werden. Solche Verbindungen können auch bei kleinsten Konzentrationen das Kristallwachstum und die Keimbildung inhibieren.

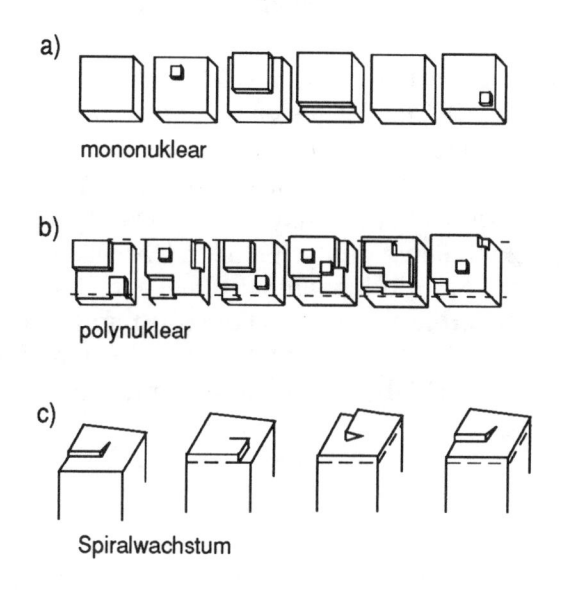

Abbildung 7.13
Vorstellungen über das Kristallwachstum
a) Mononukleares Wachstum
b) Polynukleares Wachstum
c) Spiralwachstum
(A.E. Nielsen, "Kinetics of Precipitation", MacMillan, New York, 1964)

Zur Theorie der Keimbildung

Bekanntlich führt die Übersättigung einer Lösung bezüglich $CaCO_3$ nicht unmittelbar zur Ausfällung der festen Phase. Eine kritische Übersättigung muss überschritten werden, bevor stabile Kristallisationskeime (Nuclei) gebildet werden. Das Kristallwachstum erfolgt dann durch Anlagerung der Ca^{2+}- und CO_3^{2-}-Ionen an diese Keime. Man unterscheidet zwischen homogener und heterogener Nukleierung, je nachdem ob die Nuclei in homogener Lösung oder an Fremdoberflächen (Partikeln) gebildet werden.

Die homogene Nukleierung von $CaCO_3$ findet nur bei hohen Übersättigungen ($\Omega > 10$) statt; sie spielt eine Rolle bei der Kalkmilch-Soda-Enthärtung. In natürlichen Gewässern und in Wasserverteilnetzen erfolgt die Bildung von Calcit fast ausschliesslich durch heterogene Nukleierung (auch filtrierte Lösungen enthalten üblicherweise mehr als 100 Partikel pro $\mu\ell$). Diese Partikel sind Nukleierungs-Katalysatoren, weil die kristallbildenen Ionen an diesen Oberlächen mit kleinerer Aktivierungsenergie als in homogener Lösung Nuclei bilden können.

Bei der Bildung der festen Phase werden die koordinativen Partner gewechselt, z.B. bei der Bildung des festen $CaCO_3$ wird beim Ca^{2+} der koordinative Partner H_2O ersetzt durch CO_3^{2-}. Die Grenzflächen der vorhandenen Partikel erleichtern diese Koordinationsänderungen und dadurch die Bildung eines Nucleus. Die Nukleierungskatalyse ist um so wirkungsvoller, je ähnlicher die Kristallstrukturen der katalysierenden Oberfläche und des zu bildenden Kristalls sind, je eher die Kristallbausteine spezifisch an der katalysierenden Oberfläche adsorbiert werden. Die Adsorption von Metallionen und Anionen (oder schwachen Säuren) an Oxiden und Aluminiumsilikaten kann im Sinne einer chemischen Oberflächenkoordination (Kapitel 9.5)

$$> Me - OH + Ca^{2+} \rightleftharpoons \, > Me - OCa^+ + H^+ \tag{40}$$

$$> Me - OH + HCO_3^- \rightleftharpoons \, > Me - CO_3 + H_2O \tag{41}$$

interpretiert werden, wobei die Oberflächenkomplexe typischerweise innersphärisch (d.h. ohne dazwischenliegendes H_2O) an die Oberfläche gebunden sind. In Gleichung (40) kann anstelle der anorganischen Oberfläche auch eine organische Oberfläche > R-OH treten. Die Oberflächenkomplexbildung ermöglicht alseo eine mindestens teilweise Dehydratation der Kristallbausteine und beschleunigt dadurch diesen bei der Kristallbildung wahrscheinlich geschwindigkeitsbestimmenden Teilschritt. Das Kristallwachstum kann beginnen, sobald sich ein "zwei-dimensionaler" kritischer Nucleus an der fremden Oberfläche gebildet hat.

Wachstumskinetik

Das einfachste Modell nimmt an, dass die Wachstumsgeschwindigkeit

$$R = \frac{d[CaCO_3]}{dt} = -\frac{d[Ca^{2+}]}{dt} \tag{42}$$

1. proportional der Oberfläche der vorgesehenen Calcitkeime ist – oder genauer proportional der Anzahl aktiver Wachstumsstellen auf den Kristal-

len (welche proportional der Oberfläche der wachsenden Kristalle ist) – und
2. von der Konzentration der an der Bildung des $CaCO_3$ beteiligten Spezies abhängig ist.

Die lineare Abhängigkeit der Wachstumsrate von der Konzentration der zugegebenen Keime konnte experimentell bestätigt werden (B. Kunz und W. Stumm, Jahrbuch vom Wasser **62**, 279, 1984). Das ermöglicht es, das Kristallwachstum pro cm^2 Calcitoberfläche zu normieren; diese lineare Abhängigkeit bestätigt auch, dass keine sekundäre Keimbildung auftritt.

Die erhaltenen Resultate lassen sich durch ein allgemein gültiges Geschwindigkeitsgesetz darstellen, wenn man die Kinetik des Calcit-Wachstums im Sinne einer Parallelreaktion folgender einfacher Reaktionen interpretiert:

$$Ca^{2+} + HCO_3^- \underset{k_1'}{\overset{k_1}{\rightleftharpoons}} CaCO_3(s) + H^+ \qquad R_1 \qquad (43)$$

$$Ca^{2+} + CO_3^{2-} \underset{k_2'}{\overset{k_2}{\rightleftharpoons}} CaCO_3(s) \qquad R_2 \qquad (44)$$

$$Ca^{2+} + 2\,HCO_3^- \underset{k_3'}{\overset{k_3}{\rightleftharpoons}} CaCO_3(s) + H_2CO_3 \qquad R_3 \qquad (45)$$

wobei

$$R_{tot} = R_1 + R_2 + R_3 \quad \text{und} \qquad (46)$$
$$R_1 = k_1[Ca^{2+}][HCO_3^-] - k_1'[H^+] \qquad (47)$$
$$R_2 = k_2[Ca^{2+}][CO_3^{2-}] - k_2' \qquad (48)$$
$$R_3 = k_3[Ca^{2+}][HCO_3^-] - k_3'[H_2CO_3^*] \qquad (49)$$

und die k_i-Werte pro cm^2 Calcitoberfläche pro cm^3 Lösung gelten. Falls das Wachstum genügend weit weg vom Gleichgewicht ist, kann die Rückreaktion vernachlässigt werden, und die totale Wachstumsrate beträgt:

$$R_{tot} = k_1[Ca^{2+}][HCO_3^-] + k_2[Ca^{2+}][CO_3^{2-}] +$$
$$k_3[Ca^{2+}][HCO_3^-]^2 \qquad (50)$$

R_3 ist nun bei Übersättigung im tieferen pH-Bereich von Bedeutung und kann bei natürlichen Gewässern und in der Wassertechnologie vernachlässigt werden.

Dann kann Gleichung (50) wie folgt geschrieben und graphisch aufgetragen werden (Abbildung 7.14):

$$R_{tot}/([Ca^{2+}][HCO_3^-]) = k_1 + k_2([CO_3^{2-}]/[HCO_3^-]) \tag{51}$$

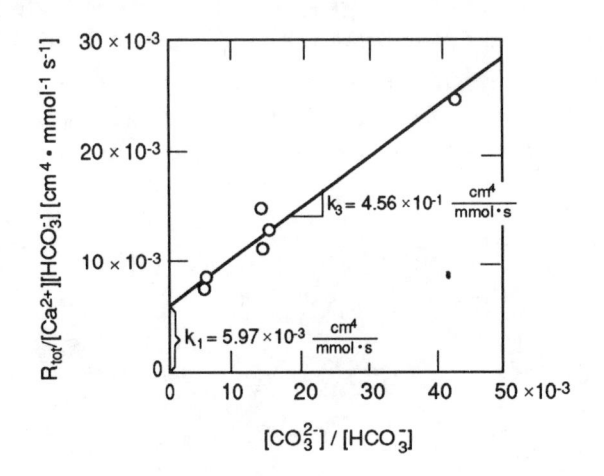

Abbildung 7.14
Die Geschwindigkeit des Calcitwachstums, R, kann mit dem Geschwindigkeitsgesetz $R = k_1 [Ca^{2+}][HCO_3^-] + k_2[Ca^{2+}][CO_3^{2-}]$ charakterisiert werden (vgl. Gleichung (50)).
(Daten von Kunz und Stumm)

Ebenfalls möglich ist eine Nukleierung auf Fremdoberflächen, z.B. auf einer Al_2O_3-Oberfläche oder auf Algenoberflächen.

Auflösung von $CaCO_3$

Dieses Geschwindigkeitsgesetz für das Wachstum des Calcites ist kompatibel mit dem Geschwindigkeitsgesetz, das L.N. Plummer, T.M. Wigley und D.L. Parkhurst, Amer. J. Sci. **278**, 179 (1978) für die Auflösung des Calcites postuliert haben. Die Geschwindigkeit der Auflösung ist ebenfalls oberflächenkontrolliert und entspricht der Umkehr der Reaktionen (43) – (45)).

$$R = k_1^!·[H^+] + k_2^! + k_3^![H_2CO_3^*] - \bar{k}[Ca^{2+}][HCO_3^-] \tag{52}$$

Kinetik der Nukleierung

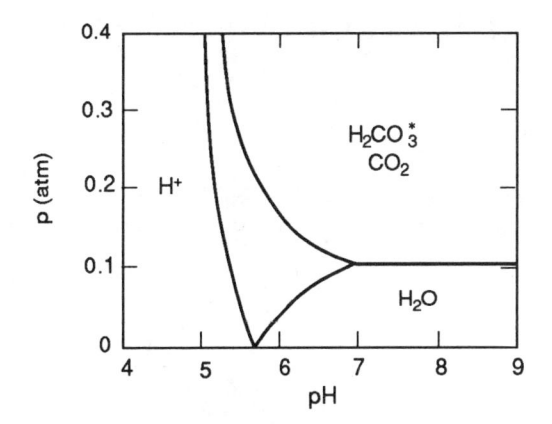

Abbildung 7.15
Prädominanzbereiche für die Auflösung des Calcites
Die Abbildung illustriert, dass je nach pH und $H_2CO_3^*$-Konzentration der eine oder andere Term der Gleichung (52) dominiert.

Weitergehende Literatur

Sontheimer, H. et al.; *Wasserchemie für Ingenieure,* Universität Karlsruhe, 1980.

WOLLAST, R.; "Rate and Mechanism of Dissolution of Carbonates in the System $CaCO_3$-$MgCO_3$", Kapitel 15, S. 431-446, in: *Aquatic Chemical Kinetics* (W. Stumm, Hrsg.), Wiley-Interscience, 1990.

Übungsaufgaben

1) Während der Sommer-Stagnationszeit werden im Greifensee folgende Werte gemessen:

   Tiefe 0 m: pH = 8.50, Ca^{2+} = 1.20×10^{-3} mol/ℓ

   Alk = 3.0×10^{-3} mol/ℓ

   T = 20°

   Tiefe 30 m: pH = 7.50, Ca^{2+} = 1.6×10^{-3} mol/ℓ

   Alk = 4.0×10^{-3} mol/ℓ

   T = 5°

   Ist in diesen beiden Beispielen Calciumcarbonat über- oder untersättigt?

2) Ein Grundwasser mit

   pH = 7.5

   Alk = 4.0×10^{-3} M

   $[Ca^{2+}]$ = 2.0×10^{-3} M

   tritt an die Oberfläche und setzt sich mit dem atmosphärischen CO_2 ins Gleichgewicht. *Wie wird seine Zusammensetzung verändert?*

3) *Stelle ein log-log-Diagramm für die Löslichkeit von ZnO auf.* Folgende Konstanten sind gegeben:

$ZnO + 2 H^+$ = $Zn^{2+} + H_2O$	$\log K_{s0}$ =	11.14
$Zn^{2+} + H_2O$ = $ZnOH^+ + H^+$	$\log K_1$ =	-8.96
$Zn^{2+} + 2 H_2O$ = $Zn(OH)_2 + 2 H^+$	$\log \beta_2$ =	-16.9
$Zn^{2+} + 3 H_2O$ = $Zn(OH)_3^- + 3 H^+$	$\log \beta_3$ =	-28.4
$Zn^{2+} + 4 H_2O$ = $Zn(OH)_4^{2-} + 4 H^+$	$\log \beta_4$ =	-41.2

   Welche Schlussfolgerungen ergeben sich daraus im Hinblick auf die Elimination von Zn z.B. aus industriellen Abwässern? Welchen Einfluss hätte die Gegenwart von Chloridionen (Cl^- = 0.1 M) in einem industriellen Abwasser auf die Löslichkeit von Zn?

   $Zn^{2+} + Cl^- = ZnCl^+$ $\log K$ = 0.4

4) Ein Abwasser enthält 1×10^{-4} M Phosphat; Fe^{3+} wird zugegeben, um das Phosphat zu fällen. *Wird bei pH = 7.5 Eisenhydroxid oder Eisenphosphat ausgefällt?*

   $FePO_{4(s)}$ = $Fe^{3+} + PO_4^{3-}$ $\log K_{s0}$ = -26

   $Fe(OH)_{3(s)}$ = $Fe^{3+} + 3 OH^-$ $\log K_{s0}$ = -38.7

$$H_3PO_4 = H_2PO_4^- + H^+ \qquad \log K = -2.1$$
$$H_2PO_4^- = HPO_4^{2-} + H^+ \qquad \log K = -7.2$$
$$HPO_4^{2-} = PO_4^{3-} + H^+ \qquad \log K = -12.3$$

5) Neue Untersuchungen über die Komplexbildung von Fe(III) mit Carbonatspezies haben gezeigt, dass Komplexe $Fe(OH)CO_3$ und $Fe(CO_3)_2^-$ gebildet werden, so dass für die Auflösung von $Fe(OH)_{3(s)}$ folgende Konstanten resultieren:

$$Fe(OH)_{3(s)} + CO_{2(g)} \rightleftharpoons Fe(OH)CO_{3(aq)} + H_2O \qquad \log K = -4.9$$
$$Fe(OH)_{3(s)} + 2\,CO_{2(g)} \rightleftharpoons Fe(CO_3)_{2(aq)}^- + H^+ + H_2O \qquad \log K = -11.4$$

S. Beispiel 7.2 für die Konstanten für die Löslichkeit von $Fe(OH)_{3(s)}$ und die Hydrolyse von Fe^{3+}.

Spielen die Carbonat-Komplexe für die Löslichkeit von $Fe(OH)_{3(s)}$ im Gleichgewicht mit dem CO_2 der Atmosphäre (3×10^{-4} atm) eine Rolle? Unter welchen Bedingungen können diese Gleichgewichte eine Rolle spielen?

KAPITEL 8

Redox-Prozesse

8.1 Einleitung

In einem "globalen Durchschnitt" befindet sich unsere Umwelt bezüglich einer Protonen- und Elektronenbalance in einem Stationärzustand, der durch die Zusammensetzung der Atmosphäre (20.9 % O_2, 0.03 % CO_2, 79.1 % N_2) und des Meeres (pH ≈ 8) sowie ein Redoxpotential von $E_H = 0.75$ V charakterisiert wird. Die geochemischen Prozesse, die an der Einstellung der Protonen- und Elektronenbalance beteiligt waren und sind, können durch folgende schematische Reaktion (vgl. Abbildung 1.2) (Sillén in: *Oceanography*; M. Sears, ed.; American Association for the Advancement of Science, Washington D.C. 1961) dargestellt werden:

Eruptivgesteine + flüchtige Substanzen ⇌
Atmosphäre + Meerwasser + Sedimente   (1)

Die flüchtigen Substanzen (H_2O, CO_2, N_2, HCl, HF, SO_2, CH_4), die aus dem Innern der Erde hinausdiffundiert sind (durch Vulkane oder vulkanische Aktivitäten in den Meeren), haben im Sinne dieser Gleichung in gigantischen Säure/Base- und Redox-Reaktionen mit den Gesteinen (Silikate, Oxide, Carbonate) reagiert und dadurch Atmosphäre, Ozeane und Sedimente einer bestimmten Zusammensetzung produziert. Die Photosynthese, als wichtigster biochemischer Prozess auf der Erde stört – lokal und zeitlich – die Tendenz zum Gleichgewicht. Photosynthetische Reaktionen produzieren – unter Ausnützung der Sonnenenergie – gleichzeitig reduzierte Spezies (organische Moleküle) und Sauerstoff als Oxidationsmittel. (Abbildung 1.11).

Die Wiederherstellung des Gleichgewichtes, die Wechselwirkung von O_2 mit dem organischen Material kann nun direkt, oder über zahlreiche Zwischenstufen, erfolgen. An diesen "spontanen" ($\Delta G < 0$) Reaktionen sind häufig die nicht photosynthetischen Organismen, insbesondere Mikroorganismen, als "Katalysatoren" beteiligt.

Wir werden in diesem Kapitel zuerst die Gleichgewichtschemie der Redoxprozesse behandeln, dann illustrieren, welche Redoxprozesse in der Natur von Bedeutung sind und welche dieser Reaktionen durch Mikroorganismen katalysiert werden. Die Gleichgewichtseinstellung vieler Redoxvorgänge ist ausserordentlich langsam; wir werden die Kinetik einzelner Redoxprozesse exemplifizieren. Schliesslich werden wir diskutieren, inwieweit Redoxpotentiale in natürlichen Gewässern gemessen werden können.

8.2 Definitionen – Oxidation und Reduktion

Da keine freien Elektronen auftreten, ist jede Oxidation begleitet von einer Reduktion, und vice versa:

$$O_2 + 4\,H^+ + 4\,e^- = 2\,H_2O \quad \text{Reduktion}$$
$$4\,Fe^{2+} = 4\,Fe^{3+} + 4\,e^- \quad \text{Oxidation}$$
$$O_2 + 4\,H^+ + 4\,Fe^{2+} = 4\,Fe^{3+} + 2\,H_2O \quad \text{Redox-Prozess} \qquad (2)$$

Die wichtigsten Redox-Prozesse, die sich in den Gewässern abspielen, können aus den in Tabelle 8.1 aufgeführten Reaktionen zusammengesetzt werden. In der Regel konzentriert sich das Interesse auf Verbindungen, in denen die biogenen Elemente C, N, H, S, Mn, Fe vorkommen.

Beispiel 8.1
Redox-Stöchiometrie

a) Die Oxidation von HS^- durch $O_2(g)$ zu SO_4^{2-} ergibt sich durch Kombination der Reaktionen (1) und (13) (Tabelle 8.1):

(1) $\quad \frac{1}{4}O_2 + H^+ + e^- = \frac{1}{2}H_2O \qquad \log K = 20.75$

(13) $\quad \frac{1}{8}HS^- + \frac{1}{2}H_2O = \frac{1}{8}SO_4^{2-} + \frac{9}{8}H^+ + e^- \qquad \log K = -4.13$

$\quad\quad \frac{1}{4}O_2(g) + \frac{1}{8}HS^- = \frac{1}{8}SO_4^{2-} + \frac{1}{8}H^+ \qquad \log K = 16.62$

Definitionen – Oxidation und Reduktion

TABELLE 8.1 Gleichgewichtskonstanten für Redox-Prozesse von Bedeutung im aquatischen System (25 °C)

	Reaktion		log K	$p\varepsilon^o_{pH=7}$ [a]
(1)	$\frac{1}{4} O_{2(g)} + H^+ + e^-$	$= \frac{1}{2} H_2O$	+20.75	+13.75
(2)	$\frac{1}{5} NO_3^- + \frac{6}{5} H^+ + e^-$	$= \frac{1}{10} N_{2(g)} + \frac{3}{5} H_2O$	+21.05	+12.65
(3a)	$\frac{1}{2} MnO_{2(s)} + \frac{1}{2} HCO_3^- + \frac{3}{2} H^+ + e^-$	$= \frac{1}{2} MnCO_{3(s)} + H_2O$	+20.9	+8.9 [b]
(3b)	$\frac{1}{2} MnO_{2(s)} + 2 H^+ + e^-$	$= \frac{1}{2} Mn^{2+} (10^{-6}) + H_2O$	+20.8	9.8 [c]
(4)	$\frac{1}{2} NO_3^- + H^+ + e^-$	$= \frac{1}{2} NO_2^- + \frac{1}{2} H_2O$	+14.15	+7.15
(5)	$\frac{1}{8} NO_3^- + \frac{5}{4} H^+ + e^-$	$= \frac{1}{8} NH_4^+ + \frac{3}{8} H_2O$	+14.90	+6.15
(6)	$\frac{1}{6} NO_2^- + \frac{4}{3} H^+ + e^-$	$= \frac{1}{6} NH_4^+ + \frac{1}{3} H_2O$	+15.14	+5.82
(7)	$\frac{1}{2} CH_3OH + H^+ + e^-$	$= \frac{1}{2} CH_{4(g)} + \frac{1}{2} H_2O$	+9.88	+2.88
(8)	$\frac{1}{4} CH_2O + H^+ + e^-$	$= \frac{1}{4} CH_{4(g)} + \frac{1}{4} H_2O$	+6.94	−0.06
(9a)	$FeOOH_{(s)} + HCO_3^- + 2 H^+ + e^-$	$= FeCO_{3(s)} + 2 H_2O$	+14.2	−0.8 [b]
(9b)	$Fe(OH)_{3(s)} + 3 H^+ + e^-$	$= Fe^{2+} (10^{-6}) + H_2O$	+16.0	+1.0 [d]
(10)	$\frac{1}{2} CH_2O + H^+ + e^-$	$= \frac{1}{2} CH_3OH$	+3.99	−3.01
(11)	$\frac{1}{6} SO_4^{2-} + \frac{4}{3} H^+ + e^-$	$= \frac{1}{6} S_{(s)} + \frac{2}{3} H_2O$	+6.03	−3.30
(12)	$\frac{1}{8} SO_4^{2-} + \frac{5}{4} H^+ + e^-$	$= \frac{1}{8} H_2S_{(g)} + \frac{1}{2} H_2O$	+5.25	−3.50
(13)	$\frac{1}{8} SO_4^{2-} + \frac{9}{8} H^+ + e^-$	$= \frac{1}{8} HS^- + \frac{1}{2} H_2O$	+4.25	−3.75
(14)	$\frac{1}{2} S_{(s)} + H^+ + e^-$	$= \frac{1}{2} H_2S_{(g)}$	+2.89	−4.11
(15)	$\frac{1}{8} CO_{2(g)} + H^+ + e^-$	$= \frac{1}{8} CH_{4(g)} + \frac{1}{4} H_2O$	+2.87	−4.13
(16)	$\frac{1}{6} N_{2(g)} + \frac{4}{3} H^+ + e^-$	$= \frac{1}{3} NH_4^+$	+4.68	−4.68
(17)	$\frac{1}{2} (NADP^+) + \frac{1}{2} H^+ + e^-$	$= \frac{1}{2} (NADPH)$	−2.0	−5.5
(18)	$H^+ + e^-$	$= \frac{1}{2} H_{2(g)}$	0.0	−7.00
(19)	oxidiertes Ferrodoxin + e^-	= reduziertes Ferrodoxin	−7.1	−7.1
(20)	$\frac{1}{4} CO_{2(g)} + H^+ + e^-$	$= \frac{1}{24}$ (Glucose) $+ \frac{1}{4} H_2O$	−0.20	−7.20
(21)	$\frac{1}{2} HCOO^- + \frac{3}{2} H^+ + e^-$	$= \frac{1}{2} CH_2O + \frac{1}{2} H_2O$	+2.82	−7.68
(22)	$\frac{1}{4} CO_{2(g)} + H^+ + e^-$	$= \frac{1}{4} CH_2O + \frac{1}{4} H_2O$	−1.20	−8.20
(23)	$\frac{1}{2} CO_{2(g)} + \frac{1}{2} H^+ + e^-$	$= \frac{1}{2} HCOO^-$	−4.83	−8.33

[a] Die Werte von $p\varepsilon^o_{pH=7}$ entsprechen der Elektronenaktivität, wenn die reduzierenden und oxidierenden Verbindungen mit Aktivität = 1 vorliegen bei pH = 7.0 (25 °C)
[b] Diese Zahlen gelten für die Bedingung, dass $\{HCO_3^-\} = 10^{-3}$ M
[c] $\{Mn^{2+}\} = 10^{-6}$ M
[d] $\{Fe^{2+}\} = 10^{-6}$ M

b) Eine Alkoholfermentation ist ein Redox-Prozess, bei dem organisches Material sowohl oxidiert, wie auch reduziert wird. Kombination der Reaktionen (10) und (22) ergibt:

(10) $\quad \frac{1}{2}\{CH_2O\} + H^+ + e^- = \frac{1}{2} CH_3OH \qquad \log K = +3.99$

(22) $\quad \frac{1}{4}\{CH_2O\} + \frac{1}{4} H_2O = \frac{1}{4} CO_2 + H^+ + e^- \qquad \log K = +1.20$

$\quad \frac{3}{4}\{CH_2O\} + \frac{1}{4} H_2O = \frac{1}{2} CH_3OH + \frac{1}{4} CO_2 \qquad \log K = +5.19$

Obiger Reaktion entsprechend kann die Ethanolgärung aus Glukose formuliert werden:

$$C_6H_{12}O_6 = 2\ C_2H_5OH + 2\ CO_2$$

Die Oxidationszahl

Als eine Folge des Elektronentransfers ergeben sich Veränderungen in der Oxidationszahl der Elemente der Reaktanden und Produkte. Die Oxidationszahl eines Ions wie Ca^{2+} entspricht seiner elektronischen Ladung. Bei Elementen in Molekülen oder komplexen Ionen bereitet die Zuweisung einer Oxidationszahl Schwierigkeiten. Die Oxidationszahl ist eine *hypothetische* Ladung, die ein Atom hätte, wenn das Molekül oder Ion dissoziieren würde. Die hypothetische Dissoziation erfolgt nach Regeln (Tabelle 8.2). Wir verwenden hier üblicherweise römische Zahlen, um Oxidationszahlen auszudrücken und arabische Zahlen, um elektrische Ladungen zu bezeichnen.

8.3 Der globale Elektronenkreislauf (Photosynthese, Respiration)

Er wird an der Erdoberfläche durch die Sonne (Photosynthese) aufrechterhalten. Die Photosynthese kann man sich – stark vereinfacht – mit den Reaktionen:

$$\begin{aligned} h\nu + 2\ H_2O &\longrightarrow 4\ H^o + O_2 \\ 4\ H^o + O_2 &\longrightarrow CH_2O + H_2O \\ \hline h\nu + H_2O + CO_2 &\longrightarrow \{CH_2O\} + O_2 \end{aligned} \qquad (3)$$

vorstellen. Der elementare H verbindet sich mit CO_2 zu organischem Material, das hier mit $\{CH_2O\}$ bezeichnet wird. Man beachte, dass die Photosynthese

Der globale Elektronenkreislauf

TABELLE 8.2 Oxidationszahlen

Stickstoffverbindungen				Schwefelverbindungen			Kohlenstoffverbindungen	
	Oxidationszahl				Oxidationszahl			Oxidationszahl
NH_4^+	$N = -III$,	$H = +I$		H_2S	$S = -II$,	$H = +I$	HCO_3^-	$C = +IV$
N_2	$N = 0$			$S_8(s)$	$S = 0$		$HCOOH$	$C = +II$
NO_2^-	$N = +III$,	$O = -II$		SO_3^{2-}	$S = +IV$,	$O = -II$	$C_6H_{12}O_6$	$C = 0$
NO_3^-	$N = +V$,	$O = -II$		SO_4^{2-}	$S = +VI$,	$O = -II$	CH_3OH	$C = -II$
HCN	$N = -III$,	$C = +II$,	$H = +I$	$S_2O_3^{2-}$	$S = +II$,	$O = -II$	CH_4	$C = -IV$
SCN^-	$S = -I$,	$C = +III$,	$N = -III$	$S_4O_6^{2-}$	$S = +2.5$,	$O = -II$	C_6H_5COOH	$C = -2/7$
				$S_2O_6^{2-}$	$S = +V$,	$O = -II$	$C_5H_7NO_2$ [1]	$C = 0$
							$C_{106}H_{263}O_{110}N_{16}P_1$ [1]	$C \cong 0$
							$CH_{1.5}O_{0.5}$ [1]	$C = -0.5$

[1] vereinfachte Summenformeln für Algen und Bakterien

Regeln:
1. Die Oxidationszahl einer aus Einzelatomen bestehenden Substanz ist gleich der elektronischen Ladung.
2. Die Summe der Oxidationszahlen ist für ein Molekül Null und für ein Ion entspricht sie der formalen Ladung des Ions.
3. Die Oxidationszahl jedes Atoms ist die Ladung, die es haben würde, wenn die die Bindung bewirkenden Elektronenpaare dem elektronegativen Atom zugeteilt werden (Elektronenpaare zwischen gleichen Atomen werden gleichmässig aufgeteilt).

eine *Disproportionierung* (gleichzeitige Reduktion und Oxidation), aber grundsätzlich keine Erhöhung (oder) Erniedrigung der Redoxintensität bewirkt. Die Disproportionierung – unter Zufuhr von Lichtenergie – führt zu einem Oxidationsmittel (O_2) und zu einem Reduktionsmittel (\{CH_2O\}). Demnach stört die Photosynthese das allfällig vorhandene Gleichgewicht (Entropie-Pumpe). Das organische Material \{CH_2O\} reagiert im Prinzip exergonisch mit Sauerstoff; diese Reaktion verläuft indirekt über Elektronentransfersysteme. Die durch Photosynthese geschaffene Energiedifferenz (oder Potentialdifferenz) ermöglicht, dass die sich spontan abspielenden Redoxprozesse ($\Delta G < 0$) exergonisch verlaufen, und dass die Organismen (Bakterien, Tiere und Mensch) diese Energiedifferenz direkt oder indirekt für ihren Metabolismus und demnach zur Aufrechterhaltung des Lebens ausnützen können (Abbildung 8.1). Das Leben in seiner heutigen Form ist nur dank der CO_2-Assimilation, die durch den Lichteinfang mit dem Chlorophyll bewirkt wird, möglich.

Geologisch-historisch gesehen hat sich der Redoxzustand der Erde im Laufe der letzten $3-6 \times 10^9$ Jahre verändert. Ursprünglich bestand die Atmosphäre wahrscheinlich aus N_2, CO_2, CH_4, HCN und NH_3. Die Redoxintensität des Erde/Atmosphäre-Systems hat zugenommen. Wie ist das möglich, wenn keine freien Elektronen produziert oder zerstört werden können? Es ist nur möglich, wenn ein Oxidationsmittel in das Erde/Atmosphäre-System importiert oder ein Reduktionsmittel aus diesem System exportiert wird. Das letztere ist der Fall:

Vorgängig der Photosynthese wurde Wasser durch Photodissoziation durch UV-Licht der Sonne gespalten: $h\nu + H_2O \longrightarrow H_2 + \frac{1}{2} O_2$, da noch kein O_2 im System verblieb, war noch kein Ozon in der Stratosphäre, das die UV-Strahlen absorbiert hätte. Das O_2 reagierte mit der reduzierten Umwelt und das H_2 wurde, da besonders flüchtig, an das Weltall verloren.

Nachdem durch Evolution erst viel später die Photosynthese möglich wurde, hat sich der Redoxzustand des Erde/Atmosphäre-Systems weiter erhöht, weil das bei der Photosynthese entstehende Reduktionsmittel, \{CH_2O\}, d.h. das organische Material, teilweise ins Erdinnere "exportiert" wurde (Sedimentation von organischem Material in den Meeren, Begrabenwerden von Wäldern, Bildung von Erdöl etc.). Wie wir in Abbildung 1.10 skizziert haben, ist das organische Material (inkl. die ausbeutbaren fossilen Brennstoffe) in den Sedimenten durch den biologischen Kreislauf gegangen. Pro Äquivalent \{CH_2O\}, das "begraben" wird, gab es ein O_2. Ein Teil dieses O_2 hat aber mit den Reduktionsmitteln der Erdoberfläche (Fe(II)-Silikat, FeS_2 (Pyrit)) reagiert. Das verbleibende O_2, d.h. seine Konzentration oder sein Partialdruck, bestimmt das Redoxpotential der Erde/Atmosphäre-Grenzschicht. Als aerobe

Lebewesen empfinden wir reduzierende (z.B. anaerobe) Bedingungen als unerwünscht und als Verunreinigung.

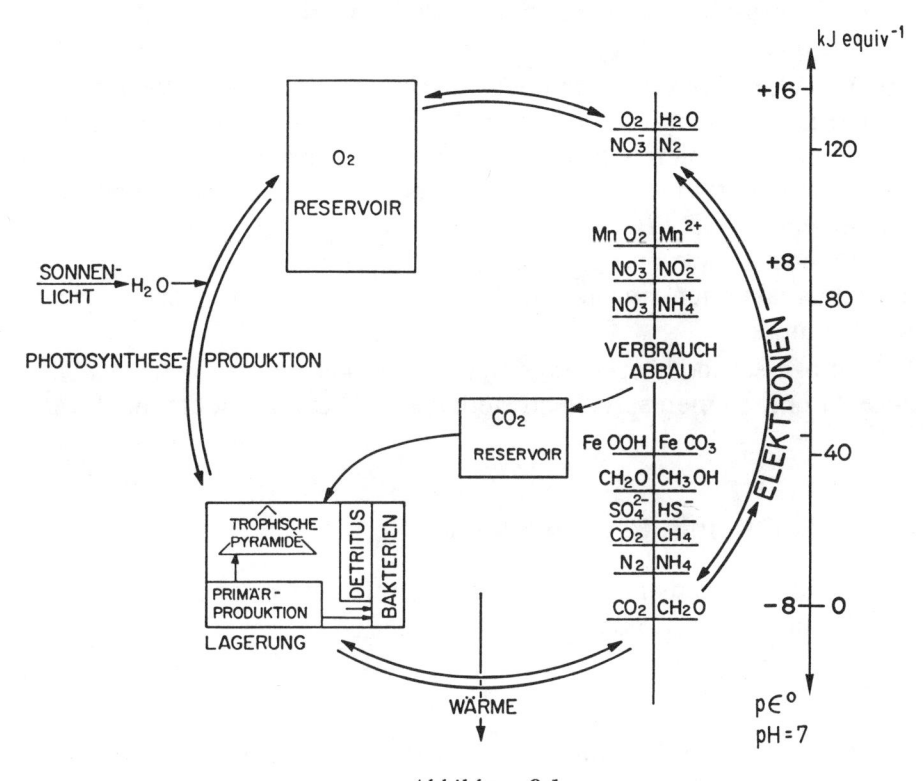

Abbildung 8.1
Photosynthese und der biochemische Kreislauf
Die Photosynthese kann interpretiert werden als eine Disproportionierung von Wasser in ein Sauerstoffreservoir und in Wasserstoff, der zusammen mit C, N, S und P reduzierendes organisches Material (Biomasse) bildet. Die nicht-photosynthetischen Organismen katalysieren exergonische Reaktionen der instabilen photosynthetischen Produkte und bringen das System in Richtung Gleichgewicht. Die $p\epsilon^o$-Skala auf der rechten Seite gibt einen Hinweis auf die Sequenz der Redoxprozesse in natürlichen Gewässern.

8.4 Redox-Gleichgewichte und Redox-Intensität

Tabelle 8.1 gibt Gleichgewichtskonstanten für Reduktionsprozesse (Halbreaktionen), die verwendet werden können, um die Gleichgewichtskonstanten für (ganze) Redox-Reaktionen zu erhalten. Diese Konstanten geben an, welche Prozesse (thermodynamisch) möglich sind und welche nicht, und welche Gleichgewichtszusammensetzung sich einstellen wird.

Die Tabelle ist so geschrieben, dass die stärksten Oxidationsmittel zuoberst aufgeführt sind, und dass – thermodynamisch gesehen – die Stärke der Oxidationsmittel nach unten abnimmt. Aus der Sequenz kann man sofort sehen, dass Nitrat Fe(II) oxidieren kann, dass aber Sulfat Nitrit nicht oxidieren kann. Ein Reduktionsmittel in der Tabelle kann ein weiter oben stehendes Oxidationsmittel reduzieren; z.B. organisches Material, $\{CH_2O\}$ kann SO_4^{2-} zu H_2S reduzieren, oder H_2S kann Fe(III) zu Fe(II) reduzieren. Protonen gehen auch in die Redoxreaktionen ein, so dass die pH-Abhängigkeit immer berücksichtigt werden muss.

Redoxprozesse sind häufig langsam (in der Regel viel langsamer als Säure/Base-Reaktion). Dementsprechend stellen sich Gleichgewichte nicht immer ein.

Redoxintensität und Redoxpotential

So wie wir als Intensitätsfaktor eines Säure/Base-Gleichgewichtes (einer Protonenbalance) den pH benützt haben,

$$pH \equiv -\log \{H^+\} \quad (4)$$

können wir als Intensitätsfaktor eines Redoxgleichgewichtes (der Elektronenbalance) einen pε definieren:

$$p\varepsilon \equiv -\log \{e^-\} \quad (5)$$

wobei $\{e^-\}$ die Elektronenaktivität [M] bedeutet.

Wässrige Lösungen enthalten zwar weder freie Protonen noch freie Elektronen, aber trotzdem kann man *relative* Protonen- und Elektronenaktivität definieren.

So wie ein niederer pH hohe $\{H^+\}$ Aktivität und *saure* Bedingungen anzeigt, bedeutet ein niederes pε (oder sogar ein negatives pε) hohe Elektronenaktivität und reduzierende Bedingungen; ein hohes pε bedeutet kleine Elektronenaktivität und oxidierende Bedingungen (vgl. Tabelle 8.3).

Der pH wird mit Hilfe eines potentiometrischen Instrumentes gemessen. Das Potential (man hat früher von "Acidititätspotential" gesprochen) zwischen einer Referenzelektrode und einer $\{H^+\}$-sensitiven Elektrode (z.B. der Glaselektrode) wird gemessen (Kapitel 8.11); die Voltskala ist üblicherweise eben-

TABELLE 8.3 pH und pε

	$pH = -\log\{H^+\}$	$p\varepsilon = -\log\{e^-\}$	
(1)	Säure-Base Reaktion: $HA + H_2O = H_3O^+ + A^-$; K_1	Redox Reaktion: $Fe^{3+} + \frac{1}{2}H_2(g) = Fe^{2+} + H^+$; K_1	(1)
	Reaktion (1) besteht aus zwei Schritten:	Reaktion (1) besteht aus zwei Schritten:	
(1a)	$HA = H^+ + A^-$; K_2	$Fe^{3+} + e^- = Fe^{2+}$; K_2	(1a)
(1b)	$H_2O + H^+ = H_3O^+$; K_3	$\frac{1}{2}H_2(g) = H^+ + e^-$; K_3	(1b)
	Thermodynamische Konvention: $K_3 = 1$, so dass:	Thermodynamische Konvention: $K_3 = 1$, so dass:	
(2)	$K_1 = K_2 = \{H^+\} \cdot \{A^-\} / \{HA\}$, oder	$K_1 = K_2 = \{Fe^{2+}\} / \{Fe^{3+}\} \{e^-\}$, oder	(2)
(3)	$pH = pK + \log[\{A^-\}/\{HA\}]$, oder	$p\varepsilon = p\varepsilon^o + \log[\{Fe^{3+}\}/\{Fe^{2+}\}]$, oder	(3)
(4)	$pH = \Delta G^o / 2.3\,RT + \log[\{A^-\}/\{HA\}]$	$p\varepsilon = -\Delta G^o / 2.3\,RT + \log[\{Fe^{3+}\}/\{Fe^{2+}\}]$	(4)
	Für den allgemeinen Fall:	Für den allgemeinen Fall:	
(5)	$H_nB + nH_2O = nH_3O^+ + B^{-n}$; β^*	$Ox + (n/2)H_2(g) = Red + nH^+$; $Ox + ne^- = Red$	(5)
(6)	$pH = \frac{1}{n}p\beta^* + \frac{1}{n}\log[\{B^{-n}\}/\{H_nB\}]$	$p\varepsilon = -\Delta G^o / 2.3\,nRT + \frac{1}{n}\log[\{Ox\}/\{Red\}]$	(6)
(7)	$\Delta G = -nFE$ (E = Acidiäts-Potential)	$\Delta G = -nFE_H$ (E_H = Redox-Potential)	(7)
(8)	$pH = -E / (2.3\,RTF^{-1})$	$p\varepsilon = E_H / 2.3\,(RTF^{-1})$	(8)
	Aciditäts-Potential:	Nernst'sche Gleichung:	
(9)	$E = E^o + (2.3\,RT/nF) \log[\{H_nB\}/\{B^{-n}\}]$	$E_H = E_H^o + (2.3\,RT/nF) \log[\{Ox\}/\{Red\}]$	(9)

falls in pH-Einheiten eingeteilt, wobei 2.3 RT/F (0.059 V bei 25 °C) einer pH-Einheit entsprechen (wobei F = Faraday[1] = 96490 C mol^{-1} [vgl. Tabelle A.4, Kapitel 1]).

Auch bei der Redoxintensität (pε) erfolgt die Messung in einer elektrochemischen Kette mit Hilfe eines Potentiometers (meistens kann der pH-Meter auch für diesen Zweck benützt werden), wobei die Potentialdifferenz einer {e$^-$}-sensitiven Elektrode mit einer Referenzelektrode gemessen wird (vgl. 8.10 und Abbildung 8.18). Falls die Referenzelektrode eine normale Standardwasserstoffelektrode ist, spricht man von einem Redoxpotential, E_H. Dieses Potential [V] kann in pε-Einheiten – eine pε-Einheit entspricht F/2.3 RT – ausgedrückt werden:

$$p\varepsilon = (F/2.3\,RT)\,E_H = \frac{1}{0.059}\,E_H \tag{6}$$

Gleichung (6) folgt aus der Beziehung

$$\Delta G = -nFE_H = RT \ln \frac{Q}{K} \tag{7}$$

wobei

ΔG = Veränderung in der freien Reaktionsenthalpie (Gibbs freie Energie) [J mol^{-1}]

E_H = Redoxpotential [V] im Vergleich zur Normalwasserstoffelektrode. (Der Suffix wir häufig weggelassen.)

F = 1 Faraday = 96490 Coulomb mol^{-1}

R = Gaskonstante = 8.314 J mol^{-1} K^{-1}
= 8.6 × 10^{-5} VF mol^{-1} K^{-1} und

F/2.3 RT = 1/(0.05916 V)

Wenn in Gleichung (7) Q = 1 (reine Festphasen, Standard-Konzentrationen), dann gilt:

$$\Delta G = \Delta G^o \text{ und } E_H = E_H^o \text{ und } E_H^o = \frac{2.3\,RT}{nF} \log K$$

ΔG^o und E_H^o sind die Standard Gibbs'sche freie Energie und das Standard Redox-Potential der Reaktion.

---

[1] Die meisten Lehrbücher verwenden für das Faraday das Symbol $\mathcal{F}$. Der Einfachheit halber benützen wir F.

Redox-Gleichgewichte und Redox-Intensität

In Tabelle 8.3 vergleichen wir pH und pε. Für die Redox-Reaktion verwenden wir dabei als Beispiel die Reduktion von Fe^{3+} zu Fe^{2+}

$$Fe^{3+} + e^- = Fe^{2+} \; ; \log K = 13.0 \; (25\,°C) \tag{8a}$$

Diese Reduktion – geschrieben als eine sogenannte Halbreaktion – müssen wir mit der Oxidation von $H_2(g)$ zu H^+, der Halbreaktion der Wasserstoffelektrode

$$\tfrac{1}{2} H_2(g) = H^+ + e^- \; ; \log K = 0 \tag{8b}$$

kombinieren, um eine balancierte Redoxreaktion zu bekommen, der das Redoxpotential E_H entspricht:

$$Fe^{3+} + \tfrac{1}{2} H_2(g) = Fe^{2+} + H^+ \; ; \log K = 13.0$$
$$E_H^o = 0.77 \text{ V} \tag{9}$$

Die Nernst'sche Gleichung

Man kann Gleichgewichtsüberlegungen mit Halbreaktionen anstellen. Das Massenwirkungsgesetz der Gleichung (8) ist gegeben durch

$$\{Fe^{2+}\} / \{Fe^{3+}\} \{e^-\} = 10^{13.0} \tag{10}$$

oder nach Logarithmierung und Umstellung

$$p\varepsilon = \log K + \log \frac{\{Fe^{3+}\}}{\{Fe^{2+}\}} \tag{11}$$

Wir definieren:

$$\tfrac{1}{n} \cdot \log K \equiv p\varepsilon^o \tag{12}$$

wobei n die Anzahl der an der Reaktion beteiligten Elektronen ist und K die Gleichgewichtskonstante für die Reduktionshalbreaktion ist. Dementsprechend gilt

$$p\varepsilon = p\varepsilon^o + \log \frac{\{Fe^{3+}\}}{\{Fe^{2+}\}}, \text{ wobei } p\varepsilon^o = 13.0 \; (25\,°C) \tag{13}$$

Gleichung (13) kann unter Verwendung von (6) als Redoxpotential E_H in der Form der *Nernst'schen Gleichung* geschrieben werden:

$$E_H = E_H^o + \frac{2.3\,RT}{F} \log \frac{\{Fe^{3+}\}}{\{Fe^{2+}\}}, \text{ wobei } E_H^o = 0.77\,V\;(25\,°C) \qquad (14)$$

E_H^o ist das Redoxpotential für Standardbedingungen (alle Aktivitäten = 1), wobei $E_H^o = (2.3\,RT/F)\,p\epsilon^o$. Gleichung (13) kann verallgemeinert werden zu:

$$E_H = E_H^o + \frac{2.3\,RT}{F} \log \frac{\{Ox\}}{\{Red\}} \qquad (15)$$

entsprechend

$$p\epsilon = p\epsilon^o + \log \frac{\{Ox\}}{\{Red\}} \qquad (16)$$

oder für eine kompliziertere Reaktion, an der n Elektronen beteiligt sind:

$$E_H = E_H^o + \frac{2.3\,RT}{nF} \log \frac{\prod_i \{Ox\}^{n_i}}{\prod_j \{Red\}^{n_j}} \qquad (17a)$$

oder

$$p\epsilon = p\epsilon^o + \frac{1}{n} \log \frac{\prod_i \{Ox\}^{n_i}}{\prod_j \{Red\}^{n_j}} \qquad (17b)$$

wobei der logarithmierte Ausdruck rechts in den Gleichungen den Massenwirkungsausdruck der Reduktionshalbreaktion wiedergibt, wobei $\prod_i \{Ox\}^{n_i}$ dem Produkt der Aktivitäten der Reaktanden (auf der linken Seite der Gleichung) und $\prod_j \{Red\}^{n_j}$ dem Produkt der Aktivitäten der Produkte (auf der rechten Seite der Gleichung) entspricht; z.B. für die Reaktion

$$SO_4^{2-} + 10\,H^+ + 8\,e^- = H_2S(g) + 4\,H_2O$$

lautet die Nernst'sche Gleichung

$$E_H = E_H^o + \frac{2.3\,RT}{8\,F} \log \frac{\{SO_4^{2-}\}\,\{H^+\}^{10}}{p_{H_2S}}$$

oder

$$p\varepsilon = p\varepsilon^o + \frac{1}{8} \log \frac{\{SO_4^{2-}\} \{H^+\}^{10}}{p_{H_2S}}$$

wobei in diesem Fall (25 °C) $E_H^o = 0.31$ V oder $p\varepsilon^o = 5.25$ ist.

Einfluss der Speziierung

In die Gleichungen für $p\varepsilon$ oder E_H gehen die Aktivitäten für die vorhandenen *Spezies* (und *nicht* Summenparameter, wie z.B. [Fe(III)]) ein. In erster Annäherung können in verdünnten Lösungen die Konzentrationen eingesetzt werden. Für genaue Berechnungen müssen Aktivitätskoeffizienten berücksichtigt werden (Kapitel 2.9).

Eine Veränderung der Speziierung, wie z.B. eine Hydrolyse oder eine Komplexbildung eines der Redoxpartner bedingt eine Veränderung der Redoxintensität. Ein Komplexbildner, welcher in einer Fe(III)-Fe(II)-Lösung mit Fe^{3+} stabilere Komplexe bildet als mit Fe^{2+}, z.B. Oxalat oder NTA, bewirkt eine Herabsetzung des $p\varepsilon$ (oder des Redoxpotentials) oder, mit anderen Worten, ein solcher Komplexbildner stabilisiert Fe(III) gegenüber Fe(II).

8.5 Einfache Berechnungen von Redoxgleichgewichten

Wir illustrieren nachstehend die Anwendung von Redoxgleichgewichten – und graphische Darstellungen – anhand von Beispielen.

Doppeltlogarithmisches Diagramm

Auch bei den Redoxreaktionen ist die graphische Darstellung der Gleichgewichte nützlich. Wir gehen analog vor wie bei den Säure/Base-Gleichgewichten (vgl. Kapitel 2.6 und Abbildung 2.1), wobei jetzt statt pH, der $p\varepsilon$ die Mastervariable darstellt.

Beispiel 8.2
Fe^{3+}/Fe^{2+}

Wie hängen die Aktivitäten von Fe^{3+} und Fe^{2+} bei einer totalen Konzentration von $Fe_T = [Fe^{3+}] + [Fe^{2+}] = 10^{-3}$ M in einer sauren Lösung (pH ~ 2) vom pε ab? Wir wählen eine saure Lösung, um die Komplikationen mit der Hydrolyse des Fe^{3+} zu vermeiden und wir setzen in erster Annäherung Aktivität = Konzentration.

Wir exemplifizieren für die Halbreaktion (8a):

$$Fe^{3+} + e^- = Fe^{2+} \quad ; \quad \log K = 13.0 \, (25 \, °C) \tag{i}$$

wobei die Gleichgewichtskonstante mit Gleichung (10)

$$[Fe^{2+}] / [Fe^{3+}] \{e^-\} = K = 10^{13.0} \tag{ii}$$

Ferner gilt:

$$[Fe^{3+}] + [Fe^{2+}] = 10^{-3} \, M = Fe_T \tag{iii}$$

Das Tableau 8.1 ist eine Zusammenfassung der Aufgabe des Beispiels 8.2. Wir haben das Elektron als Komponente gewählt.

TABLEAU 8.1

Komponenten:		e^-	Fe^{2+}	log K
Spezies:	Fe^{3+}	−1	1	−13.0
	Fe^{2+}		1	0
Zusammensetzung:	TOTFe		10^{-3} M	
	pε gegeben			

Die erste horizontale Linie gibt das Gleichgewicht (ii)

$$\{Fe^{3+}\} = \{e^-\}^{-1} \{Fe^{2+}\} \times 10^{-13}$$

Die Kombination von (ii) und (iii) liefert

$$[Fe^{2+}] = \frac{Fe_T \{e^-\}}{K^{-1} + \{e^-\}} \tag{iv}$$

Einfache Berechnungen von Redoxgleichgewichten 305

und

$$[Fe^{3+}] = \frac{Fe_T \, K^{-1}}{K^{-1} + \{e^-\}} \tag{v}$$

Offensichtlich ist im Bereich $\{e^-\} > K^{-1}$ oder $p\varepsilon < p\varepsilon^o$

$$\log [Fe^{2+}] = \log Fe_T \tag{vi}$$

und im Bereich $p\varepsilon > p\varepsilon^o$ oder $\{e^-\} < K^{-1}$

$$\log [Fe^{2+}] = \log (Fe_T \, \{e^-\} \, K) = \log Fe_T + p\varepsilon^o - p\varepsilon \tag{vii}$$

und dementsprechend gilt

$d \log [Fe^{2+}] / d \, p\varepsilon = -1$ mit einem Schnittpunkt der Asymptoten bei $p\varepsilon^o$.

Entsprechend können die Asymptoten für $[Fe^{3+}]$ konstruiert werden (Abbildung 8.2).

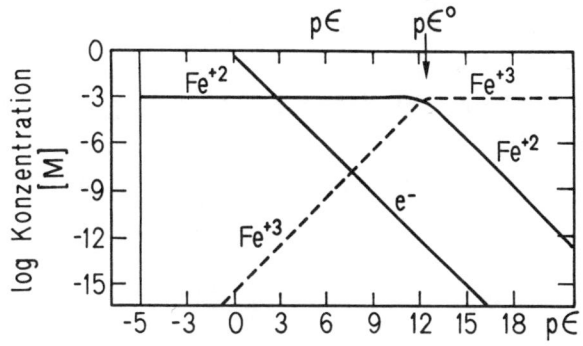

Abbildung 8.2
Redox-Gleichgewicht $Fe^{3+} \rightleftharpoons Fe^{2+}$
Gleichgewichtsverteilung in einer 10^{-3} M Lösung als Funktion des $p\varepsilon$. (Vgl. Beispiel 8.2)

Beispiel 8.3
NO_3^-/NH_4^+

Unter welchen $p\varepsilon$-Bedingungen kann in der Tiefe eines Sees, pH = 7.5, NO_3^- zu NH_4^+ reduziert werden? Die totale Konzentration von NO_3^- und NH_4^+ ist 5×10^{-4} M.

Die Reaktion 5 (Tabelle 8.1) ist

$$\tfrac{1}{8}NO_3^- + \tfrac{5}{4}H^+ + e^- = \tfrac{1}{8}NH_4^+ + \tfrac{3}{8}H_2O \; ; \; \log K = 14.9 \, (25\,°C) \qquad (i)$$

Dementsprechend gilt

$$p\varepsilon = 14.9 + \tfrac{1}{8}\log \frac{[NO_3^-]}{[NH_4^+]} - \tfrac{5}{4}pH \qquad (ii)$$

oder für pH = 7.5

$$p\varepsilon = 5.52 + \tfrac{1}{8}\log \frac{[NO_3^-]}{[NH_4^+]} \qquad (iii)$$

zusammen mit der Bedingung (iv)

$$[NH_4^+] + [NH_3] + [NO_3^-] = 5 \times 10^{-4} \, M \qquad (iv)$$

ergibt sich das Diagramm der Abbildung 8.3.

NH_4^+ prädominiert, wenn $p\varepsilon < 5.5$ und NO_3^- überwiegt bei $p\varepsilon > 5.5$. (In diesem Beispiel wird eine allfällige Wechselwirkung von NH_4^+ und NO_3^- mit N_2 nicht berücksichtigt.)

Die Aufgabe wird durch das Tableau 8.2 summarisch zusammengefasst.

TABLEAU 8.2   Reduktion von NO_3^- zu NH_4^+

Komponenten:		H^+	e^-	NO_3^-	log K (25 °C)
Spezies:	H^+	1			0
	OH^-	−1			−14
	NH_4^+	10	8	1	119.2
	NH_3	9	8	1	128.5
	NO_3^-			1	0
Zusammen-setzung (M):	TOTN	pH = 7.5	pε gegeben	5×10^{-4}	

Einfache Berechnungen von Redoxgleichgewichten

pH = 7.5

TOTN = $[NH_4^+] + [NH_3] + [NO_3^-] = 5 \times 10^{-4}$ M

Die hier im Tableau wiedergegebenen Gleichgewichte sind:

$\{OH^-\} = \{H^+\}^{-1} \times 10^{-14}$

$\{NH_4^+\} = \{H^+\}^{10} \{e^-\}^8 \{NO_3^-\} \times 10^{119.2}$

$\{NH_3\} = \{H^+\}^9 \{e^-\}^8 \{NO_3^-\} \times 10^{128.5}$

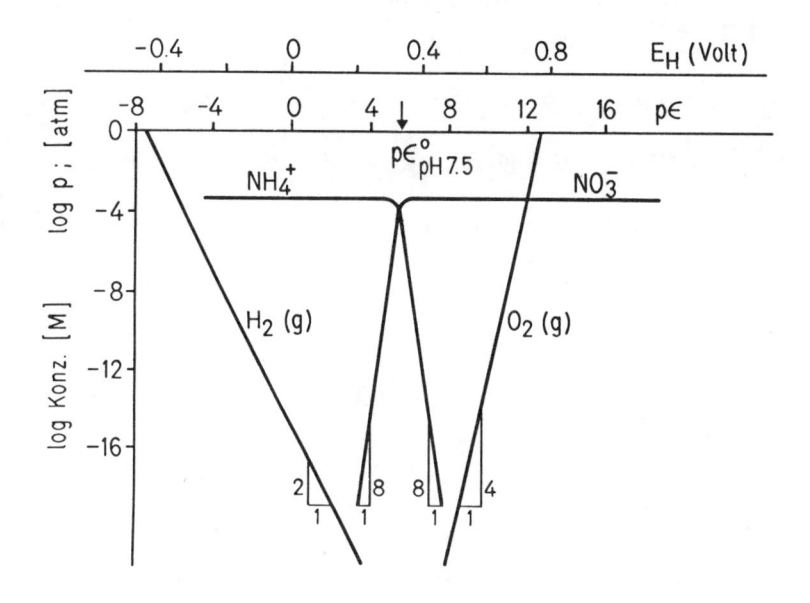

Abbildung 8.3
Gleichgewichtsverteilung von NH_4^+ und NO_3^- als Funktion von $p\varepsilon$ für pH = 7.5; $[NH_4^+] + [NO_3^-] = 5 \times 10^{-4}$ M (Beispiel 8.3).
Eine allfällige Wechselwirkung mit N_2 wird nicht berücksichtigt. Ebenfalls eingetragen sind die Abhängigkeit des p_{O_2} und des p_{H_2} vom $p\varepsilon$ entsprechend den Gleichungen:

$O_2(g) + 4 H^+ + 4 e^- = 2 H_2O$; $\log K = 83.0$ (25 °C)
$2 H^+ + 2 e^- = H_2(g)$; $\log K = 0$.

Dadurch ist der Stabilitätsbereich des Wassers gegenüber der Oxidation zu O_2 und Reduktion zu H_2 für pH = 7.5 aufgezeichnet.

Beispiel 8.4
Einfache pε-(E_H)-Rechnungen

Welches ist der pε (oder das Redoxpotential E_H) folgender Lösungen (25 °C):
a) Wasser (pH = 7) im Gleichgewicht mit dem Sauerstoff der Atmosphäre?
b) Ein Tiefenwasser eines Sees (pH = 7) im Gleichgewicht mit MnO_2(s) und 10^{-5} M Mn^{2+}?
c) Das Interstitialwasser eines Sedimentes (pH = 6.5), das neben FeOOH(s), 10^{-5} M Fe^{2+} enthält?
d) Ein anoxisches Grundwasser (pH = 7), das neben 10^{-4} M SO_4^{2-}, 10^{-6} M H_2S(aq) enthält?

a) Reaktion 1, Tabelle 8.1 ist

$$\tfrac{1}{4} O_2(g) + H^+ + e^- = \tfrac{1}{2} H_2O \; ; \; K = 10^{20.75} \tag{i}$$

Das entsprechende Massenwirkungsgesetz in logarithmischer Form ist:

$$p\varepsilon + pH - \tfrac{1}{4} \log p_{O_2} = 20.75 \tag{ii}$$

Daraus ergibt sich

$$p\varepsilon = 20.75 - 7 - \tfrac{1}{4}(-0.7) = 13.92$$

oder

$$E_H = +0.82 \text{ V}$$

b) Die Redoxgleichung für das MnO_2, Mn^{2+} System ist

$$MnO_2 + 4 H^+ + 2 e^- = Mn^{2+} + 2 H_2O \tag{iii}$$

Die Gleichgewichtskonstante berechnen wir aus der Tabelle der freien Bildungsenthalpien, G_f^o, im Anhang zu Kapitel 5. Folgende G_f^o-Werte, in kJ mol^{-1}, sind gegeben:

MnO_2 (Manganate (IV))   −453.1;
Mn^{2+} −228.0;
$H_2O(\ell)$ −237.18

Dementsprechend ist:

Einfache Berechnungen von Redoxgleichgewichten

$\Delta G^0 = -228.0 + 2 \times (-237.18) - (-453.1) = -249.26$ kJ mol^{-1} und

$\log K = -249.26 / -5.7066 = 43.6$.

Der Gleichgewichtsausdruck für (iii) in logarithmischer Form ist

$4 \text{ pH} + 2 \text{ p}\varepsilon + \log [\text{Mn}^{2+}] = 43.6$ oder

$\text{p}\varepsilon = \frac{1}{2}(43.6 - 28 + 5) = 10.3$

$E_H = 0.61$ V

c) $\text{FeOOH(s)} + e^- + 3\text{ H}^+ = \text{Fe}^{2+} + 2\text{ H}_2\text{O}$ \hfill (iv)

mit den G_f^0-Werten aus dem Anhang von Kapitel 5, (wobei für FeOOH(s) ein G_f^0-Wert von -462 kJ mol^{-1} verwendet wird), erhält man für Reaktion (iv) $\log K = 16.0$. Der Gleichgewichtsausdruck in logarithmischer Form ist

$3 \text{ pH} + \text{p}\varepsilon + \log [\text{Fe}^{2+}] = 16.0$ und

$\text{p}\varepsilon = 16 - 19.5 + 5.0 = 1.5$

$E_H^0 = 0.09$ V

d) Wir gehen von Gleichung (12) in Tabelle 8.1 aus

$\frac{1}{8}\text{SO}_4^{2-} + \frac{5}{4}\text{H}^+ + e^- = \frac{1}{8}\text{H}_2\text{S(g)} + \frac{1}{2}\text{H}_2\text{O}$; $\log K = 5.25$ \hfill (v)

Die Konstante für die Reaktion (Tabelle 4.1)

$\frac{1}{8}\text{H}_2\text{S(g)} = \frac{1}{8}\text{H}_2\text{S(aq)}$; $\log K_H' = -0.12$ \hfill (vi)

Aus der Aufsummierung von (v) und (vi) erhalten wir

$\frac{1}{8}\text{SO}_4^{2-} + \frac{5}{4}\text{H}^+ + e^- = \frac{1}{8}\text{H}_2\text{S(aq)} + \frac{1}{2}\text{H}_2\text{O}(\ell)$; $\log K = 5.13$ \hfill (vii)

oder

$$\frac{\{\text{H}_2\text{S(aq)}\}^{\frac{1}{8}}}{\{\text{SO}_4^{2-}\}^{\frac{1}{8}} \{\text{H}^+\}^{\frac{5}{4}} \{e^-\}} = 10^{5.13} \ (25\ °\text{C}) \hfill \text{(vii)}$$

Dementsprechend ist

$$p\varepsilon + \frac{5}{4}pH + \frac{1}{8}\log\{H_2S\} - \frac{1}{8}\log\{SO_4\} = 5.13$$

$$p\varepsilon = 5.13 - 8.75 + 0.75 - 0.50 \qquad = -3.37$$

$$E_H \qquad\qquad\qquad\qquad\qquad\qquad\quad = -0.2\ V$$

Beispiel 8.5
Cl-Spezies

Cl_2 ist wichtig bei der Desinfektion im Trinkwasser und bei der Oxidation von Verunreinigungssubstanzen bei der industriellen Abwasserreinigung. Allerdings reagiert das gasförmige Chlor mit Wasser und bildet unterchlorige Säure.

Wie liegen die Gleichgewichte zwischen $Cl_2(aq)$, HOCl, OCl^- und Cl^- in Abhängigkeit des pH? Annahme = TOT Cl = 10^{-5} M.

Mit Hilfe der im Anhang zu Kapitel 5 aufgeführten thermodynamischen Angaben können wir folgende Gleichgewichtskonstanten ausrechnen:

$$\tfrac{1}{2}Cl_2(aq) + e^- = Cl^- \qquad ; \log K = 23.6 \qquad (i)$$

$$HClO + H^+ + e^- = \tfrac{1}{2}Cl_2(aq) + H_2O \ ; \log K = 26.9 \qquad (ii)$$

$$HClO = H^+ + ClO^- \qquad ; \log K = -7.3 \qquad (iii)$$

$$HClO + H^+ + 2e^- = Cl^- + H_2O \qquad ; \log K = 50.8 \qquad (iv)$$

Wir stellen ein log-conc- vs pε-Diagramm auf für die Gleichungen (i) – (iv) für verschiedene pH-Werte, z.B. pH = 2, pH = 5 und pH = 8. Die Gleichgewichtsbedingungen sind in Tableau 8.3 zusammengefasst. Die Gleichgewichtskonstanten können aus den Gleichungen (i) – (iv) abgeleitet werden. Die Stöchiometrie für HOCl (zweite horizontale Linie) ergibt sich aus HOCl = Cl^- + H_2O – H^+ – $2e^-$; entsprechend ist die Stöchiometrie für OCl^- wie folgt: OCl^- = Cl^- + H_2O – 2 H^+ – $2e^-$. Die Resultate sind in Abbildung 8.4 aufgetragen.

Einfache Berechnungen von Redoxgleichgewichten

TABLEAU 8.3 Redoxgleichgewichte Cl-Spezies

Komponenten:	Cl⁻	H⁺	e⁻	log K
Spezies: $Cl_2(aq)$	2	0	–2	–47.2
HOCl	1	–1	–2	–50.8
OCl⁻	1	–2	–2	–58.1
Cl⁻	1	0	0	0
H⁺	0	1	0	0
e⁻	0	0	1	0
	10^{-5} M	pH und pε gegeben		

TOT Cl = 2 [Cl_2(aq)] + [HOCl] + [OCl⁻] + [Cl⁻] = 10^{-5} M

Die folgenden Hinweise sind interessant:

1) Cl_2(aq) ist nicht prädominant. Offensichtlich disproportioniert das dem Wasser zugegebene Cl_2 in HOCl oder OCl⁻ und Cl⁻:

$$Cl_2(aq) + H_2O = HOCl + H^+ + Cl^- \text{ ; } \log K = -3.3 \, (25\,°C) \quad (v)$$

Diese Gleichung folgt aus der Kombination von (i) und (ii). Die relative Konzentration von Cl_2 nimmt mit zunehmendem pH ab. Eine Gleichgewichtslösung von "aktivem Chlor" kann bei hohem pH (eau de Javel) aufbewahrt werden, weil dann die Flüchtigkeit der Chlorlösung relativ klein ist.

2) Die desinfizierende Spezies im chlorierten Trinkwasser ist HOCl. OCl⁻ ist weniger bakterizid, da es schlechter in das Zellinnere der Bakterien eindringt als das ungeladene HOCl-Molekül.

3) Die Cl^0- und Cl^{+I}-Spezies sind nur bei hohem pε stabil. Ein Vergleich mit dem Gleichgewicht

$$O_2(g) + 4\,H^+ + 4\,e^- = 2\,H_2O \text{ ; } \log K = -83.1 \, (25\,°C) \quad (vi)$$

zeigt, dass bei pε-Werten, bei welchen Cl_2, HOCl und OCl⁻ auftreten, diese Spezies Wasser oxidieren können (bei pH = 8 und pε > 13 ist p_{O_2} > 1).

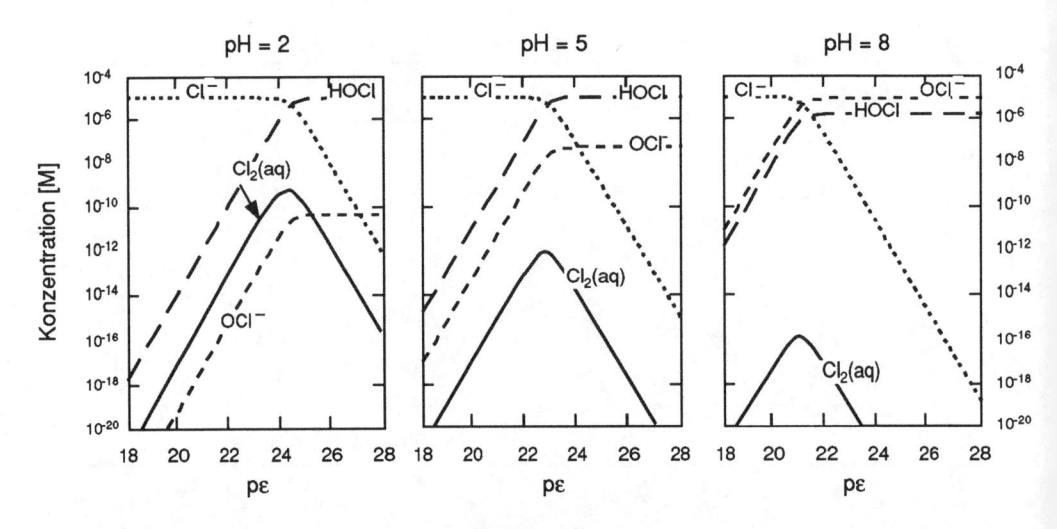

Abbildung 8.4
Konzentrations-pε-Diagramme für die Spezies, die bei der Zugabe von Cl_2 zu Wasser im Gleichgewicht stehen.

Sobald $p_{O_2} > 1$ wird – thermodynamisch gesehen – das Wasser oxidiert; mit anderen Worten, Cl_2 und HOCl – als stärkere Oxidationsmittels als O_2 – oxidieren das Wasser und sind deswegen im Wasser instabil. In Abwesenheit von Katalysatoren und Sonnenlicht sind diese Reaktionen sehr langsam. Cl_2(aq) existiert (als metastabile Spezies) nur bei tiefem pH.

pε-pH-Diagramme

Elektronen und Protonen sind die wichtigsten Einflussfaktoren für die Prozesse in natürlichen Gewässern; dementsprechend sind pε und pH die entscheidenden Hauptvariablen. Die Gleichgewichtsinformation kann bildlich in einem pε vs pH (oder E_H vs pH) Diagramm veranschaulicht werden. Abbildung 8.5 gibt den Stabilitätsbereich von Wasser. Das Diagramm kann mit Hilfe der logarithmischen Form der Gleichungen (1) und (18) der Tabelle 8.1 konstruiert werden.

Redox-Puffer

Die Stabilität eines Redoxsystems gegenüber einer pε-Veränderung – analog der Pufferintensität in einem Säure-Basesystem – kann definiert werden als Redox-Pufferintensität, S,

Einfache Berechnungen von Redoxgleichgewichten 313

$$S = \frac{dC_R}{dp\varepsilon} \tag{18}$$

wobei C_R die Konzentration eines zugegebenen Reduktionsmittels [M] ist.

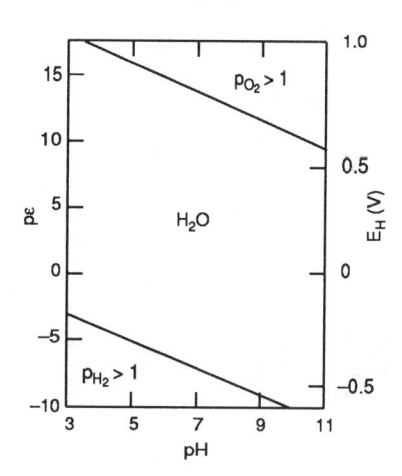

Abbildung 8.5
pε-pH-Diagramm für Wasser (25 °C)
Oberhalb der oberen Linie ist H_2O (thermodynamisch) unbeständig und wird zu $O_2(g)$ oxidiert.
Unterhalb der unteren Linie wird H_2O zu $H_2(g)$ reduziert.
Im Prädominanzbereich H_2O wirkt O_2 als Oxidationsmittel.

Redoxverhältnisse *im Grundwasser* und an der Sediment-Wassergrenzfläche sind häufig besser gepuffert als in Oberflächengewässern, weil die Pufferung durch grössere Reservoirs von festen Phasen, z.B. $Fe(OH)_3(s)$, $Fe_2O_3(s)$, $MnO_2(s)$, $FeS_2(s)$, bewirkt wird. Abbildung 8.6 gibt typische gepufferte pε-Bereiche im Grundwasser oder Sediment-Wassersystem wieder.

In *Bodensystemen* sind pε und pH als Mastervariable ebenfalls besonders wichtig. Auch in den bodenchemischen Prozessen sind Protonen und Elektronen gekoppelt; eine Zunahme von pε ist begleitet von einer Abnahme im pH. In Böden ist das organische Material (entsprechend Bereich 2, Abbildung 8.6) gewissermassen ein pε- und pH-Puffer, da es ein Reservoir von gebundenen Protonen und Elektronen darstellt. Bei höherem pε wird das organische Material mineralisiert, wobei die Alkalinität und die Konzentration der Nährstoffe NO_3^-, SO_4^{2-} und HPO_4^{2-} zunehmen, während Eisen und Mangan immobilisiert werden. Tiefere pε-Werte (entsprechend Bereich 3, Abbildung 8.6) entsprechen erhöhter Konzentration der Nährstoffkationen NH_4^+, Fe^{2+}, Mn^{2+}. Diese

Kationen stehen dann bei den Bodenmineralien im Ionenaustauschwettbewerb mit K^+, Mg^{2+} und Ca^{2+}. (G. Sposito, *The Chemistry of Soils*, Oxford University Press, New York, 1989.)

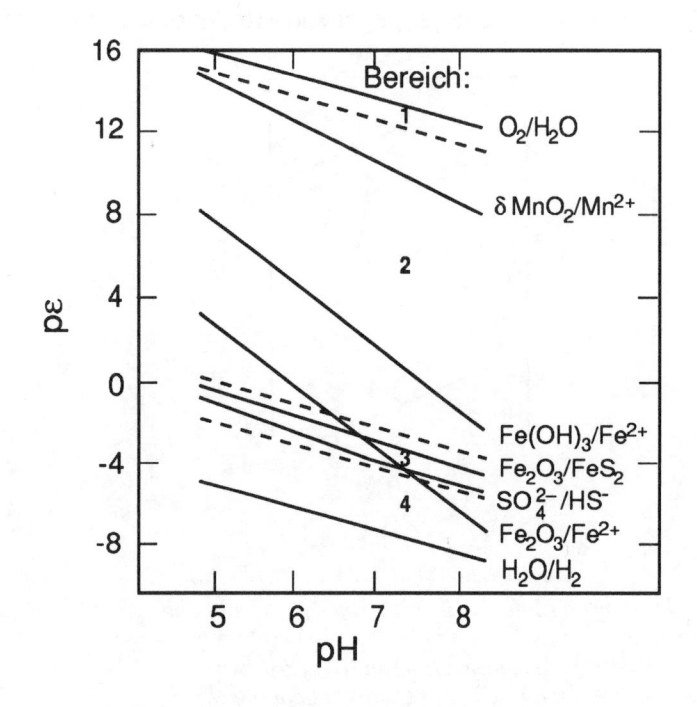

Abbildung 8.6
Repräsentative Redoxintensitätsbereiche im Grundwasser und in Sediment-Wasser- und Boden-Systemen
Bereich 1 ist für O_2-haltiges Wasser; bei Grundwasser bedeutet das die Abwesenheit von organischem Material. Viele Grundwasser sind im pε-Bereich 2, weil organische Verbindungen den Sauerstoff (mikrobiell katalysiert) aufgezehrt haben, aber es hat noch keine SO_4^{2-}-Reduktion stattgefunden. Dafür enthalten diese Systeme typischerweise lösliches Mn(II) und Fe(II) und sind pε-gepuffert wegen der Anwesenheit von festen Phasen von MnO_2 und $Fe(OH)_3$ oder Fe_2O_3. Im Bereich 3 sind die pε-Werte durch die SO_4^{2-}-Reduktion gepuffert. In den Bereichen 2 und 3 tritt NH_4^+ auf. Der Bereich 4 wird in anoxischen Sedimenten und Schlämmen erreicht, tritt aber selten in Grundwasser auf.
(Modifiziert von J.I. Drever, "The Geochemistry of Natural Waters", 2. Auflage, Prentice Hall, Englewood Cliffs, 1988.)

Abbildung 8.7 gibt ein pε- vs pH-Diagramm für das System Fe, CO_2, H_2O. Die festen Phasen sind amorphes $Fe(OH)_3$, $FeCO_3$ (Siderit), $Fe(OH)_2$, Fe.

Einfache Berechnungen von Redoxgleichgewichten

Alle die für die Konstruktion benötigen Gleichungen können aus dem Tableau 8.4 entnommen werden. Die Gleichgewichtskonstanten ergeben sich aus den G_f^o-Werten im Anhang von Kapitel 5.

TABLEAU 8.4 Fe, CO_2, H_2O System

Komponenten:		H^+	e^-	HCO_3^-	Fe^{2+}	log K	Abb. 8.7 Nr. im Diagramm[1]
Spezies:	H^+	1					
	OH^-	–1				–14.0	
	Fe^{2+}				1		
	Fe^{3+}		–1		1	13.0	1
	Fe^o		2		1	–14.9	2
	$FeCO_3(s)$	–1		1	1	0.2	b
	$Fe(OH)_2(s)$	–2			1	13.3	
	$Fe(OH)_3(s)$	–3	–1		1	–16.5	3
	$FeOH^{2+}$	–1	–1		1	–15.2	8
	$Fe(OH)_4^-$	–4	–1		1	34.6	
	$H_2CO_3^*$	1		1		6.3	
	HCO_3^-			1			
	CO_3^{2-}	–1		1		–10.3	
Zusammensetzung (M):		pH gegeben	pε gegeben	1×10^{-3}	1×10^{-5}		

[1] Die anderen pε- und pH-Funktionen ergeben sich aus Kombinationen obiger Gleichungen, z.B.

pε	$= 16.0 - 2\,pH + \log [HCO_3^-]$	4
pε	$= -7.0 - \frac{1}{2} pH - \frac{1}{2} \log [HCO_3^-]$	5
pε	$= -1.1 - pH$	6
pε	$= 4.3 - pH$	7
pH	$= 11.9 + \log [HCO_3^-]$	a

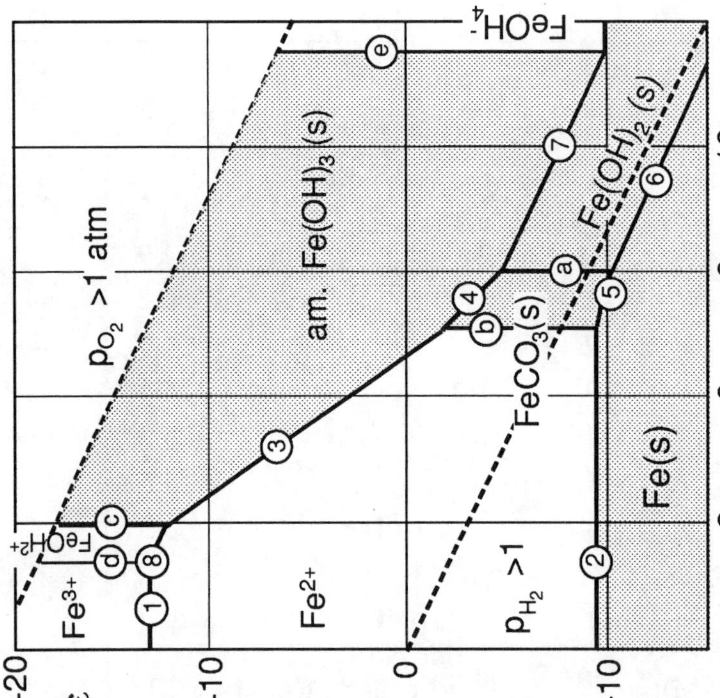
pε
+20
+10
0
-10
pH
3
6
9
12
Fe^{3+}
$FeOH^{2+}$
Fe^{2+}
p_{O_2} >1 atm
am. $Fe(OH)_3$ (s)
$FeCO_3$(s)
$Fe(OH)_2$ (s)
Fe(s)
p_{H_2} >1
$FeOH_4^-$
1
2
3
4
5
6
7
8
a
b
c
d
e

Einfache Berechnungen von Redoxgleichgewichten

Die Gleichungen für die Konstruktion des Diagramms:

$Fe^{3+} + e^- = Fe^{2+}$	① [1]
$Fe^{2+} + 2\,e^- = Fe(s)$	②
$Fe(OH)_3(amorph, s) + 3\,H^+ + e^- = Fe^{2+} + 3\,H_2O$	③
$Fe(OH)_3(amorph, s) + 2\,H^+ + HCO_3^- + e^- = FeCO_3(s) + 3\,H_2O$	④
$FeCO_3(s) + H^+ + 2\,e^- = Fe(s) + HCO_3^-$	⑤
$Fe(OH)_2(s) + 2\,H^+ + 2\,e^- = Fe(s) + 2\,H_2O$	⑥
$Fe(OH)_3(s) + H^+ + e^- = Fe(OH)_2(s) + H_2O$	⑦
$FeOH^{2+} + H^+ + e^- = Fe^{2+} + H_2O$	⑧
$FeCO_3(s) + 2\,H_2O = Fe(OH)_2(s) + H^+ + HCO_3^-$	ⓐ
$FeCO_3(s) + H^+ = Fe^{2+} + HCO_3^-$	ⓑ
$FeOH^{2+} + 2\,H_2O = Fe(OH)_3(s) + 2\,H^+$	ⓒ
$Fe^{3+} + H_2O = FeOH^{2+} + H^+$	ⓓ
$Fe(OH)_3(s) + H_2O = Fe(OH)_4^- + H^+$	ⓔ

[1] Nummern und Buchstaben beziehen sich auf die Linien in der Abbildung

pε-Funktionen:

$$p\varepsilon = 13 + \log\{Fe^{3+}\} / \{Fe^{2+}\}$$
$$p\varepsilon = -6.9 + \tfrac{1}{2}\log\{Fe^{2+}\}$$
$$p\varepsilon = 16 - \log\{Fe^{2+}\} - 3\,pH$$
$$p\varepsilon = 16 - 2\,pH + \log\{HCO_3^-\}$$
$$\{HCO_3^-\} = C_T\alpha_1$$
$$p\varepsilon = -7.0 - \tfrac{1}{2}pH - \tfrac{1}{2}\log\{HCO_3^-\}$$
$$p\varepsilon = -1.1 - pH$$
$$p\varepsilon = 4.3 - pH$$
$$p\varepsilon = 15.2 - pH - \log(\{Fe^{2+}\} / \{FeOH^{2+}\})$$

pH-Funktionen:

$$pH = 11.9 + \log\{HCO_3^-\}$$
$$pH = 0.2 - \log\{Fe^{2+}\} - \log\{HCO_3^-\}$$
$$pH = 0.4 - \tfrac{1}{2}\log\{FeOH^{2+}\}$$
$$pH = 2.2 - \log(\{Fe^{3+}\} / \{FeOH^{2+}\})$$
$$pH = 19.2 + \log\{Fe(OH)_4^-\}$$

Abbildung 8.7
pε-pH-Diagramm für Fe, CO_2, H_2O-System
Die festen Phasen sind amorphes $Fe(OH)_3$, $FeCO_3$ (Siderit), $Fe(OH)_2$, Fe.
$C_T = 10^{-3}$ M $\{Fe^{2+}\} = 10^{-5}$ M, (25 °C).
(Übernommen aus Stumm und Morgan, 1981)

8.6 Durch Mikroorganismen katalysierte Redoxprozesse

Wie wir in Kapitel 8.3 und in Abbildung 8.1 ausgeführt haben, werden viele exergonische Redoxprozesse durch Mikroorganismen, vor allem Bakterien, katalysiert. Die Bakterien nutzen einen Teil der beim Redoxprozess frei werdenden Reaktionsenthalpie aus, um zu wachsen (reproduzieren). Bakterien können keine Reaktionen bewirken, die thermodynamisch nicht möglich sind; demnach ist es genau genommen unkorrekt, von einer Oxidation eines Substrates durch Bakterien oder einer Reduktion des Sauerstoffs durch Bakterien zu sprechen. Vom Gesichtspunkt der Bruttoreaktion sind die Bakterien Katalysatoren oder – da sie auch einen Teil der Energie für ihr Wachstum brauchen – kinetische *Vermittler* einer Redoxreaktion (in Englisch spricht man von Mediation).

TABELLE 8.4 Freie Reaktionsenthalpien, ΔG, von mikrobiologisch katalysierten Reaktionen (Kombination der in Abbildung 8.8 aufgezeichneten Oxidationen und Reduktionen)

Beispiele	Kombination	$\Delta G^o_{pH=7}$ kJ Äquivalent^{-1}
Aerobe Respiration	A + L	−125
Denitrifikation	B + L	−119
Nitrat-Reduktion	D + L	−82
Sulfat-Reduktion	G + L	−25
Methangärung	H + L	−23
N$_2$-Fixierung	I + L	−20
Sulfid-Oxidation	A + M	−99
Nitrifikation	A + O	−43
Fe(II)-Oxidation	A + N	−88
Mn(II)-Oxidation	A + P	−30

Zum Beispiel: SO_4^{2-} kann nur unterhalb eines bestimmten pε reduziert werden. Der pε-Bereich, in welchem SO_4^{2-} reduziert wird, definiert das ökologische Milieu der SO_4^{2-}-reduzierenden Bakterien; diese können sich in diesem Bereich reproduzieren. Der pε- oder Redoxpotential-Bereich, in welchem Oxidations- oder Reduktionsprozesse möglich sind, kann aus thermodynamischen Daten berechnet werden. Aufgrund der Reaktionen in Tabelle 8.1 wurden diese pε-Bereiche gültig für einen neutralen pH-Wert (pH = 7) berechnet (Abbildung 8.8).

Aus der Kombination einer Oxidations- mit einer Reduktionsreaktion ergeben sich die wichtigsten in natürlichen Gewässern ablaufenden Redoxprozesse, die durch Bakterien "vermittelt" werden (Tabelle 8.4). Die Bakterien, die die Prozesse katalysieren, sind nahezu ubiquitär; sie vermehren sich, sobald die geeigneten Bedingungen (pε-Bereiche) vorhanden sind.

Die Methanfermentation kann formell als eine Reduktion des CO_2 zu CH_4 interpretiert werden.

$$\begin{array}{ll} CO_2 \quad + 8\,H^+ + 8\,e^- = CH_4 \quad + 2\,H_2O \\ 2\,\{CH_2O\} + 2\,H_2O \quad\quad = 2\,CO_2 + 8\,H^+ + 8\,e^- \\ \hline 2\,\{CH_2O\} \quad\quad\quad\quad\quad = CO_2 \quad + CH_4 \end{array}$$

Es kann direkt gebildet werden, z.B. aus Essigsäure: $CH_3\,COOH = CH_4 + CO_2$. Auch diese Reaktion könnte (thermodynamisch) klassifiziert werden als die Summe von

$$CO_2 + 8\,e^- + 8\,H^+ \quad = CH_4 \quad + 2\,H_2O$$

$$CH_3\,COOH + 2\,H_2O = 2\,CO_2 + 8\,H^+ + 8\,e^-$$

Unterhalb pε = –4.5 (pH = 7) könnte der $N_2(g)$ zu NH_4^+ reduziert werden. Wie Abbildung 8.8 illustriert, geht das aber nicht durch Reduktion mit Hilfe des organischen Kohlenstoffs (vgl. Reduktion I mit Oxidation L in Abbildung 8.8). Blau-grüne Algen können den N_2 fixieren bei dem negativen pε-Niveau; sie brauchen aber dazu photosynthetische Energie.

Wenn wir zu einem System, das verschiedene Redoxpaare enthält, Elektronen, d.h. Reduktionsmittel (der organische Kohlenstoff ist eines der wichtigsten Reduktionsmittel), zugeben, dann wird zuerst das höchste Niveau besetzt und in der Folge werden (im Sinne einer Titrationskurve) sukzessive die anderen Niveaux aufgefüllt; Mikroorganismen sind in diesen Prozessen Redoxkatalysatoren. Die Mikroorganismen können natürlich keine Nettoprozesse ermöglichen, die thermodynamisch nicht möglich sind. Organischer Kohlenstoff als Reduktionsmittel ($\{CH_2O\}$) wird zuerst mit O_2 und dann sequentiell mit NO_3^-, und MnO_2 reagieren. In der weiteren Folge wird dann NH_4^+ gebildet; die Fe(III)-Oxide zu löslichem Fe(II) und dann SO_4^{2-} zu HS^- und schlussendlich CO_2 zu Methan reduziert. Diese Sequenz entspricht den thermody-

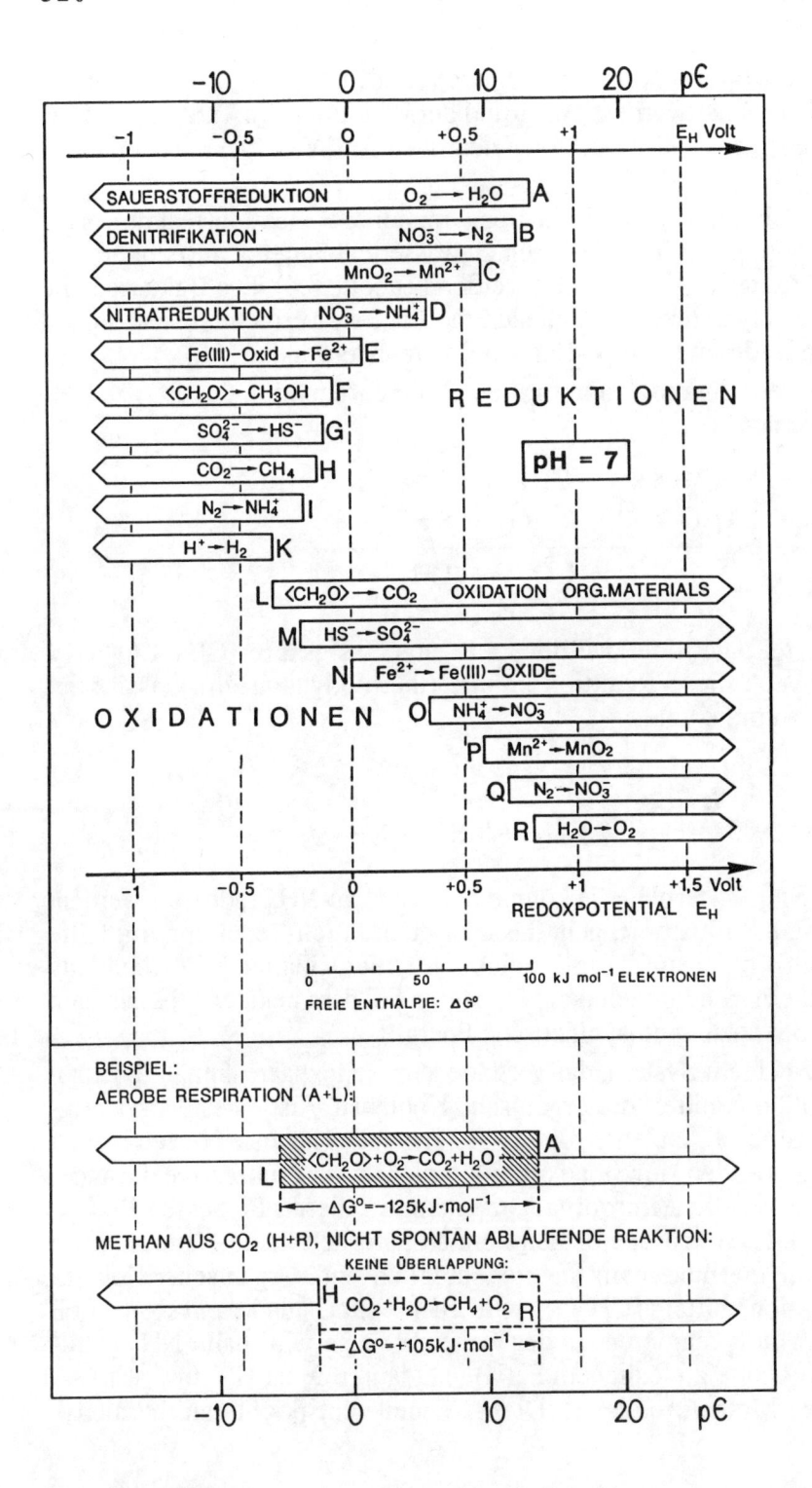

Redox-Prozesse

```
           -10           0          10          20    pε
            |            |           |           |
   -1      -0,5          0          +0,5        +1      E_H Volt
    ────────┼────────────┼───────────┼───────────┼──────────→
```

Label	Reaktion
A	SAUERSTOFFREDUKTION $O_2 \rightarrow H_2O$
B	DENITRIFIKATION $NO_3^- \rightarrow N_2$
C	$MnO_2 \rightarrow Mn^{2+}$
D	NITRATREDUKTION $NO_3^- \rightarrow NH_4^+$
E	$Fe(III)\text{-Oxid} \rightarrow Fe^{2+}$
F	$\langle CH_2O \rangle \rightarrow CH_3OH$
G	$SO_4^{2-} \rightarrow HS^-$
H	$CO_2 \rightarrow CH_4$
I	$N_2 \rightarrow NH_4^+$
K	$H^+ \rightarrow H_2$

REDUKTIONEN   pH = 7

OXIDATIONEN

Label	Reaktion
L	$\langle CH_2O \rangle \rightarrow CO_2$ OXIDATION ORG. MATERIALS
M	$HS^- \rightarrow SO_4^{2-}$
N	$Fe^{2+} \rightarrow Fe(III)\text{-OXIDE}$
O	$NH_4^+ \rightarrow NO_3^-$
P	$Mn^{2+} \rightarrow MnO_2$
Q	$N_2 \rightarrow NO_3^-$
R	$H_2O \rightarrow O_2$

```
   -1      -0,5          0          +0,5        +1        +1,5 Volt
    ────────┼────────────┼───────────┼───────────┼──────────┼────→
                                    REDOXPOTENTIAL  E_H
```

FREIE ENTHALPIE: ΔG° 0   50   100 kJ mol^{-1} ELEKTRONEN

BEISPIEL:
AEROBE RESPIRATION (A+L):

$\langle CH_2O \rangle + O_2 \rightarrow CO_2 + H_2O$ A
L $\Delta G^\circ = -125 \, kJ \cdot mol^{-1}$

METHAN AUS CO_2 (H+R), NICHT SPONTAN ABLAUFENDE REAKTION:
KEINE ÜBERLAPPUNG:

H $CO_2 + H_2O \rightarrow CH_4 + O_2$ R
$\Delta G^\circ = +105 \, kJ \cdot mol^{-1}$

```
           -10           0          10          20    pε
```

Abbildung 8.8
pε- und Redoxpotential-Bereiche, gültig für pH = 7, für bakteriologisch katalysierte Reaktionen

Die Kombination einer Reduktion mit einer Oxidation (vgl. auch Tabelle 8.4) ergibt die bakteriologisch vermittelten Bruttoreaktionen von Bedeutung in natürlichen Systemen.

Z.B. wenn ein ursprünglich sauerstoffhaltiges System belastet wird mit organischen Komponenten (L) (vereinfacht wird "$\{CH_2O\}$" als organisches Substrat angenommen), findet folgende Reaktion statt:

- (A+L) Aufzehrung des Sauerstoffs. Sobald aller Sauerstoff aufgebraucht ist, laufen in der nachfolgenden Sequenz (Abnahme der freien Enthalpie ΔG) anaerobe Abbaureaktionen ab:
- (B+L) Nitratreduktion (Denitrifikation)
- (C+L) Reduktion von Manganoxid
- (D+L) Nitratreduktion zu NH_4^+
- (E+L) Reduktion von Eisenhydroxiden
- (F+L) Fermentation (z.B. Alkoholgärung)
- (H+L) Methangärung

Die gleichen Reaktionssequenzen beobachten wir auch in der Tiefe eines Sees während der Stagnationsperiode, wo Plankton, welches durch Photosynthese gebildet wird, in die unteren Schichten absinkt. Weitere Redox-Reaktionen sind auch die Stickstoffixierung (I+L) und die Nitrifikation (A+O). Die meisten Reaktionen werden durch Mikroorganismen (Bakterien, Pilze) mediiert (katalysiert). Jene sind überall verbreitet und vermehren sich, sobald die geeigneten Reaktionsbedingungen vorhanden sind.

namischen Gegebenheiten. Obschon daraus keine kinetischen Konsequenzen abgeleitet werden können, wird die in Abbildung 8.8 aufgezeichnete Sequenz in der Natur eingehalten, so etwa bei den Reaktionen, die in einem Grundwasserträger durch Eintrag organischer Substanzen auftreten oder in der Tiefe eines Sees während der Stagnationszeit bei der sukzessiven Reduktion durch das organische Material, das in Form von Plankton in die unteren Seeschichten absinkt. Der Einfachheit halber sind in Tabelle 8.5 die wichtigsten schematischen Reaktionen wiedergegeben.

Wir werden nochmals auf die Bedeutung dieser Redoxprozesse und ihrer Bedeutung bei Kreisläufen in natürlichen Systemen zurückkommen (s. Kapitel 11).

TABELLE 8.5 Progressive Reduktion der Redoxintensität durch organische Substanzen. Sequenz der Reaktionen

Sauerstoffverbrauch (Respiration)

$$\tfrac{1}{4}\{CH_2O\} + \tfrac{1}{4}O_2 \qquad = \tfrac{1}{4}CO_2 + \tfrac{1}{4}H_2O \qquad (1)$$

Denitrifikation

$$\tfrac{1}{4}\{CH_2O\} + \tfrac{1}{5}NO_3^- + \tfrac{1}{5}H^+ \qquad = \tfrac{1}{4}CO_2 + \tfrac{1}{10}N_2 + \tfrac{1}{2}H_2O \qquad (2)$$

Nitrat-Reduktion

$$\tfrac{1}{4}\{CH_2O\} + \tfrac{1}{8}NO_3^- + \tfrac{1}{4}H^+ \qquad = \tfrac{1}{4}CO_2 + \tfrac{1}{8}NH_4^+ + \tfrac{1}{8}H_2O \qquad (3)$$

Bildung von löslichem Mangan durch Reduktion von Manganoxiden

$$\tfrac{1}{4}\{CH_2O\} + \tfrac{1}{2}MnO_2(s) + H^+ \qquad = \tfrac{1}{4}CO_2 + \tfrac{1}{2}Mn^{2+} + \tfrac{1}{8}H_2O \qquad (4)$$

Fermentationsreaktionen

$$\tfrac{3}{4}\{CH_2O\} + \tfrac{1}{4}H_2O \qquad = \tfrac{1}{4}CO_2 + \tfrac{1}{2}CH_3OH \qquad (5)$$

Bildung von löslichem Eisen durch Reduktion von Eisen(III)oxiden

$$\tfrac{1}{4}\{CH_2O\} + FeOOH(s) + 2H^+ = \tfrac{1}{4}CO_2 + \tfrac{7}{4}H_2O + Fe^{+2} \qquad (6)$$

Sulfat-Reduktion, Bildung von Schwefelwasserstoff

$$\tfrac{1}{4}\{CH_2O\} + \tfrac{1}{8}SO_4^{2-} + \tfrac{1}{8}H^+ \qquad = \tfrac{1}{8}HS^- + \tfrac{1}{4}CO_2 + \tfrac{1}{4}H_2O \qquad (7)$$

Methanbildung

$$\tfrac{1}{4}\{CH_2O\} \qquad = \tfrac{1}{8}CH_4 + \tfrac{1}{8}CO_2 \qquad (8)$$

8.7 Kinetik von Redoxprozessen

Elektronentransferprozesse sind – anders als Protonentransferprozesse – häufig langsam, manchmal sogar finden sie, in Abwesenheit von Katalysatoren, überhaupt nicht statt. Z.B. ist eine wässrige Lösung von Zucker oder Glukose in Gegenwart von Sauerstoff – thermodynamisch gesehen – gegenüber der Umwandlung in CO_2 und H_2O instabil.

$$C_6H_{12}O_6 + 6\,O_2 \longrightarrow 6\,CO_2 + 6\,H_2O$$

In Wirklichkeit findet aber die Oxidation nur in Gegenwart eines Katalysators oder von geeigneten Mikroorganismen statt, die auch – vereinfacht ausgedrückt – als Katalysatoren funktionieren. Die ubiquitär vorhandenen Mikroorganismen sind für die Katalyse vieler Redoxprozesse von entscheidender Bedeutung. Wir möchten hier einige Fallbeispiele über durch Bakterien unbeeinflusste Redoxprozesse diskutieren.

Die Oxidation von Fe(II) zu Fe(III) durch O_2

Diese Oxidation spielt z.B. im Kreislauf des Eisens in Seen oder bei eisen(II)haltigem Grundwasser, das für die Wasserversorgung aufbereitet werden muss, eine Rolle. Die Oxidation von Fe(II) zu Fe(III) ist mit einer signifikanten Reduktion der Löslichkeit des Fe(aq) verbunden (Abbildung 8.9). Die Reaktion des Fe(II) mit Sauerstoff ergibt Fe(III)(hydr)oxide.

$$\text{Fe(II)} + \tfrac{1}{4}O_2 + 2\,OH^- + \tfrac{1}{2}H_2O \longrightarrow \text{Fe(OH)}_3(s) \tag{19}$$

Wir illustrieren im Folgenden die Kinetik dieser Reaktion im Detail, um zu zeigen, wie eine solche Studie durchgeführt wird und wie die Resultate ausgewertet werden, um ein Geschwindigkeitsgesetz abzuleiten. Ausgangspunkt der Oxidationsexperimente sind Lösungen, die gelöstes Fe(II) enthalten. Man kann für solche Experimente keine konventionellen Puffer (z.B. Phosphat oder Acetatpuffer) verwenden, da die Pufferionen die Oxidation beeinflussen können. Um die Oxidationsrate unter Bedingungen der natürlichen Gewässer zu untersuchen, wurde ein den natürlichen Gewässern entsprechendes Puffersystem gewählt: HCO_3^- und CO_2; d.h. eine 10^{-2} M $NaHCO_3$-Lösung wird mit einem Gasgemisch von $O_2/CO_2/N_2$ berechneter Zusammensetzung begast. Durch das HCO_3^- in der Lösung darf die Löslichkeit des Fe(II) (vgl. Abbildung 8.9) nicht überschritten werden.

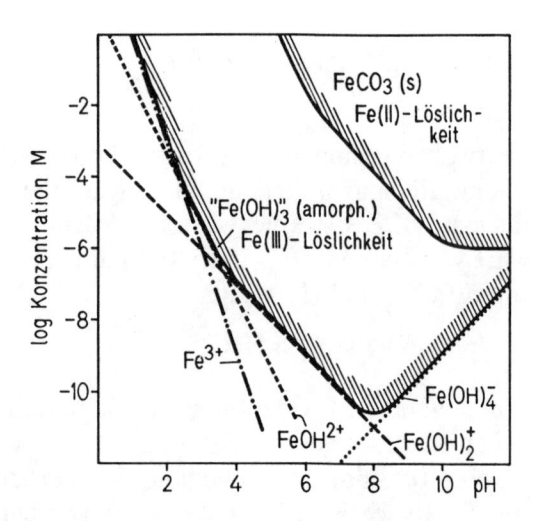

Abbildung 8.9
Vergleich der Löslichkeit von Fe(III) und Fe(II)
(vgl. Abbildungen 7.1 und 7.6)
Amorphes $Fe(OH)_3(s)$ wird als feste Phase für die Löslichkeit des Fe(III) ($[Fe^{3+}] + [FeOH^{2+}] + [Fe(OH)_2^+] + [Fe(OH)_4^-]$) angenommen, während die Löslichkeit von Fe^{2+} durch $FeCO_3(s)$ (Siderit) gegeben ist. Die Konstruktion der beiden superponierten Löslichkeitsgleichgewichtsdiagramme basieren auf den freien Bildungsenthalpien der beteiligten Spezies aus dem Anhang von Kapitel 5. Für amorphes $Fe(OH)_3$ wurde ein ΔG_f^0 von -700 kJ mol^{-1} verwendet. Für die Löslichkeit des $FeCO_3$ wurde $C_T = 4 \times 10^{-3}$ M (typisch für ein Grundwasser in kalkhaltigem Gebiet) vorausgesetzt.

Abbildung 8.10 illustriert einen Teil der erhaltenen experimentellen Resultate für Lösungen verschiedener pH-Werte jeweils bei konstantem Partialdruck von O_2. Die relativen verbleibenden Konzentrationen von Fe(II) werden halblogarithmisch (log ($[Fe(II)]_t/[Fe(II)]_0$) vs. Zeit) aufgetragen. Die Reaktion kann im Sinne einer Reaktion erster Ordnung bezüglich [Fe(II)] interpretiert werden.

$$-\frac{d[Fe(II)]}{dt} = k_0 [Fe(II)]; \quad -\frac{d \ln [Fe(II)]}{dt} = k_0 \qquad (20)$$

wobei k_0 die Reaktionskonstante [Zeit^{-1}] ist.
Für jeden pH und p_{O_2} kann die Neigung der Kurve

Kinetik von Redoxprozessen

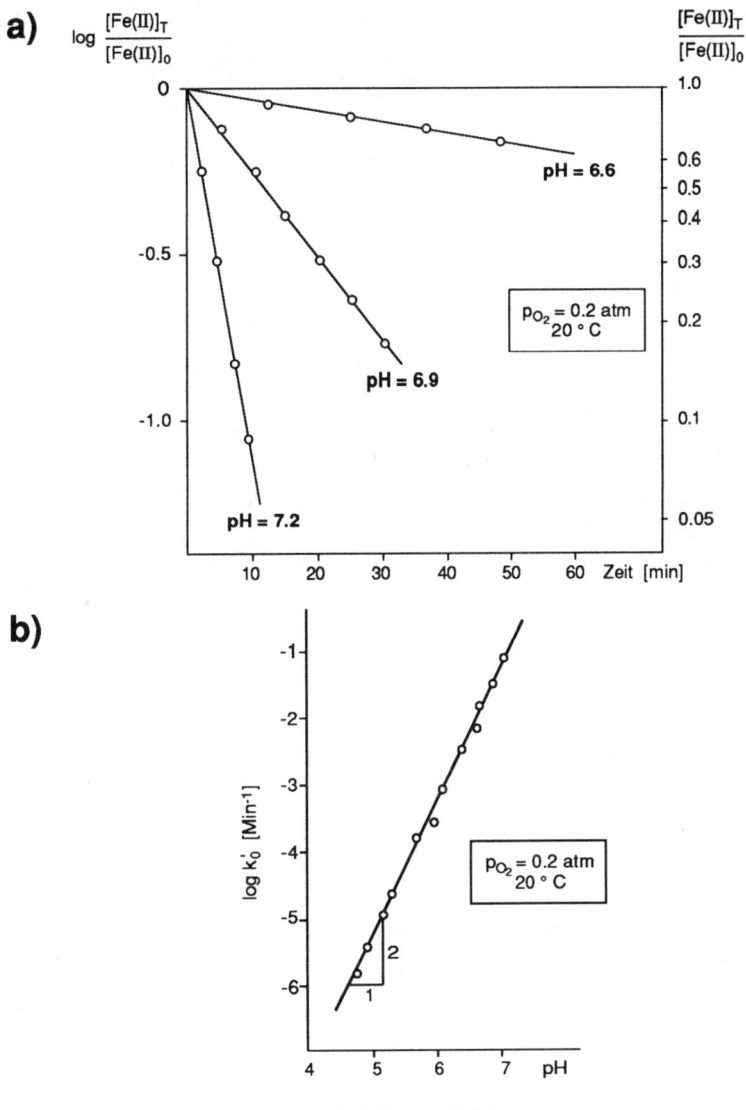

Abbildung 8.10

Die Oxidation von Fe(II) mit Sauerstoff (p_{O_2} = 0.2 atm). Die halblogarithmische Auftragung illustriert, dass

$$-\frac{d[Fe(II)]}{dt} = prop\ [Fe(II)],$$

a) d.h. dass die Reaktion bezüglich [Fe(II)] erster Ordnung ist. Die Rate, $k'_o = -d \log [Fe(II)]/dt$ kann aus der Neigung der Kurven berechnet werden.
b) Die Auftragung der k'_o-Werte (die aus Abbildung a) und zusätzlichen Daten stammen) gegen pH zeigt, dass die Oxidationsgeschwindigkeit von $[H^+]^{-2}$ oder von $[OH^-]^2$ abhängt.

$$-\frac{d \log [Fe(II)]}{dt} \cdot 2.3026 = -\frac{d \ln [Fe(II)]}{dt} = k_0 \quad (21)$$

bestimmt werden.

Die Abhängigkeit der Oxidationsrate von [OH⁻] wird erhalten, wenn die k_0'-Werte aus der Abbildung 8.10a) und aus weiteren Experimenten als log k_0' gegen den pH aufgetragen werden (Figur 8.10b). Aus der Neigung d log k_o/dpH = 2.0 folgt, dass die Reaktionsrate für die Fe(II)-Oxidation zweiter Ordnung bezüglich [OH⁻] sein muss. Für jede Erhöhung des pH um eine Einheit erhöht sich die Oxidationsgeschwindigkeit um einen Faktor 100. Oberhalb pH = 8 wird die Geschwindigkeit so gross, dass sie diffusionskontrolliert wird. Ähnlich kann gezeigt werden, dass die Rate bei konstantem pH linear von p_{O_2} abhängt. Dementsprechend ergibt sich für das Geschwindigkeitsgesetz der Fe(II)-Oxidation durch O_2

$$-\frac{d[Fe(II)]}{dt} = k \, [Fe(II)] \, [OH^-]^2 \, p_{O_2} \quad (22a)$$

wobei k die Einheit [M⁻² atm⁻¹ min⁻¹] aufweist, falls die Zeit in min. und der Partialdruck von O_2 in atm gemessen wird. Wie in Kapitel 5.5 gezeigt wurde (Abbildung 5.2), kann in der Regel die Rate einer Umweltsreaktion dargestellt werden in Abhängigkeit von der Konzentration und einem Umweltfaktor, E.

$$-\frac{d[Fe(II)]}{dt} = k \, [Fe(II)] \cdot E \quad (23)$$

Wie aus Gleichung (22) hervorgeht, ist der Umweltfaktor, für die Oxidation von Fe(II) mit Sauerstoff, E = p_{O_2} [OH⁻]². Bei 20° ist k = 8×10^{13} M⁻² atm⁻¹ Min⁻¹. Häufig ist es praktischer, das Geschwindigkeitsgesetz in der Form von

$$-\frac{d[Fe(II)]}{dt} = k_H \, [H^+]^{-2} \, [O_2(aq)] \, [Fe(II)] \quad (22b)$$

zu gebrauchen, wobei O_2(aq) in M angegeben wird und k_H (20 °C) = 3×10^{-12} min⁻¹ M. Beispielsweise ist die Halbwertszeit, $\tau_{1/2}$, für die Oxidation des Fe(II) bei pH = 6 ([O_2] = 3×10^{-4} M) ca. 770 min. Diese reduziert sich um einen Faktor 10 oder 100, wenn der pH auf 6.5 oder 7 angehoben wird. Für einen gegebenen pH erhöht sich die Oxidationsgeschwindigkeit um einen Faktor 10 für eine Temperaturerhöhung von ca. 15 °C. Für die Umrechnung von [OH⁻] auf [H⁺] wurde ein K_W = 0.7×10^{-14} verwendet.

Kinetik von Redoxprozessen

Die Abhängigkeit der Oxidationsrate von $[OH^-]^2$ ist wahrscheinlich darauf zurückzuführen, dass vorgängig der Oxidation ein hydrolisiertes Fe(II) gebildet wird, welches durch O_2 schneller oxidiert wird.

$$Fe^{2+} + 2\,OH^- \longrightarrow Fe(OH)_2(aq)$$

Das $Fe(OH)_2(aq)$ wird dann in einem geschwindigkeitsbestimmenden Schritt zu Fe(III) oxidiert.[1]

Die pH-abhängige Kinetik kann erklärt werden, wenn man annimmt, dass die Oxidation des Fe(II) durch *Parallelreaktionen* der verschiedenen Fe(II)-spezies: Fe^{2+}, $FeOH^+$ und $Fe(OH)_2(aq)$ eingeleitet wird:

$$O_2 + Fe^{2+} \longrightarrow Fe^{3+} + O_2^{-\bullet} \qquad (24a)^{2)}$$

$$O_2 + FeOH^+ \longrightarrow FeOH^{2+} + O_2^{-\bullet} \qquad (24b)$$

$$O_2 + Fe(OH)_2(aq) \longrightarrow Fe(OH)_2^+ + O_2^{-\bullet} \qquad (24c)$$

Die entsprechende Reaktionsgeschwindigkeit kann dann charakterisiert werden:

$$-\frac{d[Fe(II)]}{dt} = (k_0\,[Fe^{2+}] + k_1\,[FeOH^+] + k_2\,[Fe(OH)_2(aq)])\,p_{O_2} \qquad (25)$$

Wenn man die Oxidationskinetik auch im tieferen pH-Bereich verfolgt (Abbildung 8.11), sieht man, dass das Geschwindigkeitsgesetz (22) bei pH-Werten unterhalb 5 nicht mehr gilt.

---

[1] Die Reaktionssequenz besteht wahrscheinlich aus folgenden sequentiellen Schritten:

$Fe(OH)_2(aq) + O_2$	$\xrightarrow{langsam}$	$Fe(OH)_2^+ + O_2^{-\bullet}$	(i)
$Fe(OH)_2(aq) + O_2^{-\bullet} + 2\,H^+$	$\longrightarrow$	$Fe(OH)_2^+ + H_2O_2$	(ii)
$Fe(OH)_2(aq) + H_2O_2 + H^+$	$\longrightarrow$	$Fe(OH)_2^+ + OH^\bullet$	(iii)
$Fe(OH)_2(aq) + OH^\bullet + H^+$	$\longrightarrow$	$Fe(OH)_2^+ + H_2O$	(iv)
$4\,Fe(OH)_2(aq) + O_2 + 4\,H^+$	$=$	$4\,Fe(OH)_2^+ + 2\,H_2O$	

wobei der Reaktionsschritt (i) langsamer ist als die nachfolgenden Schritte (vgl. Gleichung (24c)).

[2] $O_2^{-\bullet}$, das Superoxid-Anion, ist das Reduktionsprodukt des O_2 bei einem Ein-Elektronenschritt; bei tieferem pH wird das $O_2^{-\bullet}$ zu $HO_2^\bullet$ (Hydroperoxyl-Radikal) protolysiert. Die Zwischenprodukte der Sauerstoffreduktion werden in Kapitel 8.8 diskutiert.

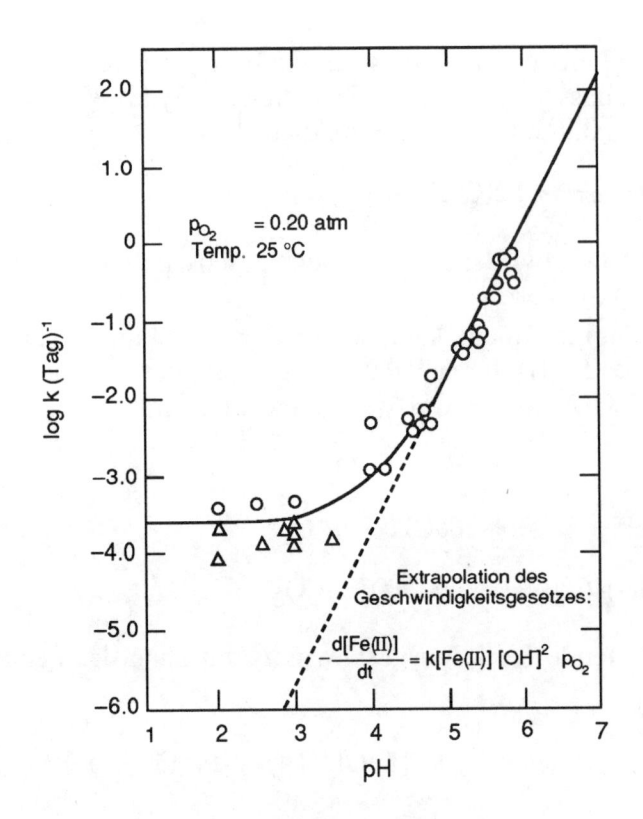

Abbildung 8.11
Die Oxidationsgeschwindigkeit des Fe(II) durch O_2 im Bereich pH < 6
(k = –d log [Fe(II)]/dt)

Daten von Singer und Stumm, *Science* **167**, 1121 (1970). *Bei pH < 3 ist die Oxidationsgeschwindigkeit sehr klein (Halbwertszeit ≈ 6 Jahre) und pH-unabhängig, während im pH-Bereich natürlicher Gewässer das Geschwindigkeitsgesetz (22) gilt.*

Im Unterschied zu sequentiellen Reaktionen, bei welchen der langsamste Schritt geschwindigkeitsbestimmend ist, dominiert bei Parallelreaktionen der schnellste Schritt. Dementsprechend wird im Bereich pH > 5 die Reaktionsgeschwindigkeit durch Reaktion (24c) dominiert.

Warum werden die hydrolysierten Spezies, $Fe(OH)_2$(aq) und $FeOH^+$ schneller oxidiert als das unhydrolysierte Fe^{2+}? Wir müssen uns auf qualitative Hinweise beschränken. Der OH-Ligand ist ein σ-Donor, d.h. die Elektronendichte wird in Richtung Fe(II) verschoben. Das hydrolysierte Fe(II) ist ein besseres Reduktionsmittel als Fe^{2+}. Das kann man auch an der Veränderung der Gleichgewichtskonstanten erkennen.

Kinetik von Redoxprozessen

$$Fe^{3+} + e^- = Fe^{2+} \quad ; \log K = 13.0 \; ; \; E_H^o = 0.770 \text{ V}$$

$$FeOH^{2+} + e^- = FeOH^+ \quad ; \log K = 8.4 \; ; \; E_H^o = 0.497 \text{ V}$$

Dies ist ein thermodynamisches Argument; aber häufig ist die Geschwindigkeit des Elektronen-Transfers bei Ein-Elektronen-Schritten von der freien Reaktionsenthalpie abhängig.

Oxidation von Mn(II)

Die Oxidation von Mn(II) durch Sauerstoff ist, obschon thermodynamisch möglich, bei tiefen pH-Werten ausserordentlich langsam. Erst bei hohen pH-Werten, pH > 8, wird in abiotischen Reaktionen Mn(II) im Zeitraum von Stunden oxidiert. Genügend hohe pH-Werte können durch Photosynthese (Entfernung von CO_2) in produktiven stagnierenden Gewässern erreicht werden. In natürlichen Gewässern wird die Oxidation auch durch Mn-Bakterien katalysiert oder durch Oberflächen, an die das Mn(II) adsorbiert wurde. Der Mechanismus ist ähnlich wie derjenige für die Oxidation des Vanadiums (IV), VO^{2+}, dessen Oxidation mit O_2 durch Adsorption an Oxidoberflächen katalysiert wird (vgl. Kapitel 9.7).

Das Geschwindigkeitsgesetz für die durch MnO_2 katalysierte Oxidation von Mn(II) lautet

$$-\frac{d\,[Mn(II)]}{dt} = k_0\,[Mn(II)] + k\,([Mn(II)]\{Mn\,O_2\}) \qquad (26)$$

Die autokatalytische Beschleunigung kann mit folgender Reaktionssequenz erklärt werden (Gleichungen sind bezüglich H^+ und H_2O nicht balanciert):

$$Mn(II) + \tfrac{1}{2}O_2 \xrightarrow{\text{langsam}} Mn\,O_2(s)$$

$$Mn(II) + Mn\,O_2(s) \xrightarrow{\text{schnell}} Mn\,O_2 \cdot Mn(II)(s)$$

$$MnO_2 \cdot Mn(II)(s) + \tfrac{1}{2}O_2 \xrightarrow{\text{langsam}} 2\,Mn\,O_2(s)$$

Oxidation von Sulfit

Die Oxidation von IV-wertigem Schwefel ($SO_2 \cdot H_2O$, HSO_3^- und SO_3^{2-}) spielt eine wichtige Rolle bei der Bildung von Schwefelsäure in der Atmosphäre. Die Oxidation kann sowohl in der Gasphase wie auch in der Wasserphase (flüssige Aerosole, Wasser- oder Nebeltröpfchen) stattfinden. In der Gasphase wird SO_2 relativ langsam, vor allem durch OH-Radikale, in einem komplizierten Mechanismus zu H_2SO_4 oxidiert.

$$OH^{\bullet} + SO_2 \longrightarrow HOSO_2 \tag{27}$$
$$HOSO_2 \longrightarrow \longrightarrow H_2SO_4$$

In der Wasserphase erfolgt die Oxidation nach Aufnahme des SO_2 in Wassertröpfchen der Atmosphäre durch verschiedene Oxidationsmittel, insbesondere durch Ozon und H_2O_2 (ebenfalls ins Wasser absorbiert) zu H_2SO_4:

$$SO_2 + \text{"O"} + H_2O \longrightarrow SO_4^{2-} + 2\ H^+ \tag{28}$$

wobei "O" das Oxidationsmittel darstellt.

Die Oxidationen mit $O_3(aq)$ und $H_2O_2(aq)$ unterscheiden sich in ihrer pH-Abhängigkeit.

Beispiel 8.6
pH-Abhängigkeit der Oxidation von Sulfit mit O_3 und H_2O_2

Vergleiche die pH-Abhängigkeit dieser Oxidationsreaktionen für ein offenes System mit konstantem $p_{SO_2} = 2 \times 10^{-8}$ atm.

$SO_2(g)$ löst sich im Wasser als $SO_2 \cdot H_2O$, HSO_3^- und SO_3^{2-}. Die Speziierung und das Ausmass der Auflösung hängt vom pH ab (s. Abbildung 4.3).

1. Ozon

Bei der Oxidation von S(IV) in Lösung laufen die folgenden *parallelen* Reaktionsschritte ab:

$$-\frac{d[SO_2 \cdot H_2O]}{dt} = k_0\,[SO_2 \cdot H_2O]\,[O_3(aq)] \tag{i}$$

$$-\frac{d[HSO_3^-]}{dt} = k_1\,[HSO_3^-]\,[O_3(aq)] \tag{ii}$$

$$-\frac{d[SO_3^{2-}]}{dt} = k_2\,[SO_3^{2-}]\,[O_3(aq)] \tag{iii}$$

Kinetik von Redoxprozessen

Gesamthaft gilt das Geschwindigkeitsgesetz (J. Hoigné et al., Water Research **19**, 993, 1985):

$$-\frac{d[S(IV)]}{dt} = (k_0 [SO_2 \cdot H_2O] + k_1 [HSO_3^-] + k_2 [SO_3^{2-}]) [O_3(aq)] \quad \text{(iv)}$$

wobei

$k_0 = 2 \times 10^4 \text{ M}^{-1} \text{ s}^{-1}$
$k_1 = 3.2 \times 10^5 \text{ M}^{-1} \text{ s}^{-1}$
$k_2 = 1 \times 10^9 \text{ M}^{-1} \text{ s}^{-1}$ (25 °C)

Die Gleichung (iv) kann umgeschrieben werden, wenn wir berücksichtigen, dass

$$[S(IV)] = [SO_2 \cdot H_2O] + [HSO_3^-] + [SO_3^{2-}] \quad \text{(v)}$$

wobei

$[SO_2 \cdot H_2O] = [S(IV)]\alpha_0$
$[HSO_3^-] = [S(IV)]\alpha_1$ \quad (vi)
$[SO_3^{2-}] = [S(IV)]\alpha_2$

wobei die α-Werte (vgl. Gleichungen (35) – (40), Kapitel 3) mit den Gleichgewichtskonstanten der Säure $SO_2 \cdot H_2O$ (Tabelle 4.1: $K_1 = 1.3 \times 10^{-2}$, $K_2 = 6.24 \times 10^{-8}$ (25 °C)) formuliert werden können.

Gleichung (iv) kann geschrieben werden als:

$$-\frac{d[S(IV)]}{dt} = k_{Ozon} [S(IV)] [O_3 \cdot (aq)] \quad \text{(vii)}$$

wobei

$$k_{Ozon} = k_0 \alpha_0 + k_1 \alpha_1 + k_2 \alpha_2 \quad \text{(viii)}$$

In Abbildung 8.12a) werden die α-Werte und die Totalkonzentration von S(IV) für $p_{SO_2} = 2 \times 10^{-8}$ atm in Abhängigkeit vom pH aufgetragen. In Abbildung 8.12b) wird k_{Ozon} (Gleichung (viii)) als Funktion des pH aufgetragen.

2. H_2O_2

Die Oxidation von S(IV) durch H_2O_2 ist weniger pH-abhängig.
Hoffmann und Calvert (US Environm. Protection Agency Report 600/3-85/017, 1985) haben folgenden Mechanismus postuliert:

$$HSO_3^- + H_2O_2 \underset{k_{-1}}{\overset{k_1}{\rightleftharpoons}} SO_2OOH^- + H_2O \quad \text{(ix)}$$

$$SO_2OOH^- + H^+ \xrightarrow{k_2} SO_4^{2-} + 2\,H^+ \quad \text{(x)}$$

Die Geschwindigkeit der Reaktion ist gegeben durch:

$$\frac{d[SO_4^{2-}]}{dt} = k_2\,[SO_2OOH^-]\,[H^+] \quad \text{(xi)}$$

Bei der Annahme eines Stationärzustandes für SO_2OOH^- gilt:

$$\frac{d[SO_2OOH^-]}{dt} = k_1\,[H_2O_2]\,[HSO_3^-] - (k_{-1} + k_2\,[H^+])\,[SO_2OOH^-] = 0 \quad \text{(xii)}$$

Die Stationärzustandskonzentration ist:

$$[SO_2OOH^-]_{ss} = \frac{k_1\,[H_2O_2]\,[HSO_3^-]}{k_{-1} + k_2\,[H^+]} \quad \text{(xiii)}$$

Falls wir diese Konzentration in Gleichung (xi) einsetzen, erhalten wir:

$$\frac{d[SO_4^{2-}]}{dt} = \frac{k_2\,k_1\,[H_2O_2]\,[HSO_3^-]\,[H^+]}{k_{-1} + k_2\,[H^+]} \quad \text{(xiv)}$$

oder wenn wir für $k_2/k_{-1} = K$ einsetzen:

$$-\frac{d[S(IV)]}{dt} = \frac{k\,[H^+]\,[H_2O_2]\,[S(IV)]\,\alpha_1}{1 + K\,[H^+]} = k_{H_2O_2}\,[S(IV)]\,[H_2O_2] \quad \text{(xv)}$$

wobei α_1 durch (vi) gegeben ist und $k_{H_2O_2}$ durch

$$k_{H_2O_2} = k\,[H^+]\,\alpha_1\,(1 + K\,[H^+])^{-1} \quad \text{(xvi)}$$

$k_{H_2O_2}$ ist als Funktion des pH in Abbildung 8.12b aufgetragen.

$k = 7.45 \times 10^{-7} \text{ M}^{-2} \text{ s}^{-1}$

$K = 13 \text{ M}^{-1}$

Die vollständig verschiedene pH-Abhängigkeit der beiden Oxidationsmechanismen ist offensichtlich. Da bei konstantem p_{SO_2} die [S(IV)]-Löslichkeit ebenfalls stark vom pH abhängt, muss für den Vergleich der beiden Reaktionsraten im Sinne der Gleichungen (vii) und (xvi) die pH-Anhängigkeit der Produkte k_{Ozon} [S(IV)] und $k_{H_2O_2}$ [S(IV)] miteinander verglichen werden (Abbildung 8.12c).

Die starke pH-Abhängigkeit der S(IV)-Oxidation durch Ozon führt dazu, dass die Emission von Ammoniak (z.B. aus Landwirtschaft) indirekt eine wesentliche Vermittlerrolle bei der Ozon-Oxidation des SO_2 in atmosphärischem Wasser spielt. Das in der Gasphase vorhandene NH_3 beeinflusst den pH der Wassertröpfchen. Ferner neutralisiert das in der Gasphase vorhandene NH_3 die bei der Oxidation des SO_2 frei werdenden Protonen (Gleichung (28)). Je höher der pH, desto mehr SO_2 kann absorbiert werden und je höher der pH, desto schneller ist die Oxidation des gelösten S(IV). (Ph. Behra, L. Sigg, W. Stumm, Atm. Env. **23**, 2691, 1989.)

8.8 Oxidation durch Sauerstoff

Wie wir bereits anhand der Beispiele über die Oxidation von (Fe(II) und SO_2(aq) durch Sauerstoff gesehen haben, spielt der Sauerstoff bei vielen Oxidationsprozessen eine besonders wichtige Rolle. Die Stärke des O_2 als Oxidationsmittel hängt davon ab, ob der Sauerstoff in einem Vier-Elektronenschritt, bzw. in Zwei- oder Ein-Elektronenschritten reduziert wird. O_2 ist, thermodynamisch gesehen, ein starkes Oxidationsmittel, wenn der Vier-Elektronenschritt betrachtet wird:

$O_2 + 4 H^+ + 4 e^- = 2 H_2O$; $\log K = 83.1$; $p\varepsilon^0 = 20.75$ (25 °C) (29)

Oft wird die Reaktion (29) in Zwei-Elektronenschritte unterteilt:

$O_2 + 2 H^+ + 2 e^- = H_2O_2$; $\log K = 23.1$; $p\varepsilon^0 = 11.5$ (30)

und

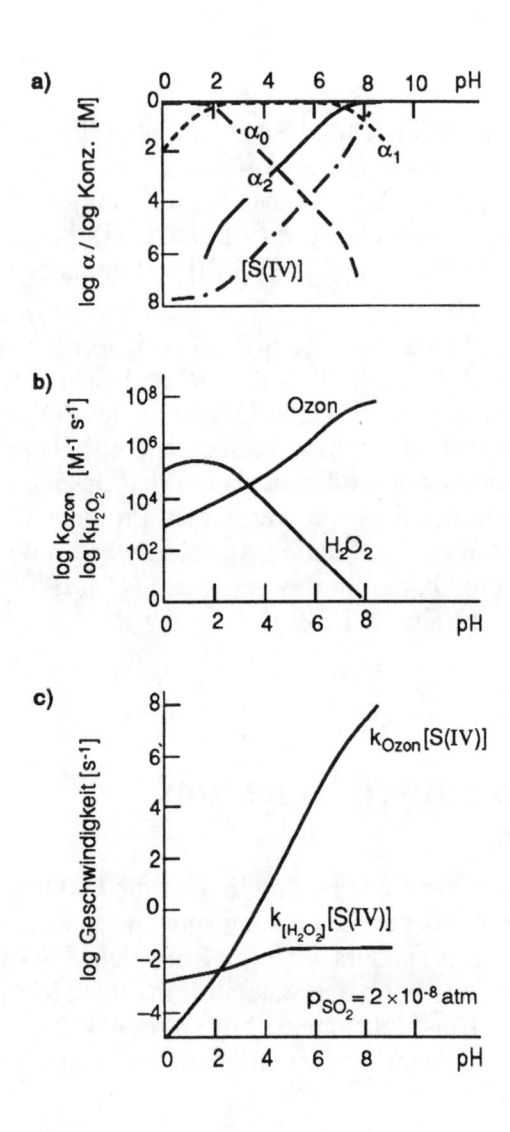

Abbildung 8.12
Oxidation von SO_2 durch Ozon und Wasserstoffperoxid
a) Löslichkeit von S(IV) in Abhängigkeit vom pH für $p_{SO_2} = 2 \times 10^{-8}$ atm und α-Werte
b) Geschwindigkeitskonstante für die Reaktion mit Ozon und H_2O_2 (Gleichungen (viii) und (xvi)
c) Die Oxidationsraten k_{ozon} [S(IV)] und $k_{H_2O_2}$ [S(IV)]

Oxidation durch Sauerstoff

$$H_2O_2 + 2\,H^+ + 2\,e^- = 2\,H_2O \quad ; \quad \log K = 60.0 \quad ; \quad p\varepsilon^o = 30 \tag{31}$$

Falls die erste Zwei-Elektronensequenz (Gleichung (30)) prädominiert (H_2O_2 als metastabiles Zwischenprodukt; d.h. Gleichung (31) läuft langsamer ab als Gleichung (30)), dann ist O_2 – thermodynamisch gesehen – ein schwächeres Oxidationsmittel. Dies ist z.B. häufig der Fall bei der Reduktion von O_2 an Elektroden.

Obschon (instabile) Zwischenprodukte der O_2-H_2O-Redoxreaktion stärkere und reaktivere Oxidationsmittel als der Sauerstoff sein können, ist die Vier-Elektronen-Redoxreaktion O_2-H_2O das wesentliche Redoxgleichgewicht, das den $p\varepsilon$ des aeroben Milieus bestimmt; die Katalyse der Reaktion O_2-H_2O durch Mikroorganismen (und andere Katalysatoren) erleichtert die Einstellung des Gleichgewichtes.

H_2O_2

Das Wasserstoffperoxid, ein Zwischenprodukt der Sauerstoffreduktion ist, bezüglich der Zwei-Elektronen-Reduktion zu H_2O, ein relativ starkes Oxidationsmittel, welches sich kinetisch oft reaktiver verhält als das O_2-Molekül. Das H_2O_2 ist in Wasser instabil und disproportioniert in O_2 und H_2O:

$$H_2O_2 = H_2O + \tfrac{1}{2}O_2(g) \qquad \Delta G^o = -105 \text{ kJ mol}^{-1} \ (25\,°C) \tag{32}$$

In Abbildung 8.13 werden im Sauerstoffsystem die $p\varepsilon^o_{pH=7}$-Werte der Vier-Elektronen-, der Zwei-Elektronen- und Ein-Elektronen-Redoxpaare miteinander verglichen. Man sieht, dass H_2O_2 bezüglich der Zwei-Elektronen-Reduktion zu H_2O ein (thermodynamisch) besseres Oxidationsmittel ist als das O_2-Molekül, sowohl bezüglich seiner Reduktion zu H_2O als auch zu H_2O_2.

Ozon spielt eine wichtige Rolle als Oxidationsmittel in der Atmosphäre und bei Wasseraufbereitungsverfahren (Desinfektion und Oxidation von organischen Verunreinigungssubstanzen). Die Redoxreaktion von Ozon kann durch folgende Halbreaktion charakterisiert werden:

$$\tfrac{1}{2}O_3(g) + H^+ + e^- = \tfrac{1}{2}O_2(g) + \tfrac{1}{2}H_2O \quad ; \qquad \log K = 35.1 \ (25\,°C)$$

$$p\varepsilon^o_{pH=7} = 28.1 \tag{33}$$

Demnach ist O_3 (in seiner Reaktion zu O_2) ein stärkeres Oxidationsmittel als O_2 (in seiner Reaktion zu H_2O).

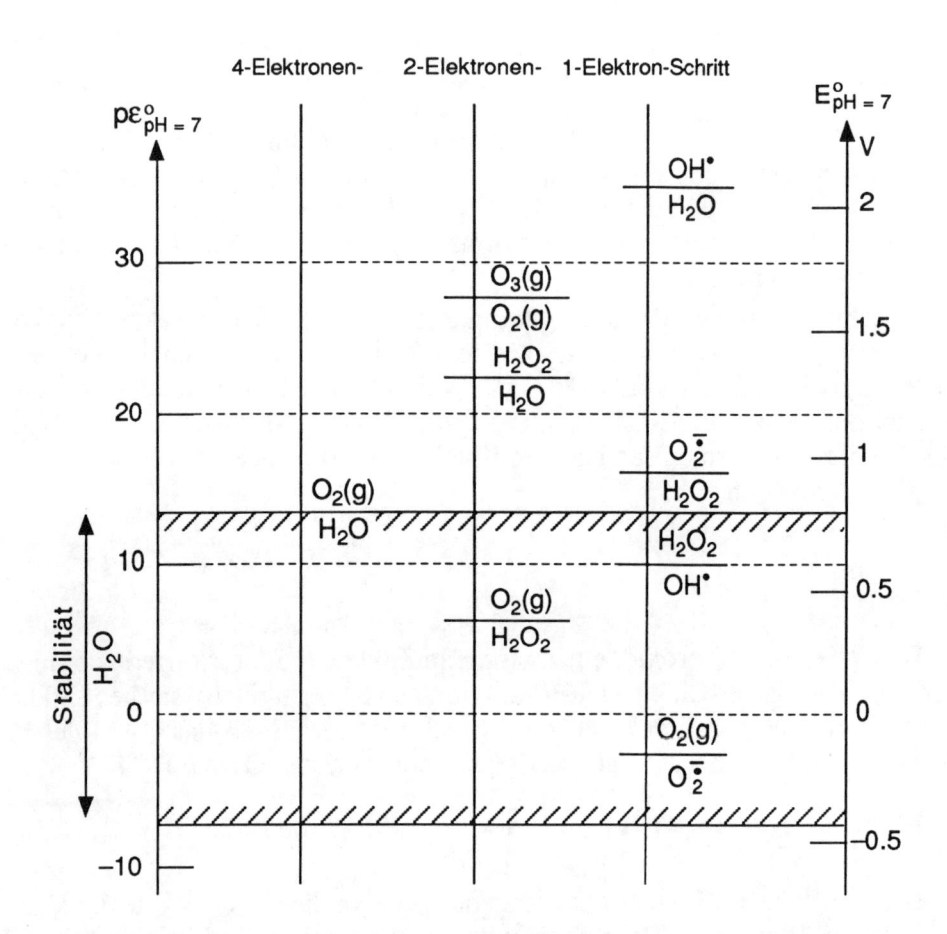

Abbildung 8.13

$p\varepsilon^o_{pH=7}$-*Werte für Ozon, Sauerstoff und seine Reduktionsprodukte*
Die Werte sind separat aufgetragen für Vier-Elektronen-, Zwei-Elektronen- und Ein-Elektronen-Redoxpaare. H_2O_2, $O_2^{-\bullet}$ und $OH^\bullet$ sind instabil in Wasser und disproportionieren. Viele dieser Zwischenprodukte treten auch bei photochemischen Prozessen auf (siehe Kapitel 8.9).

Die Ein-Elektronenschritte bei der Reduktion von O_2

In einem Reaktionsschema können folgende Schritte auftreten:

$O_2 + e^- \rightarrow O_2^{-\bullet}$ Superoxid

$O_2^{-\bullet} + H^+ \rightarrow HO_2^\bullet$ Hydroperoxyl-Radikal

Oxidation durch Sauerstoff

$$HO_2^{\bullet} + e^- \longrightarrow HO_2^- \qquad \text{Base von } H_2O_2$$

$$HO_2^- + H^+ \longrightarrow H_2O_2 \qquad \text{Wasserstoffperoxid} \qquad (34)$$

$$H_2O_2 + e^- \longrightarrow OH^{\bullet} + OH^- \qquad \text{Hydroxyl-Radikal}$$

$$OH^- + H^+ \longrightarrow H_2O \qquad \text{Wasser}$$

$$OH^{\bullet} + e^- \longrightarrow OH^- \qquad \text{Hydroxid}$$

Diese Zwischenprodukte können ebenfalls durch elektronische Anregung, z.B. durch Absorption von Photonen in photochemischen Prozessen entstehen.[1]

$p\varepsilon^o_{pH=7}$-Werte für die Elektronen-Transfer-Schritte in Abbildung 8.13 sind mit Hilfe der freien Bildungsenthalpien aus der Tabelle im Anhang Kapitel 5 berechnet worden.

Der Überblick in Abbildung 8.13 ermöglicht die Abschätzung der Oxidations- (und Reduktions-) Tendenz der verschiedenen O-Spezies. Die "stärksten" Oxidationsmittel sind O_3 (bezüglich O_2) und $OH^{\bullet}$ (bezüglich H_2O). Das "stärkste" Reduktionsmittel ist $O_2^{-\bullet}$ (bezüglich $O_2(g)$). Unter den hier aufgeführten Oxidantien ist der Sauerstoff (bezüglich der Ein-Elektronen-Reduktion zu $O_2^{-\bullet}$) das "schwächste" Oxidationsmittel. Die Standard freie Reaktionsenthalpie der Reaktion ist positiv.[2]

$$O_2(aq) + e^- = O_2^{-\bullet} \; ; \; \Delta G^o = 15.5 \text{ kJ mol}^{-1} \; ; \; p\varepsilon^o = -2.72 \qquad (35)$$

Es erstaunt deshalb nicht, dass viele organische Verbindungen unter aeroben Bedingungen relativ stabil sind, d.h. nicht oxidiert werden, ausser wenn der Sauerstoff durch Mikroorganismen, Licht oder andere Katalysatoren "aktiviert" wird.

Die Zwischenprodukte der O_2-Reduktion sind im Wasser nicht stabil, d.h., sie disproportionieren.

---

[1] Verbindungen, welche ein ungepaartes Elektron enthalten, sind Radikale; diese sind oft reaktionsfreudig. In der Formelsprache werden Radikale oft mit einem Punkt gekennzeichnet, der das ungepaarte Elektron andeutet, also $OH^{\bullet}$ oder $CH_3^{\bullet}$.

[2] Das bedeutet nicht, dass eine solche Reaktion nicht stattfinden kann. Da üblicherweise dieser Schritt mit der entsprechenden Oxidationsreaktion und subsequenten Schritten gekoppelt ist, kann die Reaktion trotzdem ablaufen. Aber diese Ein-Elektronen-Reaktion kann als Reaktionsschritt den langsamen Ablauf der Reaktion beeinflussen.

$$2\,O_2^{-\bullet} + H_2O = O_2(g) + HO_2^- + OH^- \quad ; \quad \Delta G^0 = -34.9 \text{ kJ mol}^{-1} \quad (36)$$

Oder in anderen Worten, sie sind sowohl Oxidations- wie auch Reduktionsmittel. Z.B. kann $O_2^{-\bullet}$ sowohl Ionen der Übergangselemente wie Fe(II) oder Cu(I) oxidieren, als auch höherwertige Übergangselemente und gewisse organische Verbindungen wie Chinone reduzieren. Die sehr reduktiven Eigenschaften (Abbildung 8.13) ermöglichen es dem Superoxid-Anion, sogar chlororganische Verbindungen zu reduzieren.

Das *Hydroxylradikal* ist ein äusserst reaktives Oxidationsmittel, welches mit einer grossen Anzahl verschiedener organischen Verbindungen reagieren kann. Durch verschiedene photolytische Reaktionen – u.a. der Photolyse von NO_3^- – und Zersetzungsreaktionen entsteht das H_2O_2.

Das Fenton Reagens

Die Wechselwirkung von Fe(II) mit H_2O_2 führt zur Bildung von $OH^\bullet$:

$$Fe(II) + H_2O_2 + H^+ \longrightarrow Fe(III) + OH^\bullet + H_2O \quad (37)$$

Diese Reaktion wird gebraucht, um gezielte Oxidations-Reaktionen mit refraktären organischen Verbindungen zu ermöglichen. Das bei der Reaktion gebildete Fe(III) wird ein Katalysator für die Zerstörung des H_2O_2 zu O_2 und H_2O.

$$Fe(III) + H_2O_2 \longrightarrow Fe(II) + HO_2^\bullet + H^+ \quad (38)$$

$$Fe(III) + HO_2^\bullet \longrightarrow Fe(II) + H^+ + O_2 \quad (39)$$

Können wir die Redox-Reaktivität mit Hilfe der Thermodynamik abschätzen?

Eine einfache Bejahung dieser Frage wäre falsch. Trotzdem ist eine thermodynamische Betrachtungsweise oft sehr nützlich, um Hinweise über Reaktionsmechanismen und die Kinetik zu erhalten. Viele Redox-Reaktionen sind, stöchiometrisch betrachtet, Prozesse an denen mehrere Elektronen beteiligt sind. Aber viele dieser Prozesse erfolgen in einer Folge von Ein-Elektronen-Schritten; dabei entstehen oft reaktive Zwischenprodukte, z.B. Radikale. Z.B. bei der Oxidation von Fe(II) durch O_2 ist der erste Schritt eine Ein-Elektronen-Übertragung von O_2 zu einer Fe(II)-Spezies; dabei wird das Radikal $O_2^{-\bullet}$ gebildet:

$$Fe(II) + O_2 \longrightarrow Fe(III) + O_2^{-\bullet} \qquad (40)$$

Wie wir gesehen haben, ist dieser Schritt geschwindigkeitsbestimmend für die Gesamtreaktion:

$$4\,Fe(II) + O_2 + 4\,H^+ = 4\,Fe(III) + 2\,H_2O \qquad (41)$$

Falls man Beziehungen zwischen thermodynamischen und kinetischen Daten untersuchen will, sollte man versuchen
1. die Reaktion des Prozesses im Sinne von Elementarschritten zu interpretieren, und
2. den geschwindigkeitsbestimmenden Schritt zu identifizeren.

Man kann dann versuchen, die freie Reaktionsenthalpie (oder das Redoxpotential oder die Gleichgewichtskonstante) des Ein-Elektronen-Schrittes mit der Geschwindigkeit der untersuchten Reaktion zu vergleichen.[1] Oft ist es möglich bei "verwandten" Redoxreaktionen, z.B. bei der Oxidation der Ionen der Übergangs-Elemente, oder bei Redoxreaktionen einer Reihe organischer Verbindungen, die sich nur durch verschiedene Substituenten unterscheiden, eine Beziehung zwischen der Geschwindigkeitskonstante und der Gleichgewichtskonstante, K, (oder ΔG^0, oder $p\varepsilon^0$) zu erhalten.

Abbildung 8.14 illustriert, dass die Geschwindigkeit der Reduktion von Mn(III,IV)oxid durch verschiedene substituierte Phenole mit den Halbwertspotentialen der Oxidation dieser Phenole korreliert werden kann. Die Halbwertspotentiale messen die Tendenz der Anode, die Phenole zu oxidieren; die Halbwertspotentiale entsprechen in erster Annäherung dem Redoxpotential des Phenols und seines Ein-Elektronen-Oxidationsproduktes. Die Abbildung 8.14 impliziert, dass die thermodynamische Tendenz der Elektrode, ein bestimmtes Phenol zu oxidieren, der "kinetischen" Tendenz des Mn(III,IV)-oxides, das entsprechende Phenol zu oxidieren, entspricht.

Marcus hat aufgrund theoretischer Überlegungen eine häufig gebrauchte Beziehung über den Zusammenhang zwischen der Reaktionskonstante und ΔG^0 für aussersphärische Redoxprozesse abgeleitet. (Für eine vereinfachende Darstellung siehe L. Eberson *Electron Transfer Reactions in Organic Chemistry*, Springer, Berlin, 1987.)

---

[1] Umfangreiche Tabellierungen von Ein-Elektronen-Redoxpotentialen stehen zur Verfügung (P. Wardman, *Reduction Potentials of One-Electron-Couples Involving Free Radicals in Aqueous Solution*, J. Physical and Chemical Reference Data (Reprint No. 372) **18**, 1637–1755, 1989).

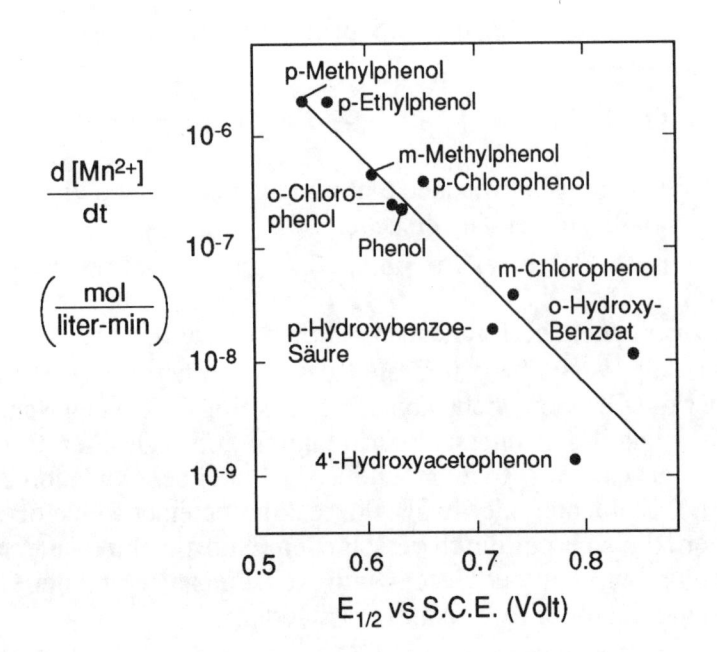

Abbildung 8.14
Oxidation verschiedener substituierter Phenole durch Mn(III,IV)oxide
Die Oxidationsrate nimmt mit zunehmendem Halbwertspotential (für die Oxidation der verschiedenen Phenole an der Elektrode) ab.
Modifiziert von A. Stone, Geochim. Cosmochim. Acta 51, 919 (1987).

8.9 Photochemische Redox-Prozesse

Durch photochemische Prozesse werden viele Stoffe im sonnenbelichteten Wasser chemisch verändert. Selbst kleine Quantenausbeuten (= bewirkte chemische Veränderung (Equiv./ℓ) pro Mol absorbierte Quanten) und schwache Lichtabsorptionen können bereits zu grossen Umsätzen führen, denn die Lichteinstrahlung übersteigt bei Schönwetter 30 Mol Quanten oder Photonen (= Einstein) pro m^2 und Tag (Abbildung 8.15). 1 Mol Quanta entspricht einem Einstein.

Lichtabsorption

Die Lichtabsorption durch das Wasser als Medium kann durch folgende Gleichung charakterisiert werden:

$$I = I_0 \, 10^{-\alpha l} \tag{42}$$

während die Absorption durch die im Wasser gelöste Substanz gegeben ist durch

$$I = I_0 \, 10^{-\varepsilon c l} \tag{43}$$

Beide Gleichungen gelten jeweils für eine bestimmte Wellenlänge, wobei I und I_0 die Lichtintensität des einfallenden und des durchgelassenen Lichtes, z.B. in photon cm^{-2} s^{-1} sind. α [cm^{-1}] ist der Absorptions-Koeffizient für das Wasser; ε ist der molare Extinktions-Koeffizient (liter mol^{-1} cm^{-1}), c die Konzentration (mol ℓ^{-1}), und l ist die Länge des Lichtweges (cm). Das Ausmass der Lichtabsorption, A, wird üblicherweise wie folgt ausgedrückt:

$$A = \log \frac{I_0}{I} = \varepsilon c l \tag{44}$$

Gleichung (44) entspricht dem bekannten Gesetz von Beer und Lambert. Die gelösten Substanzen müssen Licht absorbieren – uns interessieren vor allem die Wellenlängenbereiche 300 – 600 nm – damit eine photochemische Anregung und eine allfällige Molekülumwandlung ausgelöst werden kann. Die Ionen der Übergangselemente und ihre Komplexe sind lichtabsorbierend; ebenso zahlreiche organische Verbindungen, insbesondere auch Humin- und Fulvinsäuren, deren *chromophore* Eigenschaften auf Doppelbindungen und aromatische Gerüste zurückzuführen sind. Die *Energie des Lichtes* (oder seiner Photonen) ist abhängig von der Wellenlänge und gegeben durch:

$$E = h\nu = h\frac{c}{\lambda} \tag{45}$$

wobei h = die Planck'sche Konstante (6.63×10^{-34} Js) und
       c = Lichtgeschwindigkeit (3.0×10^8 ms^{-1})

Die Energie eines Mols Photonen (= 1 Einstein), in Abhängigkeit von λ (nm) ist gegeben durch:

$$E = 6.02 \times 10^{23} \, h \, \frac{c}{\lambda} = \frac{1.2 \times 10^5}{\lambda} \text{ kJ Einstein}^{-1}$$

Diese Energie kann mit der Bindungsenergie (Enthalpie) einer chemischen Bindung (z.B. C–H: 415 kJ mol^{-1}, C–C: 350 kJ mol^{-1}, Cl–Cl: 240kJ mol^{-1}, CCl: 340 kJ mol^{-1}) verglichen werden.

Ein Molekül, welches im kritischen Wellenlängenbereich Licht absorbiert, kann (in erster Näherung) mit der Wellenlänge der entsprechenden Energie angeregt werden. Das ist häufig um ein Vielfaches effizienter (und führt zu spezifischeren Reaktionen) als was durch entsprechende thermische Energie bewirkt werden kann.

Direkte und indirekte photochemische Umwandlungen

Bei der *direkten* photochemischen Umwandlung wird die lichtabsorbierende Substanz (Chromophor) chemisch verändert. Bei der *indirekten* photochemischen Umwandlung sind die Produkte der Photolyse die Reaktanden, welche in nachfolgenden Reaktionen sekundäre photochemische Produkte bilden:

$$\xrightarrow{h\nu} \begin{array}{l}\text{Lichtabsorbierende}\\\text{Substanzen (Org.}\\\text{Verbindungen,}\\\text{Fe(III), NO}_3^-)\end{array} \longrightarrow \begin{array}{l}\text{Photolyse Produkte}\\\text{= Photoreaktanden}\\\\{}^1O_2, OH^\bullet, O_2^{-\bullet}\\H_2O_2\end{array} \longrightarrow \begin{array}{l}\text{sekundäre}\\\text{photo-}\\\text{chemische}\\\text{Produkte}\end{array} \quad (46)$$

$$\searrow_{direkt} \begin{array}{l}\text{umgewandeltes}\\\text{Molekül}\end{array}$$

Die direkte Photolyse ist oft auch umweltchemisch relevant, weil – unter geeigneten Bedingungen – einzelne refraktäre Verbindungen in weniger refraktäre umgewandelt werden können, so kann z.B. die Cl-Gruppe chloroorganischer Substanzen durch OH-Gruppen ersetzt werden.

$$\underset{X}{\text{C}_6\text{H}_4\text{Cl}} \xrightarrow{h\nu} \underset{X}{\text{C}_6\text{H}_4\text{Cl}^*} \xrightarrow{H_2O} \underset{X}{\text{C}_6\text{H}_4\text{OH}} + H^+ + Cl^- \quad (47)$$

Wie wir gesehen haben, wird die Photolyse nur dann wesentlich, wenn der Absorptionsbereich der Substanz mit dem Sonnenlichtspektrum überlagert

TABELLE 8.6 Photochemisch produzierte reaktive Spezies in natürlichen Gewässern

Produkte		mögliche Bildungsprozesse
Singulett Sauerstoff	$^1O_2$	sensibilisiert durch organische Substanzen (Huminsäuren), die Licht absorbieren
Superoxid Anion	$O_2^{-\bullet}$	Photolyse von Fe(III)-Komplexen
Wasserstoffperoxyd	H_2O_2	Photolyse von Fe(III)-Komplexen; Disproportionierung von Superoxid-Ion [1] Austausch mit Atmosphäre
Ozon	O_3	Aufnahme aus Atmosphäre
Hydroperoxyl	$HO_2^\bullet$	Protonierung von $O_2^{-\bullet}$; Aufnahme aus Atmosphäre
Hydroxyl	$OH^\bullet$	Photolyse von Fe(III)-Komplexen und von $Fe(OH)_2^+$, NO_3^-, NO_2^-; Zerfall von O_3
Organische Peroxy-Radikale		Photolyse von gelöstem organischem Material
Polare Oxidationsprodukte organischer Verbindungen		Photochemische Oxidation organischen Material in Lösung oder an Partikel adsorbiert

[1] $2\,O_2^{-\bullet} + 2\,H^+ = H_2O_2 + O_2$

und die Energie der Strahlung ausreicht, um die chemischen Reaktionen zu ergeben.

Tabelle 8.6 gibt eine qualitative Übersicht über einige Photolyseprodukte, die in natürlichen Gewässern wichtig sind. Wie die Tabelle illustriert, ist die Bildung von OH-Radikalen, von Singulett-Sauerstoff, Wasserstoffperoxid und von organischen Peroxiden von besonderer Bedeutung.

Das Nitrat in Oberflächengewässern kann bei der photochemischen Oxidation von organischen Verbindungen eine Rolle spielen. Die Lichtabsorption des NO_3^- kann zu zwei primären photochemischen Prozessen führen:

$$NO_3^- \xrightarrow{h\nu} NO_3^{-*} \begin{array}{c} \longrightarrow NO_2 + O \\ \longrightarrow NO_2^- + O^{-\bullet} \end{array}$$ (48a)(48b)

$O^{-\bullet}$ reagiert sofort mit H^+ und bildet ein Hydroxylradikal:

$$O^{-\bullet} + H_2O = OH^{\bullet} + OH^-$$ (48c)

Der atomare Sauerstoff reagiert wahrscheinlich mit O_2 unter Bildung von Ozon, welches wiederum mit NO_2^- reagiert. (Zepp, Hoigné und Bader, Env. Sci. and Technol. **21**, 443, 1987.)

Neben der Bildung im Wasser selbst, ist zu berücksichtigen, dass wichtige Photooxidantien, die in der Atmosphäre gebildet werden, in die luftexponierten wässrigen Phasen (Wolkentröpfchen, Nebel, Tau und Oberflächengewässer) transferiert werden können. Die hauptsächlichste Photooxidantien-Immission rührt vom Ozon und bei hoher Lichtintensität von $HO_2^{\bullet}$. Bei einer Trockendeposition, je nach meteorologischen Gegebenheiten, von 0.1 mg O_3 pro m² und Std kann ein Wasserfilm von 0.1 mm Tiefe eine Dosis von bis zu 1 mg ℓ^{-1} Ozon pro Std (20 µM h^{-1}) erhalten. (Hoigné).

$^{\bullet}OH$-Radikale gehören zu den reaktivsten oxidierenden Substanzen im Wasser; insbesondere oxidieren sie eine Vielfalt organischer Verbindungen und zahlreiche anorganische Spezies. $^{\bullet}OH$-Radikale werden in natürlichen Gewässern durch Oxidationsreaktionen, die häufig relativ unspezifisch sind, schnell (Mikrosekunden) konsumiert und müssen (z.B. durch Zerfall von O_3 oder durch photochemische Prozesse) nachgeliefert werden. Da die Stationärszustandskonzentrationen in Oberflächengewässern relativ klein sind, sind Reaktionen mit $OH^{\bullet}$ trotz der hohen Reaktivität in Oberflächengewässern nicht vorherrschend.

Singulett Sauerstoff, $^1O_2$, entsteht durch sensibilisierte photochemische Reaktionen und weist eine andere Reaktivität als Sauerstoff im Grundzustand

Photochemische Redox-Prozesse

($^3O_2$) auf. Das Licht wird via im Wasser vorhandene organische Substanzen (wie Huminstoffe) absorbiert. Die chromophoren Gruppen dieser Substanzen, S, werden durch die Anregungsenergie in einen elektronisch angeregten Zustand, S*, mit zwei ungepaarten Elektronen, überführt. Dieses kann die Anregungsenergie auf den relativ leicht anregbaren Sauerstoff übertragen: der entstehende Singulett-Sauerstoff, $^1O_2$, kann dann mit organischen Verbindungen (oder anorganischen Spezies) leicht in Reaktion treten. Unter Mittagssonneneinstrahlungen werden in Mitteleuropa stationäre Konzentrationen an der Oberfläche (im Mittel des obersten Meters) von ca. $^1O_2 = 4 \times 10^{-14}$ M aufgebaut, denen die Chemikalien P ausgesetzt sind (Hoigné).

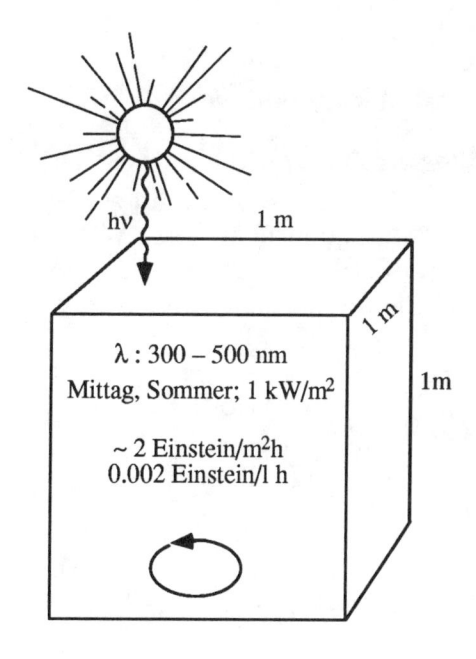

Abbildung 8.15
Sonnenstrahlung
Mittlere Dosisintensität in einer gemischten 1-m-Kolonne, in der alles Licht absorbiert wird.
Modifiziert von J. Hoigné in "Aquatic Chemical Kinetics", Wiley-Interscience, New York (1990).

Der Reaktionsablauf kann durch folgendes Schema zusammengefasst werden:

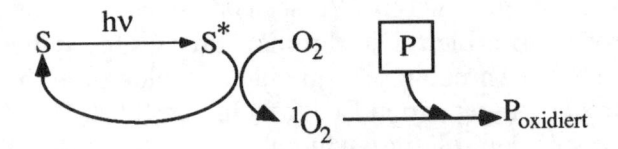

$$S \xrightarrow{h\nu} S^* \xrightarrow{O_2} {}^1O_2 \xrightarrow{P} P_{oxidiert}$$

Für weitergehende Informationen wird auf folgende Arbeit verwiesen: Jürg Hoigné: Formulation and Calibration of Environmental Reaction Kinetics; Oxidation by Aqueous Photooxidants as an Example, in: *Aquatic Chemical Kinetics*, Wiley-Interscience, New York (1990).

Beispiel 8.7
Die Rolle von Fe bei der Photolyse

1) *Atmosphärische Wassertröpchen*
Die Photolyse von Fe(III)-Komplexen führt zur Bildung von H_2O_2. Diese Reaktion ist vor allem in atmosphärischen Wassertröpfchen von Bedeutung. Für den Oxalato-Fe(III)-Komplex kann die Reaktion folgendermassen beschrieben werden (Zuo und Hoigné, Environ. Sci. Technol. **26**, 1014, 1992):

$$Fe^{III}\begin{pmatrix} O-C=O \\ | \\ O-C=O \end{pmatrix}^+ \xrightarrow{h\nu} Fe(II) + C_2O_4^{-\bullet} \quad (49a)$$

$$C_2O_4^{-\bullet} + O_2 \longrightarrow O_2^{-\bullet} + 2\,CO_2 \quad (49b)$$

$$2\,O_2^{-\bullet} + 2\,H^+ \longrightarrow H_2O_2 + O_2 \quad (49c)$$

Das Oxalat kommt in den Wassertröpfchen als Zwischenprodukt bei der Oxidation von atmosphärischen organischen Verbindungen vor. Das Oxalat verschiebt das Absorptionsspektrum des Fe(III) nach längeren Wellenlängen. Abbildung 8.16 gibt ein Schema für den photochemischen Kreislauf des Fe in atmosphärischen Wassertröpfchen in Gegenwart von Oxalat. Andere Liganden reagieren ähnlich. Fe kommt via Staub in die Atmosphäre und ist ubiquitär gelöst oder kolloidal als Fe(III) und Fe(II) in den häufig

Photochemische Redox-Prozesse

leicht sauren Wassertröpfen vorhanden (Behra und Sigg, Nature **344**, 419, 1990).

Das entstehende H_2O_2 kann das in den atmosphärischen Wassertröpfchen enthaltene SO_2 (siehe Beispiel 8.5) zu SO_4^{2-} oxidieren.

Liganden, die mit Fe(III) Komplexe bilden, verhalten sich ähnlich wie Oxalat, d.h. sie können – durch Licht katalysiert – oxidiert werden. Beispielsweise wird das in den Gewässern in kleinen Konzentrationen vorkommende EDTA, falls durch Fe(III) komplexiert, unter Lichteinfluss in den Oberflächengewässern oxidiert.

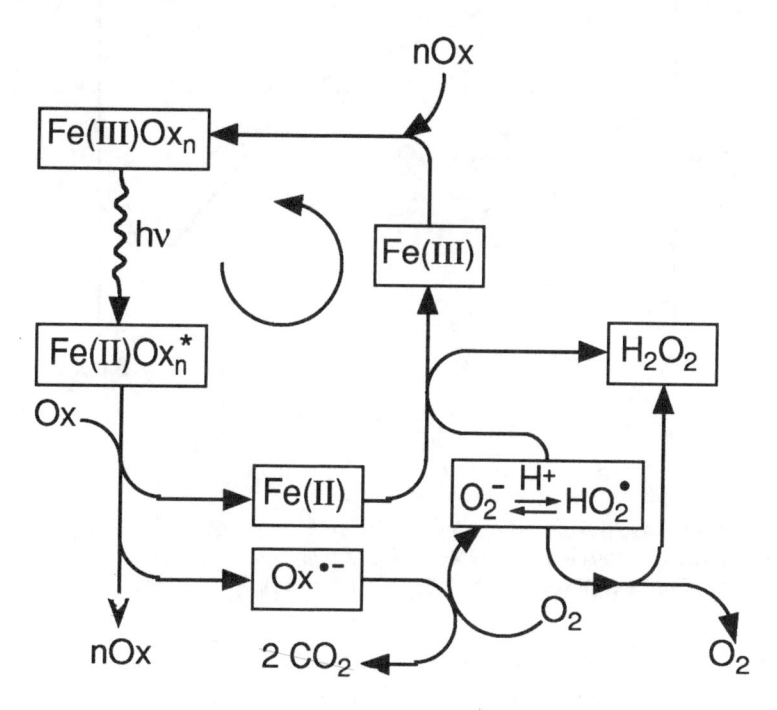

Abbildung 8.16
*Schema für den photochemischen Kreislauf des Fe in atmosphärischen Wassertröpfchen in Gegenwart von Oxalat (von Zuo und Hoigné, Environ. Sci. Technol. **26**, 1014, 1992).*

2) *Photochemische Reduktion von Fe(III) in sauren Seen*

In sauren Oberflächengewässern kann ein durch photochemische Reduktion des kolloidalen Fe(III) bewirkter Tagesgang des gelösten Fe(II) beobachtet werden (Abbildung 8.17). Organische Liganden wie Fulvinsäuren, welche an die Fe(III)(hydr)oxid-Kolloide adsorbiert sind, unterstützen wahrscheinlich den photochemischen Redox-Prozess. In einem leicht sauren See wird das gebildete Fe(II) nur langsam zurückoxidiert.

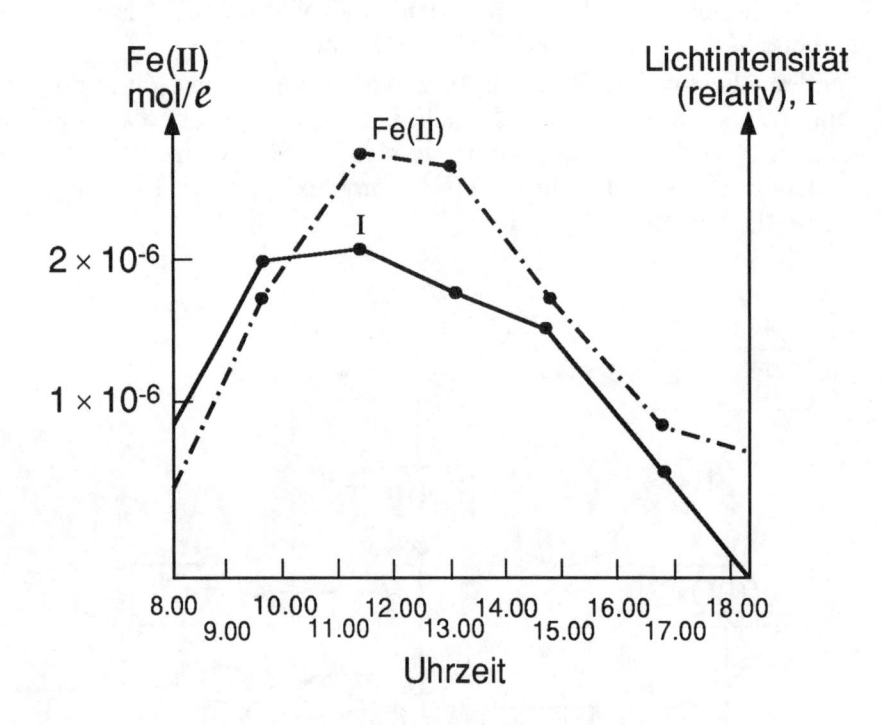

Abbildung 8.17
Beispiel einer Tagesveränderung des [Fe(II)] mit Veränderung der Lichtintensität am Vesdresee (Belgien). pH = 4.1 – 4.5 (Temperatur = 7 °C).
Nach R.H. Colienne, Limnol. Oceanogr. 83, (1983).

Bei höherem pH ist die Rückoxidation des Fe(II) durch Sauerstoff so schnell, dass es schwierig ist, [Fe(II)] noch zu messen. Trotzdem kann ein photochemisch induzierter Eisenkreislauf (mit sehr kleiner Stationärzustandskonzentration von Fe(II)) stattfinden. Als Folge dieses Kreislaufes kann ein sehr amorphes und reaktives Fe(III)hydroxid in den Oberflächengewässern gebildet werden, welches bei der Aufnahme des Fe(III)(aq) (höhere Löslichkeit und schnellere Einstellung des Gleichgewichtes mit monomerem Fe(III)) durch Algen eine Rolle spielen könnte.

8.10 Die Messung des Redox-Potential in natürlichen Gewässern

Wie wir in 8.4 gesehen haben, kann jede Oxidations-(Halb)-Reaktion mit der Reduktion von H^+ zu $H_2(g)$ und jede Reduktions-(Halb)-Reaktion mit der Oxidation von $H_2(g)$ zu H^+ kombiniert werden, um eine Bruttoredoxreaktion (ohne das Auftreten freier Elektronen) zu erhalten. Die freie Bildungsenthalpie dieser Bruttoreaktion entspricht dem Redoxpotential E_H^o.

$$\Delta G^o = -nFE_H^o \tag{50}$$

wobei F = Faraday, n = Anzahl Elektronen, die transferiert werden und E_H^o ist definiert, wobei (vgl. Gleichungen (6) und (7)):

$$E_H = (2.3 \, RT/F) p\varepsilon \tag{51}$$

(Es ist immer zu berücksichtigen, dass die Reaktion $\frac{1}{2} H_2(g) = H^+ + e^-$ unter Standardbedingungen durch ein $\Delta G = 0$ charakterisiert wird.) Dementsprechend ist z.B. die Reaktion

$$Fe^{3+} + \frac{1}{2} H_2 = Fe^{2+} + H^+ \tag{52}$$

charakterisiert durch:

$$\Delta G = \Delta G^o + RT \ln \frac{\{Fe^{2+}\} \{H^+\}}{\{Fe^{3+}\} \, p_{H_2}^{\frac{1}{2}}} \tag{53}$$

oder da p_{H_2} und $\{H^+\} = 1$

$$\Delta G = \Delta G^o + RT \ln \frac{\{Fe^{2+}\}}{\{Fe^{3+}\}} \tag{54}$$

oder nach Substitution von (34)

$$E_H = E_H^o + \frac{RT}{nF} \ln \frac{\{Fe^{3+}\}}{\{Fe^{2+}\}} \tag{55}$$

Wir haben diese Gleichung (die schon früher hergeleitet wurde) nochmals abgeleitet, um jetzt zu zeigen, dass *in idealen Fällen* dieses Redoxpotential mit

Hilfe einer *elektrochemischen Zelle* gemessen werden kann. Die Redoxzelle ist schematisch in Abbildung 8.18 dargestellt. Es ist praktischer, wenn man anstelle der Standard-Wasserstoffelektrode eine andere Referenzelektrode wählt, z.B. die Kalomelelektrode. Diese beruht auf dem heterogenen Gleichgewicht

$$Hg_2Cl_2(s) + 2\ e^- = 2\ Hg(\ell) + 2\ Cl^- \tag{56}$$

und kann hergestellt werden mit Hilfe von flüssigen Hg- und Hg_2Cl_2-Kristallen und einer wässrigen KCl-Lösung mit bekannter $\{Cl^-\}$ mit einem Pt-Kontakt und einer Salzbrücke zur Messzelle. Man muss dann das berechenbare E_H dieser Kalomelelektrode zum gemessenen Wert der Zelle zuziehen, um das E_H der Redoxelektrode zu erhalten. Bei genauen Messungen muss noch das Diffusionspotential, das sich an der Phasengrenze zwischen den Flüssigkeiten der beiden Zellen (Salzbrücke oder Diaphragma) gebildet hat, berücksichtigt werden. Das Diffusionspotential kann sehr klein gehalten werden, wenn die unterschiedlichen Lösungen mit einer mit konzentrierten Elektrolyten gleicher Beweglichkeit gefüllten Salzbrücke – meistens wird KCl verwendet – verbunden werden.

Die Messung des Redoxpotentials eines natürlichen Wassers gelingt aber nur, wenn die Redoxpartner in der Messzelle (Abbildung 8.18) in der Lage sind, Elektronen mit der (Pt- oder Au-) Elektrode auszutauschen. Viele Redoxpartner sind aber äusserst träge bezüglich dieses Elektronenaustausches mit der Elektrode. Dies gilt insbesondere für O_2, N_2, NH_4^+, SO_4^{2-}, CH_4. D.h. viele relevante oxidierende oder reduzierende Spezies sind bezüglich einer Messung durch eine Pt- oder Au-Elektrode relativ inert. Dementsprechend gelingt es *nicht*, Redoxpotentiale zu messen, bei denen diese Redoxpartner dominieren. Typischerweise geben Redoxpotentialmessungen im Bereich 1 der Abbildung 8.6 vollständig falsche Resultate, da O_2, SO_4^{2-}, NO_3^-, N_2 nicht genügend elektrodenaktiv (bezüglich Elektronenaustausch mit der Elektrode) sind. Im Bereich 3 und 4 sind die Möglichkeiten für eine richtige Anzeige etwas besser, da das System $Fe(OH)_3(s) - Fe^{2+}$ meistens gut gepuffert ist und sich relativ elektrodenaktiv verhält. Es gibt weitere Komplikationen: die Elektroden können durch adsorbierende Verbindungen (z.B. oberflächenaktive Substanzen) kontaminiert werden.

Ein weiteres Problem ist, dass häufig in natürlichen Gewässern die Redoxpartner untereinander – da die Kinetik der Elektronen-Transferprozesse häufig langsam sind – nicht im Gleichgewicht sind. Das Konzept des Redoxpotentials beruht aber auf dem, mindestens metastabilen, Gleichgewicht der Redoxpartner. Die Angabe eines Redoxpotentials in einem Nicht-Gleichgewichts-

Die Messung des Redox-Potentials

system wäre vergleichbar mit einer pH-Messung in einem hypothetischen System, bei dem die verschiedenen Säure-Basepaare untereinander nicht im Gleichgewicht wären.

Der konzeptuelle Wert des Redoxpotential, E_H, oder des $p\varepsilon$ im Rahmen eines Gleichgewichtsmodelles bleibt erhalten; E_H und $p\varepsilon$ geben die Randbedingungen wieder, die das System bei Gleichgewicht erreichen würde. Auch wenn der $p\varepsilon$ nicht messbar ist, kann er aus der ungefähren Zusammensetzung des Wassers meistens relativ gut abgeschätzt werden. Falls die Konzentration einer der folgenden Spezies oder Spezieskombinationen O_2, Mn^{2+}, Fe^{2+}, HS^- – SO_4^{2-}, CO_2 – CH_4, annähernd bekannt ist, kann das Redoxpotential oder der $p\varepsilon$ abgeleitet werden. Beispielsweise gibt das Auftreten von messbaren Konzentrationen an Fe^{2+} oder an H_2S eindeutig reduzierte Bedingungen an, entsprechend dem Bereich 3 in Abbildung 8.6.

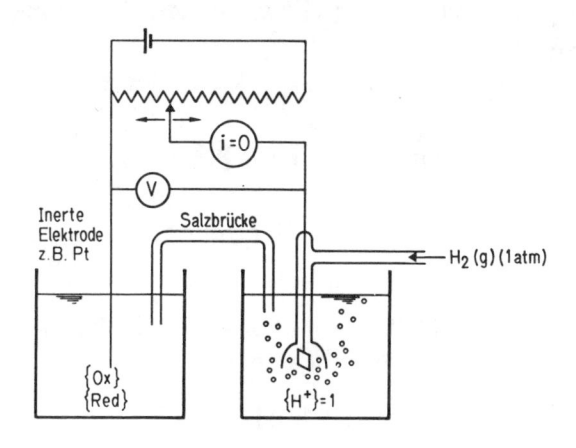

Abbildung 8.18
Elektrochemische Zelle zur Messung des Redoxpotential E_H (Prinzip)
Mit einem Potentiometer wird die Spannung zwischen einer inerten Elektrode (Pt oder Gold), eingetaucht in die Lösung, deren Redoxpotential gemessen wird (die inerte Elektrode ermöglicht den Kontakt und den Elektronenaustausch mit den oxidierten und reduzieten Spezies) und einer Standard-Wasserstoffelektrode gemessen (feinst verteiltes Platin in Kontakt mit Wasserstoff unter 1 atm und $\{H^+\} = 1$ (bei 25 °C)). Die Spannung $E_H(V)$ muss unter Bedingungen gemessen werden, bei denen die elektrochemische Zelle keine Arbeit leistet ($i = 0$).

Beispiel 8.8
Abschätzung von E_H oder $p\varepsilon$ aus analytischer Information

Schätze $p\varepsilon$-Werte für folgende Systeme:

a) Eine Sediment-Wassergrenzfläche, die festes FeS enthält mit pH = 6 und $[SO_4^{2-}] = 2 \times 10^{-3}$ M,
b) Ein Oberflächenwasser mit 3.2 mg O_2/ℓ und pH = 7,
c) Ein Grundwasser bei pH 5 mit 10^{-5} M Fe(II),
d) Ein Wasser aus der Tiefe eines Sees mit $[SO_4^{2-}] = 10^{-3}$ M und $[H_2S] = 10^{-6}$ M und einem pH = 6.

a) Das Redoxpotential dieses Systems könnte sich einstellen aufgrund der Reaktion

$$SO_4^{2-} + FeCO_3(s) + 9\,H^+ + 8\,e^- = FeS(s) + HCO_3^- + 4\,H_2O \qquad (i)$$

Mit Hilfe der thermodynamischen Information im Anhang zu Kapitel 5 ergibt sich für (i) eine Gleichgewichtskonstante von 10^{38}. Daraus ergibt sich

$$p\varepsilon = 4.75 - \tfrac{9}{8}\,pH + \tfrac{1}{8}\left(pHCO_3^- - pSO_4^{2-}\right)$$

Es fehlt uns $pHCO_3^-$; aber für die meisten Gewässer ist $pHCO_3^-$ zwischen 2 und 3. (Dies ergibt nur eine Unsicherheit im $p\varepsilon$-Wert von 0.125.) Dementsprechend errechnet sich der $p\varepsilon \approx -2 \pm 0.2$, $E_H = -0.12$ V.

b) Die Reaktion $O_2(aq) + 4\,e^- + 4\,H^+ = 2\,H_2O(\ell)$ gibt einen log K-Wert von 85.97. Daraus ergibt sich

$$p\varepsilon = \tfrac{1}{4}(85.97 - 4\,pH + \log[O_2(aq)])$$

Da $[O_2] = 10^{-4}$ M, ist $p\varepsilon = 13.5$. $E_H = +0.8$ V. Man beachte, dass das Redoxpotential bezüglich $[O_2(aq)]$ relativ unsensitiv ist. Eine Erniedrigung des $[O_2]$ um vier Grössenordnungen erniedrigt das E_H nur um 0.06 V oder den $p\varepsilon$ um eine Einheit.

c) Man kann davon ausgehen, dass das Fe^{2+} im Grundwasser im Gleichgewicht ist mit festem $Fe(OH)_3(s)$. Demnach wäre

$$Fe(OH)_3(s) + e^- + 3\,H^+ = Fe^{2+} + 3\,H_2O$$

Mit G_f^0 für $Fe(OH)_3(s)$ von -700 kJ mol^{-1} ergibt sich für obige Reaktion ein log K = 14.1 und

$$p\varepsilon = 15.8 - 3\,pH + pFe^{2+} = 1.3, \quad E_H = 0.077 \text{ V}$$

d) Die Redoxintensität ist gegeben durch das Gleichgewicht

$$SO_4^{2-} + 10\,H^+ + 8\,e^- = H_2S(aq) + 4\,H_2O; \log K = 41.0$$

d.h.

$$p\varepsilon = \tfrac{1}{8}(41.0 - 10\,pH - pSO_4^{2-} + pH_2S)$$
$$= -2,\ E_H = -0.12\,V$$

$p\varepsilon$ ist in Gegenwart von H_2S in diesem Bereich gepuffert, da die H_2S-Konzentration mit $\tfrac{1}{8}\,p_{H_2S}$ in die Gleichung eingeht.

Beispiel 8.9
Ableitung des Löslichkeitsproduktes von $Fe(OH)_3(s)$ aus Redox-Potential-Messungen

Abbildung 8.19 gibt Redox-Potential-Messungen und analytische Messungen von löslichem Fe(II) in einem Grundwasser. Diese Potential-Messungen wurden sehr sorgfältig mit Exposition der Pt-Elektrode während 10 oder mehreren Tagen durchgeführt (I. Grenthe et al., Chem. Geology **98**, 131, 1992). Welches ist das Löslichkeitsprodukt des $Fe(OH)_3(s)$, wenn wir annehmen, dass die gemessenen Werte dem Gleichgewicht

$$Fe(OH)_3(s)(am) + 3\,H^+ + e^- = Fe^{2+} + 3\,H_2O \qquad (i)$$

entsprechen?

Das Löslichkeitsprodukt ist gegeben durch:

$$Fe(OH)_3(s) + 3\,H^+ = Fe^{3+} + 3\,H_2O \ ;\ {}^*K_s \qquad (ii)$$

Die Nernst'sche Gleichung (15) ist gegeben durch:

$$E_H = E_H^o + \frac{2.3\,RT}{F} \log \frac{[Fe^{3+}]}{[Fe^{2+}]};\ (E_H^o = 0.771\,V) \qquad (iii)$$

Wenn wir Gleichung (ii) berücksichtigen, erhalten wir für $[Fe^{3+}]$

$$[Fe^{3+}] = {}^*K_s\,[H^+]^3 \qquad (iv)$$

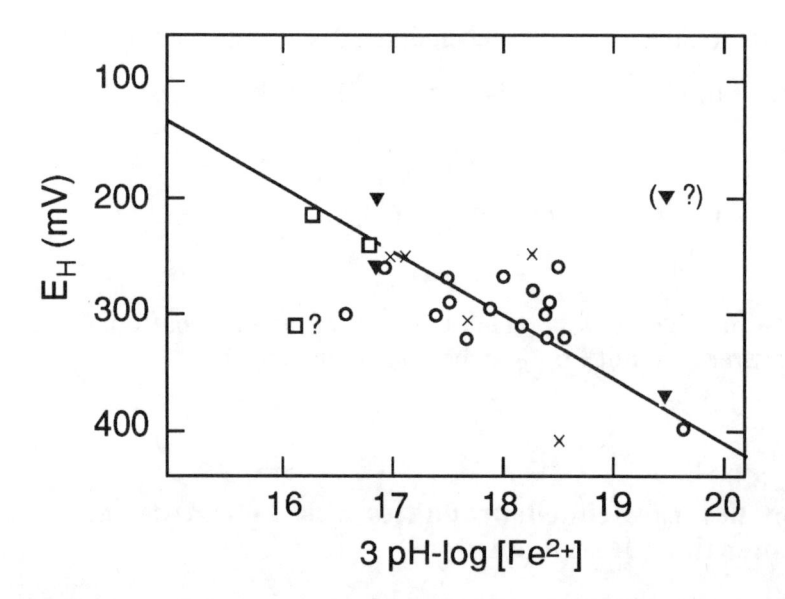

Abbildung 8.19
Redox-Potential-Messungen (korrigiert auf die Standard-Wasserstoff-Elektrode) in einem Grundwasser, aufgetragen gegen (3 pH + log [Fe²⁺]). [Fe²⁺]-Werte wurden aus [Fe(II)]-Daten korrigiert für die Komplexbildung mit Carbonat. Die ausgezogene Linie hat die Neigung (entsprechend der Nernst-Gleichung) von –0.056 V. Dies entspricht der Temperatur des Grundwassers (10 °C). Modifiziert von Grenthe et al., Chem. Geology 98, 131 (1992).

$$E_H = E_H^o + \frac{2.3\,RT}{F} \log \frac{{}^*K_s\,[H^+]^3}{[Fe^{2+}]} \qquad (v)$$

oder

$$E_H = E_H^o + \frac{2.3\,RT}{F} \log {}^*K_s - \frac{2.3\,RT}{F}(3\,pH + \log[Fe^{2+}]) \qquad (vi)$$

oder

$$E_H = {}^*E^o - \frac{2.3\,RT}{F}(3\,pH + \log[Fe^{2+}]) \qquad (vii)$$

wobei

$$ {}^*E^o = 0.771 + 2.303\,(RT/F)\,\log {}^*K_s \qquad (viii)$$

Die Daten in Abbildung 8.19 ergeben im Sinne von Gleichung (viii) eine lineare Beziehung mit einer Neigung von

$$-2.3\, RT/F = -0.056\, V \qquad \text{(ix)}$$

und einen Achsenabschnitt von

$$*E^0 = 0.707\, V \qquad \text{(ix)}$$

Aus Gleichung (viii) berechnen wir

$$\log *K_s = -1.1$$

oder das konventionelle Löslichkeitsprodukt

$$\log [Fe^{3+}][OH^-]^3 = \log K_{s0} = -40.9\ (10\ °C)$$

Der Wert von $2.3\, RT/F = 0.056$ entspricht einer Temperatur von 10 °C.

8.11 Glaselektrode; ionenselektive Elektroden

Die Wasserstoffelektrode ($H^+/H_2(g)$) (Abbildung 8.15 – kombiniert mit einer Standardwasserstoffelektrode ($p_{H_2} = 1$ atm, $\{H^+\} = 1$ M) oder einer anderen Referenzelektrode – kann verwendet werden, um die Aktivität der H^+-Ionen zu messen. Andere Elektroden entsprechen den Redoxpaaren, $Cu^{2+}/Cu(s)$, $Cl_2(g)/Cl^-$, I_3^-/I^-, $Zn^{2+}/Zn(s)$, $Ag^+/Ag(s)$, $AgCl(s)/Ag(s)$ und $Hg_2Cl_2(s)/Hg(\ell)$. Die letzten beiden Elektroden sind Elektroden sogenannter zweiter Art. Wie wir bereits für die Kalomelelektrode erwähnt haben, sind solche Elektroden auch geeignet, als Referenzelektroden verwendet zu werden, da sie, wegen hohem pε-Puffer, ein relativ konstantes Potential aufweisen.

Eine $AgCl(s)/Ag(s)$-Elektrode besteht aus einer Silberelektrode, deren Oberfläche mit $AgCl(s)$ belegt ist und die in eine Lösung relativ hoher Konzentration von Cl^- eintaucht. Trotz Fällung oder Auflösung (wenn ein wenig Strom durch die Zelle fliesst) bleibt $\{Ag^+\}$ relativ konstant.

Funktionierende Metallelektroden beruhen auf einem relativ schnellen Elektronenaustausch des Metalls mit den Metallionen

$$Me^{n+} + ne^- = Me(s) \qquad (57)$$

deren Gleichgewichtspotential gegeben ist durch

$$E_H = E^o_{H_{Me^{n+}/Me(s)}}$$

Manche Metalle können nicht als Elektroden verwendet werden, weil der Elektronenaustausch an ihrer Oberfläche nur langsam erfolgt. Stark reduzierende Metalle (Fe, Zn, Na(!)) können nicht verwendet werden, da sie H_2O reduzieren.

Die Glaselektrode hat sich für die pH-Messung eingebürgert. Wir möchten nicht auf den Mechanismus dieser Elektrode eingehen, ausser zu erwähnen, dass sie im Prinzip wie eine Membrane funktioniert, die sich zwischen Lösungen zweier H^+-Ionen (Innen- und Aussenseite der Glaselektrode) befindet. Wenn die $\{H^+\}$-Aktivität innen konstant ist, ergibt sich das Zellpotential

$$E_{Zelle} = Const. + \frac{RT}{F} \ln \{H^+\} \tag{58}$$

Ionenselektive Elektroden funktionieren auf einem ähnlichen Prinzip. Spezielle Gläser wurden entwickelt, die als relativ selektive Kationen-Austauscher-Membranen funktionieren. Andere geeignete Elektroden haben die Eigenschaften von Festkörper- (Einzelkristallmembranen) oder Flüssig-flüssig-Membranen. Alle diese Elektroden reagieren im Sinne des Nernst'schen Gesetzes auf die Aktivität ausgewählter Ionen, wobei der Anwendungsbereich (Empfindlichkeit) von Elektrode zu Elektrode verschieden ist.

Keine Elektrode ist vollständig selektiv. Andere "ähnliche" Ionen in grösserer Konzentration beeinflussen das Potential (schliesslich ist auch die Glaselektrode bei höheren pH-Werten auf Na^+-Ionen in grösserer Konzentration empfindlich).

Der Effekt eines störenden Ions N auf das gemessene Potential kann wie folgt ausgedrückt werden:

$$E = E_o + \frac{2.3\,RT}{nF} \log\left(\{M^{n+}\} + K_{M-N}\{N^{n+}\}\right) \tag{59}$$

wobei K_{MN} ein Koeffizient für die Selektivität von M im Vergleich zu N ist. ($K_{MN} = 10^{-5}$ bedeutet z.B., dass die Elektrode für M 10^5 Mal selektiver ist als für N).

Die Sauerstoff-Membran-Elektrode ist eine galvanische Elektrode und funktioniert auf einem ganz anderen Prinzip. Es wird eine elektrolytische Zelle verwendet und die Stromstärke an der (inerten) Kathode entspricht der Geschwindigkeit der O_2-Reduktion (Coulumb $m^{-2} s^1$), die proportional der O_2-

Konzentration (Aktivität) in Lösung ist. Die Selektivität wird erhöht und eine Unabhängigkeit von der Turbulenz erreicht, wenn die Kathode mit einer für O_2-Moleküle durchlässige Membrane – häufig wird Polyethylen verwendet – überdeckt ist.

Weitergehende Literatur

EBERSON, L.; *Electron Transfer Reactions in Organic Chemistry,* Springer, Berlin, 1987.

HOIGNÉ, J., ZUO, Y. und NOWELL, L.; "Photochemical Reactions in Atmospheric Waters; Role of Dissolved Iron Species" in: *Aquatic and Surface Photochemistry,* Helz, G. et al. (Hrsg.), Lewis Publ., Chelsea, MI, 1993.

PARSONS, R.; "Standard Electrode Potentials; Units, Conventions, and Methods of Determination", Kapitel 1, S. 1–37, in: *Standard Potentials in Aqueous Solutions,* Bard, A.J. et al. (Hrsg.), Marcel Dekker, New York, 1985.

ZEHNDER, A.J.B. und STUMM, W.; "Geochemistry and Biogeochemistry of Anaerobic Habitats", S. 1–38, in: *Biology of Anaerobic Microorganisms,* A.J.B. Zehnder (Hrsg.), Wiley-Interscience, New York, 1988.

Übungsaufgaben

1) *Arrangiere folgende Systeme in einer Reihe mit absteigendem pε:*
   i) Meerwasser
   ii) Flussedimente
   iii) Seesediment
   iv) Alkoholgärung
   v) Faulturm (Schlammbehandlung)
   vi) Grundwasser mit 0.5 mg/ℓ Fe(II)
   vii) Atmosphäre

2) *Beurteile, ob folgende Prozesse thermodynamisch möglich (und deshalb auch biologisch mediierbar) sind:*
   i) Reduktion von SO_4^{2-} durch organisches Material ($\{CH_2O\}$):
   $SO_4^{2-} + 2\,\{CH_2O\} + 2\,H^+ = H_2S(g) + 2\,CO_2(g) + 2\,H_2O$
   (pH 7)
   ii) Reduktion von N_2 zu NH_4^+ durch $\{CH_2O\}$:
   $(N_2 + 1\tfrac{1}{2}\,\{CH_2O\} + 2\,H^+ + 1\tfrac{1}{2}\,H_2O = 1\tfrac{1}{2}\,CO_2 + 2\,NH_4^+$

   Berücksichtige Konzentrationsbedingungen, die typisch für natürliche Gewässer sind. Thermodynamische Daten aus Anhang Kapitel 5 (z.B. $[SO_4^{2-}] = 2 \times 10^{-4}$ M, org. C = 1×10^{-4} M, $[NH_4^+] = 1 \times 10^{-5}$ M).

3) *Welches ist der pε (oder E_H) eines Grundwassers, das 10^{-5} M Mn^{2+} enthält bei pH = 7? Welchem Sauerstoffgehalt entspricht diese Redoxintensität?*
   Folgende Informationen sind erhältlich:

   $MnO_2(s) + 4\,H^+ + 2\,e^- = Mn^{2+} + 2\,H_2O;\quad \log K = 43.0$
   $O_2(g) \ \ \ + 4\,H^+ + 4\,e^- = 2\,H_2O(\ell);\quad\quad\ \log K = 83.1$

4) *Welcher p_{O_2} darf nicht unterschritten werden, damit bei pH = 6, SO_4^{2-} nicht zu H_2S reduziert werden kann?*

5) *Konstruiere ein pε- vs pH-Diagramm für folgende Schwefelverbindungen:*
   SO_4^{2-}, $H_2S(aq)$, HS^-, S^{2-}, S(s, rhombisch)

6) *Illustriere, dass ein Fe(II)-Komplex ein besseres Reduktionsmittel ist als Fe^{2+} allein.*

7) *Berechne, welche festen Fe(II,III)-Phasen ($FeCO_3(s)$, Fe, $Fe(OH)_2(s)$, $Fe(OH)_3(amorph)$) in Abhängigkeit vom pε bei pH = 7.5 stabil sind. ($[Fe^{2+}] = 1 \times 10^{-5}$ M.)*

8) *In welcher Form kommen – aus thermodynamischer Sicht – Mangan und Kobalt in aerobem (p_{O_2} = 0.2 atm) Wasser vor?*

9) *Welches ist der (hypothetische oder theoretische) pε des reinen H_2O?*

10) Die Verfügbarkeit des für das Pflanzenwachstum wichtigen Phosphates hängt von der Redoxintensität ab. Die Wechselwirkungen mit dem Eisen (Fe(II), Fe(III)) sind von Bedeutung.
    Die pε-abhängige Löslichkeit des Phosphates kann durch folgende Gleichungen charakterisiert werden:

$$3\ FePO_4 \cdot 2\ H_2O(s) + e^- = Fe_3O_4(s) + 3\ H_2PO_4^- + 2\ H^+ + 2\ H_2O;$$
    Strengit   Magnetit
$$\log K = -17.1 \quad (i)$$

$$Fe_3O_4(s) + 2\ H_2PO_4^- + 4\ H^+ + 2\ e^- = Fe_3(PO_4)_2 \cdot 8\ H_2O(s);$$
    Magnetit   Vivianit
$$\log K = 32.6 \quad (ii)$$

Annahme: leicht saurer Boden, Bodenwasser-pH = 5
a) *berechne $[H_2PO_4^-]$ als Funktion von pε*
b) *bei welchem pε können Strengit, Vivianit und Magnetit als feste Phasen (pH = 5) koexistieren?*
c) *diskutiere die pε-Abhängigkeit von Phosphat aufgrund der angegebenen Gleichgewichte (i) und (ii) und allfällig anderer Faktoren.*

11) Zwischen SO_4^{2-} und den S(–II)-Spezies (H_2S, HS^- und S^{2-}) gibt es, vor allem unter dem Einfluss der bakteriologischen Mediation, auch zahlreiche Zwischenprodukte wie $S_2O_3^{2-}$ und elementaren Schwefel (meistens als kolloidaler $S_8(s)$). Ebenso können sich verschiedene Polysulfide, z.B.

$$\tfrac{1}{8} S_8(s) + (n-1)\ S^{2-} = S_n^{2-} \text{ oder}$$
$$\tfrac{1}{8} S_8(s) + (n-1)\ HS^- = HS_n^-$$

bilden. Folgende Gleichgewichtskonstante gilt für die Reaktion
$$HS_4^- + 7\,H^+ + 6\,e^- = 4\,H_2S(aq) \quad \log K = 5.0\ (25\ °C)$$
Wie vergleicht sich der pε-Wert bei pH = 6 und $S_T = 10^{-3}$ M für das SO_4^{2-}-H_2S-Redoxpaar einerseits mit den pε-Werten für die SO_4^{2-}-HS_4^-- und HS_4^--H_2S-Redoxpaare andererseits?

12) Untenstehendes pε- vs pH-Diagramm für Chrom-Spezies gilt für [Cr gelöst] = 10^{-6} M und 25 °C. Zusätzlich zu den G_f^0-Werten der Tabelle im Anhang zu Kapitel 5 wurden folgende G_f^0-Werte berücksichtigt:

$CrOH^{2+}$: -431.0 kJ mol^{-1}
$Cr(OH)_2^+$: -632.6 kJ mol^{-1}

(Bekanntlich ist Chromat ökologisch schädlich)
a) *In welcher Form sollte Cr – aus thermodynamischer Sicht –*
– in einem sauerstoffhaltigen Wasser,
– in einem anoxischen Grundwasser
auftreten?
b) *Wie könnte Chrom aus einem verunreinigten Boden ausgewaschen werden?*
c) *Wie kann das im Laboratorium anfallende Chromat (fällt z.B. bei der Bestimmung des chemischen Sauerstoffbedarfs mit Chromat an) beseitigt werden?*

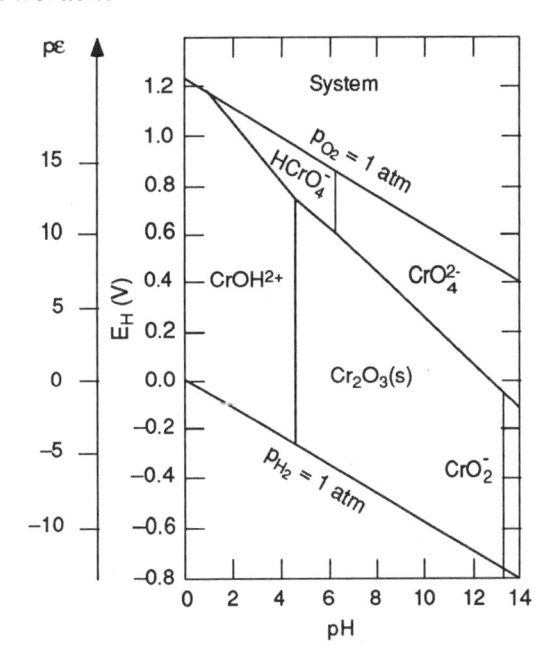

KAPITEL 9

Grenzflächenchemie

9.1 Einleitung

Unsere Umwelt wird zu einem guten Teil durch Kreisläufe und Austauschprozesse zwischen Erde, Atmosphäre, Meeren, Süsswasser, Sedimenten und Bodenmineralien reguliert. Die Bestandteile der meisten dieser Systeme weisen grosse Oberflächen pro Volumen auf. Dementsprechend werden viele Naturvorgänge durch Prozesse an Grenzflächen – insbesondere an der Mineralien-Wasser-Grenzfläche und der Biota-Wasser-Grenzfläche – gesteuert und beschleunigt oder verzögert. Das geochemische Schicksal fast aller Spurenelemente hängt von ihrer Bindung an feste Oberflächen ab. Als wichtige Beispiele oberflächenkontrollierter Prozesse seien erwähnt: die Regulierung des Vorkommens von Schwermetallionen in Gewässern und Böden, die Auflösungs- und Auswaschungsprozesse in übersäuerten Böden, die durch Eisen- und Manganoxide katalysierte Oxidation von SO_2 in Regen- und Nebeltröpfchen, photoinduzierte Reaktionen an Oxiden und Halbleiteroberflächen.

Die Grenzflächen- und Kolloidchemie beruht auf verschiedenen Disziplinen, insbesondere der physikalischen Chemie (Thermodynamik, Kinetik, Elektrolyt- und Elektrochemie) und der Festkörperchemie. In diesem Kapitel steht die Wechselwirkung von gelösten Spezies mit festen Oberflächen (Adsorption und Desorption) im Vordergrund. Diese Wechselwirkung ist charakterisiert durch die physikalischen und chemischen Eigenschaften des Wassers, der gelösten Spezies und der Oberfläche. Die meisten in der Natur vorkommenden hydratisierten Feststoffe tragen an ihrer Oberfläche funktionelle Gruppen wie z.B. $-OH$, $-SH$ und $-C{\overset{O}{\underset{OH}{\diagdown}}}$. Diese Gruppen ermöglichen vielseitige Adsorptions-Reaktionen mit den gelösten Stoffen.

9.2 Wechselwirkungen an der Grenzfläche Fest-Wasser

Zwei grundsätzliche Adsorptionsmechanismen stehen im Vordergrund:
1) die Bildung koordinativer chemischer Bindungen an der Fest-Wassergrenzfläche; und
2) die hydrophobe Adsorption (Verdrängung nichtpolarer Substanzen aus dem Wasser und Akkumulierung an der Oberfläche).

Die koordinative Bindung: der Oberflächenkomplex

Die funktionellen Gruppen an der Oberfläche (z.B. ein Metalloxid in wässrigem Medium enthält oberflächenständige OH-Gruppen (s. 9.5)) gehen ähnliche Bindungen ein wie entsprechende Gruppen an gelösten Liganden. Wir können z.B. folgende Reaktionen vergleichen:

in Lösung: $\quad\quad RCOOH + Cu^{2+} \rightleftharpoons RCOOCu^+ + H^+ \quad\quad$ (1a)

an der Oberfläche: $\equiv S-OH + Cu^{2+} \rightleftharpoons \equiv S-OCu^+ + H^+ \quad\quad$ (1b)

wobei $\equiv S-OH$ eine Oberflächengruppe darstellt. Der Komplexbildung in Lösung entspricht die Komplexbildung an der Oberfläche. Der deprotonierte Ligand $RCOO^-$ in Lösung und $\equiv S-O^-$ an der Oberfläche verhalten sich wie Lewis-Basen. Die Adsorption von Metallionen (und Protonen) lässt sich als kompetitive Komplexbildung interpretieren. In ähnlichem Sinne kann die Adsorption von Liganden (Anionen und schwache Säuren) mit der Komplexbildung in Lösung verglichen werden.

$Fe(OH)^{2+} + F^- \rightleftharpoons FeF^{2+} + OH^- \quad\quad$ (2a)

$\equiv S-OH + F^- \rightleftharpoons \equiv SF + OH^- \quad\quad$ (2b)

Das zentrale Ion der Oberfläche eines Minerals (z.B. Fe in einem Eisen(III)(hydr)oxid) verhält sich – ähnlich wie $Fe(OH)^{2+}$ in Lösung – als Lewis-Säure und tauscht das strukturelle OH gegen Liganden (an der Lösung) aus (Liganden-Austausch).

Der hydrophobe Effekt

Hydrophobe Verbindungen (z.B. Kohlenwasserstoffe) sind in manchen nicht-polaren Lösungsmitteln gut löslich – im Wasser jedoch schlecht. Solche Substanzen haben die Tendenz, den Kontakt mit Wasser möglichst klein zu halten und sich in nicht-polarer Umgebungen, z.b. an einer Oberfläche oder in einem organischen Partikel, zu assoziieren. Viele organischen Substanzen, z.B. Seife, Detergentien, Fett-, Fulvin- und Huminsäuren, langkettige Alkohole, Polymere und Polyelektrolyte, haben Molekülteile mit sowohl hydrophobem wie auch hydrophilem Charakter; sie sind amphiphil. Um den Kontakt mit dem Wasser zu vermindern, akkumulieren hydrophobe und amphiphile Substanzen an Grenzflächen oder assoziieren sich mit sich selbst und bilden Mizellen. Man spricht von hydrophober Bindung oder hydrophober Adsorption, obschon dieser Name zu Missverständnissen führen kann, da die Anziehung nicht-polarer Gruppen an Oberflächen und andere nicht-polare Gruppen nicht auf einer speziellen Affinität dieser Gruppen, sondern auf den attraktiven Wechselwirkungen der H_2O-Moleküle aufeinander beruhen, die überwunden werden müssen, um eine Substanz im Wasser zu lösen.

Elektrostatische und andere Wechselwirkungen

Etwas vereinfacht ausgedrückt, kann man sagen, dass chemische Kräfte auf kurze Distanzen und elektrostatische Kräfte auf etwas grössere Distanzen wirken. Die elektrostatische Kraft der Anziehung oder Abstossung wird durch das Coulomb'sche Gesetz gegeben.

Es gibt andere Kräfte, vornehmlich elektrischer Art, vor allem bei Molekülen, die Dipolcharakter aufweisen. *Dipol-Dipol-Wechselwirkungen* werden als Orientierungsenergie bezeichnet. Die Dispersionskräfte, die sogenannten *London-van der Waals-Kräfte*, ergeben Wechselwirkungsenergien von ca. 10 – 40 kJ mol^{-1}, die gering sind gegenüber elektrostatischen Wechselwirkungen (Ionenpaar) oder kovalenten Bindungen (>> 10 kJ mol^{-1}) oder gross gegenüber der Orientierungsenergie (< 10 kJ mol^{-1}). Man kann sich vereinfacht vorstellen, dass die Dispersionskräfte auf der Oszillation der Ladungen der Moleküle beruhen, welche gegenseitig synchronisierte, sich anziehende Dipole induzieren.

Das Wasserstoffion kann höchstens eine Koordinationszahl von 2 ausüben. In einer *Wasserstoffionenbrücke* (hydrogen bond) werden zwei Elektronenpaarwolken gebunden, um zwei polare Moleküle zusammenzuhalten. Die Wechselwirkungsenergie ist 10 – 40 kJ mol^{-1}. Wie wir in Kapitel 1 gesehen haben, ist die Wasserstoffbrückenbildung im flüssigen Wasser besonders wichtig; sie bewirkt den ausnehmend hohen Siedepunkt des Wassers (z.B. gegenüber H_2S).

9.3 Adsorption aus der Lösung

Die Langmuir-Adsorptions-Isotherme

Die einfachste Annahme bei der Adsorption geht davon aus, dass Adsorptionsplätze, S, an der Oberfläche eines Festkörpers (Adsorbens) durch die zu adsorbierenden Spezies aus der Lösung, A, (Adsorbat) mit einer 1 : 1-Stöchiometrie besetzt werden:

$$S + A \rightleftharpoons SA \tag{3}$$

wobei S die Anzahl Oberflächenplätze des Adsorbens, A die Konzentration des Adsorbats in Lösung und SA die Oberflächenkonzentration der mit Adsorbaten besetzten Plätze angibt. S und SA können in mol pro Liter Lösung oder in mol pro Oberfläche ausgedrückt werden; wir wählen hier vorerst mol/ℓ. Wenn die Aktivität der Oberflächenspezies S und SA proportional ihrer Konzentration sind, können wir auf (3) das Massenwirkungsgesetz anwenden:

$$\frac{[SA]}{[S][A]} = K_{ads} = \exp\left(-\frac{\Delta G^o_{ads}}{RT}\right) \tag{4}$$

Ferner können wir von einer maximalen Anzahl Oberflächenplätze, S_T, ausgehen:

$$S_T = [S] + [SA] \tag{5}$$

so dass

$$[SA] = S_T \frac{K_{ads}[A]}{1 + K_{ads}[A]} \tag{6}$$

ist. Falls wir eine Oberflächenkonzentration Γ = [SA]/Masse Adsorbens, und die maximal mögliche Oberflächenkonzentration Γ_{max} = S_T/Masse Adsorbens definieren, ergibt sich:

$$\Gamma = \Gamma_{max} \frac{K_{ads}[A]}{1 + K_{ads}[A]} \tag{7a}$$

Adsorption aus der Lösung

In dieser Form ist Gleichung (7) als Langmuir-Isotherme bekannt. Sie wird häufig auch formuliert als:

$$\frac{\Theta}{1-\Theta} = K_{ads}\,[A] \tag{7b}$$

wobei

$$\Theta = \frac{[SA]}{S_T}$$

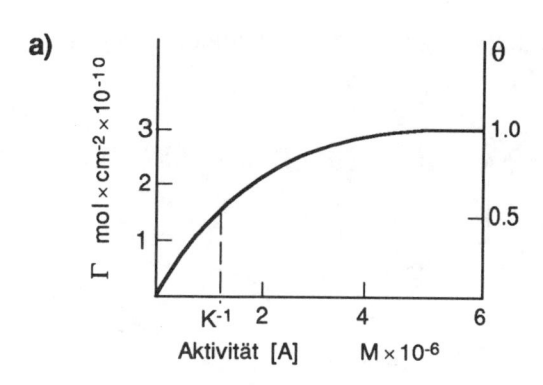

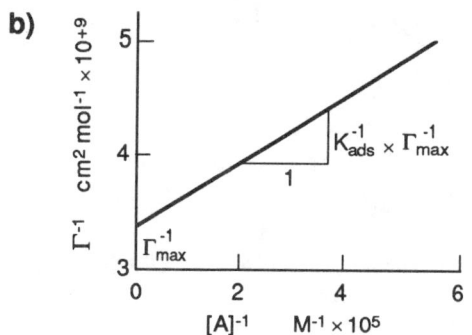

Abbildung 9.1
a) Langmuir-Adsorptionsisotherme (Gleichung (7))
b) durch die Auftragung der Gleichung (7a) in der reziproken Form:

$$\frac{1}{\Gamma} = \frac{1}{\Gamma_{max}} + \frac{1}{K_{ads}\,\Gamma_{max}\,[A]}$$

werden Γ_{max} und K_{ads} bestimmt.

Die Voraussetzung zur Anwendung einer Langmuir-Adsorptionstherme sind:
i) thermisches Gleichgewicht bis zur Bildung einer Monoschicht, $\Theta = 1$
ii) Die Energie der Adsorption ist unabhängig von Θ. (Gleiche Aktivität aller Oberflächenplätze.) (Abbildung 9.1)

Die Freundlich-Gleichung ist häufig praktisch, um Adsorptionsdaten empirisch in einem log Γ vs log [A] Graph graphisch wiederzugeben:

$$\Gamma = m[A]^n \tag{8}$$

obschon auch diese Gleichung theoretisch abgeleitet und interpretiert werden kann (Abbildung 9.2).

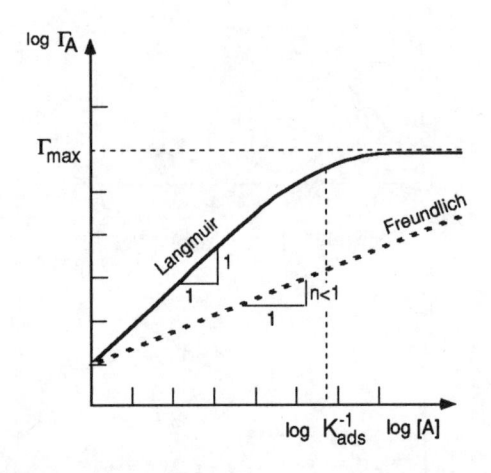

Abbildung 9.2
Auftragung von Adsorptionsdaten in der Form der Freundlich-Gleichung (8) für n < 1
Zum Vergleich ist auch eine Langmuir-Isotherme (doppelt logarithmisch) aufgetragen.

Die Oberflächenspannung

Moleküle an der Oberfläche oder der Grenzfläche des Wassers werden von anderen Molekülen angezogen; daraus ergibt sich eine Anziehung in das Innere des Wassers und eine Tendenz, die Anzahl der Moleküle in der Oberfläche oder Grenzfläche zu verringern. Deswegen muss Arbeit geleistet werden, um Moleküle aus der Bulkphase an die Grenzfläche zu bringen oder um die

Adsorption aus der Lösung

Grenzfläche zu vergrössern. Die minimale Arbeit, die geleistet werden muss, um eine Zunahme der Oberfläche $d\bar{A}$ zu bewirken, ist $\gamma d\bar{A}$, wobei γ die Oberflächen- oder Grenzflächenspannung oder Grenzflächenenergie [N cm^{-1}] oder [J cm^{-2}] (1 N (Newton) = 10^5 dyn) ist. γ ist also die Gibbs-freie Reaktionsenthalpie der Grenzfläche:

$$\gamma = \left(\frac{\delta G}{\delta \bar{A}}\right)_{T,p,n} \tag{9}$$

Daraus lässt sich eine Beziehung (Gibbs-Gleichung) zwischen dem Ausmass der Adsorption an der Grenzfläche und der Veränderung der Oberflächen- oder Grenzflächenspannung ableiten:

$$\Gamma_i = \frac{1}{RT}\left(\frac{\delta \gamma}{\delta \ln a_i}\right)_{T,p} \tag{10}$$

wobei Γ_i = Oberflächenkonzentration [mol cm^{-2}], oder genauer der Oberflächenüberschuss gegenüber einem Referenzzustand (bei reinem Wasser ist die Adsorptionsdichte von H_2O = 0), ist.

R = Gaskonstante
T = absolute Temperatur
γ = Oberflächenspannung oder Oberflächenenergie [J cm^{-2}]
a_i = Aktivität der Spezies i (meistens können Konzentrationen verwendet werden)

Qualitativ sagt Gleichung (10), dass eine Substanz, die die Oberflächenspannung (Grenzflächenspannung) reduziert [$(\delta\gamma/\delta \ln a_i) < 0$], an der Oberfläche (Grenzfläche) adsorbiert wird. Elektrolyte haben die Tendenz, γ (leicht) zu erhöhen; aber fast alle organischen Moleküle, und insbesondere oberflächenaktive Substanzen (Fettsäuren, Detergentien etc.), erniedrigen die Oberflächenspannung (Abbildung 9.3).

Amphiphile Moleküle (die sowohl hydrophobe und hydrophile Gruppen enthalten) orientieren sich an Grenzflächen. An der Wasser-Luft-Oberfläche orientieren sich die hydrophilen Gruppen zum Wasser und die hydrophoben Reste zur Luft. Bei Fest-Wasser-Grenzflächen hängt die Orientierung von der relativen Affinität der Gruppierungen für das Wasser und die Grenzfläche ab.

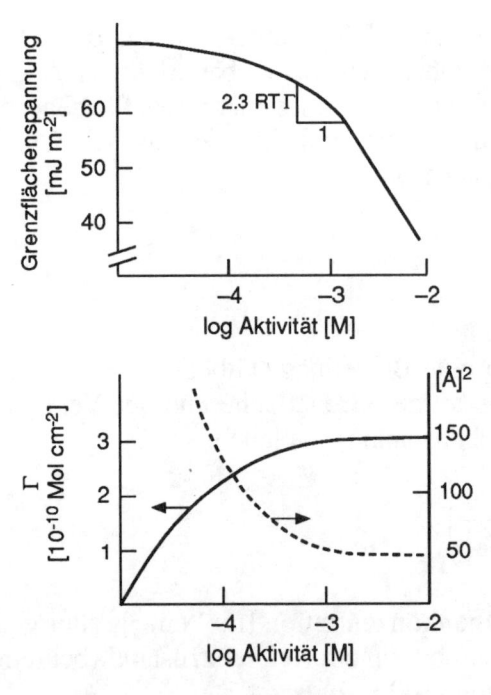

Abbildung 9.3
Die Oberflächenkonzentration Γ (der Oberflächenüberschuss) und die spezifische Oberfläche (Fläche pro adsorbiertes Molekül) kann aus der Veränderung der Grenzflächenspannung mit Zunahme der Aktivität (Konzentration) (semilogarithmische Auftragung von γ vs log a) abgeleitet werden (Gleichung (10)).

9.4 Partikel in natürlichen Gewässern

In natürlichen Gewässern sind immer feste Teilchen (Partikel inkl. Kolloide) in grosser Anzahl vorhanden. Sie bestehen einerseits aus biologischem Material (Algen, Bakterien, biologisches Debris) und andererseits aus anorganischen Verbindungen: Tonmineralien, Oxiden und Hydroxiden (z.B. Al_2O_3, $Fe(OH)_3$, MnO_2 etc.) und Carbonaten. Der Grössenbereich dieser Partikel erstreckt sich über mehrere Grössenordnungen, mit Durchmessern von ca. 1 nm (10^{-9} m) bis mehrere mm (Abbildung 9.4). Die Reaktivität dieser Partikel in Bezug auf Grenzflächenprozesse hängt mit ihrer spezifischen Oberfläche zusammen, die mit abnehmendem Durchmesser zunimmt; d.h. kleine Partikel mögen mengenmässig unwichtig, für Reaktionen an den Grenzflä-

Partikel in natürlichen Gewässern

chen aber wesentlich sein. Die relative Anzahl der Partikel verschiedener Grössenklassen kann durch eine Partikelgrössenverteilung angegeben werden, wobei die kleinsten Partikel zahlenmässig überwiegen. Diese Verteilung kann auch als spezifische Oberfläche pro Grössenklasse dargestellt werden (Abbildung 9.5).

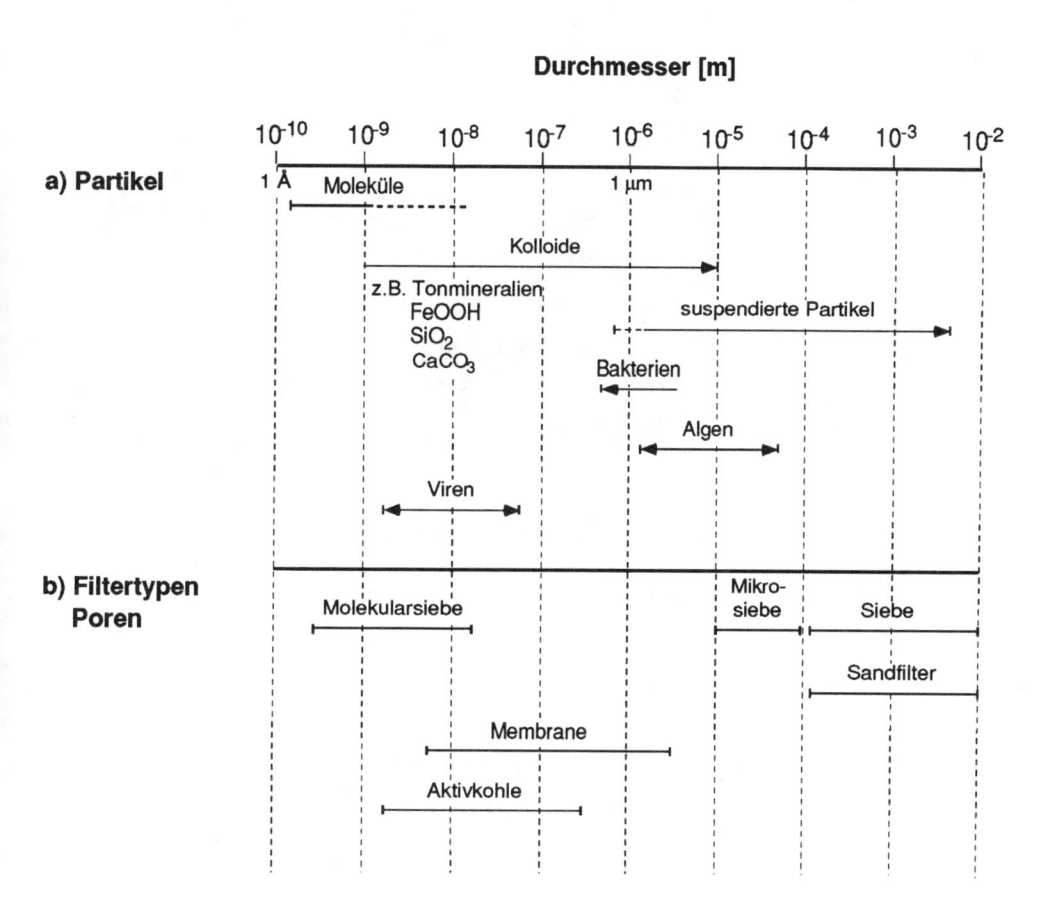

Abbildung 9.4
Grössenspektrum von Partikeln in natürlichen Gewässern

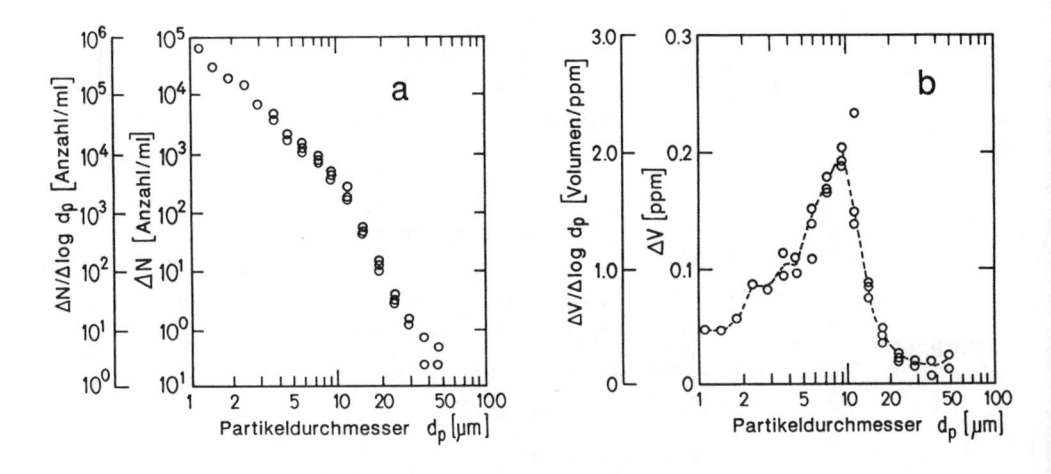

Abbildung 9.5
Beispiel einer Partikelgrössenverteilung
a) *Anzahl Partikel pro Grössenklasse;*
b) *Volumen pro Grössenklasse. Die grösste Anzahl der Partikel befindet sich in der kleinsten Durchmesserklasse, während beim Volumen ein Maximum für die Grössenklassen 5 –10 μm resultiert.*
Diese Partikelgrössenverteilung wurde in einer Wasserprobe aus dem Zürichsee (135 m, 1.9.85) gemessen.
(Aus: Diss. U. Weilenmann (1986))

9.5 Oxidoberflächen: Säure-Base-Reaktionen, Wechselwirkung mit Kationen und Anionen

Oxide (Eisen-, Mangan-, Aluminiumoxide usw.) sind wichtige Bestandteile der Partikel, die in natürlichen Gewässern vorkommen. Ihre oberflächenchemischen Eigenschaften sind besonders gut untersucht. In wässrigem Medium bilden Oxide hydratisierte Oberflächen (Abbildung 9.6). Dadurch entstehen oberflächenständige OH-Gruppen, an denen verschiedene chemische Reaktionen möglich sind. Die Anzahl dieser OH-Gruppen hängt mit der Struktur des jeweiligen Oxids zusammen. Typischerweise findet man ca. 4 – 10 OH-Gruppen/nm^2; die spezifische Oberfläche beträgt für kleine Teilchen ca. 10 – 100 m^2/g, so dass ca. $10^{-4} - 10^{-3}$ mol OH-Gruppen pro Gramm Oxid resultieren.

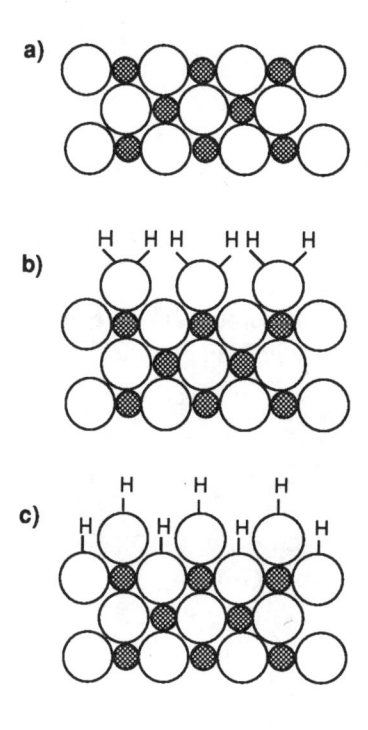

Oxidoberflächen: Säure-Base-Reaktionen 373

Abbildung 9.6
Schematische Darstellung einer hydratisierten Oxidoberfläche
a) Metallionen an der Oberfläche sind koordinativ nicht gesättigt, so dass Wassermoleküle adsorbiert werden;
b) durch Dissoziierung eines Protons bilden sich OH-Gruppen, die die Oberfläche bedecken.
(Aus: P. Schindler, in: "Adsorption of Inorganics at the Solid/Liquid Interface", M. Anderson and A. Rubin, Eds., Ann Arbor Science, 1981)

Diese OH-Gruppen reagieren zunächst, je nach pH-Bereich, als Säure oder als Base, d.h. sie sind amphoter. Diese Reaktionen können folgendermassen formuliert werden:

$$\equiv S\text{-}OH_2^+ \rightleftharpoons \equiv S\text{-}OH + H^+ \qquad Ka_1^s \qquad (11a)$$

$$\equiv S\text{-}OH \rightleftharpoons \equiv S\text{-}O^- + H^+ \qquad Ka_2^s \qquad (11b)$$

wobei $\equiv SOH$ eine Oberflächen-OH-Gruppe bedeutet. Dementsprechend werden Säurekonstanten für diese OH-Gruppen definiert:

$$\mathrm{Ka}_1^s = \frac{\{\equiv\text{S-OH}\}[\text{H}^+]}{\{\equiv\text{S-OH}_2^+\}} \qquad (12a)$$

$$\mathrm{Ka}_2^s = \frac{\{\equiv\text{S-O}^-\}[\text{H}^+]}{\{\equiv\text{S-OH}\}} \qquad (12b)$$

Die Oberflächenkonzentrationen {≡S-OH} werden in mol/g, mol/kg oder mol/m² ausgedrückt.

Durch Austausch mit den Protonen können Kationen an diesen OH-Gruppen gebunden werden, ähnlich wie bei Liganden in Lösung:

$$\equiv\text{S-OH} + \text{M}^{2+} \rightleftharpoons \equiv\text{S-OM}^+ + \text{H}^+ \qquad K_1^s \qquad (13)$$

$$2 \equiv\text{S-OH} + \text{M}^{2+} \rightleftharpoons (\equiv\text{SO})_2\text{M} + 2\,\text{H}^+ \qquad \beta_2^s \qquad (14)^{1)}$$

Dabei werden Protonen freigesetzt. Die Konstanten für die Bindung der Kationen an den Oberflächen-OH-Gruppen werden definiert als:

$$K_1^s = \frac{\{\equiv\text{S-OM}^+\}[\text{H}^+]}{\{\equiv\text{S-OH}\}[\text{M}^{2+}]} \qquad \beta_2^s = \frac{\{\equiv(\text{SO})_2\text{M}\}[\text{H}^+]^2}{\{\equiv\text{S-OH}\}^2[\text{M}^{2+}]} \qquad (15)$$

Bei diesen Reaktionen handelt es sich meistens um die Bildung von innersphärischen Komplexen (Abbildung 9.7). Spektroskopische Untersuchungen an geeigneten Oberflächenkomplexen (z.B. ESR (Electron Spin Resonance) und ENDOR (Elektron Nuclear Double Resonance) und EXAFS (X-Ray Adsorption Fine Structure Spectroscopy) und FTIR (Fourier Transform Infrarot Spektroskopie) (s. auch Abbildung 9.8)) können Einsicht in die strukturelle Konfiguration der Oberfläche geben.

Die Tendenz Oberflächenkomplexe zu bilden, hängt mit der Tendenz zur Bildung entsprechender Komplexe in Lösung zusammen, insbesondere für die Kationen mit der Tendenz zur Bildung von OH-Komplexen. Im Gegensatz dazu entsprechen aussersphärische Komplexe der Bildung von Ionenpaaren in Lösung und sind vorwiegend durch elektrostatische Kräfte bestimmt.

Anionen und schwache Säuren können durch Ligandenaustausch gebunden werden, indem OH-Gruppen ersetzt werden:

---

[1] Gleichungen (14) und (17) werden häufig auch wie folgt beschrieben:
   $(\equiv\text{S-OH})_2 + \text{M}^{2+} \rightleftharpoons (\text{SO})_2\text{M} + 2\,\text{H}^+$
   Der erste Reaktand wird als Dimer interpretiert und tritt als solcher (mit dem Exponent 1) in das Massenwirkungsgesetz.

Oxidoberflächen: Säure-Base-Reaktionen

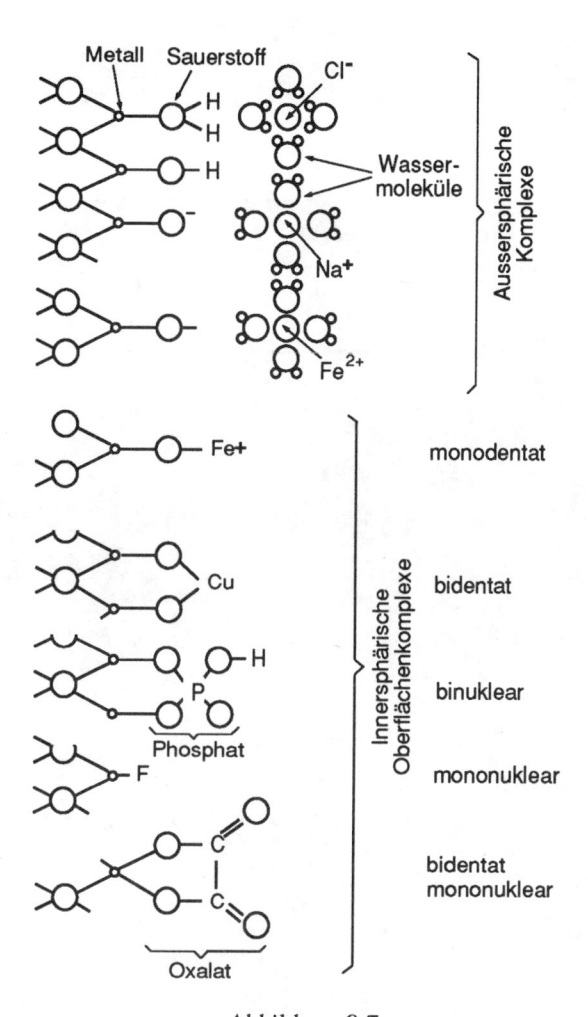

Abbildung 9.7
Schematische Darstellung der Bindung von Kationen und Anionen an einer wässrigen Oxid- oder Aluminiumsilikatoberfläche

$$\equiv\text{S-OH} + A^{2-} \rightleftharpoons \equiv\text{S-A}^- + OH^- \qquad K_1^s \qquad (16)$$

$$2 \equiv\text{S-OH} + A^{2-} \rightleftharpoons \equiv\text{S}_2A + 2\,OH^- \qquad \beta_2^s \qquad (17)[1]$$

mit den entsprechenden Gleichgewichtskonstanten:

---

[1] Vgl. Fussnote bei Gleichung (14).

$$K_1^s = \frac{\{\equiv\text{S-A}^-\}[\text{OH}^-]}{\{\equiv\text{S-OH}\}[\text{A}^{2-}]} \qquad \beta_2^s = \frac{\{\equiv\text{S}_2\text{A}\}[\text{OH}^-]^2}{\{\equiv\text{S-OH}\}^2[\text{A}^{2-}]} \qquad (18)$$

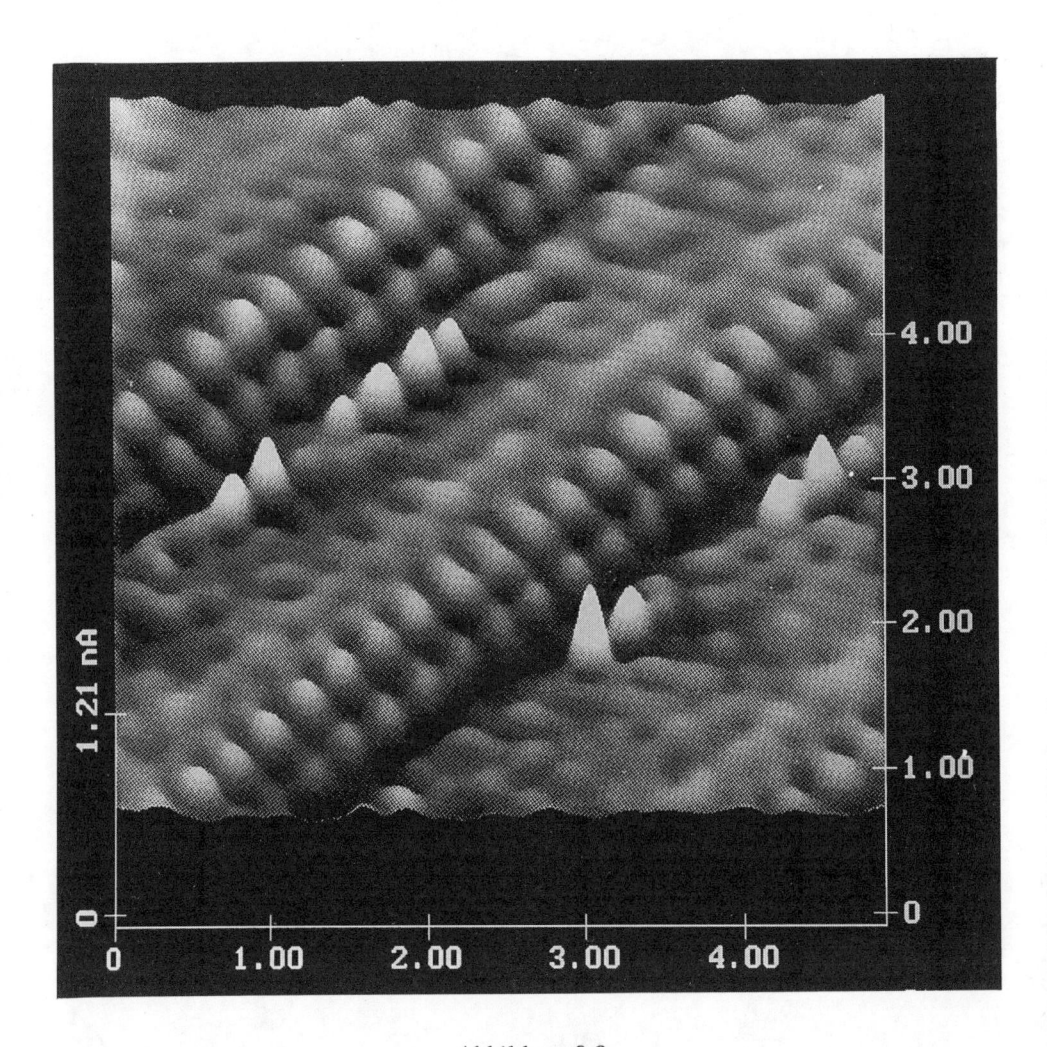

Abbildung 9.8
Rastertunnel-mikroskopische Aufnahme der Oberfläche eines (feuchten) Hämatites (α-Fe_2O_3) (Einheiten sind Nanometer)

Man sieht Stufenreihen der Oxidionen (von links unten nach rechts oben). Das Hämatit wurde vor der Aufnahme mit 10^{-4} M SO_4^{2-} bei pH = 5 ins Gleichgewicht gebracht. Die weiss erscheinenden Hügel in der Nähe der Stufen sind wahrscheinlich SO_4^{2-} das durch Ligandenaustausch adsorbiert wurde. (Von Eggleston, Johnson und Stumm, 1992)

Oxidoberflächen: Säure-Base-Reaktionen

Die Bindung der Kationen an einer Oxidoberfläche erfolgt entsprechend Gleichung (15) pH-abhängig innerhalb eines pH-Bereichs, der von den jeweiligen Konstanten K_1^s und β_2^s sowie von den Konzentrationsverhältnissen abhängt. (Abbildung 9.9). Das Ausmass der Bindung nimmt mit zunehmendem pH zu.

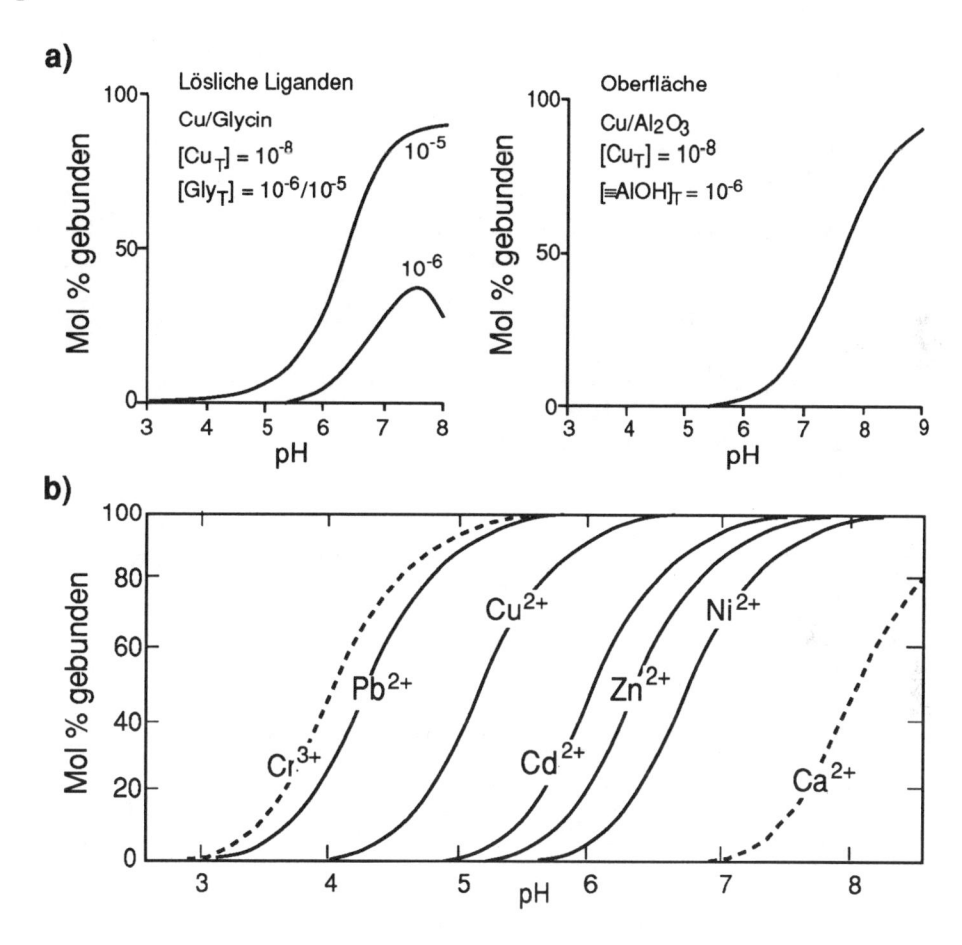

Abbildung 9.9

Adsorption (Bindung) von Metallionen

a) pH-Abhängigkeit der Metallionenbindung durch Komplexbildung in Lösung durch Glycin (links) und durch Al_2O_3 an der Oberfläche (rechts).

b) Das Ausmass der Adsorption verschiedener Metallionen an der Eisen(III)-hydroxid-Oberfläche als Funktion des pH.

100 mg $Fe(OH)_3(s)$ mit 2×10^{-4} mol Oberflächengruppen pro Liter. Totale Me(II)-Konzentration: 5×10^{-7} M, I = 0.1 M $NaNO_3$. Aufgrund von Komplexbildungskonstanten aus Dzombak und Morel (1990).

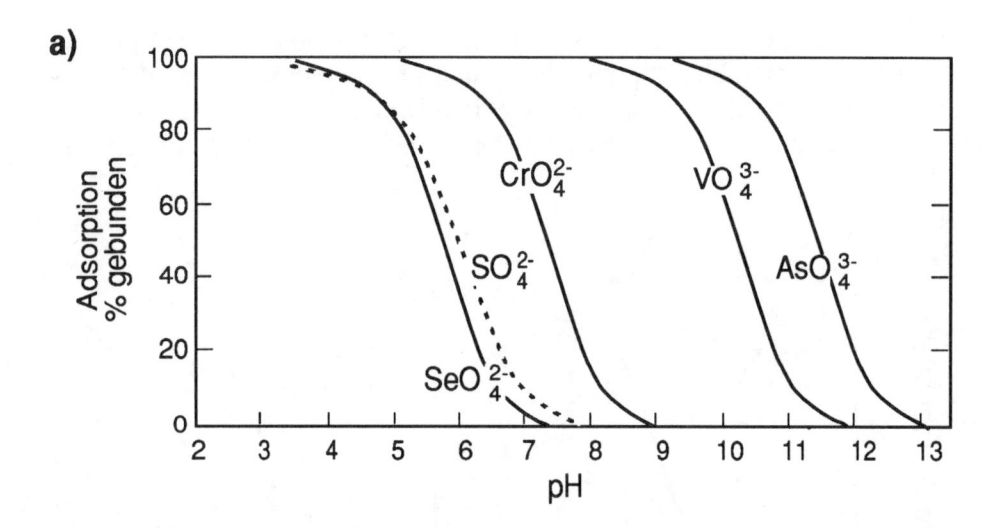

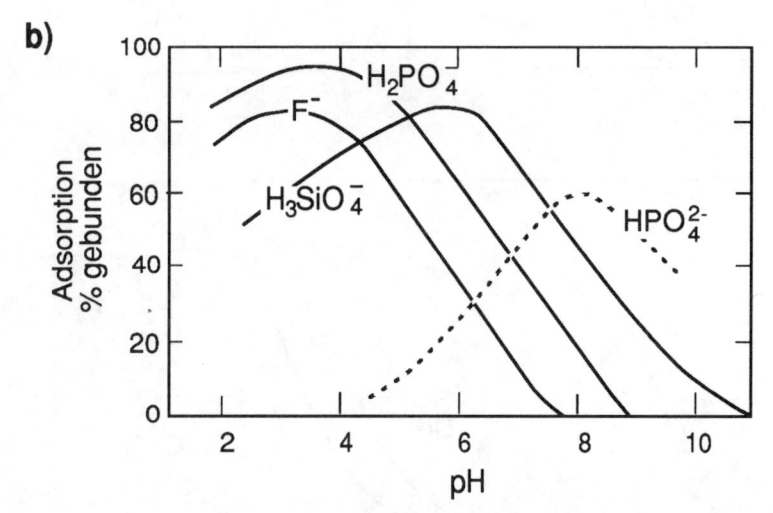

Abbildung 9.10
Adsorption von Liganden

Oberflächenkomplexbildung mit Liganden (Anionen) in Abhängigkeit des pH
a) *Adsorption (Oberflächenkomplexbildung) von Anionen aus verdünnter Lösung (5×10^{-7} M) an der Oberfläche von 100 mg/ℓ $Fe(OH)_3$ (2×10^{-4} M Oberflächengruppen)*
b) *Adsorption (Bindung von Phosphat, Silikat und F^- an α-FeOOH (6 g FeOOH pro Liter, $P_T = 10^{-3}$ M, $Si_T = 8 \times 10^{-4}$ M). Die angegebenen Spezies sind Oberflächenspezies.*
Die Kurven sind berechnet aufgrund experimentell bestimmter Gleichgewichtskonstanten: a) nach Dzombak und Morel, 1990; b) nach Sigg und Stumm, 1981.

Die Bindung von Anionen nimmt mit abnehmendem pH zu; bei schwachen Säuren kann der Ligandenaustausch mit Säure-Base-Reaktionen kombiniert sein, so dass die Bindung über einen grossen pH-Bereich möglich ist (Abbildung 9.10). Dadurch tritt ein Maximum der Adsorption in der Nähe von pH = pK_a-Wert der entsprechenden Säure auf.

Da aber bei solchen Oberflächenreaktionen verschiedene Gruppen an einer Oberfläche sich gegenseitig beeinflussen können, sind die Konstanten für die Bildung der Oberflächenkomplexe von der Oberflächenladung abhängig (Abstossung oder Anziehung durch geladene Oberflächengruppen).

9.6 Elektrische Ladung auf Oberflächen

Die elektrische Ladung auf einer Oberfläche kann im Prinzip verursacht werden durch:
a) isomorphe Substitution im Kristallgitter;
b) chemische Reaktionen an der Oberfläche.

Im ersten Fall ist die Ladung strukturbedingt – z.B. die Substitution eines Al für ein Si in einem Silikatgerüst bewirkt eine negative Ladung – und unabhängig von der Zusammensetzung der Lösung; dieser Fall tritt vor allem bei Tonmineralien auf. Im zweiten Fall können sowohl Säure-Base- wie Adsorptionsreaktionen zur Oberflächenladung beitragen. Reaktionen an Oxidoberflächen wie:

$$\equiv SOH + H^+ \rightleftharpoons \equiv SOH_2^+;$$

$$\equiv SOH \rightleftharpoons SO^- + H^+ \quad (11a)$$

$$\equiv SOH + Me^{2+} \rightleftharpoons \equiv SOMe^+ + H^+;$$

$$\equiv SOH + HL^- \rightleftharpoons \equiv SL^- + H_2O \quad (13)$$

ergeben eine positive bzw. negative Ladung auf der Oberfläche. Die Ladung ist dann von der Zusammensetzung der Lösung und den an der Oberfläche ablaufenden Reaktionen abhängig.

In der Nähe elektrisch geladener Oberflächen wird eine Gegenladung in der Lösung aufgebaut; Wassermoleküle orientieren sich entsprechend der Dipolladung. Verschiedene Modelle beschreiben diese elektrische Doppelschicht in bezug auf ihre Struktur und auf den Zusammenhang zwischen

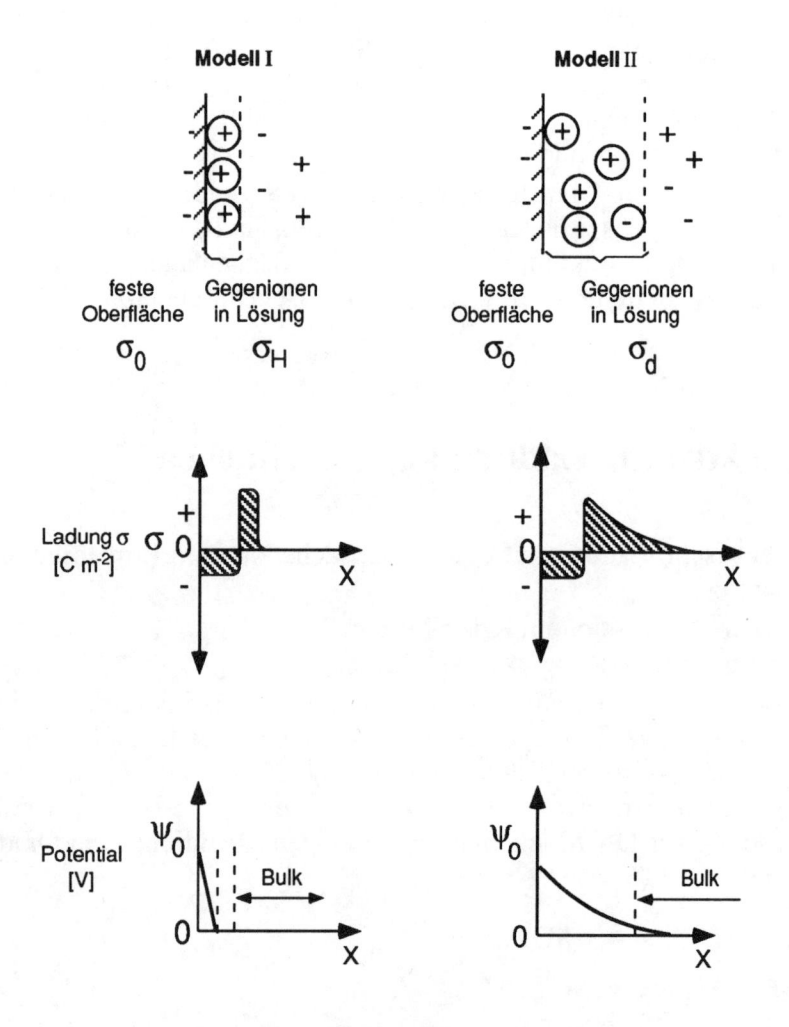

Abbildung 9.11
Zwei einfache Modelle der Doppelschicht in der Nähe einer geladenen Oberfläche

Modell I: Konstante Kapazität oder Helmholtz-Doppelschicht mit einer starren Schicht von Gegenionen;
Modell II: Gouy-Chapmann-Modell der diffusen Verteilung von Gegenionen.

Ladung und Potential. Zwei einfache Modelle sollen hier kurz vorgestellt werden (Abbildung 9.11):

a) *Konstante Kapazität:* Es wird angenommen, dass sich die Ionen mit einer der Oberflächenladung entgegengesetzten Ladung in einer starren Schicht in einem bestimmten Abstand von der Oberfläche befinden; eine lineare Beziehung zwischen Oberflächenladung und Potential wird angenommen (diese Vorstellung entspricht derjenigen eines Plattenkondensators):

$\sigma = \kappa \cdot \psi_0$, wobei σ = Oberflächenladung (C m^{-2}), ψ_0 = Oberflächenpotential (V) und κ = Kapazität der Doppelschicht (Farad m^{-2}) (Farad = C V^{-1}). Bei der Bildung geladener Oberflächenkomplexe mit Anionen und Kationen wird in diesem Modell angenommen, dass diese sich direkt an der Oberfläche befinden und zur Oberflächenladung gerechnet werden.

b) *Gouy-Chapman-Modell:* Hier werden die elektrischen Kräfte und die thermische Bewegung berücksichtigt, um die Verteilung der Gegenionen in der Nähe der Oberfläche zu beschreiben. Es resultiert eine diffuse Verteilung der Gegenionen in der Doppelschicht (Abbildung 9.11). In diesem Fall ist die Kapazität vom Potential abhängig.[1]

pH$_{PZC}$ (pH bei Oberflächenladung null)

Die *Oberflächenladung,* z.B. eines Oxids, kann auf verschiedene Arten gemessen werden. Sie kann aufgrund der Konzentrationen der adsorbierten Spezies (H$^+$, Me^{2+}) berechnet werden. Sie ist auch durch eine Messung der elektrophoretischen Mobilität (die Geschwindigkeit der geladenen Teilchen wird in einem Spannungsgefälle zwischen Kathode und Anode gemessen) experimentell zugänglich, wobei aber eine quantitative Angabe der Oberflächenladung etwas schwierig ist.[2] Von besonderem Interesse ist in diesem Zu-

---

[1] Die Gouy Chapman-Theorie gibt die Beziehung zwischen Oberflächenladung σ und Oberflächenpotential ψ_0. Bei 25 °C ergibt sich folgende vereinfachende Gleichung:

$\sigma = 0.1174 \, c^{1/2} \sinh (Z\psi_0 \times 19.46)$

wobei
    c = molare Elektrolytkonzentration
    Z = Ladung des Ions
σ_0 ist gegeben in Coulomb m^{-2} (1 mol Ladungseinheiten = 96490 Coulombs = 1 Faraday).

[2] Aus der elektrophoretischen Mobilität kann das *Zeta-Potential* (ζ-Potential) abgeleitet werden. Das Zeta-Potential gibt die Potentialdifferenz zwischen der Scherebene, d.h. der Wasserenveloppe, die sich mit dem Partikel bewegt, und der Bulklösung. Die Dicke der Wasserenveloppe an der Partikeloberfläche kann nicht genau definiert werden. Wenn die Oberflächenladung 0 ist, dann ist das Zeta-Potential ebenfalls 0.

sammenhang der Punkt, an dem die Oberflächenladung null wird, d.h. wo Σ (positive Ladungen) = Σ (negative Ladungen), da in diesem Fall z.B. die elektrische Abstossung zwischen verschiedenen Partikeln wegfällt; der pH, bei dem dies der Fall ist, wird als pH$_{PZC}$ (point of zero charge) bezeichnet (Abbildung 9.12). Dieser Punkt ist für Oxide in Abwesenheit spezifischer Adsorption charakteristisch. Durch die spezifische Adsorption verschiebt sich der pH$_{PZC}$.

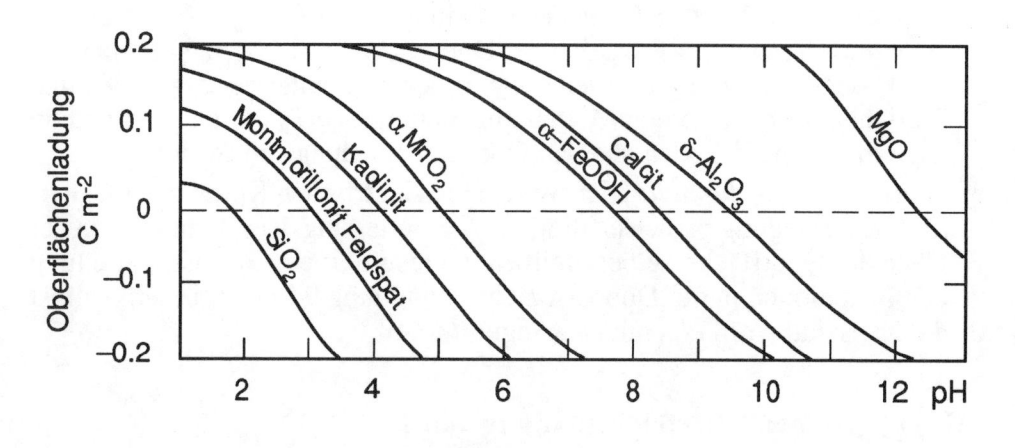

Abbildung 9.12
Der Einfluss des pH auf die Oberflächenladung (Coulomb m^{-2}) einiger repräsentativer Kolloide. Beim pH$_{PZC}$ ist die Oberflächenladung = 0. Die Messungen der Oberflächenladungen hängen von der Lösungszusammensetzung ab. Die angegebenen Kurven entsprechen allgemeinen Trends. Die Kurve für Calcit gilt für eine Suspension von CaCO$_3$ im Gleichgewicht mit Luft (p_{CO_2} = $10^{-3.5}$ atm).

Wie Abbildung 9.12 illustriert, sind im pH-Bereich natürlicher Gewässer viele typisch vorkommende Kolloide negativ geladen. Das gilt besonders auch für biologische Teilchen (Bakterien, Algen) und organische Kolloide (Humusstoffe, biologischer Debris, "Schlamm") und anorganische Partikel, die organisches Material angelagert haben.

Um die Effekte der Oberflächenladung auf die Bindung von Kationen und Anionen zu berücksichtigen, wird von der freien Energie der Adsorptionsreaktion ausgegangen, die in zwei Terme aufgeteilt wird, nämlich in die intrinsische freie Energie (bei Oberflächenladung = 0) und die elektrische freie Energie.

$$\Delta G_{Adsorption} = \Delta G_{intrinsisch} + \Delta G_{elektrisch} \qquad (19)$$

Elektrische Ladung auf Oberflächen

$$\Delta G_{elektrisch} = \Delta z \times F \times \psi_0 \tag{20}$$

Dementsprechend kann Gleichung (19) wie folgt geschrieben werden:

$$2.3\, RT \log K^s = 2.3\, RT \log K^s_{intr} - \Delta z F \psi_0 \tag{21}$$

mit: F = Faradaykonstante und Δz = Veränderung der Ladung der Oberflächenspezies als Folge der Reaktion

Das Oberflächenpotential, ψ_0, ist nicht direkt zugänglich; es muss aus der Oberflächenladung berechnet werden. Dazu wird häufig das Modell der konstanten Kapazität verwendet.

Man kann also die Konstante für das Oberflächenkomplexbildungsgleichgewicht (Gleichung (15)) wie folgt korrigieren:

$$\log K^s = \log K^s_{intr.} - \frac{z \times F}{2.3 \times RT} \times \psi_0 \tag{22}$$

$$\log K^s = \log K^s_{intr.} - \frac{z \times F}{2.3 \times RT \times \kappa} \times \sigma \tag{23}$$

Die Oberflächenladung, σ, und die Kapazität, κ, sind experimentell zugänglich, so dass eine Korrektur des Ladungseffekts mit dieser Beziehung möglich ist.

Beispiel 9.1
Adsorption von Pb(II) auf einer Haematit-Oberfläche

Die Bindung von Pb^{2+} auf einer Haematit-Oberfläche wird analog zur Komplexbildung in Lösung behandelt. Eine Korrektur für die Oberflächenladung wird bei der Berechnung berücksichtigt. Folgende Reaktionen werden bei der Berechnung einbezogen:

$\equiv FeOH_2^+ \quad = \equiv FeOH + H^+ \qquad K^s_{a1}\,intr = 10^{-7.25}$

$\equiv FeOH \quad = \equiv FeO^- + H^+ \qquad K^s_{a2}\,intr = 10^{-9.75}$

$\equiv FeOH + Pb^{2+} = \equiv FeOPb^+ + H^+ \qquad K^s_1\,intr = 10^{4.0}$

Ferner sind folgende Informationen vorhanden:

Spezifische Oberfläche: $S = 4 \times 10^4$ m^2 kg^{-1}
Funktionelle Gruppen pro kg: 3.2×10^{-1} mol kg^{-1}
Konzentration des Haematits: $A = 8.6 \times 10^{-6}$ kg ℓ^{-1}
Ionale Stärke: $I = 5 \times 10^{-3}$ M

Dementsprechend kann nun das Tableau formuliert werden; das Oberflächenpotential wird als Komponente eingesetzt, um die Konstanten entsprechend Gleichung (22) zu korrigieren. Die Oberflächenladung ist durch die Summe der geladenen Oberflächenspezies gegeben; das Potential kann daraus mit dem gewählten Modell (Gouy Chapman) berechnet werden.

TABLEAU 9.1 Adsorption von Pb^{2+} an Haematit

Komponenten		≡FeOH	Pb^{2+}	$f(\psi)$	H^+	log K
1	Spezies: ≡FeOH	1				0
2	≡FeOH$_2^+$	1		1	1	7.25
2	≡FeO$^-$	1		−1	−1	−9.75
4	≡FeOPb$^+$	1	1	1	−1	4.0
5	Pb^{2+}		1			0
6	PbOH$^+$		1		−1	7.7
7	H^+				1	0

Konzentrationsbedingungen: 2.8×10^{-6} 10^{-7}

$f(\psi) = e^{-F\psi/RT}$

Oberflächenladung = σ_{o_T} = $\langle$≡FeOH$_2^+\rangle$ + $\langle$≡FeOPb$^+\rangle$ − $\langle$≡FeO$^-\rangle$

Die Verteilung der verschiedenen Spezies als Funktion des pH ist in Abbildung 9.13a gegeben. Bei pH > 6 liegt Pb(II) praktisch vollständig als ≡FeOPb$^+$ (Abbildung 9.13b) vor.

Oberflächenchemie und Reaktivität 385

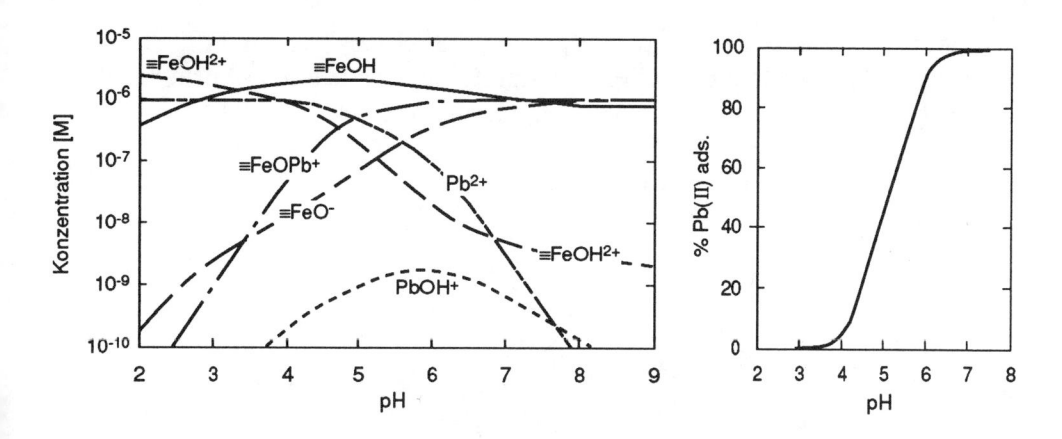

Abbildung 9.13
Adsorption von Pb(II) an Haematit
$(FeOH_T = 2.7 \times 10^{-6} M; Pb_T = 10^{-6} M; I = 10^{-3} M)$
Elektrostatische Effekte wurden mit dem Gouy Chapman-Modell korrigiert.

9.7 Oberflächenchemie und Reaktivität; Kinetik der Auflösung

Wie wir gezeigt haben, bestehen an der Partikel-Wasser-Grenzfläche Wechselwirkungen mit gelösten Substanzen. Bei der chemischen Wechselwirkung sind die koordinativen Reaktionen mit den funktionellen oberflächenständigen Gruppen, die spezifische Adsorption von H^+, OH^- und Kationen and Anionen, von grosser Bedeutung (vgl. Abbildung 9.7).

Die in der Natur vorkommenden Auflösungsprozesse sind häufig durch Prozesse an der Oberfläche, und nicht durch Transportprozesse, kinetisch kontrolliert.

Abbildung 9.14 zeigt schematisch drei verschiedene Reaktionsmöglichkeiten für die Auflösung eines Fe(III)(hydr)oxides (Fe_2O_3, FeOOH oder $Fe(OH)_3$) durch:

1) Säuren (H^+-Ionen),
2) Komplexbildner, oder
3) Reduktionsmittel

Die *Oberflächenprotonierung* führt zu einer Beschleunigung der Auflösungsreaktion, da die Protonierung der OH- und O-Gruppen in der Nachbarschaft des Zentral-Metallions an der Oberfläche zu einer Polarisierung (und

Erhöhung der Ladung) des Kristallgitters führt. Ebenfalls kann die Deprotonierung der Oberfläche (hoher pH der Lösung) zu einer Auflösung des Eisen(III)(hydr)oxides (oder anderer Oxide wie Al_2O_3, SiO_2, Fe_3O_4 und Aluminiumsilikate) führen. Eine *liganden-beeinflusste Auflösung* wird durch spezifische Adsorption von Liganden (Ligandenaustausch) ermöglicht. Ein mononukleares Oberflächenchelat, z.B. durch Oxalat,

$$\begin{array}{c}\diagdown\;\;\;\;OH_2\\ Fe\\ \diagup\;\;\;\;OH\end{array} + C_2O_4^{2-} + H^+ \rightleftharpoons \begin{array}{c}\diagdown\;\;\;O\diagdown\;\;C=\overline{O|}^-\\ Fe\;\;\;\;\;\;\;\;\;\;|\\ \diagup\;\;\;O\diagup\;\;C=O\end{array} + 2\,H_2O \qquad (24)$$

erhöht die Auflösungsgeschwindigkeit signifikant. Entsprechende Reaktionen können auch für andere (Hydr)oxide mit anderen Liganden formuliert werden, welche zwei (oder mehr) Donor Atome zur Verfügung stellen können (z.B. Zitronensäure, Salicylsäure, Brenzkatechin, NTA und EDTA). Die *reduktive Auflösung* des Fe(III)(hydr)oxides (Abbildung 9.14 rechts) beschleunigt die Auflösung, weil das Fe(II), das dabei gebildet wird, nicht mehr recht in das Oberflächengitter des Fe(III)oxides passt; das Fe^{2+}-Ion ist grösser als das Fe^{3+}-Ion und lässt sich besser aus dem Gitterverband lösen. Das bei der Oxidation des Ascorbates gebildete Ascorbatradikal, $A^{\bullet-}$, wird von der Oberfläche losgelöst und geht weitere Reaktionen ein. H_2S oder HS^- ist ein besonders effizientes Reduktionsmittel für Fe(III)(hydr)oxide; dabei wird anfänglich Sulfid durch Ligandenaustausch an die Fe(III)-Zentralionen gebunden.

Die Geschwindigkeitsgesetze

Wir beschränken uns auf Auflösungsprozesse, deren Geschwindigkeit durch Prozesse an der Oberfläche reguliert werden. Wie wir in Abbildung 9.14 gesehen haben, erfolgt der Auflösungsprozess schematisch in einer Sequenz folgender Prozesse:

$$\text{Oberflächengruppen} + \begin{array}{c}\text{Reaktand }H^+, OH^-\\ \text{oder Liganden}\end{array} \xrightarrow{\text{schnell}} \text{Oberflächenspezies} \qquad (25a)$$

$$\text{Oberflächenspezies} \xrightarrow[\text{Loslösung}]{\text{langsam}} Me(aq) \qquad (25b)$$

Me(aq) bedeutet das im Wasser freigesetzte Metall. Obschon jede der in (25a) und (25b) aufgeführten Reaktionen aus zahlreichen Teilschritten bestehen kann, beschreibt Reaktion (25b) den geschwindigkeitsbestimmenden Schritt der Auflösung, so dass die Auflösungsrate, R, proportional der Oberflächenkonzentration der Oberflächenspezies (mol m^{-2}) wird: [1]

$$R = \propto \langle \text{Oberflächenspezies} \rangle \tag{26}$$

Demnach ergeben sich folgende einfache Geschwindigkeitsgesetze:

Protonen-beeinflusste (saure) Auflösung:

$$R_H = k_H \, \langle \equiv\text{MeOH}_2^+ \rangle^j \tag{27}$$

Basische Auflösung:

$$R_{OH} = k_{OH} \, \langle \equiv\text{MeO}^- \rangle^i \tag{28}$$

Liganden-beeinflusste Auflösung:

$$R_L = k_L \, \langle \equiv\text{MeL} \rangle \tag{29}$$

Reduktive Auflösung:

$$R_R = k_R \, \langle \equiv\text{MeR} \rangle \tag{30}$$

wobei die Auflösungsrate, R_i, in mol m^{-2} Zeit^{-1} und die Geschwindigkeitskonstante k_i ist; $\langle \equiv\text{MeOH}_2^+ \rangle$, $\langle \equiv\text{MeO}^- \rangle$, $\langle \equiv\text{MeL} \rangle$ und $\langle \equiv\text{MeR} \rangle$ sind die Oberflächenkonzentrationen von Protonen, Hydroxid-Ionen, Liganden oder Reduktionsmittel in mol m^{-2}. $\langle \equiv\text{MeOH}_2^+ \rangle$ und $\langle \equiv\text{MeO}^- \rangle$ entsprechen der Oberflächenprotonierung (vgl. Gleichung (11a)) und der Oberflächendeprotonierung (Gleichung (11b)), d.h. der "adsorbierten" Protonen oder "desorbierten" Protonen. j und i sind Exponenten, wobei j im Idealfall der Ladung des zentralen Metallions (d.h. 3 für Al_2O_3, $Fe(OH)_3$ und 2 für CuO, BeO) entspricht. Die Oberflächenkonzentrationen in Gleichungen (27) – (30) können experimentell bestimmt werden; die Oberflächenprotonierung und -deprotonierung können

---

[1] Das gleiche Geschwindigkeitsgesetz lässt sich auch ableiten aus der Theorie des aktivierten Komplexes (Kapitel 5.7), wenn man davon ausgeht, dass aus der Oberflächenspezies der aktivierte Komplex entsteht. Demnach ist die Auflösungsrate ∝ ⟨Vorläufer des aktivierten Komplexes⟩. (Für ausführliche Ableitungen siehe W. Stumm, *The Chemistry of the Solid-Water Interface*, Wiley, New York, 1992).

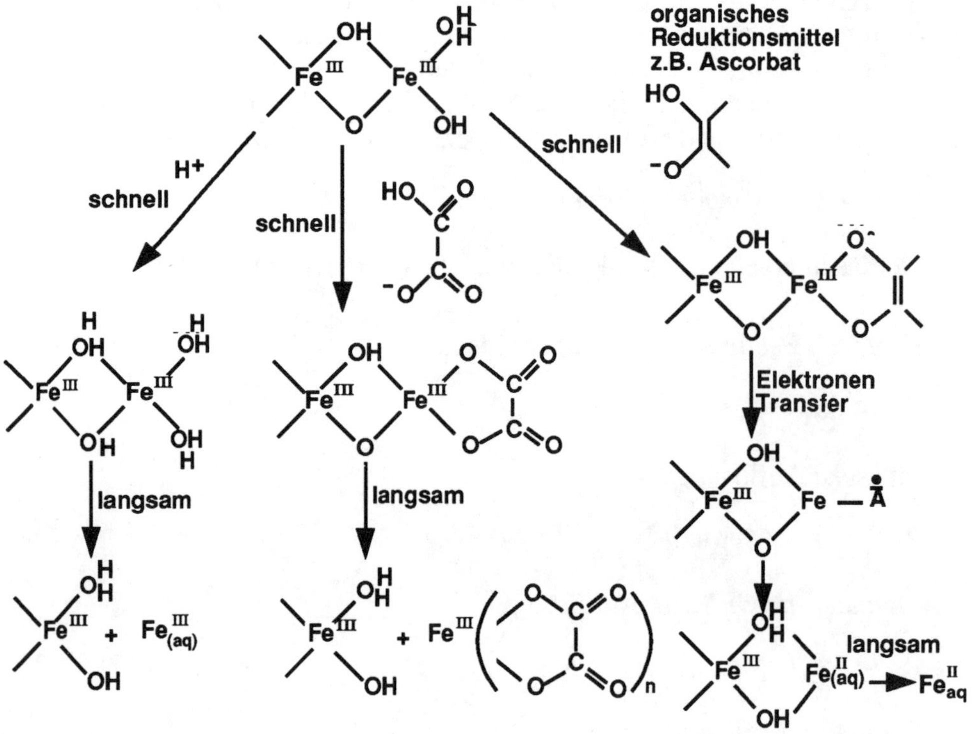

Abbildung 9.14
Schematische Darstellung der Vorgänge bei der Auflösung eines Fe(III)(hydr)-oxides durch
  1) Säuren (H^{+}-Ionen),
  2) Liganden (Beispiel Oxalat) und
  3) Reduktionsmittel (Beispiel Ascorbinsäure).

In jedem Fall wird zuerst ein Oberflächenkomplex (Protonkomplex, Oxalato- und Ascorbato-Oberflächenkomplex) gebildet, der Bindungen des zentralen Fe-Ions zu O und OH in der Oberfläche des Kristallgitters beeinflusst, sodass sich ein Fe(III)aquo- oder Ligandenkomplex (im Falle der Reduktion ein Fe(II)-Komplex) aus dem Oberflächengitter loslösen und ins Wasser gelangen kann. In jedem Fall wird die ursprünglich vorhandene Oberflächenstruktur rekonstituiert, so dass die Auflösung unter Beibehaltung eines Stationärzustandes weitergehen kann. Bei der Redoxreaktion des Fe(III) mit dem Ascorbat wird das Ascorbat zum Ascorbatradikal ($A^{\bullet}$) oxidiert. Das Prinzip der Protonen-beeinflussten und der Liganden-beeinflussten Auflösung ist auch bei der Auflösung der Aluminiumsilikat-Mineralien (Verwitterung) gültig. Die angegebenen Strukturformeln für Fe(III)(hydr)oxid sind schematisch vereinfacht; sie sollen lediglich aufzeigen, dass in der festen Phase die Fe(III)-Atome durch O- und OH-Brücken verknüpft sein können.

Oberflächenchemie und Reaktivität

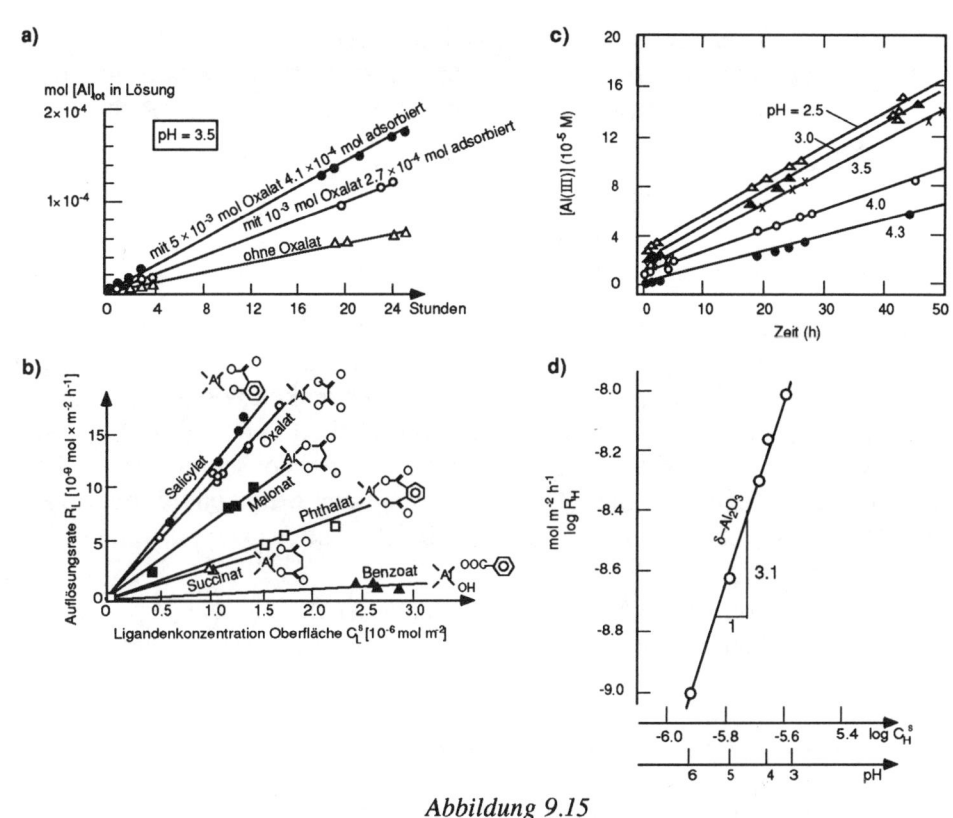

Abbildung 9.15
Liganden- und Protonen-beeinflusste Auflösung von Al_2O_3

a,b) *Die ligandenkatalysierte Auflösung eines dreiwertigen Metall(hydr)oxids. Einem schnellen Ligandenaustausch durch einen bidentaten Liganden folgt als geschwindigkeitsbestimmender Schritt die Loslösung des Metallzentrums von der Oberfläche (vgl. Abbildung 9.14).*

a) *Repräsentative Messungen der Al(III)(aq)-Konzentration in Lösung als Funktion der Zeit bei konstantem pH und verschiedener Oxalatkonzentration. Die Auflösungskintik ist gegeben durch eine Reaktion nullter Ordnung. Bei Konstanz der Lösungsvariablen ist die Auflösungsrate, R_L, gegeben durch die Neigung in der [Al(III)] vs Zeit Kurve, konstant.*

b) *Auflösungsrate als Funktion der Oberflächenliganden-Konzentration für verschiedene Liganden. Die Auflösung ist proportional der Oberflächenkonzentration des Liganden, $\langle=MeL\rangle$ oder C_L^s ($R_L = k_L\, C_L^s$)*

c,d) *Die H^+-katalysierte Auflösung eines Oxides. Die schnelle Protonierung der Oberflächen-OH- und O-Gruppen führt zu einer Polarisierung des Kristallgitters in der Nähe des Oberflächenmetallzentrums. Die Loslösung des Metallzentrums erfolgt langsam, als geschwindigkeitsbestimmender Schritt.*

c) *Die Auflösung $d[Al(III)(aq)]/dt$ ist für jeden pH konstant.*

d) *Die Auflösungsrate, R_H, [mol m^{-2} h^{-1}] ist in diesem Fall proportional der Oberflächenprotonierung hoch drei, d.h. $R_H = k_H \langle\equiv AlOH_2^+\rangle^3 = k_H\, (C_H^s)^3$.*

durch alkalimetrische oder acidimetrische Titration einer Suspension der Feststoffe, die Oberflächenkonzentration der Liganden und Reduktionsmittel durch analytische Messung (Differenz der Konzentration vor und nach der Adsorption) bestimmt werden.

Die Auflösung von Aluminiumsilikaten

Die Auflösungsreaktionen bei der Verwitterung der kristallinen Gesteine wie Granite, Gneiss (mit Feldspate, Glimmer, Biotit und Chlorit) und Quartz wurden in Kapitel 7 bezüglich Gleichgewichts-Löslichkeit und Stöchiometrie des Auflösungsvorganges kurz diskutiert. Auch haben wir dort die Wichtigkeit der Verwitterung der Silikatgesteine bei den geochemischen Kreisläufen, insbesondere in Bezug auf die CO_2-Regulierung der Atmosphäre, hervorgehoben. Hier möchten wir einige Hinweise auf die Kinetik der Auflösung der Silikate geben.

Der Mechanismus der Auflösung der Silikate ist ähnlich wie derjenige der Oxide. Die *Oberflächenprotonierung* von O- und OH-Gitterplätzen in unmittelbarer Umgebung der Oberflächen-Metallzentren beschleunigt die Auflösung mit abnehmendem pH. Auf der basischen Seite bewirkt die *Oberflächendeprotonierung* eine beschleunigte Auflösung mit zunehmendem pH. Abbildung 9.16 gibt einen kurzen Überblick über die Auflösungsraten einiger Mineralien. Ein pH-Effekt ist in allen Fällen vorhanden. Eindrücklich ist der Unterschied (bei pH = 6, vier bis fünf Grössenordnungen) in der Auflösungsgeschwindigkeit der Karbonate, Oxide und Silikate. Ebenso ist die reduktive Auflösung der Eisen(III)(hydr)oxide, z.B. durch H_2S, um Grössenordnungen schneller als die nicht-reduktive Auflösung.

Bei Feldspaten und Schichtsilikaten ist die kinetische Stelle des Angriffs durch Protonen die O-Atome, welche die Aluminiumoxid-Gruppierungen mit den Si-Oxidstrukturen zusammenhalten. Eine relativ langsame durch diese Protonierung bewirkte Loslösung des Al aus der Kristallgitteroberfläche ist gekoppelt mit der sich anschliessenden Loslösung einer $Si(OH)_4$-Spezies. Liganden wie Oxalat, Diphenol und Zitronensäure – ähnliche Substanzen treten im Boden als Zwischenprodukte biologischer Zersetzung und als Wurzelexudate auf – können häufig ebenfalls die Auflösung von Al-Silikaten beschleunigen; allerdings sind häufig nur recht hohe Konzentrationen wirksam.

Die Verwitterung der Al-Silikate und des Quartzes ist ein langsamer Prozess. Wir können uns fragen, wie lange es geht, bis eine "monomolekulare" Schicht eines Silikatminerals aufgelöst wird. Wenn beispielsweise ein saurer

Oberflächenchemie und Reaktivität

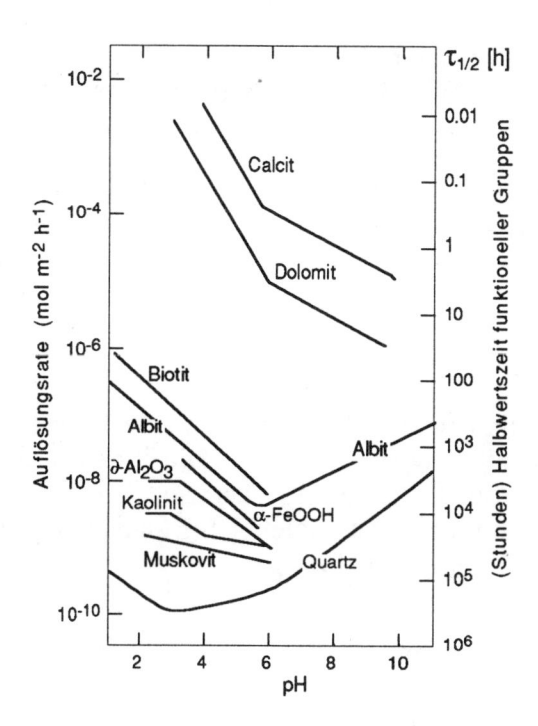

Abbildung 9.16
Auflösungsgeschwindigkeit verschiedener Mineralien in Abhängigkeit des pH (25 °C)

Die Linien wurden aufgezeichnet aufgrund experimenteller Daten:

Calcit und Dolomit:	(pH-Regulierung durch p_{CO_2}) L. Chou und R. Wollast, Chem. Geol. **78**, 269 (1989);
Biotit:	F.C. Lin und C. Clemency, Clay Clay Minerals **29**, 101 (1981);
α-FeOOH:	B. Zinder et al., Geochim. Cosmochim. Acta **50**, 1861 (1986);
δ-Al$_2$O$_3$:	($I = 0.1$ M NaNO$_3$) G. Furrer und W. Stumm, Geochim. Cosmochim. Acta **50**, 1847 (1986);
Kaolinit, Muskovit:	W. Stumm and E. Wieland in "Aquatic Chemical Kinetics", Wiley, New York (1990);
Quarz:	(0.2 M NaCl) R. Wollast und L. Chou in "Chemistry of Weathering" (J.E. Drever, Ed., Reidel Dordrecht, 1985);
Albit ("low albite"):	L. Chou und R. Wollast, Amer. J. Science **285**, 963 (1985).

Auf der rechten Skala wird die Halbwertszeit in Stunden angegeben für die funktionellen Oberflächengruppen (≡S-OH oder ≡S-CO$_3$H). (10 Gruppen pro nm^2 wurden angenommen).

Regen (pH = 5) auf einen Feldspat einwirkt, dann ist die Auflösungsrate $R_H \approx 10^{-8}$ mol m^{-2} h^{-1}. Wir können die Auflösungsrate pro mol funktioneller Gruppen ausrechnen. Die meisten Mineralien enthalten 1×10^{-5} bis 2.5×10^{-5} mol funktionelle Gruppen pro m^2 Oberfläche (6 – 15 Gruppen pro nm^2). Wenn wir nun eine Dichte der funktionellen Gruppen von 2×10^{-5} mol m^{-2} annehmen, errechnet sich die Auflösungsrate eines repräsentativen Feldspates, v_H, als

$$v_H = \frac{10^{-8} \text{ mol m}^{-2} \text{ h}^{-1}}{2 \times 10^{-5} \text{ mol m}^{-2}} \approx 5 \times 10^{-4} \text{ h}^{-1}$$

Das ergibt für die funktionellen Gruppen eine Halbwertszeit von $\tau_{1/2}$ = ln $2/5 \times 10^{-4}$ h^{-1} = 1380 h oder ~ 2 Monate. Die Grössenordnung, die wir hier abgeschätzt haben, illustriert, dass die chemische Abtragung der kristallinen Gesteine höchstens einige "monomolekulare" Schichten pro Jahr beträgt (B. Wehrli, EAWAG News **28/29**, 1990).

Inhibition der Auflösung

Substanzen, die durch ihre Adsorption an die Oberfläche Oberflächengruppen inaktivieren oder blockieren, können die Auflösung inhibieren. Z.B. stehen Phosphate, Silikate und viele eher hydrophobe organische Verbindungen, aber auch Metallkationen, mit den die Auflösung fördernden Liganden und H$^+$-Ionen um die aktiven Oberflächenplätze im Wettbewerb und verlangsamen oder verhindern die Auflösung.

Der Eisenkreislauf; Bedeutung im See und im Boden

Eisenoxide sind wesentliche und wichtige Bestandteile der Erdkruste. Dementsprechend haben gelöste und ungelöste Eisenverbindungen grosse Bedeutung für die natürlichen Gewässer, insbesondere für Seen und deren Sedimente, bei der Verwitterung der Gesteine sowie den Bodenbildungsprozessen. Das bei der Verwitterung von eisenhaltigen Mineralien freigesetzte Eisen wird vorwiegend in Form von Oxiden ausgeschieden. Unter dem Begriff Oxide werden hier auch die Hydroxide und Oxid-Hydroxide zusammengefasst; im System Wasser und Boden spielen vor allem Goethit (α-FeOOH), Haematit (α-Fe$_2$O$_3$) und schlecht kristallisiertes "Eisen-Hydroxid", heute als Ferrihydrit bezeichnet, eine Rolle. Das Fe(III)(hydr)oxid ist so schwerlöslich, dass weniger als 1 µg/ℓ lösliches Fe(III) vorliegt. Unter anoxischen Bedingungen ist Eisen als Fe^{2+} bis zu Konzentrationen von einigen µmol ℓ^{-1} lös-

Oberflächenchemie und Reaktivität

lich. Der Kreislauf des Eisens in Böden und Seen wird zu einem erheblichen Teil durch das Wechselspiel von Reduktions- und Auflösungsprozessen einerseits und von Fällungsprozessen und Adsorptionsreaktionen (an das gefällte Eisen(III)oxid) andererseits dominiert (s. Abbildung 9.17).

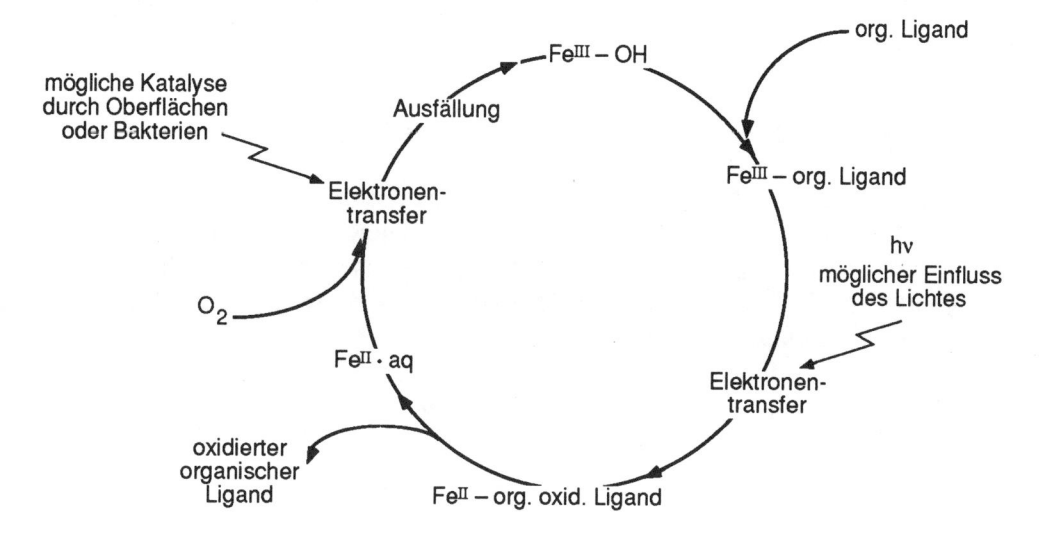

Abbildung 9.17
Der Eisenkreislauf
Redoxtransformationen des Eisens, welche in Böden, Sedimenten und Gewässern, vorallem an der Grenze zwischen oxischen und anoxischen Bedingungen, eine wichtige Rolle spielen. Das Eisen (III)(hydr)oxid wird unter dem Einfluss organischer reduzierender Verbindungen (oder anorganischer Reduktionsmittel wie H_2S) zu Fe(II) reduziert. In leicht sauren Oberflächengewässern kann diese Reduktion photokatalytisch beeinflusst werden. Kommt das Fe(II) wieder in Kontakt mit O_2 (z.B. in Seen nach Diffusion des Fe(II) in das oberliegende Wasser) findet eine Reoxidation des Fe(II) durch Sauerstoff statt. Diese Reaktion kann durch Partikeloberflächen, manchmal auch durch Bakterien, katalysiert werden.

Die wichtigsten Prozesse in Gewässern und Böden vollziehen sich an der Grenzfläche Wasser/Festkörper, dies gilt besonders auch für Redoxprozesse, die durch Grenzflächen beeinflusst oder katalysiert werden. Die in der Natur vorkommenden Mangan- und Eisenoxide haben zumeist grosse spezifische Oberflächen (bis zu einigen hundert $m^2\ g^{-1}$), weshalb ihnen eine besondere Bedeutung bei den genannten Reaktionen zukommt. Aufgrund ihrer Adsorptionseigenschaften haben Fe^{III}-Oxide die Fähigkeit, Schwermetallionen und andere reaktive Spezies, insbesondere Phosphat, aber auch organische Säureanionen, an sich zu binden. In Seen ist der Kreislauf des Eisens deshalb häufig mit dem Kreislauf des Phosphats gekoppelt. Aerobe Sedimente sind Senken für das Phosphat, während im anaeroben Teil eines Sees das Eisenoxid reduktiv gelöst wird und so das daran adsorbierte Phosphat in die Lösung gelangt. Auch in Böden spielt das Eisen bei der Bindung des Phosphats eine wichtige Rolle.

Katalyse von Redoxprozessen an Oxidoberflächen

Die Oxidation von Ionen der Übergangselemente (Fe^{2+}, Mn^{2+}) und von VO^{2+} hängt von der Speziierung ab (vgl. 8.6). Die Oxidation durch O_2 ist in homogener Lösung pH-abhängig, da typischerweise die Oxidationsrate von z.B. von $VOOH^+$ um Grössenordnungen schneller ist als diejenige von VO^{2+}. Bei konstantem p_{O_2} gilt:

$$-\frac{d[V(IV)]}{dt} = k_{exp} \frac{[V(IV)]}{[H^+]} = k'_{exp} [VOOH^+] \tag{31}$$

(s. Abbildung 9.18)

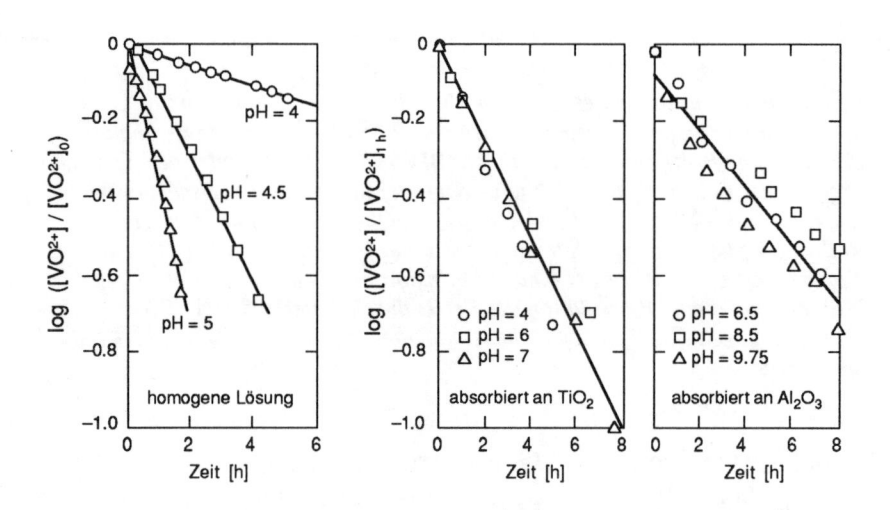

Abbildung 9.18
Typische kinetische Daten über die Oxidation von Vanadyl (25 °C)
Halblogarithmische Darstellung der Reaktion erster Ordnung. Die Oxidation des Vanadyls in Gegenwart von TiO_2 oder Al_2O_3 ist nicht mehr pH-abhängig.
(Nach B. Wehrli und W. Stumm, Langmuir 4, 753–758, 1988)

In Gegenwart von Oberflächen übernimmt die Oberfläche, d.h. die OH-Gruppe der Oberfläche, gewissermassen die Funktion des OH-Ions und die Gleichung lautet:

$$-\frac{d\{V(IV)\}}{dt} = k'' \langle VO(OAl\equiv)_2 \rangle \qquad (32)$$

wobei $\langle \rangle$ die Konzentration an der Oberfläche darstellt.

Entsprechende Geschwindigkeitsgesetze gelten auch für die oberflächenkatalysierte Sauerstoff-Oxidation von Fe(II) und von Mn(II). Eine homogene Lösung von Mn(II) wird in Abwesenheit von Katalysatoren (Oberfläche, Bakterien) bei pH = 8.3 durch O_2 auch in mehreren Jahren nicht oxidiert, während in Gegenwart von Oberflächen (oder geeigneten Mn-Bakterien) die Oxidation mit Halbwertszeiten von Stunden verläuft.

Die Halbleiteroberfläche; ihr Einfluss auf licht-induzierte Redoxprozesse

Viele der in natürlichen Gewässern vorkommenden Partikel, insbesondere Oxide, wie z.B. TiO_2 und Fe(III)(hydr)oxide und Sulfide (CdS, FeS_2) haben Halbleitereigenschaften. Wie wir gesehen haben, sind Metalloxide, z.B. Fe(III)(hydr)oxide, an Redoxreaktionen beteiligt (Abbildung 9.14). Zum Beispiel wird das $Fe(OH)_3$ durch Reduktionsmittel reduziert; dabei findet an der Oberfläche des $Fe(OH)_3$ ein Elektronentransfer statt, d.h. einzelne Fe(III)-Ionen an der Oberfläche des Kristallgitters werden zu Fe(II) reduziert (was zur teilweisen Auflösung des $Fe(OH)_3$ führt), und das – in der Regel mindestens vorübergehend an die Oberfläche adsorbierte – Reduktionsmittel wird oxidiert.

Die Absorption von zusätzlicher Energie in Form von Licht durch die Oberfläche des Festkörpers oder durch Chromophoren (chemische Gruppierung, die Licht absorbieren kann) an der Fest-Wassergrenzfläche kann Redoxprozesse induzieren oder beschleunigen. Solche Prozesse sind von Bedeutung bei der reduktiven Auflösung von Fe(III)- und Mn(III,IV)(hydr)oxiden (Tabelle 8.4, Abbildung 9.17) bei der Oxidation von $SO_2 \cdot H_2O$ oder HSO_3^- in atmosphärischem Wasser und der nicht-biotischen Degradierung von refraktären organischen Verbindungen.

Die Halbleitereigenschaften der Partikeloberflächen können bei der Photoredoxchemie eine Rolle spielen. Deshalb diskutieren wir hier kurz und vereinfacht einige wichtige Aspekte der Reaktionen, die an Halbleiteroberflächen stattfinden können.

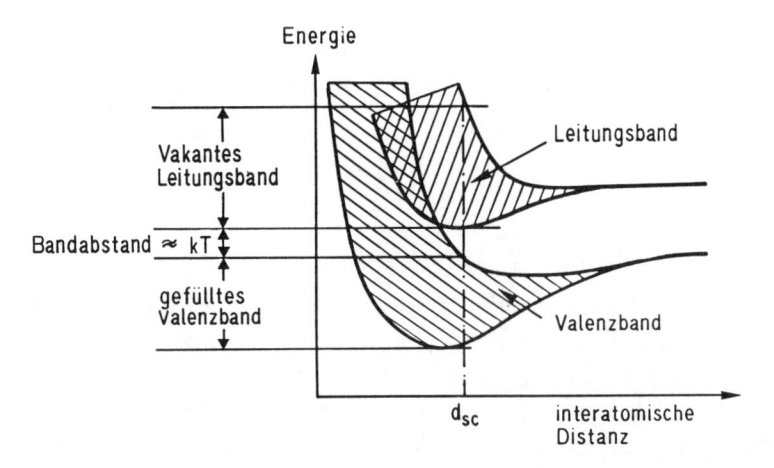

Abbildung 9.19
Das Band-Modell eines Halbleiters mit der interatomaren Distanz, d_{sc}
(Nach Bockris und Reddy, "Modern Electrochemistry",
Plenum, New York, 1970)

Die Leitung des elektrischen Stromes in einem Leiter erfolgt durch die Verschiebung von Elektronen. Ein teilweise unbesetztes Energieband ist die Voraussetzung, dass Elektronen verschoben werden können. Unterschiede in der Leitfähigkeit verschiedener Festkörper sind darauf zurückzuführen, dass diese Substanzen über vakante oder teilweise gefüllte Energiebänder verfügen. In Abbildung 9.19 ist die Elektronenenergie gegenüber der interatomaren Distanz aufgetragen. In einem Gedankenexperiment bringen wir die Gitterbestandteile des Festkörpers (wie wenn sie ein Gas wären) näher zusammen bis zur Distanz d_{sc}. Bei dieser Distanz besteht ein Energieabstand, ein sogenannter Energie-Gap zwischen dem Leitfähigkeitsband und dem Valenzband, der von einer ähnlichen Grössenordnung ist wie die thermische Energie der Elektronen; d.h. der Energie-Gap ist genügend gering, dass durch thermische Einflüsse auf die Elektronen oder durch Absorption von Licht Valenzelektronen (Elektronen, die für die Bindung der Atome verantwortlich sind) angeregt und aus dem Valenzband in das Leitfähigkeitsband transferiert werden können; dort finden diese Elektronen, e⁻, genügend vakante Energiezustände, in die sie sich hineinverschieben können. Im Leitungsband sind die Elektronen deshalb frei beweglich wie Leitungselektronen in einem Metall. Im Valenzband ist eine *Elektronenlücke,* h^+, (englisch ein "hole") entstanden. Diese kann natürlich auch wandern, wenn Elektronen aus Nachbarbindungen in diese Lücke springen. Wenn man ein elektrisches Feld anlegt, bewegen sich die Elektronen im Leitungsband und die Elektronenlücke (das Defektelektron) im Valenzband in entgegengesetzter Richtung. Der Bandabstand, der sogenannte Band-Gap, ist abhängig von der Temperatur und vom Festkörper. Er beträgt bei Zimmertemperatur einige Millivolt bis ca. 1 Volt (bei Silizium). Durch Verunreinigungen, Elektronendonoren oder Elektronenakzeptoren, können Störstellen auftreten, welche die Halbleitereigenschaften verändern.

Wir werden am Beispiel der reduktiven Auflösung des Fe(III)(hydr)oxides durch Oxalat illustrieren, wie das Licht die Redoxreaktion ermöglicht. Wir haben in Abbildung 9.14 (Mitte) gesehen, dass der Oxolato-Fe(III)komplex in Abwesenheit von Licht nicht disproportioniert (Metastabilität); aber die Anregung durch Photonen kann andere Reaktionswege ermöglichen. Die Lichtabsorption führt allgemein zu einer Redoxdisproportionierung (wie auch bei der Photosynthese), d.h. die durch das Licht verursachte Anregung bewirkt eine mehr oder weniger grosse Verschiebung der Elektronendichte, einen Charge-Transfer bei dem ein Konstituent etwas mehr oxidiert, und entsprechend ein anderer Konstituent etwas mehr reduziert ist. Bei der Redoxreaktion des Fe(III)(hydr)oxides mit Oxalat kann (1) der Halbleiter oder (2) der Oxalat-Oberflächenkomplex $>Fe^{III}-O_x$ durch das Licht angeregt werden. Im ersten Fall kann die Anregung durch das Licht beim Halbleiter zur Disproportionierung in e^- und h^+ führen. Das erstere wirkt reduzierend (Bildung von Fe(II)), das letztere oxidierend (Oxidation von Oxalat zu einem Radikal), wie nachfolgendes Schema illustriert.

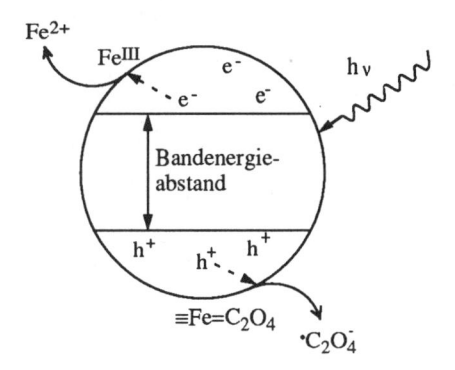

Im zweiten Fall führt die Lichtabsorption zu einem angeregten Oberflächenkomplex, der dann disproportioniert (man spricht von einem Liganden zu Metall Charge Transfer (LMCT), da die Elektronen vom Liganden zum Metall verschoben werden).

$$2\left(\equiv Fe^{III} - C_2O_4^-\right) \xrightarrow{h\nu} 2\left(\equiv Fe^{III} - C_2O_4\right)^* \rightarrow 2\left(>....\right) +$$
$$2\,Fe^{2+}(aq) + C_2O_4^{2-} + 2\,CO_2$$

In beiden Fällen führt die Lichtabsorption zu einer Oxidation des adsorbierten Liganden und einer Reduktion des Fe(III) an der Oberfläche des Festkörpers. (Für detaillierte Unterlagen siehe B. Sulzberger, Kapitel 10, *Chemistry of the Solid-Water Interface*, Wiley, New York, 1992).

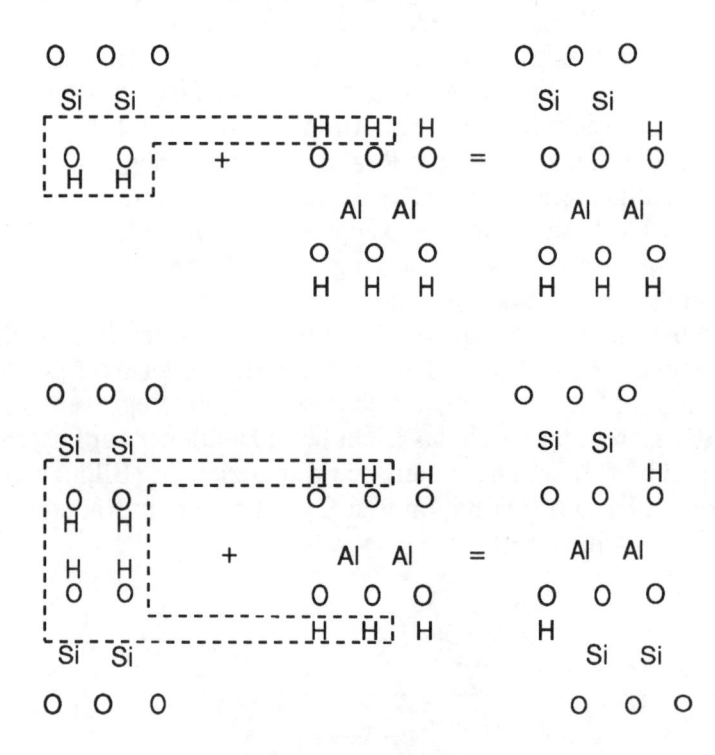

Abbildung 9.20
Tonmineralien als Kondensate von $Si_2O_3(OH)_2$ und $Al_2(OH)_6$
(Aus: Bolt und Bruggenwert, "Soil Chemistry," Elsevier, Amsterdam, 1976)

9.8 Tonmineralien; Ionenaustausch

Die mechanische und chemische, teilweise inkongruente Auflösung von Gesteinen führt zur Bildung von Partikeln grosser spezifischer Oberfläche, die zusammen mit organischem Material (Humus) wichtige Bestandteile unserer Böden ausmachen. Ein grosser Teil des Wassers auf dem Weg von der Atmosphäre zu Flüssen, Seen und Grundwasser ist mit den Böden in längerem

Tonmineralien; Ionenaustausch

Kontakt. Die Wechselwirkung Wasser - Boden ist für die Bodenbildung und die Zusammensetzung des Wassers wichtig.

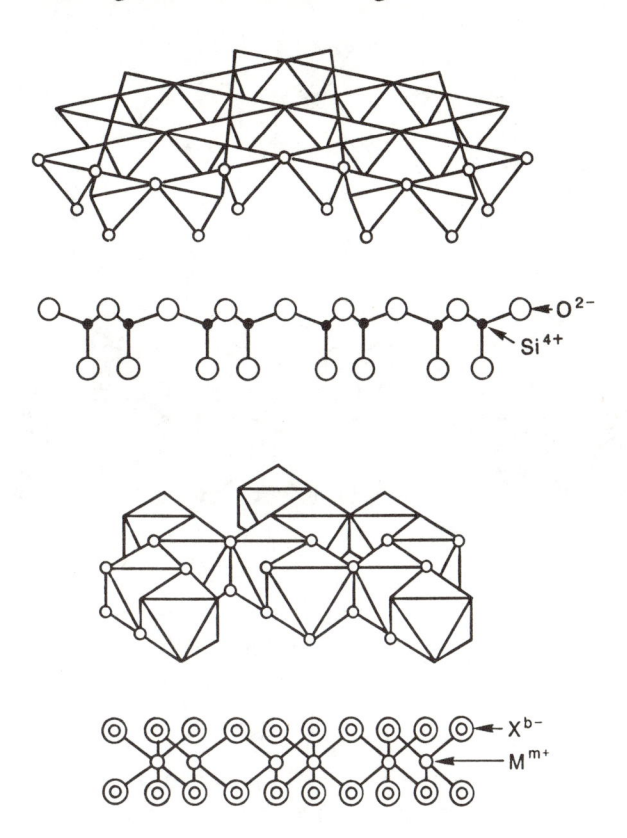

Abbildung 9.21
Die polymeren Strukturen der SiO_4^{4-}- und der $MX_6^{(m-6b)}$-Schichten
Unterhalb der dreidimensionalen Strukturen ist die Projektion entlang der kristallographischen a-Axe aufgezeichnet.
(Aus G. Sposito, "Surface Chemistry of Soils", Clarendon Press, Oxford, 1984)

Die Tonmineralien sind dominante Bestandteile der Böden. Das erste Kapitel von Sposito's Buch (G. Sposito, *The Surface Chemistry of Soils,* Clarendon Press, Oxford, 1984) gibt eine ausgezeichnete Übersicht über Zusammensetzung, Struktur und Oberflächenchemie der Tonmineralien. Wir müssen uns hier darauf beschränken, einige besonders relevanten Eigenschaften der Tonmineralien zu skizzieren.

a)

Gibbsit-Oberfläche Kantenfläche

c ↕ 7.14 Å

b

basale Siloxanfläche

6 OH⁻
4 Al³⁺
4 O²⁻, 2 OH⁻
4 Si⁴⁺
6 O²⁻

$Al_2(OH)_4(Si_2O_5)_2$
(Einheitszelle)

b)

basale Siloxanfläche Kantenfläche

c ↕ 19.99 Å

b

basale Siloxanfläche

6 O²⁻
3 Si, Al³⁺
4 O²⁻, OH⁻
4 Al³⁺
4 O²⁻, 2 OH⁻
3 Si⁴⁺, Al³⁺
6 O²⁻
2 K⁺

$K_2Al_4[Si_6Al_2O_{20}](OH)_4$
(Einheitszelle)

⊕ positives Ion Kalium   ○ Sauerstoff   • Silicium
                         ◉ Hydroxylgruppe   ■ Aluminium

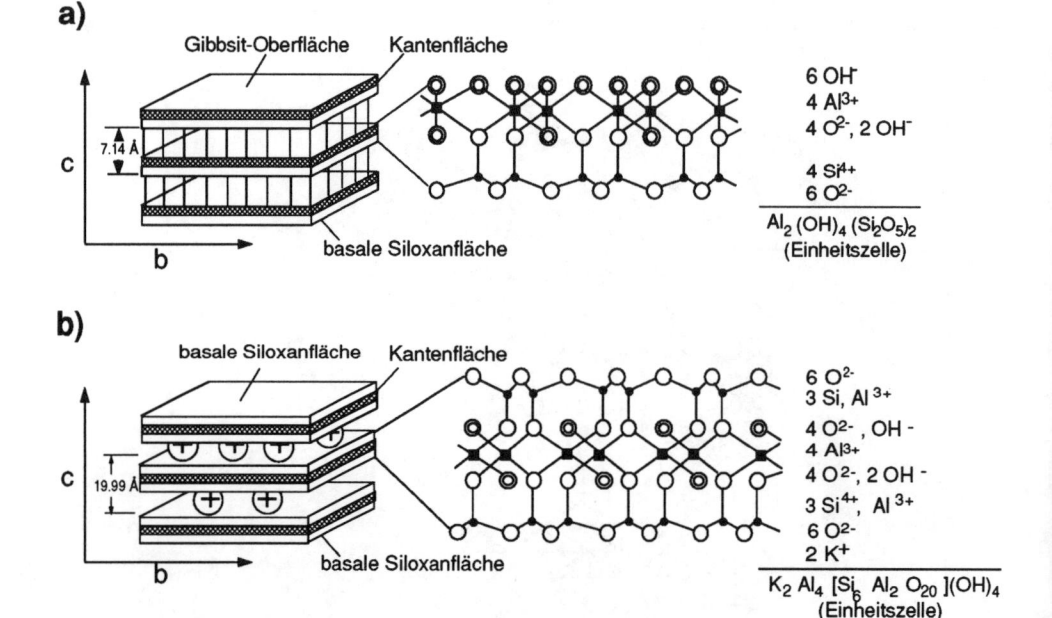

Abbildung 9.22
Struktur von Kaolinit und Muskovit
a) *Schematische Darstellung der Kaolinitstruktur entlang der a-Achse (nach Cairns–Smith, 1985). Die linke Seite zeigt den Schichtaufbau der Kaolinitplättchen, die rechte Seite die Bindungssequenz der Atome innerhalb einer tetraedrisch-oktaedrischen Schicht (Gibbsit- und Siloxanschicht). Die stöchiometrischen Koeffizienten der Ionen beziehen sich auf die Einheitszelle.*
b) *Schematische Darstellung der Muskovitstruktur entlang der a-Achse (nach Cairns-Smith, 1985). Die linke Seite zeigt den Schichtaufbau der Glimmerplättchen, die rechte Seite die Bindungssequenz der Atome in einer tetraedrisch-oktaedrisch-tetraedrischen Schicht (Siloxan–Gibbsit–Siloxan). In Muskovit werden die benachbarten (tot)-Schichten durch Kalium aneinandergebunden. Die stöchiometrischen Koeffizienten der Ionen beziehen sich auf die Einheitszelle.*

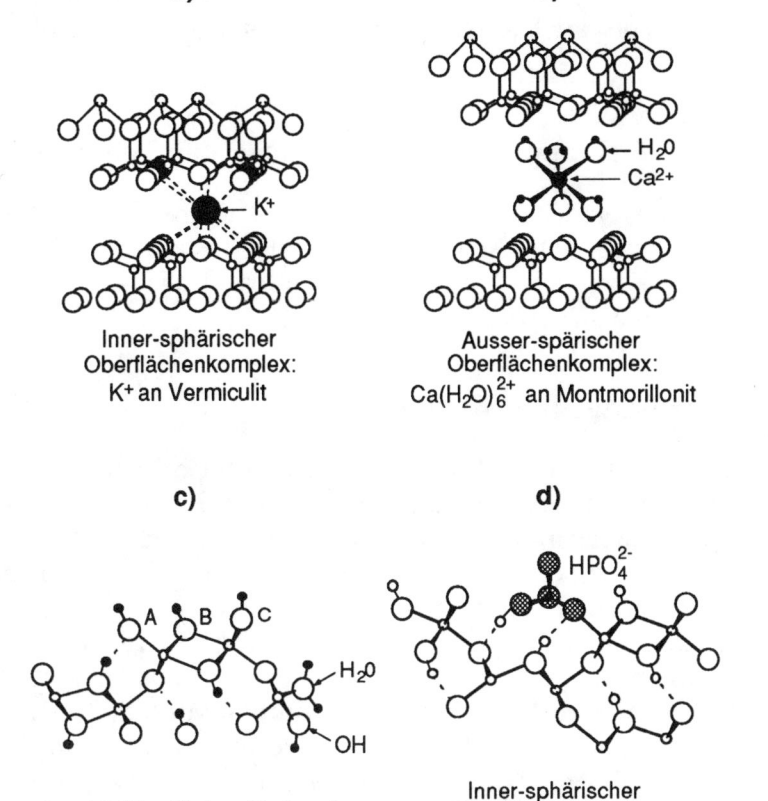

Tonmineralien; Ionenaustausch

a)

Inner-sphärischer
Oberflächenkomplex:
K⁺ an Vermiculit

b)

Ausser-spärischer
Oberflächenkomplex:
$Ca(H_2O)_6^{2+}$ an Montmorillonit

c)

Goethit-Oberflächen-Hydroxyle
und Lewis-Säuregruppen

d)

Inner-sphärischer
Oberflächenkomplex:
HPO_4^{2-} an Goethit

Abbildung 9.23
Oberflächenkomplexe mit Tonmineralien und Goethit
a) *Innersphärischer Komplex K^+ an Vermiculit.*
b) *$Ca(H_2O)_6^{2+}$ Aussersphärischer Komplex an Montmorillonit.*
c) *Oberflächenhydroxylgruppen an Goethit, die entweder einzeln (A-Typ), dreifach (B-Typ) oder zweifach (C-Typ) an Fe(III) koordiniert sind; ebenfalls eingezeichnet sind Lewis-Säuren-Gruppen.*
d) *Innersphärische Oberflächenkomplexe von Goethit, mit HPO_4^{2-} an der A-Typ-Hydroxylgruppe.*
(Nach G. Sposito, "Surface Chemistry of Soils", Clarendon Press, Oxford, 1984)

Etwas schematisierend können Tonmineralien als Polykondensate von $SiO_{4/2}$ Tetraedern mit $M(OH)_{6/2}$ Oktaedern betrachtet werden (Abbildung 9.20). In den Fraktionen der Indices in $SiO_{4/2}$ und $M(OH)_{6/2}$ bedeuten die

Zähler die Koordinationszahl der O oder OH, welche das Metallion umgeben. Kaolinit ist eines der am häufigsten vorhandenen Tonmineralien (Abbildung 9.22).

Die funktionelle Gruppe an der Oberfläche der Tonmineralien

Die Vorstellungen der Abbildung 9.7 gelten auch für die Oberflächen der Tonmineralien; ausser-sphärische Komplexe (elektrostatische "Bindung") und inner-sphärische Komplexe (kovalent und elektrostatische Bindungen) werden mit den funktionellen Oberflächengruppen gebildet.

Die Siloxan di-trigonale Kavität

Die Ebene der Sauerstoffatome, welche eine tetraedrische Siliciumschicht binden, wird Siloxan-Oberfläche genannt. Diese Ebene ist charakterisiert durch eine gestörte hexagonale, (d.h. trigonale) Symmetrie. Die 6 Silicium-Tetraeder bilden im Innern eine ditrigonale Kavität (d ~ 0.26 µm), die umgeben ist von 6 einsamen Elektronenpaar-Orbitals der 6 O-Atome. Darum kann diese hexagonale Kavität als (weiche) Lewis Base (Elektron donor) interpretiert werden, die z.B. Wassermoleküle binden kann. Falls im darunterliegenden oktaedrischen Gerüst isomorphe Substitution von Al(III) durch Fe(II) oder Mg(II) erfolgt, ergibt sich daraus eine negative Ladung, die sich mehr oder weniger auf die 10 Oberflächensauerstoffatome überträgt. Unter diesen Umständen kann die hexagonale Kavität zusätzlich zu Wasser aussersphärische Kationenkomplexe bilden. Wenn aber die isomorphe Subsitution von Si(IV) durch Al(III) in der tetraedrischen Schicht erfolgt, können stärkere innersphärische Komplexe gebildet werden. So können mit Glimmermineralien (Illit, Vermiculit) Kationen innersphärisch gebunden werden, während bei Smectiten (Montmorillonit) aussersphärische Kationen gebunden werden können.

Spezifische Oberfläche und Ionenbindungsvermögen

Die isomorphe Substitution in Tonmineralien führt zu Ladungsdichten von bis zu ca. 0.3 Coulomb m^{-2}. Das entspricht Kationenbindungskapazitäten von bis zu ca. 3 µeq m^{-2}.

Beispiel 9.2
Oberflächenladung

Die Oberflächenladung eines Kaolinits, in dessen negativer Si-Oberflächenschicht (s. Abbildung 9.21) 0.05 % aller Si-Atome durch Al(III) isomorph substituiert sind, kann wie folgt berechnet werden: 1 mol Kaolinit ($Al_2 Si_2 O_5(OH)_4$) hat ein "Molekular"-gewicht von ca. 200 und enthält 2 mole Si-Atome. Dementsprechend enthält 1 g Kaolinit 5×10^{-6} mole Substitutionen oder Ladungs-Einheiten. Jedes mol Ladungseinheit entspricht 9.65×10^4 Coulomb, so dass 1 g Kaolinit eine solche Ladung von 0.5 C enthält. Eine typische spezifische Oberfläche von Kaolinit ist ca. 10 $m^2 g^{-1}$. Dementsprechend hat dieser Kaolinit ein Kationenbindungsvermögen vom 0.5 µq m^{-2} oder eine Ladungsdichte von $\sigma = 5 \times 10^{-2}$ C m^{-2}

Die intrinsische *Oberflächenladungsdichte* eines Tonminerals ist gegeben durch die Summe der permanenten strukturellen, durch isomorphe Substitution bedingten Ladung funktioneller Gruppen, σ_0, und der Ladung, die durch Protonenbindung (und Dissoziationsreaktionen), σ_{H^+}, entsteht:

$$\sigma_{in} = \sigma_o + \sigma_{H^+} \tag{33}$$

Dabei ist die intrinsische Oberflächenladungsdichte definiert als:

$$\sigma_{in} = \frac{F(q_+ - q_-)}{S} \tag{34}$$

wobei q_+ und q_- pro Gramm Tonmineral den adsorbierten Kationen- und Anionen Ladungseinheiten (mol g^{-1}) entsprechen, S ist die spezifische Oberfläche ($m^2 g^{-1}$), F ist das Faraday.

σ_H ist durch die Protonenbindung und Protonendissoziation an funktionellen Oberflächengruppen bestimmt:

$$\sigma_H = F(q_H - q_{OH}) / S \tag{35}$$

Die intrinsische Oberflächenladungsdichte, σ_{in}, kann operationell abgeschätzt werden durch die Adsorption von Ionen aus einer Elektrolytlösung. Man spricht von *Kationenaustauschkapazität*, es muss aber berücksichtigt werden, dass diese experimentell bestimmte Kapazität vom pH der Lösung und der Art und der Konzentration des verwendeten Elektrolyten abhängig ist.

σ_H kann im Prinzip aus der gemessenen Adsorption (oder Resorption) von Protonen mit Hilfe von Titration mit Lauge oder Base bestimmt werden:

$$q_H - q_{OH} = \frac{C_A - C_B - [H^+] + [OH^-]}{C_s} \tag{36}$$

wobei C_A und C_B die molaren Konzentrationen der zugegebenen Säure oder Base und C_s die Menge Tonmineral pro ℓ Lösung sind.

Ionenaustauschgleichgewichte

Die elektrische Doppelschichttheorie sagt richtig voraus, dass die Affinität der geladenen Oberfläche grösser ist für 2-wertige Ionen als für einwertige und dass diese Selektivität mit zunehmender Verdünnung zunimmt. Die relative Affinität wird oft durch formelle Anwendung des Massenwirkungsgesetzte auf die Austauschreaktionen zum Ausdruck gebracht.

$$2\,\{K^+R^-\} + Ca^{2+} \rightleftharpoons \{Ca^{2+}R_2^{2-}\} + 2\,K^+ \tag{37}$$

Tabelle 9.1 gibt die experimentell bestimmte Verteilung von Ca^{2+} und K^+ für drei verschiedene Tonmineralien.

TABELLE 9.1 Ionenaustausch von Tonmineralien mit Lösungen von $CaCl_2$- und KCl-äquivalenter Konzentration

Tonmineral	Austausch-Kapazität	Verhältnis Ca^{2+}/K^+ an Tonmineral Konzentration der Lösung $2[Ca^{2+}] + [K^+]$, meq liter^{-1}			
	meq g^{-1}	100	10	1	0.1
Kaolinit	0.023	–	1.8	5.0	11.1
Illit	0.162	1.1	3.4	8.1	38.8
Montmorillonit	0.801	1.5	–	22.1	38.8

Ionenaustauschharze

Organische Ionenaustauschharze, die z.B. für die Wasserenthärtung gebraucht werden, sind Kunstharze (Polykondensate), deren organische Netzwerke zahlreiche funktionellen Säuren $-SO_3H \rightleftharpoons -SO_3^-$ oder basische $-NH_3^+ \rightleftharpoons -NH_2$-Gruppen enthalten.

Kolloidstabilität

Abbildung 9.24 gibt typische Austauschisothermen für den Austausch

$$2\,\{Na^+R^-\} + Ca^{2+} \rightleftharpoons \{Ca^{2+}R_2^{2-}\} + 2\,Na^+ \tag{38}$$

in einem modernen Ionenaustauscherharz wieder.

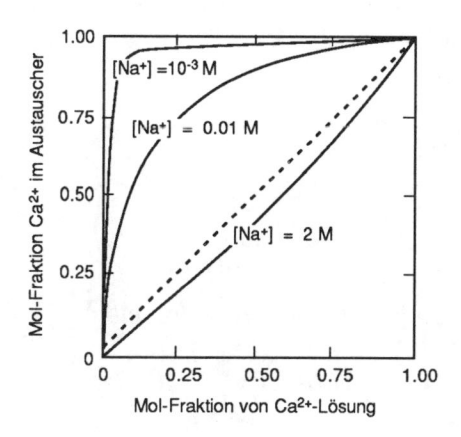

Abbildung 9.24
Austauschisothermen für den Austausch von Na^+ durch Ca^{2+} bei verschiedenen Konzentrationen der Lösungen
In grosser Verdünnung zeigt der Harz eine grosse Selektivität für Ca^{2+}. Diese Selektivität nimmt mit zunehmender Konzentration ab. Die gestrichelte 45°-Linie entspricht der Isotherme mit Null-Selektivität. Mit konzentrierten Lösungen kann das Harz regeneriert werden. Der Austausch ist umkehrbar.

9.9 Kolloidstabilität

Wie in Abbildung 9.4 illustriert, sind viele aquatische Partikel kleiner als 10 μm, d.h. sie sind Kolloide. Solche Partikel haben nach dem Stoke'schen Gesetz eine Absetzgeschwindigkeit von weniger als 10^{-2} cm^{-1}. Im Zusammenhang mit Kolloiden hat das Wort *Stabilität* eine andere Bedeutung als in der Thermodynamik. Kolloide werden stabil genannt, wenn sie langsam sind im Koagulieren zu grösseren Agglomeraten, d.h. wenn sie über eine ausgewählte Beobachtungsperiode in einem *Dispersions*zustand verbleiben.

Kolloide sind – sehr vereinfacht ausgedrückt – stabil, wenn sie elektrisch geladen sind. Bei hydrophilen Kolloiden, d.h. solchen die hydrophile (H_2O-

liebende) funktionelle Gruppen an ihren Oberflächen haben, wie das z.B. bei Gelatine, Stärke, Proteinen und anderen Makromolekülen und Biokolloiden der Fall ist, kommt zusätzlich eine, teilweise auch sterisch bedingte, Stabilisierung durch die Affinität der funktionellen Gruppen zu H_2O hinzu.

Ein *physikalisches Modell* der Kolloidstabilität vergleicht die Van-der-Waal'sche Attraktion, V_A, mit der elektrostatisch repulsiven Wechselwirkung, V_R, (totale Wechselwirkung: $V = V_A + V_R$).

In erster Annäherung ist

$$V_A = - \text{prop} \frac{A}{d^2} \tag{39}$$

wobei

A = Hamaker-Konstante (ca. 10^{-19} Joule)
d = Distanz zwischen zwei Kolloiden, und

$$V_R = \text{prop} \frac{1}{\sqrt{I}} \tanh [k_1 \psi d]^2 \exp(-k_2 d/\sqrt{I}) \tag{40}$$

wobei

I = ionale Stärke,
ψ = Potential (Volt) an der Oberfläche des Kolloides
(Potential ≈ prop Kapazität × Ladung)
tanh = tangens hyperbolicus
$\tanh x = (e^x - e^{-x})/(e^x + e^{-x})$

Für genauere Ableitungen siehe Tabelle 7.3 in W. Stumm *Chemistry of the Solid-Water Interface,* Wiley-Interscience, New York (1992).

Die Kolloidstabilität hängt vom Oberflächenpotential, ψ_0, und von der ionalen Stärke der Lösung ab. Besonders wichtig ist dabei die Ladung der Gegenionen (Schulze-Hardy-Regel).

Kolloidstabilität

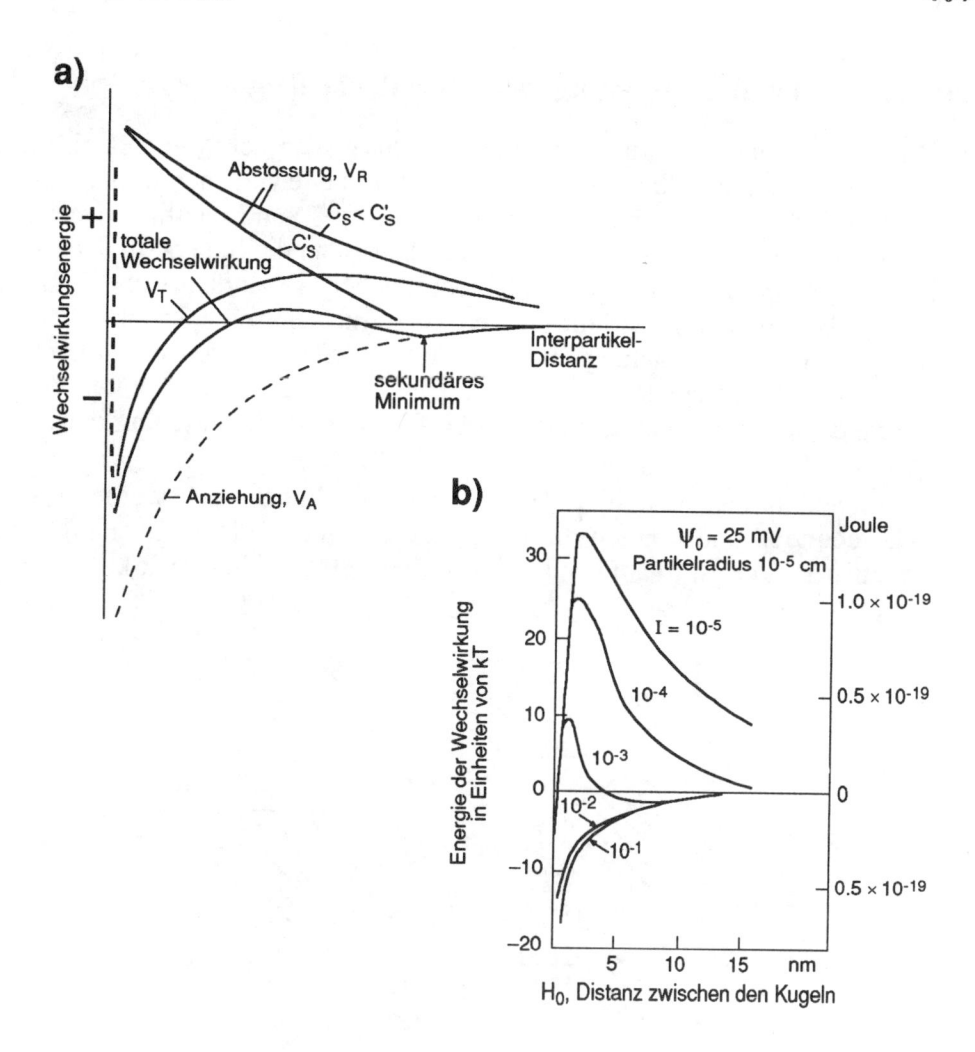

Abbildung 9.25
Physikalisches Modell für die Kolloidstabilität

a) *Schematische Darstellung der Abstossungs- und Anziehungs-Wechselwirkung in Abhängigkeit der Interpartikeldistanz. Die Netto-Wechselwirkung ergibt sich aus der Differenz der beiden Kurven; sie hängt von der Elektrolytkonzentration C_S oder C'_S ab. Desto grösser C_S ist, desto kleiner ist der "Energieberg", der überwunden werden muss. Die Aggregation der Partikel erfolgt dann im Energieminimum. Manchmal gibt es auch Koagulationen im sekundären Minimum; diese können durch Rühren wieder dispergiert werden.*

b) *Berechnete Netto-Wechselwirkungsenergien für kugelförmige Partikel konstanten Oberflächenpotentials für verschiedene ionale Stärken (1 : 1–Elektrolyt)*

Die chemische Beeinflussung der Oberflächenladung

Das Oberflächenpotential (oder vereinfacht ausgedrückt die elektrische Ladung der Kolloide) hängt nun in sehr starkem Masse von chemischen Faktoren ab. Wie wir gesehen haben, werden Ca^{2+}, Mg^{2+} und Metallionen spezifisch (d.h. chemisch) an die Oberflächen (d.h. z.B. an die Sauerstoff-Donoratome der Oxiden und der organischen Oberflächen) gebunden (siehe Abbildung 9.8). Damit ist eine Ladungsveränderung (meistens eine Reduktion der ursprünglich negativen Ladung) der kolloiden Oberfläche verbunden. Ebenso bewirkt ein Ligandenaustausch, d.h. die Bindung eines Anions (unter Verdrängung des OH^-) an die partikuläre Oberfläche, eine Veränderung der Ladung.

Reaktive Anionen, z.B. SO_4^{2-}, HPO_4^{2-}, Fulvate, Humate etc., werden spezifisch gebunden und können die Oberflächenladung und den Zustand der Kolloiddispersität signifikant beeinflussen (Beispiel Abbildung 9.26).

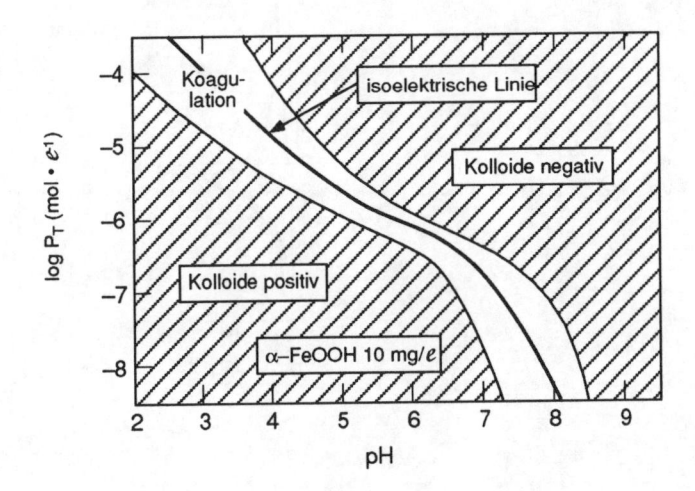

Abbildung 9.26
Kolloidstabilität von α-FeOOH-Dispersionen in Gegenwart von Phosphat
(W. Stumm und L. Sigg, Z. f. Wasser- und Abwasserforschung 12, 73,1979)

Die Kolloidstabilität natürlicher Gewässer wird vor allem durch die chemischen Wechselwirkungen mit den Oberflächenpartikeln bestimmt. In weiten Teilen Europas sind die meisten Gewässer $CaCO_3$-gesättigt. Wegen dem relativ hohen $[Ca^{2+}]$ sind unsere Gewässer, im Vergleich zu Gewässern in kristallinem Terrain, arm an Kolloiden. Permanent trübe Gewässer (mit Tonteilchen) treten bei uns weniger auf. Auch sind Humus-Kolloide oder mit Huminsäure überdeckte Kolloide bei den bei uns typisch vorkommenden Wasserhärten nicht stabil. In weichen Wässern treten Humin- und Fulvinsäure in grösserer Konzentration auf; sie verursachen eine Dispersierung der Kolloide (auch hier ist eine *chemische* Wechselwirkung – entgegen elektrostatischer Kräfte – von Anionen mit negativen Partikeloberflächen vorherrschend). Die Kinetik der Agglomeration der Kolloide wird in Kapitel 10.2 diskutiert.

9.10 Sorption hydrophober Verbindungen

Wie in Kapitel 9.2 erwähnt, sind hydrophobe Verbindungen in manchen nicht-polaren Lösungsmitteln gut – aber im Wasser schlechter löslich. Viele solcher Verbindungen lösen sich auch im Fett und in Lipiden gut und werden dementsprechend als *lipophile* Verbindungen bezeichnet.

Solche Substanzen haben eine Tendenz, den Kontakt mit Wasser möglichst klein zu halten und sich in nicht-polarer, nicht-wässriger Umgebung, z.B. an einer Oberfläche, in einem organischen Partikel oder in der lipidhaltigen Biomasse eines Organismus zu assoziieren. Viele organische Substanzen, z.B. Seife, Detergentien, Fettsäuren, Humin- und Fulvinsäuren, haben Molekülteile mit sowohl hydrophobem wie auch hydrophilem Charakter. Die Sorption hydrophober Verbindungen an suspendierten Stoffen, Sedimenten, Biota oder an Grenzflächen in Böden kann in Beziehung zur Löslichkeit dieser Substanzen in organischen Lösungsmitteln gesetzt werden. Als organisches Referenzlösungsmittel hat sich n-Octanol, $CH_3(CH_2)_7OH$, bewährt. Dieses organische Lösungsmittel ist wegen seiner OH-Gruppen nur teilweise nicht-polar und kann neben unpolaren auch polarere Substanzen mit O oder N enthaltenden funktionellen Gruppen auflösen. Das Verteilungsgleichgewicht einer Verbindung zwischen Wasser und n-Octanol, K_{OW}, kann im Laboratorium bestimmt werden.

$$K_{OW} = [A(oct)] / [A(aq)] \tag{41}$$

K_{OW} ist dimensionslos. Umfangreiche Kompilationen (z.B. Hansch und Leo; in: *Substitution Constants for Correlation Analysis in Chemistry and Biology,* Wiley-Interscience, New York, 1979) sind erhältlich. K_{OW}-Werte sind in der Regel umgekehrt proportional zur Wasserlöslichkeit (lineare Beziehung zwischen log K_{OW} und –log (Wasserlöslichkeit).

Das Ausmass der Sorption hydrophober Verbindungen an der Fest-Wasser-Grenzfläche hängt vom organischen Kohlenstoffgehalt der sorbierenden

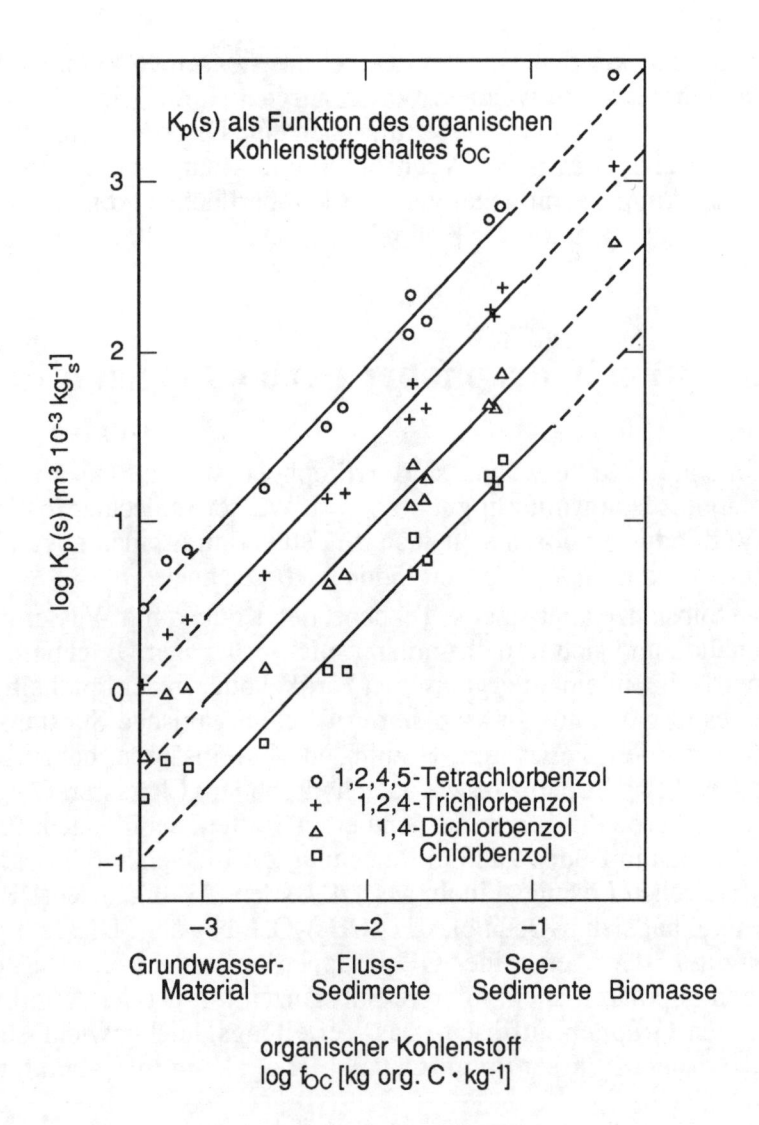

Abbildung 9.27
Die Verteilung unpolarer organischer Verbindungen zwischen Feststoffen und Wasser in aquatischen Systemen (gegeben durch den Verteilungskoeffizienten K_p) ist abhängig von der Lipophilie der Verbindung und vom Gehalt des Feststoffes an organischem Kohlenstoff (f_{OC} = Gewichtsfraktion).
(Modifiziert von R.P. Schwarzenbach und J. Westall, Env. Sci. Technol. 53, 291, 1980)

Feststoffe ab. Mit anderen Worten, das organische Material in den (porösen) Feststoffen verhält sich ähnlich wie Octanol und die Verbindung wird in das

Sorption hydrophober Verbindungen

organische Material "ab"-sorbiert. Der Sorptionskoeffizient, K_p, kann häufig als Funktion des Octanol-Wasser-Verteilungskoeffizienten, K_{OW} (Gleichung (41)), und des Gehaltes des Feststoffes an organischem Kohlenstoff, f_{OC} (Gewichtsfraktion), ausgedrückt werden.

$$K_p = b\, f_{OC}\, (K_{OW})^a \tag{42}$$

wobei a und b Konstanten sind. Die Einheiten von K_p (im Prinzip ein Verteilungskoeffizient zwischen der Konzentration in der festen Phase, mol kg^{-1} und der Konzentration in wässriger Lösung, mol ℓ^{-1}), ist üblicherweise mol kg^{-1}/mol ℓ^{-1} oder ℓ kg^{-1}.

Abbildung 9.27 illustriert die Verteilung unpolarer organischer Verbindungen zwischen Feststoffen und Wasser. Für eine ausführliche Behandlung: siehe Schwarzenbach et al., *Environmental Organic Chemistry*, Kapitel 7, Wiley-Interscience, New York (1993).

Weitergehende Literatur

BUFFLE, J. und VAN LEEUWEN, H.P.; *Environmental Particles,* Vol. 1, Lewis Publ., Chelsea MI, 1992.

DZOMBAK, D.A. und MOREL, F.M.M.; *Surface Complexation Modeling; Hydrous Ferric Oxide,* Wiley-Interscience, New York, 1990.

SCHEFFER, P. und SCHACHTSCHABEL, P.; *Lehrbuch der Bodenkunde,* zehnte Auflage, 394 S., Enke, Stuttgart, 1979.

SCHINDLER, P. und STUMM, W.; "The Surface Chemnistry of Oxides, Hydroxides and Oxide Minerals", in *Aquatic Surface Chemistry* (W. Stumm, Hrsg.) Wiley Interscience, New York, 1987.

SIGG, L.; "Surface Chemical Aspects of the Distribution and Fate of Metal Ions in Lakes", Kapitel 12, S. 319-350, in: *Aquatic Surface Chemistry* (W. Stumm Hrsg.) Wiley-Interscience, New York, 1987.

SPOSITO, G.; *Sorption of Trace Metals by Humic Materials in Soils and Natural Waters,* CRC Critical Review Environm. Control **16**, 193-229, 1986.

STUMM, W. und WOLLAST, R.; *Coordination Chemistry of Weathering; Kinetics of the Surface Controlled Dissolution of Oxide Minerals,* Reviews of Geophysics **28**/1, 53-69, 1990.

SULZBERGER, B.; "Heterogeneous Photochemistry", Kapitel 10, S. 337-368, in: *Chemistry of Solid-Water Interface* (W. Stumm, Hrsg.) Wiley-Interscience, New York, 1992.

WEHRLI, B.; "Redox Reactions of Metal Ions at Mineral Surfaces", Kapitel 11, S. 311-334, in: *Aquatic Chemical Kinetics* (W. Stumm, Hrsg.) Wiley-Interscience, New York, 1990.

WESTALL, J.; "Adsorption Mechanisms in Aquatic Surface Chemistry", Kapitel 1, S. 3-32, in: *Aquatic Surface Chemistry* (W. Stumm, Hrsg.), Wiley-Interscience, New York, 1987.

Übungsaufgaben

1) a) *Wie kann man aus der Veränderung der Zusammensetzung der Lösung unterscheiden zwischen einer Fällungs- und einer Adsorptionsreaktion?*
   b) *Warum ist der gute Fit der Daten durch eine Langmuir'sche Adsorptions-Isotherme kein Beweis für das Vorliegen einer Adsorption?*

2) *Wie könnte man unterscheiden, ob eine Fettsäure an einem Oxidmineral durch koordinative Bindung (Ligandenaustausch der Carboxylatgruppen mit den oberflächenständigen OH-Gruppen des Oxides) oder durch hydrophobe Exklusion aus dem Wasser an der Oberfläche adsorbiert wird?*

3) Eine Probe von Goethit ist charakterisiert durch folgende Reaktionen:

   $\equiv FeOH_2^+$ $= H^+ + \equiv FeOH$ $\quad pK_1^s = 6$

   $\equiv FeOH$ $= H^+ + \equiv FeO^-$ $\quad pK_2^s = 8.8$

   $\equiv FeOH + Cu^{2+} = \equiv FeOCu^+ + H^+$ $\quad pK^s = -8$

   Elektrostatische Effekte werden als vernachlässigbar angenommen.
   a) *Stelle eine Adsorptions-Isotherme (Cu adsorbiert versus Cu^{2+}) für eine $CuNO_3$-Lösung bei pH = 7 und $\equiv FeO_T = 10^{-4}$ M auf.*
   b) *Welches ist der qualitative Einfluss auf das Ausmass der Adsorption von folgenden Faktoren?:*
      i) Anwesenheit von HCO_3^- in der Lösung
      ii) Erhöhung der Temperatur der Lösung
      iii) Zugabe von 10^{-3} M Ca^{2+}

4) *Warum nimmt bei einem Oxid die Oberflächenladung zu, wenn bei konstantem pH (pH < pH_{PZC}) der Elektrolytgehalt (inerte Ionen) erhöht wird?*

5) Phosphat verlangsamt die Auflösung der Oxide. *Wie könnte man diese Inhibition erklären?*

6) *Zeige, dass die Langmuir-Adsorptions-Isotherme (z.B. die Adsorption eines Liganden an ein Oxid) bei konstantem pH der Oberflächenkomplexbildung entspricht, wenn elektrostatische Effekte vernachlässigt werden.*

7) Bei der Bestimmung einer Adsorptions-Isotherme von Phosphat an Fe(III)oxid (10 mg/ℓ) bei pH = 6 wurden folgende Werte erhalten ($I = 10^{-3}$ M, 25 °C). Bei Adsorptionsgleichgewicht wurden folgende Resultate festgestellt:

Zugegebenes P_T (M)	bei Gleichgewicht P_T in Lösung (M)
10^{-7}	0.2×10^{-7}
3×10^{-7}	0.7×10^{-7}
1×10^{-6}	2.5×10^{-7}
3×10^{-6}	9×10^{-7}
10^{-5}	40×10^{-7}
3×10^{-5}	150×10^{-7}
10^{-4}	500×10^{-7}

a) *Interpretiere diese Zahlen im Sinne einer Freundlich- und/oder Langmuir-Isotherme und kommentiere die Gültigkeit oder Ungültigkeit der verwendeten Adsorptionsmodelle.*
b) *Das Fe(III)oxid hat eine Oberfläche von 40 m^2 g^{-1}. Wieviele Oberflächengruppen können mit dem Phosphat reagieren?*
c) *Soll die Adsorptions-Isotherme im Sinne von P_T oder $H_2PO_4^-$ interpretiert werden?*
d) *Welches ist die Oberflächenkomplexbildungskonstante für den Ligandenaustausch mit $H_2PO_4^-$? (Die Aciditätskonstanten des Fe(III)-oxides können aus Angaben der Frage 4 entnommen werden.)*

8) *Wie könnte man bei der Adsorption von Ca^{2+} an Sedimente zwischen Ionenaustausch und Oberflächenkomplexbildung experimentell unterscheiden?*

9) *Häufig werden Adsorptions-Isothermen für kollektive Parameter (organischer Kohlenstoff, Huminsäure, chlororganische Verbindungen) aufgestellt. Inwiefern sind solche Isothermen mechanistisch interpretierbar?*

KAPITEL 10

Wassertechnologie; Anwendung oberflächenchemischer Prozesse

10.1 Einleitung

Wie wir gesehen haben, regulieren chemische Prozesse zu einem guten Teil die Zusammensetzung der im Wasser gelösten Bestandteile. Die suspendierten Partikel und die Kolloide sowie Mikroorganismen (insbesondere Algen) sind wichtige Adsorbentien für Metalle, Metalloide, Phosphate, Huminsubstanzen und viele organische Schadstoffe. Die Affinität der reaktiven Elemente und Verbindungen und der Schadstoffe für die Oberfläche dieser Partikel sowie der Grenzflächen, mit denen sie in Kontakt kommen, bestimmt das Schicksal, die Aufenthaltszeit und die Residualkonzentration dieser Stoffe in Lösung. Auch die Prozesse im Boden und im Grundwasserträger werden durch die Vorgänge an der Mineral-Wassergrenzfläche dominiert. Die Grenzflächen in Grundwasserleitern beeinflussen die relative Rückhaltung von organischen Verbindungen und von Schwermetallen. Die wassertechnologischen Einheitsverfahren (Tabelle 10.1) beruhen auf den gleichen grenzflächenchemischen Vorgängen wie die Prozesse in der Natur.

Ein Verständnis der verschiedenen physikalischen, chemischen und biologischen Einzelvorgänge ermöglicht es, die Verfahren prozessdynamisch so zu steuern, dass sie optimal ablaufen und – je nach Situation – auf die gewünschten Erfordernisse spezifisch ausgerichtet werden können.

In diesem Kapitel beschränken wir uns darauf zu illustrieren, wie grenzflächenchemische Prozesse bei der Wassertechnologie von Bedeutung sind. Für eine Beschreibung der Wassertechnologie und weitergehende Diskussionen möchten wir auf die Publikationen am Schluss des Kapitels hinweisen.

TABELLE 10.1 Wichtige wassertechnologische Einheitsverfahren, die oberflächenchemische Prozesse ausnützen

Verfahren	Oberflächenchemische Prozesse
Flockung, Koagulation [1]	Destabilisierung der Kolloide
Filtration, Flockungsfiltration	Anlagerung der Partikel am Filterkorn
Membran-Filtration	Entfernung von Kolloiden und hochmolekularen Substanzen durch Membrane (umgekehrte Osmose)
Flotation	Aufschwemmen partikulärer Stoffe
Ionenaustausch	Ionenaustausch in synthetischen Austauschharzen
Phosphatelimination	Chemische Fällungsprozesse, Flockungsfiltration
Bioflockung, Biofilm	Flockung von Mikroorganismen, z.B. im Belebtschlammverfahren und Ausnützung von bakteriologischen Filmen beim Abbau und Umwandlung von Verbindungen
Aktivkohle-Reinigung	Adsorption organischer Stoffe an Aktivkohle

[1] Die Begriffe Flockung und Koagulation werden hier gleichbedeutend behandelt

10.2 Flockung, Koagulation

Viele im Gewässer oder im Abwasser vorkommende Partikel sind kolloidal ($d = 10^{-9} - 10^{-5}$ m). Sie sind schwer absetzbar und passieren zu einem grossen Teil die meisten üblichen Filter (vgl. Abbildung 9.4). Unter vereinfachenden Bedingungen (sphärische Partikel, laminare Bewegung des absetzenden Partikels) gibt das *Stokes' Gesetz* folgende Gesetzmässigkeit für die Absetzungsgeschwindigkeit, v_s, (cm s^{-1}):

$$v_s = \frac{g}{18} \frac{\rho_s - \rho}{\eta} d^2 \qquad (1)$$

Flockung, Koagulation

wobei

g = Erdbeschleunigung (9.81×10^2 cm s^{-2})
ρ_s und ρ = Dichte des Partikels und des Wassers (g cm^{-3})
η = dynamische Viskosität (bei 20 °C, $\eta \approx 0.01$ g cm^{-1} s^{-1})
d = Durchmesser des Partikels (cm)

Für Partikel ($\rho_s \approx 3$ g cm^{-3}) mit einem Durchmesser von 10 µm beträgt (s. Gleichung (1)) die Absetzgeschwindigkeit nur ca. 10^{-2} cm s^{-1}. Die Absetzgeschwindigkeit ist proportional dem Durchmesser im Quadrat.

Elimination der Kolloide durch Sedimentation lässt sich nur erreichen, wenn der Durchmesser der Teilchen durch Agglomeration erhöht werden kann. Auch bei der Filtration ist die Eliminationswirkung vom Durchmesser der zu filtrierenden Partikel abhängig. (Wie in Kapitel 10.3 erklärt wird, werden die sehr kleinen (d « 1 µm) und sehr grossen Partikel (d » 1 µm) in einem Tiefenfilter besonders gut zurückgehalten.) Unter dem Begriff "Flockung" oder "Koagulation" wird die Zusammenballung von kolloidalen Partikeln zu grösseren Agglomeraten verstanden. Die Flockung verändert die Korngrössenverteilung der Partikel (s. Abbildung 9.5). Die meisten der in natürlichen Gewässern und im Abwasser auftretenden suspendierten Stoffe (Tonmineralien, Oxide, biologischer Debris) sind im typischen pH-Bereich negativ geladen (Abbildung 9.12). Die Ursache dieser Ladung und physikalische Modelle der Kolloidstabilität haben wir bereits in den Kapiteln 10.6 und 10.9 kennengelernt. Eine der Methoden, um die Stabilität der Kolloide herabzusetzen, die Komprimierung der elektrischen Doppelschicht durch Zugabe von Elektrolyten, ist in der Wasserwerkspraxis nicht sehr praktisch. Es gelingt aber, die Oberflächenladung der kolloidalen Teilchen herabzusetzen durch Zugabe geeigneter Substanzen (Koagulationsmittel), die an der Oberfläche chemisch adsorbiert werden und dadurch die Ladung herabsetzen (Adsorptionskoagulation).

Al(III) und Fe(III) als Koagulationsmittel

Typische Koagulationsmittel, die in der Wasserwerkspraxis eingesetzt werden, bestehen aus dreiwertigem Aluminium und dreiwertigem Eisen. Wenn man Eisen(III) und Aluminiumsalze zu einem Wasser (typisch carbonathaltig, pH 7 – 9) gibt, hydrolysieren diese Metallionen (Kapitel 6.2) zu Hydroxokomplexen, die sich vernetzen zu $Me_x(OH)_y^{n+}$. Diese multihydroxo-Al oder Fe(III)- Komplexe sind metastabile Zwischenprodukte zur Bildung der schwerlöslichen Fe(III) und Al(III)(hydr)oxide (Abbildung 10.1). Sie sind bei pH < 8 positiv geladen; wegen ihrer höheren Molekulargewichte (× > 5) werden sie spezifisch adsorbiert und verändern die Oberflächenladung der suspendierten Teilchen.

Wie Abbildung 10.2 zeigt, führt die progressive Zudosierung von Al(III) als Koagulationsmittel zuerst zu einer Ladungsneutralisation und dann zu einer Umkehrung der Ladung. Dementsprechend werden die Trübstoffe mit zunehmender Zugabe von hydroxyliertem Al(III) zuerst entstabilisiert und dann (Ladungsumkehr) restabilisiert. Eine gleiche Sequenz der Entstabilisierung und Restabilisierung ergibt sich bei der Flockung durch Fe(III) (s. Abbildung 10.3). Die Dosierung ist kritisch und wird in der Wasserwerkspraxis im sogenannten "jar test" (dem zu koagulierenden Wasser werden in einer Serie von Bechergläsern unter gleichen Rührbedingungen zunehmende Dosen von Koagulationsmittel zugegeben) dauernd überprüft. Die Dosis hängt von der Konzentration der suspendierten Teilchen (resp. ihrer Oberflächenkonzentration) ab. Bei grösseren Dosierungen an Al(III) und Fe(III) tritt Fällung des $Al(OH)_3(s)$ oder $Fe(OH)_3(s)$ auf. An diese sedimentierenden Metallhydroxidflocken werden ebenfalls suspendierte kolloidale Stoffe angelagert (Fällungsflockung). Der bei der Flockung anfallende abgesetzte "Schlamm" (Suspensa plus Fällungsprodukte) weist in der Regel einen höheren Wassergehalt auf und muss vor einer Beseitigung entwässert werden.

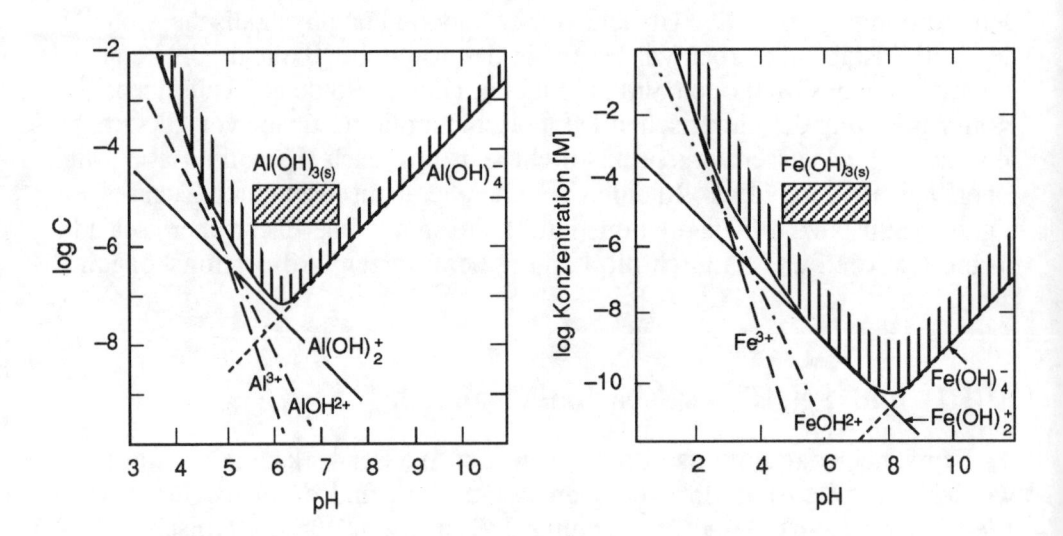

Abbildung 10.1
Die Gleichgewichte der Löslichkeiten von Al(III) und Fe(III)
Im schraffierten Bereich entstehen hydroxylierte Polymerisationsprodukte, die sich als Flockungsmittel eignen.

Flockung, Koagulation 419

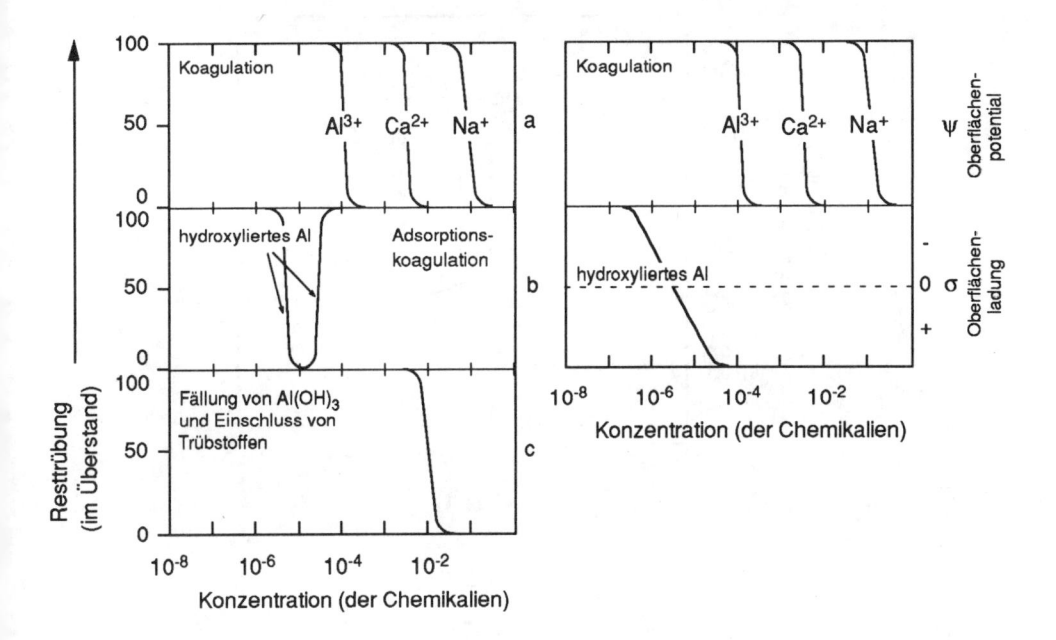

Abbildung 10.2
Unterschiedliche Wirksamkeit verschiedener in der Wassertechnologie eingesetzter Chemikalien, dargestellt durch Angabe des Konzentrationsbereiches in dem diese Chemikalien die Trübstoffe durch Flockung (und nachfolgende Sedimentation) wirksam verringern.

Entfernung von Huminstoffen und huminähnlichen Verbindungen

Die gleichen Flockungsmittel werden auch eingesetzt, um gelöste und kolloidale Humin- und ähnliche Farbstoffe aus dem Rohwasser zu entfernen. Die Ligandengruppen der Huminstoffe reagieren chemisch mit den Metallionen etwa im Sinne von:

$$n\,Al^{3+} + n\,R\!\!<\!\!\genfrac{}{}{0pt}{}{COOH}{OH} + n\,OH^- \rightleftharpoons \left\{ \begin{matrix} Al\!\!<\!\!\genfrac{}{}{0pt}{}{O-C\!=\!O}{O-R} \\ | \\ OH \end{matrix} \right\}_n \quad (2)$$

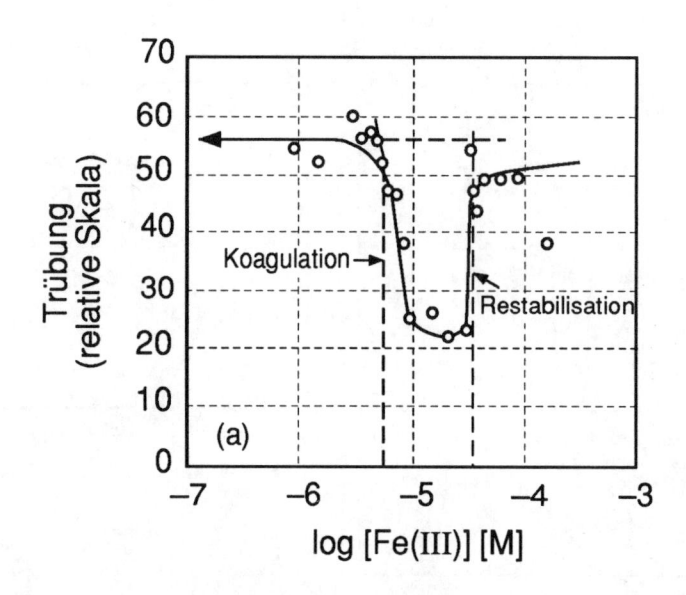

Abbildung 10.3
Koagulation einer SiO_2-Suspension (0.8 g ℓ^{-1}, 6.6 m^2 ℓ^{-1}) durch Fe(III) bei pH = 5. (Aus Daten von C.R. O'Melia und W. Stumm.) Die verbleibende Trübstoffkonzentration (relative Skala) wurde mit Hilfe von Lichtstreuung gemessen.

Der Verbrauch zur optimalen Entfernung der Huminstoffe hängt in der Regel stöchiometrisch vom Gehalt der organischen Stoffe ab. Der optimale pH muss experimentell bestimmt werden

Die Koagulation wurde in der Wassertechnologie ursprünglich vor allem zur Entfernung der Partikel eingesetzt, heute spielt aber die Entfernung der Humin- und Fulvinsäuren häufig eine wichtigere Rolle. Diese organischen Verbindungen sind im Trinkwasserverteilungsnetz unerwünscht, u.a. weil sie

1) Aktivkohlefilter belasten und die Elimination wichtiger Spuren-Verunreinigungssubstanzen (z.B. Pestizide) erschweren;
2) die bakteriologische Verkeimung im Verteilnetz fördern, und
3) den Ozon- und Chlorverbrauch erhöhen und bei Verwendung von Chlor chlor-organische Verbindungen, wie z.B. $CHCl_3$ (Chloroform). bilden.

Organische Polyelektrolyte

Die hydroxylierten Al(III)- und Fe(III)-Verbindungen, die bei der Flokkung eingesetzt werden, können als anorganische Polyelektrolyte bezeichnet

Flockung, Koagulation

werden. Organische Polymere, natürliche wie Polysaccharide, Proteine, etc. und synthetische Polyelektrolyte (Tabelle 10.2), adsorbieren ebenfalls stark an feste Oberflächen. Die Adsorption erfolgt durch verschiedene Segmente der Polymere. Selbst wenn die freie Energie der Adsorption für ein einzelnes Segment gering ist, wird das Makromolekül wegen der vielen Segmente stark adsorbiert. Die Adsorption wird durch Van der Waal'sche Wechselwirkung und hydrophobe Bindung (Kapitel 9.4) durch benachbarte CH_2-Gruppe adsorbierter Moleküle verstärkt.

TABELLE 10.2 Synthetische Polyelektrolyte

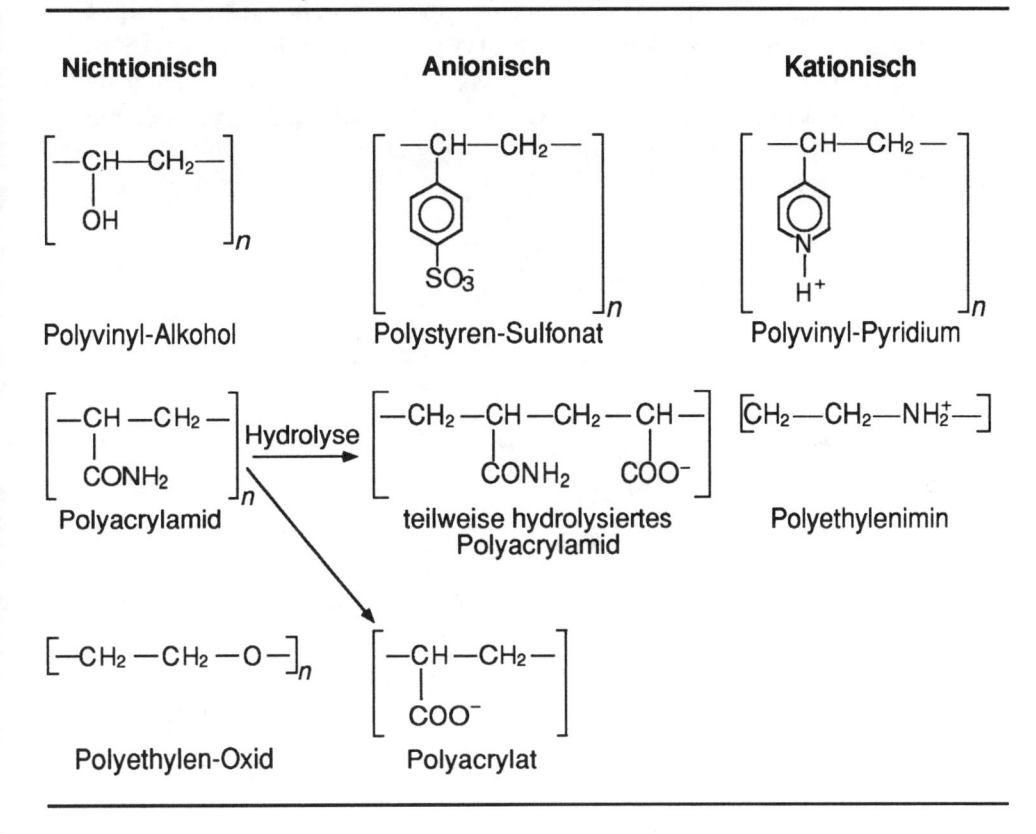

Nichtionisch	Anionisch	Kationisch
$[-CH-CH_2-]_n$ $\quad\;\, |$ $\quad\;\, OH$ Polyvinyl-Alkohol	$[-CH-CH_2-]_n$ with phenyl-SO_3^- Polystyren-Sulfonat	$[-CH-CH_2-]_n$ with pyridinium-H^+ Polyvinyl-Pyridium
$[-CH-CH_2-]_n$ $\quad\;\, |$ $\quad\;\, CONH_2$ Polyacrylamid	$\xrightarrow{\text{Hydrolyse}}$ $[-CH_2-CH-CH_2-CH-]$ $\qquad\qquad\quad\; |\qquad\quad\; |$ $\qquad\qquad\; CONH_2 \quad COO^-$ teilweise hydrolysiertes Polyacrylamid	$[CH_2-CH_2-NH_2^+-]$ Polyethylenimin
$[-CH_2-CH_2-O-]_n$ Polyethylen-Oxid	$[-CH-CH_2-]$ $\quad\;\, |$ $\quad\;\, COO^-$ Polyacrylat	

Da die freie Energie der Wechselwirkungen der Segmente mit der Oberfläche grösser werden kann als die elektrostatische Wechselwirkung, können selbst anionische Polyelektrolyte sich an negativ geladene Oberflächen anlagern.

Polyelektrolyte und Polymere bilden bei der natürlichen Flockung, bei der *Adhäsion von Bakterien* an den Grenzflächen und bei der *Bioflockung* eine wichtige Rolle. Die Agglomerate entstehen durch Vernetzung der einzelnen Teilchen durch molekulare Brücken (Abbildung 10.4). Synthetische und natürliche Polyelektrolyte können bei der Flockung in der Wassertechnologie eingesetzt werden. (Allerdings muss bei der Trinkwasseraufbereitung auf die Toxizität vieler dieser Verbindungen geachtet werden.)

Alle diese Substanzen werden häufig auch als Flockungs-"Hilfsmittel" bezeichnet. Diese Benennung basiert auf der Vorstellung, dass im Gesamtprozess der Flockung zunächst anorganische Koagulationsmittel zugegeben werden, die die feinstverteilten Suspensa in Mikroflocken umwandeln. Daraufhin werden die organischen, die Polymerbrückenbildung bewirkenden Flockungsmittel zugegeben, um aus den Mikroflocken grosse und auch stabile Makroflocken zu formen. Diese Praxis beinhaltet dann auch eine sequentielle Dosierung zunächst des anorganischen und danach des organischen Flockungshilfsmittels.

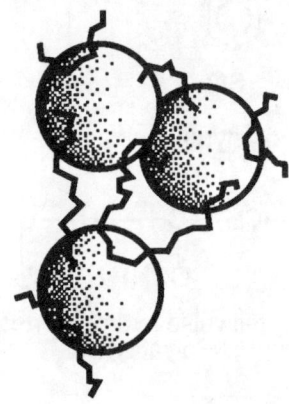

Abbildung 10.4
Flockung durch Polymere
Die einzelnen Teilchen werden durch molekulare Brücken zusammengehalten. Negativ geladene Teilchen können sogar durch anionische Polyelektrolyte geflockt werden.

Phosphat-Elimination

Abwasser enthält Phosphor in partikulärer (kolloidaler) und gelöster Form. Phosphat kann als Eisen(III)- oder Al(III)-Phosphat ausgefällt werden, wobei etwa folgende Prozesse gleichzeitig ablaufen:

$$Fe^{3+} + HPO_4^{2-} \longrightarrow FePO_4(s) + H^+ \qquad (3a)$$

$$Fe^{3+} + 3\,H_2O \longrightarrow Fe(OH)_3(s) + 3\,H^+ \qquad (3b)$$

$$Fe^{3+} + \text{kolloidaler P} \longrightarrow \text{Flockung} \qquad (3c)$$

$$HPO_4^{2-} + \equiv FeOH \longrightarrow \equiv FePO_4 + H_2O \qquad (3d)$$

Mit anderen Worten, die Phosphatfällung wird begleitet von der Fällung des schwerlöslichen Hydroxides und der Adsorption (Oberflächenkomplexbildung) von Phosphat an die Oberflächen des festen Hydroxides; gleichzeitig findet auch eine Flockung kolloidaler Abwasserbestandteile (inklusive phosphathaltige suspendierte Stoffe) statt. Da Phosphat einen grossen Einfluss auf die Oberflächenladung der gebildeten Fällungsprodukte hat (Kapitel 9.9), sind die Phosphatniederschläge häufig kolloidal und schlecht absetzend. Die Oberflächenladung von $Fe(OH)_3$-Dispersionen in Gegenwart von Phosphat kann auf Grund von Oberflächenkomplexbildungsgleichgewichten ausgerechnet werden (vgl. Abbildung 9.24). Solche Berechnungen sind für die Optimierung der pH- und Konzentrationsbedingungen bei der Phosphatfällung nützlich (s. Abbildung 10.7).

Abwassertechnologie

In Abwässern sind die Durchmesser der Partikel im Bereich von Nanometer bis ca. 1000 µm. Nach dem Absetztank sind die Partikel meistens kleiner als 150 µm. Abwässer enthalten, insbesondere vorgängig ihrer biologischen Reinigung, sehr kolloid-stabile Teilchen. Sie sind negativ geladen und verhindern die Agglomeration zu grösseren Flocken. Abbildung 10.5 gibt eine relative kumulative Partikelgrössenverteilung in Rohabwasser und nach verschiedenen Behandlungsstufen im Abwasser wieder. Es wird der relative Mengenanteil der partikulären Stoffe angegeben (Ordinate), die eine gewisse Partikelgrösse unterschreiten. Im Rohabwasser und im abgesetzten Rohwasser dominieren Partikel mit d < 10 µm. Im biologischen Teil der Anlage (Belebtschlamm) werden diese kleinen Partikel eliminiert, vor allem durch die biologischen Flockungsvorgänge (Agglomeration der Mikroorganismen durch ausgeschiedene Polymere) und zu einem kleineren Teil durch biologischen Abbau. Der Abfluss der Belebtschlammanlage ist, wegen der Abwesenheit grösserer Konzentrationen an Kolloiden, relativ klar. Eine anschliessende Filtration dieses Abflusses führt zu einer weiteren Elimination der Teilchen.

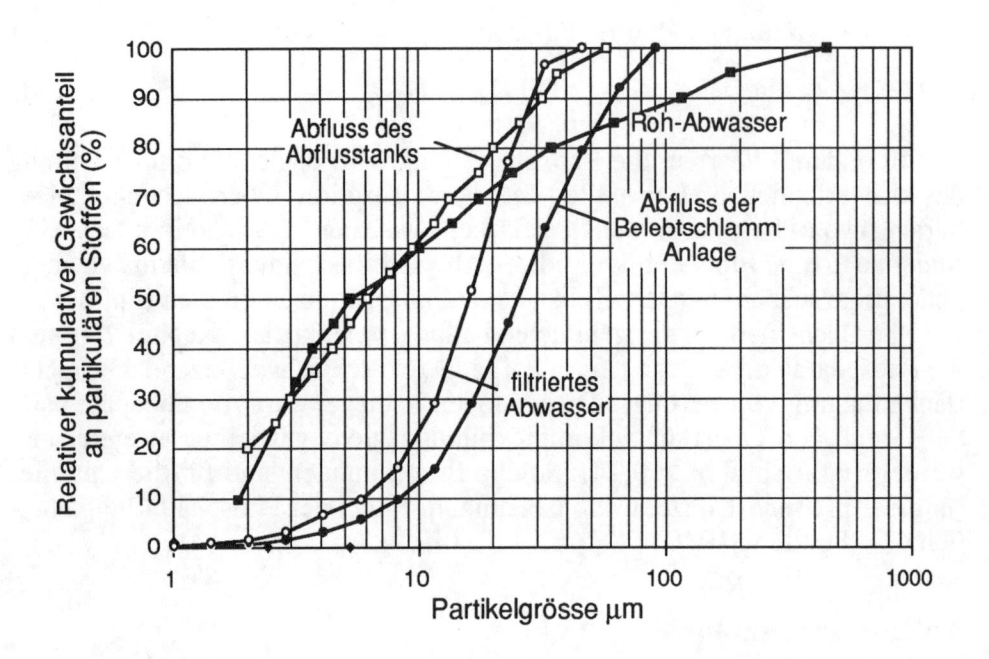

Abbildung 10.5
Beispiele der Partikelgrössenverteilung im rohen Abwasser, im Abfluss des Absetzbeckens, im Ablauf des Belebtschlammbeckens und nach anschliessener Filtration.
(Modifiziert von M. Boller, 1992.)

Auch bei der Abwasserreinigung lassen sich durch Zugabe von Flockungsmitteln zusätzliche Eliminationswirkungen erzielen. Z.B. kann der mechanische Absetzvorgang in der Vorstufe der biologischen Reinigung durch Zugabe von Fe(III) oder Al(III) viel wirkungsvoller gestaltet werden.

Die Zugabe von Fe(III) oder Al(III) ins Belebtschlammbecken, die sogenannte *Simultanfällung*, ermöglicht die wirksame Entfernung des Phosphates (Gleichung (3)). Mit Hilfe dieses Verfahrens werden Ablauf-Konzentrationen von 0.5 – 2 mg P pro Liter erreicht. Die nachgeschaltete Flockungsfiltration kann die Ablaufkonzentration auf unter 0.2 mg P/ℓ vermindern (Abbildung 10.7).

Kinetik der Koagulation

Die Koagulation kann als Resultat zweier Mechanismen angesehen werden:
1) der Entstabilisierungsvorgang, der die Aggregation der sich treffenden Partikel ermöglicht und die *Haftbarkeit* ("Klebrigkeit") der Partikel aneinander bestimmt, und
2) der Transportschritt, der die Partikel in gegenseitigen Kontakt bringt, d.h. die *Kollisionsfrequenz*.

Die Haftbarkeit wird bestimmt durch die Ladung (Potential) und die Chemie der Oberfläche. Die Kollision der Partikel wird bewirkt durch die Diffusion (Brownsche Bewegung) und durch Scherkräfte (Geschwindigkeitsgradienten). Die Diffusion ist wichtig, vor allem bei kleinen Partikeln (d < 1 µm), während der Geschwindigkeitsgradient den Transport grösserer Teilchen (d > 1 µm) beeinflusst.

Der Transportschritt verläuft oft langsamer als der Entstabilisierungsschritt. Somit bestimmt der physikalische Vorgang des Partikeltransportes die Geschwindigkeit des Koagulationsverlaufes, während chemische Faktoren die Wirksamkeit des Transportschrittes, resp. die Agglomeration der Partikel beeinflussen.

Die zeitliche Abnahme der Anzahl Kolloide (monodisperse Suspension) in einem nicht-durchflossenen oder in einem Röhrenreaktor ist bei der Kollision durch Diffusion (Brownsche Bewegung) – unter vereinfachenden Annahmen – gegeben durch ein Geschwindigkeitsgesetz zweiter Ordnung.

$$-\frac{dN}{dt} = k_p \alpha N^2 \qquad (4a)$$

oder

$$\frac{1}{N} - \frac{1}{N_o} = k_p \alpha t \qquad (4b)$$

wobei

N und N_o = Anzahl der Teilchen zur Zeit t und zur Zeit 0 per cm^3
k_p = Geschwindigkeitskontante [cm^3 s^{-1}]
α = Kollisionsfaktor

Der Kollisions(wirksamkeits)faktor oder Haftfaktor beschreibt den von der chemischen Haftbarkeit abhängigen Erfolg der Zusammenstösse ($\alpha = 10^{-4}$ bedeutet, dass von 10^4 Kollisionen eine wirksam ist). k_p kann ausgedrückt werden durch:

$$k_p = 4\,D\pi d \qquad (5)$$

wobei
D = Diffusionskoeffizient [$cm^2\,s^{-1}$]
d = Durchmesser des Partikels

Dieses D kann wiederum durch die Einstein-Stokes-Beziehung ausgedrückt werden.

$$D = kT / 3\,\pi\eta d \qquad (6)$$

wobei
k = Bolzmannsche Konstante (1.38×10^{-23} J K^{-1} oder 1.38×10^{-16} g $cm^2\,s^{-2}\,K^{-1}$)
η = dynamische Viskosität (bei 20 °C ≈ 0.01 g $cm^{-1}\,s^{-1}$)

Wir können also eine Geschwindigkeitskonstante (20 °C) $k_p \approx 5 \times 10^{-12}$ $cm^3\,s^{-1}$ ausrechnen.

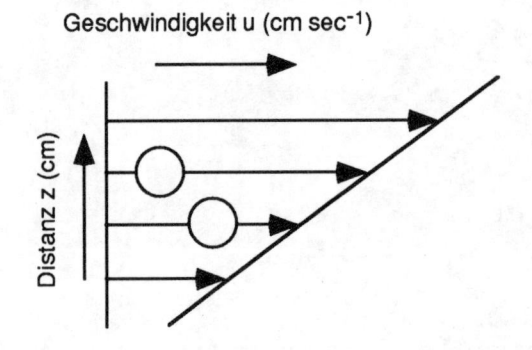

Abbildung 10.6
Kollision der Teilchen in einem idealisierten Scherfeld
(Geschwindigkeitsgradient G = du/dz [s^{-1}]).
Wegen den verschiedenen Geschwindigkeiten wird das obere Teilchen das untere *"einholen"*.

Flockung, Koagulation

Die grösseren Partikel (d > 1 µm) werden vor allem durch Scherkräfte (Geschwindigkeitsgradienten) in Kontakt gebracht. Abbildung 10.6 illustriert, dass der Geschwindigkeitsgradient $G = du/dz$ [s^{-1}] den Interpartikelkontakt ermöglicht. Unter diesen Bedingungen ist die Agglomerationsrate gegeben durch ein Gesetz pseudo-erster-ordnung.

$$-\frac{dN}{dt} = \frac{4}{\pi} \alpha\phi G N \tag{7}$$

wobei

ϕ = volumetrische Partikelkonzentration cm^3 cm^{-3}

Beispiel 10.1
Koagulationskinetik

Schätze die Zeit, die es braucht – z.B. in einem See – um die Konzentration der suspendierten Teilchen durch Koagulation (und anschliessende Sedimentation) zu halbieren. Annahmen: 10^6 Teilchen pro cm^3 mit Durchmesser 2 µm; Geschwindigkeitsgradient $G = 5$ s^{-1} (dies entspricht einem langsamen Rühren in einem Becherglas); $\alpha = 10^{-2}$. Die Koagulation ist der geschwindigkeitsbestimmende Schritt, d.h. die koagulierten Teilchen sedimentieren relativ schnell unmittelbar nach der Agglomeration. Die volumetrische Konzentration der Teilchen, ϕ, beträgt, bei Annahme kugelförmiger Teilchen,

$\phi \quad = 4 \times 10^{-6}$ cm^3 cm^{-3}, damit wird in

$$-\frac{dN}{dt} = k_o N, \; k_o = (4/\pi)(\alpha\phi G) = 2.5 \times 10^{-7} \text{ s}^{-1}$$

und die Halbwertszeit ist gegeben durch $(\ln 2) / 2.5 \times 10^{-7}$; $\tau_{1/2} = 2.8 \times 10^6$ s oder 32 Tage.

Dieses Beispiel illustriert, dass bei kleinen Partikelkonzentrationen die Elimination der suspendierten Stoffe durch Koagulation und anschliessende Sedimentation sehr langsam ist.

10.3 Filtration

Es gibt verschiedene Arten der Filtration. Im folgenden ist nur die Rede von der Raumfiltration (typisches Beispiel: Sandfilter in der Wasserversorgungspraxis), bei der eine Suspension eine räumliche Matrix von Filtermaterial passiert und dabei die ungelösten Stoffe im Filterporenraum zurücklässt.

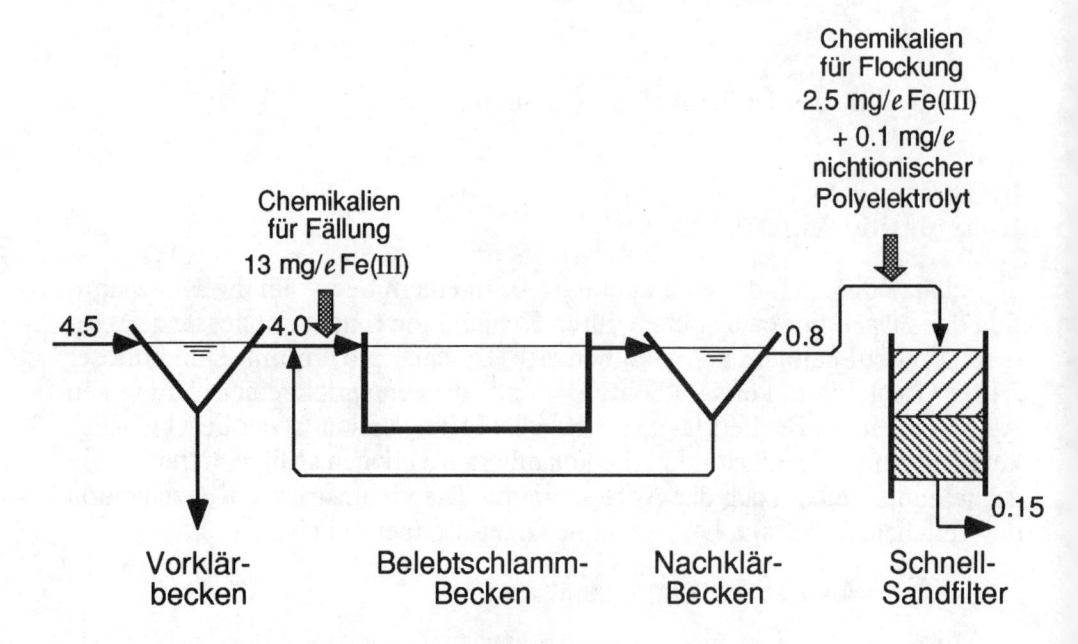

Abbildung 10.7
Verfahrenskombination zur Elimination von Phosphat bei der Abwasserreinigung
Die Zahlen geben typische Konzentrationen des P (mg P pro Liter) wieder. Die Pfeile nach dem Vorklärbecken und nach dem Nachklärbecken signalisieren die Zugabe von Fällungs- und Flockungschemikalien. Für beides kann Fe(III) oder Al(III) verwendet werden.
(Daten von M. Boller, EAWAG, 1993)

Wie beim Flockungsprozess können wir auch bei der Raumfiltration zwischen Transport- und Entstabilisierungs- resp. Anlagerungsschritt unterscheiden. Der Transportschritt bringt die im Wasser vorhandenen Teilchen in Kontakt mit dem Filterkorn oder dem bereits auf dem Filterkorn abgelagerten Material. Die Anlagerung führt zum Anhaften der Teilchen am Filterkorn oder am bereits anhaftenden Material. Ein Tiefenfilter ist also kein Sieb. Teilchen,

Filtration

die viel kleiner sind als die Porendurchmesser im Filterbett, können deshalb entfernt werden.

Beim Anlagerungsschritt geht es wie bei der Flockung darum, die im Wasser vorhandenen Partikel so vorzubereiten, dass sie besser haftfähig werden. Die Überlegungen, die zur Entstabilisierung beim Flockungsprozess gemacht wurden, können sinngemäss auf die Filtration übertragen werden. Die Mechanismen der Entstabilisierung bleiben dieselben: Kompression der elektrischen Doppelschicht, Adsorptionskoagulation durch Metallhydroxide, Brückenbildung und Mitfällung.

Wie bei der Flockung können die Partikel durch Zugabe von Flockungsmittel vorgängig der Filtrationsphase besser haftfähig gemacht werden. Das Verfahren wird deshalb *Flockungsfiltration* genannt. Abbildung 10.7 gibt das Prinzip der Flockungsfiltration für die Phosphatelimination in Kläranlagen schematisch wieder.

Der Partikeltransport zur Oberfläche des Filterkorns wird von einer Reihe wiederum physikalischer Parameter beeinflusst, wie Filtermaterial, Korngrösse, Porosität, Filterbettiefe, Filtergeschwindigkeit und Viskosität. Überdies spielen Konzentrationen, Grösse und Dichte der zu entfernenden Feststoffe eine Rolle. Wie bereits bei der Flockung sind auch für die Filtration verschiedene kinetische Ansätze gemacht worden, die den Transportschritt der Partikel beschreiben (Abbildung 10.8).

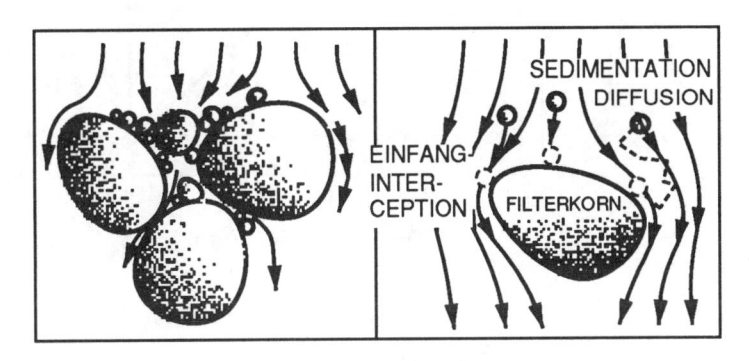

Abbildung 10.8
Die Transportschritte bei der Filtration sind die Sedimentation, die Diffusion und der Einfang durch Porenströmung, Massenträgheit oder durch hydrodynamische Kräfte.

Der Kollisionswirksamkeitsfaktor, α, kann auch zur quantitativen Charakterisierung des Erfolges der Kollision zwischen suspendierten Teilchen und Filterkorn (Haftbarkeit) verwendet werden. In beiden Prozessen müssen durch Transportvorgänge die Teilchen zueinander oder an die Filterkörner transportiert werden. Dementsprechend hängt die Wirksamkeit der Flockung und Filtration einerseits von der *Kontakthäufigkeit* der Partikel, andererseits von der Kollisionseffizienz (vor allem beeinflusst durch kolloidchemische Faktoren) ab.

Der Transport kleinster Teilchen (d < 1 µm) zum Filterkorn erfolgt vor allem durch Diffusion. Grössere Teilchen werden durch Sedimentation oder durch Einfang an die Oberfläche des Filterkornes gebracht. Wegen der Veränderung der Kontakthäufigkeit mit dem Durchmesser besteht eine Abhängigkeit der Filtrationseffizienz zum Durchmesser. Diese Abhängigkeit kommt in Abbildung 10.9 zum Ausdruck. Diese Abbildung zeigt, wie tief die Filter sein müssen, um – je nach α-Wert und Partikeldurchmesser – 99 % der Teilchen zu entfernen. Das Modell der Abbildung 10.9 gibt uns auch Hinweise über den Transport, resp. die Rückhaltung von Partikeln (Bakterien, Viren und Kolloide) in einem Grundwasserleiter.

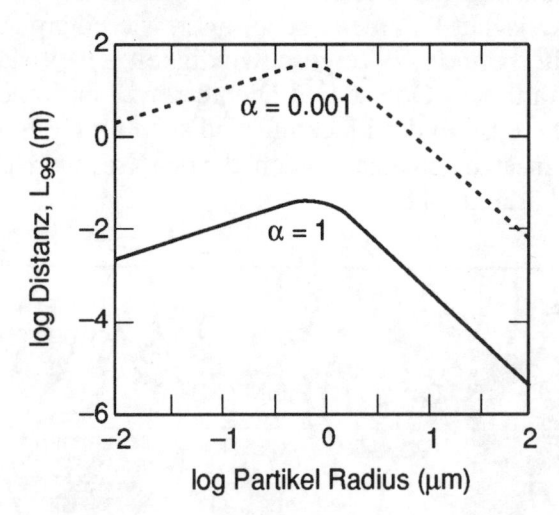

Abbildung 10.9
Elimination von Teilchen in einem porösen Filtermedium
Die Ordinate gibt die Länge des Filters, welche notwendig ist, um 99 % der Partikel zu eliminieren. Die Abbildung illustriert die Wichtigkeit der Haftbarkeit (α) und des Partikelradius. Durch Zugabe von geeigneten Chemikalien kann α beeinflusst werden.
Modellrechnungen von Tobiassen und O'Melia (1988) für folgende Bedingungen:
  lineare Fliessgeschwindigkeit = 0.1 m Tag^{-1}
  Durchmesser der Filterkörner = 0.025 cm
  Dichte der Partikel = 1.05 g cm^{-3}
  Porosität = 0.4)

Filtration 431

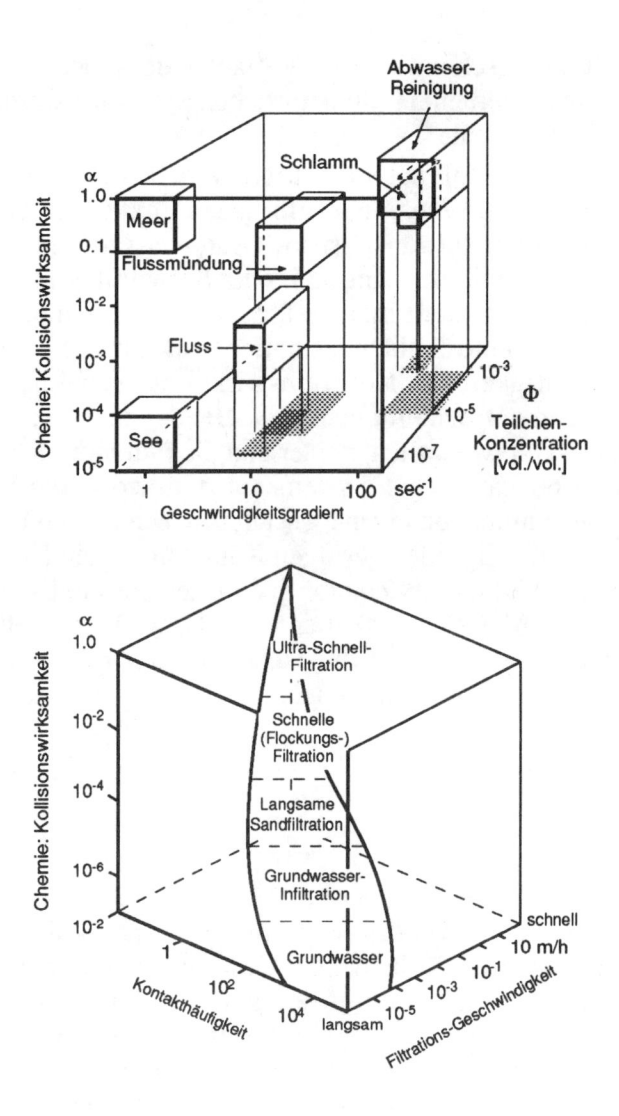

Abbildung 10.10
Die wichtigsten kinetisch wirksamen Variablen bei der Flockung und der Filtration in natürlichen und in Reinigungssystemen

Bei Wasseraufbereitungs- und Abwasserreinigungssystemen kann die Koagulation – gegenüber natürlichen Süsswassersystemen – durch Verbesserung der Kollisionswirksamkeit (Zugabe von Chemikalien), durch Wahl eines geeigneten Geschwindigkeitsgradienten (Turbulenz) und durch Erhöhung der Teilchenkonzentration beschleunigt werden. Die Filtrationswirksamkeit (Produkt von Kontakthäufigkeit und Kollisionswirksamkeit) ist bei natürlichen und technischen Systemen von ähnlicher Grösse.

Die wichtigsten kinetisch wirksamen Variablen der Flockung und der Filtration in Reinigungssystemen und in natürlichen Systemen werden in Abbildung 10.10a und b dargestellt.

Mit Abbildung 10.10b soll auch illustriert werden, dass die Filtration ein wichtiger Naturprozess ist. Wenn man natürliche Filtrationsprozesse, z.B. die Filtration beim Grundwassertransport im Grundwasserträger oder bei der Grundwasserinfiltration, mit den Langsam- oder Schnellfiltern bei technischen Filterverfahren vergleicht, stellt man fest, dass trotz verschiedenster Filtrationsgeschwindigkeiten eine ähnliche Filtrationswirksamkeit (konstantes Produkt von Kontakthäufigkeit und Kollisionswirksamkeit) bei natürlichen und technischen Systemen aufrechterhalten wird. Bei den technischen Systemen ist die Kontakthäufigkeit wesentlich kleiner und die Filtrationsgeschwindigkeit sehr viel grösser als bei natürlichen Systemen. Um trotzdem die gleiche Wirksamkeit der Teilchenelimination in einem schnellen technischen Filter zu erzielen, müssen die dort vorliegenden geringen Kontaktmöglichkeiten durch eine Erhöhung der Haftbarkeit mittels Zugabe geeigneter Entstabilisierungschemikalien kompensiert werden (Kontaktfilter = Flockungsfilter). Selbstverständlich sind noch andere Faktoren wie die Zunahme des Druckverlustes für die praktische Filteroperation von Bedeutung.

10.4 Flotation

Unter Flotieren versteht man das Aufschwemmen partikulärer Stoffe. Die Flotation spielt eine wichtige Rolle bei der Gewinnung von Erzen aus Dispersionen der mechanisch zerkleinerten Mineralien; sie wird aber auch bei der Trinkwasseraufbereitung und der Abwasserreinigung eingesetzt. In Analogie zur Sedimentation können somit durch Flotation alle Partikel, die spezifisch leichter sind als Wasser, abgetrennt werden. Aber auch spezifisch schwerere Stoffe können durch Anlagerung von Gasblasen leichter gemacht und zum Aufschwimmen gebracht werden. Das gleiche Stokes-Gesetz (Gleichung (1)) beschreibt die Aufsteigrate ($\rho_s - \rho$ und dementsprechend v_s werden negativ).

Die Anlagerung der Gasblasen erfolgt um so leichter, je kleiner die Blasen sind (Durchmesser 50 – 80 µm) und desto hydrophober und entstabilisierter die Partikeloberfläche ist. Häufig wird eine Substanz zugegeben, ein sogenannter Kollektor, der spezifisch an den funktionellen Gruppen der Partikeloberfläche, z.B. durch elektrostatische Wechselwirkung oder Ligandenaustausch, angelagert wird; die dem Wasser zugerichteten Molekülteile sind hydrophob. Geeignet sind amphiphile Substanzen (Kapitel 9.2), wie z.B. Alkylverbindungen mit $C_8 - C_{18}$ Ketten, die hydrophile Gruppen (Carboxylat oder Amine) enthalten. Xanthate oder deren Oxidationsprodukte, Dixanthogen, $(R - O - \underset{\underset{S}{\|}}{C} - S)_2$, haben sich als Kollektoren für viele Erze bewährt. Die S-Gruppe kann sich durch Ligandenaustausch an das zentrale Metallion der Oberfläche anlagern, z.B.

$$\equiv Pb - OH + S(CSOR)_2 \longrightarrow \equiv Pb^+ - S(CSOR)_2 + OH^- \tag{8}$$

Besonders geeignete kleine Gasblasen können aus einer ursprünglich mit Luft übersättigten Lösung gebildet werden (die grössere Gaslöslichkeit von Luft in Wasser bei höherem Druck wird ausgenutzt; beim Senken des Druckes tritt die überschüssige Luft in Form feinster Blasen aus) Man spricht von Entspannungsflotation. Manchmal wird auch die elektrolytische Abscheidung von Wasserstoff und Sauerstoff an der Kathode resp. Anode verwendet (Elektroflotation).

10.5 Aktivkohleadsorption

Der Einsatz von Aktivkohle zur Aufbereitung von Grund- und Oberflächenwasser zu Trinkwasser gewinnt zunehmend an Bedeutung. Vor allem zur Entfernung von toxischen Spurenverunreinigungen, z.B. von Chlorkohlenwasserstoffen, ist die Adsorption an Aktivkohle ein geeignetes Verfahren. Die spezifische Oberfläche ist häufig um 1000 m^2 g^{-1}; das poröse Material enthält Makroporen mit Durchmessern von mehr als 0.1 µm und Mikroporen im Bereich von 10^{-3} bis 0.1 µm. Die Aktivkohle kann pulverförmig dem zu behandelnden Wasser zugegeben werden oder das Wasser wird durch mit Aktivkohle gefüllte Säulen perkoliert. Das letztere Verfahren ist offensichtlich für viele Anwendungen effizienter. Für die Säulenoperation ist die Kohle kontinuierlich in Kontakt mit der frischen Lösung, die Geschwindigkeit der Adsorption ist von der Konzentration der zu entfernenden Verunreinigungssubstanzen abhängig.

Die Durchbruchkurve

Abbildung 10.11 trägt schematisch das Adsorptionsverhalten der Aktivkohle einer Adsorptionssäule auf. Die Adsorbate werden relativ schnell und effizient in den obersten Schichten des Aktivkohlebettes adsorbiert, die dann abgesättigt sind und in ihrer Adsorptionsfähigkeit nachlassen. Die daran anschliessende Adsorptionszone bewegt sich mit zunehmender Zeit (oder durchflossenem Wasservolumen) nach unten. Die Durchbruchkurve ist in der Regel s-förmig. Beim Durchbruch (breakpoint) muss die Aktivkohle ersetzt oder regeneriert werden.

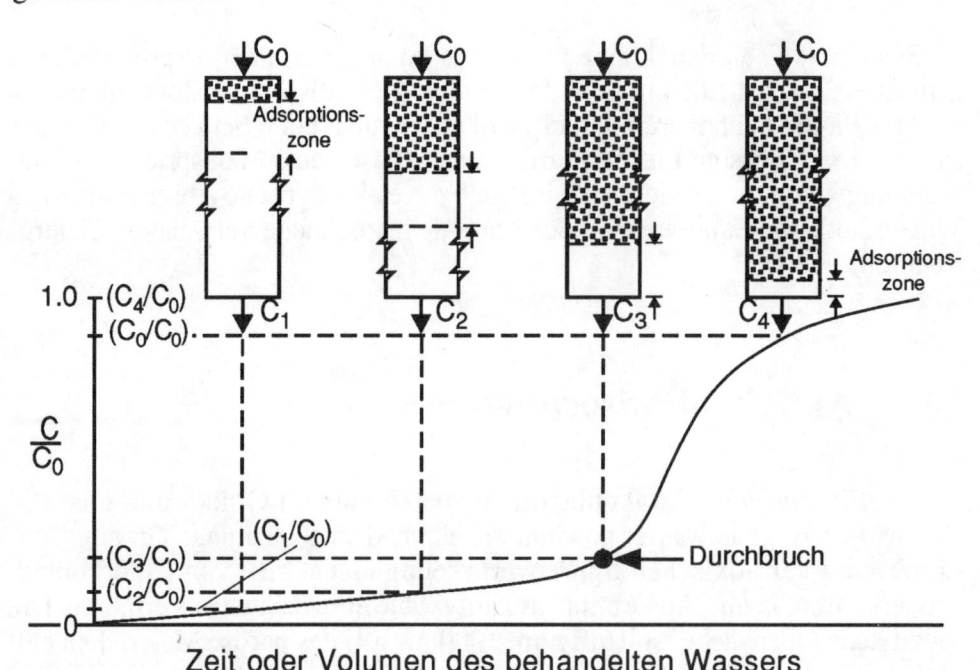

Abbildung 10.11
Schematische Darstellung der Bewegung der Adsorptionszone und die sich daraus ergebende Durchbruchkurve
(Modifiziert von Weber, "Physical Chemical Processes in Water Quality Control", Wiley-Interscience, New York, 1972.)

Jedes genutzte Wasser enthält meistens zusätzlich zu Mikroverunreinigungen natürliche gelöste organische Verbindungen (Humin- und Fulvinsäuren), die meistens in grösseren Konzentrationen vorliegen. Dieser organische Kohlenstoff (DOC) ist im Vergleich zu Spurenverunreinigungen in der Regel schlechter adsorbierbar, sodass die Konzentrationsfront des DOC schneller in tiefere Filterschichten gelangt. Dies führt zu einer Verbindung der Aktivkohle mit den organischen Wasserinhaltsstoffen, welche ihrerseits zu einer Abnahme der nutzbaren Kapazität der Aktivkohle für die Spurenstoffe mit zunehmender Filtertiefe führen. Um den unerwünschten Einfluss der DOC-Verbindung auf das Adsorptionsverhalten von Spurenstoffen zu verringern, und um dadurch gleichzeitig die Aktivkohle weitgehend für die Spurenstoffentfernung ausnutzen zu können, wurde der Einsatz von absatzweise im Gegenstrom arbeitenden Fliessbettreaktoren vorgeschlagen.

10.6 Korrosion der Metalle als elektrochemischer Prozess

Wir möchten kurz exemplifizieren, dass die Metallkorrosion als Redox-Prozess, sowohl aus thermodynamischer wie auch aus kinetischer Sicht interpretiert werden kann.

Thermodynamische Aspekte

Die meisten Metalle werden spontan in ihre Oxide umgewandelt. Die freie Reaktionsenthalpie für die Oxidationsreaktion mit O_2 ist nachfolgend für einige Oxide zusammengestellt:

TABELLE 10.3 ΔG^o (kJ mol^{-1}) für die Reaktion
$xM(s) + y/2\ O_2 = M_xO_y(s)$ [1)]

Oxid:	Fe_2O_3	Al_2O_3	Cr_2O_3	MgO	CuO	NiO	ZnO	SnO_2
ΔG^o (25 °C)	–742.3	–1582	–1053	–569.4	–129.7	–211.6	–318.4	–519.7

[1)] Diese Werte entsprechen G_f^o für die Bildung aus den Elementen (siehe Tabelle im Appendix zu Kapitel 5).

Ebenfalls gestattet die sogenannte "elektrochemische Spannungsreihe" der Metalle (Tabelle 10.4), die Tendenz verschiedener Metalle, in Lösung zu gehen, miteinander zu vergleichen. Die in Tabelle 10.4 zusammengestellten Werte für das Elektrodenpotential entsprechen dem Standard-Redoxpotential für die Reduktion der Metallionen zum festen Metall. Das ist auch das Potential, das man im Prinzip[1] messen würde, wenn das entsprechende Metall in Kontakt mit einer Lösung der entsprechenden Metallionen – bei einer Aktivität von 1 M – in Kontakt mit einer Standard-Wasserstoffelektrode stehen würde. Je höher das Standard-Elektrodenpotential, desto edler ist das Metall.

TABELLE 10.4   Elektrochemische Spannungsreihe einiger Metalle (25 °C)

Reaktion	Elektroden Potential (V)	log K	$p\varepsilon^0$
$Mg^{2+} + 2\,e^- = Mg(s)$	−2.35	−79.7	−39.8
$Zn^{2+} + 2\,e^- = Zn(s)$	−0.76	−26	−13
$Fe^{2+} + 2\,e^- = Fe(s)$	−0.44	−14.9	−7.4
$2\,H^+ + 2\,e^- = H_2(g)$	0	0	0
$Cu^{2+} + 2\,e^- = Cu(s)$	0.34	11.4	5.7
$Ag^+ + e^- = Ag(s)$	0.8	13.5	13.5

edel ↓   aktiv ↑

Kathodischer Schutz und anodische Aktivierung

Wir können folgende hypothetische Zellen miteinander vergleichen:[2]

$H_2(g)\ |\ H^+\ \|\ Cu^{2+}\ |\ Cu(s)$ Potentialdifferenz = 0.34 V   (a)

$Fe(s)\ |\ Fe^{2+}\ \|\ H^+\ |\ H_2(g)$ = 0.44 V   (b)

$Mg(s)\ |\ Mg^{2+}\ \|\ Fe^{2+}\ |\ Fe(s)$ = 1.91 V   (c)

$Fe(s)\ |\ Fe^{2+}\ \|\ Cu^{2+}\ |\ Cu(s)$ = 0.78 V   (d)

---

[1] Die Aussage gilt nur, wenn die in Tabelle 10.2 angegebene Reaktion in der elektrochemischen Zelle ausschliesslich (ohne Nebenreaktion) ablaufen würde. Bei den aktiven Metallen (z.B. Zn, Mg) findet aber auch bei offenem Stromkreislauf eine Korrosionsreaktion statt, z.B. $Zn(s) + 2\,H_2O = Zn^{2+} + H_2(g) + 2\,OH^-$. Dementsprechend lassen sich unedle Metalle auch nicht als spezifische Ionen-Elektroden verwenden. Während man die Ag/Ag^+-Elektrode verwenden kann, um – bei Ausschluss von O_2 – $\{Ag^+\}$ zu messen, kann eine Zn-Elektrode nicht zur Messung von $\{Zn^{2+}\}$ verwendet werden.

[2] Diese Zellen sind so geschrieben, dass die Elektronen im externen Stromkreislauf von links nach rechts laufen. Die Potentialdifferenz gilt für Standardbedingungen.

Korrosion der Metalle als elektrochemischer Prozess

Wenn also z.B. ein Eisen in Gegenwart eines Elektrolyten mit Magnesium elektrisch verbunden wird, dann wird das Mg zur Anode[1] (Mg ⟶ Mg^{2+} + 2 e^-) und das Fe wird zur Kathode, d.h. die Elektronen von der Oxidation des Mg verhindern die Oxidation des Fe(s). Man spricht von kathodischem Schutz; das mit dem Eisen elektrisch verbundene Mg wird geopfert. Ein galvanischer Überzug mit Zn wirkt ähnlich; so lange das Zink als Anode wirkt (in Lösung geht) so lange wird das darunter liegende Fe geschützt. Man kann natürlich auch einfach eine Spannung zwischen einer inerten Gegenelektrode und Eisen als Kathode anlegen, um das Eisen zu schützen.

Andererseits zeigt die Zelle (d), dass bei der Verbindung von Cu(s) mit Fe(s) das Fe zur Anode wird. Diese Kombination, z.B. bei falscher Installation von Wasserleitungen, ist detrimental für das Eisen. Diese Art der "Lokalbatterie" tritt auch auf, wenn das Leitungswasser Cu(II) enthält; das Cu wird dann abgeschieden (Cu^{2+} + Fe(s) = Fe^{2+} + Cu(s)).

pε vs pH-Diagramm

Abbildung 8.7 gibt den pε- oder den E_H- (E_H = 0.059 × pε) Bereich an, in welchem thermodynamisch gesehen eine Korrosion von Eisen möglich ist. Der nicht schraffierte Prädominanzbereich von Fe^{2+} entspricht der Situation, bei der Korrosion auftritt. Wenn es gelingt, das pε < –10 zu halten, z.B. durch kathodischen Schutz oder durch Anlegung einer Spannung, kann das Fe nicht korrodieren. Im schraffierten Prädominanzbereich des "$Fe(OH)_3$" ist eine Korrosion zwar möglich, aber unter geeigneten Bedingungen bildet sich eine Oxid-Schutzschicht, eine sogenannte Rostschutzschicht oder eine Passivschicht, welche die Korrosion verlangsamt.

Die elektrochemische Korrosion von Eisen in Wasser kann in Form von Halbreaktionen notiert werden. Die fundamentale Reaktion der Korrosion ist dabei die oxidative Auflösung des Eisens:

$$Fe \longrightarrow Fe^{2+} + 2\,e^- \tag{9}$$

Die Elektronen, welche in Gleichung (9) freigesetzt werden, müssen in einer entsprechenden Reduktion konsumiert werden. In Wässern, die Sauerstoff gelöst haben, wird zuerst der Sauerstoff reduziert:

$$O_2 + 2\,H_2O + 4\,e^- \longrightarrow 4\,OH^- \tag{10}$$

---

[1] Definitionsgemäss findet an der Anode immer eine Oxidation und an der Kathode eine Reduktion statt.

Steht kein Sauerstoff zur Verfügung, finden folgende Reduktionen statt:

$$2\,H^+ + 2\,e^- \longrightarrow H_2 \tag{11}$$

$$2\,H_2O + 2\,e^- \longrightarrow 2\,OH^- + H_2 \tag{12}$$

Das Fe(II) kann dann durch O_2 zu Fe(III) oxidiert werden.

Oxidation und Reduktion können räumlich getrennt voneinander ablaufen. Korrosion als elektrochemischer Prozess umfasst also (Abbildung 10.12):
1) anodische Gebiete, wo das Eisen oxidiert wird und Elektronen produziert werden;
2) kathodische Gebiete, wo die Reduktion vonstatten geht und Elektronen konsumiert werden;
3) einen metallischen Leiter zwischen kathodischem und anodischem Bereich, durch den die Elektronen fliessen können;
4) einen ionischen Leiter (Elektrolyt), der sowohl mit dem anodischen als auch mit dem kathodischen Bereich in Kontakt steht.

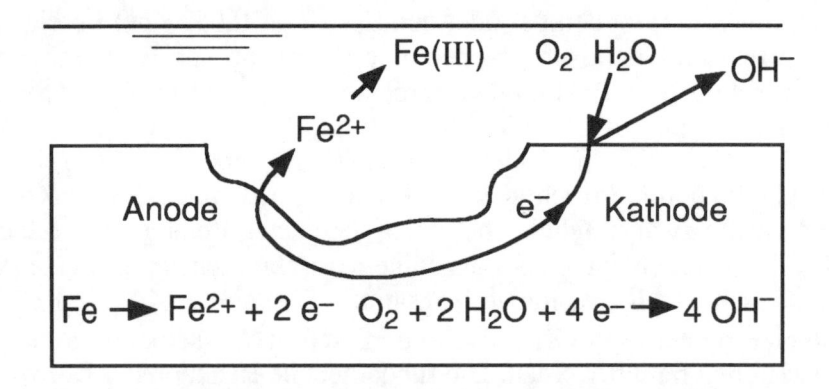

Abbildung 10.12
Korrosion von Eisen in neutraler, belüfteter Lösung
Die Anode ist der Ort der elektrochemischen Oxidation des Eisens; findet diese Reaktion in sauerstoffreicher Umgebung statt, wird Fe(II) schnell zu Fe(III) weiter oxidiert. Für den kathodischen Bereich ist mit der Reduktion des Sauerstoffes eine der möglichen Elektronen konsumierenden Reaktionen dargestellt.

Anode und Kathode können verschiedene Metalle, verschiedene Bestandteile einer Legierung oder verschiedene Bereiche desselben Eisenstückes sein; finden beide Halbreaktionen am gleichen Stück Metall statt, spricht man von lokalen Anoden (Oxidation) und lokalen Kathoden (Reduktion). Das Metall selbst ist in diesem Falle der elektrische Leiter, während das die Metalloberfläche bedeckende Wasser die Funktion der Salzbrücke in der galvanischen Zelle hat und Ionenleitfähigkeit garantiert.

Die anodischen Gebiete sind die reaktiveren und können Spalten in einer Oxidschicht, Korngrenzen oder Verunreinigungen sein. Die kathodischen Gebiete können das Oxid oder edlere Verunreinigungen sein. Die Elektronen, welche an der Anode produziert werden, fliessen durch den metallischen Leiter zur Kathode, um dort aufgebraucht zu werden. Die Intensität der Korrosion in den anodischen Bereichen ist verbunden mit dem Flächenverhältnis Kathode/Anode und der lokalen anodischen Stromdichte.

Die Geschwindigkeit, mit welcher Elektronen an der Anode produziert werden, ist gleich gross wie diejenige, mit der sie an der Kathode konsumiert werden. Deshalb kann sowohl die Rate der anodischen als auch der kathodischen Reaktion reduziert werden (Inhibition), um die Geschwindigkeit der Korrosion zu reduzieren.

Der passive Zustand

Der Begriff des passiven Zustandes eines Metalls kann vielleicht am besten am Beispiel des Aluminiums erläutert werden. Dieses an und für sich unedle Metall mit einem Standard-Reduktionspotential von -1.66 V kann nur deshalb verwendet werden, weil sich an der Luft eine kompakte, adhärente und harte Oxidschicht bildet, die das darunterliegende Metall schützt.

Auch Eisen ist im passiven Zustand von einer dünnen Oxidschicht bedeckt. Die Zusammensetzung der Passivschicht variiert häufig; oft besteht sie aus einem Film von $Fe_{3-x}O_4$. Die passivierende Eisenoxidschicht kann in Gegenwart von Oxidationsmitteln (O_2, CrO_4^{2-}, etc.) aufrecht erhalten werden. Die Passivität hängt aber auch vom Werkstoff ab. Sogenannte nicht-rostende Stähle enthalten Legierungselemente, wie z.B. Cr und Mo, die unter geeigneten Bildungsbedingungen in die Passivschicht eingebaut werden und deren passivierenden Eigenschaften verbessern. Substanzen, die Oxide auflösen, so z.B. Halogenidionen und andere nukleophile Liganden, insbesondere Reduktionsmittel, wie z.B. Ascorbat, Schwefelwasserstoff, erschweren die Bildung eines Passivfilms oder zerstören dessen passivierenden Eigenschaften. Unter bestimmten Bedingungen können Oxoanionen wie Chromat, Phosphat, Molybdat die passivierenden Eigenschaften des Oxidfilmes erhalten.

Die Kalkrostschutzschicht

Bei natürlichen Gewässern kann an der Oberfläche des verwendeten Eisens im Verteilungsnetz keine vollständige Oxidschicht gebildet werden. Aber häufig bildet sich mit Hilfe des abgeschiedenen $CaCO_3$ und den Produkten der Korrosion, eine Kalkrostschutzschicht, die korrosionsinhibierend wirkt. Die Über- oder Untersättigung der Löslichkeit des $CaCO_3$, gemessen durch den Sättigungsindex, S_i, oder die überschüssige oder unterschüssige Kohlensäure (Kapitel 7.4), spielt im Korrosionsschutz der Trinkwasserversorgung eine wichtige Rolle.

Häufig ist ein Wasser, das nahezu im Löslichkeitsgleichgewicht zu $CaCO_3$ steht, vom Korrosionsgesichtspunkt aus wünschbar. Ein allzu übersättigtes Wasser kann durch Abscheidung des $CaCO_3$ zur Verstopfung der Röhren führen. Allerdings genügt es nicht, die Korrosivität eines Wassers allein aufgrund der Kalkkohlensäuregleichgewichte oder des Sättigungsindexes zu beurteilen. Die elektrochemischen Prozesse an der korrodierenden Metalloberfläche (Abbildung 10.11) beeinflussen in unmittelbarer Nähe der Oberfläche den pH der Lösung.

Zur Vermeidung der Korrosion braucht es neben theoretischen Einsichten sehr viel Erfahrung; einfache Rezepte genügen nicht.

Weitergehende Literatur

HAHN, H.; *Wassertechnologie; Fällung, Flockung, Separation,* Springer-Verlag, Berlin, 1985.

KAESCHE, H.; *Die Korrosion der Metalle,* dritte Auflage, Springer-Verlag, Berlin, 1990.

MONTGOMERY, J.M.; *Water Treatment, Principles and Design,* Wiley Interscience, New York, 1985.

O'MELIA, C.R. und TILLER, L.T.; "Physicochemical Aggregation and Deposition in Aquatic Environments", in: *Environmental Particles,* Vol. 2, J. Buffle (Hrsg.), Lewis Publ., Chelsea MI, 1993.

SONTHEIMER, H. et al.; *Wasserchemie für Ingenieure,* Universität Karlsruhe, 1980.

Übungsaufgaben

1) Bei der Flockung und Filtration werden suspendierte Teilchen entfernt und damit auch Schadstoffe und Verunreinigungssubstanzen, die kolloidal vorliegen oder an Partikel adsorbiert werden. *Beurteile die Effizienz der Flockung für folgende Verunreinigungskomponenten:*

   i) Viren
   ii) Bakterien
   iii) Schwermetalle
   iv) Ca^{2+}
   v) Huminstoffe
   vi) SO_4^{2-}
   vii) Kohlehydrate
   viii) oberflächenaktive Substanzen
   ix) hydrophobe Verbindungen
   x) NO_3^-
   xi) chlorierte Kohlenwasserstoffe

2) *Weshalb führen Koagulationsmittel nur in einem bestimmten Konzentrationsbereich zu einer Destabilisierung kolloidaler Dispersionen?*

3) a) *Schätze die Zeit, die es braucht, um aus einem natürlichen Wasser, das (ähnlich wie in Beispiel 10.1) 10^6 Kolloidteilchen pro cm^3 ($d < 1$ µm) enthält, diese Partikel durch Koagulation mit einem effizienten Flockungsmittel ($\alpha \longrightarrow 1$) (z.B. Al(III)) zum sedimentieren zu bringen.*
   b) Offensichtlich ist die Zeit zu lang, um in einer wassertechnologischen Anlage effiziente Partikelentfernung zu betreiben. *Was für andere technische Lösungen können in Betracht gezogen werden?*
   i) Fällung von $Al(OH)_3(s)$;
   ii) Sandfiltration;
   iii) Flockungsfiltration;
   iv) Zugabe von Tonmineralien zum Rohwasser, um eine kinetisch günstigere Ausgangskonzentration zu erreichen

   Welches sind die allfälligen Vor- und Nachteile solcher Verfahren?

4) *Warum eignen sich Siebe (Filter, die auf Siebwirkung beruhen) nicht in der Praxis, um partikuläre Stoffe aus einem Wasser zu entfernen? Welches sind die chemischen Variablen, die beim Filtrationsprozess in einem Tiefenfilter zur Entfernung der suspendierten Teilchen führen?*

5) Bei der Flockung mit Al(III)- und Fe(III)-Salzen wird die Alkalinität des zu behandelnden Wasser herabgesetzt. *Was ist die Ursache? Wieviel*

Kalkmilch (CaO + H_2O = $Ca(OH)_2$) pro zugegebenem Al(III) oder Fe(III) muss zugegeben werden, um die Senkung des pH zu vermeiden?

6) *Wie kann die Filtrationsgeschwindigkeit erhöht werden, ohne die Filtrationswirkung (Elimination der Partikel) zu beeinträchtigen?*

7) *Aktivkohle kann zur Entfernung von überschüssigem Chlor eingesetzt werden. Welches ist der Eliminationsvorgang?*

8) *Ein Grundwasser enthält 4×10^{-3} M HCO_3^-, 2×10^{-3} M Ca^{2+} (20 °C; I = 10^{-2} M). Auf welchen pH muss das Wasser angehoben werden, um weder $CaCO_3$-aggressiv, noch $CaCO_3$-abscheidend zu sein?*

9) *Erkläre den Unterschied zwischen einer Chromierung (kathodische Abscheidung von Cr) und einer Verzinkung von Eisen. Was ergibt sich aus der elektrochemischen Spannungsreihe für die Paare Cr – Fe und Zn – Fe? (Die Position des Chroms in der Spannungsreihe kann aus der thermodynamischen Tabelle im Appendix zu Kapitel 5 ermittelt werden.)*

KAPITEL 11

Einige biogeochemische Anwendungen

11.1 Einleitung
Verteilung von Stoffen in der Umwelt

In der Umwelt wirkt ein komplexes Netz von chemischen, biologischen, geologischen und physikalischen Prozessen zusammen, das in die Kreisläufe der verschiedenen Elemente und chemischen Verbindungen resultiert (siehe Kapitel 1). Die verschiedenen Kompartimente der Umwelt (Gewässer, Biota, Atmosphäre, Boden, Gesteine) sind über vielfätige Beziehungen miteinander verknüpft. Die Zusammensetzung der Ozeane, der anderen Gewässer und der Atmosphäre werden durch das Zusammenspiel dieser Prozesse reguliert. Von zentraler Bedeutung für diese Regulierung und für die Kreisläufe vieler Stoffe ist die Biota. Die Kreisläufe vieler Elemente sind mit den Kreisläufen von Kohlenstoff und Sauerstoff eng verknüpft, die vom Auf- und Abbau der Biota dominiert werden.

Um insbesondere die Zusammensetzung der Gewässer zu verstehen, müssen die Wechselbeziehungen zu den anderen Kompartimenten berücksichtigt werden. Daran beteiligt sind sowohl die verschiedenen chemischen Prozesse, die in den vorangehenden Kapiteln behandelt wurden, wie auch Wechselwirkungen mit der Biota (siehe Kapitel 8) und die physikalischen Prozesse (z.B. Mischungsprozesse). Die natürlichen Prozesse sind teilweise durch die anthropogenen Eingriffe gestört. D.h. die Stoffflüsse, die aus menschlichen Aktivitäten resultieren, erreichen in vielen Fällen die gleichen Grössenordnungen wie die natürlichen Stoffflüsse im globalen Massstab, so dass natürliche Kreisläufe beschleunigt und entkoppelt werden.

Wir werden in diesem Kapitel einige Beispiele für die Regulierung der Zusammensetzung von Gewässern durch verschiedene Prozesse, sowie für anthropogene Störungen illustrieren.

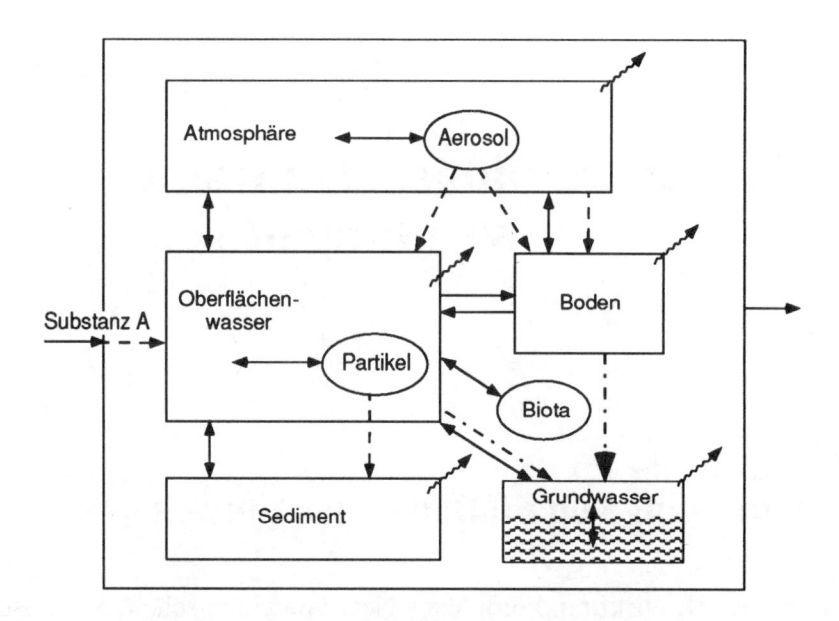

Abbildung 11.1
Wechselbeziehungen zwischen Boden, Wasser und Luft
Jede Substanz, die in die Umwelt gelangt, wird je nach substanzspezifischen Eigenschaften (Dampfdruck, Löslichkeit, Henry-Verteilungs-Koeffizient, Lipophilität, Abbaubarkeit) in den verschiedenen Reservoirs der Umwelt (Boden, Wasser, Grundwasser, Sedimente, Biota, Atmosphäre) angereichert, umgewandelt oder abgebaut. Die gewellten Pfeile bedeuten mikrobiologische oder chemische Abbaureaktionen.

Die verschiedenen Reservoire der Umwelt

Jede Substanz, die in die Umwelt gelangt, ob natürlicher oder anthropogener Herkunft, wird sich im Prinzip über die verschiedenen Reservoire verteilen, die in Abbildung 11.1 dargestellt sind. Substanzen, die ins Wasser gelangen, können in der Biota oder in den Sedimenten akkumulieren oder durch Verflüchtigung in die Atmosphäre gelangen; von Oberflächengewässern her infiltrieren Substanzen ins Grundwasser. Substanzen, die in die Atmosphäre durch die Verbrennung fossiler Brennstoffe, industrielle Prozesse, Stauberosion, Verflüchtigung (z.B. Säuren, Schwermetalle, Photooxidantien, zahlreiche organische Verbindungen (Pestizide usw.)) gelangen, werden nach dem Transport über weite Distanzen und nach allfälligen chemischen und photochemischen Umwandlungen auf die Oberflächengewässer und Böden eingetragen. Substanzen, die auf die Böden verteilt werden, z.B. durch Anwendun-

Einleitung

gen in der Landwirtschaft (Pestizide, Herbizide, Dünger usw.) oder Einträge aus der Atmosphäre können durch Abschwemmungen in die Oberflächengewässer, durch Infiltration ins Grundwasser und durch Verflüchtigung in die Atmosphäre gelangen.

Die Verteilung wird durch chemische, biologische und physikalische Prozesse beeinflusst. Durch biologische Prozesse werden viele Stoffe chemisch umgesetzt; als Beispiele sind in Kapitel 11.2 die Abbauprodukte des natürlichen organischen Materials und in Kapitel 11.3 die Umsetzungen der Stickstoffverbindungen dargestellt. Für das Schicksal synthetischer organischer Verbindungen ist es entscheidend, ob sie biologisch abbaubar sind.

Von besonderer Bedeutung für den Transfer zwischen den Reservoiren sind einerseits Prozesse, die zur Bildung flüchtiger Verbindungen führen, und andererseits Prozesse, die in eine Bindung in der festen Phase resultieren. Flüchtige Verbindungen werden bei vielen biologischen Umsetzungen gebildet: wichtige Abbauprodukte des organischen Materials wie CO_2, NH_3, N_2, H_2S sind flüchtig; auch andere flüchtige Stoffwechselprodukte wie Dimethylsulfid ($(CH_3)_2S$), das in den Ozeanen gebildet wird, und weitere methylierte Verbindungen sind von Interesse. Insbesondere durch Verbrennungsprozesse tragen anthropogene Aktivitäten zur Bildung flüchtiger Produkte bei. Beispiele flüchtiger Verbindungen verschiedener Elemente sind nachstehend aufgeführt.

Element	flüchtige Verbindungen
N	N_2, NH_3, NO, NO_2, N_2O, HNO_3
S	H_2S, $(CH_3)_2S$, NOS, SO_2
Hg	Hg^0, $(CH_3)_2Hg$
Se	$(CH_3)_2Se$
As	AsH_3

Bindung an festen Phasen ist für die Wechselwirkungen zwischen Wasser und Sediment, Boden und für die Infiltration in Grundwasser von grosser Bedeutung. Als Beispiele dazu dienen die Prozesse bei der Regulierung der Metallkonzentrationen in Gewässern (Kapitel 11.5) und die Transportvorgänge adsorbierbarer Substanzen im Grundwasser (Kapitel 11.6). Bindung an festen Phasen kann durch die in Kapitel 9 behandelten Prozesse an Grenzflächen erfolgen (insbesondere durch Adsorption). Für organische Stoffe spielt neben der Adsorption durch hydrophobe Wechselwirkungen oder andere Mechanismen die Akkumulation in der Biota eine wesentliche Rolle. Die Akkumulation in den Organismen und in der Nahrungskette ist ein wichtiger Parameter zur Beurteilung einer Substanz in der Umwelt. Die Akkumulation organischer

Stoffe in den Organismen erfolgt entsprechend ihrer Lipophilität (d.h. ihrem hydrophoben Charakter). Als Mass für die Lipophilität wird häufig der Octanol-Wasser-Koeffizient verwendet (Abbildung 11.2).

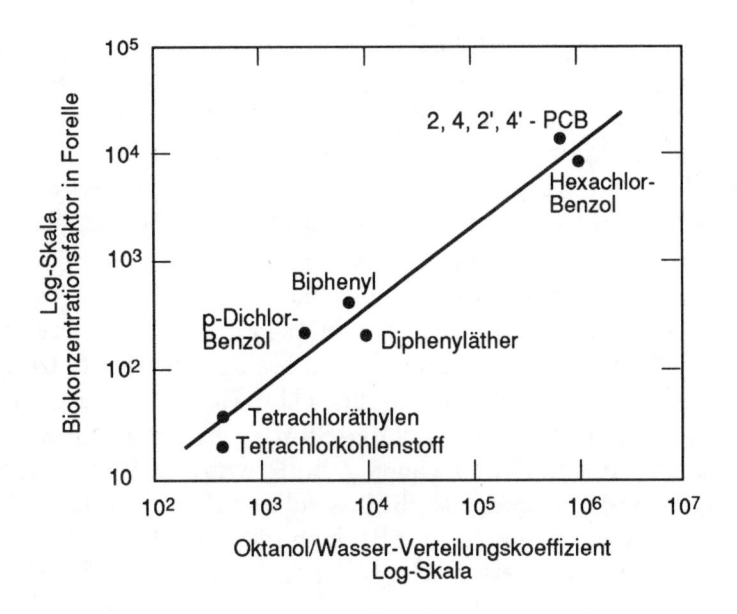

Abbildung 11.2
Die Lipophilie einer Substanz, gemessen mit dem Octanol/Wasser-Verteilungskoeffizienten, ist ein wichtiger Parameter, um die Bioakkumulation in der Nahrungskette vorauszusagen.
(Daten von C.T. Chiou et al., Env. Sci. Technol. 11, 475, 1977)

11.2 Kohlenstoffkreislauf in den Gewässern

Im Kapitel 1 wurde schon kurz auf die Stellung des Kohlenstoffkreislaufs innerhalb der globalen hydrogeochemischen Kreisäufe (Abbildung 1.10), sowie auf die Verteilung des Kohlenstoffs auf die verschiedenen globalen Reservoire (Tabelle 1.5) hingewiesen. Ein wichtiger Aspekt des globalen Kohlenstoffkreislaufs ist der Anstieg von CO_2 in der Atmosphäre aufgrund der Verbrennung fossiler Brennstoffe (Abbildung 1.13).

In diesem Abschnitt soll auf den Kohlenstoffkreislauf in Gewässern und auf die Zusammensetzung und Rolle des natürlichen organischen Materials eingegangen werden. Abbildung 11.3 illustriert schematisch den Kreislauf

TABELLE 11.1 Zersetzungsprodukte der Biota

Lebenssubstanzen	Zersetzungszwischenprodukte		Zwischen- und Endprodukte, die in natürlichen Gewässern vorkommen
Proteine	Polypeptide → Aminosäuren →	$\begin{cases} RCOOH \\ RCH_2OHCOOH \\ RCH_2OH \\ RCH_3 \\ RCH_2NH_2 \end{cases}$	NH_4^+, CO_2, HS^-, CH_4, Peptide, Aminosäuren, Harnstoff, Phenole, Indole, Fettsäuren, Merkaptane
Lipide Fette Wachse Öle Kohlenwasserstoffe	Fettsäuren + Glycerin →	$\begin{cases} RCH_2OH \\ RCOOH \\ RCH_3 \\ RH \end{cases}$	Aliphatische Säuren, Essig-, Milch-, Zitronen-, Glykol-, Malein-, Stearinsäure, Oleinsäure, Kohlehydrate, Kohlenwasserstoffe
Kohlehydrate Cellulose Stärke Hemizellulose Lignin	$\Big\} \to (x(H_2O)_y) \to \begin{cases} \text{Monosaccharide} \\ \text{Oligosaccharide} \\ \text{Chitin} \end{cases} \to$	Hexogen Pentogen Glucosamin	Glucose, Fructose Galactose, Arabinose, Ribose, Xylose
Porphyrine und Pflanzenpigmente Chlorophyll Hemin Carotin Xantophylle	Chlorin → Pheophytin → Kohlenwasserstoffe		Phytan, Pristan, Carotinoide, Isoprenoid, Alkohole, Ketone, Porphyrin
Polynucleotide	Nucleotide → Purine und Pyrimidinbasen		
Komplexe Substanzen, die aus Zwischenprodukten gebildet werden	Phenole und Chinone und Aminosäuren → Aminosäuren und Zerfallsprodukte von Kohlehydraten →		Melanine, Huminstoffe Humin- und Fulvinsäure, Tannine

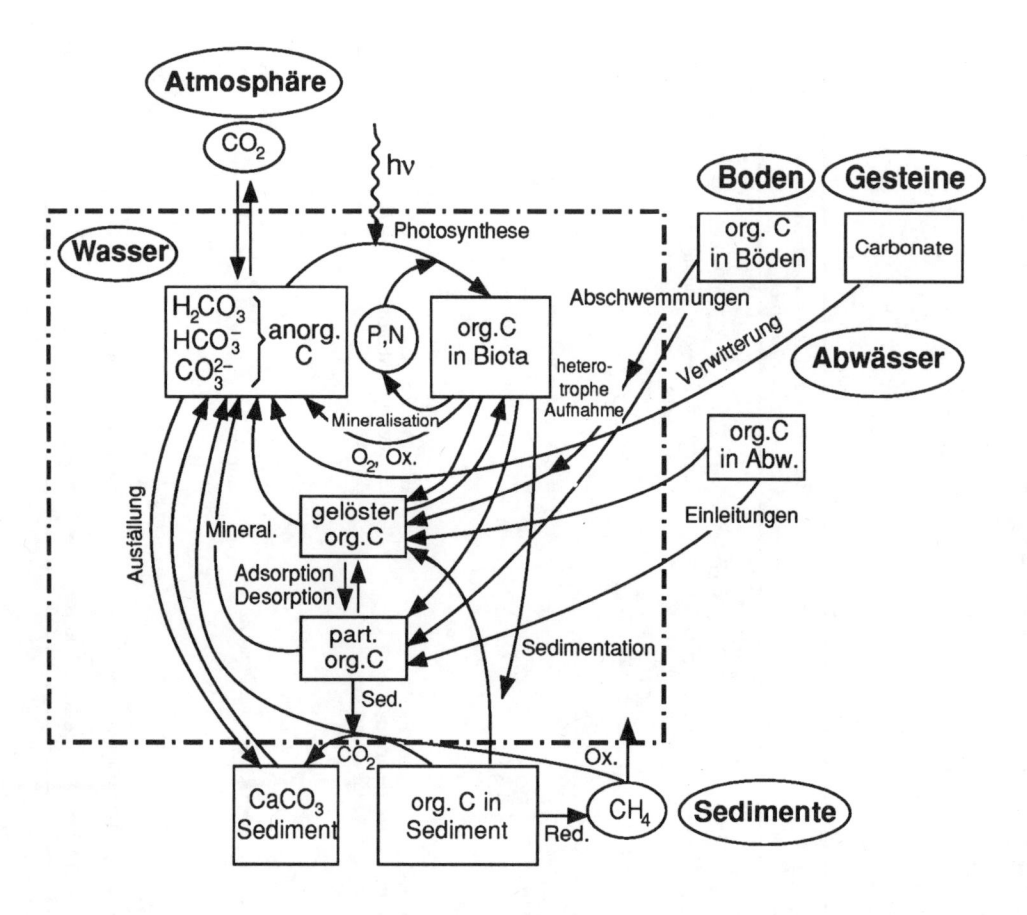

Abbildung 11.3
Kreislauf von Kohlenstoff in Gewässern
Durch die Photosynthese wird C in organischem Material gebunden und bei der Mineralisation wieder freigesetzt. Organisches C wird auch aus Abwässern und Böden eingetragen.

von Kohlenstoff in Gewässern. Von zentraler Bedeutung ist hier der Aufbau organischen Materials durch die Photosynthese, bei dem auch Nährstoffe (Phosphor, Stickstoff, Spurenelemente) gebunden werden, sowie die Mineralisation dieses organischen Materials (vgl. Kapitel 1 und 8). Durch die Photosynthese wird der organische C in der Biota aufgebaut; in Seen beträgt die Primärproduktion ca. 50 – 1000 mg C m^{-2} d^{-1}, bzw. einige Gramm organischen Materials pro m^2 und Tag. Von dieser Primärproduktion aus ergibt sich der weitere Aufbau der Nahrungskette. Neben der vollständigen Mineralisation zu anorganischem Kohlenstoff treten organische Verbindungen unterschiedlichster Strukur als Zwischenprodukte beim Abbau des organischen Materials auf, die teilweise ins Wasser freigesetzt werden (Tabelle 11.1). Humin- und Fulvinsäuren sind Produkte dieser Abbaureaktionen und natürlicher Polymerisationsreaktionen (vgl. Kapitel 6.3). Diese Verbindungen tragen zur Konzentration an gelöstem organischem Material bei; unvollständig abgebautes organisches Material tritt auch partikulär auf, als Detritus oder auf mineralischen Partikeln adsorbiert. Aus Böden abgeschwemmtes organisches Material sowie aus Abwässern eingebrachte organische Verbindungen tragen ebenfalls zu den Gehalten an gelöstem und totalem organischem Kohlenstoff bei. Durch Sedimentation wird organisches Material in den Sedimenten eingelagert, wo es weiter mineralisiert wird. Nach dem vollständigen Verbrauch von Sauerstoff benützen die Mikrorganismen dazu verschiedene Oxidantien entsprechend der Redoxreihe (Kapitel 8.6). Methan ist dabei ein mögliches Endprodukt. Typische Gehalte an gelöstem und partikulärem (vor allem in der Biota) organischen Material in Gewässern sind in Tabelle 11.2 zusammengestellt.

TABELLE 11.2 Typische Konzentrationen von organischem Kohlenstoff in natürlichen Gewässern (DOC = gelöster organischer Kohlenstoff, POC = partikulärer organischer Kohlenstoff)

Meer	DOC ≈ 0.5 mg/ℓ	POC ≈ 0.05 mg/ℓ
	POC in Form von Organismen	= 0.005 mg/ℓ
Grundwasser	DOC ≈ 0.7 mg/ℓ (0.5 – 1.5)	
Regenwasser	DOC ≈ 1.1 mg/ℓ (0.5 – 2.5)	
Flusswasser	DOC ≈ 1 – 10 mg/ℓ	POC = 1 – 2 mg/ℓ
Eutropher See	DOC ≈ 2 – 10 mg/ℓ	POC = 2 – 3 mg/ℓ
Sümpfe	DOC ≈ 10 – 50 mg/ℓ	POC = 2 – 3 mg/ℓ
Interstitialwasser Sedimente oder Boden	DOC ≈ 2 – 50 mg/ℓ	

Aus Tabelle 11.1 ist ersichtlich, dass Verbindungen mit unterschiedlichen funktionellen Gruppen aus der Zersetzung der Biota resultieren. Die wichtigsten funktionellen Gruppen sind in Tabelle 11.3 zusammengestellt. Diese funktionellen Gruppen spielen bei Säure-Base- und Komplexbildungsreaktionen eine wichtige Rolle. Carboxyl- und Hydroxylgruppen erhöhen die wässrige Löslichkeit organischer Verbindungen. Carboxylgruppen treten in 90 %

TABELLE 11.3 Wichtigere funktionelle Gruppen, die in gelösten organischen Verbindungen auftreten

Funktionelle Gruppe	Struktur	Auftreten	Rel. wässrige Löslichkeit
Säure-Gruppen			
Carbonsäuren	$RC\begin{matrix}\nearrow O \\ \searrow OH\end{matrix}$	90 % aller gelösten Verbindungen	10/5000 (–COOH/ –COO⁻)
Enolgruppe	$\begin{matrix}OH \\ \| \\ RC = CH_2\end{matrix}$	Aquatischer Humus	
Phenol-OH	AR – OH	Humus, Phenole	25
Chinone	AR = O	Humus, Chinone	8
Neutrale Gruppen			
Alkoholische OH	R CH$_2$ OH	Humus, Zucker	
Äther	R CH$_2$ – O – CH$_2$ R	Humus	1
Ketone	$R_1 \overset{O}{\underset{\|\|}{C}} R_2$	Humus, flüssige Ketone	
Aldehyde	$R\overset{O}{\underset{\|\|}{C}} - H$	Zucker	
Ester, Lactone	$R - \overset{O}{\underset{\|\|}{C}} - O - R$	Humus, Tannine Hydroxysäure	2.5
Basische Gruppen			
Amine	R – CH$_2$ – NH$_2$	Aminosäuren	25
Amide	$R - \overset{O}{\underset{\|\|}{C}} - NR - R$	Peptide	

Kohlenstoffkreislauf in den Gewässern

aller im Wasser gelösten organischen Verbindungen auf; sie weisen Säurekonstanten im Bereich pK = 2 – 5 auf, je nach Struktur. Hydroxylgruppen sind als Kohlenhydrate und Alkohole (mit pK-Werten > 14), als Phenole (mit pK-Werten 9 – 13), als Hydroxycarbonsäuren vorhanden. Die basischen Aminogruppen treten in Aminosäuren (mit pK-Werten 9 –10) und als Amide in Polypeptiden auf.

Abbildung 11.4 zeigt eine typische Aufteilung des gelösten organischen Kohlenstoffs in einem Flusswasser. Die hydrophilen Säuren, die im Gegensatz zu den Humin- und Fulvinsäuren nicht durch XAD-Harze zurückgehalten werden, sind noch wenig charakterisiert worden; sie enthalten z.B. Zuckersäuren wie Uron- und Polyuronsäuren. Organische Verbindungen im Fluss- oder Seewasser umfassen ein grosses Spektrum von Molekulargewichten (ca. von <100 bis >5000). Zu den in See- oder Flusswasser identifizierten organischen Verbindungen gehören kleine organische Säuren wie Formiat, Acetat, Propionat, Lactat, Fettsäuren, Aminosäuren (Glycin, Glutamat, Aspartat usw.).

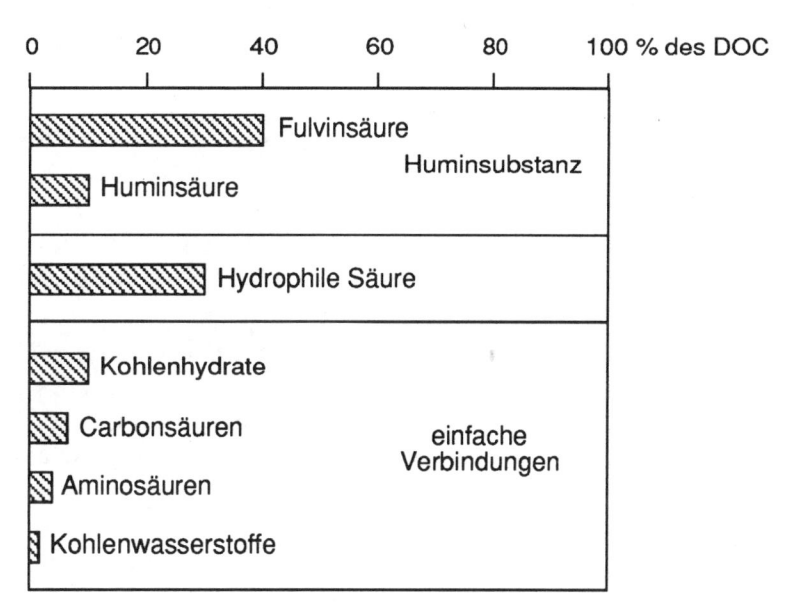

Abbildung 11.4
Aufteilung des gelösten organischen Kohlenstoffs in einem typischen Flusswasser, das 5 mg/ℓ DOC enthält.
(Aus E.M. Thurmann, "Organic Geochemistry of Natural Waters", Nijhoff, Junk, Dordrecht, 1985)

Die Auftrennung und Analyse des natürlichen organischen Materials in Gewässern ist eine enorm komplexe Aufgabe, da soviele verschiedene Arten von Verbindungen vorhanden sind. Für viele Zwecke, z.B. zur Beurteilung der Belastung mit Abwasser, werden deshalb kollektive Parameter zur Messung des organischen Kohlenstoffs verwendet (Tabelle 11.4). Gebräuchliche Summenparameter sind der biochemische Sauerstoffbedarf (BSB oder BOD) und der chemische Sauerstoffbedarf (CSB oder COD), die seit vielen Jahren angewendet werden, der totale gelöste Kohlenstoff (DOC) und der totale Kohlenstoff (TOC), der auch partikulären Kohlenstoff einschliesst. Mit der BSB-Methode wird indirekt der organische Kohlenstoff gemessen, indem die abbaubaren organischen Verbindungen durch Mikroorganismen oxidiert werden und der O_2-Verbrauch (proportional zum organischen Kohlenstoff) bestimmt wird. Beim chemischen Sauerstoffbedarf (CSB) wird der Verbrauch eines Oxidationsmittels (üblicherweise Chromat) bestimmt. Die mittlere Oxidationszahl von C in einer organischen Verbindung ergibt sich aus dem Verhältnis von CSB zu TOC (in mol O_2/ℓ und mol C/ℓ):

$$\text{Oxidationszahl} = 4 \times \left(1 - \frac{CSB}{TOC}\right) \tag{1}$$

Es ist wichtig zu erkennen, dass diese verschiedenen Methoden nicht äquivalent sind, da beispielsweise mit BSB nur die abbaubaren Verbindungen erfasst werden und gewisse Verbindungen auch mit CSB unvollständig oxidiert werden. Ausserdem muss im Auge behalten werden, dass hinter diesen Summenparametern sich die äusserst komplexe Natur der organischen Verbindungen (s. oben) versteckt.

Wir haben in diesem Abschnitt unsere Aufmerksamkeit auf die natürlichen organischen Verbindungen gerichtet, die quantitativ den grösseren Anteil des organischen Materials in Gewässern darstellen. Von grosser ökotoxikologischer Bedeutung sind aber in den natürlichen Gewässern die anthropogen produzierten organischen Verbindungen und ihre Folgeprodukte. Es ist äusserst wichtig, das Schicksal dieser Verbindungen in der Umwelt aufgrund ihrer physikalisch-chemischen Eigenschaften zu beurteilen. (Tabelle 11.5). Dieses Thema würde aber den Rahmen dieses Buches sprengen; wir empfehlen dazu: R. Schwarzenbach, P. Gschwend, D. Imboden; *Environmental Organic Chemistry*, 681 Seiten, Wiley-Interscience, New York (1993).

TABELLE 11.4 Summenparameter für das organische Material in natürlichen Gewässern

Bezeichnung	Bedeutung	Prinzip der Messung
DOC (mgC/ℓ) TOC (mgC/ℓ) POC (mgC/ℓ)	Dissolved Organic Carbon Total Organic Carbon Particulate Organic Carbon	Verbrennung oder vollständige Oxidation des gelösten, totalen oder partikulären organischen Materials; anschliessende CO_2-Bestimmung
BSB (mg O_2/ℓ) engl. BOD	Biochemischer Sauerstoffbedarf (Biochemical Oxygen Demand)	O_2-Verbrauch beim Abbau organ. Materials durch Mikroorganismen
CSB (mg O_2/ℓ) engl. COD	Chemischer Sauerstoffbedarf (Chemical Oxygen Demand)	Verbrauch eines Oxidationsmittels (Chromat) bei der chemischen Oxidation organ. Materials

11.3 Stickstoffkreisläufe; Belastung der Umwelt durch Stickstoffverbindungen

Das Stickstoffmolekül, N_2, (78 % in der Atmosphäre) ist wegen seiner dreifachen Elektronenpaarbindung chemisch relativ inert. Es gelingt aber gewissen Bakterien, in Symbiose mit bestimmten Pflanzen (Leguminosen) und gewissen Blaualgen, den Stickstoff zu fixieren und als organischen Stickstoff zu assimilieren. Auch der Mensch hat gelernt, den Stickstoff der Atmosphäre zu fixieren. Im Haber-Bosch-Prozess wird N_2 (bei ausgewähltem Druck, Temperatur und in Gegenwart von geeigneten Katalysatoren) in NH_3 umgewandelt ($N_2(g) + 3\ H_2(g) = 2\ NH_3(g)$). Dieses NH_3 wird vor allem zur Herstellung von Stickstoffdüngern eingesetzt. Ebenso wird Stickstoff bei der Verbrennung mit Luft von Benzin und anderen fossilen Brennstoffen (Benzinmotor, thermische Kraftwerke) in Stickstoffoxide umgewandelt ($N_2(g) + O_2(g) = 2\ NO(g)$; $N_2(g) + 2\ O_2(g) = 2\ NO_2(g)$). Die zivilisatorische Stickstoff-Fixierung ist heute global von gleicher Grössenordnung wie die biologische. Die

TABELLE 11.5 Wichtige Informationen zur Beurteilung des Schicksals von Umweltchemikalien (aus Stumm, Schwarzenbach und Sigg, Angew. Chemie **95**, 345, 1983)

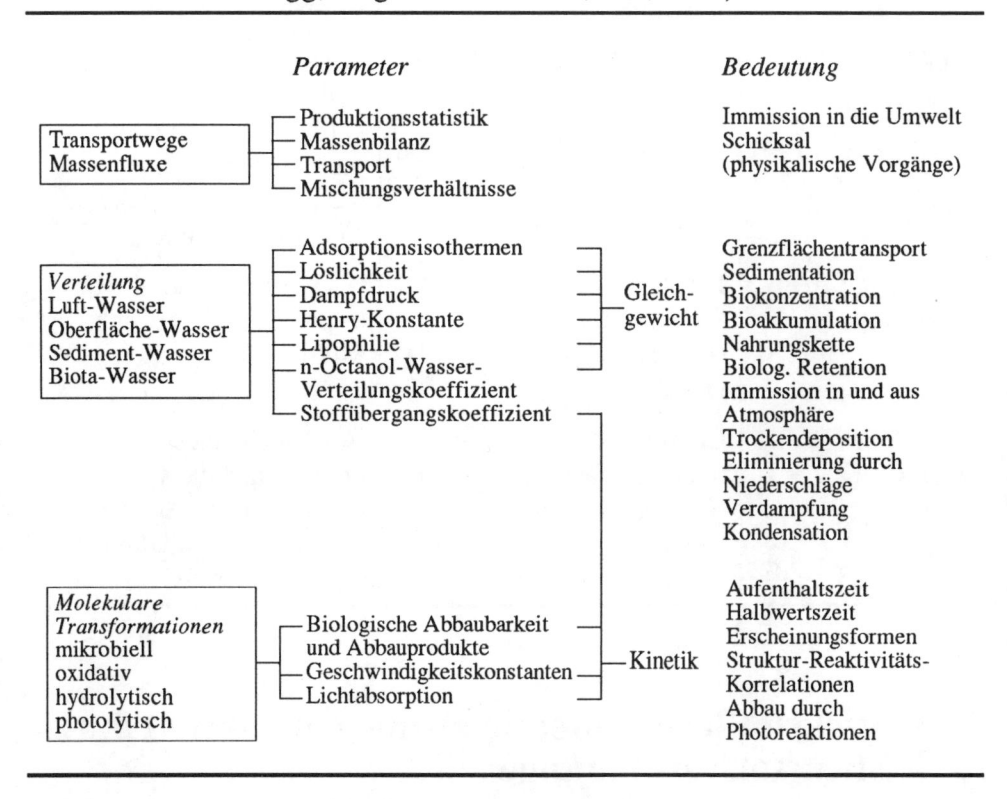

	Parameter		Bedeutung
Transportwege Massenfluxe	Produktionsstatistik Massenbilanz Transport Mischungsverhältnisse		Immission in die Umwelt Schicksal (physikalische Vorgänge)
Verteilung Luft-Wasser Oberfläche-Wasser Sediment-Wasser Biota-Wasser	Adsorptionsisothermen Löslichkeit Dampfdruck Henry-Konstante Lipophilie n-Octanol-Wasser-Verteilungskoeffizient Stoffübergangskoeffizient	Gleich- gewicht	Grenzflächentransport Sedimentation Biokonzentration Bioakkumulation Nahrungskette Biolog. Retention Immission in und aus Atmosphäre Trockendeposition Eliminierung durch Niederschläge Verdampfung Kondensation
Molekulare Transformationen mikrobiell oxidativ hydrolytisch photolytisch	Biologische Abbaubarkeit und Abbauprodukte Geschwindigkeitskonstanten Lichtabsorption	Kinetik	Aufenthaltszeit Halbwertszeit Erscheinungsformen Struktur-Reaktivitäts-Korrelationen Abbau durch Photoreaktionen

Zufuhr von Kunstdünger in die Landwirtschaft und der Eintrag von Stickoxiden in die Atmosphäre haben die Verteilung der Stickstoffverbindungen zwischen Wasser, Boden und Luft signifikant verändert. Viele der Stickstoffverbindungen können in den verschiedenen Reservoiren der Umwelt schwerwiegende Schäden verursachen (Tabelle 11.6). Die Verflechtung physikalischer, chemischer und biologischer Prozesse ist bei den Transformationen der Stickstoffverbindungen von grösster Bedeutung.

Stickstoffkreisläufe

TABELLE 11.6 Schädliche Wirkungen von Stickstoffverbindungen auf die Umwelt

N-Verbindung	Oxidations-stufe	Hauptsächliche Herkunft	Belastete Systeme	Auswirkungen
NO_3^-	V	Düngstoffe	Grundwasser, Meere	Gesundheit, Trinkwasser Eutrophierung
$HNO_3(g)$	V	Verbrennung fossiler Brennstoffe, Automobile	Atmosphäre, Boden	saurer Regen
NO_2^-	III	Zwischenprodukt bei Nitrifikation, Denitrifikation[1] und NO_3^--Reduktion	Gewässer	Giftigkeit Fische
$NO(g) + NO_2(g)$	II, IV	Verbrennung fossiler Brennstoffe, Automobile Denitrifikation in Böden	Atmosphäre	Mitwirkung bei Bildung von Ozon in Troposphäre[2] Schadwirkungen auf Pflanzen
$N_2O(g)$	I	Zwischenprodukt bei Nitrifikation NO_3^--Reduktion	Atmosphäre	Zerstörung des Ozons in der Stratosphäre[2]
$NH_3(g)/NH_4^+$	III	Dünger (Viehzucht) Landwirtschaft	Atmosphäre, Boden	Nitrifizierung des NH_4^+ (aus Niederschlägen) führt zur Versauerung der Böden[3]
			Gewässer	Giftigkeit von NH_3 auf Fische Erhöhter Chlorverbrauch bei Chlorierung Trinkwasser

[1] s. Reaktionen (9) und (10) in Tabelle 11.7.
[2] Troposphäre = erdnahe Schicht der Atmosphäre (ca. 10 km); die Stratosphäre liegt darüber.
[3] s. Reaktionen (1) und (2) in Tabelle 11.7.

Die wichtigsten Redox Prozesse im Kreislauf
$N_2(g) \rightarrow NH_4^+ \rightleftharpoons NO_3^- \rightarrow N_2(g)$

Wir wollen aufgrund der uns bereits zur Verfügung stehenden Informationen in Kapitel 8, die wichtigsten Prozesse interpretieren, die beim Stickstoffkreislauf Boden – Wasser – Luft eine Rolle spielen (Abbildung 11.5).

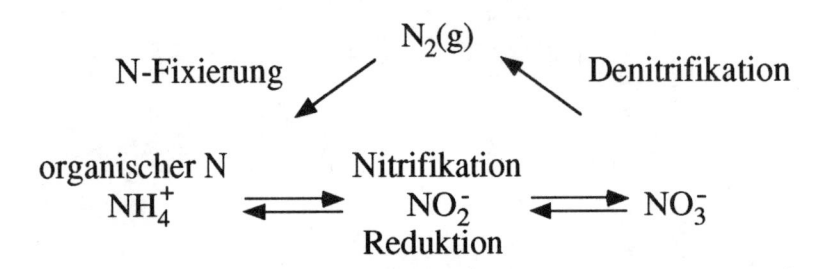

$$\begin{array}{c} N_2(g) \\ \text{N-Fixierung} \nearrow \quad \nwarrow \text{Denitrifikation} \end{array}$$

$$\text{organischer N} \quad \text{Nitrifikation}$$
$$NH_4^+ \rightleftharpoons NO_2^- \rightleftharpoons NO_3^-$$
$$\text{Reduktion}$$

Abbildung 11.5
Die wichtigsten biologisch katalysierten Stickstoffumwandlungsprozesse (vgl. Tabelle 11.7).
Natürliche Stickstoff-Fixierung erfolgt durch Blaualgen und durch Bakterien, vor allem in Symbiose mit bestimmten Pflanzen (Leguminosen). Mikroorganismen ermöglichen, unter aeroben Bedingungen, die Nitrifikation des NH_4^+ (und des NH_3) zu NO_2^- und zu NO_3^-. Bei tiefem Redoxpotential ($p\varepsilon < 6$, bei pH = 7) kann der umgekehrte Prozess, die NO_3^--Reduktion stattfinden. Unter anoxischen Bedingungen können organische Verbindungen mikrobiell das NO_3^- zu N_2 denitrifizieren (s. (3) in Tabelle 11.7). Bei der Nitrifikation wie auch bei der Denitrifikation können als Zwischenprodukte NO und N_2O (Lachgas) gebildet werden (s. (9) und (10) in Tabelle 11.7).

i) $N_2(g) \rightarrow$ org N $\rightarrow NH_4^+$
Wie die Reaktionen (4) und (5) der Tabelle 11.7 zeigen, kann – thermodynamisch gesehen – $H_2(g)$ oder organisches Material (wir verwenden in unseren Rechnungen "({CH_2O})") den Stickstoff zu N–III (organischer N) und NH_4^+ reduzieren. Die frei werdende Gibbs-Energie ist sehr gering. Wie aus Abbildung 8.1 und Tabelle 8.1 hervorgeht, erfolgt die Reduktion des $N_2(g)$ zu NH_4^+ (pH = 7) nur unter sehr reduktiven Bedingungen ($p\varepsilon < -4$), während die Reduktion des $CO_2(g)$ zu {CH_2O} unter etwas weniger reduktiven Bedingungen ($p\varepsilon < 1$) möglich ist. Die biologische Fixierung des $N_2(g)$ braucht zusätzliche Energie, die via Photosynthese aufgebracht wird. Blaualgen sind in der Lage, mit Hilfe der photosynthetischen Energie, den Stickstoff zu fixieren. Ebenso erhalten die Knöll-

chenbakterien die notwendige Energie von der Photosynthese der mit ihnen in Symbiose lebenden Leguminosen. Der fixierte Stickstoff ist am Anfang als organischer Stickstoff vorhanden, wird dann aber bei Zersetzung der Biomasse in NH_4^+ (und NH_3) umgewandelt. Der industrielle Stickstoff-Fixierungsprozess (Haber-Bosch) führt ebenfalls via Reduktion des $N_2(g)$ zu NH_3.

ii) $NH_4^+ \rightleftharpoons NO_2^- \rightleftharpoons NO_3^-$

Ammonium kommt via Kunstdünger, durch tierische Abfälle und Abwasser, biologische Stickstoff-Fixierung und Niederschläge in unsere Böden. Das NH_4^+ kann durch Ionenaustausch an Tonmineralien ($RK^+ + NH_4^+ \rightleftharpoons RNH_4^+ + K^+$) zurückgehalten werden, aber trotzdem bei Überbelastung der Böden, an die Gewässer ausgewaschen werden. Das NH_4^+ steht im Säure-Base-Gleichgewicht (pK_a = 9.3, 25 °C) mit dem für Fische giftigen NH_3 ($[NH_3] > 10^{-5}$ M).

NH_3 kann sich auch verflüchtigen ($NH_3(g) = NH_3(aq)$; K_H = 57 M atm^{-1}, 25 °C). Der Eintrag in die Atmosphäre ist besonders gross bei Tierzuchtanstalten (Jauche). Auch wird NH_3 technologisch eingesetzt, um bei thermischen Verbrennungsanlagen die Belastung durch Stickoxide herabzusetzen ($NH_3(g) + 3\ NO(g) \longrightarrow N_2(g)$).[1] Organischer Stickstoff und NH_4^+ gelangen, neben der Auswaschung der Böden, durch häusliche und tierische Abwässer in die Gewässer.

In Gegenwart von Sauerstoff (pε > 6, bei pH = 7) wird das NH_4^+ zu NO_3^- oxidiert (Nitrifizierung) (Abbildung 8.1), wobei die Oxidation in zwei Stufen erfolgt ((1) und (2) in Tabelle 11.7 und Abbildung 11.5). Die Nitrifikation (man spricht auch von Nitrifizierung) läuft, bakteriologisch vermittelt, sowohl in Böden wie auch in den Gewässern spontan ab. Die Oxidation von Nitrat wird durch das Bakterium Nitrosomonas, die Oxidation von NO_2^- zu NO_3^- durch das Bakterium Nitrobacter mediiert (Abbildung 11.6). Auch bei einer weitergehenden Abwasserreinigung wird ein wesentlicher Teil des Ammoniums nitrifiziert. Bei dieser Oxidation entstehen H^+-Ionen. Diese pH-Reduktion kann zur Inhibition der Nitrifizierung (pH < 6) führen.

Das NO_3^- wird im Boden kaum zurückgehalten (kein Ionenaustausch) und gelangt deshalb ins Grundwasser. Konzentrationen von über 7×10^{-4} M (10 mg/ℓ als N) sind im Trinkwasser unerwünscht.

---

[1] Wenn bei diesem Prozess ein Überschuss von NH_3 gebraucht wird, wird dieses überschüssige NH_3 später mit Niederschlägen in den Boden gebracht, wo es mit zur Bodenversauerung beiträgt ($NH_3 + 2\ O_2 = NO_3^- + H^+ + H_2O$).

Die Umkehrung der Nitrifizierung, die *Nitratreduktion*, kann ebenfalls stattfinden. Einerseits wird das NO_3^- durch Pflanzen und Algen assimiliert und in organischen Stickstoff (N-III) umgewandelt (s. Reaktion (3) in Kapitel 1). Andererseits kann bei $p\varepsilon < 6$ organisches Material das NO_3^- bakteriologisch reduzieren (Reaktion (3), Tabelle 11.7 und Abbildung 8.3), wobei NO_2^- als Zwischenprodukt auftritt.

$N_2O(g)$ als Nebenprodukt. Sowohl bei der Nitrifikation als auch bei der Denitrifikation kann $N_2O(g)$ als Nebenprodukt auftreten. Die Intensivierung in der Landwirtschaft hat mit Hilfe von mehr Düngstoffen (zusätzlich zur vermehrten Verbrennung von Biomasse) einen Anstieg der N_2O-Emissionen in die Atmosphäre bewirkt. Das $N_2O(g)$, das in die Stratosphäre gelangt, ist an der Zerstörung des Ozons beteiligt.

iii) **Denitrifikation**

Organisches Material kann in der Regel unter anaeroben Bedingungen NO_3^- zu $N_2(g)$ reduzieren ((3) in Tabelle 11.7). Wahrscheinlich erfolgt die Denitrifikation durch einen indirekten Mechanismus via NO_2^-. Als Nebenprodukt werden auch $N_2O(s)$ und andere Stickoxide gebildet. Die biologisch mediierte Denitrifikation ist nicht reversibel, d.h. $N_2(g)$ kann nicht biologisch mit O_2 zu NO_3^- oxidiert werden. Der biologische Weg von N_2 zu NO_3^- führt über die N-Fixierung und anschliessende Nitrifikation.

Andererseits findet eine *Oxidation des N_2* bei höheren Temperaturen im Verbrennungsmotor und bei thermischen Kraftwerken und zu viel kleinerem Teil auch bei Blitzen statt. Die Stickoxide, NO und NO_2 (Reaktionen (6) – (8) in Tabelle 11.7) sind nicht nur für die Bildung von saurem Regen (HNO_3), sondern auch für die durch Sonnenlicht und Kohlenwasserstoffe katalysierte Bildung von Ozon in den unteren Schichten der Atmosphäre verantwortlich (siehe Reaktionen (6), (7) und Fussnote [2] der Tabelle 11.7).

Abbildung 11.7 gibt einen schematischen Überblick über den Austausch der verschiedenen Stickstoffverbindungen zwischen den verschiedenen Stickstoffreservoiren.

Stickstoffkreisläufe

TABELLE 11.7 Freie Reaktionsenthalpie von Stickstoffumwandlungen (25 °C) bei pH = 7

Prozesse		$\Delta G^{o'}(\text{pH}=7)$ kJ mol^{-1}
Nitrifikation		
1) $NH_4^+ + 1.5\ O_2$ (0.2 atm) $= NO_2^- + H_2O + 2\ H^+$ (10^{-7} M)		−290.4
2) $NO_2^- + 0.5\ O_2$ (0.2 atm) $= NO_3^-$		−72.1
Denitrifikation[1]		
3) $NO_3^- + 1.25\ \{CH_2O\} + H^+$ (10^{-7} M) $= 0.5\ N_2(g) + 1.75\ H_2O + 1.25\ CO_2(g)$		−594.6
N-Fixierung		
4) $0.5\ N_2(g) + 1.5\ H_2(g) + H^+$ (10^{-7} M) $= NH_4^+$		−39.4
5) $0.5\ N_2(g) + 0.75\ \{CH_2O\} + 0.75\ H_2O + H^+$ (10^{-7} M) $= 0.75\ CO_2 + NH_4^+$		−60.3
N$_2$-Oxidation[2] **(Verbrennungsprozesse, thermische Kraftwerke, Automobile)**		
6) $0.5\ N_2(g) + 0.5\ O_2(g) = NO(g)$		86.6
7) $NO(g) + 0.5\ O_2(g) = NO_2(g)$		−35.2
8) $0.5\ N_2(g) + 1.25\ O_2$ (0.2 atm) $+ 0.5\ H_2O = NO_3^- + H^+$ (10^{-7} M)		−25.7
Bildung von N$_2$O		
9) $NO_3^- + \{CH_2O\} + H^+$ (10^{-7} M) $= 0.5\ N_2O(g) + 1.5\ H_2O + CO_2(g)$		−417.1
10) $NH_4^+ + O_2$ (0.2 atm) $= 0.5\ N_2O(g) + 1.5\ H_2O + H^+$ (10^{-7} M)		−260.2

[1] Die Denitrifikation (Reduktion von NO_3^- zu N_2 steht in Konkurrenz zur NO_3^--Reduktion (Reduktion von NO_3^- zu NH_4^+)
$NO_3^- + 2\ \{CH_2O\} + 2\ H^+$ (10^{-7} M) $= NH_4^+ + 2\ CO_2(g) + H_2O$, $\Delta G^{o'} = -655$ kJ mol^{-1}

[2] Die Bildung von Ozon in der unteren Atmosphäre wird durch NO_2 gesteuert. Vereinfacht:
NO_2 + Sonnenlicht ⟶ $NO + O$, $O + O_2$ ⟶ O_3

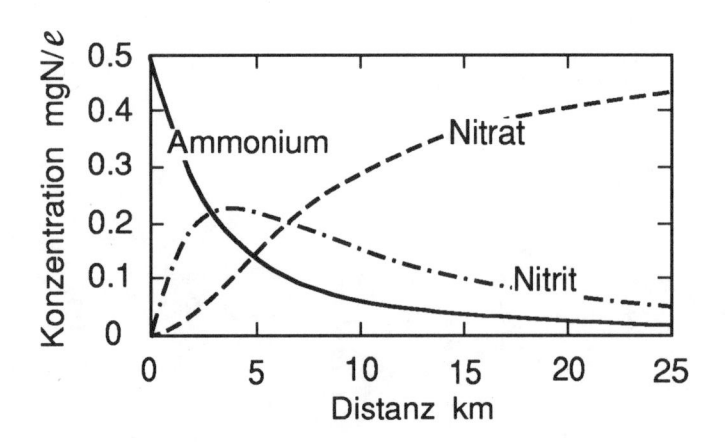

Abbildung 11.6
Typischer Verlauf der NH_4^+-Umwandlung in einem kleineren Fliessgewässer Modellrechnung von P. Reichert (EAWAG) für die Glatt (23 °C).

11.4 Seeneutrophierung und Redoxreihe im Hypolimnion von Seen

Die Seeneutrophierung, wie sie insbesondere in vielen schweizerischen Seen in den letzten Jahrzehnten beobachtet worden ist, stellt ein deutliches Beispiel einer anthropogenen Störung eines Nährstoffkreislaufs dar. Die Eutrophierung wird durch die übermässige Zufuhr von Phosphor, dem limitierenden Nährstoff für die Algen in den Seen verursacht. Die anthropogenen Einträge von Phosphat stammen vor allem aus Waschmitteln und aus Düngern. In schweizerischen Seen wurde beobachtet, dass bis in die 1970er-Jahre die Phosphatkonzentrationen stetig angestiegen sind. Die Folgen davon waren in vielen Fällen stark eutrophierte Seen mit anaeroben Verhältnissen in der Tiefe. Die Phosphatkonzentrationen gehen seit etwa den 1980er-Jahren aufgrund der Gewässerschutzmassnahmen (Ausbau der Kläranlagen, Phosphatverbot in den Waschmitteln) zurück, so dass sich die Seenökosysteme langsam erholen.

Entsprechend der in Kapitel 1, Gleichung (3) angegebenen Stöchiometrie für den Aufbau der Algenbiomasse brauchen die Algen Nährstoffe im Verhältnis C : N : P = 106 : 16 : 1, sowie verschiedene Spurenelemente. Von diesen Nährstoffen steht üblicherweise Phosphor am wenigsten zur Verfügung und limitiert dadurch das Algenwachstum. Wenn das Phosphatangebot in den

Seeneutrophierung

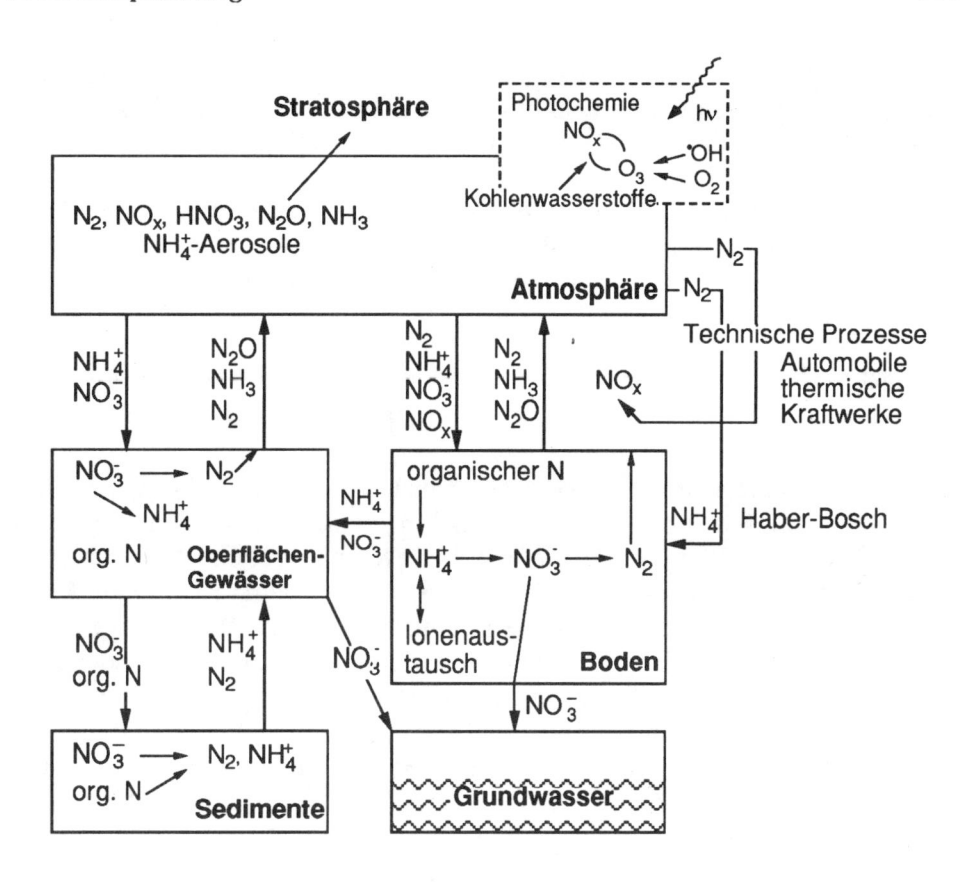

Abbildung 11.7
Ein schematischer Überblick über die Verteilung von N-Verbindungen in den verschiedenen Reservoiren der Umwelt.

Seen durch anthropogene Einträge erhöht ist, wachsen die Algen übermässig. Bei der Mineralisation der Algen ist es möglich, dass der Sauerstoff in den tieferen Wasserschichten der Seen vollständig aufgebraucht wird, so dass anaerobe Verhältnisse auftreten.

Entsprechend der Stöchiometrie von Gleichung (3), Kapitel 1, führt 1 kg Phosphor zum Aufbau von 114 kg Algenbiomasse (Trockengewicht). Bei der Photosynthese werden dabei 140 kg Sauerstoff freigesetzt; die Mineralisation dieser Algenbiomasse verbraucht auch wieder 140 kg Sauerstoff. In einem geschichteten See ist während der Sommerstagnation das Hypolimnion von der Atmosphäre und folglich vom Sauerstoffnachschub abgeschnitten. D. h. der Sauerstoff kann je nach Algenproduktion und Sauerstoffvorrat im See vollständig aus dem Hypolimnion verschwinden.

Die Vorgänge in einem eutrophen See während der Sommerstagnation werden im Folgenden vereinfacht beschrieben. In den obersten Wasserschichten wachsen Algen, entsprechend dem Nährstoffangebot. Ein Teil der in den obersten Wasserschichten gebildeten Algenbiomasse sinkt ins Hypolimnion und wird dort insbesondere in der Sediment-Wasser-Grenzschicht durch Mikroorganismen abgebaut. Bei der Oxidation der Biomasse werden nacheinander die verschiedenen vorhandenen Oxidantien verbraucht. Im Prinzip läuft folgende Reaktion ab:

$$C_{106}H_{263}O_{110}N_{16}P + Ox + 15\ H^+ \longrightarrow 106\ CO_2 + 106\ H_2O + 16\ NH_4^+$$
$$+ H_2PO_4^- + Red \qquad (2)$$

wobei als Oxidationsmittel sukzessiv Sauerstoff, Nitrat, Mn(IV), Fe(III), Sulfat und schliesslich organische Verbindungen und CO_2 dienen können. D. h. die Sequenz der Reaktionen, die in Tabelle 8.5 angegeben ist, läuft hier ab. In Gegenwart von Sauerstoff wird der Stickstoff aus dem organischen Material wieder zu Nitrat oxidiert, während unter anoxischen Bedingungen NH_4^+ freigesetzt wird. Diese Vorgänge können als eine Titration der verschiedenen Oxidationsmittel mit der Biomasse als Reduktionsmittel betrachtet werden. Je nach Verhältnis der Algenbiomasse und der Oxidationsmittel verläuft die Redoxreihe in der theoretischen Reihenfolge der Redoxreaktionen, bis zu einem gewissen Punkt. D.h. wenn eines der Oxidationsmittel, z. B. Nitrat, aufgebraucht ist, wird das nächste Oxidationsmittel verwendet.

Dabei werden die reduzierten Produkte dieser Vorgänge (N_2, NH_4^+, Mn(II), Fe(II), HS^-, CH_4, Fermentationsprodukte) freigesetzt; diese Spezies treten in der Wassersäule des Sees auf, indem sie von der Sediment-Wasser-Grenzschicht aus diffundieren. Die Redoxsequenz kann im Hypolimnion eines eutrophen Sees in den räumlichen und zeitlichen Gradienten verfolgt werden, indem die verschiedenen reduzierten Spezies, z.B. Mn(II), NH_4^+, Fe(II), HS^-, CH_4 gemessen werden. Das Auftreten der jeweiligen Spezies deutet auf das Einsetzen der entsprechenden Redoxreaktion. In Seen mit unterschiedlichen Nährstoffeinträgen und Durchmischungsverhältnissen läuft die Redoxreihe unterschiedlich weit ab. Als Beispiele werden hier kurz die Verhältnisse im Greifensee und im Rotsee dargestellt.

Der Greifensee (CH) ist ein kleiner eutropher See, in den die Phosphoreinträge in den letzten Jahren zwar abgenommen haben, aber immer noch hoch sind. Die maximale Tiefe des Sees beträgt 31 m, die Tiefe des Epilimnions im Sommer etwa 7 m. Im Verlaufe der Stagnationszeit wird zuerst der Sauerstoff im Hypolimion vollständig aufgebraucht (Abbildung 11.8). Dann setzt an der Sediment-Wasser-Grenzfläche die Reduktion zunächst von Nitrat

Seeneutrophierung

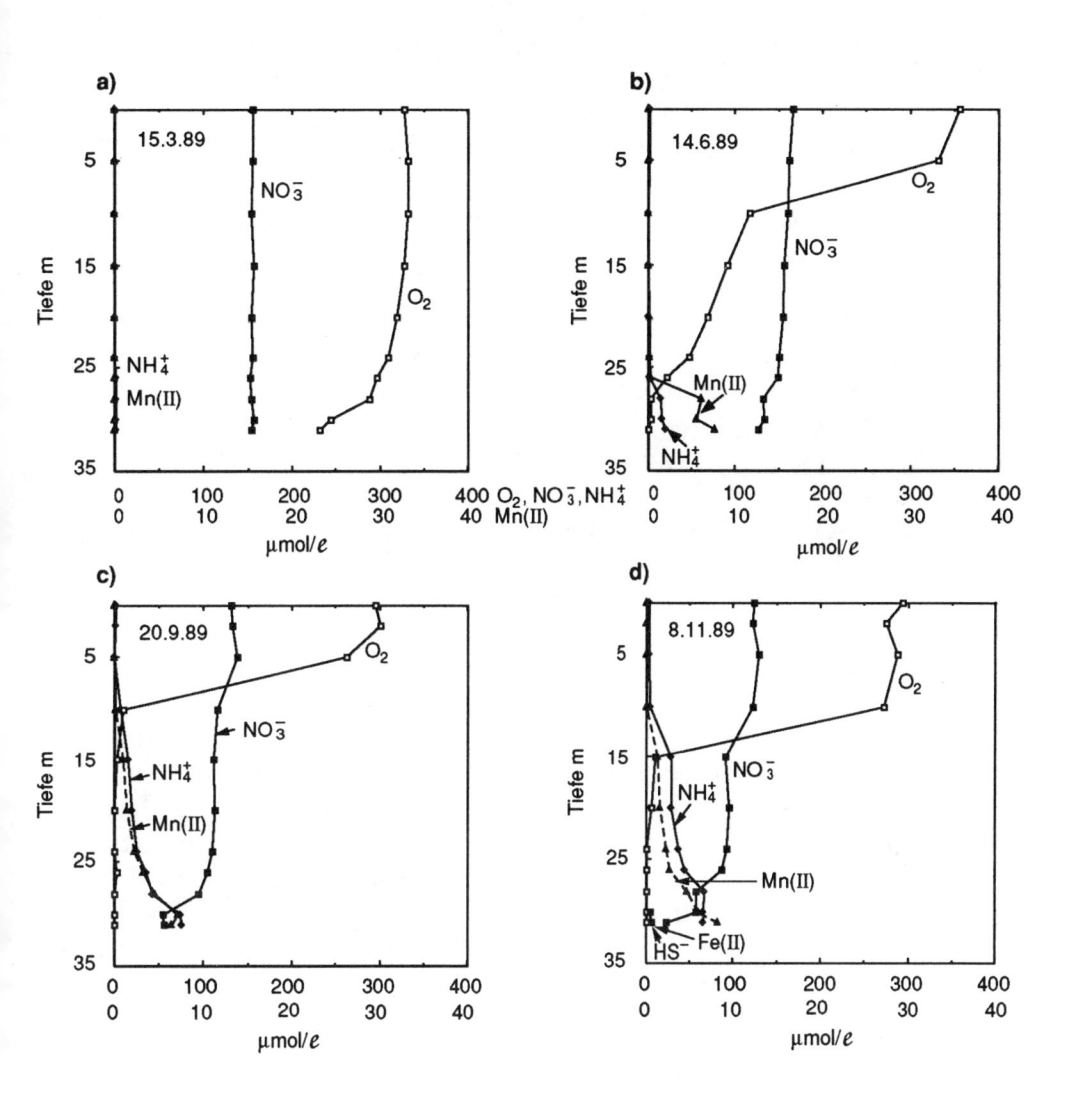

Abbildung 11.8
Konzentrationen von O_2, NO_3^-, NH_4^+, $Mn(II)$, $Fe(II)$ und HS^- in der Wassersäule des Greifensees zu verschiedenen Zeiten:
15.3.1989: Durchmischung des Sees;
14.6.89: Anfang der Stagnation;
20.9.89 und 8.11.89: späte Stagnationszeit ($Fe(II)$ und HS^- sind nur am 8.11.89 nachweisbar).
(Aus: L. Sigg, C.A. Johnson, A. Kuhn, Mar. Chem. 36, 9,1991)

und Manganoxid ein. Nitrat nimmt im Hypolimnion ab, wo es zu N_2 reduziert wird; die Produktion von N_2 durch diese Reaktion ist aber schwierig zu verfolgen. Als erste nachweisbare reduzierte Spezies treten Mn(II) aus der Reduktion von Manganoxid und Ammonium auf (14.6.89, 20.9.89); Mn(II) und NH_4^+ erscheinen unmittelbar, nachdem der Sauerstoff aufgebraucht ist. Ammonium wird aus dem organischen Material freigesetzt und möglicherweise auch aus der Reduktion von Nitrat, wobei die Wichtigkeit dieser Reaktion unklar ist. Im späteren Verlauf der Stagnation werden dann Eisenoxid und Sulfat reduziert: Fe(II) und HS^- treten als reduzierte Spezies erst am Ende der Stagnationszeit auf (8.11.89). D.h. die verschiedenen reduzierten Spezies erscheinen in der theoretischen Reihenfolge der Redoxreaktionen; die Redoxreaktionen erfolgen durch mikrobielle Katalyse.

Bei der Durchmischung des Sees im Winter wird Sauerstoff eingemischt. Die reduzierten Spezies werden dann wieder oxidiert:

$$Fe^{2+} + \tfrac{1}{4} O_2 + \tfrac{5}{2} H_2O \longrightarrow Fe(OH)_{3(s)} + 2 H^+ \qquad (3)$$

$$Mn^{2+} + \tfrac{1}{2} O_2 + H_2O \longrightarrow MnO_{2(s)} + 2 H^+ \qquad (4)$$

$$NH_4^+ + 2 O_2 \longrightarrow NO_3^- + 2 H^+ + H_2O \qquad (5)$$

Die Verhältnisse im Rotsee (Abbildung 11.9) stellen den Extremfall dar, bei dem die Redoxreaktionen bis zur Produktion von Methan ablaufen. Der Rotsee (bei Luzern, CH) ist ein kleiner See (max. Tiefe 16 m), in den über Jahrzehnte Abwässer eingeleitet wurden. S(–II) und CH_4 werden bei der Oxidation von Algenbiomasse, vor allem in der Sediment-Wasser-Grenzschicht, gebildet. Elementarer Schwefel wird in der Wassersäule durch phototrophe Bakterien gebildet. Diese bakterielle Photosynthese kann vereinfacht dargestellt werden als:

$$h\nu + CO_2 + 2 H_2S \longrightarrow CH_2O + 2 S^0 + H_2O \qquad (6)$$

d.h. H_2S tritt an die Stelle von H_2O. Die phototrophen Bakterien schichten sich in einer Tiefe ein, in der sowohl noch genügend Licht wie auch H_2S vorhanden sind.

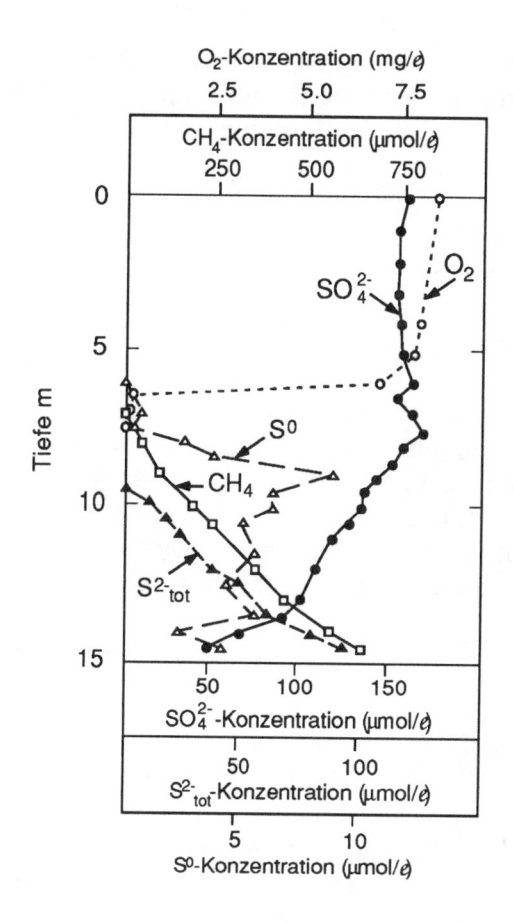

Abbildung 11.9
Konzentrationsprofile von Redoxspezies im Rotsee (bei Luzern, 30.9.82)
(Aus: H.P. Kohler et al., Microbiol. Letters **21**, 279, 1984)

11.5 Regulierung der Konzentration von Schwermetallen in Gewässern

Rolle der Bindung an Liganden und an Partikeloberflächen

Für das Schicksal der Metalle in natürlichen Gewässern, sowohl in Flüssen und Seen wie auch in den Ozeanen, ist ihre Verteilung zwischen der Lösung und der partikulären Phase von entscheidender Bedeutung. In der partikulären Phase gebundene Metalle können in den Sedimenten abgelagert werden und werden somit aus der Wassersäule entfernt. Deshalb müssen die Prozesse betrachtet werden, die die Verteilung von Metallen zwischen Lösung und partikulärer Phase bestimmen.

Zusätzlich zu den oben diskutierten Liganden in Lösung stellen die Oberflächen von Partikeln wichtige Liganden dar. Wie in Kapitel 9 diskutiert, sind an den Oberflächen von Partikeln verschiedene funktionelle Gruppen vorhanden, an denen sowohl Protonen wie Metallionen gebunden werden. Natürliche Schwebstoffe bestehen beispielsweise aus Oxiden (Aluminium-, Eisen-, Manganoxiden usw.), Tonmineralien, Carbonaten und aus organischem Material. An den Oberflächen von Oxiden und Tonmineralien befinden sich –OH-Gruppen; bei Carbonaten –CO_3H-Gruppen, bei organischem Material –COOH, –OH, –NH_2-Gruppen. An allen diesen Gruppen werden Metallionen pH-abhängig gebunden, indem im Prinzip Metallionen anstelle von Protonen treten. Metallionen werden an diesen Oberflächengruppen mit zunehmendem pH stärker gebunden, entsprechend beispielsweise der Reaktion:

$$S-OH + Me^{2+} \rightleftharpoons S-OMe^+ + H^+ \qquad K_s \qquad (7)$$

Bei zunehmender Konzentration an Partikeln (und zunehmender totaler Konzentration an Oberflächengruppen) werden Metallionen zunehmend in der partikulären Phase gebunden (Abbildung 11.10). Es besteht im einfachsten Fall eine Konkurrenz zwischen den gelösten Liganden und den Oberflächenliganden, die mit den entprechenden Gleichgewichtskonstanten abgeschätzt werden kann. Die Konzentration des freien [Zn^{2+}] nimmt im Beispiel der Abbildung 11.10 mit zunehmender Partikelkonzentration ab.

Als praktisches Mass für die Bindung von Metallionen an Partikeln werden häufig Verteilungskoeffizienten gebraucht, die aus experimentellen Daten bestimmt werden können:

K_D = Konz. in der partikulären Phase / Konz. in der Lösung
[mol kg^{-1}/mol ℓ^{-1}]. In der Literatur wird häufig für die Verteilung der organischen Substanzen, K_p (gleiche Definition), gebraucht.

Solche Verteilungskoeffizienten können auch theoretisch aus der Komplexbildung mit Oberflächengruppen und mit Liganden in Lösung abgeleitet werden. Beispielsweise resultiert folgender Ausdruck für die Reaktion eines Metallions, Me, mit einem Oberflächenliganden gemäss Gleichung (7) und mit einem gelösten Liganden X mit der Konstante K_x:

$$K_D = \frac{K_s \cdot \{\equiv\text{S-OH}\} [H^+]^{-1}}{1 + K_x \cdot [X]} \frac{\text{mol kg}^{-1}}{\text{mol } \ell^{-1}} \qquad (8)$$

Daraus wird ersichtlich, dass Verteilungskoeffizienten von den Stabilitätskonstanten der Oberflächenkomplexe und der gelösten Komplexe, den jeweiligen Konzentrationen und vom pH abhängen. Empirisch abgeleitete Verteilungskoeffizienten dürfen deshalb nicht als Konstanten betrachtet werden.

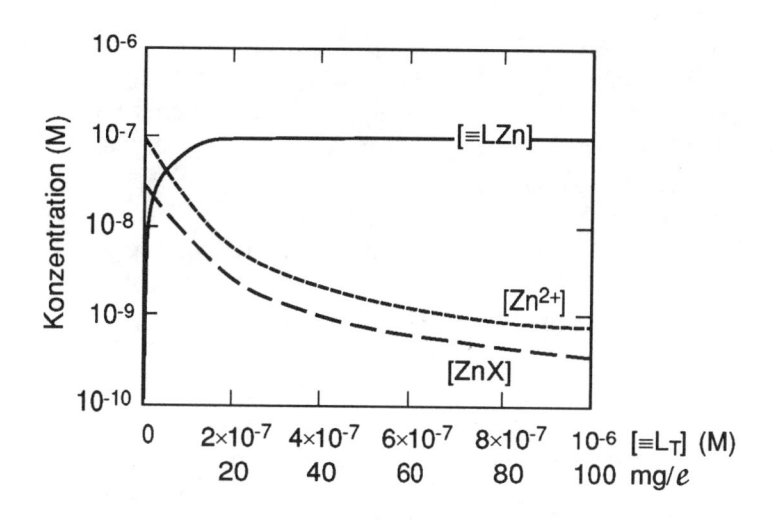

Abbildung 11.10
Einfache Berechnung zur Rolle der Partikel für die Bindung eines Metallions
Eine Lösung von 1×10^{-7} M Zn wird mit Partikeln titriert (Konzentration der Partikel = 10 – 100 mg/ℓ, bzw. = 1×10^{-7} - 1×10^{-6} mol/ℓ; d.h. 1 g Partikel enthält ca. 10^{-5} mol funktionelle Gruppen). Die Komplexbildungskonstante von Zn mit $\equiv$L ist (konditionell für pH = 8.0):
$\text{Zn}^{2+} = \equiv\text{L} \rightleftharpoons \equiv\text{LZn} \qquad \log K = 8.2$
Zusätzlich ist noch ein gelöster Ligand X vorhanden:
$\text{Zn}^{2+} + X \rightleftharpoons \text{ZnX} \qquad \log K = 7.0$

Regulierung von Schwermetallen in Flüssen und Seen

Die Konzentrationen von Schwermetallen, die sich in der Wasserphase von Flüssen oder Seen einstellen, sind entscheidend von der Bindung an Partikeln und der daraus resultierenden Ablagerung in den Sedimenten abhängig.

In Flüssen variieren die Schwebstoffkonzentrationen stark (abhängig zum Beispiel vom Abfluss bei Hochwässern); dementsprechend kann der Anteil an gelösten Metallionen an der Gesamtkonzentration stark variieren. Bei hohen Schwebstoffkonzentrationen können hohe Gesamtkonzentrationen an Metallen (inklusive an Schwebstoffen gebundene) auftreten, während gleichzeitig die gelösten Konzentrationen tief bleiben. Es wurde gezeigt, dass bei grösseren Flüssen mit einer hohen Schwebstofffracht der Transport von Schwermetallen vor allem über die partikuläre Phase erfolgt. In kleineren Flüssen mit einer kleineren Schwebstofffracht und höherer anthropogener Belastung mit Metallen kann hingegen die gelöste Phase eine wichtigere Rolle spielen.

In Seen eingetragene Schwermetalle sind verschiedenen Vorgängen unterworfen (Abbildung 11.11). Wichtige Quellen für Schwermetalle in Seen sind neben den Zuflüssen die atmosphärischen Niederschläge. Für die Konzentrationen in der Wassersäule ist es entscheidend, welcher Anteil der eingetragenen Metalle in den Sedimenten zurückgehalten wird. Die Akkumulation von Metallen in den Sedimenten ergibt einen Gedächtnisspeicher früherer Metallbelastungen. Das Schicksal der Schwermetalle im See ist eng mit den biogeochemischen Kreisläufen im See verknüpft. Bei der Algenproduktion in den obersten Schichten des Sees werden Metalle durch Adsorption oder durch Aufnahme gebunden. Essentielle Spurenmetalle (z.B. Cu, Zn, Fe) werden durch die Algen in geringen Mengen benötigt; es stellt sich die Frage, ob auch diese Elemente in charakteristischen Verhältnissen aufgenommen werden, ähnlich wie die Nährstoffe P, N. Auch nicht-essentielle Metalle können aufgrund ihres chemisch ähnlichen Verhaltens von Algen aufgenommen werden (z.B. Cd anstelle von Zn, AsO_4^{3-} anstelle von PO_4^{3-}). Zudem weist das biogene organische Material funktionelle Gruppen auf, die als Liganden für Metalle wirken (Carboxyl-, Aminogruppen). Beim Absinken des biologischen Materials in die tieferen Seeschichten und in die Sedimente werden somit Metalle mittransportiert. Mit der biologischen Produktion hängen auch die Redoxverhältnisse im unteren Teil des Sees zusammen. Bei anoxischen Verhältnissen an der Sediment-Wasser-Grenzfläche und im Hypolimnion (vgl. Kapitel 11.4) werden Kreisläufe von Fe und Mn wirksam, die auch andere Metalle beeinflussen. Insbesondere werden an der Grenze zwischen oxischen und anoxischen Wasserschichten Eisen- und Manganoxide ausgefällt, die grosse spezifische Oberflächen aufweisen, an denen andere Metalle adsorbiert werden. In Gegenwart von Sulfid können schwerlösliche Sulfide verschiedener Elemente (mit)gefällt werden. Redoxempfindliche Spurenelemente können unter anoxischen Bedingungen reduziert werden (z.B. Cr(VI), As(V)).

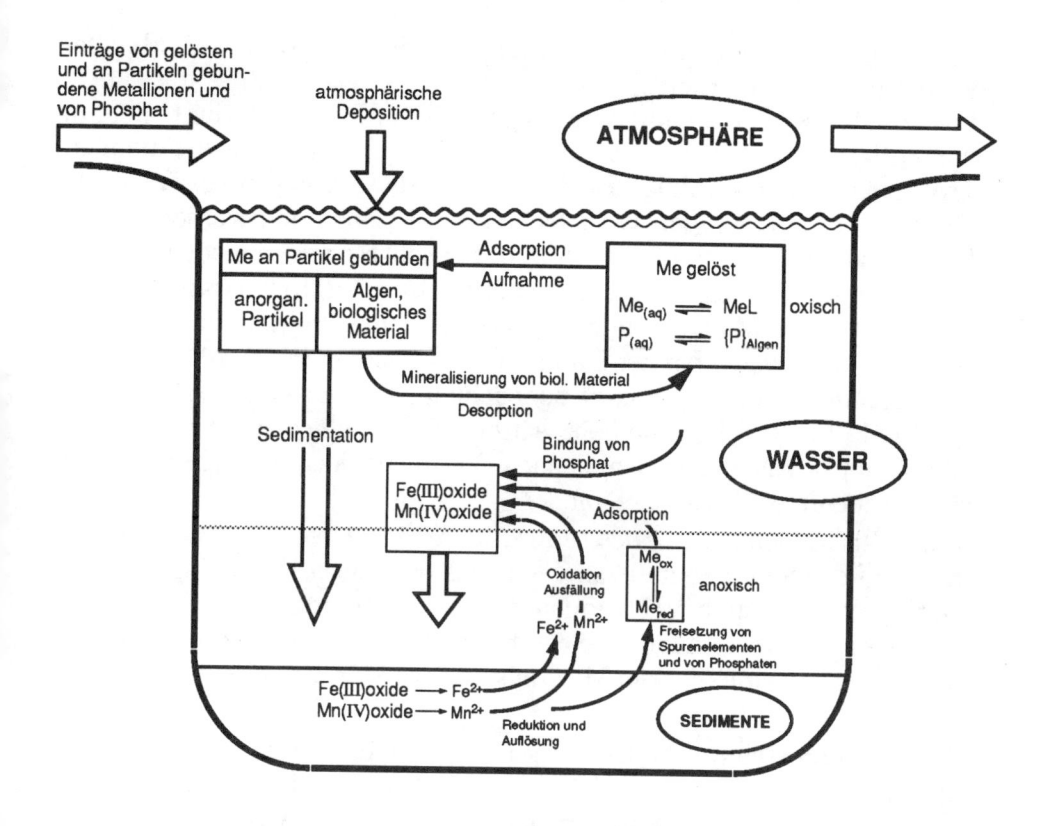

Regulierung der Konzentration von Schwermetallen

Abbildung 11.11
Prozesse, welche die Konzentrationen von Metallionen in der Wassersäule von Seen regulieren.

Sedimentierendes festes Material in Seen setzt sich aus allochtonen (durch Flüsse, Abschwemmungen eingetragen) und aus autochtonen Bestandteilen zusammen und besteht typischerweise aus den folgenden Komponenten (wobei hier produktive Seen in kalkreichen Gebieten, wie z.B. Zürichsee und Bodensee, betrachtet werden):

— biogenes organisches Material (Phytoplankton, biologisches Debris) stellt je nach Jahreszeit ca. 15 – 40 % des Trockengewichts dar. Biologisches Material spielt eine wesentliche Rolle beim Transport der Metalle in die Sedimente.

— Calciumcarbonat stellt im Zürichsee und im Bodensee einen wesentlichen Anteil des sedimentierenden Materials (20 – 70 % des Trockengewichts) dar. Während der Sommerstagnation ist Calcit in den produktiven obersten Schichten des Sees stark übersättigt, und Calcitkristalle werden gebildet.

Calciumcarbonat scheint aber in bezug auf den Transport von Metallen nicht sehr effizient zu sein.
- Eisenoxide werden sowohl eingetragen wie im See durch die Oxidation von Fe(II) gebildet. Sie stellen üblicherweise nur einen kleinen Anteil am Trockengewicht dar (einige Prozente), aber sie weisen grosse spezifische Oberflächen auf. An den Oberflächen von Eisenoxiden werden sowohl Schwermetalle wie auch Anionen (z.B. Phosphat) stark gebunden.
- Manganoxide werden vor allem an der Grenze oxisch-anoxisch gebildet. Hohe Anteile an Manganoxiden im sedimentierenden Material werden an solchen Grenzen und bei der Durchmischung anoxischer Wasserschichten mit sauerstoffhaltigem Wasser beobachtet. Manganoxide weisen grosse spezifische Oberflächen und hohe Affinität für verschiedene Metalle auf.
- Aluminiumsilikate (Tonmineralien usw.) werden allochton eingetragen; sie können ebenfalls Metallionen binden.

In der Zusammensetzung des sedimentierenden Materials aus Seen wird die Bindung der Spurenmetalle an verschiedenen dieser Hauptkomponenten widerspiegelt. Saisonale Variationen der Sedimentationsraten der Spurenmetalle werden in verschiedenen Seen beobachtet; daraus wird insbesondere die Bedeutung des biologischen Materials und der Manganoxide deutlich (Abbildung 11.12).

Sedimentationsraten von $0.1 - 2$ g m^{-2} d^{-1} sind in Seen häufig; in sehr eutrophen Seen können sie noch höher sein. Entsprechend diesen hohen Sedimentationsraten werden die Spurenmetalle effizient in die Sedimente transportiert. D.h. selbst bei relativ hohen Einträgen an Spurenmetalle können sehr tiefe Konzentrationen in der Wassersäule auftreten, weil durch die hohe Sedimentationsrate die Aufenthaltszeit der Metalle in der Wassersäule kurz ist (Tabelle 11.8). Die in Tabelle 11.8 aufgeführten Konzentrationen illustrieren, dass in Seen sehr tiefe Konzentrationen an Spurenmetallen beobachtet werden. Der Konzentrationsbereich verschiedener Spurenelemente kommt nahe an denjenigen in den Ozeanen und ist viel tiefer als im Regenwasser oder in Flüssen.

Für die Wechselwirkungen mit den Organismen sind aber, wie in Kapitel 6.6 erwähnt, nicht primär die Totalkonzentrationen der Metalle, sondern die Konzentrationen der freien Metallionen von Bedeutung. Das Verhältnis von freien Me^{n+} zu totaler Konzentration hängt vom Ausmass der Komplexbildung ab (siehe Kapitel 6.3). In Seen ist es wahrscheinlich, dass ähnlich wie in den Ozeanen Algenexudate wesentlich für die Komplexbildung der Metalle sind. In einigen Beispielen wurden sehr tiefe [Cu^{2+}]-Konzentrationen in eutrophen Seen bestimmt ([Cu^{2+}] / [Cu]$_{total}$ = $10^{-6} - 10^{-7}$), die möglicherweise mit der Produktion biogener Liganden zusammenhängen.

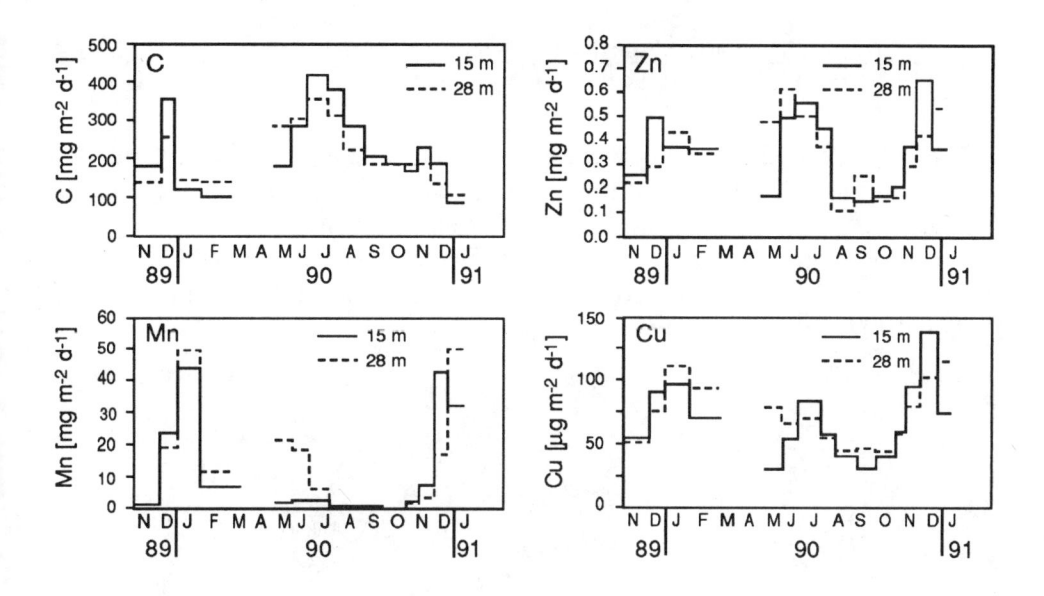

Regulierung der Konzentration von Schwermetallen

Abbildung 11.12
Saisonaler Verlauf der Sedimentationsraten von organischem C, Mn, Zn und Cu im Greifensee; die Sedimentation von Zn weist zwei Maxima auf, nämlich im Sommer zusammen mit der Sedimentation biogenen Materials und im Herbst zusammen mit Manganoxiden; ein ähnlicher Verlauf ist auch für die Sedimentation von Cu erkennbar. Die hohe Sedimentationsrate von Mn im November/Dezember wird durch die Oxidation von Mn(II) bei der Zirkulation des Sees verursacht. (Messungen in Sedimentfallen in 15 und 28 m Tiefe.)

Spurenmetalle in den Ozeanen

Wegen der langen Aufenthaltszeiten und des geringen Einflusses allochtoner Einträge treten in den Ozeanen die verschiedenen Prozesse für die Elimination der Metalle aus der Wassersäule sehr deutlich zutage. Zusammenhänge zwischen den Aufenthaltszeiten in der Wassersäule der Ozeane, der Art der Konzentrationsprofile in der Tiefe und den chemischen Eigenschaften der verschiedenen Elemente lassen sich herleiten (M. Whitfield, D.R. Turner, in: *Aquatic Surface Chemistry*, 1987).

Da die Sedimentation für metallische Elemente der deutlich vorherrschende Eliminationsprozess aus den Ozeanen ist, hängt die mittlere Aufenthaltszeit, τ_M, eines Metalls im Ozean mit dem Ausmass seiner Bindung an Partikeln zusammen:

$$\tau_M = \frac{\text{Anzahl Mole von M im Ozean}}{\text{Eliminationsrate}} \left[\frac{\text{mol}}{\text{mol y}^{-1}}\right] \tag{9}$$

D.h. Elemente, die nur zu einem geringen Ausmass an Partikeln gebunden werden, werden nur langsam eliminiert und haben lange Aufenthaltszeiten im Wasser; Elemente, die stark an Partikeln gebunden werden, haben kurze Aufenthaltszeiten (ähnlich den Partikeln). Die Elemente können in den Ozeanen in folgende Kategorien eingeteilt werden (Abbildung 11.13; Whitfield und Turner, 1987):

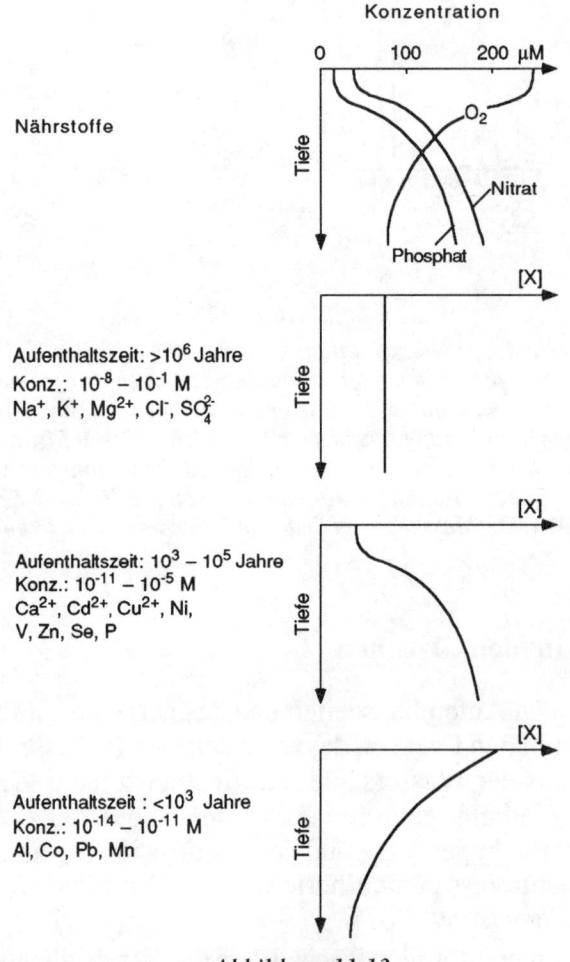

Nährstoffe

Aufenthaltszeit: $>10^6$ Jahre
Konz.: $10^{-8} - 10^{-1}$ M
$Na^+, K^+, Mg^{2+}, Cl^-, SO_4^{2-}$

Aufenthaltszeit: $10^3 - 10^5$ Jahre
Konz.: $10^{-11} - 10^{-5}$ M
$Ca^{2+}, Cd^{2+}, Cu^{2+}$, Ni, V, Zn, Se, P

Aufenthaltszeit: $<10^3$ Jahre
Konz.: $10^{-14} - 10^{-11}$ M
Al, Co, Pb, Mn

Abbildung 11.13
Schematische Tiefenprofile verschiedener Elemente in den Ozeanen (Nach Whitfield and Turner, in: "Aquatic Surface Chemistry", Wiley-Interscience, New York, 1987).

- Elemente mit geringer Tendenz zur Bindung an Partikeln werden in den Ozeanen akkumuliert; ihre Tiefenprofile zeigen gleichmässige Konzentrationen über die Tiefe. Die Meersalzelemente Na, K, Mg, Cl, SO_4^{2-} sind typischerweise akkumuliert; dazu gehören aber auch beispielsweise B und Mo.
- Elemente, die vorwiegend an biologischen Partikeln gebunden werden, sind durch die Prozesse der Sedimentation und des Abbaus des organischen Materials bestimmt. Diese Elemente haben mittlere Aufenthaltszeiten. Sie werden beim Abbau des biologischen Materials ähnlich wie die Nährstoffe Phosphat und Nitrat rezykliert; die Tiefenprofile dieser Spurenelemente sind deshalb ähnlich wie diejenigen der Nährstoffe. Dazu gehören beispielsweise Cu, Zn, Cd, Ni, Se, V.
- Elemente, die sehr stark an Partikeln gebunden werden, haben sehr kurze Aufenthaltszeiten und sehr tiefe Konzentrationen in den Ozeanen. Ihre Tiefenprofile sind wegen der Einträge in die obersten Schichten durch Maxima an der Oberfläche charakterisiert. Dazu gehören Pb, Al, Co.

TABELLE 11.8 Konzentrationen von Spurenelementen in Seen, Flüssen, Ozeanen und im Regenwasser (totale Konzentrationen)

	Cu nM	Zn nM	Cd nM	Pb nM
Bodensee	5 – 20	15 – 60	0.05 – 0.1	0.2 – 0.5
Zürichsee	6 – 12	5 – 45	0.04 – 0.1	0.05 – 1
L. Michigan	10	9	0.17	0.25
L. Ontario	11 – 16	0.04 – 1.7	0.006 – 0.08	0.004 – 1.4
Ozeane	1 – 5	1 – 10	0.01 – 1	0.005 – 0.1
Rhein bei Basel	16 – 47	45 – 315	0.1 – 1	2 – 10
Glatt	24 – 100	90 – 60	0.4 – 1.3	4 – 19
Regenwasser	8 – 300	80 – 900	0.4 – 4	4 –100

Für Referenzen siehe Tabelle 11.3 in: L. Sigg *Chemistry of the Solid-Water Interface,* Wiley-Interscience, New York, 1992.

11.6 Transport adsorbierbarer Substanzen in Grundwasser und Bodensystemen

Boden- und Grundwassersysteme können als gigantische chromatographische Säulen mit Boden und Grundwasserleitermineralien als feste Phase und das Wasser als flüssige Phase betrachtet werden und Überlegungen über den Transport chemischer Substanzen in Untergrundsystemen sind ähnlich wie bei der Choromatographie. Allerdings sind einige Unterschiede zu beachten (M. B. Borkovec et al., Chimia **45**, 221, 1991):

i) Die feste Phase in der Bodenmatrix ist häufig polydispers und heterogen verteilt;
ii) man muss zwischen dem Transport in ungesättigten Systemen (die Poren enthalten Luft und Wasser, was zu heterogenen Fliessverhältnissen führen kann) und im eigentlichen Grundwasserleiter (gesättigtes System) unterscheiden;
iii) Wurzelzonen und andere Unregelmässigkeiten führen zu Vorzugs-Fliessrichtungen und Kanalbildung.

Konzentrationsveränderungen in wässriger Lösung gibt es als Folge von:
i) chemischen Prozessen in der Wasserphase (Säure-Base, Komplexbildung, Auflösung und Fällungsvorgängen, Redox-Prozessen, biologischem Abbau und Hydrolyse);
ii) Adsorption von chemischen Substanzen an die festen Oberflächen (auch Desorptionsreaktionen kommen in Frage).

Der mögliche Austausch von Substanzen mit der Gasphase in der ungesättigten Zone wird hier nicht berücksichtigt. Wir betrachten hier den relativ einfachen Fall einer laminaren Parallelströmung in einem gesättigten Grundwasserleiter. Die Advektions-Dispersions-Gleichung (ein-dimensionale Formulierung) kann wie folgt geschrieben werden:

$$-u\frac{\partial c_i}{\partial x} + D\frac{\partial^2 c_i}{\partial x^2} - \frac{\rho}{\theta}\frac{\partial S_i}{\partial t} = \frac{\partial c_i}{\partial t} \qquad (10)$$

Advektion   Dispersion   Sorption

wobei
u = lineare Fliessgeschwindigkeit [cm s^{-1}]
D = Dispersions-Koeffizient [cm^2 s^{-1}]
c_i = Konzentration der gelösten Spezies [mol ℓ^{-1}]
x = Distanz Fliessrichtung [cm]

S_i = Spezies i adsorbiert [mol kg^{-1}]
ρ = Dichte des porösen Mediums [kg ℓ^{-1}]$^{1)}$
θ = Porosität [–] (Poren-/Gesamtvolumen)

Der letzte Term auf der linken Seite von (10) entspricht der Konzentrationsveränderung durch Adsorption (oder Desorption) und kann folgendermassen interpretiert werden:

$$\frac{\rho}{\theta} \frac{\partial S_i}{\partial t} = \frac{\rho}{\theta} \frac{\partial S_i}{\partial c_i} \frac{\partial c_i}{\partial t} \tag{11}$$

wobei

$\partial S_i/\partial c_i$ die lineare Adsorptionskonstante oder der Veteilungskoeffizient, K_p, darstellt:

$$\frac{\partial S_i}{\partial c_i} = K_p \, [\ell \, kg^{-1}] \tag{12)$^{2)}$}$$

Wenn wir die Dispersion (zweiter Summand auf der linken Seite von Gleichung (10)) gleich Null setzen,

$$D \frac{\partial^2 c_i}{\partial x^2} = 0 \tag{13}$$

können wir Gleichung (10) mit Hilfe von Gleichungen (11) und (12) als die *"Retardationsgleichung"* ("retardation equation") schreiben:

$$-u \frac{\partial c_i}{\partial x} = \frac{\partial c_i}{\partial t} \left(1 + \frac{\rho}{\theta} K_p \right) \tag{14}$$

$^{1)}$ Die Dichte des porösen Mediums bezieht sich auf die Dichte des durchströmten porösen Mediums (Hohlräume plus Festkörper), d.h. sie ist gleich Masse der Feststoffe pro Volumen der Feststoffe plus Hohlräume. Wenn wir die Dichte der Feststoffe allein ρ' berücksichtigen (ρ' = Masse der Feststoffe/Volumen der Feststoffe), dann können wir ρ/θ in Gleichung (11) ersetzen durch $\rho'[(1 - \theta/\theta]$.

$^{2)}$ Gleichung (4) als lineare Sorptionsgleichung wird z.B. beobachtet bei der (Ab)Sorption von nichtpolaren organischen Verunreinigungen an Grundwasserleitermaterial, welches Spuren von organischem Kohlenstoff enthält. Gleichung (11) entspricht auch dem anfänglich linearen Teil einer Langmuir-Adsorptionsgleichung und kann z.B. (in erster Näherung) für Schwermetallionen angewandt werden.

a)

relative Konz. c/c_o

$x_a = \bar{u}t/(1 + \frac{\rho}{\theta}K_p)$ — retardierte Spezies

$x_b = \bar{u}t$ — nicht retardierte Spezies

b)

relative Konz. c/c_o

Dispersion

Biologischer Abbau und Dispersion

Adsorption und Dispersion

Biologischer Abbau, Adsorption und Dispersion

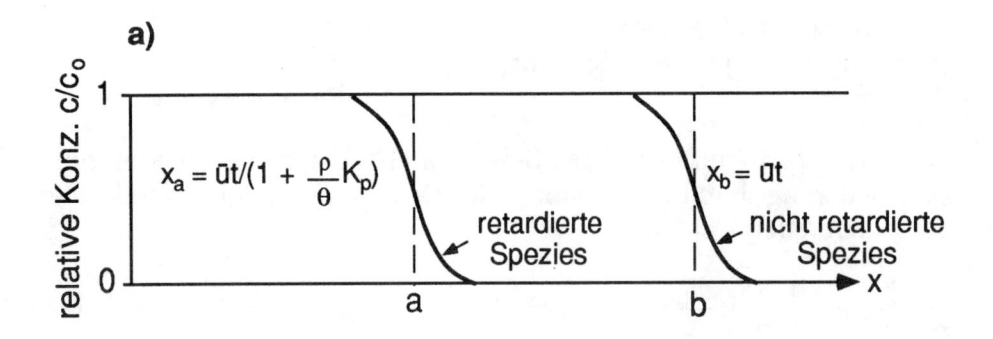

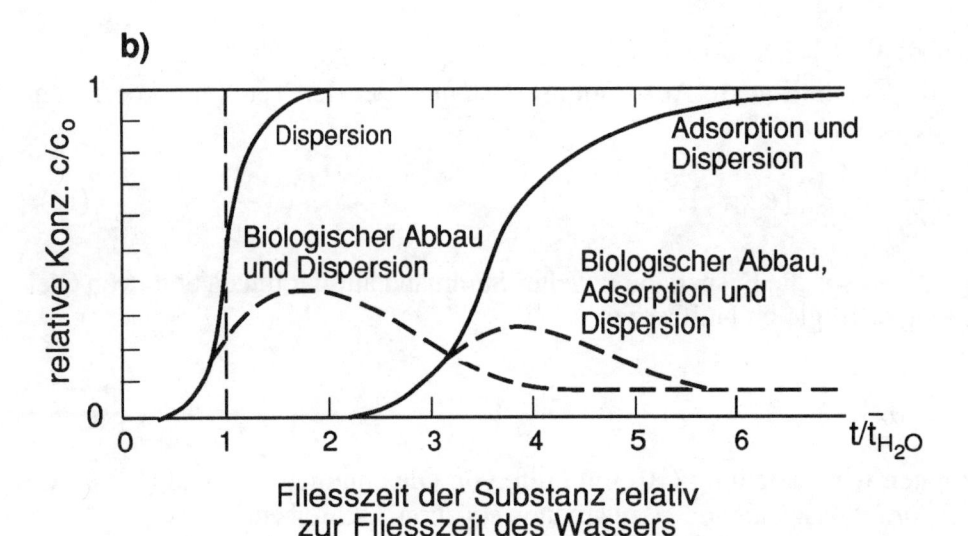

$t/\bar{t}_{H_2O}$

Fliesszeit der Substanz relativ zur Fliesszeit des Wassers

Abbildung 11.14
a) Transport (eindimensional) von adsorbierten und nicht adsorbierten (konservativen) Spezies in einem porösen Medium. Zur Zeit t = 0 werden lösliche Spezies mit der Konzentration c_o zugegeben
(Modifiziert aus R.A. Freeze und J.A. Cherry, "Groundwater", Prentice Hall, N.J., 1979.)
b) Illustration der Einflüsse von Dispersion, (Ad)Sorption und biologischem Abbau auf die zeitliche Veränderung in der Konzentration einer organischen Substanz, welche im Grundwasserleiter (Säule) in einiger Distanz von der Zugabestelle gemessen wird. c = Konzentration an der Beobachtungsstelle, c_o = Konzentration bei der Zugabe.
(Modifiziert aus P.L. McCarty, M. Reinhard und B.E. Rittmann, Env. Sci. and Technol. 15, 40, 1981.)

wobei der Ausdruck in Klammern der Retardationsfaktor (retardation factor), t_R, ist:

$$t_R = 1 + \frac{\rho}{\theta} K_p = u_R^{-1} = \frac{\bar{u}}{\bar{u}_i} \qquad (15)$$

wobei $\bar{u}$, bzw. $\bar{u}_i$, die durchschnittliche lineare Fliessgeschwindigkeit des Wassers bzw. der retardierten Substanz ist. Beide Geschwindigkeiten werden an der Stelle $c/c_0 = 0.5$ im Konzentrationsprofil bestimmt (Abbildung 11.14). Typische Werte von ρ sind $1.6 - 2.1$ kg ℓ^{-1} (entsprechend einer Dichte des Festkörpers von 2.65), so dass $\rho/\theta \approx 4 - 10$ kg ℓ^{-1}. Dementsprechend ergeben sich für typische Werte von $\theta = 0.2 - 0.4$ Retardationsfaktoren von:

$$\frac{\bar{u}}{\bar{u}_i} = (1 + 4 K_p) \text{ bis } (1 + 10 K_p) \qquad (16)$$

Abbildung 11.14b illustriert, dass der biologische Abbau – zusätzlich zur Adsorption – das Konzentrationsprofil und damit das Schicksal der organischen Verbindung beeinflusst. Während eine konservative in Wasser lösliche Substanz sich gleich verhält wie das Wasser, wird eine adsorbierbare Verunreinigungssubstanz in ihrem Transport verzögert und wird bei der Messstelle später auftreten als die sich konservativ verhaltende Substanz. Der biologische Abbau reduziert die Konzentration der biologisch abbaubaren Substanz, so dass ihre Konzentration an der Beobachtungsstelle den Wert c_0 nicht mehr erreicht.

Verunreinigungssubstanzen, welche als *Kolloide* vorliegen oder an Kolloide adsorbiert sind, werden in der Regel durch Kollision mit den Feststoffen des Mediums zurückgehalten (s. Filtrationstheorie in Kapitel 10.3 und Abbildung 10.9). Falls aber die Feststoffmatrix sehr porös ist, und "konservative" Substanzen in die feinen Poren eindringen – in die Kolloide nicht diffundieren können – kann es vorkommen, dass Kolloide (und daran adsorbierte Stoffe) schneller als "konservative" Spezies transportiert werden.

Beispiel 11.1
Rückhaltung hydrophober organischer Verunreinigungen in Grundwasserleitern

Infolge eines Lecks in einem industriellen Abwasserbehälter entweichen Spuren von Tetrachloraethylen und 1,2,4,5-Tetrachlorbenzol in ein Grundwasser. Wie lange dauert es, bis ein Auftreten der Verunreinigungen an einer 250 m in Fliessrichtung entfernten Stelle erwartet werden kann? Die Fliessgeschwindigkeit des Grundwassers beträgt ca. 20 m Tag^{-1}. Folgende Charakteristika des Grundwasserleiters sind erhältlich:

Dichte: ρ = 2.0 kg ℓ^{-1} (ρ' = 2.5 kg ℓ^{-1})
Porosität: θ = 0.2; Anteil an organischem Kohlenstoff: f_{OC} = 0.0015

Die beiden Verunreinigungssubstanzen haben folgende Octanol-Wasser-Verteilungskoeffizienten:

Tetrachloraethylen: K_{OW} = 400
Tetrachlorbenzol: K_{OW} = 50'000

Beide Verbindungen werden biologisch nicht abgebaut. Der Sorptionskoeffizient kann aus Gleichung (42) (Kapitel 9) berechnet werden (K_P = b f_{OC} $(K_{OW})^a$). Die Konstanten a und b wurden in Säulenversuchen mit repräsentativem Material des Grundwasserleiters bestimmt als a = 0.7, b = 2.0.

Dementsprechend ergeben sich folgende Werte für K_P:

Tetrachloraethylen: K_P = 0.2 ℓ kg^{-1}
Tetrachlorbenzol: K_P = 5.8 ℓ kg^{-1}

In Gleichung (10) ist $\frac{\rho}{\theta}$ = 10 kg ℓ^{-1}; das ergibt folgende Retardationsfaktoren:

Tetrachloraethylen: t_R = 3
Tetrachlorbenzol: t_R = 59

Man kann also abschätzen, dass
– ein konservativer Tracer nach ca. 12.5 Tagen,
– das Tetrachloraethylen nach ca. 37 Tagen, und
– das Tetrachlorbenzol nach ca. 2 Jahren

an der Beobachtungsstelle auftreten. Es handelt sich hier natürlich um sehr rohe Abschätzungen, wobei zahlreiche vereinfachende Annahmen gemacht wurden.

Weitergehende Literatur

AMBÜHL, H.; *Seenrestaurierung in Theorie und Praxis,* Gas–Wasser–Abwasser **67**, 433-439, 1987.

ANDREAE, M.O. et al.; "Changing Biogeochemical Cycles" in: *Changing Metal Cycles and Human Health,* S. 359-374 (J.O. Nriagu, Hrsg.), Springer, Berlin, 1984.

APPELO, C.A.J. und POSTMA, D.; "Solute Transport in Aquifers", Kapitel 9, S. 327-395, in: *Geochemistry, Groundwater and Pollution,* Balkema, Rotterdam, 1993.

BERNER, R.A. und LASAGA, A.C.; *Modelling the Geochemical Carbon Cycle,* Sci. Amer. **260**, 74-81, 1983.

BUFFLE, J. (Hrsg.); *Chemical and Biological Regulation of Aquatic Processes,* Lewis Publ., Chelsea, MI, 1993.

KUMMERT, R., und STUMM, W.; *Gewässer als Ökosysteme; Grundlagen des Gewässerschutzes,* zweite Auflage, 330 Seiten, Teubner, Stuttgart, 1984.

SCHINDLER, D.W.; "The Coupling of Elemental Cycles by Organisms: Evidence from Whole-Lake Chemical Perturbations", Kapitel 11, S. 225-250, in: *Chemical Processes in Lakes* (W. Stumm, Hrsg.) Wiley-Interscience, New York, 1985.

SCHINDLER, D.W.; *Detecting Ecosystem Responses to Anthropogenic Stress,* Can. J. Fish. Aquatic Science **44**, 6-29, 1987.

SCHLESINGER, W.H.; *Biogeochemistry, an Analysis of Global Change,* Acad. Press, San Diego, 1991.

SIGG, L.; "Regulation of Trace Elements by the Solid-Water Interface in Surface Waters", Kapitel 11, in: *Chemistry of the Solid-Water Interface,* Wiley-Interscience, New York, 1992.

THURMAN, E.M.; *Organic Geochemistry of Natural Waters,* 497 S., Nijhoff/Junk Publ., Dordrecht, 1985.

VOIGT, H.J.; *Hydrogeochemie – Eine Einführung in die Beschaffenheitsentwicklung des Grundwassers,* Springer, Berlin, 1990.

ZEHNDER, A.J.B. und STUMM, W.; "Geochemistry and Biogeochemistry of Anaerobic Habitats", S. 1-38, in: *Biology of Anaerobic Microorganisms* (A.J.B. Zehnder, Hrsg), Wiley-Interscience, New York, 1988.

Übungsaufgaben

1) *Warum und unter welchen Bedingungen ist biogenes organisches Material ein gutes Reduktionsmittel?*

2) *Leite eine Beziehung zwischen COD und TOC ab.*

3) *Illustriere die in einem See (von oben nach unten, bis in die Sedimente – oder zeitlich in den tieferen Schichten des Wassers – nach dem Durchmischen des Sees im Frühling bis am Ende der Stagnationsperiode) ablaufenden Redoxprozesse.*

4) *Wie hängt in einem Boden (oder in einem Gewässer) die biologische Verfügbarkeit der Nährstoffe und der essentiellen Elemente (z.B. P, Si, NH_4^+, NO_3^-, Fe, Mn, Cu, V) vom pε und pH ab?*

5) *Wie funktioniert der Eisen- und Mangankreislauf in einem See und wie sind diese Kreisläufe mit denjenigen anderer essentieller Elemente gekoppelt?*

6) *Wie stellen Sie sich zur Aussage "Bakterien können nur das tun, was thermodynamisch möglich ist, d.h. sie können nur Prozesse katalysieren, welche unter den gegebenen Bedingungen durch eine Abnahme der freien Reaktionsenthalpie charakterisiert sind"?*

7) *Wieso bewirkt die Mineralisierung der Biomasse im anoxischen Bereich eines Sees eine Zunahme der Alkalinität, und welches ist die Bedeutung dieser Prozesse im Zusammenhang mit sauren atmosphärischen Depositionen?*

8) *Was für Konsequenzen hat die Belastung eines Grundwassers mit organischem Material (Abwasser)? Diskutiere die Auswirkung auf O_2, Fe(II), Mn(II), HS^-.*

9) *Was wäre die Konzentration von NO_3^- und H^+ in den Meeren, wenn die oxidative Umwandlung von $N_2(g)$ zu NO_3^- durch Mikroorganismen katalysiert würde?*

Übungsaufgaben

10) Es wird behauptet, dass die sehr weitgehende Reinigung der Abwässer im Rhein (Entfernung von BSB) eine Erhöhung der Belastung der Nordsee mit Nitrat zur Folge hatte. *Was ist die Erklärung dafür?*

11) *Warum muss die Stickstoffentfernung im Abwasser via Nitrifizierung und Denitrifizierung erfolgen?*

12) *Warum führen Ammoniumdünger zu einer Versauerung des Bodens?*

13) *Wie verändert sich die Alkalinität eines Wassers durch*
    a) *Nitrifikation,*
    b) *Denitrifikation (d [Alk] / d [NO_3^-])?*

14) Nitrosomonas und Nitrobacter sind autotrophe Bakterien, welche die Stickstoffoxidation von NH_4^+ zu NO_2^- und von NO_2^- zu NO_3^- ermöglichen. *Wieviele NH_4^+-Ionen und wieviele NO_2^--Ionen müssen oxidiert werden (pH = 7), damit diese Organismen 1 CO_2-Molekül assimilieren können?* Nur etwa 10 % der freien Reaktionsenthalpie der Reaktion kann für die Assimilation verwendet werden.

15) *Wie beeinflussen die folgenden Variablen (in den Grundwassermineralien) den Transport der Schwermetalle Pb(II) und Cd(II) in einem Grundwasserleiter?*
    i) pH
    ii) [Ca^{2+}]
    iii) EDTA
    iv) [Cl^-]
    v) Fe(III)

    Welche Faktoren begünstigen den Rückhalt und welche Faktoren begünstigen die Mobilisierung der Schwermetalle?

16) *Inwieweit und unter welchen Bedingungen sind Böden wirkungsvolle Filter zum Schutze des Grundwassers?*

17) Im Hypolimnion (20 – 31 m Tiefe) des Greifensees besteht eine negative Korrelation zwischen der Alkalinität und der Konzentration an Nitrat. Die Neigung der Kurve Alk vs [NO_3^-] beträgt ca. –2 (siehe untenstehende Abbildung).

a) *Wie kann man diese Korrelation erklären?*
b) *Inwiefern kann aus der Neigung der Alk vs [NO_3^-]-Kurve auf die Art der Nitrat-reduzierenden Reaktion geschlossen werden?*

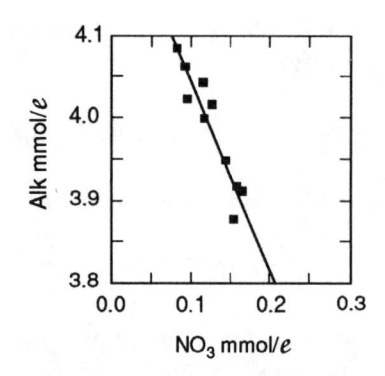

18) Ein Regenwasser weist einen pH von 4.3 auf. Dieses Regenwasser enthält 8×10^{-5} M NH_4^+ und 4×10^{-5} M NO_3^-. Wie verändert sich die Azidität dieses Regenwassers, wenn es nach Eintrag in den Boden
   a) *zuerst nitrifiziert wird; und*
   b) *wenn später in einer anoxischen Zone die Hälfte des NO_3^- denitrifiziert wird?*

Lösungen zu den numerischen Übungsaufgaben

KAPITEL 1

1.1 5.3×10^{16} mol CO_2; 3.7×10^{19} mol O_2; 1.4×10^{20} mol N_2

1.2 CO_2 Zunahme um 38 % (7.3×10^{16} mol), O_2 Abnahme um 0.08 % (3.7×10^{19} mol)

1.3 $\tau = 7.4$ Tage

1.4 $[O_{2(aq)}] = 3.36 \times 10^{-4}$ M

KAPITEL 2

2.1   a)   Anionen 116.6 µeq ℓ^{-1}, Kationen 129.6 µeq ℓ^{-1}
            b)   nein

2.2   a)   pH 4.52
            b)   pH wird nicht beeinflusst (pH 4.519)

2.3   pH 8.0

2.6   Pufferlösung pH 2.5: 2.5 Teile NaH_2PO_4, 1 Teil H_3PO_4
            Pufferlösung pH 7.0: 1.6 Teile NaH_2PO_4, 1 Teil Na_2HPO_4

2.8   pH 6.9, $[NH_4^+] \approx 10^{-5}$ M, $[NH_3] = 4 \times 10^{-8}$ M, $[Cl^-] = 10^{-5}$ M

2.9   pH 8.5, $[H_2S] = 3.16 \times 10^{-6}$ M, $[HS^-] \approx 10^{-4}$ M, $[S^{2-}] = 3.16 \times 10^{-9}$ M,
            $[Na^+] = 10^{-4}$ M

2.12   Der pH erhöht sich um 0.04 pH-Einheiten

KAPITEL 3

3.1 $[H_2CO_3^*] = 1.9 \times 10^{-4}$ M, $[HCO_3^-] = 2.4 \times 10^{-3}$ M $\approx$ [Alk], $[CO_3^{2-}] = 3 \times 10^{-6}$ M.

3.3   a) $p_{CO_2} = 0.014$ atm

3.5   [Alk] = 2×10^{-3} M

3.6   i)   [Alk] = 10^{-3} M
            ii) 2×10^{-3} M
            iii) 10^{-4} M
            iv) 1.1×10^{-9} M
            v)   0

3.7	a)	Mischwasser [H-Acy] = 5 × 10⁻⁶ M, pH 5.7 (Annahme: kein CO_2 Austausch mit Luft)
	b)	Seewasser [Al^{3+}] = 2 × 10⁻¹² M, Mischwasser [Al^{3+}] = 10⁻⁹ M.
3.8	b)	[Alk] ≈ 2.5 × 10⁻⁴ M
3.9		Bezüglich $CaCO_3$ untersättigt
3.10		Industrieabwasser : Leitungswasser = 1 : 0.3
3.11	a)	[$H_2CO_3^*$] = 10⁻⁵ M
	b)	5%

KAPITEL 4

4.1	Toluol A_w = 0.27 µg ℓ^{-1}, Essigsäure A_w ≈ 1 µg ℓ^{-1}, 2,4 Dinitrophenol A_w ≈ 1 µg ℓ^{-1}, Hg A_w = 0.17 µg ℓ^{-1}
4.2	pH 7.45, [NH_4^+] = 2.2 × 10⁻⁴ M, [$NH_{3(aq)}$] = 1.2 × 10⁻⁶ M, [$H_2CO_3^*$] = 1.8 × 10⁻⁵ M, [HCO_3^-] = 2.2 × 10⁻⁴ M, [CO_3^{2-}] = 1.6 × 10⁻⁷ M
4.3	pH < pK_{a1} 98 % $H_2S_{(g)}$
4.4	i) pH 6.5 vor Oxidation, pH 4.7 nach Oxidation
	ii) [Acy] = 1.44 × 10⁻⁵ M vorher, [Acy] = 1.03 × 10⁻⁴ M nachher
	iii) [Acy] = 8.5 × 10⁻⁸ mol m⁻³
4.5	negativ
4.6	p_{NH_3} = 7.7 × 10⁻⁹ atm, p_{HNO_3} = 3.9 × 10⁻⁹ atm

KAPITEL 5

5.1	i) AlOOH (Boehmit)
	ii) $CaSO_4 \cdot 2\, H_2O$ (Gips)
5.3	ja, für [Fe^{2+}] > 10⁻¹²·³ M ($\frac{1}{2} NO_3^- + Fe^{2+} + 2.5\, H_2O = \frac{1}{2} NO_2^- + 2\, H^+ + Fe(OH)_{3(s)}$)
5.4	ja (Bildung der festen Phasen $SiO_{2(s)}$ und $Fe_3O_{4(s)}$)
5.5	nein
5.6	Bezüglich $CaCO_3$ untersättigt
5.7	8.3 min
5.8	τ = 40.4 Jahre

Lösungen zu Übungsaufgaben 487

5.11 $E_A = 97$ kJ mol^{-1}, $k_{(30°C)} = 169 \times 10^{-5}$ min^{-1}
5.12 0.02 m Jahr^{-1}
5.13 $G_f^° = 174.8$ kJmol^{-1}
5.14 $t_{1/2} = 6.9$ Stunden

KAPITEL 6

6.1 $[Pb^{2+}] = 3.25 \times 10^{-7}$ M
6.2 a) $[Cd^{2+}] = 8.8 \times 10^{-10}$ M, $[CdOH^+] = 4.4 \times 10^{-12}$ M, $]CdCO_3^°] = 1.14 \times 10^{-10}$ M
   b) nein, bezüglich $CdCO_{3(s)}$ und $Cd(OH)_{2(s)}$ untersättigt
   c) $[Cd^{2+}] = 1.6 \times 10^{-11}$ M
6.3 $[Cu^{2+}] = 1.4 \times 10^{-9}$ M
6.4 $[Hg(II)]_T = 3.44 \times 10^{-11}$ M

KAPITEL 7

7.1 Tiefe 0 m und 30 m: bezüglich $CaCO_3$ übersättigt
7.4 Eisenhydroxid
7.5 ja, für pH > 6

KAPITEL 8

8.2 i) $Q_{eff} \ll K$
    ii) $Q_{eff} \ll K$
8.3 $p\varepsilon = 10$, $[O_{2(aq)}] = 10^{-18}$ M
8.4 $p_{O_2} = 10^{-68.5}$ atm
8.7 $Fe_{(s)}$ $p\varepsilon < -10$, $Fe(OH)_{3(s)}$ $p\varepsilon > -1.5$, $FeCO_{3(s)}$ und $Fe(OH)_{2(s)}$ bei pH 7.5 nicht stabil
8.9 $p\varepsilon = 0.07$
8.10 b) $p\varepsilon = 2.9$ $[H_2PO_4^-] = 4 \times 10^{-4}$ M
8.11 SO_4^{2-}/HS_4^- $p\varepsilon = -1.84$, $SO_4^{2-}/H_2S_{(aq)}$ $p\varepsilon = -2.36$, HS_4^-/H_2S $p\varepsilon = -4.65$

Kapitel 9

9.7 b) 23.5 Oberflächengruppen pro nm^2
  d) $pK \approx 3.9$

Kapitel 10

10.3 a) $t_{1/2} = 2.3$ Tage
10.5 1.5
10.8 pH 7.1

Kapitel 11

11.14 1 NH_4^+, 4 NO_2^-

Index

A

α-FeOOH
  Phosphat 408
A-Kationen 212-215
Absorption
  SO_2 149
Acidität 69, 104
  Bestimmung 116
  konzeptuelle Definition 117
  totale 117
Aciditätskonstante
  "zusammengesetzte" 41
  Gleichgewichtskonstanten 75
Aciditätskonstanten
  Tabelle 42
Adsorption 363
  Aktivkohle 433
  aus Lösung 364-370
  Freundlich 368
  hydrophobe Verbindungen 409
  Liganden 378
  Metalle 468
  Metallionen 377
  Polymere 421
  und Transport 476
  von Pb(II) an Haematit 385
Adsorptions-Isotherme
  Langmuir 366
Aerosole 127, 154
  Grössenverteilung 155
  im Nebelwasser 156
Aerosolpartikel 128
Aktivierter Komplex 186
Aktivierungsenergie 184
Aktivierungsenthalpie 186
Aktivitätskoeffizient 70-75
Aktivitätskonventionen 71-75
Aktivitätsskala 70
Aktivkohle 433
Al(III) 80
  als Koagulationsmittel 417
  in sauren Seen 159
  Löslichkeit 418

Al_2O_3
  Auflösung 389
Al^{3+}
  Hydrolyse 216
  Löslichkeit 217, 218
Albit 264
Algenbiomasse
  Redfield Stöchiometrie 8, 462
Alkalinität 69, 91, 104, 105, 115
  alternative Definition 108
  analytische Bestimmung 112
  Bestimmung 113
  NO_3^- 484
  Photosynthese und Respiration 106
Alkalinitätstitration
  pH-Wert Endpunkt 113
Alkoholfermentation 293
Aluminium
  Löslichkeit 159
Aluminiumsilikate
  Auflösung 390
Ammoniak-Konzentration
  in Gewässern 64
Amphiphile Moleküle 369
Ampholyt
  Gleichgewichtsrechnung 59
ANC 69
Aquoionen 214
Aromatische Kohlenwasserstoffe
  Regen 148
Atmosphäre
  Auswaschung von Schadstoffen 146
  Verteilung verschiedener Verbindungen zwischen Gas-und Wasserphase 147
  Wechselwirkung Wasser 8, 127
Atmosphäre – "Regenwasser"
  Wasser im Gleichgewicht 90
Atmosphäre – Wasser
  Gas-Transfer 192
  geschlossenes System 131
  offenes System 131
Atmosphärische Depositionen 76-80
Aufenthaltszeit
  Metall 473

Auflösung
  Inhibition 392
  Liganden-beeinflusste 387
  Mineralien 391
  Protonen-beeinflusste 387
  Reduktive 387
Auflösung 385-392
  Kinetik 385
Avogadro's Zahl 32
Azurit 272

B

B-Kationen 212-215
Bakterien
  Katalysatoren 318
Band-Gap 396
Base
  und Säuren 35-84
Basen-Kation 91, 108
Bioakkumulation 448
Biofilm 416
Biogeochemische Anwendungen 445-480
Biomasse
  Einfluss auf H^+-Balance 76
Biomasse
  Oxidation 464
Biosphäre 16-19
Biota
  Zersetzungsprodukte 449
BNC 69
BOD 455
Boden, Wasser und Luft
  Wechselbeziehungen 446
Borsäure 48-50
Brønsted-Theorie 36
BSB 455

C

C-14 184
Ca^{2+}
  Flüsse der Welt 97
  Löslichkeit im CO_3^{2-}-System 263
$CaCO_3$ 94, 97
  Auflösung 93, 286
  Gleichgewichtskonstanten 86
  Kalkrostschutzschicht 440
  Korrosionsgesichtspunkt 440

Löslichkeit
  im geschlossenen System 255-258
  im Gleichgewicht mit p_{CO_2} 258
Löslichkeitsprodukt 170
Wachstumsgeschwindigkeit 284
$CaCO_3(s)$
  Offenes CO_2-System 95
  Phasenregel 277
  Sättigungs-pH 278
Calcit 250
  Auflösungsgeschwindigkeit 391
Calcit(s)
  Phasenregel 277
Calciumcarbonat
  Sättigung in einem Grundwasser 280
Carbonat 250
  Löslichkeit im geschlossenen System 261
Carbonat-Gleichgewicht 85-126
  Gleichgewichtskonstanten 86
  Löslichkeitsverhältnisse 254
Carbonatsystem
  geschlossenes 98
  Pufferintensität 121
Cd^{2+}
  NTA 227
$(CH_3)_2S$ 447
CH_4 464
Chemische Verwitterungsrate
  Gewässerzusammensetzung 250
Chemisches Potential 70-75, 163, 164
Chrom-Spezies
  pε-pH-Diagramm 361
Cl-Spezies
  Redox 310
Cl_2 310, 312
CO_2
  Acidität 105
  Atmosphäre-Wasser 8, 9
  Verteilung 24
  offenes System 86
  Hydratisierung 189-191
  Kinetik der Absorption 192
CO_2 der Atmosphäre
  Carbonatspezies im Gleichgewicht 87
CO_3^{2-}-Alkalinität 105, 115
CO_2-System
  offen 89

Index

CO$_2$-Transfer
  Chemische Beschleunigung 195
COD 454, 455
Cristallina-See 157
CSB 454, 455
Cu
  Löslichkeit in Gegenwart von Carbonat 271
  Sedimentationsrate See 473
Cu(II)
  Titration mit Fulvinsäure 236
Cu^{2+}
  anorganische Speziierung 223
  im Gleichgewicht mit Malachit, Azurit und Tenorit 272
  in Gegenwart eines organischen Komplexbildners 225
  Organismen 238

D

$\Delta G°$
  und Gleichgewichtskonstante 168
Davies
  Gleichung 73
Debye-Hückel
  Theorie 73
Denitrifikation 318, 458, 460
Desinfektion 310
DOC 451, 455
Dolomit 250

E

E_H 302
Einheitsverfahren
  wassertechnologisches 415
Eisenkreislauf 392
Elektrische Doppelschicht 380
Elektrische Ladung
  auf Oberfläche 379
Elektrochemische Spannungsreihe 435
Elektrochemische Zelle 350
Elektrode 355
Elektronen-Ladung 32
Elektronenbalance 291
Elektronenkreislauf 294
Elektrophoretische Mobilität 381

Elemente
  Konzentration in Ozean, Seen 475
  koordinationschemische Eigenschaften 214
Energieeinheiten 30, 31
Enthalpie 165
Entropie 165
Enzym-Katalyse 182
Ester
  Hydrolyse 177
Eutrophierung
  Seen 462

F

Fällung und Auflösung
  fester Phasen 249
Fe
  in atmosphärischen Wassertröpfchen 346
  photochemischer Kreislauf 347
  Photolyse 346
  Redoxtransformationen 393
Fe(II) 464
  Oxidation 177, 188, 323-329
  pε-pH-Diagramm 316
  Wechselwirkung mit H$_2$O$_2$ 338
Fe(III)
  Koagulation 420
  Komplexbildung mit Carbonatspezies 289
  Löslichkeit 324
  pε-pH-Diagramm 316
  photochemische Reduktion in sauren Seen 347
Fe(III)(hydr)oxide
  Auflösung 388
  reduktive Auflösung 397
Fe(OH)$_3$(s)
  Löslichkeit 253, 254
  Löslichkeitsprodukt 353
Fe^{2+}
  Löslichkeit im CO$_3^{2-}$-System 263
Fe$_2$O$_3$
  Adsorption von Pb^{2+} 384
  Rastertunnel-mikroskopische Aufnahme 376
Fe^{3+}/Fe^{2+} 304

FeO$_3$(s) 267
  Existenzbereiche 271
  Löslichkeitsdiagramme 269, 324
Fenton Reagens 338
FeOOH(s)
  Fe^{2+} 309
FeS(s) 267
Feste Phase
  Fällung und Auflösung 249
  Löslichkeit 266
Filtration 428, 431
  Naturprozess 432
  Transportschritte 429
Fliessgleichgewicht 179
Flockung s. auch Koagulation
Flockung 416, 431
  durch Polymere 422
Flockungsfiltration 429
Flotation 432
Flüchtige Kohlenwasserstoffe
  Regen 148
Formaldehyd
  Löslichkeit von SO$_2$ 141
Freie Energie 163
Freie Reaktionsenthalpie 163
Freundlich-Gleichung 368
Fulvinsäure 219
  Komplexbildung 232
  mögliche Strukturen 220
  Titration mit Cu 236
Funktionelle Gruppen 363, 364

G

Gas
  Löslichkeit 8, 9
Gas-Konstante 32
Gas/Wassergleichgewicht 130
Gasaustausch mit Oberflächenwasser 193
Geochemische Kreisläufe 16-18
Geschwindigkeitsgradient 426, 427
Gibbs-Gleichung 369
Glaselektrode 355
Gleichgewicht
  Druckabhängigkeit 171
  graphisches Verfahren 51-57
  metastabiles 165
  Temperaturabhängigkeit 170

Gleichgewichtsdiagramm 104
Gleichgewichtskonstante 166
  Temperatur und Druckabhängigkeit 170, 171
Gleichgewichtsrechnungen
  systematisches Vorgehen 43-65
Globale Kreisläufe 16-25
Goethit
  Oberflächenkomplexe 401
Gouy Chapman-Theorie 381
Gran-Titration 114-119
Greifensee 464
Grenzflächenspannung 369
Grenzflächenchemie 363-411
Grundwasser
  Transport Schadstoffe 476
  Zusammensetzung 11, 110, 111
Güntelberg
  Gleichung 73
$\Delta G°$
  und Gleichgewichtskonstante 168

H

H-Acidität 116
H$_2$O$_2$ 132, 335, 337
  Bildung von 346
H$_2$S
  Kreislauf 25
  Gleichgewichtsrechnung 57
H$_2$SO$_4$
  Nebel 151
Halbleiteroberfläche 395-398
Halbwertszeit 176
Härte 9
HCl
  geschlossenes System 133
  Gleichgewichtsrechnung 57
  Regenwasser 77-80
HCO$_3^-$
  Flüsse der Welt 97
Henry-Gesetz 130
Henry-Koeffizienten
  Tabelle 9, 129
Hg(II)
  Spezierung 230
HNO$_2$ 147
HNO$_3$ 147

Index

$HO_2^\bullet$ 336
HS^- 464
Humin- und Fulvinsäuren 232, 453
    Komplexbildungseigenschaften 234
    Molekulargewichte 233
    Speziierung von Metallionen 235
Huminsäure 219
    Modellkomponenten 220
    Titration 234
Huminstoffe
    Definition 232
    Entfernung von 419
Hydroxokomplexe 214
Hydrolyse 213
Hydrolysekonstanten
    verschiedener Kationen 215
Hydroperoxyl-Radikal 336
Hydrophobe Verbindungen
    Sorption 409
Hydrophobe Verunreinigungen
    Rückhaltung 479
Hydrophober Effekt 365
Hydroxide
    Löslichkeitsprodukt 214
Hydroxide und Oxide
    Löslichkeitsgleichgewichte 252
Hydroxyl-Radikal 337
Hydroxymethansulfonat 142

I

Ionenstärke 70
Ionenaustausch 398-405, 416
    von Tonmineralien 404
Ionenaustauschharz 404
Ionenprodukt
    des Wassers 40, 41
Ionenselektive Elektrode 355
Irving-Williams-Reihe
    Stabilitätskonstanten 221

K

Kalk
    Auflösung 93
Kalklöslichkeit 278
Kaolinit 264, 400
    Redoxprozesse 323

Kathodischer Schutz
    Korrosion 436
Kinetik 172-197, 385-392
    Auflösung fester Phasen 385
    der Nukleierung 281
    Elementarreaktionen 178
    Koagulation 425
    Komplexbildung 241
    Reaktionsordnung 176
    Redoxprozesse 323
    Temperaturabhängigkeit 184
    Umweltfaktor 177
Koagulation s. auch Flockung
Koagulation 416
    Kinetik 425, 427
Kohlendioxid
    Emissionen 22
    Löslichkeit 8
Kohlensäure 105
    Aciditätskonstante 43
Kohlenstoff
    in Biosphäre 12
    Kreislauf 16-18, 24
        in Gewässern 448, 450
    Verteilung 12
Kollisionswirksamkeitsfaktor 429
Kolloidchemie 363-411
Kolloide 405-409
    Transport 430, 479
Kolloidstabilität 405-409
    Physikalisches Modell 407
Komplex-Stabilität
    Irving-Williams-Reihe 221
Komplexbildung
    an der Oberfläche 364
    Kinetik 239, 241
Komponenten 47, 275
Konstanten 32
Konzentrationseinheiten 29
Koordinationschemie 212
Korrosion 435-446
    Inhibition 439
    passiver Zustand 439
    pϵ- vs pH-Diagramm 437
    von Eisen 438
Kreislauf
    von Kohlenstoff in Gewässern 448, 450

Kristallwachstum 281
   Theorie der Keimbildung 283

L

Ladung
   auf Oberflächen 379
Ladungsbalance 46
Langmuir
   Adsorptionsisotherme 367
Lewis
   Säure-Base-Theorie 38
Licht
   Absorption 341
   Dosisintensität 345
Liganden
   Adsorption 378
   Austausch 374-379
   in natürlichen Gewässern 219
   Komplexbildung 219
Linear Free Energy Relationship 189
Lipophilie 448
London-van der Waals-Kräfte 365
Löslichkeit
   Abhängigkeit von Temperatur, Ionenstärke, Druck 262
Löslichkeitsgleichgewicht 251
Löslichkeitsprodukt 252
Luftschadstoffe 79

M

Magnetit 360
Malachit 272
Marcus-Beziehung 339
Meerwasser
   Carbonat-Spezies 91, 92
   Gleichgewichtsdiagramm 103
   Zusammensetzung 1-3, 8-10
Metalle 211-248
   A- und B-Kationen 212
   anorganische Speziierung 231
   Bindung an Partikeln 460-474
   essentielle 211
   Geschwindigkeitskonstanten für den Wasseraustausch 240
   hart und weich 212
   Hydrolyse 213
   in natürlichen Gewässern 467
   Konzentration in natürlichen Gewässern 475
   Modelle der Speziierung 228
   Ozean 473
   Puffer 237
   Regulierung in Flüssen und Seen 460-474
   Speziierung und analytische Bestimmung 243
   Wirkungen auf Organismen 237
Metallionen
   Adsorption 377
   Speziierung 212
Metallkonzentrationen
   Toxizitätsstudie 238
Methangärung 318
Michaelis-Menten
   Enzym-Katalyse 183
Mn
   Sedimentationsrate See 473
Mn(II) 464
   Oxidation 329
MnO_2, Mn^{2+} 308
Molekularsiebe
   Porendurchmesser 371
Muskovit 400

N

N-Kreislauf 463
N-Verbindungen
   in Reservoiren der Umwelt 463
   Umwandlung (Tabelle) 461
$N_2(g)$ 458
N_2-Fixierung 318
N_2O 458
Na_2CO_3 105
$NaHCO_3$ 105
   geschlossenes System 103
Natriumacetat
   Gleichgewichtsrechnung 56
Nebel 76-80, 127
   Kondensationsnucleus 128
Nebeltröpfchen
   Genese 148
Nebelwasser
   Zusammensetzung 153

Index

Nernst'sche Gleichung 301
Neutralisationsgrad 68
Neutralisierungskapazität
   Säure- und Base 69
NH_4^+ 458, 464
   alkalimetrische Titration 119
NH_4^+/NH_3 307
   Puffersystem 63
NH_3 62, 459
   Fischtoxizität 64, 65
   Gas-Wasser-Gleichgewicht 61-63
   Gasphase und Wasser 142
   geschlossenes System 143, 144
   offenes System 143
$[NH_4^+]$
   und $[SO_4^{2-}]$ im Nebel 162
$\{(NH_4)_2SO_4\}_{aerosol}$ 154
$\{NH_4NO_3\}_{aerosol}$ 155
Niederschläge 76
Nitrat 6-8
   Reduktion 318
Nitrifikation 318, 458
   Regenwasser 77
Nitrifizierung 459
NO 458
NO_3^- 458
   und Alkalinität 484
   Reduktion 458
NOS 447
NO_x
   Regenwasser 76-80
NO_3^-/NH_4^+ 305
NTA
   Komplexbildung mit Ca^{2+} und Cd^{2+} 227

O

O_2
   Atmosphäre-Wasser 8, 9
   Ein Elektronenschritte bei der Reduktion 336
   Oxidation durch 333-338
$O_2^{-\bullet}$ 336
O_3 132, 335
Oberflächen 372-379
Oberflächenchemie
   Wassertechnologie 415-450

Oberflächenkomplex 364, 372-379
Oberflächenladung 381
   chemische Beeinflussung 408
   Kaolinit 403
   Null 381
Oberflächenspannung 368
Octanol-Wasser-Koeffizient 409
   Bioakkumulation 448
Offene und geschlossene Systeme
   Definition 99
$^\bullet$OH-Radikale 337, 344
Ökosystem 5, 19
Organischen Verbindungen
   funktionelle Gruppen 452
   Reduktion der Redoxintensität 322
   Transport 478
   typische Konzentrationen 451
   Verteilung zwischen Feststoffen und Wasser 410
Organisches C 450
Organismen
   Wechselwirkungen Wasser 4-8
Oxalat 386
   Photolyse 346
Oxidation 329-333
   durch Mn(III,IV)oxide 340
   durch Sauerstoff 333-338
   und Reduktion
      Definitionen 292
   von Fe(II) 323-329
   von Mn(II) 329
   von S(IV) durch H_2O_2 332
   von Sulfit 329-333
Oxidationsgeschwindigkeit
   des Fe(II) durch O_2 328
Oxidationszahl 94-296
   organischer Substanzen 454
Oxide 372
Oxokomplexe 214
Ozean
   Metalle 473
Ozon 335
   Auflösung 132

P

PAN 147

Partikel
    Abwassertechnologie 423
    Bindung von Metallionen 468
    Grössenverteilung 371, 372
    in natürlichen Gewässern 370
Partikelgrösse
    Löslichkeit 263
Partikelgrössenverteilung
    Abwasser 424
Partikeloberfläche
    Komplexbildung 236
Pb(II)
    Adsorption auf einer Haematit-Oberfläche 383
PCB 147
pε 298-312
    Abschätzung aus analytischer Information 351
    und pH 299
pε vs pH
    System Fe, CO_2, H_2O 314
pε-Bereiche
    Redoxprozesse 321
pε-pH-Diagramm 312
Periodische Tabelle 2, 33
    Metalle 214
pH
    Mastervariable 51
    Skala 70-75
Phasen
    Freiheitsgrade 275
    Koexistenz 276
Phasenregel 275
Phenanthren 147
Phosphat 6-8
    Abwasserreinigung 428
    Elimination 422
    Seenökosystem 462
Photochemie 340-349
    Halbleiteroberflächen 395-398
    reaktive Spezies in natürlichen Gewässern 343
Photochemische Umwandlungen
    direkte und indirekte 342
Photosynthese 4-8, 450
    Alkalinität 107
    Stöchiometrie der Elemente 4-8
    und biochemischer Kreislauf 297

Photosynthese, Respiration 294
Phototrophe Bakterien 466
pH_{PZC} 381, 382
Phtalat
    Gleichgewichtsrechnung 59
PO_4^{3-}
    Adsorption an $Fe(OH)_3$ 408
POC 451, 455
Polyelektrolyte 420, 421
Proton 36
Protonen-Balance 46
Puffer
    Metalle 237
Pufferintensität 68, 108
    des Carbonatsystems 119-122
    Metalle 109
Pufferkapazität 108
Puffersystem 59-63
    natürlicher Gewässer 6-14

R

Radikale 337
Radioaktive Elemente
    bei der Altersbestimmung 184
    Halbwertszeiten 184
Regen 127
    Auswaschung von Schadstoffen 146
    organische Verbindungen 148
Reaktionsgeschwindigkeit 175
    Konzentrationsabhängigkeit 176
    Temperaturabhängigkeit 184
Reaktionsquotient
    Gleichgewichtskonstanten 167
Redox
    Bereiche
        für bakteriologisch katalysierte Reaktionen 321
    Gleichgewichte 297, 303
    Intensität 297
    Intensitätsbereich
        im Grundwasser 314
    Potential 298
        Messung 359
        Messung in einem Grundwasser 353
    Ein-Elektronen 339
    Prozesse 291-357

Kinetik 323
Mikroorganismen katalysiert 318
Katalyse an Oxidoberflächen 394
Gleichgewichtskonstanten 293
photochemische 340-349
Puffer 313
Spezies
im See 465
Referenzzustand 71-75
Regenwasser 76
Pristin 86
Respiration 318
Respirationsprozesse 4-8
Retardationsgleichung 477
Rhodocrosit 250

S

S-Bildung
phototrophe Bakterien 466
Sandfilter
Porendurchmesser 371
Sauerstoff
Hypolimnion 463
Kreislauf 16-18
Löslichkeit 8
Oxidation durch 333-338
Singulett 344-346
und seine Reduktionsprodukte 336
Saure Seen 157
Säure
starke 50
Säure-Base
Theorie 36
Titrationskurve 65-69
Schadstoffe
Beurteilung des Schicksals 456
Verteilung 447
Schnee 127
Schwefel
Kreislauf 16-18, 25
Schwermetalle s. Metalle
Schwermetalle
Regulierung 467
Sedimentationsraten
C, Mn, Zn und Cu im Greifensee 473
See 473

See
Eutrophierung 462
saurer 157
Siderit 250
Silikat 250
Löslichkeit 264
Siloxan
di-trigonale Kavität 402
Siloxanschicht 400
Singulett Sauerstoff 344-346
SiO_2
Löslichkeit 264
SO_2 128
Gas-Wasserverteilung 134-144
Geschlossenes System 136
Hydration 192
Oxidation 151, 329-333
Oxidation durch Ozon und Wasserstoffperoxid 334
Reaktionen mit Aldehyden 140
Regenwasser 77-80
Verteilung zwischen Gas- und Wasserphase 138
SO_2-Wasser 135
SO_4^{2-}
H_2S 309
Spezies 47
Speziierung 211
von Metallen 228
Spurenmetalle s. auch Metalle
Standardzustand 71-75, 164
Stärke 39
und Basen 35
zweiprotonig 55
Steady-State-Annahme 181
Stickstoff
Fixierung 458
Kreislauf 455
Löslichkeit 8
Verbindungen
Belastung der Umwelt 455
schädliche Wirkungen 457
Stokes' Gesetz 416
Sulfat-Reduktion 318
Sulfid 250
Sulfit
Oxidation 329-333
Superoxid 336

T

Tableau
  zur Lösung von Gleichgewichtsproblemen 46
Tenorit 272
Tetrachloraethylen 480
Tetrachlorbenzol 480
Thermodynamik
  Konventionen 167
Thermodynamische Daten 198, 200-209
Titrationskurve
  acidimetrische 105
  alkalimetrische 105
  Gran 114
  Säure-Base 65-69
TOC 455
Tonmineralien 398-405
  Ionenaustausch 404
Transition State Theory 186
Transport
  adsorbierbarer Substanzen 476
  Kolloide 430, 479
Trübstoffe
  Flockung 419
Tunnelmikroskopie 376

V

Vanadyl
  Oxidation 394
Verwitterungsprozesse 3
Vivianit 360

W

Waldsystem
  Freisetzung von H^+-Ionen 109
Wasser
  als gefährdetes Reservoir 21
  Dichte 14, 15
  Ionenprodukt 40, 41
  Meerwasser, Zusammensetzung 1-3, 8-10
  physikalische Eigenschaften 14-16
  Struktur 13
  Süsswasser, Zusammensetzung 1-3, 8-10
  und Atmosphäre 127

Wasseraustausch
  Metallionen 240
Wasserstoffperoxid 335
  Auflösung 132
Wassertechnologie 415-440
  Chemikalien 419
Wassertröpfchen
  chemische Zusammensetzung 128

X

XAD-Harz 232, 453

Z

Zeitskala
  für physikalische, biologische, chemische und geologische Prozesse 173
Zeta-Potential 381
Zn
  Sedimentationsrate See 473
Zn(II)
  Speziierung 230
Zürichsee 7